U0275540

中国科学院科学出版基金资助出版

现代化学专著系列·典藏版　09

高分子材料的反应加工

殷敬华　郑安呐　盛　京等　著

科学出版社

北　京

内 容 简 介

本书对高分子材料反应加工的基本科学问题进行了深入浅出的论述，并对理论研究的成果如何用于解决材料制备中的关键技术问题作了系统、全面的介绍。主要内容包括：烯类单体本体聚合反应挤出机理与动力学；聚烯烃反应挤出功能化和高性能化的反应机理及副反应的控制；聚合物在反应挤出过程中的结构形态演变及在线分析；反应挤出中聚合物复杂体系化学流变学与输运过程；聚合物反应加工过程的计算机模拟与仿真以及反应挤出中流体混合、分散及其与反应过程耦合等。

本书可为从事高分子材料研究和生产的科研人员和工程技术人员提供有价值的参考，也可用作高等院校和科研院所高分子科学与材料专业研究生的教学用书。

图书在版编目(CIP)数据

现代化学专著系列：典藏版 / 江明，李静海，沈家骢，等编著. —北京：科学出版社，2017.1

ISBN 978-7-03-051504-9

Ⅰ.①现⋯ Ⅱ.①江⋯ ②李⋯ ③沈⋯ Ⅲ. ①化学 Ⅳ.①O6

中国版本图书馆 CIP 数据核字(2017)第 013428 号

责任编辑：杨 震 / 责任校对：张 琪
责任印制：张 伟 / 封面设计：铭轩堂

科 学 出 版 社 出版
北京东黄城根北街 16 号
邮政编码：100717
http://www.sciencep.com

北京厚诚则铭印刷科技有限公司印刷

科学出版社发行 各地新华书店经销

*

2017 年 1 月第 一 版 开本：720×1000 B5
2017 年 1 月第一次印刷 印张：41 1/2
字数：814 000

定价：7980.00 元（全 45 册）

（如有印装质量问题，我社负责调换）

序

　　人类的生存和发展都离不开材料。目前使用的四大类材料(木材、硅酸盐、金属及高分子材料)中高分子材料是发展最快的一类新材料,其历史仅一百多年。世界高分子材料的产量约 3 亿 t/a,由于密度较低,其体积产量远超过了金属,并应用到国民经济的各个领域。材料的使用价值是以产品(制品)表现的。以往材料生产和其制品生产是各自独立的两个部门。随着科技的发展,人们考虑可否把材料和制品的生产结合起来,以求得更高的效率。在高分子材料领域,把材料的合成(反应)与材料的(成型)加工两者结合起来,研究其反应加工过程的基础理论和实施技术,促进其产业化是这一领域中重要的发展方向。为了加速我国高分子材料合成和加工工业的发展,在国家自然科学基金委员会重大项目"高分子材料反应加工过程的化学与物理问题研究"(项目批准号 50390090)的资助下,以中国科学院长春应用化学研究所殷敬华研究员为负责人,会同华东理工大学郑安呐教授,中国科学院化学研究所王笃金研究员,天津大学盛京教授,上海交通大学周持兴教授,中国科学院长春应用化学研究所安立佳研究员,浙江大学李伯耿教授等领导的课题组,在已有工作的基础上,在这一领域进行了四年系统深入的研究。在烯类单体本体聚合反应挤出机理与动力学,聚烯烃反应挤出功能化和高性能化的反应机理及副反应的控制,聚合物在反应挤出过程中的结构形态演变及在线分析,反应挤出中聚合物复杂体系化学流变学与输运过程,聚合物反应加工过程的计算机模拟与仿真以及反应挤出中流体混合、分散及其与反应过程耦合等方向取得一系列创新性的成果,这些工作已经走在了世界的前列。《高分子材料的反应加工》一书正是他们在这一领域工作的全面、深刻的总结。承先启后,对高分子材料工业的发展,特别是高分子材料反应加工的发展将会有重要的促进作用,对本领域的工作者也是一本既有深入理论研究,又紧密联系实际生产应用值得一读的好书。

　　感谢国家自然科学基金委员会工程与材料科学部和化学科学部给我以机会,近 5 年来能不断学习作者的研究成果,受益良多。他们刻苦努力,认真踏实的工作精神也让我敬佩。该书的出版给我提供了一个系统学习的条件,同时我也极愿意向同行们推荐这样一本包含作者辛勤工作,得到许多新成果、新发现,有大量新理论研究和实践应用成果的好书。

四川大学高分子科学与工程学院

黄锐

2007 年 12 月于成都

前　言

高分子材料反应加工是集高分子合成、制备及加工成型为一体的一门新兴学科。自 20 世纪 80 年代初在美国匹兹堡国际高分子学术讨论会上将高分子材料的反应加工列为新型材料学科以来,该学科吸引了高分子学术界和工程技术界的极大关注,获得了长足的发展。

传统上,高分子材料的合成和加工成型是两个截然分开的工艺过程。聚合单体首先在催化剂及其他助剂参与下,在反应釜或其他合成反应器中形成聚合物,再经分离、提纯、脱挥等后处理工序,得到聚合物产物。然后再将聚合产物通过加工成型工艺(如挤塑、注塑、吹塑、压延等),制备成各种有使用价值的制品。

高分子材料反应加工将高分子材料的合成与加工成型融为一体,赋予传统的加工设备(如螺杆挤出机)以合成反应器的功能,制备所期望的聚合物;同时在挤出机头安装适当的口模,将螺杆反应器中的聚合物熔体输送到模具中,得到相应的制品。反应加工具有反应周期短(只需几分钟到十几分钟)、生产连续、无需溶剂回收与分离及提纯等后处理工序,具有节约能源和资源、对环境带来的负面效应小等诸多优点。

近年来,本书的各位作者在国家自然科学基金委员会重大项目"高分子材料反应加工过程的化学与物理问题研究"(项目批准号 50390090)的资助下,对高分子材料反应加工的基本科学问题及关键技术进行了系统、深入的研究。本书论及的主要内容为各位作者承担的相应分课题的研究成果和经验积累,涵盖的领域包括:烯类单体本体聚合反应挤出机理与动力学;聚烯烃反应挤出功能化和高性能化的反应机理及副反应的控制;聚烯烃在反应挤出过程中的在线检测、结构形态演变及其与性能的关系;反应挤出中聚合物复杂体系化学流变学与输运过程;聚合物反应加工过程的计算机模拟与仿真以及反应挤出中流体混合、分散及其与反应过程耦合等。本书可为从事高分子材料研究和生产的科研人员和工程技术人员提供有价值的参考,也可用作高等院校和科研院所攻读高分子科学和材料专业的硕士和博士学位研究生的教学用书。我们期待本书的出版对高分子材料科学的创新和技术进步及国民经济的发展有一定的促进作用。

本书的第 1 章由殷敬华、郑安呐撰写,第 2 章由郑安呐撰写,第 3 章由郑安呐、周颖坚撰写,第 4 章由贾玉玺、安立佳撰写,第 5 章由殷敬华、石强撰写,第 6 章由殷敬华、施德安、朱连超撰写,第 7 章由姜伟、朱雨田撰写,第 8 章由张秀芹、王笃金撰写,第 9 章由盛京、原续波、李云岩撰写,第 10 章由盛京、马桂秋、王亚撰写,第

11 章由俞炜、周持兴撰写,第 12 章由吴其晔撰写,第 13 章由冯连芳、曹堃、顾雪萍、李伯耿撰写,第 14 章由曹堃、姚臻、李伯耿撰写。为了保持全书风格一致,由殷敬华和马荣堂进行了统稿和校阅。

　　本书在出版过程中得到中国科学院科学出版基金的资助,在此致以衷心的感谢。

　　由于我们的水平和能力有限,书中的疏漏和不妥之处在所难免,敬请读者不吝指正。

殷敬华

2007 年 12 月于长春

目　　录

第1章 绪 论^[1~6]

1.1 高分子材料反应加工的发展现状

高分子材料的反应加工是一门集高分子材料合成、制备及工程化为一体的新兴科学与技术。自20世纪80年代初在美国匹兹堡国际高分子学术讨论会上将高分子材料的反应加工列为新型材料学科以来,该学科已成为高分子材料科学发展的前沿领域之一,得到了迅猛发展。

近年来,有关高分子材料反应加工的研究在学术界和工业界均引起了极大兴趣和高度重视。每年发表的论文逾千篇,申报的专利超过百项。国际上许多有关高分子材料的制备、加工和应用的学术会议都将聚合物的反应加工作为热点议题。涉及的内容包括:①反应加工过程中的化学反应类型、反应机理及相关反应动力学,研究的反应类型包括本体聚合、降解反应、交联反应、接枝反应和反应共混等,涉及的机理有自由基聚合、离子聚合和缩聚等;②反应加工工程研究,包括作为反应器的挤出机的设计原理,反应挤出工程的特征,反应挤出过程中能量的传递和物料的输运,反应挤出过程中的工艺控制等;③高分子材料反应加工技术的研发及用该技术开发的新型高分子材料的实际应用等。

高分子材料的反应加工通常分为两个主要类型:反应挤出和反应注射成型。目前国内外研究与开发的热点集中在反应挤出领域。高分子材料的反应挤出通常又可分为两个类型:一是将反应单体、催化剂和反应助剂直接引入螺杆挤出机,在连续挤出的过程中发生聚合反应,生成聚合物;二是将一种或数种聚合物引入螺杆挤出机,并在挤出机的适当部位加入反应单体、催化剂或反应助剂,在连续挤出的过程中,使单体发生均聚或与聚合物共聚,或使聚合物间发生偶联、接枝、酯交换等反应,对聚合物进行化学改性或形成新的聚合物。

1.2 高分子材料反应加工的特点

传统上,高分子材料的合成和加工成型是两个截然不同的工艺过程。单体、催化剂及其他助剂通过反应釜或其他合成反应器生成聚合物。聚合反应往往需要几小时甚至数十小时,部分聚合反应还需要在高温、高压或真空等条件下进行。聚合反应结束后须进行分离、提纯、脱挥等后处理工序。制备过程流程长、能耗高、对环境有污染,增加了制造成本。合成的聚合物再通过加工成型得到制品。一般采用挤塑、注塑、吹塑或压延等成型工艺,设备投资大。此外,加工过程中,聚合物需要再次熔融,增加了能耗。

高分子材料反应加工将高分子材料的合成和加工成型融为一体,赋予传统的加工设备(如螺杆挤出机等)以反应器的功能。单体、催化剂及其他助剂或需要进行化学改性的聚合物由挤出机的加料口加入,在挤出机中进行化学反应形成聚合物或经化学改性的新型聚合物。同时,通过在挤出机头安装适当的口模,可直接得到相应的制品。反应加工具有反应周期短(只需几分钟到十几分钟)、生产连续、无需进行复杂的分离提纯和溶剂回收等后处理过程(工艺流程短)、节约能源和资源、环境污染小等诸多优点,特别适合多品种高分子专用料的生产。高分子材料反应加工过程在某种意义上类似于冶金工业的连铸、连轧新技术。

高分子材料的反应加工涉及多学科的基础理论与技术,如高分子化学、高分子物理、化工工程、工程热物理、橡塑机械、过程控制和高分子材料加工成型等多种学科。反应加工过程中涉及的化学反应类型有自由基聚合、阴(或阳)离子聚合、缩聚、开环聚合等多种,有关反应机理和反应动力学属于高分子化学研究的范畴;有关反应产物的形态结构的形成和演变及其与加工工艺和最终性能之间的关系为高分子物理的研究内容;有关能量的传递和平衡、物料的输运和平衡问题为化学工程的研究内容。

在反应加工过程中发生的化学反应多为放热反应,物料的温度会急剧上升,在数分钟内将达到300℃以上,物料易发生降解和炭化,因此必须将反应过程中产生的热及时移出,其研究将涉及化学工程和工程热物理学科的基础问题和新技术。

反应挤出采用的螺杆挤出机与通常加工用挤出机的主要差别表现在:处理的物料的黏度、温度和熔体压力随反应程度的增加而增大;反应单体一般为液体、具有很强的挥发性和一定的腐蚀性;在单体注入部位产生负压区,在反应区两端应形成熔体料封;为保证单体在挤出机中有足够的反应时间,螺杆的长/径比应尽可能大一些、螺旋及相应组件的组合方式能够对物料输送速度进行调控;在挤出机机头安装真空排气口及未反应单体回收装置等。因此,必须研究开发新的橡塑机械设计原理、制造技术及相关的控制技术。

1.3　高分子材料反应加工在国民经济中的作用

利用反应加工的理论研发功能化和高性能化高分子材料具有多品种、小批量、专用化和经济、灵活等特点,该技术与大规模石化装置具有很强的互补性,是大规模石化装置不可替代的工业技术。大家知道,由大型石化装置生产的通用树脂在性能上一般很难满足汽车、家电、包装、农业、电子和信息等领域的直接需求。不同的应用领域、不同的应用对象以及同一应用领域和同一应用对象中的不同制品与构件对某一树脂的物理机械性能、化学性能等的要求也不尽相同。反应加工技术就成为大型石化装置的最重要的补充,可为不同使用领域和对象提供多种不同性能要求的专用树脂。因此,高分子材料反应加工(挤出)一体化系统是与大品种高分子树脂生产技术并存与互补的,反应加工技术是解决当前我国树脂生产工业结构性短缺和结构性过剩局面的最有效途径之一,是当今国际上重要的发展趋势。

如上所述,采用反应型螺杆挤出机作为合成反应器,反应起始物如单体、催化剂等物料由挤出机的加料口加入,在挤出机中进行化学反应直接生成聚合物,将无需复杂的分离提纯和溶剂回收等后处理工序。这对于节约能源和资源、减少环境污染具有特别重要的意义。据测算,我国苯乙烯-丁二烯嵌段共聚物(SBS)年产量约20 万 t,按现生产工艺需用 100 万 t 有机溶剂。回收全部溶剂,需耗能 400 亿kcal[①],这相当于 470 多万 m³ 天然气(陕气)或 4670 万度电所产生的能量。如采用反应加工技术生产 SBS,可避免使用溶剂带来的高能耗和环境污染等系列问题。

由此可见,高分子反应加工的科技进步对于加快我国高分子材料更新换代的步伐、促进高分子材料制备与加工技术的进步与创新,在节约能源和资源,保护环境等方面具有重要的现实意义。

1.4　高分子材料反应加工的主要研究领域

1. 反应加工过程中化学反应的类型、机理及反应动力学

反应加工过程中涉及的化学反应有自由基聚合、阴(或阳)离子聚合、缩聚、开环聚合等多种反应类型,与传统反应需数小时或十几小时相比,其反应时间往往只有几分钟或十几分钟,而且反应是在强剪切力场作用下进行的。因此,在反应机理和反应动力学方面有其自身的特点和规律,揭示该科学问题是保证反应加工过程正常进行的关键。反应加工涉及的化学反应具有高温、高压、反应周期短、无溶剂和多相体系等特点,反应介质可从低黏度液体迅速转变为高黏度熔体,与通常稀溶液低转化率条件的反应机理和反应动力学有根本的区别。通过该项研究,可对高黏度、高转化率状态下的本体和多相体系的反应机理和反应动力学有新的认识,建立起有关反应机理的理论和反应动力学模型。

2. 物料在反应加工过程中的传热与传质

高分子材料的合成和制备一般是由多个化工单元组成的,高分子反应加工把多个单元操作融为一体,成为一个复杂过程,有关能量的传递和平衡、物料的输运和平衡问题,与一般单个化工单元操作截然不同。由于反应加工过程中发生的化学

---

① cal 为非法定单位,1cal＝4.186 8J。

反应多为放热反应,物料的温度在数分钟内将达到 300℃ 以上,若不将反应过程中产生的热及时移出,物料将发生降解和炭化。因此,必须在化学工程和工程热物理学两个方面开展相应的基础研究。由于反应加工囊括高分子材料的合成与加工成型两个过程,因此,有关能量的传递和平衡、物料的输运和平衡问题有其自身的特点,该领域的研究将揭示和掌握其基本的原理和规律,建立作为反应器的双螺杆挤出机内的传质、传热以及反应等复杂过程的物理化学模型。

3. 反应产物形态结构的生成与演变及其与性能关系

高分子材料的物理机械性能、热性能、加工性能等均取决于其化学结构(链结构)和凝聚态的形态结构,而高分子材料的形态结构则与加工工艺和加工设备有着密切的关系。因此,研究反应加工过程中复杂体系形态结构的生成和演变的规律和影响因素是重要的科学问题,对于获得所期望性能的高分子材料同样是非常重要的。高分子材料的最终性能取决于其化学结构(链结构)和凝聚态结构。通过该领域的研究将可了解在反应加工过程中高分子材料链结构的形成和发展与反应条件和复杂流体的运动特性之间的关系;建立反应加工过程中相结构的形成、演变与材料的特性、加工参数之间存在的定性或定量关系;确定相间关系对相结构及材料的最终性能影响;建立材料的形态结构与其性能间的定性或半定量关系和数理模型。借助可视化技术和其他相关测控技术,建立反应加工过程中的在线检测与在线控制的理论和方法,为新型反应挤出设备的设计提供理论依据。

反应加工中的化学反应是在黏流态和高剪切速率场下进行的,且加工成型过程中聚合物的链构象、聚集态结构以及更高层次结构同时改变,因此,开展高分子材料反应加工过程的模拟与仿真研究将可为反应加工设备的设计、工艺过程及参数的遴选与优化等提供前期的理论指导。

4. 反应加工过程中物料的化学流变学问题

流变学是研究物体流动和变形的科学,高聚物流变学是其成型加工成制品的理论基础。伴随化学反应的高聚物的流变性质则有其自身的规律和特点。因此,研究反应加工过程中的化学流变学问题将为反应加工过程的正常进行和反应产物加工成制品提供重要的理论基础。

聚合物反应加工中流变行为最显著的特点是体系黏度变化不仅是温度和剪切速率的函数,而且与成型加工中发生的化学反应密切相关。而黏度的变化和施加的外场作用又会引起化学反应动力学机理和进程的变化,这又反过来影响体系的流变性能。化学流变行为决定了聚合物反应加工的条件,影响着聚合物产品的质量。因此,开展化学流变学理论研究,模拟反应加工过程,对于帮助人们深入理解整个加工过程,优化加工设备和工艺条件具有重要的意义。

参 考 文 献

[1] Xanthos M. Reactive extrusion：principles and practice. London：Oxford University Press，1992

[2] Lambla M. Reactive processing of thermoplastic polymers. In：Comprehensive polymer sciences 1st supplement. New York：Pergamon，1993

[3] Al-malaika S. Reactive modifiers for polymers. London：Academic & Professional，1997

[4] Baker W，Scott C，Hu G H. Reactive polymer blending. Munich：Hanser Publisher，2002

[5] 马里诺.费索斯.瞿金平等译. 反应挤出——原理与实践. 北京：化学工业出版社，1999

[6] 殷敬华,莫志深. 现代高分子物理学.北京：科学出版社,2001

（殷敬华　郑安呐）

第 2 章　单体反应挤出聚合基础

2.1　反应挤出聚合的类型

2.1.1　引言

　　"反应挤出聚合"与通常旨在进行高分子化学反应以及功能化的"反应挤出"一样,隶属于"反应加工"学科。反应加工顾名思义即是同时进行化学反应和聚合物加工的技术,或者说是一种将化学反应与聚合物加工过程相互结合的一种技术。然而这样一种结合,在高分子科学发展将近半个世纪后才出现,表明其出现既需有一定基础,又是高分子科学发展的必然。

　　正如绪论所言,由于传统聚合技术存在着将聚合物制品的生产分割为聚合与加工两个截然不同的过程,经历多次加热、冷却、再加热、再冷却的反复循环,不可避免地造成生产周期长、能耗浪费大、设备昂贵、各种聚合方法又多少存在着这样或那样的缺陷等,这是时代呼唤反应挤出聚合技术出现的充分条件。另一方面,聚合物加工领域的研究已取得了十分显著的进展,特别是数控技术以及计算机技术的高速发展,不仅导致了许多以往难以想象的高精度加工设备的问世,而且自 20世纪 50~60 年代以来,随着化学热力学、化学动力学、高分子物理、聚合物流变学等学科的发展,定量、模型化地描述聚合物在加工过程中的能量传递、流变、高分子链形态演变等行为在当今聚合物加工领域已十分普遍。这些发展又为反应挤出聚合技术的出现提供了必要条件,反应挤出聚合这一新兴技术由此而诞生。

　　反应挤出聚合技术是指单体或混合单体以螺杆挤出机作为反应器,在无溶剂或只含极少量溶剂的情况下直接本体聚合为所需相对分子质量或所需分子结构聚合物的一种技术。由于是"一步到位",省略了多次加热冷却的过程,无环境污染,因而必然是最为经济、最有前途的一种聚合方法。

2.1.2　反应挤出聚合技术实施的前提

　　在反应挤出聚合过程中,并非总是采用单体进行聚合反应,在一些聚合中还可能将第二种聚合物预先溶于单体中一起进入反应体系聚合,从而在挤出机中得到聚合物互穿网络或两相聚合物的实例。但无论在哪种体系中,反应混合物的黏度随聚合转化率的提高往往会骤然增加。在螺杆的长度范围内,黏度可以从低于 0.1 Pa·s 一下子提高到 10 000 Pa·s 以上。因而螺杆反应器必须在不同单元上设计成能同时传送原料和在黏度上有巨大差别的聚合物,而且能在狭窄的区间内有效地控制反应介质因聚合热造成的温度梯度。此外,在产物挤出螺杆反应器前,必须具备减压系统,以便未聚合的单体以及低分子副产物都得以脱除。因此并非所有的聚合体系都能采用反应挤出方法来实现。如上所述,尽管反应挤出这种聚合技术的发展前景十分诱人,但由于该聚合技术本身存在的一些特殊要求,使其较难适合多数的聚合体系。能够采用反应挤出聚合的体系应具备如下的一些条件或技术前提。

(1) 具有较高的聚合速率。这几乎是能否采用反应挤出聚合技术最重要的前提之一。因为螺杆挤出机的长度有限,又必须保证有足够的生产能力,因此物料在螺杆挤出机中的停留时间极为有限。从经济角度考虑,物料在螺杆挤出机中的停留时间不能超过 10min,否则其经济性将不如其他聚合方式。在这样一个停留时间内,如果再考虑残余单体及副产物的脱除以及各种助剂的添加,实际上聚合反应的时间最多只有 6~8min,而且此时的聚合转化率必须在 90% 以上。

这样一个时间尺度,如用通常反应釜、反应塔常规聚合方式的概念来理解是很难被接受的。当然,某一体系在螺杆挤出机中完成聚合反应的时间并非与该反应体系在反应釜或反应塔中聚合时间相同。因为物料在螺杆挤出机,特别是双螺杆挤出机中受到充分的混合、搅拌、剪切、均化和表面更新作用,使反应时间比其他聚合方式要大为缩短,可为其他方式的几十分之一。这一点可以理解为,在反应釜、塔中,随着转化率的提高,体系黏度升高数千倍以上。搅拌器因功率的限制,不可能像搅拌单体那样搅拌具有黏弹行为的聚合体。因此在许多体系中甚至不安装搅拌器,结果使残余单体的扩散受到巨大限制,严重阻碍了反应的进行。而在双螺杆挤出机中,对于高聚物熔体的搅拌与剪切不存在问题,从而大大加速了聚合中后期的反应速率。换言之,如用螺杆挤出机的尺度来衡量,似乎高聚物熔体的黏度变得很稀了,表面积也更大了。故而聚合中后期的时间标尺因反应加速而大为缩短。一些情况下,在釜、塔中需要 1h 方能完成的反应,在螺杆挤出机中数分钟内就有可能完成。尽管如此,众多的聚合反应体系由于反应速率的限制,还是很难通过反应挤出聚合的方式来实现。

(2) 满足热传导条件。由于聚合反应仅在数分钟内完成,对热传导的要求变得十分苛刻。多数缩聚反应是吸热反应,需要迅速提供热量,而加聚以及逐步加成聚合反应都是放热反应,需要将热量迅速转移。特别是在烯烃双键加成反应时,放热量很大,在螺杆挤出机中反应速率又很快,就使散热问题成为十分重要的前提。事实上在螺杆长度为 10~40cm 内,聚合反应就可能从单体直接变成转化率为 90% 以上的聚合物,可以理解在这段螺杆上对散热速率的要求有多快了。因而在一些聚合体系中,不仅要对挤出机的螺筒进行强制冷却,不得已对螺杆也采取通冷却水的方法进行强制冷却。因此,一个聚合反应体系能否采用螺杆挤出机实施聚合,挤出机的热传导能力是否能满足聚合热量的疏散,是能否采用螺杆挤出机实施聚合的另一个前提。

（3）聚合转化率限制。螺杆挤出机在单体及副产物的脱除方面有其优异的表现，尤其是在聚合中后期阶段体系的黏度变得很大的时候，由于双螺杆挤出机混合过程中表面更新作用很强，使小分子挥发分的脱除往往比通常的反应釜甚至专用脱挥设备更为有效。但是如果体系的转化率太低，或是副产物太多，那么不仅仅兼作反应器和脱挥设备的挤出机螺杆结构设计变得很复杂，而且整个反应过程的经济性都将受到很大的影响。对于这类聚合反应，可以将聚合反应分成为前后两个阶段，前期采用釜、塔类反应器，在体系黏度增大很多时，再采用螺杆挤出机作为后期的反应器，或者干脆将其设计成为脱除小分子的专用设备。

以上 3 点是选择反应挤出聚合技术的前提，在各种聚合反应体系中得到满足的情况不相同，要克服的难点也不同。

2.1.3　缩聚反应

缩聚反应通常包括酯化反应、酰胺化反应以及醇醛缩合反应等。由于这类反应逐步进行的特色和有低分子副产物出现等问题，使反应速率进行很慢。特别是反应后期从高黏度体系中脱除低分子副产物十分困难，使这类反应通常需要很长的时间，有的甚至达数十小时，所以采用螺杆反应器完成全部反应显然是不合适的。国外从 20 世纪 60～70 年代即开始了这方面的研究，例如 Takekoshi、Banucci 等[1~6]对反应式 2.1 所示的芳香族聚酰亚胺的聚合反应进行了研究。Banucci 等[3]声称他们采用五螺段紧啮合型的双螺杆挤出机，螺筒的长度设计使物料的平均停留时间为 4～5min，并且在螺段 3 处设计了一个防回流的螺杆单元，如图 2.1 所示。双酚A 邻苯二甲酸酐、间苯二胺以及作为链终止封端剂的邻苯二甲酸酐一同加入螺杆，物料于螺杆 1、2 段熔化并开始聚合。螺段 1 和螺段 2 的温度分别为 45℃和 250℃，

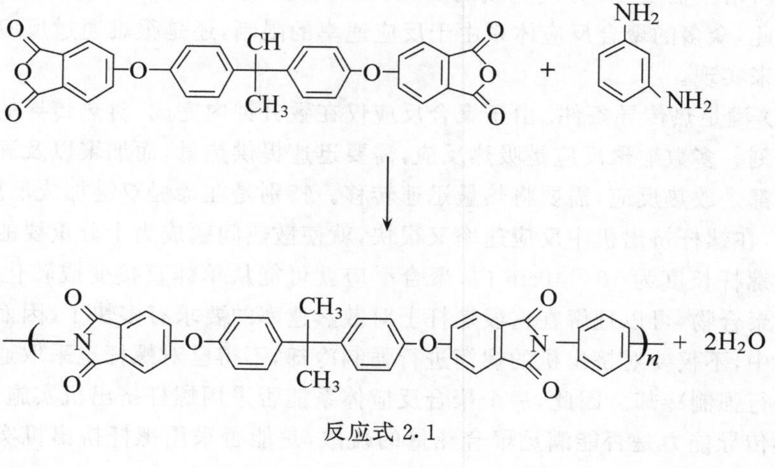

反应式 2.1

其余各段包括口模在内均为 320℃。螺段 2 及螺段 4 各有一个脱挥口，前者为常压，后者为负压。

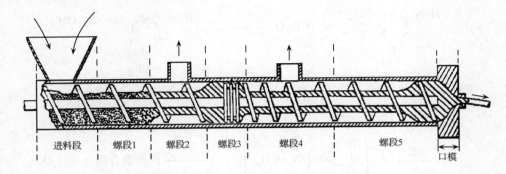

图 2.1　芳香族聚酰亚胺聚合用双螺杆结构图示

为了保证化学配比的准确性，Schmidt 等[5,6]采用单螺杆挤出机将二酸酐和二胺通过一根混合管注入反应用双螺杆挤出机。

酯化反应也是缩合聚合反应的一个重要部分。Kosanovich 等[7~9]采用双酚 A 与间对位比为 75：25 的苯二甲酸二苯酯的预聚体在一个 5 螺段的双螺杆挤出机中完成聚合反应，如反应式 2.2 所示。挤出机上装有 5 个减压脱挥口，以脱除副产物苯酚。挤出机螺杆转速为 125r/min，聚合温度为 320～340℃，使特征黏度为 0.40dL/g 的预聚体聚合为特征黏度为 0.50～0.57dL/g 的芳香族聚酯。

反应式 2.2

体型聚合物的缩聚也可以采用反应挤出的方式来进行。Streetman[10]在一单螺杆挤出机 130℃ 下进行蜜胺树脂的预聚合，反应如反应式 2.3 所示。多聚甲醛与三聚氰胺的固体原料比为 2∶1，在平均停留时间为 3min 的情况下得到熔体黏度为 250Pa·s 的预聚体，转化率达 95%～100%。该预聚体被挤入一个加热的模具中,再一边脱除副产物水,一边进行最终的固化。

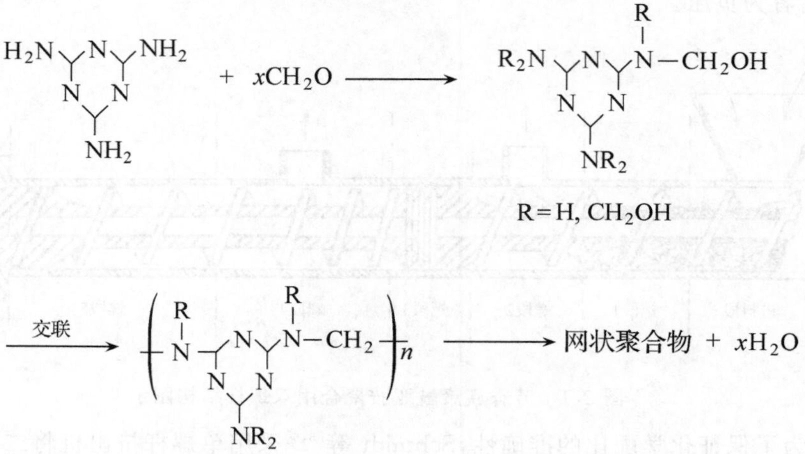

R=H, CH$_2$OH

反应式 2.3

韩哲文等采用反应挤出聚合的技术进行了聚对苯撑苯并二噁唑(PBO)特种纤维合成与纺纤的研究[11]。PBO 纤维是 20 世纪 70 年代开始研究,1998 年日本东洋纺公司在 DOW 公司专利的许可下,开始商业化生产的一种耐高温的特种纤维。其原丝的强度和模量分别达到 5.8GPa 和 180GPa。经热处理后的高模量纤维的模量甚至达到 280GPa。基体树脂的缩合反应如反应式 2.4 所示。

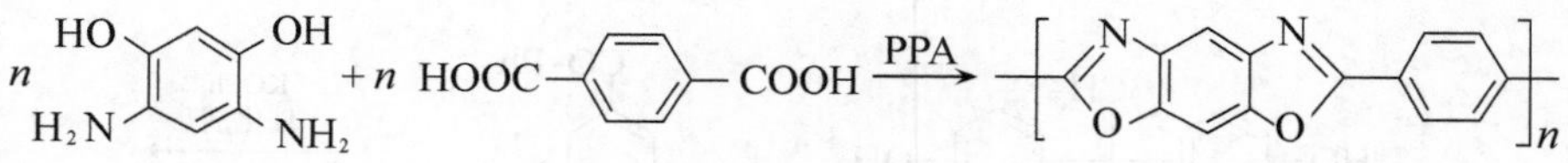

反应式 2.4

在 PBO 缩聚反应的后期,体系黏度急剧上升,搅拌效果变差,导致官能团之间的碰撞概率大大降低,相对分子质量上升困难。韩哲文等先在反应釜中使两种单体按非当量比进行预聚合,产物为羧基或苯并噁唑官能团封端的相对分子质量可控的齐聚物。该齐聚物可以长期保存并具有适当的流动性。将齐聚物转移至双螺杆挤出机在一定的温度和停留时间下完成后聚合。由于双螺杆挤出机可以提供强大的剪切力,可对高黏度体系进行充分搅拌,促进了官能团之间的反应,因而有助于提高聚合产物的相对分子质量。PBO 在双螺杆挤出机中后聚合的工艺条件:预聚合末期齐聚物的聚合度一般在 15~40 之间;后聚合阶段的反应温度范围为 190~220℃,停留时间在 5~30min 之间。

PBO 的纺丝与芳纶类似,采用液晶相浓溶液的干喷湿纺法。当 PBO 聚合物浓度大于形成溶致性液晶聚合物临界浓度聚合时,聚合物链增长到一定长度就形成液晶,分子链之间结合不再受平移、旋转扩散等控制。聚合时相对分子质量在聚合溶液形成液晶后迅速增加,低剪切力下液晶溶液黏度的降低超过一般高分子溶液,液晶内流动单元更加容易取向。所以,采用液晶纺丝,即是指液晶状态下溶液的纺丝,纺丝原液的配制可直接用单体在溶剂中缩聚得到的聚合物溶液或是将 PBO 聚合物溶于多聚磷酸中制成浓度为 14% 的纺丝原液。然后在 90~200℃ 的温度下进行干喷湿纺,采用 15~20 以上的拉伸比,实现分子链沿应力及纤维长轴方向高度取向;经过 5~250cm 空气层后,到达低温凝固水浴,分子取向结构被保留下来,再经过水洗、收丝得到 PBO 原丝。PBO 纤维缩合反应以及干喷湿纺生产线如图 2.2 所示。

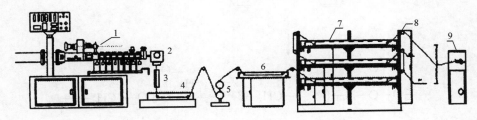

图 2.2　PBO 纤维缩合反应以及干喷湿纺生产线

共 9 个单元部件组成:1—双螺杆挤出机;2—液流板、精密计量泵及 58 孔纺丝头;3—空气段;
4—20%(质量分数)磷酸凝固浴;5—牵伸装置;6—10%(质量分数)磷酸凝固浴;7—热水洗槽;
8—张力装置;9—收丝机

除缩聚反应外,以聚氨酯为代表的逐步加成反应,采用反应挤出技术聚合的研究也一直是人们注意的焦点之一。其典型的聚合反应如反应式 2.5 所示。国外从 20 世纪 60 年代即开始了这方面的研究,并持续到 80 年代[12~15]。

如 Ullrich 等[14]采用 9 份丁二醇作为扩链剂,91 份己二酸与丁二醇的低分子聚酯(羟值为 51.7),与 35 份 4,4′-二苯甲烷二异氰酸酯(MDI)分别熔化后加入 ϕ53mm 的双螺杆挤出机,结构如图 2.3 所示。螺杆加料段的温度为 90~120℃,中间段的温度为 180~260℃,最后段的温度为 100~180℃,螺杆转速为 70~130 r/min。聚氨酯片材从口模挤出,产量为 30~100kg/h,物料停留时间为 0.8~2.5min。物料通过机器所需的净能量为 0.18~0.54MJ/kg。他们认为该过程成功的关键在于 7,8,9 三个螺段处各有一个 240mm 的捏合段,以便提供充分的混合与

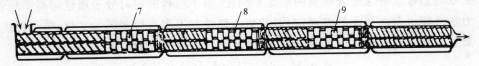

图 2.3　聚氨酯合成的挤出机螺杆设计

对反应混合物的剪切,防止挤出片材中不均匀凝胶的形成。

$$HO{-}(CH_2{\xrightarrow{\hspace{0.3cm}}}_4O{-}\overset{\overset{\textstyle O}{\|}}{C}{-}(CH_2)_4{-}\overset{\overset{\textstyle O}{\|}}{C}{-}O{\xrightarrow{\hspace{0.3cm}}}_n(CH_2{\xrightarrow{\hspace{0.3cm}}}_4OH$$

典型羟基封端低分子聚酯

$$+$$

$$HO{-}(CH_2{\xrightarrow{\hspace{0.3cm}}}_4OH \quad 典型二醇扩链剂$$

$$+$$

$$OCN{-}\!\!\!\bigcirc\!\!\!{-}CH_2{-}\!\!\!\bigcirc\!\!\!{-}NCO \quad 典型二异氰酸酯$$

$$\downarrow$$

$${-}(O{-}\overset{\overset{\textstyle O}{\|}}{C}{-}\overset{\overset{\textstyle H}{|}}{N}{-}\!\!\!\bigcirc\!\!\!{-}CH_2{-}\!\!\!\bigcirc\!\!\!{-}\overset{\overset{\textstyle H}{|}}{N}{-}\overset{\overset{\textstyle O}{\|}}{C}{-}O{-}(CH_2)_4{\xrightarrow{\hspace{0.3cm}}}_n$$

代表性聚氨酯

反应式 2.5

2.1.4　开环聚合反应

开环聚合反应中具有代表性的是己内酰胺开环聚合成尼龙 6 的反应。尼龙 6 的合成通常可由己内酰胺水解聚合法、阳离子开环聚合法或阴离子开环聚合法来实现。很显然,从聚合速率、减少副产物和提高转化率等几方面综合考虑出发,阴离子开环聚合对反应挤出聚合法是最为适宜的。其聚合机理可分为不加助催化剂和同时加入助催化剂两种。前者在 250℃较高的温度下,按反应式 2.5.1 的反应机理进行。如果在催化剂体系中加入助催化剂 $R{-}CO{-}N{-}CO$,则聚合反应将如反应式 2.5.2 进行。

加入催化剂后,如忽略离子对对聚合反应的影响,则动力学方程如式(2.1)所示。基于上述机理,邵佳敏等[16]采用反应挤出的方法,由己内酰胺单体直接用双螺杆挤出机反应挤出聚合高相对分子质量尼龙 6。采用反应挤出方法聚合得到的尼龙 6 与通常水解法聚合得到的尼龙 6 相比,由于前者的相对分子质量远高于后者,力学性能也存在较大的差别,前者的冲击韧性差不多为后者的 1.2 倍,抗张强度以及球压硬度也有较大提高,但弯曲强度及断裂延伸率不如后者。

$$-\,\mathrm{d}[M]/\mathrm{d}t = K_{\mathrm{P}}(K_{\mathrm{d}}[C]_0)^{0.5}[A]_0 \tag{2.1}$$

式中,$[M]$ 为单体浓度;K_{P} 为聚合速率常数;K_{d} 为催化剂离子对解离的平衡常数;

$$Me + HN-C=O \longrightarrow \overset{\oplus}{Me} \ \overset{\ominus}{N}-C=O + \tfrac{1}{2} H_2$$

$$HN-C=O + \overset{\ominus}{N}-C=O \longrightarrow HN-\overset{O}{\overset{\|}{C}}-N-C=O$$

$$\overset{\ominus}{HN}-\overset{O}{\overset{\|}{C}}-N-C=O + HN-C=O \longrightarrow H_2N-\overset{O}{\overset{\|}{C}}-N-C=O + \overset{\ominus}{N}-C=O$$

反应式 2.5.1

$$R-\overset{O}{\overset{\|}{C}}-N-C=O + \overset{\ominus}{N}-C=O \rightleftharpoons R-\overset{O}{\overset{\|}{C}}-N-\overset{\ominus}{C}-N-C=O$$

$$R-\overset{O}{\overset{\|}{C}}-N-(CH_2)_5-\overset{O}{\overset{\|}{C}}-\overset{\ominus}{N}-C=O$$

$$R-\overset{O}{\overset{\|}{C}}-(N-(CH_2)_5-\overset{O}{\overset{\|}{C}})_n-\overset{\ominus}{N}-C=O + \overset{\ominus}{N}-C=O \rightleftharpoons R-\overset{O}{\overset{\|}{C}}-(N-(CH_2)_5-\overset{O}{\overset{\|}{C}})_n-(N-(CH_2)_5-\overset{O}{\overset{\|}{C}})-\overset{\ominus}{N}-C=O$$

($\overline{B}_{n+1}$)

$$\overline{B}_{n+1} + \overset{H}{N}-C=O \rightleftharpoons R-\overset{O}{\overset{\|}{C}}-(N-(CH_2)_5-\overset{O}{\overset{\|}{C}})_{n+1}-N-C=O + \overset{\ominus}{N}-C=O$$

(B_{n+1})

反应式 2.5.2

$[C]_0$、$[A]_0$ 分别为催化剂及助催化剂的初始浓度。

采用反应挤出方法进行开环聚合的另一实例是三聚甲醛的聚合反应。其反应机理如反应式 2.6 所示。反应只能采用本体或非溶液聚合。通常采用 BF_3：$O(C_2H_5)_2$ 作为催化剂,按阳离子聚合机理进行,实际上是环醚的开环聚合。

$$F_3B:O\begin{matrix}C_2H_5\\C_2H_5\end{matrix}+O\begin{matrix}CH_2-O\\CH_2-O\end{matrix}CH_2 \Longleftrightarrow F_3B:O\begin{matrix}CH_2-O\\CH_2-O\end{matrix}CH_2+O(C_2H_5)_2$$

$$F_3B:O\begin{matrix}CH_2-O\\CH_2-O\end{matrix}CH_2 \Longleftrightarrow F_3B^-:OCH_2OCH_2OCH_2^+ \xrightarrow{n\,O\begin{matrix}O\\O\end{matrix}}$$

$$F_3B:OCH_2OCH_2OCH_2(OCH_2)_n CH_3^+$$

反应式 2.6

国内虽然在该领域有过研究和工业化尝试,但有关的研究报道却比较少。Seddon 等[17]和 Fisher 等[18]采用反应挤出法制备聚甲醛,其配料比为三聚甲醛 100 份、环氧乙烷 2.4 份、环己烷 1.1 份,以 840ppm 甲醛缩二甲醇、70ppm 三氟化硼乙醚溶液为催化剂,反应式如 2.7 所示。采用的双螺杆挤出机的螺筒具有从内表面向中心凸出的齿形横隔,而螺杆具有与横隔相互干涉的台阶,以保证三聚甲醛/环氧乙烷本体聚合体系的充分混合。聚合反应温度控制在 105~115℃,停留时间为 1min 。聚合转化率一般可达 40%,最高可达 56%~85%。

$$x\,O\begin{matrix}O\\O\end{matrix}O + y\,O\triangle \longrightarrow (OCH_2)_x(OCH_2CH_2)_y$$
聚甲醛

反应式 2.7

夏浙安等[19]利用反应挤出技术进行了己内酯(CL)的阴离子开环聚合与丙烯酸丁酯的自由基枝化接枝聚合。首先用 2-烯丙氧基乙醇来改性传统的引发剂四丙氧基钛来获得官能化的烷氧基钛化合物,用它来引发 CL 的聚合,得到终端都是带有双键的四臂结构的聚己内酯(PCL)。结果表明,在高温本体聚合中,聚合产物以聚合物为主体,只有极少量的低分子成分;所有的烷氧基钛键参与引发聚合,并且烷氧基占据聚合物的一端;PCL 的聚合度同 CL 与引发剂的比值相关。对于 CL/引发剂之比较小的体系,存在并非所有的烷氧基钛键都参与引发聚合的现象。用凝胶渗透色谱法(GPC)和核磁共振法(NMR)对 PCL 标样和反应产物的相对分子质量进行了测定。结果表明,反应产物的相对分子质量为单臂相对分子质量的 2 倍左右。然后在过氧化物的引发作用下与甲基丙烯酸丁酯等烯烃进行自由基共聚反应,得到高枝化聚合物。分别如反应式 2.8.1~2.8.3 所示。

反应式 2.8.1

反应式 2.8.2

反应式 2.8.3

2.1.5　烯类单体的聚合反应

烯类单体的聚合已成为高聚物合成反应极为重要的一部分,这类聚合物通常称为烯类聚合物。由于该类聚合反应速率快、放热量大、物料黏度在瞬间迅速增加,致使反应热的撤移、单体的扩散与均布比较困难,该类聚合物的本体聚合很难实施。然而采用反应挤出方式来实现烯类单体的本体聚合却有其独特的优势。

Stuber 等[20]利用一台 ϕ34mm 反向自洁净紧啮合双螺杆挤出机,研究了甲基丙烯酸甲酯的本体聚合,并通过在第一螺段上注入固体染料来测定物料的停留时间及其分布。停留时间分布和聚合物相对分子质量被用来作为聚合物的多分散性、挤出机产生的压力以及生产效率等结果预测的模型。

Lee 等[21]与 Bodolus 等[22]采用同向双螺杆挤出机研究了甲基丙烯酸甲酯与丙烯腈以及溶解于这两种混合单体中的丁腈橡胶的本体聚合。聚合条件为:每分钟输入液态混合单体 27g,其中丙烯腈占 75 份(质量份,下同),甲基丙烯酸甲酯 24 份,硫醇链转移剂 1 份,引发剂 0.4 份,同时加入丁腈橡胶 2.45g,料筒温度为110～177℃,螺杆转速为 75r/min,物料在螺杆中的停留时间为 4min,未反应的单体由挤出机上的脱挥口脱出。得到的产物的收率为 77%,其抗冲击性能比不添加丁腈橡胶时高 10 倍以上。

Stober 和 Amos[23]将苯乙烯预聚体加入单螺杆挤出机中,研究了其本体聚合反应。反应条件为沿螺杆方向的温度梯度为 120～200℃,螺杆转速为 1r/min,物料的平均停留时间为 18h。

Illing[24]研究了苯乙烯与丙烯腈、甲基丙烯酸甲酯或丙烯酰胺的本体自由基共聚合。为了能提供较长的停留时间,设计了一个 3 级串联的紧啮合双螺杆挤出反应器,如图 2.4 所示。将 5℃的含有引发剂的苯乙烯与丙烯腈单体的混合物从第一个双螺杆挤出机的进料口加入,物料在该挤出机中被加热至 130～180℃、停留 20～40s 后送入第二个双螺杆挤出机,该螺杆的直径大约为 60～200mm。单体主要在第二个螺杆挤出机中聚合,反应物呈薄层状流动,以得到充分、有效的捏合。螺筒内保持 1.52×10^5Pa 压力,反应物停留时间控制在 1.5～18min 范围内。然后再将反应物送入第三个双螺杆挤出机,物料在挤出机中脱挥,未反应单体从两个抽真空口脱出。如上所述,由于自由基引发的烯类单体的本体聚合存在转化率和生产效率低、设备过于复杂等问题,真正工业化生产的装置很少。

作者所在课题组[25～38]采用无终止活性聚合引发体系和反应挤出的方式,充分利用螺杆挤出机对高黏度介质可方便地进行传热、传质的特点,在双螺杆挤出机中数分钟内直接由单体聚合成目前工业化生产几乎很难达到的相对分子质量高于60 万的聚苯乙烯,转化率在 99% 以上。而且利用聚合热把熔体加热到加工温度,

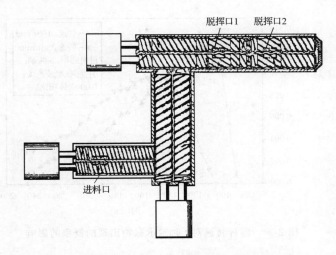

脱挥口1　脱挥口2

进料口

图 2.4　合成苯乙烯共聚物的双螺杆挤出反应器

充分节约了能源。另外,还可以在同一设备上按照预先设计要求方便地生产出不同相对分子质量的产品或使其带有可进行后续反应的活性点。此外,设备投资少,占地小,能耗低,几乎不产生环境污染。研究包括以下几个方面。

2.1.5.1　聚合过程中的停留时间及其分布

为了确定单体在螺杆挤出机这个黑匣子中的反应过程,选择了对苯乙烯聚合反应无影响,但又可进行紫外检测的蒽来进行停留时间分布的测定。在苯乙烯反应挤出聚合过程稳定后,将含蒽的苯乙烯溶液在加料口迅速注入螺杆,并开始记时,同时在口模处每隔 5s 取一次样,然后将样品用苯乙烯配成溶液,对溶液中蒽的含量 $[C(t)]$ 进行紫外测定,按式(2.2)、式(2.3)确定 t 时刻示踪物出现的概率(也即停留时间分布)及其平均停留时间。

$$E(t) = \frac{C(t)}{\sum\limits_{0}^{\infty} C(t) \cdot \Delta t} \tag{2.2}$$

$$\bar{t} = \sum\limits_{0}^{\infty} t \cdot E(t) \cdot \Delta t \tag{2.3}$$

试验中发现螺杆转速、进料速率对 t 时刻示踪物出现的概率及其平均停留时间都存在一定影响,如图 2.5～图 2.8 所示。随着螺杆转速的增加,输送物料的速率增加,平均停留时间不断减小。平均停留时间符合式(2.4):

$$\bar{t} = \frac{\varepsilon V}{Q} \tag{2.4}$$

其中,Q 为进料速率;V 为双螺杆挤出机螺槽中的填充体积;ε 为填充度。随着进料

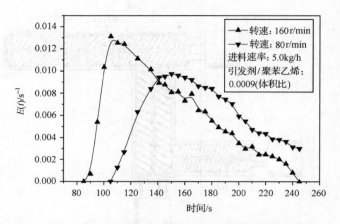

图 2.5　　螺杆转速对 t 时刻示踪物出现的概率的影响

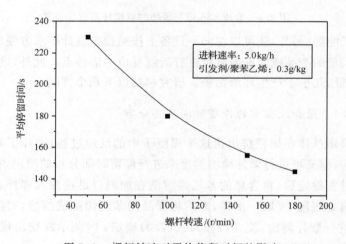

图 2.6　　螺杆转速对平均停留时间的影响

速率的增加,平均停留时间不断减小,如图 2.7 和图 2.8 所示。这是由于在该聚合体系中填充度 ε 的增加没有进料速率 Q 增加快的缘故。此外,本结果与文献报道的平均停留时间与螺杆转速呈线性关系[39]不一致(如图 2.6 所示),这与聚合过程中介质黏度的急速增加和分布状态与通常熔体加工过程显著不同有关。

　　研究还发现,随着聚合物相对分子质量的增加,平均停留时间不断减小(如图 2.9 所示)。这是由于相对分子质量增加使熔体的黏度增加、螺杆的输送能力增强、进而使平均停留时间减小的缘故。这一现象对于反应挤出过程非常有意义,因为熔体黏度不仅与聚合物的相对分子质量有关,而且与熔体的温度也有关,因此可以通过调节螺筒的温度调节物料在挤出机中的停留时间,从而避免了不必要的副反应。

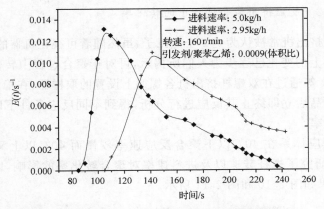

图 2.7　进料速率对 t 时刻示踪物出现的概率的影响

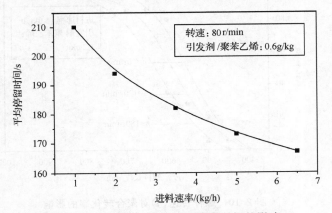

图 2.8　不同进料速率对平均停留时间的影响

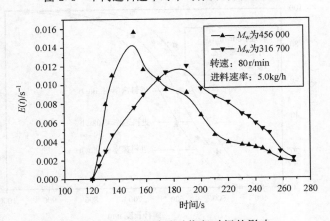

图 2.9　相对分子质量对停留时间的影响

2.1.5.2　反应挤出聚合过程中的转化率

双螺杆挤出机常被认为是一个黑匣子,虽然随着可视化机器的出现,加工过程中物料形态上的变化已逐步为人们所揭示,可对于聚合过程中转化率的变化尚鲜为人知。作者等通过在双螺杆挤出机各螺筒上设置的取样器,在稳定的反应挤出过程中取出样品后立即终止其反应进行分析,得到不同反应条件下以及不同螺段处的反应转化率[34]。

针对反应体系在40℃以下聚合反应速率较慢而40℃以上又极为迅速的特点[36],首先研究了螺杆转速以及进料速率对聚合转化率的影响,以观察聚合的均布状况,结果如图2.10和图2.11所示。

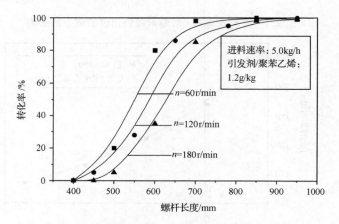

图2.10　螺杆转速(n)对聚合转化率的影响

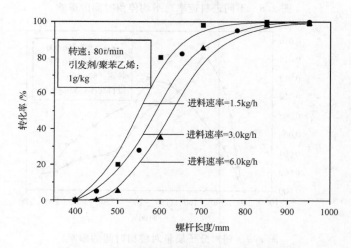

图2.11　进料速率对螺杆内聚合转化率的影响

　　可以看到,聚合反应在螺杆内进行非常迅速,大约在短短的 400mm 的螺杆长度里单体转化率就达到了 90％以上,聚合反应集中在螺杆 400～850mm 处,最终的单体转化率几乎接近 100％。而且一旦聚合反应建立后,工艺参数对聚合反应的影响就很小。螺杆转速和进料量的改变对螺筒内的聚合的影响,只是相当于在对应的螺杆长度上作了一段平移。

　　图 2.12 是在螺杆 600mm 处的分别在螺筒夹套中打开和关闭冷却水条件下的温度变化曲线。可以看到当螺筒夹套冷却水不流动时,螺筒的温度会快速上升,进一步证实了聚合反应主要在这一段进行的判断。当螺筒夹套冷却水不流动,并同时关闭加热系统时,体系相当于绝热过程,根据温度的变化可进行放热量的近似推算。

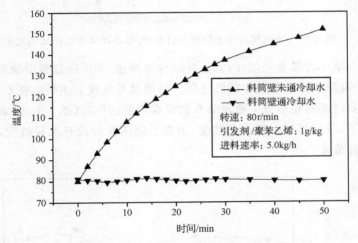

图 2.12　在螺杆 600mm 处的温度变化曲线

2.1.5.3　反应挤出过程中的相对分子质量及其分布

　　反应体系中苯乙烯聚合的相对分子质量可以通过式(2.5)进行理论设计,但与实际聚合测定的结果比较则如图 2.13 所示。

$$\overline{M}_n = \frac{m_{St}}{n_{ini}} \tag{2.5}$$

式中,m_{St} 表示苯乙烯的质量流率;n_{ini} 表示引发剂的摩尔流率。可以看出,实测的数均相对分子质量要明显比计算值大。可以认为造成实测值比理论值高的主要原因是原料中含有杂质以及设备微量泄漏造成一部分引发剂损失,使实际参与苯乙烯聚合的引发剂量比设计量有所减少。

　　就反应挤出聚合体系而言,理论上影响相对分子质量分布的因素应该包括:

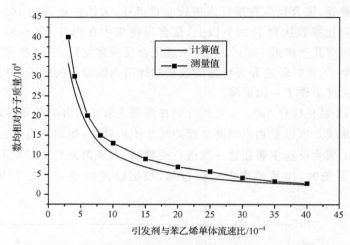

图 2.13　数均相对分子质量与引发剂/苯乙烯单体流速比的关系

①引发剂与单体的混合均匀性；②螺杆结构与转速；③反应过程中杂质造成聚合链的终止；④高温下反应活性端的终止等。然而试验发现上述影响并不十分明显，例如平均停留时间对相对分子质量分布就没有明显的影响(图 2.14)。表明挤出机在较高温度下，尽管停留时间有所改变，但聚合链活性并没有明显改变，聚合机理也没有实质性改变。

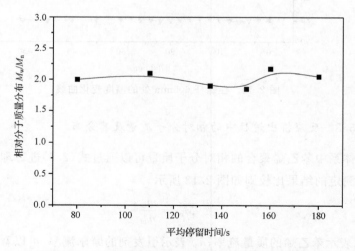

图 2.14　平均停留时间对相对分子质量分布的影响

螺杆转速增加，相对分子质量分布可明显变窄，如图 2.15 所示。螺杆转速加快可使单体与引发剂的混合效果变好，相对分子质量分布变窄理所当然。但螺杆转速的提高，施加于聚合物熔体的剪切力也会增加，对聚合物中高相对分子质量组分更容易使之机械剪切断链。从聚合物的 GPC 分析可以看到，在转速增加的情况下，重均相对分子质量明显减小，而数均相对分子质量却几乎不变，似乎也证实了机械剪切断链的推断。

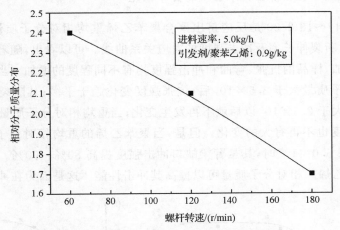

图 2.15　螺杆转速与相对分子质量分布的关系

2.1.5.4　反应挤出过程中相对分子质量的稳定性

在研究反应挤出聚合过程中我们发现聚合物的重均相对分子质量比较稳定，如图 2.16 所示。在反应挤出的初始阶段，相对分子质量有一个逐渐变小至稳定的过程。可以认为在挤出开始后，随着输送管道、螺杆及螺筒壁上所存在杂质的逐步被消耗掉，引发剂恢复到原较高的水平，致使相对分子质量逐步下降，并达到一稳定值。在反应进行了约 30 min 后，通过适当降低引发剂用量，可使聚合物的相对分

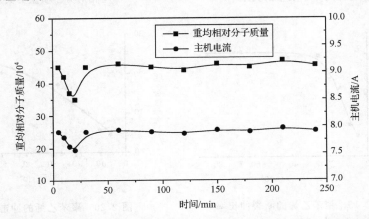

图 2.16　反应挤出过程中的重均相对分子质量及主机电流随时间的变化

子质量增加,并保持在一定的范围之内。由此可见只要严格控制各原料流量的稳定,就可保持反应挤出过程的稳定性。

2.1.5.5 反应挤出聚苯乙烯的力学性能

图 2.17～图 2.20 是反应挤出聚合聚苯乙烯重均相对分子质量与抗张强度、弯曲强度、断裂伸长率及冲击强度的对应关系曲线。可以看出,随着重均相对分子质量的增加,样品的抗张、弯曲和冲击强度均有不同程度的增加。当聚苯乙烯的重均相对分子质量大于 3.5×10^5 后,抗张强度变化趋于平缓;其断裂延伸率在相对分子质量大于 2.5×10^5 以后就不再发生变化;当重均相对分子质量大于 4.5×10^5 后弯曲强度也不再有大的变化。但是,当聚苯乙烯的重均相对分子质量从 2.5×10^5 提高到 5.0×10^5 时,其悬臂梁缺口冲击强度提高 80%～90%。由此可见通过增加聚苯乙烯的相对分子质量可以提高其冲击性能。这是因为在冲击导致的微裂

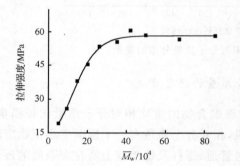

图 2.17　聚苯乙烯的拉伸强度
与相对分子质量的关系

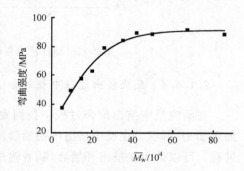

图 2.18　聚苯乙烯的弯曲强度
与相对分子质量的关系

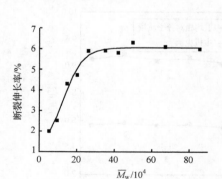

图 2.19　聚苯乙烯的断裂伸长率
与相对分子质量的关系

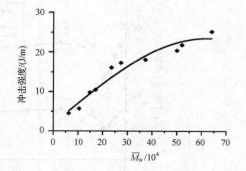

图 2.20　聚苯乙烯的冲击强度
与相对分子质量的关系

纹尖端附近材料的变形区域内,相对分子质量越高,分子链取向程度越高,越能阻止微裂纹的发展,从而抗冲击强度也就越高。不过作者等发现,当反应挤出聚苯乙烯相对分子质量超过 4.0×10^5 时,聚合物熔体黏度较大,其在挤出机中受到的剪切作用更为强烈,尤其是高相对分子质量部分更容易在强剪切作用下发生降解、交联、环化等副反应,导致颜色加深。

2.1.5.6　反应挤出聚合聚苯乙烯的化学结构

图 2.21 为反应挤出聚合聚苯乙烯($\overline{M}_w = 520\,000$)的红外光谱谱图。作为比较,通用聚苯乙烯薄膜的 HUMMEL 标准图谱也列于图中。反应挤出聚合聚苯乙烯的红外光谱图与标准图谱在两个谱峰位存在差异。其一是其 696.2cm^{-1} 吸收峰与通常聚苯乙烯相比特别强。其二是反应挤出聚苯乙烯在 730.9cm^{-1} 处有一吸收峰,而通常聚苯乙烯谱图却没有。后者在 673.4cm^{-1} 处有一吸收峰,而前者没有。这表明,虽然都是聚苯乙烯,但不同聚合法得到的聚苯乙烯的分子链在序列分布及等规度上还是存在一定差别。用反应挤出制备的超高相对分子质量的聚苯乙烯在反应挤出过程中可能存在剪切降解后环化或交联。

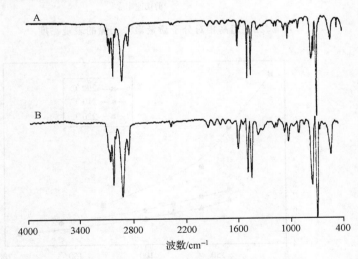

图 2.21　聚苯乙烯的红外光谱谱图

A—反应挤出聚合超高相对分子质量聚苯乙烯;B—HUMMEL 标准 PS 红外图谱

2.1.5.7　超高相对分子质量聚苯乙烯的流变性能

我们将反应挤出得到的超高相对分子质量聚苯乙烯($\overline{M}_w = 520\,000$)与通用聚苯乙烯($\overline{M}_w = 277\,000$)在 200~220℃ 范围内的表观黏度进行了比较,如图 2.22 和

图 2.23 所示。可以看到,在相同的温度和剪切速率下,前者的表观黏度比后者约高一个数量级。提高温度和剪切速率可使反应挤出超高相对分子质量聚苯乙烯的黏度有较大的下降。由此可见,反应挤出超高相对分子质量聚苯乙烯的加工温度比通用聚苯乙烯的加工温度高。综合考虑力学性能和加工性能,聚苯乙烯的相对分子质量在 5×10^5 左右比较适合。

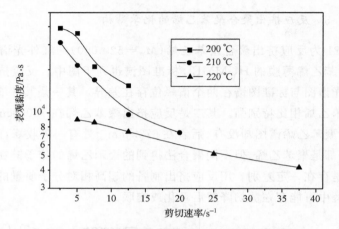

图 2.22　超高相对分子质量聚苯乙烯的表观黏度

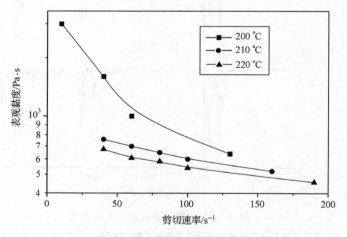

图 2.23　通用聚苯乙烯的表观黏度

2.1.5.8　超高相对分子质量聚苯乙烯的热稳定性

我们将反应挤出超高相对分子质量聚苯乙烯($\overline{M}_w = 520\,000$)与通用聚苯乙烯($\overline{M}_w = 277\,000$)在 $160 \sim 450℃$ 范围内的热重分析(TGA)曲线(气氛为空气)进行

了比较,如图 2.24 所示。以曲线上失重 20% 和 50% 两点连线与基线交点所对应的
温度作为分解温度。在相同的实验条件下通用聚苯乙烯的分解温度为 346℃,而超
高相对分子质量聚苯乙烯的分解温度为 376℃,可见提高相对分子质量可提高聚
苯乙烯的热稳定性。

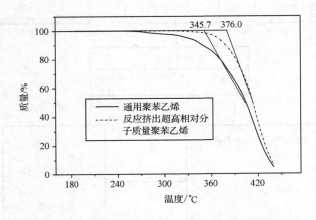

图 2.24　反应挤出聚苯乙烯与通用聚苯乙烯的 TGA 曲线

2.2　反应挤出聚合的控制原理

2.2.1　数学模拟

　　数学模拟法在反应挤出过程中有着十分重要的作用,它可以通过一些实验点
来协助选择出反应挤出的合适工艺条件,预测反应挤出体系重要的参数变化,使反
应挤出过程可控化,不仅为反应挤出聚合控制原理的研究提供了有力的工具,而且
也为实际工业化提供了理论依据。

　　国外 20 世纪 80 年代起即开始了这方面的研究,并有了长足的进展[40~43]。国
内有许多专家[44~52]对单螺杆、双螺杆的传输,混合机理,黏性流场分析,可视化等
问题作了大量的研究,得到了许多相应的数学模型。但将螺杆作为聚合反应器的理
论模型,国内研究还刚刚起步。数学模拟的主要路线如图 2.25 所示。其中第一部
分是模型的输入部分,需要提供反应动力学模型以及黏度、物性参数随反应过程变
化而变化的规律模型。第二部分是模型的输出和优化部分,它对反应挤出过程中的
三个基本过程(反应、流动、传热)进行适当的简化和模拟,使整个反应挤出过程得
以优化。以下就数学模型的几个重要组成部分进行讨论。

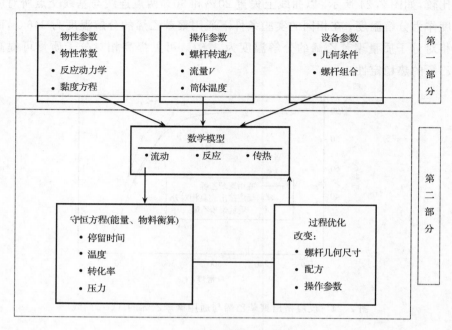

图 2.25　数学模拟的主要框图

2.2.2　反应动力学模型

2.2.2.1　动力学方程

动力学方程是描述螺杆挤出机中单体聚合反应速率的表达式。综合螺杆挤出机中的各种因素[42]，其聚合反应动力学方程式可表达为

$$\frac{\mathrm{d}X}{\mathrm{d}t} = k_0 \cdot \left[(1-X) \cdot c_\mathrm{m}\right]^{n_\mathrm{m}} \cdot c_\mathrm{a}^{n_\mathrm{a}} \cdot c_\mathrm{b}^{n_\mathrm{b}} \cdot \mathrm{e}^{-\frac{E_\mathrm{a}}{RT}}(1 + B_1 \cdot X) \tag{2.6}$$

采用适当的测量方法可得到下列反应动力学参数：频率因子 k_0、活化能 E_a、反应热 Δh_R 和自催化系数 B_1。用准绝热的方法对动力学模型和结果进行验证，将式（2.6）得到的转化率代入式（2.7）中计算出体系的绝热温升 ΔT_R 与测量值进行比较，来验证模型是否合理。

$$\Delta T_\mathrm{R} = \frac{\Delta h_\mathrm{R} \cdot \Delta X}{C_{p,\mathrm{mono}}(1-X) + C_{p,\mathrm{poly}} \cdot X} \tag{2.7}$$

式（2.6）和式（2.7）中，c_a、c_b 与 c_m 为引发剂和单体的浓度；X 为单体转化率；C_p 为等压热容，下标 mono 及 poly 分别表示单体和聚合物。

2.2.2.2　实际双螺杆反应器

紧密啮合同向双螺杆反应器可近似地用管式反应器的理想模型来模拟其反应

过程,在沿螺槽方向上相同位置处具有相同的转化率。对苯乙烯类烯烃本体聚合而言,假定聚合反应相对于单体为一级反应,正如作者等所研究的体系那样[27],若假设在反应挤出过程中无其他杂质引入,引发剂及聚合物活性种的浓度不随温度而变化,则式(2.6)可简化为式(2.8)。

$$\frac{\mathrm{d}X}{\mathrm{d}t} = k_0 \mathrm{e}^{-\frac{E_\mathrm{a}}{RT}}(1 - X) \tag{2.8}$$

将螺杆反应器分成几个等温序列,在每一等温段上对式(2.8)积分得

$$X(t) = 1 - (1 - X_0)\mathrm{e}^{-kt} \tag{2.9}$$

$$k = k_0 C_\mathrm{ini}^n \mathrm{e}^{\frac{-E_\mathrm{a}}{RT}} \tag{2.10}$$

其中,C_ini 为引发剂浓度,式中的参数值如下所示[42]。

$$k_0 = 35.7 \times 10^6 (\mathrm{L/mol})^{1/2}/\mathrm{s}$$

$$n = 0.5$$

$$E_\mathrm{a} = 59.07\mathrm{kJ/mol}$$

如上所述,作者等在聚合反应稳定的情况下,在线分析了苯乙烯单体的转化率,结果如表 2.1 所示,模型计算值与实测值列于图 2.26 中,可以看出两者十分吻合,从而证实了用简化的模型模拟双螺杆反应器中聚合反应的可行性。

表 2.1　沿螺杆轴方向苯乙烯的转化率

螺杆长度/mm	60	220	360	520	740	1000
1	6.1%	84.1%	94.1%	99.7%	100%	100%
2	5.8%	85.6%	92.8%	99.5%	100%	100%
3	6.9%	87.1%	94.5%	98.4%	100%	100%
4	5.2%	83.4%	95.2%	99.1%	100%	100%

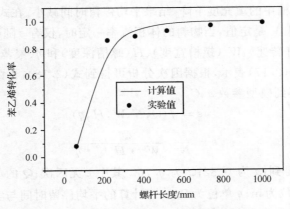

图 2.26　转化率实验值与计算值的比较

2.2.3 停留时间分布模型

在优化反应挤出方面,停留时间分布是关键参数之一。可由式(2.11)~式(2.14)来计算停留时间分布函数和平均停留时间。其中,$C(t)$为双螺杆体系内流经反应器的聚合物料中示踪物在t时刻的浓度;$E(t)$为t时刻示踪物出现的概率;$\bar{t}$为平均停留时间;σ_t^2为方差;θ无因次时间;σ_θ^2为无因次方差;N为模型参数。

$$E(t) = \frac{C(t)}{\int_0^\infty C(t)\mathrm{d}t} \tag{2.11}$$

$$\bar{t} = \int_0^\infty tE(t)\mathrm{d}t \tag{2.12}$$

$$\sigma_t^2 = \int_0^\infty t^2 E(t)\mathrm{d}t - \bar{t}^2 \tag{2.13}$$

$$\theta = \frac{t}{\bar{t}} \tag{2.14}$$

$$\sigma_\theta^2 = \frac{\sigma_t^2}{\bar{t}^2} \tag{2.15}$$

$$N = \frac{1}{\sigma_\theta^2} \tag{2.16}$$

由停留时间分布函数得到的平均停留时间、方差、无因次方差和模型参数的数值列于表2.2中[27]。可以看出,通过调节各操作参数即可实现对螺杆反应器停留时间分布参数的控制。采用式(2.4)对平均停留时间进行预测。该式表明,当物料的体积流率增大时,平均停留时间减少;当螺杆转速降低时,物料的填充度增加,因而平均停留时间增大;当聚合物的相对分子质量增大时,因黏度的提高,有利于牵引,使物料在螺槽中的填充度下降,结果平均停留时间减小。在式(2.4)中螺杆反应器的总有效体积V是定值,当物料的体积流率一定时,仅有ε随各因素在变化。设ε为Q、N(螺杆转速)、W(螺槽宽度)、H(螺槽深度)和η(聚苯乙烯的黏度)等参数的函数,由式(2.17)表示,根据因次分析可得到式(2.18),再由实测的实验结果(参见表2.2)得到模型参数a、C。

$$\varepsilon = f(Q, N, W, H, \eta) \tag{2.17}$$

$$\varepsilon = \frac{Q^a}{N^C \cdot W^C \cdot H^{a+C} \cdot \eta^{a-C}} \tag{2.18}$$

模拟结果得到:a为0.82;C为0.76。其中ε无因次;Q的单位为$\mathrm{m^3/s}$;N为$\mathrm{s^{-1}}$,W和H单位为m;η单位为$\mathrm{Pa \cdot s}$。计算的平均停留时间与实验值的比较如图2.27所示,两者十分吻合。结果表明,由式(2.4)和式(2.18)模拟的平均停留时间及其模型是符合实际的。

表 2.2　不同条件下的停留时间分布参数

类别	A	B	C	D	E	F	G	H
苯乙烯质量流速/(kg/h)	5	3	5	5	3	3	5	5
螺杆转速/(r/min)	60	120	160	80	80	160	160	80
重均相对分子质量/10^4	74.84	28.1	43.05	45.6	31.67	23.97	35.85	47.65
平均停留时间 $\bar{t}$/s	177.1	193	149.6	173.1	181.9	179.5	161.9	169.2
方差 σ_t^2/s^2	698	1931	1394	932.3	2480	1703	2391	2474
无因次方差 σ_θ^2	0.022	0.052	0.062	0.031	0.075	0.053	0.091	0.086
模型参数 N	44	19	16	32	13	19	10	11

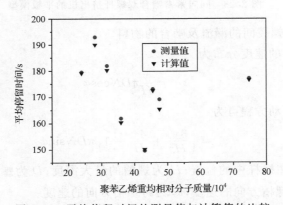

图 2.27　平均停留时间的测量值与计算值的比较

2.2.4　流动模型

在苯乙烯反应挤出聚合体系中我们将螺杆反应器划分为两个阶段：单体输送阶段与聚合挤出阶段。我们发现，在两阶段中螺杆反应器基本都处于部分填充状态，而且前者的填充度小于后者的填充度，只是在口模前一小段处，熔体处于全充满状态。假设将两螺杆都展开成一平板，如图 2.28 所示。每一平坦螺杆段的螺槽长度为 $L/\sin\varphi$。其中，L 为螺棱螺距；φ 为螺旋角。螺杆在跨螺槽方向上偏移距离为 S_0，通常令 S_0 等于螺槽螺棱宽度[43]。

对螺杆反应器的每一个等温单元作如下假设，即可确定每一个等温单元上的速度分布。

（1）等温、稳态及充分发展的牛顿流体；

（2）不可压缩流体，壁面无滑动，且物性不变；

（3）体积和惯性力可忽略不计；

（4）螺棱宽度 e 很小，不考虑物料在两螺杆间传递的变形；

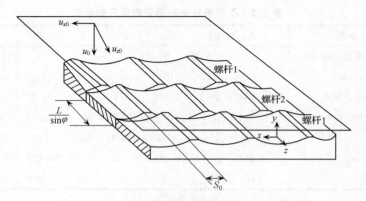

图 2.28　同向紧密啮合双螺杆挤出机的平板模型

（5）不考虑螺棱间的漏流及啮合的物料。

沿螺槽方向的速度分布为

$$v_z = \frac{y}{H}\pi DN\cos\varphi \tag{2.19}$$

跨螺槽方向的运动方程可为

$$v_x = \left(\frac{3y^2}{H^2} + \frac{4y}{H} + 1\right)\pi DN\sin\varphi \tag{2.20}$$

其中，y 为物料在螺杆中的位置；H 为螺槽的最大深度；D 为螺杆的直径；N 为螺杆转速；v_z 为沿螺槽方向的速度；v_x 为跨螺槽方向的速度。

2.2.5　黏度模型

在单体输送段，单体未发生聚合反应，此阶段黏度为固定值，螺杆仅起着传递单体的作用。在聚合挤出段，黏度是温度（T）、相对分子质量（M）、转化率（X）以及剪切速率（γ）的函数[42]，其函数形式如式（2.21）所示。

$$\eta = \eta(T, X, M, \gamma) \tag{2.21}$$

为进一步预测螺杆反应器中聚合挤出阶段中熔体的黏度，将式（2.21）分解为

$$\eta = \eta_0(X) \cdot \frac{a_T}{(1 + B \cdot a_T \cdot a_X \cdot \gamma)^C} \tag{2.22}$$

$$\eta_0(X) = k_\eta \cdot X^a \cdot X^\beta \cdot M_{n,\mathrm{cal}}^\beta \tag{2.23}$$

其中黏度特征因数 $k_\eta = \dfrac{\eta_{0,\mathrm{mea}}}{M_{n,\mathrm{mea}}^\beta}$ 可通过测量得到。

$$a_X = X^{(a+1)} \tag{2.24}$$

$$\lg a_T = -\frac{8.86(T - T_{\mathrm{st}})}{101.6 + (T - T_{\mathrm{st}})} + \frac{8.86(T_B - T_{\mathrm{st}})}{101.6 + (T_B - T_{\mathrm{st}})} \tag{2.25}$$

式中, a_T 为 WLF 方程中的温度平移因子; T_B 和 T_{st} 分别为 WLF 方程中的基准温度和标准温度,其中对于聚苯乙烯体系[42]:

K_η		$4.2 \times 10^{-14} Pa \cdot s$
β		3.4
α		3.4
Carreau 参数	B	$0.2649 s$
Carreau 参数	C	0.7899
	T_B	$210.89℃$
	T_{st}	$147.4 ℃$

通过测量螺杆反应器中各段温度、转化率以及相对分子质量,即可以对体系中熔体的黏度进行预测。

2.2.6　传热模型

螺杆反应器与其他反应器相比其最大的优点是成功地解决了体系的传热问题,从而使放热量大的聚合反应得以在螺杆反应器中顺利进行。但若要很好地描述螺杆反应器中的传热现象又十分复杂。我们以整个螺杆反应器作为研究对象,逐一考察了螺杆反应器中每一模块的传热情况(见图 2.29)。根据热量平衡原理,对于整个螺杆反应器体系有以下关系式:

$$H_R + H_E + P_{An} + Q_H = H_A + Q_V + Q_K \tag{2.26}$$

式中, H_R 为反应热; H_E 为进入体系物料的焓; H_A 为移出体系物料的焓; Q_K 为冷却水带走的热量; Q_H 为体系给热系统提供的热量; Q_V 为螺杆反应器向空气中辐射的热量; P_{An} 为螺杆驱动能,或称黏性耗散能,其大小决定于剪切速率和黏度。

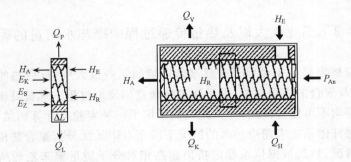

图 2.29　同向紧密啮合双螺杆挤出机的能量平衡

对于同向啮合双螺杆挤出机,黏性耗散能有主体流动、漏流及啮合区域流动等几个

部分组成。则总的热量衡算方程为[43]

$$m_m \overline{C}_p (T_A - T_E) = m_m h_R^0 \Delta X + Q_H$$

$$+ Q_V + \frac{2m-1}{\sin\varphi} \eta_K L \int_{-h(x)}^{0} \int_{x_z}^{W/2} \gamma^2(x,y) \mathrm{d}x \mathrm{d}y$$

$$+ \eta_S \frac{v_0^2}{\delta_S} m \frac{e}{\sin\varphi} \cdot L + 4\eta_Z v_0^2 \frac{L}{H} \cdot (2m-1) \cdot e \int_0^1 \frac{\cos\beta}{h(x)} \mathrm{d}x$$

$$\tag{2.27}$$

式中，m_m 为物料的质量流率；$\overline{C}_p$ 为物料的平均等压热容；T_E 和 T_A 分别为物料进出口温度；h_R^0 为聚合反应热；ΔX 为单体转化率；m 为螺棱数；φ 为螺旋角；η_K、η_S 和 η_Z 分别为物料在螺杆不同位置的黏度；L 为沿螺杆方向的长度；γ 为剪切速率；v_0 为螺杆初始线速度；δ_S 为螺杆间隙；e 为螺棱宽度；H 为最大螺槽螺深；β 为啮合角；$h(x)$ 为螺棱的深度函数。我们通过该能量平衡方程，计算了双螺杆挤出机螺筒的壁温和熔体温度，如图 2.30 所示。目前尚不能进行实验验证。

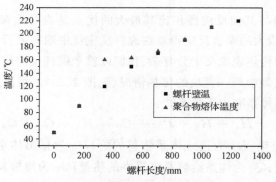

图 2.30　螺杆壁温与聚合物熔体温度分布

2.3　工业放大以及热量传递过程中冷却水流量的确定

在反应挤出超高相对分子质量聚苯乙烯的工业放大中，反应热的撤移非常关键，直接涉及聚合的成功与否。由于许多物理量如反应过程中螺棱处温度及各点的熔体温度等均不可能直接测定，为此我们采用了一种实验与计算相结合的方法。首先对整个螺杆体系在未通冷却水的情况下应用有限元法分析聚合热使螺杆体系的温度变化情况，然后根据体系稳定挤出超高相对分子质量聚苯乙烯所需温度来计算冷却水所需的流量，以确定在大型双螺杆挤出机体系（例如 ϕ90mm 的螺杆）可以充分将热量撤移的可行性[32]。

2.3.1　有限元分析

2.3.1.1　有限元模型的建立

选用的螺杆外径 D_0 为 90mm；螺杆中心距 l 为 74.6mm，螺杆腔长 L 为 3130mm，轴承厚为 8mm。基于模型单元数量的考虑，将螺齿对热传递的影响融合到螺杆中，简化后螺杆外径为 69.2mm。由于物料在螺杆腔中移动存在热量的分布问题，于是在模型上近似地将物料部分简化成一种导热材料，其外径为 90mm，内径为 69.2mm。在有限元建模中利用其对称性，切取其四分之一进行分析，如图 2.31 所示。

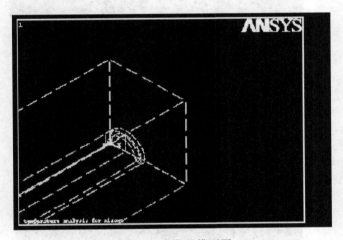

图 2.31　有限元模型图

载荷及边界条件的建立：载荷为在反应处（距进料口端距离 474mm）施加 $(8013/4) \approx 2003\text{W}$ 的热流率（有限元模型取了四分之一，故热量除以 4）。假设出料口端与空气为对流传热，则 $Q=[672-(1.698-1.17)\times180]\times50=28\,848\text{W}$ 可作为边界条件，空气温度为 25℃，对流传热系数为 3.9。螺杆和外套钢材的导热系数为 47W·m/K，轴承导热系数为 20W·m/K，物料流动所构成的热传导系数设为 80W·m/K。

2.3.1.2　有限元分析的结果

本模型共有 24 851 个单元，38 825 个节点。有限元法计算的螺杆温度和冷却水循环外壁温度分布结果如图 2.32 和图 2.33 所示。

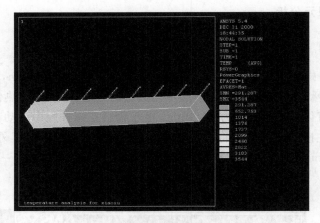

图 2.32　反应挤出中螺杆温度分布图

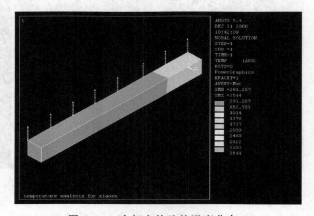

图 2.33　冷却水外壁的温度分布

2.3.2　聚合系统实际水流量确定

根据反应体系的要求,螺杆温度必须控制在设定温度范围以内,故冷却水要带走物料从模型分析的温度降至设定温度所放出的热量。其基本方程式如式(2.28)所示。

$$M_m C_{pm}(T_c - T_s) = M_w C_{pw}(T_o - T_i) \qquad (2.28)$$

式中,M_m 为物料流量;C_{pm} 为物料的平均热容;T_c 和 T_s 分别为模型计算温度值和稳定挤出聚苯乙烯所需温度;M_w 为水的流量;C_{pw} 为水的平均热容;T_o 和 T_i 分别为水出、入口温度。

根据上述方程计算出的冷却水流量如图 2.34 所示。在计算过程中涉及物料的热容沿螺杆变化的问题,本章采取近似的计算方法,在模块 1 处单体几乎未发生反应,采用该模块设定温度下单体的热容;在后面的模块中单体迅速转化,且转化率高,故采用设定温度下聚合物的热容。

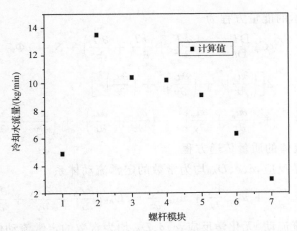

图 2.34　冷却水流量的计算值

2.4　静态实验法与数值计算相结合对苯乙烯聚合反应挤出过程的模拟[37,38]

2.4.1　挤出传递过程模型需求解的微分方程及物性参数

2.4.1.1　微分方程

(1) 黏性流体的连续性方程

$$\frac{\partial p}{\partial z} = \frac{6\eta u_{z0}}{h^2}[1 - (2\kappa - 1)\varepsilon] = \frac{6\eta u_{z0}}{h^2}(1 - 3\varepsilon) \quad \text{(注:双螺棱 } \kappa = 2\text{)} \quad (2.29)$$

(2) 黏性流体的动量传递方程

$$\rho \frac{\partial u}{\partial t} = -\nabla p + \mu \nabla^2 u + \rho g \quad (2.30)$$

(3) 黏性流体的能量传递方程

$$\rho \frac{\partial}{\partial t}(E) = -(\nabla \cdot q) + \rho(g \cdot u) - (\nabla \cdot [pu]) - (\nabla \cdot [\tau \cdot u]) + S \quad (2.31)$$

总能量方程为

$$\rho \frac{\partial}{\partial t}(E) = -(\nabla \cdot q) - (\nabla \cdot [pu]) - (\nabla \cdot [\tau \cdot u]) + S \quad (2.32)$$

热力学能方程为

$$\rho \frac{\mathrm{d}U}{\mathrm{d}t} = -(\nabla \cdot q) - p(\nabla \cdot u) - (\tau : \nabla u) + S \qquad (2.33)$$

其中

$$(-\tau : \nabla u) = \mu \Phi_V \qquad (2.34)$$

用温度表示的能量方程为

$$\rho C_p \frac{\mathrm{D}T}{\mathrm{D}t} = \kappa \left(\frac{\partial^2 T}{\partial x^2} + \frac{\partial^2 T}{\partial y^2} + \frac{\partial^2 T}{\partial z^2} \right) + S + \mu \Phi_V \qquad (2.35)$$

$$\Phi_V = 2 \left[\left(\frac{\partial u_x}{\partial x} \right)^2 + \left(\frac{\partial u_y}{\partial y} \right)^2 + \left(\frac{\partial u_z}{\partial z} \right)^2 \right]$$
$$+ \left(\frac{\partial u_y}{\partial x} + \frac{\partial u_x}{\partial y} \right)^2 + \left(\frac{\partial u_x}{\partial z} + \frac{\partial u_z}{\partial x} \right)^2 + \left(\frac{\partial u_z}{\partial y} + \frac{\partial u_y}{\partial z} \right)^2 \qquad (2.36)$$

（4）黏性流体的质量传递方程

对于无化学反应，c、ρ、D_{AB} 均为常数的定常流动体系

$$u_{Mx} \frac{\partial c_A}{\partial x} + u_{My} \frac{\partial c_A}{\partial y} + u_{Mz} \frac{\partial c_A}{\partial z} = D_{AB} \left(\frac{\partial^2 c_A}{\partial x^2} + \frac{\partial^2 c_A}{\partial y^2} + \frac{\partial^2 c_A}{\partial z^2} \right) \qquad (2.37)$$

对于无对流流动、无化学反应，c、ρ、D_{AB} 均为常数的定常流动体系

$$\frac{\partial c_A}{\partial t} = D_{AB} \left(\frac{\partial^2 c_A}{\partial x^2} + \frac{\partial^2 c_A}{\partial y^2} + \frac{\partial^2 c_A}{\partial z^2} \right) \qquad (2.38)$$

（5）黏性流体的本构方程

$$\lg \eta_a = A_0 + \lg a_T + A_1 \lg(a_T \dot{\gamma}_a) + A_2 [\lg(a_T \dot{\gamma}_a)]^2 + A_3 [\lg(a_T \dot{\gamma}_a)]^3$$
$$+ A_4 [\lg(a_T \dot{\gamma}_a)]^4 \qquad (2.39)$$

$$\frac{1}{n} = 1 + A_1 + 2A_2 \lg(a_T \dot{\gamma}_a) + 3A_3 [\lg(a_T \dot{\gamma}_a)]^2 + 4A_4 [\lg(a_T \dot{\gamma}_a)]^3 \qquad (2.40)$$

$$\lg a_T = \frac{-C_1(T - T_0)}{C_2 + (T - T_0)} \qquad \text{（WLF 方程）} \qquad (2.41)$$

（6）聚合反应的动力学方程

$$r = k_0 c_A c_{ini}^{1/2} \exp \left[-\frac{E_a}{R(T_0 + T_0 T^*)} \right] \qquad (2.42)$$

2.4.1.2　物性参数和条件

（1）边界条件，初始条件

$$y = 0, \quad u_z = 0, \quad u_x = 0$$

$$y = h, \, u_z = u_{z0} = u_0 \cos\theta \quad u_x = -u_{x0} = -u_0 \sin\theta \quad \text{（其中 } u_0 = \pi D n\text{）}$$

（2）物性参数

密度：

$$\rho_s = 1174.7 - 0.918T \qquad (2.43)$$

$$\rho_{ps} = 1250.0 - 0.605T \tag{2.44}$$

$$\rho = 854 - (T - 353) + [200 + (T - 353)]c_A^* \tag{2.45}$$

2.4.2　模型方程的简化处理

由于流体在螺槽中流动的特殊性,即 x 方向无净流量输出,故对模型方程可以作如下简化处理:润滑近似,定义平均速度和通量

$$q_z = \int_0^H u_z \mathrm{d}y, \quad q_x = \int_0^H u_x \mathrm{d}y \tag{2.46}$$

在 $x\text{-}z$ 平面上的通量平衡为

$$q_z(z,x)\Delta x + q_x(z,x)\Delta z = q_z(z + \Delta z,x)\Delta x + q_x(z,x + \Delta x)\Delta z \tag{2.47}$$

组件的温度变化可沿螺槽深度积分得到

$$\rho C_p \left(q_z \frac{\overline{\partial T}}{\partial z} + q_x \frac{\overline{\partial T}}{\partial x} \right) = - h_b(\overline{T} - T_b) - h_s(\overline{T} - T_s) + \tau_{zy}(H)U_z + \tau_{xy}(H)U_x$$
$$- q_z \frac{\partial p}{\partial z} - q_x \frac{\partial p}{\partial x} + \Delta H \int_0^H r\mathrm{d}y \tag{2.48}$$

进一步作截面积分得到周向截面平均,即

$$\rho C Q \frac{\mathrm{d}\overline{T}}{\mathrm{d}z} = - h_b W(\overline{T} - T_b) - h_s W(\overline{T} - T_s) + \int_0^W [\tau_{zy}(H)U_z + \tau_{xy}(H)U_x]\mathrm{d}x$$
$$- Q \frac{\mathrm{d}p}{\mathrm{d}z} + \Delta H \iint_0^{WH} r\mathrm{d}y\mathrm{d}x \tag{2.49}$$

式中,ρ 是密度;C 是比热容;W 是螺槽宽度;h_s、h_b 是螺杆、机筒的传热系数;Q 是体积流率

$$Q\overline{T} = \int_0^W \int_0^H T u_z(y)\mathrm{d}y\mathrm{d}x \tag{2.50}$$

类似地进行转化率的计算

$$Q \frac{\mathrm{d}\overline{c}}{\mathrm{d}z} = - \int_0^W \int_0^H r\mathrm{d}y\mathrm{d}x \tag{2.51}$$

2.4.3　模型方程的无量纲化

$$u_z^* = [y^*(9\varepsilon - 2) + 3y^{*2}(1 - 3\varepsilon)] \tag{2.52}$$

$$u_x^* = \tan\theta(2y^* - 3y^{*2}) \tag{2.53}$$

$$u_z^* \frac{\partial T^*}{\partial z^*} = \frac{1}{\lambda_1} \frac{\partial^2 T^*}{\partial y^{*2}} + \frac{\lambda_2}{\lambda_1} \eta^* \left[\left(\frac{\partial u_x^*}{\partial y^*} \right)^2 + \left(\frac{\partial u_z^*}{\partial y^*} \right)^2 \right] + \frac{\lambda_3}{\lambda_1}(1 - c_A^*)\exp\left[\frac{-E_a}{(T_0 + T_0 T^*)} \right]$$
$$\tag{2.54}$$

$$u_z^* \frac{\partial c_A^*}{\partial z^*} = \lambda_4 (1 - c_A^*) \exp\left[\frac{-E_a}{R(T_0 + T_0 T^*)}\right] \qquad (2.55)$$

边界条件：

$$z^* = 0, \quad 0 \leqslant y^* \leqslant 1, \quad T^* = 0, \quad c_A^* = 0$$

$$y^* = 0, \quad 0 \leqslant z^* \leqslant 1, \quad u_z^* = 0, \quad u_x^* = 0, \quad T^* = (T_s - T_0)/T_0, \quad c_A^* = 1$$

$$y^* = 1, \quad 0 \leqslant z^* \leqslant 1, \quad u_z^* = 1, \quad u_x^* = -\tan\theta, \quad T^* = (T_b - T_0)/T_0, \quad c_A^* = 1,$$

$(0 \leqslant \cos\theta \leqslant 1)$

2.4.4　模型方程的时间化

由于能量和传质差分方程的局部抛物性，当 u_z^* 是负值时，可能使有限差分方程的算法被破坏，所以上述方程用沿着螺杆流向的停留时间近似代替。

$$t_R = \frac{V_e}{Q} \qquad (2.56)$$

$$V_e = \varepsilon V_0 = \kappa \varepsilon \Delta z A_0 \qquad (\text{注：双螺棱 } \kappa = 2) \qquad (2.57)$$

能量方程和传质方程变为

$$\frac{\partial T^*}{\partial t_R^*} = \frac{2\varepsilon}{\lambda_1} \frac{\partial^2 T^*}{\partial y^{*2}} + \frac{2\varepsilon\lambda_2}{\lambda_1} \eta^* \left[\left(\frac{\partial u_x^*}{\partial y^*}\right)^2 + \left(\frac{\partial u_z^*}{\partial y^*}\right)^2\right] + \frac{2\varepsilon\lambda_3}{\lambda_1} (1 - c_A^*) \exp\left[\frac{-E_a}{(T_0 + T_0 T^*)}\right]$$

$$\tag{2.58}$$

$$\frac{\partial c_A^*}{\partial t_R^*} = 2\varepsilon\lambda_4 (1 - c_A^*) \exp\left[\frac{-E_a}{R(T_0 + T_0 T^*)}\right] \qquad (2.59)$$

2.4.5　模型方程的求解

物料的填充度采用静态实验法获得，如图 2.35 所示。在正常反应挤出聚合情况下突然停机并往机筒注水。一方面终止聚合反应，一方面通过急冷，将实际反应挤出过程中的填充状态固定下来，由此得到真实的填充度。对模型方程的数值计算

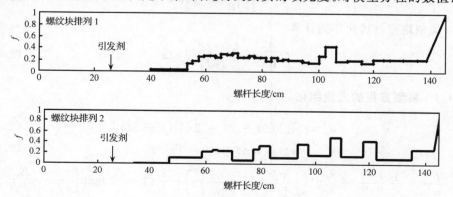

图 2.35　两种螺纹块排列下的填充度分布

是以组合螺杆的每一结构单元作为一个模拟计算单元，其中计算的初始条件是前一单元的输出值。采用有限差分法求解上述耦合抛物型微分方程组，计算所需的苯乙烯聚合反应速率常数。流变性质及操作条件列于表 2.3，模拟计算结果如图 2.36～图 2.40 所示。

表 2.3　苯乙烯的聚合反应速率常数、流变性质及操作条件

参数	数值	参数	数值	参数	数值
密度 $\rho/(kg/m^3)$	$\rho=854$ $-(T-353)$ $+[200+(T$ $-353)]c_a$	机筒温度 T_b/K	373	机筒传热系数 $h_b/[W/(m^2 \cdot K)]$	450[42]
热容 $C_p/[kJ/(kg \cdot K)]$	1.844	螺杆温度 T_s/K	373	螺杆传热系数 $h_s/[W/(m^2 \cdot K)]$	450[42]
$\theta/(°)$	17.6	进料流量/ (kg/h)	5.0	螺杆转速 $n/(r/min)$	100
螺杆直径 D/m	0.035	螺槽深度 h/m	0.005	$k_0/$ $[(L/mol)^{1/2}/s]$	$35.7×10^6$
引发剂浓度 $c_{引}/(mol/L)$	0.7	反应热 $\Delta H/(J/kg)$	$-6.7×10^5$	活化能 $E_a/(kJ/mol)$	59.07
幂律指数 n	3.999	参考温度/ K	373	温度敏感因子 α_T	1.00

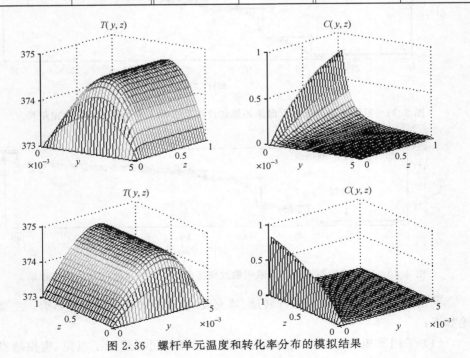

图 2.36　螺杆单元温度和转化率分布的模拟结果

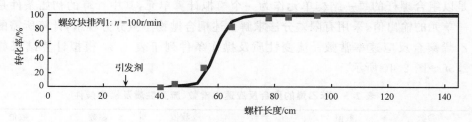

图 2.37　沿螺槽物料流动方向采用螺纹块排列方式 1 时反应转化率分布的模拟结果

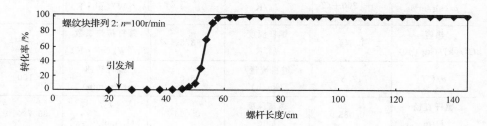

图 2.38　沿螺槽物料流动方向采用螺纹块排列方式 2 时反应转化率分布的模拟结果

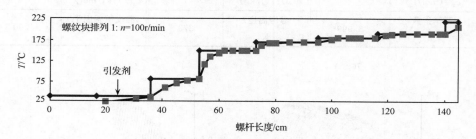

图 2.39　沿螺槽物料流动方向采用螺纹块排列方式 1 时温度分布的模拟结果

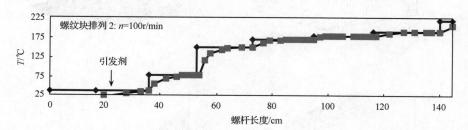

图 2.40　沿螺槽物料流动方向采用螺纹块排列方式 2 时温度分布的模拟结果

利用模拟模型还可研究螺杆转速、填充度、温度等对模拟结果的影响。主要结论如下：

（1）采用平板模型对反应挤出合成聚苯乙烯的过程进行了模拟，模拟结果和实验结果比较吻合。从模拟结果和实验结果中都可以看出，以苯乙烯单体为原料的反应挤出合成的过程可分成两段，即单体的聚合段和聚合物熔体挤出段。

（2）聚合段为单体（液体）向聚合物熔体转化的区域，该区域相对较窄，从引发剂注入处计算 20～30cm 的螺杆长度。熔体挤出段相对较宽，大约为 100cm 的螺杆长度。两区域的长短与螺杆转速、螺杆元件结构的排布、挤出机里的压力分布和物料的填充度等多种因素有关，对高分子材料的性能影响较大。

（3）螺杆转速、填充度、温度对螺槽里温升的影响较小，对转化率的影响较为显著。其中物料在挤出机里的停留时间对转化率的影响较大。

2.5　嵌段共聚合的前期准备

2.5.1　嵌段共聚合的可行性

如上所述，苯乙烯聚合的相对分子质量是按照式（2.5）进行设定的，实验结果也完全符合式（2.5），参见图 2.13。因此，本书中讨论的苯乙烯的反应挤出聚合完全遵循阴离子活性聚合机理。既然属于阴离子活性聚合，就很自然引起人们对进行嵌段聚合的设想。问题是在较高温度下，活性种是否仍能保持活性？会不会产生其他副反应？

我们在大量反应挤出聚合的研究过程中都发现，只要聚合反应正常进行并且达到稳定时，如果不对其进行特别的终止措施，则挤出的试样条的鲜红色（苯乙烯活性种的颜色）可以保持 7～8 h，而且鲜红色的消除是由试样条外表向内部逐渐进行的。这充分表明反应挤出聚合体系挤出的聚苯乙烯中保留有活性种。挤出的试样条经水冷却，最外层的活性种毫无疑问都被终止了。但内部的活性种由于受到疏水性聚苯乙烯的保护，一时尚不会被终止。直到经历 7～8 h 之后，由于水汽的逐渐扩散活性种方会被逐渐终止。这给我们一个提示，采用反应挤出聚合进行苯乙烯与二烯烃的嵌段聚合是完全可行的。但是还必须确定一个问题，即用于嵌段的二烯烃气体在本体聚合条件下，是否具备扩散入聚苯乙烯熔体并参与聚合的能力，这就必须了解二烯烃对熔体的扩散能力。

2.5.2　二烯烃扩散性研究

首先设计了一个评价二烯烃在玻璃态聚苯乙烯及其共聚物中的扩散能力的实验装置，如图 2.41 所示。利用该装置研究的结果如图 2.42～图 2.46 所示[54,55]。

其中试样 PS-1# 和 PS-3# 分别为北京燕山石化产品（M_w：251 100，M_w/M_n：2.627）和自制样品（M_w：333 800，M_w/M_n：2.403）。图 2.42 显示了异戊二烯小分子在聚苯乙烯玻璃态膜中的扩散吸收曲线，表明异戊二烯可以扩散进入玻璃态的

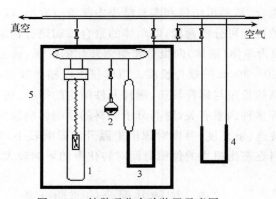

图 2.41　扩散吸收实验装置示意图

1—检测池；2—溶剂池；3—零压指示表；4—水银压力计；5—空气恒温器

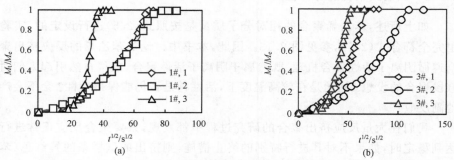

(a)　　　　　　　　　　　　　　　　　　　(b)

图 2.42　异戊二烯在玻璃态聚苯乙烯膜中的扩散吸收曲线（298.15K）

(a) $p(p^s)^{-1}=1\#,1$ (0.5491)　$1\#,2$ (0.4946)　$1\#,3$ (0.6982)；

(b) $p(p^s)^{-1}=3\#,1$ (0.5964)　$3\#,2$ (0.4400)　$3\#,3$ (0.6455)，括号中数值为异戊二烯的

蒸气压与同温度下饱和蒸气压比值

聚苯乙烯膜中。由于玻璃态聚合物是处于热力学上的非平衡态，玻璃态聚合物的黏度较大，链节单元的运动速度缓慢，弛豫时间长，故扩散吸收曲线呈 S 形。再者，由于聚合物的自由体积随压力增加而减小，使得扩散速度减慢、弛豫时间延长，所以随压力增加扩散吸收曲线 S 形状加大。另外，异戊二烯分子有一个支链，故扩散的阻力较大，使得扩散速度减慢、弛豫时间延长，这也是造成扩散吸收曲线 S 形状加大的一个原因。越过弛豫时间后，由于聚合物的溶胀，自由体积增加，从而使吸收量随着压力的增加而快速增加。

由图 2.43 可见，在对比压力和膜相同的条件下，异戊二烯小分子在玻璃态聚苯乙烯膜中的扩散吸收曲线 S 形随温度的升高逐渐变小。且扩散吸收的弛豫时间、平衡时间、平衡吸收量都缩短了。这是因为随温度的升高，被"冻结"的自由体积逐渐解冻，使得扩散吸收的弛豫时间、平衡时间缩短，则扩散吸收曲线的 S 形逐渐变

小接近费克型。平衡吸收量减小是因为聚合物的自由体积增加,使得聚合物的活动空间增大。温度升高也使分子的运动速度增加,从而使其解吸速度加快、平衡吸收量减小。

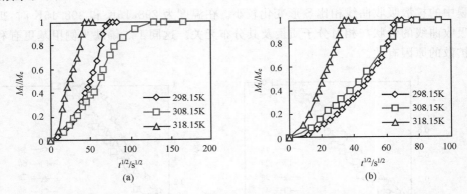

图 2.43　不同温度下异戊二烯在玻璃态聚苯乙烯膜中的扩散吸收曲线
(a) PS-1♯；(b) PS-3♯

由图 2.44 可见,异戊二烯小分子在不同相对分子质量及其分布的玻璃态聚苯乙烯膜中的扩散吸收曲线均呈 S 形(PS-2♯ 和 PS-4♯ 为自制样品,相对分子质量及其分布分别为 M_w: 340 200,M_w/M_n: 2.48 和 M_w: 166 600,M_w/M_n: 1.789)。在 298.15K 时受相对分子质量及其分布的影响较小,在 318.15K 时受相对分子质量及其分布的影响变化较为明显。表明越靠近聚苯乙烯的玻璃化温度,异戊二烯的扩散吸收受相对分子质量及其分布的影响越明显。

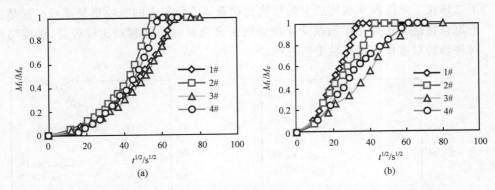

图 2.44　异戊二烯在不同相对分子质量玻璃态聚苯乙烯膜中的扩散吸收曲线
(a) 298.15K；(b) 318.15K

图 2.45 为丁二烯在不同相对分子质量及其分布的聚苯乙烯与丁苯嵌段共聚物中的吸收曲线。其中试样 co-PS-7♯ 和 co-PS-8♯ 为自制多嵌段丁苯共聚物,其

丁二烯含量、相对分子质量及其分布分别为 31.6%，M_w: 145 305，M_w/M_n: 2.159 和 26.0%，M_w: 141 881，M_w/M_n: 2.073。可以看到，丁二烯气体小分子在聚苯乙烯膜和丁苯嵌段共聚物膜中的扩散吸收曲线也呈 S 形，但与异戊二烯在聚苯乙烯膜中的扩散吸收曲线相比 S 形变化较小。在温度为 298.15K 和 308.15K 时，扩散吸收曲线的形状与相对分子质量及其分布无关。这同丁二烯缺少侧甲基更有利于扩散的原因有关。

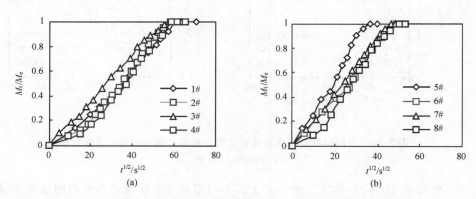

图 2.45　丁二烯在聚苯乙烯(a)及丁苯嵌段共聚物(b)中的扩散吸收曲线(289.15K)

图 2.46 为不同温度下丁二烯在聚苯乙烯与丁苯嵌段共聚物中的吸收曲线。可以看到，在压力和温度相同的条件下，丁二烯气体在聚苯乙烯膜和丁苯嵌段共聚物膜中的吸收曲线形状近似费克型，曲线形状受温度的升高影响不大。但扩散吸收的平衡时间却缩短、弛豫时间也缩短，与此同时平衡吸收量也减小。随着温度的升高，丁二烯在丁苯嵌段共聚物膜上的吸收比在聚苯乙烯膜上的吸收更易进行。这是由于聚合物链与小分子扩散剂交换位置时聚合物链的协同移动比较容易，温度与协同移动的双重作用使扩散更易进行。

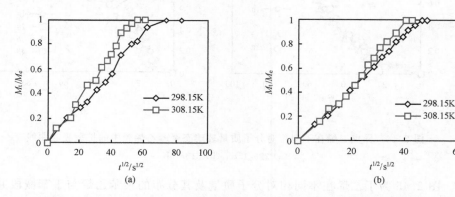

图 2.46　不同温度下丁二烯在聚苯乙烯(a)及丁苯嵌段共聚物(b)中的扩散吸收曲线

为得到规律性结果,研究中采用了单溶剂传递模型,并作了以下假定:高分子膜内有确定数量、分布均匀、固定位置的格位;每个格位只能络合吸附一个溶剂小分子;吸附过程按格位加小分子溶剂和格位减小分子溶剂络合物可逆反应进行。建立了吸收扩散模型并对实验结果进行了关联,关联参数和关联结果列于表 2.4 和表 2.5 中。

表 2.4　异戊二烯溶剂关联参数表

溶剂	温度/K	对比压强 p/p^s	平衡吸收量 (w_e/w_m)	无限稀释扩散系数 $D_0/(\text{cm}^2/\text{s})$	λ	k_1	$c_0/(\text{mol/m}^3)$
异戊二烯	298.15	0.5964	0.0943	6.5×10^{-14}	0.03	0.01	775.62
异戊二烯	298.15	0.5873	0.0922	6.5×10^{-14}	0.03	0.01	759.29
异戊二烯	318.15	0.4800	0.0901	8×10^{-13}	0.03	0.009	948.56
异戊二烯	318.15	0.4654	0.0650	8×10^{-13}	0.03	0.009	543.4

注: $c_0 = \omega \cdot c_e = \left(\omega \cdot \dfrac{w_e}{w_m} \cdot \rho_m\right)/M_s$,其中 ω 是一个可以调节的参数。

表 2.5　丁二烯溶剂关联参数表

试样	温度/K	对比压强 p/p^s	平衡吸收量 (w_e/w_m)	无限稀释扩散系数 $D_0/(\text{cm}^2/\text{s})$	λ	k_1	$c_0/(\text{mol/m}^3)$
poss25-1#	298.15	0.291	0.0281	0.225×10^{-12}	0.0075	0.003	48.69
poss25-7#	298.15	0.2765	0.0267	0.765×10^{-12}	0.0075	0.03	41.03
poss35-1#	308.15	0.210	0.0219	0.415×10^{-12}	0.0075	0.003	37.94
poss35-7#	308.15	0.2250	0.018	1.105×10^{-12}	0.0075	0.03	27.66

注: $c_0 = \omega \cdot c_e = \left(\omega \cdot \dfrac{w_e}{w_m} \cdot \rho_m\right)/M_s$,其中,$\omega$ 是一个可以调节的参数。

从表 2.4、表 2.5 中无限稀释扩散系数栏可以看到丁二烯要比异戊二烯高近 2 个数量级,然而平衡吸收量又要小 3 倍以下。这表明,在混合单体的反应挤出过程中,丁二烯要比异戊二烯更容易形成小尺度多嵌段的共聚物。这是一个非常重要的结论,对我们制备何种结构嵌段共聚物有着重要的指导意义。

以上结果还不是二烯烃对聚合物熔体的扩散结果,希望通过实验方法得到二烯烃对聚合物熔体扩散结果的实验条件尚不具备,为此进行了理论推导。步骤如下。

(1) 异戊二烯与丁二烯向熔体的扩散系数采用 Vrentas 和 Duda 的简化公式:

$$D_1 = D_{01}\exp\left(-\frac{\xi V_2^*}{V_{FH2}/\gamma}\right) = D_{01}\exp\left[-\frac{\gamma\xi V_2^*}{K_{12}(K_{22}-T_{g2}-T)}\right] \quad (2.60)$$

(2) 采用 Sugden 的基团贡献法计算 $\hat{V}_1^*$ 和 $\hat{V}_2^*$

（3）采用 Doolittle 自由体积参数及溶液黏度方程计算 D_{01}

（4）采用 WLF 方程计算聚合物自由体积参数计算

$$K_{22} = C_2, \quad \frac{K_{12}}{\gamma} = \frac{\hat{V}_2^*}{2.303 C_1 C_2} \tag{2.61}$$

（5）采用 Ju 等计算溶剂跳跃单元 ξ 的公式：

$$\frac{\gamma \hat{V}_2^* \xi}{K_{12}} = \beta \hat{V}_1^0(0) \tag{2.62}$$

最后通过关联得到结果如表 2.6 所示。

表 2.6　丁二烯和异戊二烯平衡扩散系数预测值/(cm^2/s)

溶剂	333K	373K	423K
丁二烯	0.3861×10^{-3}	0.4480×10^{-3}	0.5103×10^{-3}
异戊二烯	0.3287×10^{-3}	0.3868×10^{-3}	0.4535×10^{-3}

可以看到，在熔体状态下，丁二烯和异戊二烯的扩散系数已十分接近。当然，该结果还有待实验证实。但是研究表明无论是丁二烯还是异戊二烯对聚苯乙烯的熔体都有很强的渗透溶解能力。

参 考 文 献

[1] Takekoshi T, Kochanowski J E. (General Electric). US, 3833546. 1974

[2] Takekoshi T, Kochanowski J E. (General Electric). US, 4011198. 1977

[3] Banucci E C, Mcllinger G A. (General Electric). US, 4073773. 1978

[4] Lo J D, Schlich W R. (General Electric). US, 4585852, 1983

[5] Schmidt L R, Lovgren E M. (General Electric). US, 4443591. 1984

[6] Schmidt L R, Lovgren E M. (General Electric). US, 4511535. 1985

[7] Kosanovich G M, Salee G. (Occidental Chemical). UP, 4415721. 1983

[8] Kosanovich G M, Salee G. (Occidental Chemical). UP, 4465819. 1984

[9] Kosanovich G M, Salee G. (Occidental Chemical). UP, 4490519. 1984

[10] Streetman W E. (American Cyanamid). US, 4497934. 1985

[11] 承建军, 李欣欣, 刘子涛等. 液晶高分子 PBO 纤维的制备、纺丝与性能. 科学研究月刊, 2006, 19(7)：103～105

[12] Frye B F, Pigott K A, Suanders J H. (Mobay). US, 3233025. 1966

[13] Rausch Jr K W, McClenllan T R. (Upjohn). US, 3642964. 1972

[14] Ullrich M, E Meisert, Eitel A. (Bayer). UP, 3963679. 1976

[15] Goyert W J, Winkler J, Perry H, Heidingsfeld H. (Bayer). US, 4762884. 1988

[16] 邵佳敏, 夏浙安, 刘小华等. 双螺杆反应挤出尼龙-6. 塑料科技, 1997, 122(6)：40～42

[17] Seddon R M, Russell W H, Rollins K B. (Celanese). US 3253818, 1966

[18] Fisher G J, Brown F, Heinz W E. (Celanese), US 3254053, 1966

[19] Xia Z(夏浙安), Chalamet Y, Granger R, Zerroukhi A, Chen J(陈建定). Synthesis of functional polycaprolactone and copolymers by reactive extrusion. in：World Polymer Congress Macro 2004：40th international Symposium on Macromolecules. Paris，2004

[20] Stuber N P, Tirrell M. Polym. Process. Eng. , 1985, 3：71

[21] Lee R W, Miloscia W J. (Standard Oil), US 4410659, 1983

[22] Bodolus C L, Woodhead D A. (Standard Oil), US 4542189, 1985

[23] Stober K E, Amos J L. (Dow), US 2530409, 1950

[24] Illing G. (werner and Pfleiderer), US 3536680, 1970

[25] 薛安乐. 反应挤出法合成超高分子量聚苯乙烯的研究：[硕士论文]. 上海：华东理工大学, 1997

[26] 郑安呐, 薛安乐, 卢红等. 反应挤出超高分子量聚苯乙烯//1998 全国高分子材料工程应用研讨会论文集, 武夷山, 1998：63～64

[27] Si L(司林旭), Zheng A(郑安呐), Zhu Zh(朱中南) et al. A study on the reactive extrusion process of polystyrene with ultra high molecular weight//16th International meeting of the polymer processing society, Shanghai, China, 2000, 16 (1)：128～129

[28] 司林旭, 杨海波, 郑安呐等. 固体吸附剂脱除单体中微量水分的研究. 化学世界, 2000, 41(8)：422～425

[29] 司林旭, 张鹰, 郑安呐. 反应挤出法制备烯烃聚合物的研究//2001 年全国高分子年会论文集, 特邀报告, 郑州, 2001, c-4～c-8

[30] 司林旭, 郑安呐, 朱中南. 双螺杆反应器几何结构参数确定. 石油化工设备, 2001, 30(1)：4～6, 52

[31] 司林旭, 张鹰, 郑安呐等. 双螺杆反应挤出聚苯乙烯性能的研究. 中国塑料, 2001, 15(9)：47～48

[32] 司林旭. 超高分子量聚苯乙烯反应挤出研究：[博士论文]. 上海, 华东理工大学, 2001

[33] 司林旭, 杨海波, 郑安呐等. 双螺杆反应挤出模型的研究. 高分子科学与工程, 2002, 18(1)：26～29

[34] Si L X (司林旭), Zheng A N (郑安呐), Zhu Z N (朱中南) et al. A study on new polymerization technology of styrene. J. Appl. Polym. Sci. , 2002, 85(10)：2130～2135

[35] 张鹰, 司林旭, 郑安呐等. 苯乙烯聚合反应挤出过程中停留时间及其分布. 华东理工大学学报, 2002, 28(5)：506～510

[36] Gao S (高世双), Zhang Y (张鹰), Zheng A (郑安呐) et al. Polystyrene prepared by reactive extrusion：kinetics and effect of processing parameters. Polym. for Adv. Tech. , 2004, 15：185～191

[37] 烟伟, 刘洪来, 郑安呐. 苯乙烯反应挤出聚合过程的实验研究. 高校化学工程学报, 2004, 18(4)：447～452

[38] 烟伟, 张昭, 徐云等. 苯乙烯反应挤出过程模拟及数值计算. 华东理工大学学报(自然科学版), 2004, 30(4)：414～418

[39] Chen T, Patterson W I, Dealy J M. On-line measurement of recidence time distribution in a twin-screw extruder. Intern. Polymer Processing, 1995, 10(1)：3～9

[40] Siadat B, Malone M and Middleman S. Some performance aspects of the extruder as a reactor. Polym. Eng. Sci. , 1979, 19(11)：787～794

[41] Michaeli W, Grefenstein A, Frings W. Synthesis of polystyrene and styrene copolymers by reactive extrusion. Adv. Polym. Tech. , 1993, 12(1)：25～33

[42] Michaeli W, Grefenstein A. Enginerring analysis and design of twin-screw extruders for reactive extrusion, Adv. Polym. Tech. , 1995, 14(4)：263～282

[43] Michaeli W, Grefenstein A. Twin-screw extruders for reactive extrusion. Polym. Eng. Sci. , 1995,

　　　　35(19)：1485～1503

［44］　方炜,耿孝正. 非啮合异向旋转波状双螺杆挤出机性能的研究. 中国塑料,1993,7(2):44～49

［45］　刘光知. 同向双螺杆挤出机啮合特性及其计算辅助设计(CAD). 中国塑料,1993,7(2):50～59

［46］　柳和生,刘均洪. 啮合型异向旋转双螺杆挤出机熔体输送流场及特性的近似解析解. 合成树脂与塑
　　　　料,1994,11(4):35～40

［47］　朱春雁,耿孝正. 啮合同向旋转双螺杆挤出机中波状螺杆元件的熔体输送和混合机理研究. 中国塑
　　　　料,1991,5(2):86～91

［48］　柳和生. 啮合型同向旋转双螺杆挤出机熔体输送机理研究. 中国塑料,1994,8(1):51～58

［49］　刘延华,朱复华. 啮合型同向旋转双螺杆挤出槽非充满的熔融理论研究. 高分子材料科学与工程,
　　　　1997,13(5):12～16

［50］　刘福桥,耿孝正,张沛. 非啮合异向旋转双螺杆挤出过程可视化研究 II-熔融过程分析. 中国塑料,
　　　　1997,11(1):69～75

［51］　刘慧,曹达鹏. 啮合同向旋转双螺杆挤出机四面体间隙的研究. 化工学报,1997,48(4):492～497

［52］　咸雷,朱中南. 螺杆挤出脱挥过程. 化工装备技术,1993,14(2):8～12

［53］　钱秋平. 新世纪合成橡胶工业技术的方向. 合成橡胶工业,2001,24(1):1～4

［54］　烟伟,郑安呐,刘洪来. 异戊二烯在聚苯乙烯高分子膜中的扩散系数测定. 高校化学工程学报,2004,
　　　　18(1):17～21

［55］　烟伟,郑安呐,刘洪来. 丁二烯在聚苯乙烯和丁苯多嵌段共聚物膜中扩散系数的测定与计算. 华东理
　　　　工大学学报(自然科学版),2004,30(3):275～279

（郑安呐）

第 3 章　嵌段高聚物的本体反应挤出聚合
与过程控制对分子构建的影响

3.1　引　言

近年来烯烃及二烯烃的嵌段共聚物发展迅猛,包括以 SBS 为代表的苯乙烯类热塑性弹性体,以 SBR 为代表的丁苯橡胶,以 K-树脂为代表的丁苯共聚树脂,以及以它们为基础不断推出的新产品和改性产品,总生产能力估计为 $1500\sim2000$ kt/a[1],从 20 世纪 70 年代以来增长速度大大超过了合成橡胶的平均增长率。但是无论是合成 SBS 还是 K-树脂都无一例外采用溶液聚合技术。虽然溶液聚合使物料混合、传热较容易,不易出现凝胶效应,但那是以消耗大量能源和损害环境为代价的。例如,我国 SBS 年产量约 20 万 t,按现生产工艺需用 100 万 t 有机溶剂,仅回收全部溶剂,需耗能 4×10^{10}kcal,相当于 470 多万 m^3 天然气或 4670×10^4kW·h 电所产生的能量。这意味着回收与目标产品无关的溶剂不仅无辜地产生大量能耗,还由于溶剂分离、提纯、回收等后续工作,增加了众多设备及投资,更重要的是面临着巨大的环保与安全操作压力。试设想,如果采用反应挤出聚合技术,直接由单体一步本体聚合得到所需的聚合物,那将是多么令人振奋的事,应该也是高分子科学家们多年的夙愿,当然也是 20 世纪 60 年代后期兴起的反应加工学科为之奋斗的目标。

另一方面,追忆高分子化学发展的几十年历史,至今虽然仅奠定了逐步聚合、链式聚合以及配位聚合等几种成熟的理论,但这并不影响缔造今天五彩斑斓的高分子世界。其中过程控制起到了极为重要的作用。因为即便是同样的聚合机理,采用不同的过程控制就可能得到形貌、品质差异巨大的聚合物。构建过程的推动力是由热力学性质,也即化学势所决定了的。但是如何构建,构建什么结构却完全是由过程控制所决定的。高分子材料由于是大量单体分子或基团的集合,因此在一定程度上过程控制的作用就表现更为明显。本章将着重介绍嵌段高聚物的本体反应挤出聚合以及过程控制对分子构建影响方面的研究进展。

3.2　嵌段共聚物本体反应挤出聚合及其机理

作者等在超高相对分子质量聚苯乙烯反应挤出的基础之上[2~4],进一步研究了苯乙烯与二烯烃在同向紧啮合双螺杆挤出机中进行的嵌段共聚合反应[5~25],结果发现与传统溶液体系下阴离子活性聚合的状况表现有所不同,如下所述。

3.2.1 混合单体本体反应挤出共聚合

聚合装置如图 3.1 所示,将苯乙烯与二烯烃的混合物作为单体由高压计量泵由图示位置输入挤出机,采用有机锂为引发剂,通过计量泵由图示位置输入挤出机。挤出机机身部分由 14 个螺段组成,各螺筒温度均由计算机精确控制。混合单体在挤出机中完成本体活性聚合后,经口模挤出,于水槽冷却后造粒。聚合转化率沿双螺杆前进方向上的分布如图 3.2 所示,可以看到随着混合单体中丁二烯含量的增多,使整个体系的聚合反应区明显延长,并有向口模方向移动的趋势。特别是丁二烯含量达 40% 的混合单体,其聚合反应区甚至到了口模区才基本结束。似乎丁二烯有降低共聚速率之嫌。

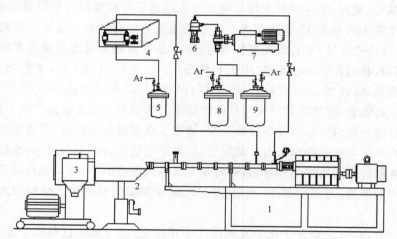

图 3.1 S/B 非极性介质混合单体一次加料本体反应挤出聚合工艺流程
1—双螺杆挤出机;2—水槽;3—切粒机;4—引发剂用高压平流泵;5—引发剂储罐
6—背压阀;7—单体用柱塞式计量泵;8—混合单体储罐;9—苯乙烯单体储罐

在相对应温度较低的溶液聚合条件下,丁二烯(B)的竞聚率(r_B)为 11.2,而苯乙烯(S)的竞聚率(r_S)为 0.04[31~33]。这意味着如果用苯乙烯与丁二烯混合物作为单体共聚时,自然首先是丁二烯聚合形成均聚物,待丁二烯耗尽后苯乙烯再进行第二嵌段的聚合,最后形成两嵌段的共聚物,带有极少量无规共聚物介于两嵌段之间。然而当反应挤出聚合区域的温度从 60~200℃逐步提高,根据阿伦尼乌斯(Arrhenius)公式 $k = A \cdot e^{-E/RT}$,反应速率常数是温度的函数,如果只考虑末端效应,当温度升高至 200℃时,丁苯混合单体阴离子本体共聚反应体系的竞聚率两者分别为 4.58(r_B)和 0.13(r_S),丁二烯的竞聚率下降为苯乙烯的 35 倍,虽然共聚时丁二烯的聚合仍占一定的优势,但与常温条件相比,两者的竞聚率已较为接近。那

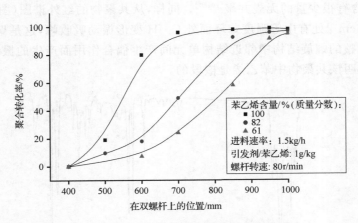

图 3.2　丁二烯含量对 S/B 共聚物转化率的影响

么在反应挤出的较高温度下共聚物到底是如何共聚的？

3.2.2　共聚物结构剖析

在当前的技术条件下反应挤出聚合体系尚属一个黑匣子，无法探查到聚合的实际进程。为此，作者等决定从共聚物的结构破析开始，来反推共聚的机理及过程，为此从共聚物一次结构分析开始。

3.2.2.1　一次结构分析

图 3.3 为丁二烯含量为 28% 的丁苯(S/B)共聚物[1]H-NMR 谱图，可以看到两个较强的表示聚合物嵌段性质的苯环特征吸收峰($\delta_1 = 6.5$，$\delta_2 = 7.00$)，以及相对较弱的无规段苯环的吸收峰($\delta_3 = 7.14$)，这表明共聚物中苯乙烯的结构以嵌段为

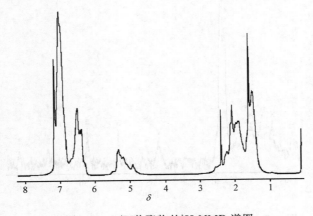

图 3.3　S/B 共聚物的[1]H-NMR 谱图

主,同时含有很少量的无规共聚[29,30]。同样,从共聚物的红外谱图(图 3.4)也可以看到 540 cm⁻¹ 处有中等强度苯环面外 C—H 变形振动吸收峰,这是聚苯乙烯嵌段结构中规整的螺旋结构中邻近结构单元间产生偶合作用而产生的振动光谱,这些都足以说明该共聚物中苯乙烯是嵌段的。

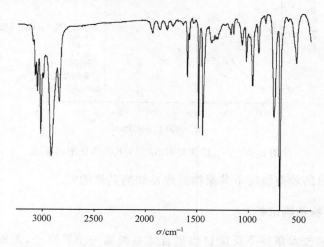

图 3.4　S/B 共聚物的傅里叶变换红外光谱(FTIR)谱图

　　为了观察丁二烯的结构,对共聚物进行的¹³C-NMR 谱图的观察,如图 3.5 所示。可以看到 27.5 ppm(Ⅰ峰)处有 1、4 聚合顺式结构丁二烯中 CH₂ 的吸收峰,而 32.7 ppm(Ⅱ峰)处有 1、4 聚合反式结构丁二烯中 CH₂ 的吸收峰[31~34],由此可见共聚物中丁二烯也是嵌段结构的。故而,在 S/B 共聚物中无论是苯乙烯还是丁二烯主要都是嵌段的,但是如何嵌段的呢?

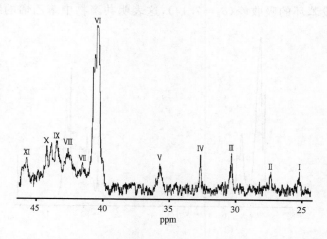

图 3.5　S/B 共聚物(丁二烯含量 13%)的¹³C-NMR 谱图

3.2.2.2　远程结构分析

共聚物的动态力学分析(DMA)如图3.6所示。无论是从储能模量还是损耗模量都可以清楚看到两个明确的主转变,表明体系中的确存在两个分离的两相。也即共聚合的确产生,而且不是无规共聚。单纯从近似的玻璃化温度来看,其中一相基本属于聚苯乙烯,而另一相则既非纯聚苯乙烯相,又非纯的聚丁二烯相。表明聚丁二烯嵌段还未达到足以表现自身主转变的长度。结合上述¹³C-NMR谱图的分析结果,已知共聚物中的聚丁二烯主要是嵌段结构的,因此可以断定这种嵌段应该相当短小。

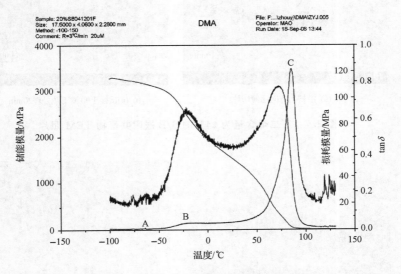

图 3.6　S/B 共聚物(丁二烯)含量 16% 多嵌段共聚物的动态力学曲线

3.2.2.3　聚集态结构分析

为了确定丁二烯嵌段究竟有多大,试样经超薄切片或用成膜法制样,再经四氧化锇染色后,经透射电镜拍摄照片,如图 3.7(a)、(b)所示(沿挤出方向超薄切片制样)。从图 3.7(a)可以看到,被拉伸的聚丁二烯分子链似乎如同一缕缕的长发清晰可见。将该试样在 90℃下热处理 20min 后,牵伸成长发般的丁二烯分子链全部回缩成球形,直径约在 20~30nm,充分显示出该分子链结构的可动性[图 3.7(b)]。此外,嵌段丁二烯橡胶球的大小与丁二烯的含量有对应的关系,如图 3.8所示。可以看到丁二烯含量越少,橡胶球的直径越小。当含量低于 8.9% 以后,橡胶球的直径甚至小至 1~3nm。S/B 共聚物纳米尺度橡胶球分布的结构在原子力显微镜(AFM)照片高度图中得到证实,如图 3.9所示,只是球径略大于透射电子显微镜

(TEM)，是 AFM 扩大效应所致。

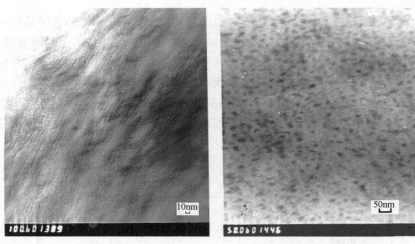

(a) 沿挤出方向超薄切片　　　　　　　　(b) (a)试样于90 ℃下热处理20min

图 3.7　丁二烯含量为 24％的 S/B 嵌段共聚物 TEM 照片

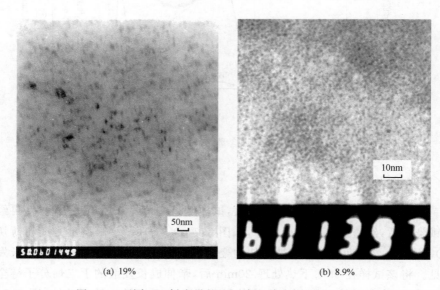

(a) 19%　　　　　　　　　　(b) 8.9%

图 3.8　不同丁二烯含量的 S/B 嵌段共聚物 TEM 照片

　　此时很自然地会考虑："这样的纳米尺度橡胶球的相对分子质量究竟是多大？"这样一个问题。早期的实验认为球状微区的半径、柱状微区横截面半径及层状微区的厚度均与相对分子质量的平方根成正比，这与高分子的均方末端距对相对分子

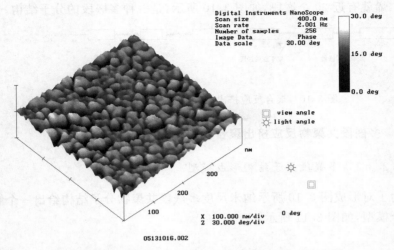

图 3.9　丁二烯含量为 34% 的 S/B 嵌段共聚物 AFM 照片

质量的依赖关系相同。但是近年来更精确的实验及理论已经证明这是不正确的[36]。

已有较多对嵌段共聚物的微相分离现象作过统计热力学理论的研究和利用小角 X 射线散射(SAXS)方法对苯乙烯与二烯烃嵌段共聚物微区尺寸与聚合物相对分子质量对应关系的实验研究,并与上述理论研究结果作比较。结果发现实测值与理论值均遵循微区半径 $\overline{R}$ 与该嵌段相对分子质量的 2/3 次方成正比的规律,如式(3.1)所示。

$$\overline{R} \sim \overline{M}_n^{2/3} \tag{3.1}$$

此时这里的微区半径 $\overline{R}$ 已不再符合链无扰尺寸正比于 $\overline{M}_n^{1/2}$ 的关系。进一步的研究表明对于 SI、SB、SIS、SBS 等多种苯乙烯/二烯烃嵌段共聚体系而言,存在式(3.2)所示的关系。

$$\overline{R} = \alpha \overline{M}_n^{2/3} (\text{nm}) \quad (\text{层状微区}: \alpha = 0.024; \text{球状微区}: \alpha = 0.012) \tag{3.2}$$

实验表明运用该经验关系式计算微相分离区的半径 $\overline{R}$ 与对应的嵌段结构的相对分子质量,计算值与实测值的误差在 1.5% 以内。

如采用式(3.2)来计算反应挤出合成的 S/B 嵌段共聚物分散相微区对应的丁二烯嵌段的相对分子质量,结果发现半径为 1nm 的球状微区所对应的丁二烯嵌段相对分子质量仅为 760 左右,差不多相当于 14 个丁二烯链节的相对分子质量。另一方面,由于该共聚物的相对分子质量为 1.7×10^5,共聚物中丁二烯含量为 8.9%,若该共聚物仍是传统的两嵌段结构,则丁二烯链节的相对分子质量至少应该约为 15 000。这与上述实际检测的结果存在明显的矛盾。唯一可以解决这一矛盾的应该是该共聚物不是两嵌段。不妨用 760 去除 15 000,得到 20 左右。因此单纯丁二烯就有近 20 个嵌段,如图 3.10 所示,是一种多嵌段的分子结构。

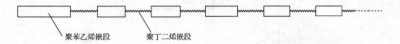

图 3.10　聚合反应挤出 S/B 多嵌段共聚物分子结构示意图

3.2.3　多嵌段共聚物反应挤出聚合模型的提出与验证

3.2.3.1　多嵌段分子结构形成模型

为了对形成图 3.10 所示纳米尺度多嵌段共聚物分子结构给出一个解释,提出了一个模型,如图 3.11 所示。

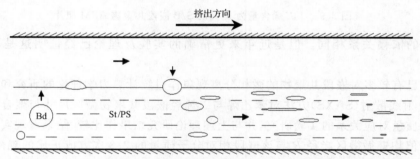

图 3.11　S/B 混合单体在双螺杆挤出机内聚合形成多嵌段聚合物的模型

当苯乙烯和丁二烯混合单体进入双螺杆挤出机时,由于挤出机内的温度远高于丁二烯 −4.5℃ 的沸点,所以单体一进入双螺杆挤出机马上就挥发了。所以聚合物的组成不可能按照传统的由丁二烯和苯乙烯竞聚率差异决定的那样,即:首先是丁二烯聚合,而苯乙烯除了少量参与丁二烯发生无规共聚外,大部分苯乙烯是在丁二烯已基本耗尽后才开始聚合的。而在反应挤出条件下,首先聚合的应该是苯乙烯。只有当苯乙烯的聚合程度逐步加大后,熔体黏度和填充率不断增大。空隙中的丁二烯在螺杆强力混合的作用下,被熔体分割为一个个的"气体包",进熔体并被活性种引发而参与聚合。由于丁二烯单体在局部浓度上占绝对优势,结合竞聚率上的优势,一个气泡即形成一个嵌段,从而导致纳米尺度的聚丁二烯嵌段的形成。又因双螺杆极强的混合作用,使得丁二烯"气体包"在聚合物熔体中的分布较为均匀,从而保证了丁二烯嵌段链长的均一性,当然也不可避免会产生少量无规链段。这种存在相变和重返体系参与聚合的复杂过程,也是对上述实验中随丁二烯含量增加、聚合速率下降的最好解释。然而该模型必须有待于证实。

3.2.3.2　多嵌段分子结构形成模型的证实

1. 现场实验现象的证实

为了对提出的模型予以证实,首先是采用唯象的证实方法,如图 3.12(a)、(b) 所示。可以看到,引发剂进入反应体系后的第二螺筒段反应体系中夹杂着大量的气泡。而到下一个螺筒段,第三螺筒段已经不再存在这样的现象,充分表明从丁二烯挥发形成大量气泡进入气相十分迅速,一个螺段已经完成,下一螺段已经表现出单一苯乙烯聚合的现象了。因而从现象上对提出的模型给予了证实。

(a) 螺筒 2　　　　　　　　　　　　　　　(b) 螺筒 3

图 3.12　反应挤出过程中重要螺筒段的现场照片

2. 氧化降解反应的选择与论证

如果多嵌段共聚物的结构确如图 3.10 所示的状况,要分析整个分子的结构,如各嵌段的长短及其分布等,用目前的分析手段尚难解决,所以决定采用将丁二烯嵌段双键全部降解掉,再对苯乙烯嵌段碎片进行分析的方法。具体做法是用四氧化锇与双氧水配合,采用氧化断链的技术。机理如图 3.13 所示。氧化降解前后用 ¹H-NMR 进行分析,结果分别如图 3.14 与图 3.15 所示。

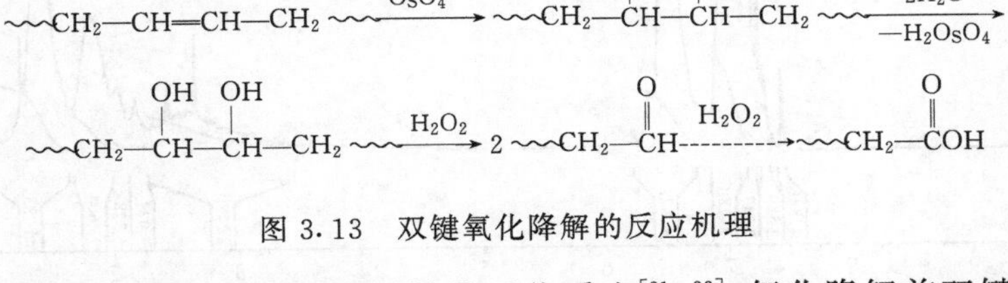

图 3.13　双键氧化降解的反应机理

从 4.75~5.75 ppm 范围内双键的吸收看出[31~33],氧化降解前双键的吸收在氧化降解后全部消失,从而证实了降解的完全。表示骨架链的 1.0~2.8 ppm 处吸

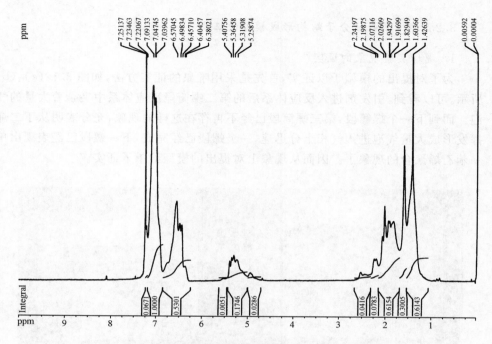

图 3.14　S/B 多嵌段共聚物氧化降解前的 ¹H-NMR 谱图

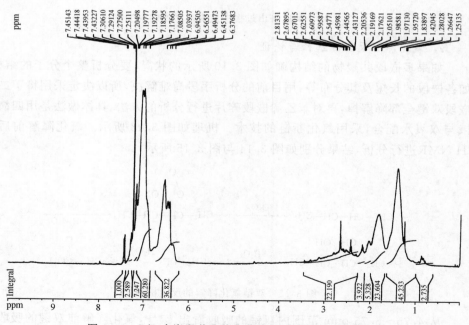

图 3.15　S/B 多嵌段共聚物氧化降解后的 ¹H-NMR 谱图

收峰也发生了巨大的改变。相反,表示聚苯乙烯嵌段的 6.5～7.05 ppm 处没有发生变化。再者,氧化降解前后用 FTIR 进行分析,结果分别如图 3.16 与图 3.17 所示。从降解后 1690～1760 cm⁻¹ 以及 2700～2740 cm⁻¹ 出现的吸收表明,降解后S/B多嵌段共聚物中的确产生了原来结构内本不含有的羧基、酯基以及醛基,符合降解反应的机理。而表现聚苯乙烯嵌段的 540 cm⁻¹ 并未改变,表明聚苯乙烯的嵌段没有受到氧化反应的影响。

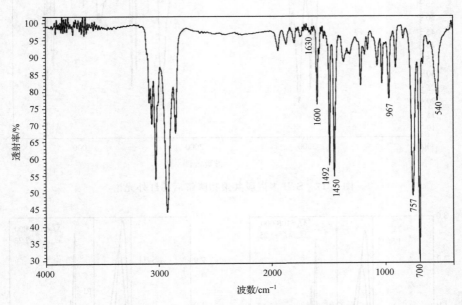

图 3.16　S/B 多嵌段共聚物降解前的红外光谱

　　为了证实图 3.13 所示的氧化反应只对双键起作用,对聚苯乙烯链段无影响,首先选取商用聚苯乙烯进行同样的降解,降解前后 GPC 图谱如图 3.18 所示。可以看到,商用聚苯乙烯在同样的氧化降解前后并没有任何改变。表明图 3.13 所示的氧化降解对聚苯乙烯嵌段是没有影响的。

　　3. 主要分析手段与方法

　　对共聚物系列进行 GPC、NMR 以及 DMA 的分析。其中 GPC 采用 Waters 515 色谱柱,连接双检测器(多角度激光光散射仪＋示差折光指数仪),用于测试试样绝对相对分子质量及其分布;也可连接三检测器(多角度激光光散射仪＋示差折光指数仪＋黏度仪),进一步研究聚合物的稀溶液性质。此时在共聚物的谱图上会多出一个黏度检测曲线。

　　共聚物中聚丁二烯的含量,聚 1,2-丁二烯占总聚丁二烯的百分比以及无规苯乙烯占总聚苯乙烯的百分比均是由 ¹H-NMR 分析得到的[39]。方法如下:

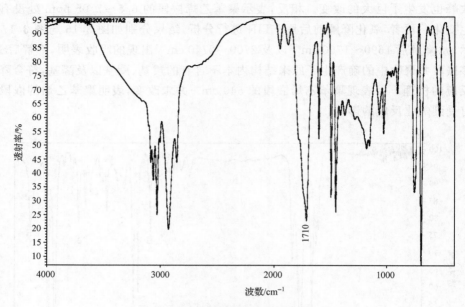

图 3.17　S/B 多嵌段共聚物降解后的红外光谱

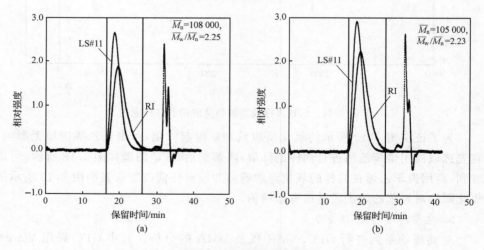

图 3.18　商用聚苯乙烯树脂在降解前后的 GPC 谱

(a) 降解前；(b) 降解后

(1) S/B 共聚物中丁二烯质量含量（Bd/％，质量分数）

$$Bd/\% = \frac{27 \times A_1 + 13.5 \times A_2}{27 \times A_1 + 13.5 \times A_2 + 20.8 \times A_3} \tag{3.3}$$

(2) S/B 共聚物的丁二烯单元中 1,2 结构聚丁二烯含量（1,2-Bd/％，质量分

数)

$$1,2\text{-Bd 质量分数 }/\% = \frac{2 \times A_2}{2 \times A_1 + A_2} \tag{3.4}$$

（3）S/B 共聚物的苯乙烯单元中无规共聚苯乙烯单元含量（$St_r/\%$，质量分数）

$$St_r \text{ 质量分数 }/\% = \frac{A_4 - 1.5 \times A_5}{A_3} \tag{3.5}$$

式（3.3）~式（3.5）中，A 表示 ^{1}H-NMR 谱图中共振峰面积，对应关系如下。

A_1：$1,2\text{-CH}=\text{CH}_2^*$ 在化学位移 $4.75\sim5.05$ppm 的吸收峰面积；

A_2：$1,2-\text{CH}^*=\text{CH}_2$ 和 $1,4-\text{CH}^*=\text{CH}^*$ 在化学位移 $5.05\sim5.75$ppm 的吸收峰面积；

A_3：S/B 共聚物苯乙烯单元苯环上氢的吸收峰面积（δ：$6.5\sim7.2$ppm）；

A_4：S/B 共聚物的聚苯乙烯嵌段中苯环上对位和间位氢与无规共聚苯乙烯单元的苯环氢吸收峰面积之和（δ：$7.0\sim7.2$ppm）；

A_5：S/B 共聚物的聚苯乙烯嵌段中苯环上邻位氢的吸收峰面积（$\delta=6.5$ppm）。

螺筒的温度分别设定为 T_1,T_2,T_3 三个系列，分别是：T_3（25,60,90,110,140,180,200,200℃），T_2（25,60,90,125,160,200,200,200℃），T_1（25,60,90,140,160,200,200,200℃），可以看到温度的设置趋势是 $T_1<T_2<T_3$。

4. 不同设计相对分子质量系列实验分析

为系统、统一分析，确定螺杆转速为 80r/min，温度 T_3，数均相对分子质量设计如表 3.1 所示。试样编号 PSBx-y 中 PSB 表示苯乙烯/丁二烯共聚物，x 表示以万为单位的数均相对分子质量，y 表示丁二烯的质量含量。从 PSB3-14 至 PSB11.5-13 可以看成丁二烯的质量含量保持不变，数均相对分子质量不断增加。这三者的GPC 曲线分别如图 3.19~图 3.21 所示。

可以看到降解前 GPC 曲线为单分布组成，黏度的虚隐曲线不去考虑。然而降解后成为双分布组成。第一主体部分聚苯乙烯的相对分子质量比第二部分要大得多，所占的质量份额也较大。清楚地表明，所得到的 S/B 共聚物确为多嵌段结构，其中 GPC 曲线的第一个峰是为使聚合体系形成足够黏度及弹性，首先聚合的苯乙烯，而第二个峰则是形成后面多嵌段的聚苯乙烯碎片。根据 GPC 曲线可测量和计算出不同淋出峰的高聚物溶液中高分子溶质的质量。因此，通过试样降解后得到的聚苯乙烯嵌段碎片的 GPC 测试结果，可测算出各个峰的苯乙烯嵌段占整个 S/B 共聚物中苯乙烯的含量的质量分数。表 3.2 是试样降解前后 GPC 曲线的分析结果。

表 3.1　S/B 共聚物试样相对分子质量及丁二烯含量数据

试样	螺杆转速/(r/min)	$\overline{M}_\eta$[①]	$\overline{M}_w/\overline{M}_\eta$[①]	丁二烯含量[②]/%（质量分数）
PSB3-9	80	3.23×10^4	2.07	9.10
PSB3-14	80	3.17×10^4	2.89	14.00
PSB6.4-13	80	6.65×10^4	2.56	13.64
PSB11.5-13	80	11.38×10^4	2.23	13.73
PSB11.5-25[③]	60	11.7×10^4	2.29	24.43

① 由 GPC 测试得到；

② 由 ^{1}H-NMR 计算得到；

③ 由于受到双螺杆挤出机长径比 L/D 的限制，合成较高 Bd 百分含量的 PSB11.5~25 时，螺杆转速降低至 60r/min。

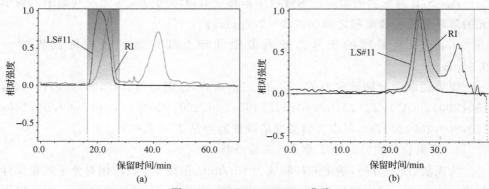

图 3.19　PSB6.4-13 GPC 曲线

(a)降解前；(b)降解后

LS#11：激光散射信号；RI：折光指数信号

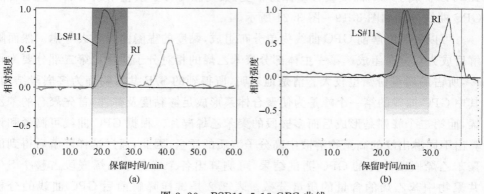

图 3.20　PSB11.5-13 GPC 曲线

(a)降解前；(b)降解后

LS#11：激光散射信号；RI：折光指数信号

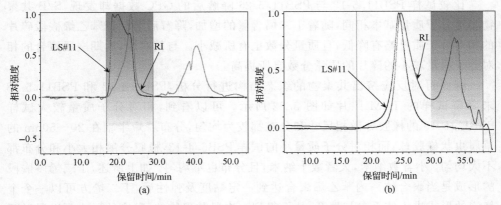

图 3.21　PSB11.5-25 GPC 曲线

(a) 降解前；(b) 降解后

LS＃11：激光散射信号；RI：折光指数信号

　　比较试样降解前后 GPC 分析的结果可以看到，氧化降解处理后得到的聚苯乙烯嵌段碎片的 GPC 曲线具有双分布的特征，因此可以得知 S/B 共聚物高分子链中既含有比较长的聚苯乙烯嵌段，也有长度较短的聚苯乙烯嵌段，前者相对分子质量较大，占有的质量份数也较大（＞50％）。这充分证实了先前模型的推断：以混合单体加料形式得到的 S/B 共聚物为多嵌段结构，而且需当聚合体系内苯乙烯聚合到一定相对分子质量，使液相体系达到一定黏度后，才可有效地包裹住丁二烯气泡，进而使丁二烯单体扩散至液相中参与聚合反应。一个气泡即形成一个嵌段，从而得到多嵌段纳米尺度分布共聚物。进一步比较试样 PSB6.4-13 和 PSB11.5-13 降解后的 GPC 数据还可发现，丁二烯含量相同，当 S/B 共聚物相对分子质量增加时，降解后相对分子质量较大的第一聚苯乙烯嵌段碎片的相对分子质量也随之增加，这说明相对分子质量较大的 PSB11.5-13 在聚合过程中，当其聚合体系的黏度达到可包裹气相丁二烯单体参与反应时，体系中聚苯乙烯活性种的相对分子质量更大，但所占的质量分数却较少。

表 3.2　S/B 共聚物降解前后 GPC 数据

试样	丁二烯含量/ % （质量分数）	降解前 GPC		降解后 GPC			
		$\overline{M}_n/$ 10^4	$\overline{M}_w/\overline{M}_n$	$\overline{M}_n$(峰1)/ 10^4	$\overline{M}_w/\overline{M}_n$ （峰1）	$\overline{M}_n$(峰2)/ 10^2	峰1质量分数/ %
PSB3-14	14.0	3.17	2.89	1.34	2.89		
PSB6.4-13	13.64	6.65	2.561	1.58	1.68	16.3	60.16
PSB11.5-13	13.73	11.38	2.234	2.13	1.94	11.3	57.92
PSB11.5-25	24.43	11.74	2.289	2.07	2.04	8.32	55.27

　　比较试样 PSB11.5-13 与 PSB11.5-25 降解后的 GPC 数据却发现,S/B 共聚物相对分子质量基本相同,随着丁二烯含量的增加,降解后第一聚苯乙烯嵌段碎片的相对分子质量略有降低,且质量分数也有所减小。与其对应,后期嵌段聚合的相对分子质量较小的碎片的质量分数有所提高。

　　继而再对反应挤出共聚物的织态结构进行分析,PSB6.4-13 和 PSB11.5-13 未降解试样的 TEM 照片如图 3.22 所示。可以看到,相对分子质量较大试样 PSB11.5-13 的橡胶分散相尺寸和分布都较为均匀,分布着短半轴在 20~50nm 的草履虫状橡胶球;而相对分子质量小的试样 PSB6.4-13,橡胶分散相大小和分布都不太均匀。小者数纳米,大者数十纳米,且分布也不均匀。如上所述,丁二烯多嵌段的形成是当聚合体系内苯乙烯聚合达到一定黏度及弹性后,丁二烯方可以一个个气泡的形式进入体系参与聚合,从而得到多嵌段共聚物的。黏度的形成可以通过两种方式来实现,其一是大量苯乙烯活性种同时聚合,相对分子质量虽不大,依靠转化率的提高形成了一定黏度。另一种可以通过少数苯乙烯活性种聚合形成高相对分子质量聚合物时也可形成一定黏度。但两种体系即便具有类似的表观黏度却存在明显区别,即后者具有弹性,而前者不具备。PSB11.5-13 聚合类型就是属于后一种形式。这样的结果有两个有利点,其一是,虽然总聚合速率不快,但前期苯乙烯消耗少,在丁二烯大量参与聚合时,苯乙烯单体的余留量较多,可以保证后续的嵌段比较完善。另一方面,由于体系具有一定弹性,可以包裹较大的丁二烯气泡,从而形

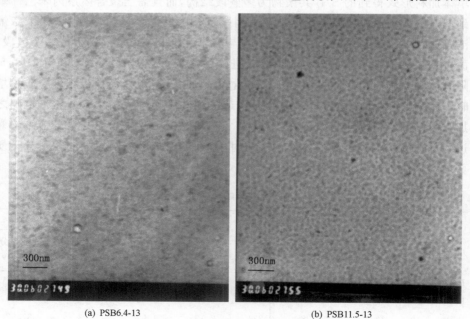

(a) PSB6.4-13　　　　　　　　　　　　(b) PSB11.5-13

图 3.22　反应挤出 S/B 共聚物 TEM 照片(放大 30 000 倍)

成较大的橡胶球。相比之下,PSB6.4-13 聚合类型则属于前一个形式,早期大量苯乙烯单体聚合,虽然聚合速率较快,但相对分子质量并不高,体系温度却上升较高。再加上体系缺乏弹性包裹气泡的能力不足。结果丁二烯单体只能以很小的气泡进入体系,形成很小的嵌段。随着聚合的进行,体系的黏度逐步提高,包裹丁二烯的气泡也逐渐增大,造成一系列大小不均的橡胶相。这与两者的丁二烯嵌段全部氧化降解后,聚苯乙烯碎片的 GPC 测定结果是一致的。

作为小相对分子质量、低丁二烯含量的典型,PSB3-9 以及 PSB3-14,它们的织态结构就更加典型了,如图 3.23 所示。在 PSB3-9 体系中,由于相对分子质量过小,早期大量苯乙烯单体聚合,虽然聚合速率较快,但相对分子质量却很小,体系温度也上升较高。再加上丁二烯单体含量本来就较少,所以只能以很小的气泡进入体系,形成很小的嵌段。很快苯乙烯单体基本耗尽,残余的丁二烯单体只能均聚形成最终的嵌段,成为一个个大球。在 PSB3-14 体系中,虽然相对分子质量与前者相同也很小,但由于丁二烯含量较高,气相分压就高,这样一方面促使丁二烯进入体系,另一方面每个气泡中参与聚合的丁二烯也比较多,在苯乙烯单体消耗不多的情况下,体系黏度增加较快。一方面包裹的气泡增大,另一方面也减少了苯乙烯单体的消耗,保证了后期嵌段聚合进行得更为完善。可见,所有这些结果不仅完全支持所提出的气泡模型,而且告知我们,尽管聚合机理并没有改变,但通过过程的控制就可以有效地改变与控制聚合物的结构,为由过程控制分子结构的理论提供了实验与理论依据。

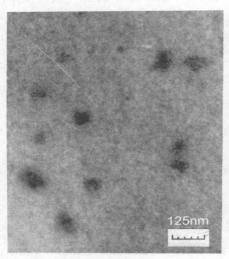
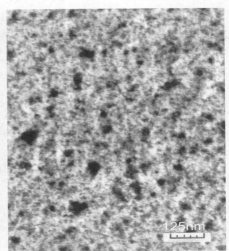

(a) PSB3-9　　　　　　　　　　　　(b) PSB3-14

图 3.23　不同丁二烯含量 S/B 多嵌段共聚物的 TEM 照片

　　5. 多嵌段结构的相态

　　与多嵌段织态结构相对应的相态分析,通过它们的动态力学行为予以表现。以 PSB11.5-25 试样为代表,结果如图 3.24 所示。与图 3.6 十分相似,无论是从储存模量还是损耗模量都可以清楚地看到两个明确的主转变,表明体系中的确存在两个分离的两相。其中主转变温度较高的一相应归属于聚苯乙烯,而且是第一苯乙烯嵌段所形成的相。由表 3.2 得知,第一嵌段不仅相对分子质量高,而且所占份额达 50% 左右。按照高分子物理的基本理论可知,所有聚苯乙烯嵌段无论用丁二烯嵌段如何将它们串接起来,其玻璃化温度也不可能比第一嵌段聚苯乙烯的更高。因此毫无疑问,多嵌段共聚物动态力学曲线中温度较高的主转变峰,实际上表明是第一嵌段所形成的相区。可见多嵌段共聚物主要是以第一聚苯乙烯嵌段为基体和连续相,苯乙烯/丁二烯多嵌段为分散相的复合结构系统。由于这种多嵌段为分散相的特殊结构,以及与第一嵌段天然的亲和性与增塑作用,使得第一嵌段的玻璃化温度比纯聚苯乙烯有所降低,表现出微相分离的趋势。

　　较有意思的是 S/B 共聚物中第一嵌段相对分子质量与其玻璃化温度的对应关系,大量数据表明十分符合 Fox 和 Flory 推荐的苯乙烯均聚物数均相对分子质量与玻璃化转变温度的经验公式(3.6)。可计算出 PSB11.5-25 试样第一嵌段聚苯乙烯链的 T_g 约为 97.3℃。

$$T_g = 106℃ - \frac{1.8 \times 10^5}{\overline{M}_n} \tag{3.6}$$

　　而从图 3.24 中 tanδ～T 关系曲线可见,试样 PSB11.5-25 第一嵌段聚苯乙烯相 T_g 转变峰向低温方向偏移,出现在 93℃,略低于上述计算的 T_g 值。正是由于多嵌段为分散相的特殊结构,以及与第一嵌段天然的亲和性与增塑作用,使得第一嵌

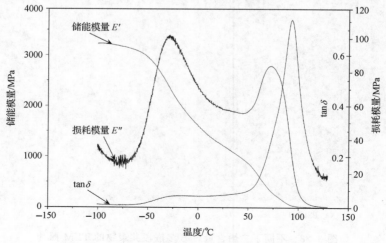

图 3.24　试样 PSB11.5-25 的 DMA 温度曲线

段的玻璃化温度比纯聚苯乙烯有所降低。

3.3　分子构建的过程控制

上述研究表明,尽管聚合机理并没有改变,但通过过程的控制就可以有效地改变与控制聚合物的结构,为高性能聚合物的合成提供了实验与理论依据。

3.3.1　过程控制下极性调节剂的反常规作用

3.3.1.1　四氢呋喃对苯乙烯反应挤出聚合的影响

众所周知,在活性聚合反应中,由于四氢呋喃(THF)的高极性作用,可以使引发剂解缔合,特别是温度比较低的情况下尤其如此。结果使聚合反应在低温下就可以快速进行,反应速率大大加快,而且由于解缔合的作用使得所有引发剂同时作用,结果使聚合物相对分子质量分布变窄,这已是公认的理论。然而在反应挤出聚合过程中却违背这一公认理论。先以经典的苯乙烯聚合作为例子。聚合工艺条件为:温度分布方式为 T_1,转速为 100r/min,进料速率为 1.8kg/h,在引发剂中分别加和不加 THF,聚合物相对分子质量分布以及根均方旋转半径如表 3.3 所示。

表 3.3　四氢呋喃引入对聚苯乙烯相对分子质量分布的影响

试样	THF/引发剂摩尔比	数均相对分子质量/10^4	相对分子质量分散指数	根均方旋转半径 R_n/nm
PSa	0	5.66	1.38	11
PSb	6.4:1	5.69	1.64	9.8

可以看到,本体反应挤出聚合情况与通常溶液聚合规律反其道而行之。虽然按照设计两者相对分子质量十分接近,但加入 THF 后,却明显加宽了相对分子质量的分布。不同于溶液聚合系统,因为当引发剂输入螺杆挤出机后,引发剂与单体的混合需要一个过程,必然存在瞬时局部不均匀的状况,因此反应挤出共聚物分布要比溶液聚合来得宽。当体系加入 THF 后,引发剂立即解缔合并引发反应,但此时体系尚未充分混合,因此其均匀程度显然不如未加 THF 体系,待充分混合后,因温度升高引发剂解缔合后,同时引发聚合的状况来得均匀,因此所得到的聚合物相对分子质量分布反而变宽。

3.3.1.2　四氢呋喃对 S/B 嵌段共聚物反应挤出聚合的影响

上述推断在 S/B 多嵌段共聚物的聚合中也同样得到了证实。采用苯乙烯与丁二烯混合加料的方式,螺筒温度分布方式为 T_1,转速 100r/min,进料速率 1.8kg/h,

THF 与引发剂采用不同比例，聚合试样用 18° 小角激光光散射仪联用 GPC 进行绝对相对分子质量及其分布的检测，结果归纳于表 3.4 之中。由 ¹H-NMR 谱图计算聚丁二烯含量以及 1,2-聚丁二烯占聚丁二烯的含量，结果也列于表 3.4 之中。

表 3.4　四氢呋喃对不同丁二烯含量的 S/B 多嵌段共聚物分子结构的影响

试样	丁二烯含量/%（质量分数）②	THF/引发剂摩尔比	$\overline{M}_n^①$/10⁴	$\overline{M}_w/\overline{M}_n^①$	1,2-聚丁二烯含量/%（质量分数）②	无规 St_r 含量/%②
PSB1①	8.92	0	4.62	1.59	12.52	12.37
PSB1②	7.66	6.4	4.05	1.88	38.23	11.12
PSB2①	16.62	0	4.73	2.37	13.45	15.78
PSB2②	14.04	6.4	4.88	2.49	26.43	21.27
PSB3①	23.44	0	6.17	2.71	12.42	21.99
PSB3②	20.03	6.4	6.73	3.62	28.28	28.24
PSB4	12.65	0	4.93	1.99	16.95	
PSB5	11.08	5	4.29	2.28	37.20	
PSB6	10.34	15	4.48	2.20	45.66	

① 由 GPC 测量得到；

② 由 ¹H-NMR 计算得到。

从表 3.4 结果可以看出，对于不同聚丁二烯含量的 S/B 共聚物体系，加入 THF 后，S/B 嵌段共聚物的相对分子质量分布比不加 THF 体系均有所加宽，该结果与上述苯乙烯反应挤出聚合表现出同样的趋势。再者，从表 3.4 还可以发现，THF 量增加到一定程度后，这种趋势就表现不突出了。

从表 3.4 还可看到，聚合体系加入 THF 后，无规共聚苯乙烯单元含量（无规 St_r 含量/%）有明显变化，但是对于不同丁二烯含量的 S/B 共聚体系影响不同。加入 THF 后，丁二烯含量较高者的无规苯乙烯单元含量明显提高，而含量较低者的则变化不明显。再次表明 THF 对反应挤出阴离子聚合作用的机理与其对通常阴离子溶液聚合是相同的，即加入 THF 后可明显提高苯乙烯相对于丁二烯的竞聚率，减小了两者竞聚率的差异，增加了苯乙烯单体参与共聚的能力。很显然，丁二烯含量越高，相互竞争形成交替共聚的概率也越大，自然无规共聚的苯乙烯也就越多。进一步了解极性调节剂的作用，还需通过选择性降解的方法深入研究。

3.3.1.3　极性调节剂 THF 对反应挤出 S/B 共聚物的结构和性能的影响

1. 四氢呋喃对反应挤出 S/B 共聚物分子的结构的影响

表 3.5 为添加不同 THF 后，反应挤出聚合得到的不同相对分子质量和丁二烯含量的三组 S/B 共聚物试样，经 GPC 及 ¹H-NMR 分析后得到的数据。表中试样名称中的三个数字按先后顺序分别代表数均相对分子质量、丁二烯含量以及 THF 与引发剂的摩尔比。

表 3.5 THF 对不同相对分子质量及不同丁二烯含量的 S/B 共聚物的影响

试样	THF/BuLi 摩尔比	$M_n^{①}/10^5$	$M_w/M_n^{①}$	丁二烯含量/%(质量分数)[②]	聚 1,2-丁二烯含量/%[②]	无规 St_r 含量/%[②]
PSB11-9-0	0	1.06	1.88	8.97	23.93	12.44
PSB11-9-5	5	1.09	1.91	9.03	36.18	14.42
PSB11-9-15	15	1.10	1.89	8.90	52.40	18.00
PSB11-9-30	30	1.08	1.90	8.58	54.05	20.04
PSB6.4-21-0	0	6.31	2.27	22.64	13.76	17.17
PSB6.4-21-5	5	6.67	2.36	21.20	28.05	34.44
PSB6.4-21-15	15	6.79	2.34	22.22	31.35	38.88
PSB6.4-21-30	30	6.53	2.39	24.50	39.71	38.73
PSB11-21-0	0	1.11	2.29	20.67	13.35	19.21
PSB11-21-5	5	1.09	2.14	20.99	24.79	34.77
PSB11-21-15	15	1.07	2.10	22.15	35.28	37.97
PSB11-21-30	30	1.07	2.01	21.69	38.38	39.97

① 由 GPC 曲线计算得到;

② 由 ^{1}H-NMR 计算得到。

对表 3.5 中的三组共聚物试样,分别采用选择性氧化降解分子链中双键,用双检测 GPC 进行降解前后聚合物相对分子质量及其分布的检测。由于规律相同,现仅以表 3.5 中 PSB11-9 为代表示于图 3.25 中。可以看到,降解前三组试样的 GPC 谱图都呈现单分散分布,氧化降解后得到的 GPC 谱图又同样都呈现双峰分布,说明在极性调节剂 THF 的作用下,反应挤出合成的 S/B 共聚物分子链中仍然包含着两种不同的聚苯乙烯嵌段。由 GPC 谱图可以计算出各个淋出峰对应的 PS 嵌段含量在整个共聚物的 PS 嵌段中所占比例。计算结果相对应地列于表 3.6 中,其中峰 1 质量分数表示降解后第一个峰的含量。又可以看到,在三组试样中,随着 THF 用量的增加,PS 长嵌段的相对分子质量以及 PS 长嵌段的质量百分比(峰 1 质量分数)均不断降低,其中峰 1 质量分数表现尤为明显。其原因用过程控制的概念来认识很容易理解。

如上所述,在反应挤出聚合过程中,当混合单体加入挤出机后丁二烯迅速气化逸出反应体系,开始时是苯乙烯单体的均聚,并形成长嵌段。直到体系黏度达到足以有效包裹住丁二烯气泡时,丁二烯才能以气泡的形式在双螺杆的剪切作用下携带进熔体中与残余苯乙烯共聚,一个丁二烯气泡即成为一个的嵌段夹于苯乙烯嵌段之中。因此共聚物分子链中包含着初期形成的 PS 长嵌段以及后期形成的 PS 短嵌段。如果采用极性调节剂 THF,那么 THF 的加入将加速反应,以致在螺筒温度较低的区域,苯乙烯的转化率即达到一定程度,虽然尚不高,但由于温度较低,因而提早达到可以包裹丁二烯气泡的熔体黏度,结果令丁二烯较早进入体系参与共聚,减小了长嵌段 PS 相对分子质量,也即减小了峰 1 质量分数。

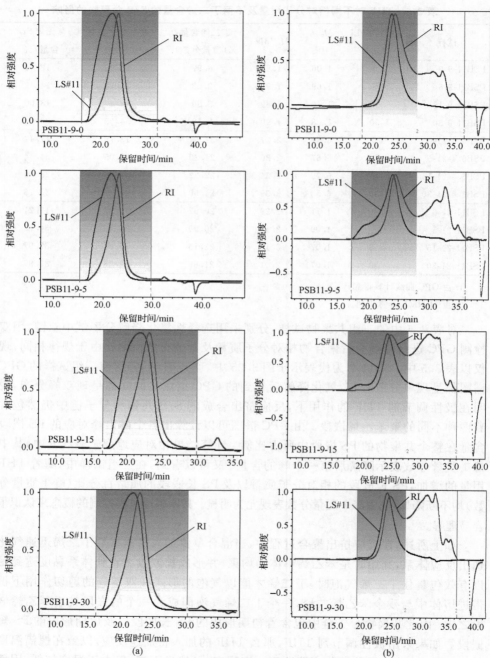

图 3.25 反应挤出 S/B 共聚物降解前 GPC 曲线图

(a) 降解前;(b) 降解后

LS#11:光散射信号;RI:折射率信号

表 3.6　于表 3.5 中反应挤出 S/B 共聚物降解前后的信息

试样	THF/BuLi	降解前		降解后		
		$M_n/$ 10^4	M_w/M_n	$M_n(\text{峰 1})/$ 10^4	$M_n(\text{峰 2})/$ 10^3	峰 1 质量分数/ %
PSB11-9-0	0	10.61	1.88	3.09	1.77	64.31
PSB11-9-5	5	10.87	1.91	2.94	1.58	52.65
PSB11-9-15	15	10.98	1.89	2.77	1.21	41.13
PSB11-9-30	30	10.77	1.90	2.72	1.14	38.24
PSB6.4-21-0	0	6.31	2.27	1.85	1.63	52.18
PSB6.4-21-5	5	6.67	2.36	1.74	0.76	37.55
PSB6.4-21-15	15	6.79	2.34	1.73	0.73	27.35
PSB6.4-21-30	30	6.53	2.39	1.65	0.63	26.07
PSB11-21-0	0	11.10	2.29	2.13	1.22	50.50
PSB11-21-5	5	10.86	2.14	2.03	0.96	37.90
PSB11-21-15	15	10.69	2.10	1.93	0.83	31.76
PSB11-21-30	30	10.72	2.01	1.88	0.73	29.63

2. 过程控制与反应机理

将表 3.5 中聚 1,2-丁二烯(1,2-PBd)含量对 THF/BuLi 作图,参见图 3.26。可以看到随着 THF/BuLi 的摩尔比的增加,聚 1,2-丁二烯的含量也不断增加,这说明 THF 对反应挤出阴离子聚合的作用机理与其对通常阴离子溶液聚合机理是相同的。但当 THF/BuLi 超过 15 以后,其增长趋势减缓。这种现象与阴离子溶液聚合中的规律有所不同。在阴离子溶液聚合中,聚 1,2-丁二烯的含量也是随着 THF 的加入逐渐增加,不同的是直到 THF/BuLi 超过 40 以后,增长趋势才逐渐变得缓慢。被认为是 THF/BuLi 超过 40 后,阴离子溶液聚合体系中缔合体、单量体以及络合体等各种活性种所占的比例变化不再明显的缘故[40]。

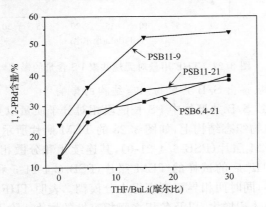

图 3.26　THF 用量对聚 1,2-丁二烯含量的影响

　　在传统的阴离子溶液聚合中,反应温度一般不超过 70℃,可以保证聚合反应自始至终处于均相状态下进行。但在反应挤出过程中,随着聚合反应的推进和黏度的增加,螺筒温度从加料口处的 25℃增加到口模处的 200℃左右,而 THF 的沸点只有 67℃。因此聚合温度很快超过 THF 的沸点。此时体系中的 THF 的含量仅由该温度下的两相的分配系数所决定,进入聚合体系的 THF 量也十分有所限制,这时对共聚物微观结构的调节作用也逐渐减弱。但是导致 THF/BuLi 超过 15 以后聚 1,2-丁二烯的增长趋势下降,与传统溶液聚合反应有所不同的原因还有待于探讨。再者,从图 3.26 还可看出,当丁二烯含量低的时候,1,2-聚丁二烯含量很高,丁二烯含量增加后,1,2-聚丁二烯含量则明显下降,这一结果也有待进一步研究。

　　与此相类似的是,随着 THF 加入量的增加,反应挤出 S/B 共聚物中无规共聚聚苯乙烯(PS)含量也随之增加,参见图 3.27。可以看见,三组试样的无规共聚 PS含量都有先增长后逐渐变缓的趋势。由于极性调节剂的作用使苯乙烯与丁二烯两者的竞聚率相互接近,交替共聚概率增加,促使无规共聚 PS 的增加自然毫无疑义。对于丁二烯含量下降干预苯乙烯均聚的概率下降也不应有疑义。此外,与上述聚 1,2-丁二烯规律颇为相似,当 THF/BuLi 超过 15 以后无规共聚 PS 含量随THF 的增加趋于平缓,其原因尚有待于进一步研究。

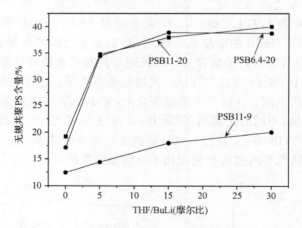

图 3.27　THF 用量对无规共聚 PS 含量的影响

　　3. THF 对反应挤出 S/B 共聚物织态结构的影响

　　加入 THF 导致 S/B 共聚物中 PS 长嵌段相对分子质量以及所占含量的下降,也同样表现在共聚物织态结构上,如图 3.28 的 TEM 照片所示。可以看到,未添加THF 的试样的 TEM 照片(PSB-6.4-21-0),其连续相和分散相的界面相对来说比较清晰,而加入 THF 后的试样的 TEM 照片(PSB-6.4-21-5 和 PSB-6.4-21-30),其分散相尺寸变小,同时两相界面则变得十分模糊。表明 THF 的加入造成相界面扩散程度和相界面体积增大,以及各相之间相容性的增大。除了上述 PS 长嵌段相对分子质量以及所占含量的下降外,还因为 THF 的加入使苯乙烯和丁二烯竞聚率差距减小,增加了共聚概率,所以聚苯乙烯和聚丁二烯的嵌段的尺寸都变小,两相的相容性增强,从而导致 TEM 照片上两相的界面模糊。

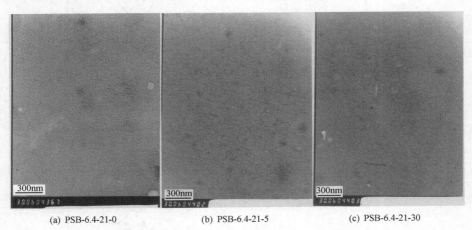

(a) PSB-6.4-21-0   (b) PSB-6.4-21-5   (c) PSB-6.4-21-30

图 3.28   反应挤出 S/B 共聚物的 TEM 照片(×30 000 倍)

4. THF 对反应挤出 S/B 共聚物相态结构的影响

THF 对于 S/B 共聚物相态的影响表现在 DMA 曲线上,如图 3.29 所示。由图 3.29(a)可以见,对于低丁二烯含量未添加 THF 的试样 PSB11-9-0,其低温损耗峰不明显,仅存在一较弱的损耗肩峰(箭头处),随着 THF/BuLi 摩尔比的增加,肩峰渐渐变小,而高温处损耗峰随着 THF/BuLi 摩尔比的增加渐渐向低温方向偏移。

对于高丁二烯含量未添加 THF 的试样 PSB6.4-21-0 以及 PSB11-21-0,其低温处存在较明显的损耗峰,并且在低温损耗峰和高温损耗峰之间还存在着一个较宽温域的转变平台。随着 THF/BuLi 摩尔比的增加,其低温损耗峰渐渐向高温方向偏移,同时高温处的损耗峰也向低温方向偏移,高温区和低温区的损耗峰有融合的趋势。

如上所述,采用极性调节剂 THF 将加速反应,以致在螺筒温度较低区域苯乙烯的转化率即达到一定程度,虽然尚不高,但由于温度较低,再加上 THF 对丁二烯的加速作用,结果令丁二烯较早进入体系参与共聚,减小了长嵌段 PS 相对分子质量,也即减小了峰/质量分数。此外,THF 的加入使苯乙烯和丁二烯的竞聚率差距减小,共聚物分子链中聚苯乙烯链节和聚丁二烯链节的长度都减小,相容性增强,相界面的面积增大。上述两种因素的共同作用使得低温处的损耗峰向高温方向偏移;同样使高温处的损耗峰也渐渐向低温方向移动,连续相和分散相的损耗峰相互靠拢。

5. THF 对反应挤出 S/B 共聚物力学性能的影响

THF 对反应挤出 S/B 共聚物结构上的影响同样会表现在对力学性能的影响

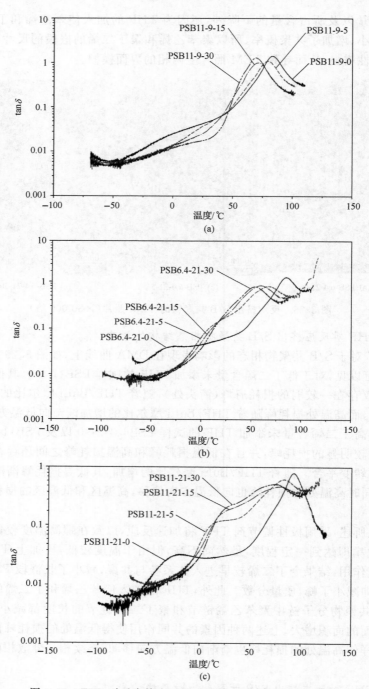

图 3.29　THF 对反应挤出 S/B 共聚物 tanδ～T 关系的影响

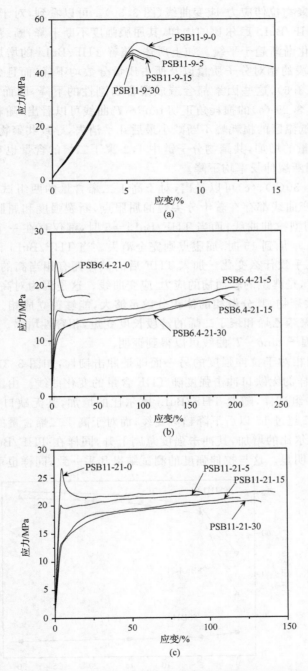

图 3.30　THF 对反应挤出 S/B 共聚物的拉伸性能曲线的影响

方面,参见共聚物拉伸应力-应变曲线(图 3.30)。可以看到,对于低丁二烯含量的
试样,随着 THF/BuLi 摩尔比的增加,其屈服强度不断下降,断裂伸长率也在不断
降低,然后变化渐渐趋于平缓。如上所述,随着 THF/BuLi 的增加,不仅成为连续
相的 PS 长嵌段的相对分子质量以及所占质量分数均下降,而且分散相也更小、更
分散(参见表 3.6),这些因素都会造成聚合物刚性的下降,因而拉伸强度不断下
降。同时从图 3.29(a)的损耗角正切 $\tan\delta\sim T$ 曲线可以看出,随着 THF 用量的增
加,共聚物在低温区的损耗峰不断减小最后几乎消失,导致共聚物韧性下降。再者
由于 THF 用量的增加,共聚物分子链中 1,2-聚丁二烯的含量也在增加,结果使共
聚物的强度和断裂伸长率均下降。

　　而由图 3.30(b)、(c)可以看出,对于高丁二烯含量的两组试样,无 THF 时其
拉伸应力-应变曲线都存在着十分尖锐的屈服点,断裂强度和屈服强度都很高,属
于典型的强韧型拉伸曲线;而当 THF/BuLi=5 时,都仅存在一个微弱的屈服点;
当 THF/BuLi 增加到 15 时,屈服点则完全消失。当 THF/BuLi 再进一步增加,拉
伸性能曲线几乎没什么变化。加入 THF 后的试样拥有相当高的断裂延伸率和较
高的断裂强度,是典型的软而韧的应力-应变曲线。这是因为对高丁二烯含量的反
应挤出 S/B 共聚物,其分散相的体积分数足够大,能够独立成相。随着 THF 用量
的增加,由于聚苯乙烯和聚丁二烯的链段长度变短,相容性增强。这从图 3.28(b)、
(c)中的损耗因子 $\tan\delta\sim T$ 曲线可以得到证明。

　　材料性能相对于拉伸强度的另一面即是冲击韧性,如图 3.31 所示,记录了表
3.6 中三组试样的无缺口冲击强度随 THF 含量的变化曲线。由图可见,对于低丁
二烯含量的一组试样,随着 THF/BuLi 摩尔比的增加,其无缺口冲击强度明显下
降,THF/BuLi 超过 15 以后下降趋势变缓;而对于高丁二烯含量的两组试样,随着
THF/BuLi 摩尔比的增加,其冲击强度急剧上升,同样在 THF/BuLi 超过 15 以后
上升趋势不再明显。这与拉伸强度的测试结果几乎一致,同样也可以用图 3.29 中

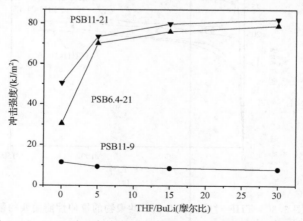

图 3.31　THF 对反应挤出 S/B 共聚物无缺口冲击强度的影响

的损耗角正切 tanδ～T 曲线加以解释。

对于低丁二烯含量的试样,其 tanδ～T 曲线图在低温处的转变肩峰随着 THF/BuLi 比值的增加强度逐渐减弱直至几乎消失。而 tanδ～T 曲线的低温损耗峰的强度在某种程度上代表着高分子材料的韧性[45],因此随着 THF/BuLi 比值的增加,其无缺口冲击强度下降;而对于高丁二烯含量的两组试样,随着 THF/BuLi 比值的增加,由于橡胶相中掺进了更多的苯乙烯成分,致使橡胶相的相对体积增加,因而其 tanδ～T 曲线低温转变峰的强度也增加,所以其冲击强度迅速增加。

3.3.1.4　极性调节剂 2G 对反应挤出 S/B 共聚物的结构和性能的影响

1. 2G 对反应挤出 S/B 共聚物分子的结构的影响

二乙二醇二甲醚(2G)属于强极性的极性调节剂,对聚合物微观结构的调节能力远远高于 THF。有文献[44]报道,在阴离子溶液聚合中加入 2G,当 2G/BuLi 的摩尔比在 0～0.3 之间变化时,对聚 1,2-丁二烯含量的影响趋势可达到 THF/BuLi 在 0～30 之间变化时同样的效果。以 2G 为极性调节剂,通过改变 2G/BuLi(摩尔比)比值,制备了三组不同相对分子质量和丁二烯含量的反应挤出 S/B 共聚物试样,如表 3.7 所示。表中试样名称中的三个数字按先后顺序,分别代表相对分子质量、丁二烯含量以及 2G 与 BuLi 的摩尔比。

表 3.7　2G 对不同相对分子质量及不同丁二烯含量 S/B 共聚物的影响

试样	2G/BuLi(摩尔比)	$M_n^{①}/10^4$	$M_w/M_n^{①}$	丁二烯含量/%(质量分数)[②]
PSB11-9-0	0.0	10.6	1.88	9.0
PSB11-9-0.1	0.1	10.9	1.90	9.7
PSB11-9-0.2	0.2	10.8	1.84	9.0
PSB11-9-0.3	0.3	11.2	1.83	9.4
PSB11-21-0	0.0	11.1	2.29	21.0
PSB11-21-0.1	0.1	10.9	1.94	20.6
PSB11-21-0.2	0.2	10.9	1.92	20.1
PSB11-21-0.3	0.3	10.8	1.91	21.8
PSB6.4-21-0	0.0	6.3	2.27	22.6
PSB6.4-21-0.1	0.1	6.5	1.98	21.0
PSB6.4-21-0.2	0.2	6.3	1.83	21.2
PSB6.4-21-0.3	0.3	6.3	1.63	21.3

①、② 分别由 GPC 和 ¹H-NMR 测定与计算。

然后对表 3.7 中的三组试样,分别采用选择性氧化方法降解分子链中双键,再用双检测 GPC 检测降解前后聚合物的相对分子质量及其分布,结果以 PSB11-21 为代表示于图 3.32 中(其中 PSB11-21-0 降解前长停留时间处多一个黏度峰不必

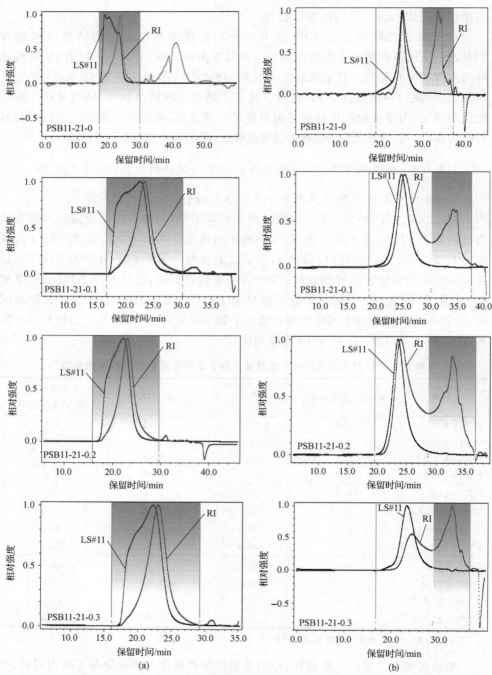

图 3.32　反应挤出 S/B 共聚物降解前(a)和降解后(b) GPC 谱图

LS#11：光散射信号；RI：折射率信号

考虑)。并将该三组试样降解前后 GPC 测试的数据处理结果示于表 3.8 中。

由表 3.8 可见,在三组试样中,随着 2G/BuLi(摩尔比,下同)从 0 增加到 0.3,对共聚物分子结构的影响与 THF/BuLi 从 0 增加到 30 相似,足见 2G 的极性调节效果。其次,与 THF 有所不同的是,2G 对 PS 长嵌段的相对分子质量以及含量(峰 1 质量分数)起初增加,然后逐渐下降。而 THF/BuLi 从 0 增加到 30,PS 长嵌段的相对分子质量以及含量则是不断下降的。表现出 THF 和 2G 对阴离子聚合的重要差别之处。

表 3.8　于表 3.7 中反应挤出 S/B 共聚物降解前后的信息

| 试样 | 2G/BuLi (摩尔比) | 降解前 | | 降解后 | | |
		$M_n/10^4$	M_w/M_n	M_n(峰 1)/10^4	M_n(峰 2)/10^3	峰 1 质量分数/%
PSB11-9-0	0.0	10.61	1.88	3.09	1.77	64.31
PSB11-9-0.1	0.1	10.89	1.90	4.81	1.31	78.83
PSB11-9-0.2	0.2	10.83	1.84	3.26	1.05	70.13
PSB11-9-0.3	0.3	11.24	1.83	3.07	0.96	61.45
PSB6.4-21-0	0.0	6.31	2.27	1.85	1.63	52.18
PSB6.4-21-0.1	0.1	6.45	1.98	2.09	0.95	58.34
PSB6.4-21-0.2	0.2	6.29	1.83	2.09	0.68	53.40
PSB6.4-21-0.3	0.3	6.32	1.63	1.96	0.50	42.12
PSB11-21-0	0.0	11.10	2.29	2.13	1.22	50.50
PSB11-21-0.1	0.1	10.91	1.94	2.75	0.98	61.55
PSB11-21-0.2	0.2	10.90	1.92	2.31	0.69	54.18
PSB11-21-0.3	0.3	10.78	1.91	2.16	0.59	43.36

尽管 THF 的沸点只有 67℃,2G 的沸点比 THF 要高出将近 100℃,但这不应是根本原因。因为 PS 长嵌段的形成主要在温度较低的螺筒前段,而且应该只是量多量少的问题,不应对苯乙烯与丁二烯形成差别。这里不妨作这样一个推断,2G 可以同时使苯乙烯及丁二烯聚合反应加速,而 THF 对丁二烯聚合的加速作用要大大超过对苯乙烯的加速。因此在 THF 加入体系后,在 PS 形成长嵌段时得到的加速并不大,相反促进丁二烯尽早参与聚合,结果是降低了在 PS 形成长嵌段的长度与含量。而就 2G 而言,它使两种单体均加速,所以在丁二烯尚未返回体系参与聚合前,苯乙烯已经形成了更长的嵌段。这样的推断在理论上也是有根据的。众所周知,采用极性调节剂可以使紧密离子对向自由离子对转移。因而可以在低温下,并以更快的速率聚合。就此而言,THF 和 2G 应该是相同的。但是极性调节剂既然是作用于离子对,空间位置上必然更靠近离子对。THF 是环状结构,对于体积较大的苯乙烯单体从离子对中间插入聚合,必然因存在空间位阻而受影响。相对而言,对

于线性的小单体丁二烯却不会产生任何影响。再观察 2G,其自身就是线性的小分子,所以对苯乙烯和丁二烯都不会产生空间障碍。当然该推论尚有待进一步得到证实。当 2G 用量进一步增加时,体系的聚合反应速率进一步加快,反应区域进一步缩短,迫使丁二烯更快地参与共聚,因而缩短了 PS 长嵌段的长度与含量。此外,也使苯乙烯与丁二烯竞聚率差距不断减小,大大增加了两者交替共聚的概率,自然也大大降低了短嵌段的长度。使分散相变得更小。因此 PS 长嵌段的含量随 2G/BuLi 的增长出现一个峰值后立即下来。

2. 2G 对反应挤出 S/B 共聚物中聚 1,2-丁二烯及无规共聚苯乙烯的影响

将表 3.7 中三组试样的聚 1,2-丁二烯含量对 2G 添加量作图,见图 3.33。可以看见,随着 2G/BuLi 的摩尔比从 0 增加到 0.3,聚 1,2-丁二烯的含量(相对于全部PBd)逐步增加,且其增长趋势并无明显减缓,这与阴离子溶液聚合中的规律非常相似。而如上所述,随着 THF/BuLi 比值从 0 增加到 30,聚 1,2-丁二烯的含量起初增长很快,当超过 15 以后,增长趋势明显趋缓(图 3.26)。再次表现出两者的不同,其原因尚有待深究。由图 3.33 还可以发现,丁二烯含量少的试样,其 1,2-聚合体也明显高于含量多者,与加 THF 调节剂相似,其原因也尚有待于研究。

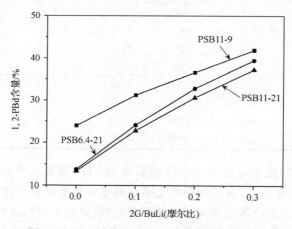

图 3.33　2G 用量对聚 1,2-丁二烯含量的影响

与对聚 1,2-丁二烯的影响相类似,2G 对无规共聚 PS 含量的影响也不同于THF,如图 3.34 所示。可以看见,随着 2G 的加入,无规共聚 PS 的含量几乎呈正比增加。而 THF/BuLi 从 0 增加到 30,无规共聚苯乙烯的含量起初增长很快,当THF/BuLi 超过 15 以后趋于恒定(图 3.27)。

由图 3.34 还可以看出,丁二烯含量越大,无规共聚 PS 含量也越高。原因很易理解,即丁二烯含量越大,参与苯乙烯聚合的概率也越大,得到的无规共聚 PS 也越多。在这点上与 THF 极性调节剂是相同的。

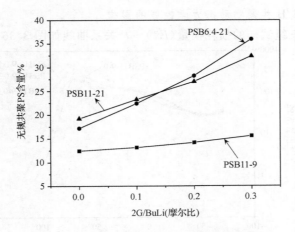

图 3.34　2G 用量对无规共聚 PS 含量的影响

3. 2G 对 S/B 共聚物织态结构的影响

试样 PSB6.4-21-0 和 PSB6.4-21-0.1 的织态结构用 TEM 进行观察,结果如图 3.35 所示。由图可见,加入 2G(2G/BuLi＝0.1)后,分散相尺寸变大,而且两相界面更加清晰。如上所示,而就 2G 而言,它可以使两种单体均加速,所以在丁二烯尚未返回体系参与共聚前,苯乙烯已经形成了更长的嵌段。所以相对于不加 2G 的体系,PS 长嵌段长得更长(表 3.8),包裹气泡的能力更强,反映在 TEM 照片上便是分散相的尺寸变大。TEM 的研究结果与前面 GPC 的研究结果吻合。

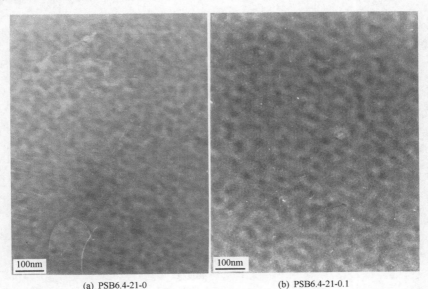

(a) PSB6.4-21-0　　　　　　　　　　(b) PSB6.4-21-0.1

图 3.35　反应挤出 S/B 共聚物的 TEM 照片(×105 000 倍)

4. 2G 对 S/B 共聚物动态力学性能的影响

表 3.7 中三组试样的损耗模量(E'')～T 关系曲线如图 3.36 所示。可以看到，

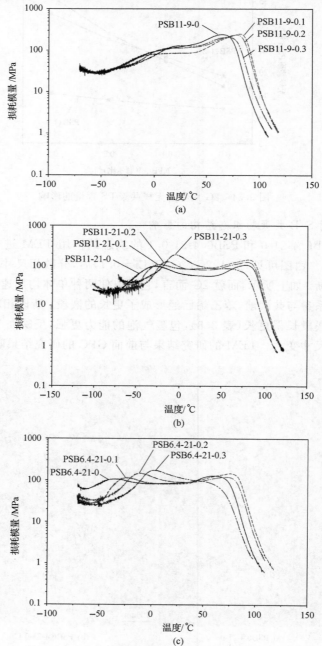

图 3.36　2G 对反应挤出 S/B 共聚物 E''～T 关系的影响

随着 2G/BuLi 的增加,其低温处的转变逐渐向高温方向移动,而高温处的转变向低温方向移动,表现出两相的相容性增加的趋势。显然这是由于 2G 极性调节剂的作用,两单体竞聚率接近,交替共聚的趋势增加造成的。这与 THF 体系相近(图3.29)。但高温转变温度最高的不是未加 2G 的,而是加了 0.1 份的试样,这同最长的 PS 嵌段相关,也是完全不同于 THF 之处。此外,对于低丁二烯含量的 S/B 共聚物[图 3.36(a)],随着 2G/BuLi 的增加,其低温处的转变在向高温方向移动的同时,峰形也从肩峰逐渐过渡到损耗平台,最终出现独立的损耗峰。而对于 THF 体系,随着 THF/BuLi 的增加,其低温处的损耗肩峰强度逐渐减弱,最后几乎消失。

5. 2G 对反应挤出 S/B 共聚物的力学性能的影响

2G 对反应挤出 S/B 共聚物拉伸应力-应变行为的影响,如图 3.37 所示。可以看到,对于高丁二烯含量的两组试样[图 3.37(b)和(c)],随着 2G/BuLi 的增加,断裂延伸率大幅度提高,韧性增加。而屈服强度和断裂强度则在 2G/BuLi=0.1 处出现极大值,在 2G/BuLi=0.3 时,屈服点尽管变得很微弱,但依然存在,这与 THF 体系有所区别。后者对于高丁二烯含量的体系,随着 THF/BuLi 的增加,其拉伸强度和断裂强度逐渐下降,屈服点则逐渐消失。显然这同两者对 PS 长嵌段的长度与含量影响不同造成的。2G 体系在 2G/BuLi 为 0.1 时出现极大值。而 THF 体系则是一味下降,因而两者在力学性能上表现不一。

另外,对于高丁二烯含量高相对分子质量的一组试样[图 3.37(b)],不加 2G时,其拉伸曲线经过屈服点后,应变大幅度增加,而应力几乎不变,其断裂强度低于屈服强度。当加入 2G 后,其拉伸性能曲线经过屈服后,在应变增加的同时应力也出现大幅度上升,其断裂强度高于屈服强度,是典型的强韧性材料。显然这也是同PS 长嵌段的相对分子质量相关的,参见表 3.8。

值得注意的是图 3.37(a)中低丁二烯含量试样的拉伸性能曲线,随 2G/BuLi 的增加,其断裂伸长率不断上升,2G/BuLi 增加到 0.3 时达到 44.9%,是典型的韧性类型的材料,而对于相近丁二烯含量的 THF/BuLi 体系,随着 THF/BuLi 的增加,其断裂伸长率也不断下降。这同样是因为 2G 体系,不仅 PS 长嵌段长,而且由于丁二烯富集于整个分子链的中部,形成良好的分散相,因而表现出良好的塑性。

表 3.7 中三组试样无缺口冲击强度与 2G 加入量的对应关系如图 3.38 所示。可以看见,对于高丁二烯含量的两组试样(PSB6.4-21 和 PSB11-21),在 2G/BuLi=0.3 以前上升趋势缓慢,2G/BuLi=0.3 时其无缺口冲击强度出现突增。如上所述,对于高丁二烯含量的试样,随着 2G 用量的增加,苯乙烯和丁二烯竞聚率的差距减少,当 2G/BuLi=0.3 时,分子链中 PS 小嵌段以及丁二烯链段的长度均不断减小,界面相的体积大幅度增加,有助于抗冲击性能的提高,因而无缺口冲击强度出现突增。

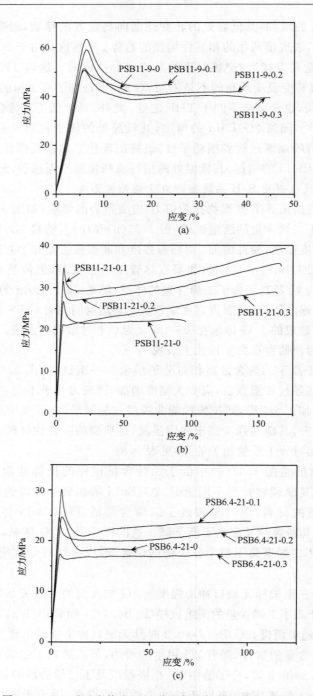

图 3.37　2G 对反应挤出 S/B 共聚物的拉伸性能曲线的影响

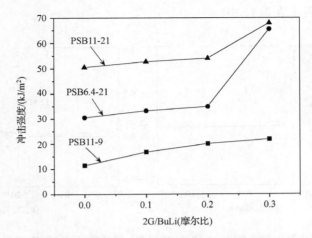

图 3.38 2G 对反应挤出 S/B 共聚物无缺口冲击强度的影响

3.3.2 螺杆转速对反应挤出 S/B 共聚物结构的影响

3.3.2.1 螺杆转速对反应挤出 S/B 共聚物链节结构的影响

表 3.9 是在 S/B 反应挤出聚合过程中,改变螺杆转速合成的 S/B 共聚物试样经多次检测 GPC 及 ^{1}H-NMR 测试数据的分析结果,螺筒温度分布设置为 T_3。试样编号中尾部"$-x$"表示螺杆转速。

表 3.9 螺杆转速对反应挤出 S/B 共聚物的影响

试样	螺杆转速/(r/min)	单体流量/(kg/h)	$\overline{M}_n$[①]/10^4	$\overline{M}_w/\overline{M}_n$	丁二烯含量/%(质量分数)	无规 S_{tr} 含量/%[②]
PSB6.4-13-80	80	1.8	6.65	2.56	13.64	18.62
PSB6.4-13-120	120	1.8	6.91	2.47	13.12	19.15
PSB11.5-13-80	80	1.8	11.38	2.23	13.73	18.15
PSB11.5-13-120	120	1.8	12.69	2.45	12.63	19.27

① 由 GPC 测试得到;

② 由 ^{1}H-NMR 计算得到。

从表 3.9 中 ^{1}H-NMR 分析数据可见,螺杆转速从 80r/min 提高到 120r/min 之后,不同相对分子质量的反应挤出 S/B 共聚物链段结构中无规共聚苯乙烯单元含量都略有提高。螺杆转速的影响更明显地表现在分子链降解前后的 GPC 曲线分析上。将表 3.9 中试样,采用选择性氧化的方法进行降解。试样将降解前用三检测仪联用 GPC 检测其绝对相对分子质量及其分布,降解后的试样采用双检测联用 GPC 测试,结果以 PSB6.4-13-80 和 PSB6.4-13-120 为代表,示于图 3.39、图 3.40

中,详细结果列于表 3.10 中。

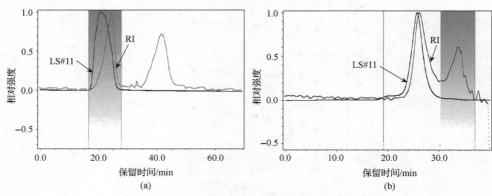

图 3.39　PSB6.4-13-80 降解前(a)和降解后(b)GPC 谱图

LS#11:光散射信号;RI:折射率信号

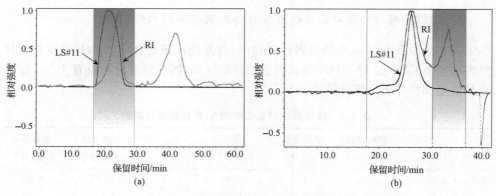

图 3.40　PSB6.4-13-120 降解前(a)和降解后(b)GPC 谱图

LS#11:光散射信号;RI:折射率信号

表 3.10　螺杆转速对反应挤出 S/B 共聚物的影响

试样	螺杆转速/ (r/min)	降解前 GPC		降解后 GPC			
		$\overline{M}_n$/ 10^4	$\overline{M}_w/\overline{M}_n$	$\overline{M}_n$(峰 1)/ 10^4	峰 1 分散系数	$\overline{M}_n$(峰 2)/ 10^3	峰 1 质量 分数/%
PSB6.4-13-80	80	6.65	2.56	1.58	1.675	1.63	60.16
PSB6.4-13-120	120	6.91	2.47	1.34	1.649	1.30	58.79
PSB11.5-13-80	80	11.38	2.23	2.13	1.935	1.13	57.92
PSB11.5-13-120	120	12.69	2.45	2.01	2.041	0.90	59.10

　　从表 3.10 中试样选择性降解后的 GPC 数据来看,提高螺杆转速后,无论降解前相对分子质量高低,降解后第一嵌段峰和第二个碎片峰的相对分子质量都有所降低,这说明螺杆转速提高后,由于剪切作用加强,使得熔体在黏度相对较低的状态下就开始有效地包裹气相中丁二烯单体进入液相参与聚合反应,并且也导致在后续的聚合过程中,气相中丁二烯进入熔体参与共聚的概率增加,因此使得反应挤出共聚物第一嵌段和小的碎片嵌段平均长度都有所降低。但进一步比较表 3.10 中降解后数据还可发现,转速提高后,相对分子质量较低试样的 2 个聚苯乙烯峰的相对分子质量下降趋势比相对分子质量较高的试样更明显,这是因为当引发剂进入挤出机与单体混合后,在前面温度设置较低的几节筒体,相对分子质量较低的反应挤出共聚体系的黏度和螺杆填充度都比相对分子质量较高的提高得快。当螺杆转速提高后,剪切混合效果的提升在促进气相中丁二烯单体进入熔体参与共聚反应方面,对相对分子质量小者的影响比对相对分子质量大者更大。

3.3.2.2　螺杆转速对反应挤出 S/B 共聚物织态结构的影响

　　共聚物的织态结构同样证实了与分子链结构相类似的结论,表 3.9 中 4 个试样的 TEM 照片如图 3.41、图 3.42 所示。可以看到螺杆转速提高后,分散相尺寸明显变小,并且分布也变得较均匀了,这说明螺杆转速提高后,混合和剪切作用加强,熔体包裹气相丁二烯的概率增加,包裹在熔体中的丁二烯气泡也变得更细小均匀了。由这些小气泡形成的橡胶嵌段的分散相尺寸也变得小而分布均匀了。

　　相比之下,由相对分子质量较高的反应挤出共聚物 TEM 照片(图 3.42)可见,螺杆转速提高后,分散相尺寸略有减小,分布均匀度略有提高,但改善程度并没有相对分子质量较低者那么明显。这也和前面的 GPC 分析结果相吻合。

3.3.2.3　螺杆转速对反应挤出 S/B 共聚物相态结构的影响

　　动态力学分析表现的共聚物的相态同样也进一步证实上述研究结果。现仅用 DMA 分析中的损耗模量曲线来分析上述 4 个试样,如图 3.43、图 3.44 所示。分别显示了相对分子质量大小不同的 S/B 共聚物损耗模量随螺杆转速提高所产生的变化。可以看到,随着螺杆转速的提高,不同相对分子质量的共聚物在高温处的损耗峰都发生了向低温方向的移动,而低温损耗峰则向高温方向移动,明显表现出两相相容性的增加。众所周知,分散相的相区越小,与基体的相容性越好。如上所述,随着螺杆转速提高后,混合和剪切作用加强,熔体包裹气相丁二烯的概率增加,包裹在熔体中的丁二烯气泡也变得更细小均匀了。由这些小气泡形成的橡胶嵌段的分散相尺寸也变得小而分布均匀了。可见与 DMA 分析的结果是完全吻合的。

　　此外,从图 3.43、图 3.44 损耗模量曲线还可以看出相对分子质量低的共聚物两相的相容性要比相对分子质量高者明显好,显然这同图 3.41 中分散相的相区比

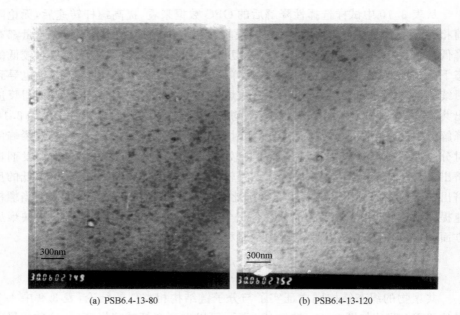

(a) PSB6.4-13-80　　　　　　　　　　　　(b) PSB6.4-13-120

图 3.41　不同转速下反应挤出共聚物 TEM 照片(×30 000 倍)

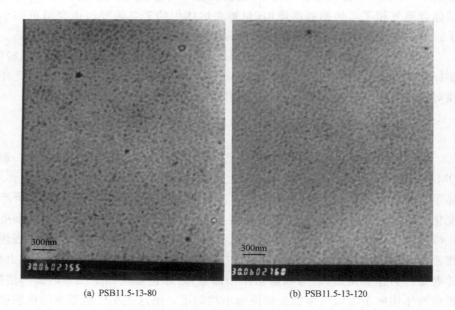

(a) PSB11.5-13-80　　　　　　　　　　　(b) PSB11.5-13-120

图 3.42　不同转速下反应挤出共聚物 TEM 照片(×30 000 倍)

图 3.42 中的明显小是一致的。

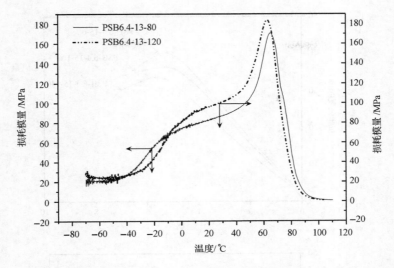

图 3.43　试样 PSB6.4-13-80 和 PSB6.4-13-120 的 $E''{\sim}T$ 关系

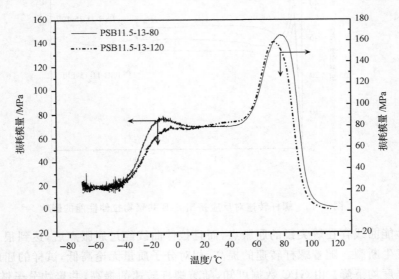

图 3.44　试样 PSB11.5-13-80 和 PSB11.5-13-120 的 $E''{\sim}T$ 关系

3.3.2.4　螺杆转速对反应挤出 S/B 共聚物的力学性能的影响

螺杆转速对反应挤出 S/B 共聚物微观结构的影响最终体现在其力学性能上，图 3.45 是不同螺杆转速下反应挤出 S/B 共聚物的拉伸应力-应变曲线。

由图 3.45 可见，对于相对分子质量低的一组样品[图 3.45(a)]，其拉伸性能曲线刚过屈服点便发生断裂；而对于相对分子质量高的一组样品[图 3.45(b)]，其

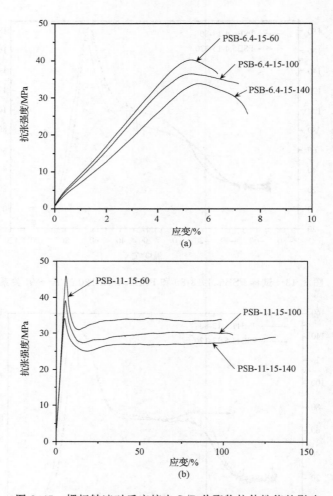

图 3.45　螺杆转速对反应挤出 S/B 共聚物拉伸性能的影响

拉伸性能曲线存在着尖锐的屈服点,而且拉伸曲线经过屈服点后,达到很长的拉伸率才发生断裂。随着螺杆转速的提高,相对分子质量无论高低,试样的屈服强度和断裂强度均下降。由 GPC 数据可知,随着螺杆转速的提高,共聚物分子链中 PS 长嵌段的含量和相对分子质量都随之降低,导致塑料基体的刚性逐渐降低,屈服强度和断裂强度逐渐降低。

图 3.46 是高、低两组相对分子质量试样的无缺口冲击强度随螺杆转速的变化曲线。可以看出,随着螺杆转速的提高,两组样品的无缺口冲击强度都随着螺杆转速的提高而增加。如上所述,由于螺杆转速的提高,共聚物中分散相变小,界面相的面积有所增加,有利于吸收冲击能量,因此 S/B 共聚物的无缺口冲击强度也随之增加。

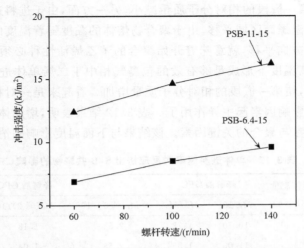

图 3.46　螺杆转速对反应挤出 S/B 共聚物冲击性能的影响

3.3.3　混合单体进料速率对反应挤出 S/B 共聚物结构与性能的影响

3.3.3.1　混合单体进料速率对反应挤出 S/B 共聚物分子结构的影响

表 3.11 是在反应挤出聚合过程中,改变混合单体的进料速率合成的 S/B 共聚物试样经多检测 GPC 及 ^{1}H-NMR 测试数据的分析结果,挤出机筒体温度分布设置为 T_3。该系列试样采用选择性氧化的方法进行降解。试样降解前用三检测仪联用 GPC 检测绝对相对分子质量及其分布,降解后的试样采用两检测联用 GPC 测试,结果列于表 3.12。试样编号中尾部"-x"表示进料速率。

表 3.11　单体进料速率对反应挤出 S/B 共聚物的影响(一)

试样	单体流量/(kg/h)	$M_n^①$/10⁴	$M_w/M_n^①$	Bd 含量/%(质量分数)②	无规 Str 含量/%②
PSB11-14-2.0	2.0	10.70	1.78	14.58	17.48
PSB11-14-2.5	2.5	11.03	1.83	13.97	15.47
PSB11-14-3.0	3.0	10.92	1.87	13.93	16.59

① 由 GPC 测试得到;

② 由 ^{1}H-NMR 计算得到。

从表 3.12 看出,降解后第一嵌段的相对分子质量随着单体进料量的提高而增加。如上所述,混合单体进入挤出机后,丁二烯首先是气化进入气相中,开始主要是苯乙烯单体参与聚合。只有当苯乙烯聚合到一定相对分子质量,熔体达到足够黏度时,才开始包裹气相中的丁二烯单体使之进入熔体参与聚合。当单体进料速率增加时,一方面在螺杆转速固定情况下,填充度就会提高,就越容易包裹气泡进入熔体参与共聚,使第一嵌段的相对分子质量减小。另一方面,由于进料速率的增加,主聚合区域会向高温螺筒区域平移。由于聚合物熔体的黏度随着温度的升高而降低,聚合区域向高温方向平移,就意味着开始聚合的苯乙烯活性种必须达到更高的聚合度,才能在较高温度下形成足够有效的包裹气相中丁二烯单体进入熔体参与共聚所要求的黏度,使第一嵌段的相对分子质量增加。看起来是一对相互对立的结果,就看哪方面的影响因素起主导作用了。表 3.12 结果表明,增加体系黏度才是包裹气泡进入体系参与聚合的关键因素。该结果与下面温度影响的情况十分类似。

表 3.12 单体进料速率对反应挤出 S/B 共聚物的影响(二)

试样	单体流量/(kg/h)	降解前 GPC		降解后 GPC		
		$M_n/10^4$	M_w/M_n	M_n(峰1)/10^4	M_n(峰2)/10^3	峰1质量分数/%
PSB11-14-2.0	2.0	10.70	1.78	2.52	1.18	63.28
PSB11-14-2.5	2.5	11.03	1.83	2.58	1.04	53.61
PSB11-14-3.0	3.0	10.92	1.87	2.86	0.98	51.52

降解后第二个 PS 碎片相对分子质量随着单体进料量的提高而降低,而其含量却随之增加,这是由于开始形成能有效包裹气相丁二烯单体的熔体后,螺杆填充度随单体进料量增加而提高,可以更有效地包裹气相中的丁二烯单体,增加气相中丁二烯单体进入熔体参与聚合反应的概率,因此致使共聚物嵌段中较短的聚苯乙烯嵌段变得更短,但含量却增加。

3.3.3.2 混合单体进料速率对反应挤出 S/B 共聚物织态结构的影响

混合单体进料量对反应挤出共聚物织态结构的影响如图 3.47 TEM 照片所

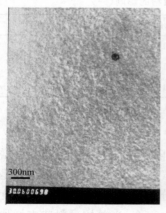 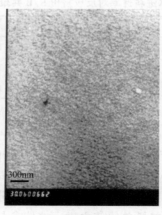 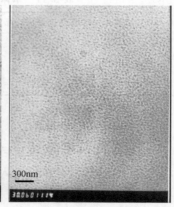

(a) PSB10-T₁-1.0 (b) PSB10-T₁-1.5 (c) PSB10-T₁-2.0

图 3.47 进料速率反应挤出共聚物 TEM 照片(×30 000 倍)

示。可以看到,单体进料量较低时,S/B 共聚物分散相尺寸大小及分布都不均匀,直到单体进料量增加到 1.98kg/h 时,分布才明显变得均匀。由此可见,要使橡胶相分散均匀,PS 第一嵌段的相对分子质量起到了重要作用。

3.3.3.3 单体进料速率对 S/B 共聚物相态的影响

图 3.48 是表 3.11 中 S/B 共聚物样品的损耗模量 $E''\sim T$ 关系曲线。可以看出,随着混合单体进料量的增加,低温区的损耗峰逐渐向高温方向移动,高温区的损耗峰逐渐向低温移动,两相的相容性增强。这是因为随着单体进料量的增加,螺杆填充度逐渐增加,相同熔体黏度下丁二烯气体进入熔体参与共聚的概率逐渐增加。当丁二烯气体大量进入熔体中参加共聚时所需要的苯乙烯前期转化率也逐渐降低,后期聚合反应中与丁二烯一起参加共聚的苯乙烯单体的比例逐渐增加,干预丁二烯气泡参与共聚的概率增加了,致使聚丁二烯嵌段的长度也逐渐减小,连续相与分散相的相容性增强。导致损耗模量 $E''\sim T$ 关系曲线的低温区损耗峰逐渐向高温方向移动,而高温区损耗峰逐渐向低温方向移动。

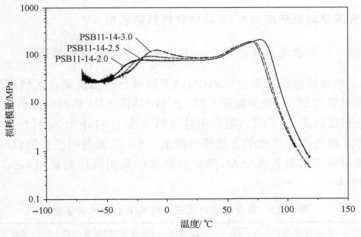

图 3.48 进料速率对 S/B 共聚物 $E''\sim T$ 的影响

3.3.3.4 单体进料速率对 S/B 共聚物力学性能的影响

图 3.49 是不同单体进料量下反应挤出 S/B 共聚物的拉伸应力-应变曲线。

由图 3.49 可见,随着单体进料量的增加,S/B 共聚物的屈服强度和断裂强度逐渐降低,由表 3.12 中降解后样品的 GPC 数据可知,随着单体进料量的增加,共聚物分子链中长嵌段 PS 的含量逐渐降低。由 DMA 的测试结果已知,随着单体进料量的增加,两相的混容性增强,因此塑料基体的刚性逐渐降低,屈服强度和断裂

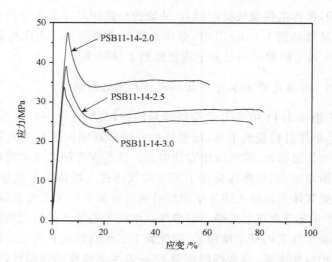

图 3.49　单体进料量对反应挤出 S/B 共聚物拉伸性能的影响

强度逐渐降低,而它们的无缺口冲击强度逐渐提高。

3.3.4　聚合温度对反应挤出 S/B 共聚物结构的影响

3.3.4.1　聚合温度对反应挤出 S/B 共聚物分子链结构的影响

表 3.13 是在反应挤出聚合过程中,改变双螺杆挤出机聚合区域筒体温度设置合成的 S/B 共聚物试样,经多检测 GPC 及 ^{1}H-NMR 测试数据的分析结果。挤出机筒体温度分布设置为 T_1 和 T_2,混合单体进料量为 1.44kg/h,螺杆转速 100r/min。该系列试样采用选择性氧化的方法进行降解。试样降解前用三检测仪联用 GPC 检测其绝对相对分子质量及其分布,降解后的试样采用两检测联用 GPC 测试,结果列于表 3.14 中。

表 3.13　聚合温度对反应挤出 S/B 共聚物的影响

试样	温度设置方式	$\overline{M}_n^①$	$\overline{M}_w/\overline{M}_n^①$	Bd 含量%(质量分数)②	无规 St$_r$ 含量/%②
PSB10-T_1-1.5	T_1	10.72×10^4	1.82	16.97	17.10
PSB10-T_2-1.5	T_2	10.73×10^4	2.38	16.49	22.21

① 由 GPC 测试得到;

② 由 ^{1}H-NMR 计算得到。

由表 3.13 可以看到,聚合区域温度提高后,反应挤出共聚物相对分子质量分布明显加宽。在混合单体一次加料聚合反应挤出过程中,单体存在于气相和液相(或者熔体)中,但只有在液相才是单体的聚合场所。丁二烯单体沸点低,主要存在于气相勿庸置疑,但在主聚合区域之后,随着设置温度的逐渐升高,液相中的苯乙烯单体也出现气化情况,使聚合反应更为复杂,从而增加了相对分子质量分布也属自然。

还可见,聚合区域温度提高后,反应挤出 S/B 共聚物链段结构中无规共聚苯乙烯单元含量明显增加,以及第一嵌段聚苯乙烯相对分子质量增加。这也许是因为提高聚合区域温度后,虽然对丁二烯的包裹变难,但相反丁二烯气体对苯乙烯熔体扩散变容易。再者,又减小了丁二烯单体与苯乙烯单体的竞聚率的差距,两种因素的交替作用,结果使共聚物链段结构中无规共聚苯乙烯单元含量增加。

表 3.14　聚合温度对反应挤出 S/B 共聚物的影响

试样	降解前 GPC		降解后 GPC			
	$\overline{M}_n/$ 10^4	$\overline{M}_w/\overline{M}_n$	$\overline{M}_n$(峰1)/ 10^4	峰1 分散系数	$\overline{M}_n$(峰2)/ 10^3	峰1 质量分数/%
PSB10-T_1-1.5	10.72	1.82	2.61	1.62	1.29	42.86
PSB10-T_2-1.5	10.73	2.38	2.36	1.98	1.55	41.19

从表 3.14 中试样降解后 GPC 数据还可发现,提高聚合区域设置温度后,第二个聚苯乙烯碎片相对分子质量有所提高,而含量略有降低。如上所述,这些较短的聚苯乙烯嵌段主要是在气相丁二烯开始被熔体有效包裹进入液相参与共聚反应后形成的。因此,提高聚合区域温度后,熔体的黏度下降,熔体包裹气相丁二烯单体的能力减弱,熔体中丁二烯气泡变小,丁二烯气泡在熔体中稳定的停留时间缩短,这减小了气相丁二烯进入熔体参与共聚反应的概率,却提高了熔体中苯乙烯单体均聚的概率,因此使得较短的聚苯乙烯嵌段相对分子质量有所提高。

3.3.4.2　聚合温度对反应挤出 S/B 共聚物织态结构的影响

值得探讨的是聚合区域温度对共聚物织态的影响,图 3.50 为上述试样的 TEM 照片。可以看到,提高聚合设置温度后,S/B 共聚物分散相尺寸明显变小且分布变得更均匀。分散相变小容易理解,由于聚合区域温度提高后,熔体黏度降低,熔体包裹气相丁二烯单体的能力减弱,熔体中丁二烯气泡尺寸变小;丁二烯气泡在熔体中稳定的停留时间缩短,由这些气泡中的丁二烯单体进入熔体后共聚形成的分散相尺寸也会发生减小,但变得更均匀了。似乎表明提高聚合设置温度后,为熔体包裹气相丁二烯单体的过程设置了一个门槛,要么体系包裹不了气泡,要么越过门槛就一齐进入体系,形成一个门效应。根据这样的织态结构以及上述的研究可以预见,随着聚合温度的升高必然使两相的相容性增加,材料的韧性提高,刚性增加。事实上从动态力学以及力学性能分析都证实了这一结论。

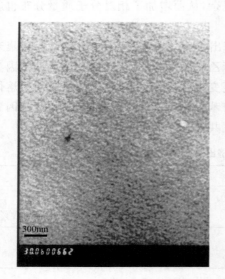

图 3.50　不同螺筒温度设置反应挤出共聚物 TEM 照片(×30 000 倍)

3.3.5　三嵌段共聚物的反应挤出聚合

传统嵌段高聚物多为三嵌段线型或星型的结构形式,这也是用得最多、最为普遍的嵌段高聚物。采用聚合反应挤出的方法也同样可以完成这类分子结构共聚物的聚合。

3.3.5.1　三嵌段共聚物反应挤出聚合过程

将苯乙烯、异戊二烯、苯乙烯(S、I、S)分三段式加入双螺杆挤出机,如图 3.51所示,各单体及引发剂在螺筒上不同位置加入,就如同聚合釜不同时间加入不同单体一般。

3.3.5.2　三嵌段共聚物反应挤出聚合可行性的确定

在正常聚合反应挤出过程中,双螺杆挤出机不同位置上在线取样,然后采用[1]H-NMR 对异戊二烯含量进行分析,结果如表 3.15 所示。可以清楚看出,随着重均相对分子质量的逐步增加,从开始时不含异戊二烯,到增加到最大,再次降低的过程,完全按照嵌段设计顺序的那样进行。虽然是否属完全三嵌段的结构尚有待进一步考证,但通过分步加料形式利用反应挤出聚合的技术是可以实现三嵌段聚合的。

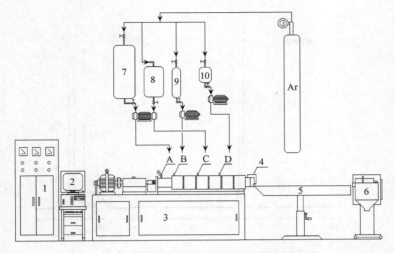

图 3.51　嵌段共聚物聚合反应挤出的进料顺序图

1—电器控制柜；2—主控计算机；3—φ35 双螺杆挤出机；4—口模；5—冷却水槽；6—切粒机；7—苯乙烯储
料罐；8—异戊二烯储料罐；9—引发剂储料罐；10—第二苯乙烯储料罐；A，B，C，D 分别为第一苯乙烯
单体进口，引发剂进口，异戊二烯进口以及第二苯乙烯单体进口；Ar 为氩气钢瓶

表 3.15　在线取样多嵌段共聚物相对分子质量和异戊二烯含量的变化

螺杆轴向位置	$M_w/10^4$	异戊二烯含量 /%（质量分数）
苯乙烯进口后，异戊二烯进口前	19.9	0
异戊二烯进口后，第二苯乙烯进口前	25.6	33
挤出机口模后	30.3	24

3.3.5.3　三嵌段共聚物分子结构的确定

三嵌段共聚物的 ^{1}H-NMR 图谱如图 3.52 所示，由 6.50 ppm 和 7.00 ppm 的

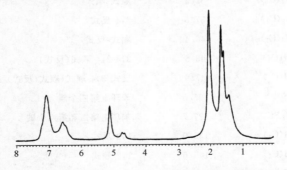

图 3.52　异戊二烯含量为 48%（质量分数）的 S/I 共聚物 ^{1}H-NMR 谱图

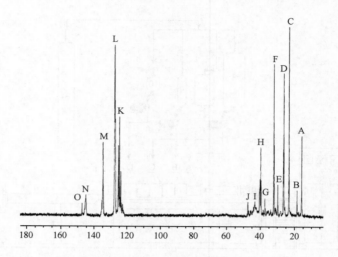

图 3.53　反应挤出 SIS 三嵌段共聚物的^{13}C-NMR 谱

A～O 见表 3.16

吸收峰可以确定苯乙烯是嵌段的。同样，^{13}C-NMR 图谱（图 3.53）各谱峰的归属如表 3.16 所示。可以确定聚异戊二烯也是嵌段的。此外，共聚物的 DMA 的分析表明，三嵌段共聚物比丁苯多嵌段共聚物更为明显地表现出橡胶相的损耗吸收峰（图

表 3.16　SIS 三嵌段共聚物中各种^{13}C-NMR 信号的基团归属

峰号	基团	化学位移	序列,结构
A	$CH_3(C_5)$	15.9	反式
B	$CH_3(C_5)$	18.6	顺式(反式)-3,4-顺式(反式)
C	$CH_3(C_5)$	23.4	顺式
D	$CH_2(C_4)$	26.6	反式-顺式(反式)
E	$CH_2(C_4)$	29.8	反式-3,4
F	$CH_2(C_1)$	32.2	顺式-顺式
G	$CH_2(C_1)$	37.5	3,4-反式
H	$CH_2(C_1)$	40.4	顺式-反式
I	$CH(C_3)$	43.5	3,4-3,4-顺式(反式)
J	$CH(C_3)$	47.9	反式-3,4-顺式(顺式-反式)-3,4-3,4
K	SC_4	125.5	苯环上第四个碳
L	$SC_2 SC_6$	127.7	苯环上第二和第六个碳
M	$CH(C_2)$	135.0	1,2-反式
N	$CH(C_2)$	145.6	1,2-顺式
O	SC_1	147.5	苯环上第一个碳

3.54),这是因为只有三个嵌段,使橡胶嵌段有足够长的原因。该三嵌段共聚物的 TEM 照片也表现出与通常三嵌段共聚物相同的织态结构(图 3.55),橡胶相区的大小足够大,远远超过了丁苯多嵌段共聚物橡胶相区的大小。

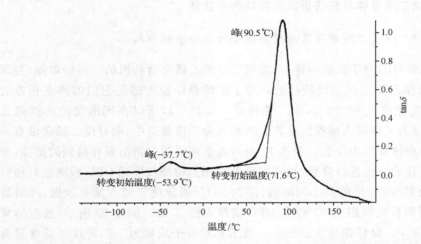

图 3.54　异戊二烯含量为 33%(质量分数)的苯乙烯/异戊二烯嵌段共聚物的 DMA 曲线

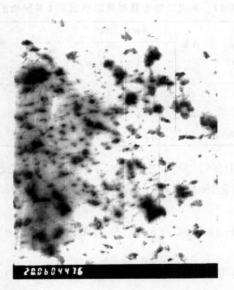

图 3.55　异戊二烯含量为 33%(质量分数)的 SIS 共聚物的 TEM 照片(×20 000 倍)

3.4　多嵌段共聚物微观结构与性能关系

3.4.1　异戊二烯单体反应挤出共聚物结构与性能

3.4.1.1　异戊二烯单体反应挤出聚合物的分子链结构

异戊二烯(IP)与丁二烯一样,是常用于与苯乙烯进行共聚的二烯烃单体,与苯乙烯的竞聚率与丁二烯也比较接近。与丁二烯差距较大的是它们的沸点相差近40℃(异戊二烯沸点 34.06℃,丁二烯沸点－4.45℃),所以在气泡理论的框架之下,其聚合行为又如何表现呢? 首先选取相对分子质量适中,而异戊二烯含量有一定跨度的共聚体系作为代表。表 3.17 是所选系列经反应挤出聚合得到的试样,采用选择性氧化的方法进行降解。试样在降解前用三检测仪联用 GPC 检测绝对相对分子质量及其分布,并用 ^{1}H-NMR 谱(图 3.56)分析异戊二烯含量等数据,降解后的试样采用两检测联用 GPC 测试,GPC 曲线如图 3.57~图 3.59 所示,数据结果列于表 3.18 中。试样编号为:PSIx-y,表示相对分子质量为"x",异戊二烯含量为"y"的苯乙烯/异戊二烯共聚物。

表 3.17　异戊二烯含量对反应挤出 S/I 共聚物的影响

试样	异戊二烯含量/ %（质量分数）	St$_r$ 含量 /%	降解前 GPC		降解后 GPC		
			$\overline{M}_n$/ 10^4	$\overline{M}_w/\overline{M}_n$	$\overline{M}_n$(峰 1)/ 10^4	$\overline{M}_n$(峰 2)/ 10^3	峰 1 质量分数/ %
PSI11.5-12	11.76	16.05	11.43	1.933	2.22	1.53	38.88
PSI11.5-30	27.63	34.67	11.93	2.523	1.65	1.01	20.68
PSI11.5-36	35.79	37.56	12.50	2.424	1.61	0.85	19.51

异戊二烯含量(IP/%)、异戊二烯中 3,4 结构的含量(3,4-IP/%)、苯乙烯单元中无规共聚苯乙烯单元(St$_r$/%)的含量等,其定量分析的计算公式如式(3.7)~式(3.9)所示:

$$IP/\% = [(68A_{1,4} + 34A_{3,4})/(68A_{1,4} + 34A_{3,4} + 20.8(A_{S1} + A_{S2}))] \times 100\% \tag{3.7}$$

$$3,4\text{-}IP/\% = [A_{3,4}/(2A_{1,4} + A_{3,4})] \times 100\% \tag{3.8}$$

$$St_r/\% = [(A_{S1} - 1.5A_{S2})/(A_{S1} + A_{S2})] \times 100\% \tag{3.9}$$

其中各峰面积的归属如表 3.18 所示。

由 GPC 图谱可见,降解前试样的 GPC 曲线都显示单分散性分布,选择性氧化降解处理后得到的聚苯乙烯嵌段碎片的 GPC 曲线又都同样出现了双分布。这说明

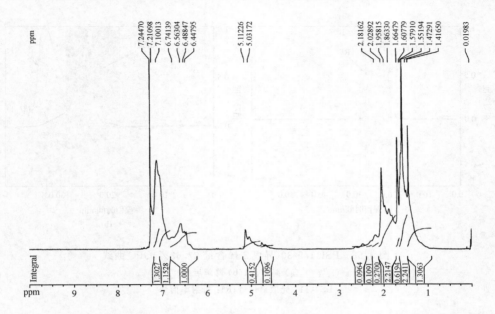

图 3.56　反应挤出 S/I 共聚物的 ^{1}H-NMR（$\overline{M}_n=14.5\times10^4$，IP 含量 30.8%，质量分数，下同）

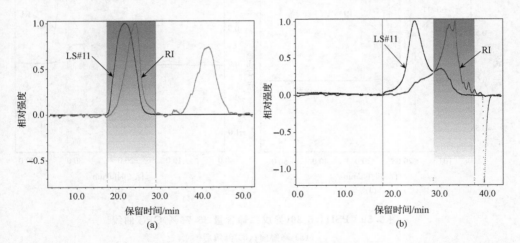

(a)　　　　　　　　　　　　　　(b)

图 3.57　PSI11.5-12（异戊二烯含量 11.76%，质量分数）GPC 曲线

(a) 降解前；(b) 降解后

LS#11：光散射信号；RI：折射率信号

反应挤出 S/I 共聚物与 S/B 共聚物的链段结构中都含有较长的聚苯乙烯嵌段和较短的聚苯乙烯嵌段。但是与丁苯的情况相比，可以发现反应挤出 S/I 共聚物降解后第一个聚苯乙烯峰（即较长的聚苯乙烯嵌段）的含量明显要少于第二个聚苯乙烯峰（即较短的聚苯乙烯嵌段），并且由 GPC 谱图中的示差检测器信号 RI（对相对分子

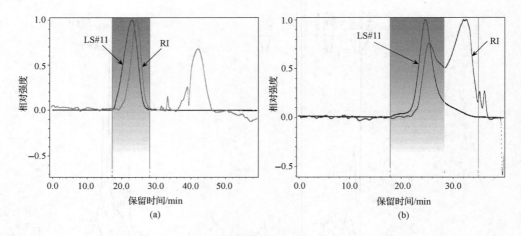

图 3.58　PSI11.5-30(异戊二烯含量 27.63%)GPC 曲线

(a) 降解前；(b) 降解后

LS#11：光散射信号；RI：折射率信号

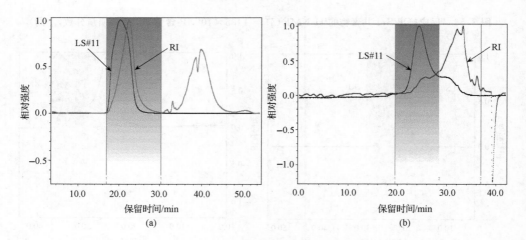

图 3.59　PSI11.5-36(异戊二烯含量 35.76%)GPC 曲线

(a) 降解前；(b) 降解后

LS#11：光散射信号；RI：折射率信号

质量较小的聚合物测试精度比较高)曲线可见，随着异戊二烯含量的增加，第一个聚苯乙烯峰含量不断减少，其峰形也由比较独立的峰变成肩峰。

根据异戊二烯的沸点可知，进入挤出机后必然迅速气化这是必然的，这也是形成聚苯乙烯长嵌段的依据。但是，长嵌段是否是第一嵌段就未必了。其实在混合单体进入挤出机之后，不管螺筒的温度是多高，液相单体的温度只是由进口处压力下二烯烃的沸点来决定的。在含 15％丁二烯共聚的情况下，进口处的压力只有 0.13MPa，此时混和单体的温度只有 2℃左右，如果不采用极性调节剂，体系是不可能聚合的。必须等丁二烯基本挥发完，体系的温度得以提高，聚合才可能建立。所以在苯乙烯/丁二烯共聚体系中认定聚苯乙烯长嵌段是第一嵌段不会存在问题。但是在苯乙烯/异戊二烯共聚体系中，进口处混和单体的温度差不多为 42℃左右，此时即便不用极性调节剂，聚合也可能建立。从该温度下竞聚率角度出发，完全有可能首先是异戊二烯抢得先机，成为第一嵌段。

表 3.18　S/I 共聚物[1]H-NMR 谱图共振峰归属

化学位移/ppm	相应基团	峰面积
＞7.00	嵌段聚苯乙烯中苯环两个间位氢和一个对位氢 无规共聚苯乙烯单元苯环上的 5 个氢	A_{S1}
6.55	苯环两个邻位氢	A_{S2}
5.13	1,4 加成＝CH—	$A_{1,4}$
4.76,4.68	3,4 加成＝CH$_2$	$A_{3,4}$

由表 3.17 中试样[1]H-NMR 数据可见，与反应挤出 S/B 共聚物相似，S/I 共聚物链节结构中也含有一定量的无规共聚苯乙烯单元，比较表 3.21 与表 3.21 中[1]H-NMR 分析数据可见，对于相对分子质量接近的反应挤出共聚物，异戊二烯含量（IP％）和丁二烯含量（Bd％）对共聚物链节结构中无规共聚苯乙烯单元含量的影响是相似的，这说明两种共聚物的反应挤出聚合过程有一定的相似性。而且随着混合单体中二烯烃含量的增大，整个体系的聚合反应区明显延长并有向口模方向移动的趋势。与丁二烯相似，随着异戊二烯含量的增加，一方面气相中异戊二烯单体的含量增大，体系压力上升，气相中的异戊二烯就容易向熔体中扩散，另一方面聚合区域向高温筒体延长，苯乙烯与异戊二烯反应竞聚率的差异随温度升高而减小，2 个因数都使得反应挤出 S/I 共聚物中无规共聚苯乙烯单元含量随异戊二烯含量的增大而提高。

进一步比较表 3.18 与表 3.22 中试样降解后的 GPC 数据可见，随着二烯烃含量的增加，两种反应挤出共聚物试样降解后较长嵌段的聚苯乙烯峰相对分子质量及含量都有所降低，并且二烯烃含量的影响都是开始时比较显著，进一步提高二烯烃含量后，变化趋缓，这说明二烯烃含量对两种反应挤出共聚过程的影响具有一定的相似性。即随着聚合体系中二烯烃含量提高，气相中二烯烃的分压也增加，提高了气相二烯烃单体进入熔体参与共聚的概率，这使得较长 PS 嵌段相对分子质量和含量都出现降低的趋势。但是，仍可以明显看出两者的差异：反应挤出 S/I 共聚物链节结构中较长聚苯乙烯嵌段的含量远小于 S/B 共聚物的，并且其嵌段长度相对较短。其实这很容易理解，在 S/I 共聚的体系下，分子链首先形成的一段应该是聚异戊二烯,然后才是苯乙烯嵌段。所以无需 PS 长嵌段聚合很长,整体分子链即可包裹异戊二烯进入体系参与共聚,从而导致 PS 长嵌段相对分子质量以及含量的大幅度下降。

3.4.1.2　S/I 共聚物相对分子质量对其分子结构的影响

再取两组异戊二烯含量较大和较小试样,观察总体相对分子质量对分子结构的影响,如表 3.19 所示。

表 3.19　数均相对分子质量对反应挤出 S/I 共聚物的影响

试样		异戊二烯含量/%（质量分数）	降解前 GPC		降解后 GPC		
			$\overline{M}_\mathrm{n}/$ 10^4	$\overline{M}_\mathrm{w}/\overline{M}_\mathrm{n}$	$\overline{M}_\mathrm{n}$(峰1)/ 10^4	$\overline{M}_\mathrm{n}$(峰2)/ 10^3	峰1质量分数 /%
A 组	PSI6.4-12	11.19	6.00	1.95	1.55	1.32	37.68
	PSI11.5-12	11.76	11.43	1.93	2.22	1.53	38.88
	PSI15-12	11.22	14.65	2.04	3.37	2.57	66.26
B 组	PSI6.4-30	27.68	6.76	2.49	1.51	0.76	22.76
	PSI11.5-30	27.63	11.93	2.49	1.65	1.01	20.68
	PSI15-30	30.78	14.50	2.14	1.82	2.19	20.20

由表 3.19 与表 3.24 的数据,可以看到共聚物相对分子质量对不同类型的反应挤出共聚物链段结构中聚苯乙烯嵌段长度及含量的影响是不同的,由表 3.24 数据可见,相对分子质量对于丁二烯含量不同的两组 S/B 共聚物链节结构中 PS 长嵌段的相对分子质量及含量的影响趋势是相同的。而由表 3.19 中试样降解后GPC 数据可见,随着共聚物相对分子质量的增加,聚苯乙烯较长嵌段的相对分子质量也是增加的。但与 S/B 共聚物明显不同的是,异戊二烯含量较低的一组试样的 PS 长嵌段的含量,在共聚物相对分子质量大于 11.4×10^4 后才快速提高。而异戊二烯含量较高的一组试样的聚苯乙烯较长嵌段不仅相对分子质量增长平缓,其含量随共聚物相对分子质量的提高反而有所降低。

对于异戊二烯含量较低(约为 12%)的 A 组试样来说,当 S/I 共聚物相对分子质量较低(6×10^4)时,引发剂用量较大,聚合区域相对较短并偏向低温筒体区域,引发速率和聚合速率都较快。在引发剂开始引发单体产生活性种聚合的初期阶段时,液相中异戊二烯单体的含量还较高,经历一段聚合,待液相中的异戊二烯单体由于气化和聚合等原因被基本消耗尽后,液相中的单体基本成为苯乙烯,此时聚合体系的黏度还尚未达到能够有效包裹气相中异戊二烯气泡的能力,所以会继续一段苯乙烯单体的聚合,形成一段较长的聚苯乙烯段,待熔体黏度达到能有效包裹气相中异戊二烯气泡时,气相中异戊二烯才重新以气泡形式进入熔体中参与共聚。当

S/I 共聚物相对分子质量提高 14.65×10⁴ 时，引发剂用量少，引发速率和聚合速率都较低，聚合区域向口模方向的高温筒体的区域延伸，即单体转化率曲线向口模方向平移并延伸。然而如在前面"2.5.2　二烯烃在熔体中扩散性研究"中提及："异戊二烯分子有一个支链，故扩散的阻力较大"。又提及："越靠近聚苯乙烯的玻璃化温度异戊二烯的扩散吸收受相对分子质量及其分布的影响越明显"。因此随着苯乙烯链的增长，一方面对异戊二烯包裹能力增加，促使其返回体系参与共聚；另一方面，随着相对分子质量的提高又增加了异戊二烯扩散的难度。一对矛盾的结果，形成的聚苯乙烯长嵌段不仅含量由 38.88% 显著提高到 66.26%，而且长度也显著增加。相比之下，聚苯乙烯相对分子质量对丁二烯的扩散倒无明显影响。

3.4.1.3　反应挤出 S/I 共聚物的织态

现将表 3.17 和表 3.19 试样采用成膜法制样，将它们的 TEM 照片示于图 3.60～图 3.62。由图 3.60 可以看到，数均相对分子质量在 11.5×10⁴ 左右时，不管异戊二烯含量多寡织态都十分均匀，这点与 S/B 共聚物比较相似。此外，随着异戊二烯含量的增加，分散相区体积不断增加，这很自然。因为异戊二烯含量高，气相分压大，气泡中异戊二烯的含量高，形成的分散相体积自然就大。

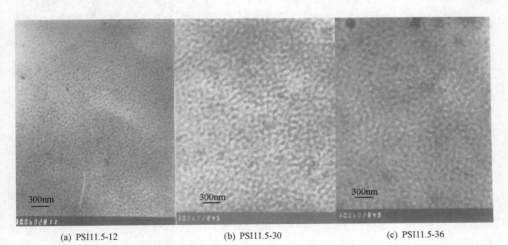

(a) PSI11.5-12　　　　　(b) PSI11.5-30　　　　　(c) PSI11.5-36

图 3.60　不同异戊二烯含量的 S/I 共聚物 TEM 照片（×30 000 倍）

对于异戊二烯含量较低的试样（图 3.61），随着共聚物相对分子质量的提高，分散相由不规整到规整，尺寸不断变大，这应与 S/B 共聚物相似。共聚物相对分子质量越高，包裹气泡的能力就越大，气泡的体积也即分散相也就越大。对于异戊二烯含量较高的试样（图 3.62），随着共聚物相对分子质量的提高，同样表现出分散相尺寸变大的趋势。

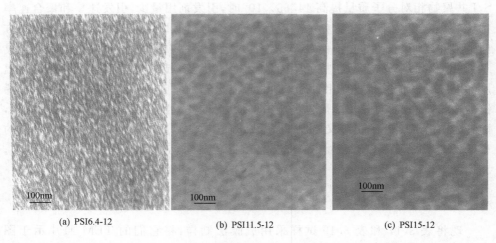

(a) PSI6.4-12　　　　　　　　(b) PSI11.5-12　　　　　　　(c) PSI15-12

图 3.61　异戊二烯含量约为 12％（质量分数）的 S/I 共聚物 TEM 照片（×105 000 倍）

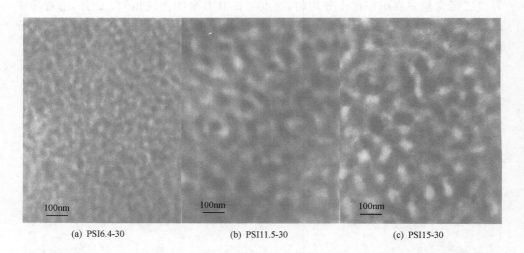

(a) PSI6.4-30　　　　　　　(b) PSI11.5-30　　　　　　(c) PSI15-30

图 3.62　异戊二烯含量约为 30％（质量分数）的反应挤出 S/I 共聚物 TEM 照片
（×105 000 倍）

至此可见，本文中所涉及的苯乙烯与二烯烃形成的多嵌段共聚物，不管是与丁二烯还是与异戊二烯，也不管分散相所占比例，只要分散相比较均匀的时候，都不是球形而是呈草履虫状。这应与橡胶嵌段中参有苯乙烯短嵌段，造成旋转半径不对称，也即多嵌段的特殊结构所导致的。而这种结构一直被认为对冲击特别有利。

3.4.1.4　反应挤出 S/I 共聚物的相态

与图 3.61、图 3.62 两个系列试样织态相对应的相态结构由它们的 DMA 曲线予以表现,如图 3.63、图 3.64 所示,具体数据列于表 3.20 中。可以看见,随着 S/I 共聚物相对分子质量的提高,异戊二烯含量不同的 A、B 两组损耗模量曲线在低温损耗区域的变化趋势相同,都随着相对分子质量的提高向低温方向偏移。与织态结构相对应,表明随着相对分子质量的提高,分散相软段中的聚异戊二烯段的长度增大,越来越清楚地表现自己,使相分离趋势有所提高。此外,异戊二烯含量较低的 A 组中,相对分子质量较低的试样 PSI6.4-12 和 PSI11.5-12 损耗模量曲线在较低温度区域呈肩峰状,说明其分散相软段中聚异戊二烯段长度较短,分散相尺寸较小,两相混溶性较高,相分离趋势微弱。这些结果与它们织态结构的 TEM 照片是吻合的。在异戊二烯含量较低的试样中,可以看到是聚苯乙烯塑料相占主导,问题是塑料相自身相对分子质量是否足够大,能否表现自身的力学性能来。

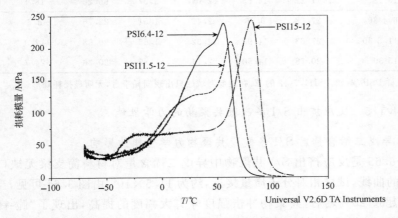

图 3.63　不同相对分子质量的反应挤出 S/I 共聚物(异戊二烯含量 12%,质量分数,下同)
的损耗模量曲线

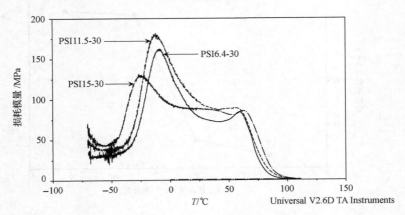

图 3.64　不同相对分子质量的反应挤出 S/I 共聚物(异戊二烯含量 30%)的损耗模量曲线

　　值得注意的是，当异戊二烯含量提高到 30% 以后，作为连续相的长嵌段聚苯乙烯相只占苯乙烯总量的 20%，结果让位于玻璃化温度在 -20℃ 左右的多嵌段结构，使之占主导地位，开始由塑料向弹性体方向转变。

表 3.20　数均相对分子质量对反应挤出 S/I 共聚物损耗模量的影响

试样		异戊二烯含量/%（质量分数）	降解前 GPC		降解后 GPC		损耗模量峰温度	
			$\overline{M}_n/10^4$	$\overline{M}_w/\overline{M}_n$	$\overline{M}_n(峰1)/10^4$	峰1质量分数/%	$T_{F1}/℃$	$T_{F2}/℃$
A组	PSI6.4-12	11.19	6.00	1.95	1.55	37.68	—①	56
	PSI11.5-12	11.76	11.43	1.93	2.22	38.88	—①	62.2
	PSI15-12	11.22	14.65	2.04	3.37	66.26	-18.1	81.5
B组	PSI6.4-30	27.68	6.76	2.49	1.51	22.76	-8.6	59.2
	PSI11.5-30	27.63	11.93	2.52	1.65	20.68	-12.8	58.0
	PSI15-30	30.78	14.50	2.14	1.82	20.20	-24.7	62.5

　　① 试样 PSI6.4-12、PSI11.5-12 的 E'' 在较低温域处只出现损耗平台，无明显损耗峰形。

3.4.1.5　反应挤出 S/I 多嵌段共聚物的力学性能

1. 异戊二烯含量对 S/I 多嵌段共聚物力学性能的影响

　　图 3.65 是反应挤出 S/I 共聚物中异戊二烯含量对材料简支梁无缺口冲击强度影响的曲线，试样相对分子质量接近，约为 $11.5×10^4$。由图 3.65 可见，当异戊二烯含量超过 20% 之后，共聚物冲击强度才有大幅度的提高，出现了"脆-韧转变"。而超过 27.63% 后，材料韧性的提高又逐渐趋缓。

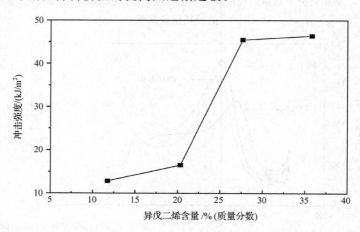

图 3.65　异戊二烯含量对反应挤出 S/I 共聚物无缺口冲击强度的影响

众所周知,就通用聚苯乙烯而言,由于其银纹引发能和扩展能较低,因此需将其与橡胶共混以提高冲击强度,例如 HIPS。但这类共混物的冲击断裂行为常以多重银纹为主,无剪切屈服存在或剪切屈服程度很低,增韧的机理是通过增加银纹化程度消耗冲击能。故 HIPS 的冲击强度一般是随增韧橡胶含量的增加逐步提高,不会出现"脆-韧转变"。而 PVC、PP、尼龙以及 PC 等聚合物具有较高的银纹引发能和扩展能,这类聚合物和橡胶的共混物的冲击断裂行为以剪切屈服为主,同时还存在多重银纹和剪切屈服,与银纹化相比,剪切屈服能更有效地耗散冲击能量,使增韧塑料的冲击强度大幅度提高,发生"脆-韧转变"[41,42]。当异戊二烯含量提高到25％后,试样的增韧机理与通常的增韧聚苯乙烯 HIPS 有所不同,不再只是多重银纹增韧,而是出现了剪切屈服增韧。从 PSI11.5-30 的 TEM 照片分析也见到其分散相尺寸基本不超过 100nm。相比之下,HIPS 之所以有较高的抗冲击性能,主要是由于其分散相尺寸分布在一定范围内,通常认为是 $1\sim3\mu m$,超出此范围,都不可能得到好的抗冲击性能。但试样 PSI11.5-30 的分散相远小于 HIPS 的橡胶粒子临界尺寸 $0.8\mu m$ 的要求,按常规,不应该对材料的抗冲击性能有贡献,但事实却不然。另外在拉伸性能测试过程中,试样 PSI11.5-30 出现明显的"细颈"现象,并且在试样弯曲时,出现很少见到的剪切带,这些都是明显剪切屈服的特征。如上所述,就分散相为数十纳米级的抗冲击聚苯乙烯材料来说,出现"脆-韧转变"的原因是由于基体的韧性和延性提高的缘故。因此,也可将异戊二烯含量为 20％作为临界点。可以看到比 S/B 共聚物,丁二烯含量为 15％的临界点有所提高(参见下节),这显然同两者分子结构不同相关。当然它们能使基体"流动"起来的临界点自然也不一样。异戊二烯含量在临界点前后,基体韧性的转变也可从材料在室温条件下缺口冲击断面的 SEM 的结果得到证实,如图 3.66 所示。

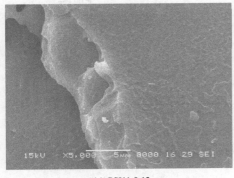
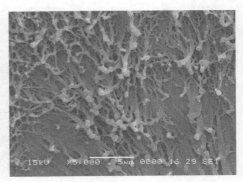

(a) PSI11.5-12　　　　　　　　　(b) PSI11.5-30

图 3.66　反应挤出 S/I 共聚物缺口冲击断面的 SEM 照片(×5000 倍)

由图 3.66 可见,异戊二烯含量较低的试样 PSI11.5-12 冲击破坏断面比较光滑,呈现比较典型的脆性断裂特征,而异戊二烯含量较高的试样 PSI11.5-30 的冲击破坏断面呈现大量比较细密相互交错的"网丝",这说明试样 PSI11.5-30 基体在断裂形变时产生塑性流动,发生了剪切屈服变形,因此具有较好的冲击性能。

反映材料强度的拉伸强度和弯曲强度与异戊二烯含量的对应关系曲线如图 3.67 所示。可以看到,随异戊二烯含量的提高,两种强度都快速下降,直到含量超过 27.63% 后,强度的下降趋势才趋缓。与反应挤出 S/B 共聚物强度随丁二烯含量的下降情况不同(参见图 3.72),后者呈现一定的韧而强的特征。而反应挤出 S/I 共聚物的强度随异戊二烯含量增加下降的程度大,材料的韧性虽然得到一定的提高,但是刚性较低,材料呈现韧而不强的特征,实用性不大。两者的力学性能之所以随二烯烃含量增加出现如此不同的变化,是由于在共聚物链节结构中,构成基体连续相的较长聚苯乙烯嵌段的含量及长度随二烯烃含量增加的变化情况不同。由表 3.22 中数据可见,丁二烯含量较高的试样 PSB11.5-25 链段结构中第一嵌段聚苯乙烯含量高达 55.27%,其数均相对分子质量为 2.07×10^4。而表 3.17 中数据显示,异戊二烯含量为 27.63% 的试样 PSI11.5-30 链段结构中较长的聚苯乙烯嵌段的含量较低(20.68%),且数均相对分子质量也较短(1.65×10^4),由两者 DMA 测试数据也可见,试样 PSI11.5-30 的聚苯乙烯连续相 T_g 转变比 PSB11.5-25 的低了近 15℃。这说明与 S/B 共聚物连续相的基体相比,S/I 共聚物的连续相本身就先天不足,最终导致试样 PSI11.5-30 的力学特性为韧而不强。此外,在 S/I 共聚物中,PS 长嵌段不在端头也应该是一个重要因素。

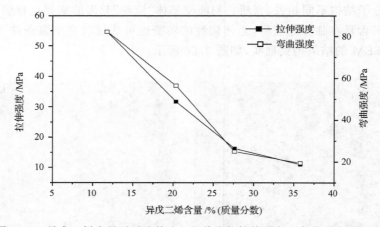

图 3.67　异戊二烯含量对反应挤出 S/I 共聚物拉伸强度和弯曲强度的影响

2. 反应挤出 S/I 共聚物相对分子质量对材料力学性能的影响

图 3.68 是表 3.19 中异戊二烯含量为 30% 的 S/I 共聚物试样的力学性能与 S/I 共聚物相对分子质量的关系曲线。由图 3.68 可见,随相对分子质量的提高,异

戊二烯含量较高的 B 组 S/I 共聚物试样的力学性能总体变化趋势是提高的,但是提高的幅度比较小,变化趋势平缓,这说明异戊二烯含量较高时,共聚物相对分子质量对材料的影响作用较小,试样力学性能都呈韧而不强的特征。由表 3.19 数据可见,当异戊二烯含量较高时,S/I 共聚物试样链节结构中较长聚苯乙烯嵌段含量都较低(约 20%),其长度也较短,并且随共聚物相对分子质量的增加,共聚物聚苯乙烯连续相的玻璃化转变温度、相对分子质量及含量的变化平缓,因此导致 S/I 共聚物试样基体的性质受共聚物相对分子质量的影响亦较小,基体刚性都较低,使得材料都呈韧而不强的特征。

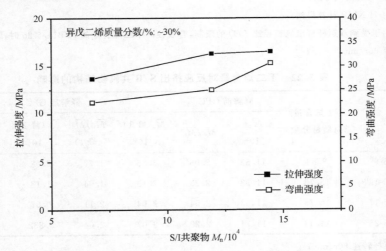

图 3.68　反应挤出高含量 S/I 共聚物相对分子质量对拉伸强度和弯曲强度的影响

3.4.2　不同丁二烯含量下共聚物微观结构与性能关系

3.4.2.1　丁二烯含量对反应挤出 S/B 共聚物分子链结构的影响

选取一组设计中等相对分子质量和含有不同丁二烯含量的试样,其聚合条件以及采用多检测 GPC 及 ^{1}H-NMR 测试数据的分析结果如表 3.21 所示。采用选择性氧化降解双键的方法对表 3.21 中共聚物试样进行降解,再经 GPC 检测,结果示于表 3.22 之中。

由表 3.22 中试样降解后 GPC 数据可见,在相同螺杆转速条件下,随着丁二烯含量的增加,降解后第一嵌段聚苯乙烯的相对分子质量及其含量都有所降低,第二个聚苯乙烯峰(即比较短的聚苯乙烯嵌段)相对分子质量也出现同样的变化趋势。但该影响开始比较显著,进一步提高丁二烯后,变化趋缓。如上所述,当 S/B 混合单体进入双螺杆挤出机后,丁二烯单体基本都气化,液相反应以苯乙烯聚合为主,只有当苯乙烯达到一定聚合度后,熔体才达到能有效包裹气相丁二烯单体的黏度,

表 3.21　丁二烯含量对反应挤出 S/B 共聚物的影响

试样	螺杆转速/ (r/min)	单体流量/ (kg/h)	$\overline{M}_n$[①]/ 10^4	$\overline{M}_w/\overline{M}_n$[①]	丁二烯含量/ %(质量分数)[②]	无规 St$_r$ 含量/%[②]
PSB11.5-9	80	1.8	11.53	2.06	8.83	12.96
PSB11.5-13	80	1.8	11.38	2.23	13.73	18.64
PSB11.5-17	80	1.8	11.53	2.54	16.73	21.08
PSB11.5-25[③]	60	1.8	11.74	2.29	24.43	21.86

① 由 GPC 测试得到;

② 由 ^{1}H-NMR 计算得到;

③ 由于受到双螺杆挤出机长径比 L/D 的限制,合成较高丁二烯含量的 PSB11.5-25 时,螺杆转速降低
至 60r/min。

表 3.22　丁二烯含量对反应挤出 S/B 共聚物结构的影响

试样	丁二烯含量/ %(质量分数)	降解前 GPC		降解后 GPC			
		$\overline{M}_n$/ 10^4	$\overline{M}_w/\overline{M}_n$	$\overline{M}_n$(峰1)/ 10^4	$\overline{M}_w/\overline{M}_n$ (峰1)	$\overline{M}_n$(峰2)/ 10^3	峰1质量 分数/%
PSB11.5-9[①]	8.83	11.53	2.06	3.35	1.77	2.98	70.48
PSB11.5-13[①]	13.73	11.38	2.23	2.13	1.94	1.13	57.92
PSB11.5-17[①]	16.73	11.53	2.54	2.04	2.11	0.57	55.84
PSB11.5-25[②]	24.43	11.74	2.29	2.07	2.04	0.832	55.27

① 螺杆转速 80r/min;

② 受到双螺杆挤出机长径比 L/D 的限制,螺杆转速降低至 60r/min。

在双螺杆的搅拌和剪切作用,气相丁二烯单体才开始以气泡的形式进入液相参与
聚合。当聚合体系丁二烯含量提高时,气相中丁二烯的分压也增加,这增加了聚合
熔体包裹气泡中丁二烯的浓度,并且气泡中丁二烯单体向熔体扩散的能力随其气
相分压增加而提高。很自然,参与共聚的概率提高了,参与共聚的时间缩短了。得
到上述的结果显然很自然。然而,从维持材料的刚度和强度角度出发,作为连续相
的第一嵌段应该具有足够的含量。

3.4.2.2　丁二烯含量对反应挤出 S/B 共聚物织态结构的影响

材料内部的织态如图 3.69 所示。可以发现,丁二烯含量低的 PSB11.5-9 的分
散相主要是粒径为数十纳米的球状微区,随着丁二烯含量的提高,分散相除了球状
微区外,开始出现草履虫状的微区,并且含量随丁二烯含量的提高而呈增大的趋
势。含量高,体积大这也是很自然的。至于出现草履虫状的微区,在 S/I 共聚物机理
中指出的,这应与橡胶嵌段中参有一定量苯乙烯单元,以及与聚苯乙烯形成短嵌

段,造成旋转半径不对称,也即多嵌段的特殊结构所导致的。与该织态结构相对应的相态结构如它们的 DMA 曲线所示,参见图 3.70、图 3.71。

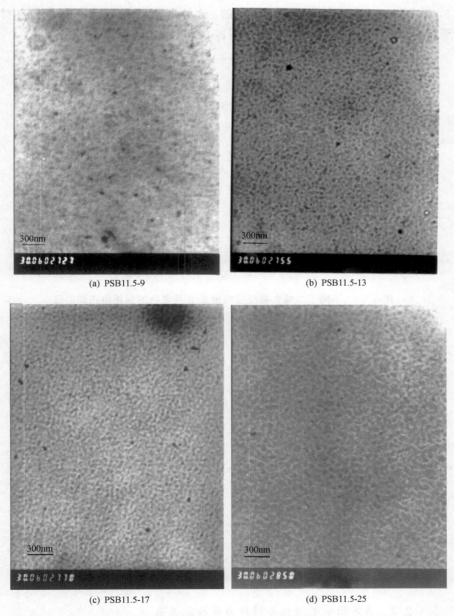

(a) PSB11.5-9

(b) PSB11.5-13

(c) PSB11.5-17

(d) PSB11.5-25

图 3.69　反应挤出 S/B 共聚物 TEM 照片(×30 000 倍)

　　从图 3.70 损耗角正切曲线可以看到随丁二烯含量的增加,连续相聚苯乙烯的损耗角正切峰不断减小。这是因为随丁二烯含量的增加,分散相相区扩大,作为连续相聚苯乙烯的影响下降的缘故,如图 3.71 损耗模量所示。但是与上述的图 3.6、图 3.43、图 3.44 等一样,都是微相分离的。这与通常采用橡胶增韧的高抗冲材料,甚至如图 3.54、图 3.55 所示的 SIS 三嵌段共聚物也有着明显的差别。

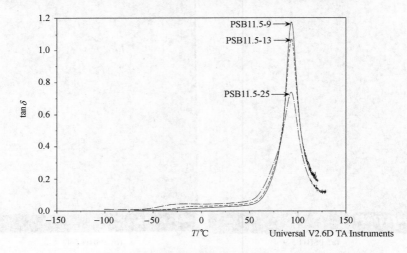

图 3.70　不同丁二烯含量反应挤出 S/B 共聚物的损耗角正切曲线

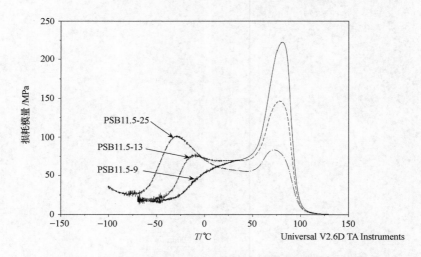

图 3.71　不同丁二烯含量反应挤出 S/B 共聚物的损耗模量曲线

3.4.2.3　共聚物微观结构与材料力学性能关系

为正确评价多嵌段共聚物微观结构与性能的对应关系,以拉伸强度作为材料的强度的度量,选择无缺口简支梁冲击试验作为对缺口较为敏感的 K-树脂真实韧性的度量,将表 3.22 中相对分子质量相同,不同丁二烯含量试样的性能分别示于图 3.72、图 3.73 之中。可以看见,当丁二烯含量从 8.83% 提高到 24.43% 时,拉伸强度从 36MPa 左右降低至 27.5MPa,相反抗冲击强度却从 13.5 kJ/m² 增加到 65kJ/m²,断裂延伸率从 27% 增加到 163.5%,且始终具有较好的透明性,如图 3.74 所示。值得注意的是,当丁二烯含量从 8.83% 提高到 16.73% 时,三者的变化都较平缓,但是当含量提高到 24.43% 时,三者几乎同步迅速改变,出现明显的"脆-韧转变",因此有必要探讨多嵌段共聚物的增韧机理。

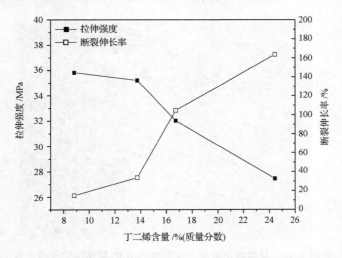

图 3.72　丁二烯含量对反应挤出 S/B 聚合物拉伸性能的影响

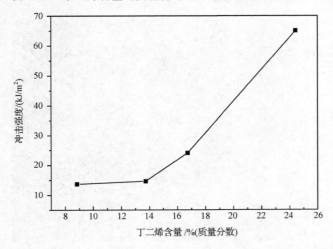

图 3.73　丁二烯含量对反应挤出 S/B 聚合物无缺口冲击强度的影响

　　上节中谈到,当异戊二烯含量提高到 25% 后,使 S/B 共聚物的冲击强度大幅度提高,发生"脆-韧转变"。而这里当丁二烯含量提高到 24.43% 时,也同样发生"脆-韧转变"。它们与通常的增韧聚苯乙烯 HIPS 有所不同,不再只是多重银纹增韧,而是出现了剪切屈服增韧。从 PSB11.5-25 的 TEM 照片分析也见到其分散相尺寸基本不超过 100nm,正如图 3.74 所示,在可见光下是透明的。另外在拉伸性能测试过程中,试样 PSB11.5-25 同样出现明显的"细颈"现象,并且在试样弯曲时,出现很少见到的剪切带,如图 3.75 所示,这些都是明显剪切屈服的特征。如用冲击断面的 SEM 照片来表现就更显而易见了,参见图 3.76。

图 3.74　反应挤出试样与菲利普公司 K-树脂透明度的比较

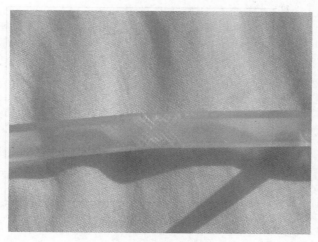

图 3.75　试样 PSB11.5-25 的剪切带

(a) PSB11.5-9[Bd 含量(质量分数): 8.83%]

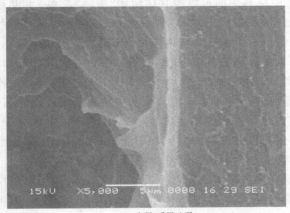

(b) PSB11.5-17[Bd 含量(质量分数): 16.73%]

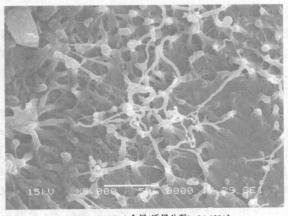

(c) PSB11.5-25[Bd 含量(质量分数): 24.43%]

图 3.76　反应挤出 S/B 共聚物缺口冲击断面的 SEM 照片(×5000 倍)

由图 3.76 可见,丁二烯含量较低的试样 PSB11.5-9 冲击破坏断面比较光滑,呈现比较典型的脆性断裂特征。而含量为 16.73% 的试样 PSB11.5-17 的冲击破坏断面出现粗糙起伏,呈现一定韧性断裂的倾向。但是当含量增加到 24.43% 时,试样 PSB11.5-25 的冲击破坏断面出现大量较长的"网丝",并且相互细密地交错,冲击断面出现网丝是一种典型的塑性形变特征,也可以认为是一种固体的"流动",说明基体在冲击断裂形变时产生塑性流动,发生了剪切屈服变形,剪切屈服比银纹能更有效的耗散冲击能量,这是因为网丝拉出的过程需要吸收更大量的变形能[42,43]。图 3.76 表明试样 PSB11.5-25 在冲击断裂时,基体产生了大量的剪切屈服,所以才具有良好的抗冲击性能。这就是为什么试样 PSB11.5-25 分散相尺寸不足 100nm 的情况下,其抗冲击性能却相当高的原因。换言之,S/B 多嵌段共聚物良好的抗冲击性能不是像 HIPS 那样,主要靠引发银纹终止银纹,而靠的是基体树脂自身的"流动"。问题是如何可以使基体树脂"流动"起来?并非橡胶相越小越好,事实表明如图 3.23 中 PSB3-9 试样那样分散相只有 1~2 nm 抗冲击性能更差。即便在本系列试样中,分散相的尺寸也不是 PSB11.5-25 最小,相反是最大,参见图 3.69。所以,要使基体树脂能够"流动"起来,关键在橡胶相的体积分数是否达到临界值。就如同热塑性弹性体一样,尽管 PVC、PP 这样一些脆、硬的塑料,只要分散相的橡胶分数达到 50%~60% 以上,从量变到质变,脆、硬的基体树脂马上就可以"流动"起来,成为热塑性弹性体。当然,在 S/B 多嵌段共聚物中远远无须那样多的分数,这倒是与多嵌段共聚物的分散相小于 100 nm,而且高度均匀分散相关。从图 3.72、图 3.73 可知,这个分散相的临界值应在 15% 左右。

为进一步确定多嵌段共聚物产生剪切带的范围,采用单轴拉伸实验进行分析,即在单轴拉伸的蠕变实验过程中,体积应变($\Delta V/V$)与纵向拉伸应变(e_3)呈线性关系,斜率近似为 1,说明主要形成了银纹,拉伸过程中体积增加;如该直线的斜率近似为 0,说明以形成剪切带为主,拉伸过程中体积不变[41]。

图 3.77、图 3.78 是试样 PSB11.5-17 和 PSB11.5-25 常温下(约 20℃),在单轴拉伸蠕变实验过程中,体积应变与纵向拉伸应变的关系曲线,拉伸应力为 14.5 MN/m^2,实验过程中发现,当施加拉伸应力为 14.5MN/m^2 的载荷后,试样的纵向拉伸应变立即会产生约为 1% 的弹性形变。

由图 3.77 可见,试样 PSB11.5-17 在开始约 1% 的拉伸弹性应变之后,纵向拉伸应变 e_3 较低(1%~2.4%)时,直线的斜率约为 0.22,这说明在此形变阶段,银纹对形变的贡献较小,但是,在 $e_3 > 2.43\%$ 后,斜率约为 0.97,这表明此时银纹对应变的贡献约为 97%,由上述数据可知,PSB11.5-17 在单轴拉伸蠕变实验过程中,其形变机理是银纹化与剪切屈服共存的,但是其中主要是银纹化屈服。

综上所述可以得知,要开发出透明抗冲击聚苯乙烯,关键是要提高基体的韧性和延展性,这样才能有效的提高材料的抗冲击性能。诸如试样 PSB11.5-25 那样,主要力学性能已基本达到菲利普公司 K-树脂的指标(表 3.23),且具有可以相比

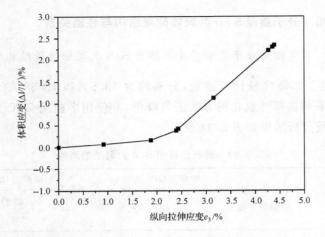

图 3.77　试样 PSB11.5-17 体积应变和纵向拉伸应变的关系（20℃，14.5MN/m²）

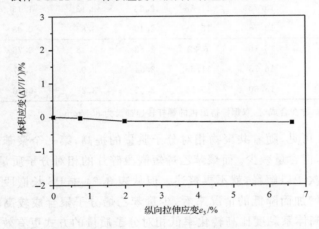

图 3.78　试样 PSB11.5-25 体积应变和纵向拉伸应变的关系（20℃，14.5MN/m²）

的透明性（图 3.74）。

表 3.23　试样 PSB11.25-25 与 K-树脂力学性能的比较

性能指标	PSB11.25-25	K 树脂指标
丁二烯含量/%（质量分数）	24.43	29.0
$\overline{M}_n/10^4$	11.74	12.0
简支梁无缺口冲击强度/(kJ/m²)	65.1	56.8
弯曲模量/GPa	1.1	1.4
弯曲强度/MPa	34.8	34.0
拉伸强度/MPa	27.5	26.0
断裂伸长率/%	163.5	160.0

3.4.3 不同相对分子质量 S/B 共聚物微观结构与性能关系

3.4.3.1 不同相对分子质量对反应挤出 S/B 共聚物链段结构的影响

选取两组丁二烯含量比较接近,分别约为 13.5% 和 16.5% 的反应挤出 S/B 共聚物试样,采用选择性氧化的方法进行降解,并使用多检测 GPC 及 ^{1}H-NMR 进行检测,数据及分析结果如表 3.24 所示。

表 3.24 对反应挤出 S/B 共聚物的影响

试样		丁二烯含量/%（质量分数）	降解前 GPC		降解后 GPC		
			$\overline{M}_n$/10^4	$\overline{M}_w/\overline{M}_n$	$\overline{M}_n$(峰1)/10^4	$\overline{M}_n$(峰2)/10^3	峰1质量分数/%
A组	PSB6.4-13	13.64	6.65	2.56	1.58	1.63	60.16
	PSB11.5-13	13.78	11.38	2.23	2.13	1.13	57.92
	PSB15-13	13.78	15.24	2.40	3.83	0.65	48.69
B组	PSB6.4-17	16.16	6.22	2.58	1.48	0.76	58.21
	PSB11.5-17	16.73	11.53	2.54	2.05	0.57	55.84
	PSB15-17	15.60	15.54	2.62	3.23	0.46	48.63

注:A、B 两组试样在合成时,双螺杆挤出机的螺杆转速都设为 80r/min。

从表 3.24 可见,随着共聚物相对分子质量的提高,第一个聚苯乙烯嵌段相对分子质量增加,但含量减少。而聚苯乙烯短嵌段碎片的相对分子质量反而降低。其原因前文已多次予以解释,就不再赘述。但从表 3.24 中 PS 长嵌段含量随共聚物相对分子质量增加而降低的情况来看,少量苯乙烯分子聚合成较高相对分子质量的方式对于提高体系黏度比高转化率低相对分子质量的方式更有效。从表 3.25 中数据还可见,聚苯乙烯短嵌段碎片的相对分子质量也随共聚物相对分子质量增加而降低。这是因为聚合区域向口模方向的高温螺筒区域延伸后,更高的温度也使得苯乙烯与丁二烯反应竞聚率的差距缩小,增加了两者交替共聚的能力,结果导致聚苯乙烯短嵌段碎片的相对分子质量下降。

图 3.79、图 3.80 为表 3.24 中数均相对分子质量从 6.4×10^4 增加到 15×10^4,两组试样的织态照片,可以看到都表现出同样的规律。即从分散相的橡胶呈现出杂乱无章,大小不均,基本成球状堆砌而成的织态向着规整、哑铃形及草履虫状方向发展,最后形体均匀扩大,形成美丽的花样。纺锤状、哑铃状以及草履虫状在很多国内外的文献中被认为力学性能大大优于球状。

本章中所涉及的苯乙烯与二烯烃形成的多嵌段共聚物,不管是与丁二烯还是与异戊二烯,也不管分散相所占比例,只要分散相比较均匀的时候,都不是球形而

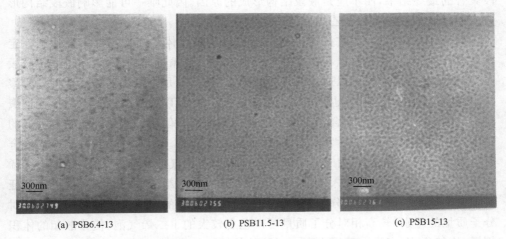

(a) PSB6.4-13　　　　　(b) PSB11.5-13　　　　　(c) PSB15-13

图 3.79　反应挤出不同相对分子质量 S/B 共聚物的 TEM 照片

（丁二烯含量约 13.5%）（×30 000 倍）

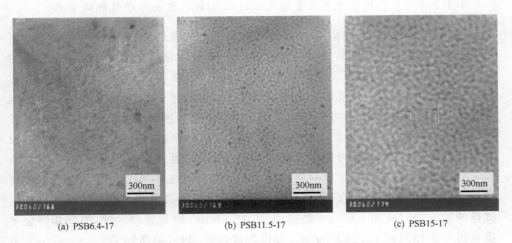

(a) PSB6.4-17　　　　　(b) PSB11.5-17　　　　　(c) PSB15-17

图 3.80　反应挤出不同相对分子质量 S/B 共聚物的 TEM 照片

（丁二烯含量约 16.5%）（×30 000 倍）

是呈草履虫状的。这应与橡胶嵌段中参有一定量苯乙烯单元，以及与聚苯乙烯形成多嵌段，造成旋转半径不对称，也即多嵌段的特殊结构所导致的。但是随着相对分子质量的增加，又为什么会导致分散相体积的变大呢？

　　表 3.24 可以清楚地发现，所有试样丁二烯的含量是几乎一致的，因而不存在橡胶含量上的差距。存在主要差别之处在共聚物相对分子质量以及第一苯乙烯嵌段的相对分子质量方面。共聚物相对分子质量由于是整条分子的质量，只是连续嵌

段聚合的最终结果,而不应是嵌段结构形成的原因。因此唯一可能影响嵌段结构形成的原因应该只有第一苯乙烯嵌段的相对分子质量了。

据上述探讨得知,丁二烯多嵌段的形成是当聚合体系内苯乙烯聚合达到一定黏度及弹性后,丁二烯方以一个个气泡的形式进入体系参与共聚,从而得到多嵌段共聚物的。黏度的形成可以通过两种方式来实现,其一是大量苯乙烯活性种同时聚合,相对分子质量虽不大,也形成一定黏度。另一种可以通过少数苯乙烯活性种聚合形成高相对分子质量聚合物时也可形成一定黏度。但两种体系即便具有类似的黏度却存在明显区别,即后者具有弹性,而前者不具备。相对分子质量较小的聚合类型则属于前一个形式,由于体系缺乏弹性因而包裹气泡的能力不足,结果丁二烯单体只能以很小的气泡进入体系,形成很小的嵌段。两组试样的结构再次重现和证实了这一论断。因此造成分子结构及其织态相互差距的原因仅仅是第一嵌段相对分子质量的差别。较高相对分子质量可以包裹较大的丁二烯气泡,使分散相的体积扩展,均匀化,并完成向草履虫形、哑铃形、纺锤形的转化。而在这一过程中并没有改变整体的聚合机理,仅仅是过程控制在起作用。

3.4.3.2 不同相对分子质量对反应挤出 S/B 共聚物力学性能的影响

图 3.81 是表 3.24 和图 3.79、图 3.80 中丁二烯含量分别为 13.5% 和 16.5% 的 A、B 两组反应挤出 S/B 共聚物试样相对分子质量与简支梁无缺口冲击强度的关系曲线。可以看见,就丁二烯含量较低为 13.5% 的 A 组试样而言,随共聚物相对分子质量的增加,冲击强度增加比较平缓几乎成线性增加,表明主要只有一个影响因数在起作用。由表 3.24 可知作为基体连续相的第一嵌段聚苯乙烯的相对分子质量是逐步增加的,而在图 3.79 中可以看到织态结构除相对分子质量最小者外,没有明显的差距。根据传统考虑分子链端头作用对力学性能影响的理论,可以认为 A 组试样冲击性能的提高,主要是相对分子质量增加的结果。而对于丁二烯含量较高为 16.5% 的 B 组试样而言,在相对分子质量从 6.22×10^4 提高到 11.53×10^4 时,试样的冲击强度从 6.8 kJ/m² 提高到 24.16 kJ/m²,增长比较平缓,但是相对分子质量进一步提高到 15.54×10^4 时,冲击强度快速增长,提高到了 75.37 kJ/m²,出现比较明显的"脆-韧转变"。显然这已经不是单纯相对分子质量的作用了。丁二烯含量分别为 13.5% 和 16.5% 是一个非常有趣的数值,它们正好跨越上节中提到的,若要使基体树脂能够"流动"起来,丁二烯含量 15% 的临界值。也就是说,跨越过这一临界值,在相对分子质量达到一定值后,基体树脂真的就可以"流动"起来了。不过由图 3.80 可以看到,冲击强度最高的 PSB15-17 试样的分散相个体也明显大一些。是否因为分散相单个体积的增大对抗冲击强度起到进一步的促进作用尚有待于进一步考证。但是该单个体积的增大,并没有对引发银纹有贡献,下面将予以讨论。

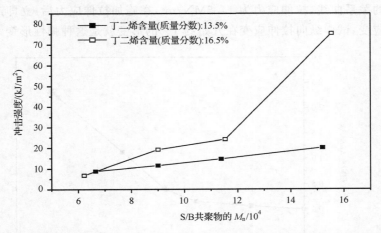

图 3.81　反应挤出 S/B 共聚物相对分子质量对无缺口冲击强度的影响

　　图 3.82 为丁二烯含量约为 16.5％的 B 组反应挤出 S/B 共聚物试样相对分子质量对拉伸强度及断裂延伸率影响的曲线。可以看到,随着共聚物相对分子质量的增加,拉伸强度及断裂延伸率都增加,特别是试样 PSB15-17 的断裂延伸率高达163.5％,拉伸强度为 34.48MPa,结合其冲击强度来看,试样 PSB15-17 表现出强韧性的特征。拉伸性能主要是连续相力学性能的体现,在分散相比例固定的情况下,拉伸性能随连续相相对分子质量增加而逐渐提高应理所当然。

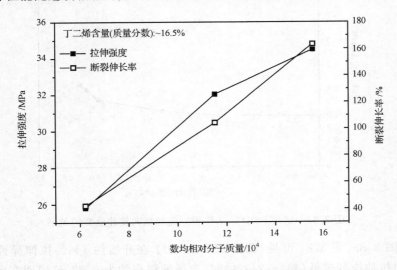

图 3.82　反应挤出 S/B 共聚物相对分子质量对拉伸性能的影响

　　图 3.83、图 3.84 分别是丁二烯含量约为 16.5％的 B 组中试样 PSB11.5-17与 PSB15-17 在常温下(约 20℃),在单轴拉伸蠕变实验过程中,体积应变与纵向拉

伸应变的关系曲线,拉伸应力为 14.5MN/m²,在施加拉伸应力后,立即产生约 1% 的弹性应变,试样纵向拉伸应变在开始约 1% 的形变就是这种弹性形变。

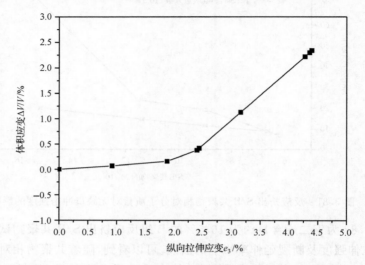

图 3.83　试样 PSB11.5-17 体积应变与纵向拉伸应变的关系

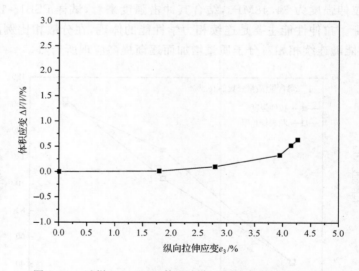

图 3.84　试样 PSB15-17 体积应变和纵向拉伸应变的关系

　　由图 3.83、图 3.84 可见,试样 PSB11.5-17 在开始约 1% 的拉伸弹性应变之后,纵向拉伸应变较低(1%～2.4%)时,直线的斜率约为 0.22,这说明在此形变阶段,银纹对形变的贡献较小,但是,在 $e_3 > 2.43\%$ 后,斜率约为 0.97,说明此时基本为银纹屈服。由此可知,PSB11.5-17 在单轴拉伸蠕变实验过程中,其形变机理是银纹化与剪切屈服共存的,但是其中主要是银纹化屈服;而试样 PSB15-17 纵向拉伸应变在 $1\%\sim2.8\%$ 之间,基本可认为是剪切屈服,e_3 在 $2.8\%\sim3.95\%$ 之间时,直线的斜率约为 0.20,这说明在此形变阶段,银纹对形变的贡献仍然较小,当 $e_3>3.95\%$ 之后,直线的斜率约为 0.96,此时形变机理才基本是银纹化。可见,试样 PSB15-17 拉伸形变在 $1\%\sim3.95\%$ 之间,其形变机理都是剪切屈服占优势,而试样 PSB11.5-17 只在 e_3 较低($1\%\sim2.4\%$)时形变机理才以剪切屈服为主。这说明,PSB15-17 基体的韧性和延性大大超过 PSB11.5-17。但是这并非是由于分散相单个体积大,引发银纹终止银纹而得以提高的,而是因为分散相含量超过临界点,基体真的"流动"起来了,从而大大提高了韧性。

3.4.4　双端头长 PS 嵌段的 S/B 共聚物的结构与性能

3.4.4.1　双端头长 PS 嵌段的 S/B 共聚物的合成

双端头长 PS 嵌段的 S/B 共聚物的分子结构如图 3.85 所示,其合成采用两段加料工艺,如图 3.86 所示。

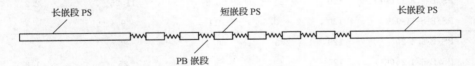

图 3.85　采用反应挤出两段加料工艺合成的 S/B 共聚物分子结构简图

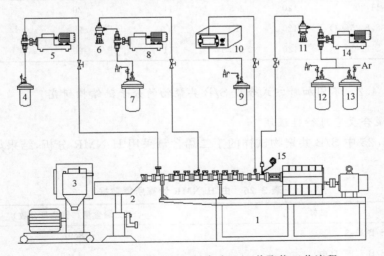

图 3.86　反应挤出两段加料合成 S/B 共聚物工艺流程

1—双螺杆挤出机;2—水槽;3—切粒机;4—抗氧剂储罐;5—抗氧剂泵;6,11—背压阀;7,12—苯乙烯储罐;8—苯乙烯计量泵;9—引发剂储罐;10—引发剂泵;13—混合单体储罐;14—混合单体计量泵;15—压力表

螺杆转速为 120r/min,作为对比,同时合成相应的一端加料 S/B 共聚物。加料方法和顺序如以下(1)、(2)所示。

(1) 一段加料:以 S/B 混合单体一段 2.5kg/h 的进料量,合成 S/B 共聚物。

(2) 两段加料:第一段以 S/B 混合单体 2.0kg/h 进料,稳定后收取试样,作为中间样品(中),然后第二段以苯乙烯 0.5kg/h 加料,合成两段 S/B 共聚物。

(1)、(2)两种工艺合成的 S/B 共聚物,具有相同的苯乙烯和丁二烯含量、相同的相对分子质量,以便比较,见表 3.25,其中表中试样名中 PS/B 代表一段加料,PS/B-S 代表两段加料,样品名中第一个数字代表设计相对分子质量,第二个数字代表设计丁二烯含量。

表 3. 25　采用反应挤出一段加料和两段加料方式合成的共聚物样品

	试样	转速/ (r/min)	流量/ (kg/h)	设计相对分子 质量/10^4	设计丁二烯 含量/%(质量分数)	设计第二段 PS 相对分子 质量/10^4
	PS/B-11-9	120	2.5	11	9	
1	PS/B-8.8-11(中)	120	2	8.8	11.25	2.2
	PS/B-S-11-9	120	2＋0.5	11	9	
	PS/B-6.4-20	120	2.5	6.4	20	
2	PS/B-5.1-25(中)	120	2	5.1	25	1.3
	PS/B-S-6.4-20	120	2＋0.5	6.4	20	
	PS/B-11-20	120	2.5	11	20	
3	PS/B-8.8-25(中)	120	2	8.8	25	2.2
	PS/B-S-11-20	120	2＋0.5	11	20	

3.4.4.2　不同加料方式合成 S/B 共聚物的分子链结构研究

1. 聚合反应可行性证明

表 3.25 中 S/B 共聚物试样的丁二烯含量采用 ^{1}H-NMR 分析,结果如表 3.26 所示。

表 3. 26　由 ^{1}H-NMR 计算所得数据

	试样	丁二烯含量/%(质量分数)
	PS/B-11-9	8.97
1	PS/B-8.8-11(中)	11.69
	PS/B-S-11-9	9.20

续表

试样	丁二烯含量/%（质量分数）
PS/B-6.4-20	19.76
2　PS/B-5.1-25（中）	24.41
PS/B-S-6.4-20	19.63
PS/B-11-20	19.96
3　PS/B-8.8-25（中）	24.02
PS/B-S-11-20	19.34

由表 3.26 中丁二烯含量的计算结果可知,无论是一段加料样品、两段加料样品或中间样品的丁二烯实际测试含量与设计含量都比较吻合,表明第一段混合单体以及流量为 0.5kg/h 的第二段苯乙烯单体在双螺杆挤出机内转化都比较充分,证明反应挤出两段加料的合成工艺是可行的。

2. 两段加料合成 S/B 共聚物分子链结构的研究

对表 3.25 中的三组共聚物试样,分别采用选择性氧化方法降解分子链中双键,使用双检测 GPC 对降解前后聚合物相对分子质量及其分布进行检测。它们的谱图以试样 PS/B-S-11-20 合成过程为代表,示于图 3.87 之中。可以看到,氧化降解前的样品,其 GPC 谱图呈现单分散分布,而氧化降解后的样品都呈现双峰分布。对降解前后的 GPC 谱图进行相对分子质量以及峰面积比例的计算,结果见表3.27。

表 3.27　由表 3.25 中试样 GPC 谱图计算所得结果

试样	降解前		降解后		
	$M_n/$ 10^4	M_w/M_n	M_n（峰1）/ 10^4	M_n（峰2）/ 10^3	峰1质量分数/ %
1　PS/B-8.8-11（中）	8.92	2.39	3.04	1.48	62.61
PS/B-S-11-9	11.01	2.09	2.90	1.55	75.38
2　PS/B-5.1-25（中）	5.26	1.93	1.99	0.72	44.89
PS/B-S-6.4-20	6.34	2.18	1.75	0.74	58.31
3　PS/B-8.8-25（中）	8.39	2.08	2.29	0.84	44.46
PS/B-S-11-20	10.72	2.22	2.18	0.89	57.04

由表 3.27 可见,计算所得的降解前样品相对分子质量与设计相对分子质量比较吻合,这进一步证明双螺杆反应挤出两段加料工艺合成 S/B 共聚物是可行的。同时由降解后样品的 GPC 测试结果可以看出,在三组样品中,第二段加料 S/B 共聚物试样 PS 长嵌段相对分子质量相比其中间样品的长嵌段相对分子质量有所降

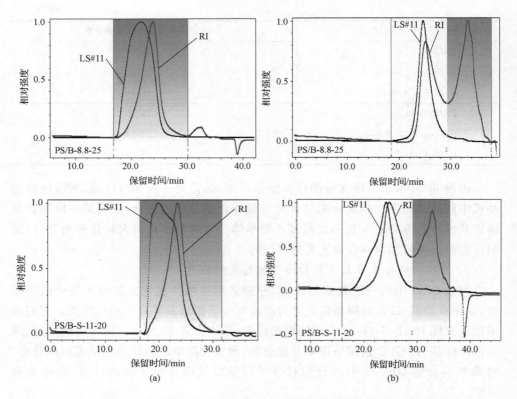

图 3.87　PS/B-8.8-25 和 PS/B-S-11-20 降解前(a)和降解后(b)GPC 谱图

LS#11：光散射信号；RI：折射率信号

低,这是因为第二段苯乙烯单体的流量只有 0.5kg/h,而第一段混合单体的流量是 2kg/h,对于设计相对分子质量为 11×10^4 的共聚物来说,第二段苯乙烯单体所贡献的理论相对分子质量就是 2.2×10^4,而对于设计相对分子质量为 6.4×10^4 的共聚物来说,第二段苯乙烯单体所贡献的理论相对分子质量就是 1.3×10^4,因此第二段形成的 PS 嵌段比第一段形成的 PS 长嵌段而言其相对分子质量较低,因而导致两段加料合成的共聚物降解后 PS 长嵌段相对分子质量总体上有所降低。另外,从降解后 PS 长嵌段的含量来看,两段加料共聚物 PS 长嵌段的含量相比中间样品有了大幅度增加,再次证明第一段混合单体的反应充分,第二段加入的苯乙烯单体在共聚物分子链末端形成了 PS 长嵌段。

再对相对分子质量和丁二烯含量相近的反应挤出一段加料试样作为对比,并以 PS/B-11-20 作为代表,示于图 3.88 之中。并对降解前后的 GPC 谱图进行相对分子质量以及峰面积比例的计算,结果参见表 3.28。

由表 3.28 中的计算结果可知,两段加料样品的 PS 长嵌段相对分子质量相比一段加料样品的长嵌段 PS 相对分子质量有所降低,其原因如上所述,不再赘述。从 PS 长嵌段的含量来看,两段加料共聚物的 PS 长嵌段含量明显高于相应的一段加料共聚物的 PS 长嵌段含量,证明分段加料工艺的确可以提高共聚物分子链中的长嵌段 PS 含量,达到了预期的目的。

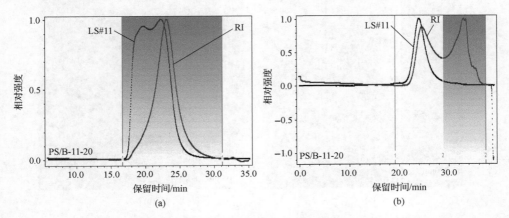

图 3.88　试样 PS/B-11-20 降解前(a)和降解后(b)GPC 谱图

LS#11:光散射信号;RI:折射率信号

表 3.28　不同加料方式的试样 GPC 谱图分析结果

	试样	降解前		降解后		
		M_n/ 10^4	M_w/M_n	M_n(峰 1)/ 10^4	M_n(峰 2)/ 10^3	峰 1 质量分数/ %
1	PS/B-11-9	10.61	1.88	3.09	1.77	64.31
	PS/B-S-11-9	11.01	2.09	2.90	1.55	75.38
2	PS/B-6.4-20	6.53	1.94	2.13	0.78	47.52
	PS/B-S-6.4-20	6.34	2.18	1.75	0.74	58.31
3	PS/B-11-20	10.90	2.03	2.40	0.91	47.34
	PS/B-S-11-20	10.72	2.22	2.18	0.89	57.04

3. 不同加料方式合成 S/B 共聚物织态结构的研究

图 3.89 和图 3.90 分别是一段加料样品 PS/B-11-20 和两段加料样品 PS/B-S-11-20 的 TEM 照片。由图可见,相比一段加料样品 PS/B-11-20(图 3.89),两段加料样品 PS/B-S-11-20 的 TEM 谱图(图 3.90)中分散相更加清晰,黑白分明。在 S/B 混合单体一段加料反应挤出过程中,苯乙烯单体先聚合到一定相对分子质量,达到足以包裹住丁二烯气泡的熔体黏度后,丁二烯才在双螺杆的剪切作用下以气泡的形式进入聚苯乙烯熔体中参加共聚,最终形成具有纳米尺度分散相的多嵌段

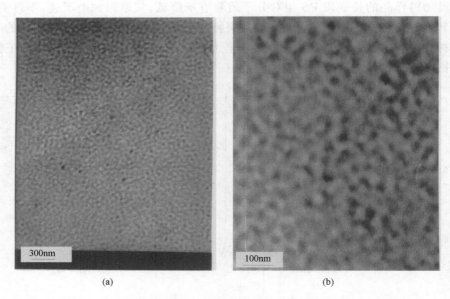

图 3.89　样品 PS/B-11-20 的 TEM 照片

(a)×30 000 倍；(b)×105 000 倍

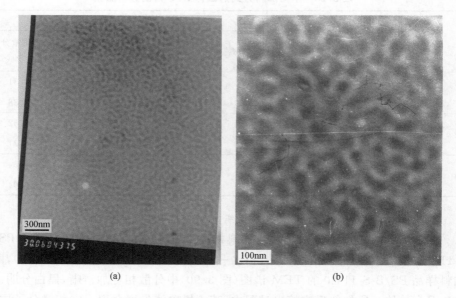

图 3.90　样品 PS/B-S-11-20 的 TEM 照片

(a)×30 000 倍；(b)×105 000 倍

共聚物。因此在一段加料 S/B 共聚物的分子链中,丁二烯比较均匀地分布于分子链的后端。而对于两段加料的反应挤出,单体分两批加入挤出机,第一段是丁二烯含量较高的混合单体,第二段为苯乙烯单体,最终形成的共聚物分子链两端都存在 PS 长嵌段,其 PS 长嵌段含量高于一段加料样品,因此两段加料样品分子链中丁二烯的分布相比一段加料样品中的分布更加集中。并可预见在 DMA 分析中,二次加料比一次加料的低温转变会向低温方向移动,高温转变会向高温方向移动,两相相分离更为明显。

4. 不同加料方式合成 S/B 共聚物相态结构的研究

对表 3.28 中三组样品的一段加料与两段加料共聚物的动态力学性能,以 PS/B-11-20 和 PS/B-S-11-20 作为比较的代表,示于图 3.91 和图 3.92 之中。

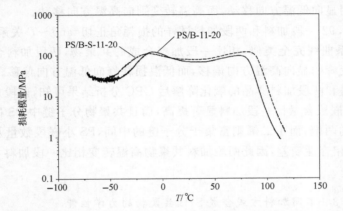

图 3.91　样品 PS/B-11-20 与 PS/B-S-11-20 的 $E''\sim T$ 关系

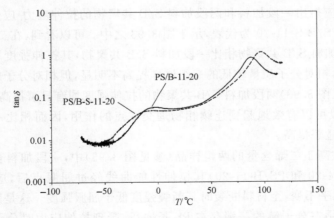

图 3.92　样品 PS/B-11-20 与 PS/B-S-11-20 的 $\tan\delta\sim T$ 关系

与上述的预见完全一致,对损耗模量 $E''\sim T$ 关系曲线进行研究可以比较清楚地得出一段加料和两段加料反应挤出 S/B 共聚物在低温处转变的差异。可以看到,对于低丁二烯含量的样品,一段加料合成的共聚物在低温处只存在一损耗肩峰,而两段加料合成的共聚物在低温处却出现了一损耗平台(图略)。而且相比一段加料的肩峰该损耗平台向低温方向偏移。而对于高丁二烯含量的样品(图 3.91),相比一段加料合成的共聚物,两段加料合成的共聚物在低温处的损耗峰明显向低温方向偏移。虽然一段加料和两段加料样品的丁二烯含量相近,但在两段加料合成工艺中需要补加第二段苯乙烯单体,因此第一阶段混合单体中丁二烯的含量相对比较高,也就是说两段加料合成的工艺决定了丁二烯在共聚物分子链中的分布相对于一段加料合成工艺要集中得多,导致分散相中的苯乙烯成分减少,与聚苯乙烯的相容性变差,因此相比一段加料合成的共聚物,两段加料合成的共聚物在低温处的损耗峰明显向低温方向移动,而高温转变则向高温方向移动。

　　由图 3.92 一段加料和两段加料试样的损耗角正切 $\tan\delta \sim T$ 关系曲线可见,与 $E'' \sim T$ 关系曲线完全类似,相比一段加料合成的共聚物,两段加料合成的共聚物的高温转变峰明显向高温方向偏移,而低温损耗峰向低温方向偏移。结合表 3.28 中一段加料和两段加料样品的氧化降解后 GPC 分析结果可知,两段加料试样降解后的 PS 长嵌段含量比一段加料显著提高,而且共聚物分子链中 PS 嵌段集中分布于分子链的两端,而丁二烯则富集于分子链的中间,PS 小嵌段数量及含量大为减少,两相的相容性变差,因此两段加料共聚物高温转变相比一段加料共聚物向高温方向偏移。

3.4.4.3　不同加料方式合成 S/B 共聚物的力学性能

1. 拉伸性能研究

　　三组反应挤出一段加料和两段加料 S/B 共聚物的拉伸应力-应变曲线以 PS/B-11-20 和 PS/B-S-11-20 为代表,示于图 3.93 之中。可以看到,在三组样品中,反应挤出两段加料 S/B 共聚物相比一段加料 S/B 共聚物,其拉伸强度均有不同程度的提高。虽然相对分子质量较低的一组试样提高不明显,但相对分子质量较高的两组样品(参见图 3.93)两段加料 S/B 共聚物的拉伸强度均有显著提高。这是因为两端 PS 长嵌段可以有效地起到连续相物理交联点的作用,因而相比一段加料样品其拉伸性能显著提高。

　　另外,在高丁二烯含量的两组样品(参见图 3.93)中,一段加料合成的两个样品(PS/B-6.4-20 和 PS/B-11-20)其拉伸性能曲线经过屈服点后,应变大幅度增加,而应力几乎不变,至材料断裂时其断裂强度低于屈服强度。这是因为对于一段加料样品只是在分子链的一端存在 PS 长嵌段,受到拉伸应力时分子链之间容易出现滑移,因此经过屈服点后应变大幅度增加的同时,难以产生应力硬化。而两段加料的试样(PS/B-S-11-20),其拉伸性能曲线在经过屈服点后,应变大幅度增加的

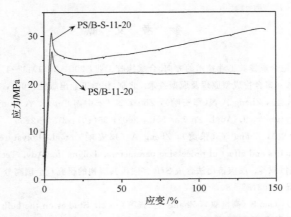

图 3.93　PS/B-11-20 和 PS/B-S-11-20 的拉伸性能曲线

同时应力也呈快速上升的趋势,其断裂强度高于屈服强度。而相对分子质量较低的两段加料样品(PS/B-S-6.4-20),其拉伸性能曲线经过屈服点后应力也呈上升趋势,但上升趋势不明显,而且断裂强度仍低于屈服强度。

2. 冲击性能

三组反应挤出一段加料和两段加料 S/B 共聚物的无缺口冲击强度如表 3.29 所示。可以看出,对于第一组丁二烯含量较低的样品,采用两段加料工艺合成的样品 PS/B-S-11-9 的无缺口冲击强度,高于一段加料工艺合成的样品 PS/B-11-9。相反对于第二组和第三组的丁二烯含量较高的试样,采用两段加料工艺合成的样品 PS/B-S-11-20 和 PS/B-S-6.4-20 的冲击强度,略低于一段加料工艺合成的样品 PS/B-11-20 和 PS/B-6.4-20。原因可在 $\tan\sigma \sim T$ 曲线上找到结果。

表 3.29　一段加料和两段加料样品的无缺口冲击强度

	试样	冲击强度/(kJ/m²)
1	PS/B-11-9	11.5
	PS/B-S-11-9	16.7
2	PS/B-6.4-20	39.5
	PS/B-S-6.4-20	36.1
3	PS/B-11-20	60.6
	PS/B-S-11-20	58.9

在 $\tan\delta \sim T$ 关系曲线中可以看到,对于高丁二烯含量的样品(参见图 3.92),一段加料样品在低温处的损耗峰和损耗平台相比两段加料强度要高,而高分子材料的韧性与低温损耗峰的强度有关,低温区损耗峰强度越高,材料的韧性越强,因此对于高丁二烯含量的样品,一段加料样品的无缺口冲击强度要高于两段加料。

参 考 文 献

[1] 钱秋平. 新世纪合成橡胶工业技术的方向. 合成橡胶工业, 2001, 24(1): 1~4

[2] 瞿金平, 胡汉杰. 聚合物成型原理及成型技术. 北京: 化学工业出版社, 2001, 184~224

[3] Si L X (司林旭), Zheng A N (郑安呐), Zhu Z N (朱中南) et al. A study on new polymerization technology of styrene. J. Appl. Polym. Sci., 2002, 85(10): 2130~2135

[4] Gao S (高世双), Zhang Y (张鹰), Zheng A (郑安呐) et al. Polystyrene prepared by reactive extrusion: kinetics and effect of processing parameters. Polym. for Adv. Tech., 2004, 15: 185~191

[5] 张鹰, 烟伟, 高世双等. 反应挤出法合成 S/B 多嵌段共聚物的研究//全国高分子材料工程应用研讨会, 特邀报告, 青岛, 2002, 83~84

[6] Yan W (烟伟), Gao S (高世双), Zhang Y (张鹰) et al. Studies on the bulk polymerization of multi-block styrene-butadiene copolymers with reactive extrusion technique//IUPAC world polymer congress 2002, Beijing, 2002, 10P-1C-07

[7] 张鹰, 烟伟, 高世双等. 反应挤出法合成 S/B 多嵌段共聚物的研究. 高分子学报, 2002, (5): 677~681

[8] 郑安呐, 危大福, 高世双等. 嵌段高聚物本体反应挤出法合成的研究//2003 年全国高分子学术论文报告会, 特邀报告, 浙江, 2003, C13

[9] Gao S (高世双), Zhou Y (周颖坚), Zheng A (郑安呐). Preparation of SIS triblock copolymer with reactive extrysion technology. 合成橡胶工业, 2004, 27(1): 51

[10] 烟伟, 郑安呐, 刘洪来. 异戊二烯在聚苯乙烯高分子膜中的扩散系数测定. 高校化学工程学报, 2004, 18(1): 17~21

[11] 郑安呐, 周颖坚, 张错等. 反应挤出法制备苯乙烯—二烯烃嵌段共聚物结构及性能研究//2004 年全国高分子材料科学与工程研讨会, 特邀报告, 上海, 2004, 409

[12] Gao S (高世双), Zhang Y (张鹰), Zheng A (郑安呐) et al. Study on nanometer size sturene-butadiene multiblock copolymer synthesized by reactive extrusion. J. Appl. Polym. Sci., 2004, 91: 2265~2270

[13] 烟伟, 郑安呐, 刘洪来. 丁二烯在聚苯乙烯和丁苯多嵌段共聚物膜中扩散系数的测定与计算. 华东理工大学学报(自然科学版), 2004, 30(3): 275~279

[14] 烟伟, 高世双, 郑安呐等. 丁苯多嵌段共聚物反应挤出过程研究. 华东理工大学学报(自然科学版), 2004, 30(3): 280~283

[15] 刘彩芹, 周颖坚, 孙刚等. 苯乙烯/丁二烯多嵌段共聚物力学性能的有限元分析//2005 年全国高分子年会论文摘要集, 北京, 2005, B-P-1243

[16] 周颖坚, 张错, 孙刚, 危大福, 郑安呐. 聚合反应挤出苯乙烯/丁二烯多嵌段共聚物结构及形成机理的研究//2005 年全国高分子年会论文摘要集, 特邀报告, 北京, 2005, C-IL-1239

[17] Zhou Y J (周颖坚), Zhang K (张错), Sun G (孙刚) et al. Studies on the multi-block copolymers of styrene-butadiene polymerized by reactive extrusion. 合成橡胶工业, 2005, 28(6): 473

[18] Zhou Y J (周颖坚), Zhang K (张错), Sun G (孙刚) et al. Studies on the structure and property of the styrene/diene block copolymer polymerized by reactive extrusion, Proceedings of 21st Cent. High Performance Green Polymer-polymer Alloys, Blends and Composites, July 20-21, Shanghai, China, 2005, 21~23

[19] Zhou Y J (周颖坚), Zhang K (张错), Sun G (孙刚) et al. Studies on the multi-block copolymers of

styrene-butadiene polymerized by reactive extrusion//International Polymer Materials Engineering Conference，Shanghai China，2005，B11

[20]　周颖坚，张锴，孙刚等. 苯乙烯/丁二烯烃聚合反应挤出多嵌段共聚物机理的研究. 高分子学报，2006，(3)：437～442

[21]　孙刚，张锴，蒋锂等. 聚合反应挤出过程中苯乙烯/丁二烯嵌段共聚结构的可控性//2006 年全国高分子材料科学与工程研讨会论文集，特邀报告，四川，绵阳，2006，535～536

[22]　张锴，孙刚，周颖坚等. 嵌段共聚物本体反应挤出聚合与过程控制对材料结构性能的研究//2007 年全国高分子年会论文摘要集，特邀报告，成都，2007，H-IL-013

[23]　Zhang K（张锴），Sun G（孙刚），Zhou Y J（周颖坚）et al. Researches on the technique of reactive extrusion for the polymerization of block copolymers and the effect of the process control on the molecule building//Asia/Australia Meeting，Polymer Processing Society，China Shanghai，2007，168～169

[24]　Zhang K（张锴），Zhou Y J（周颖坚），Sun G（孙刚）et al. Synthesis of styrene-isoprene block copolymers by reactive extrusion. China Synthetic Rubber Industry（合成橡胶工业），2007，30(1)：64

[25]　孙刚，周颖坚，张锴等. 过程控制对反应挤出苯乙烯/丁二烯共聚物微观结构的影响. 高分子学报，2007，9：790～795

[26]　M. 莫顿. 阴离子聚合的原理和实践. 北京：烃加工出版社，1988

[27]　Jin G T（金关泰），Jin R G（金日光），Tang Z T（汤宗汤）et al. Thermoplastic Elastomer（热塑性弹性体）. Beijing（北京）：Chemical Industrial Press（化学工业出版社），1983

[28]　应圣康，郭少华. 离子型聚合. 北京：化学工业出版社，1988

[29]　化工分析教研室. 热塑性弹性体-SBS 的光谱分析. 北京化工学院学报，1978，1：87～97

[30]　高分子化学教研室. SBS 热塑弹性体的合成与鉴定. 北京化工学院学报，1980，1：33～40

[31]　贾红兵，杨绪杰，吉庆敏. 锡偶联无规溶聚丁苯橡胶^{13}C-NMR 研究(I)烷碳区谱峰归属. 波谱学杂志，1998，15(4)：355～361

[32]　焦书科，陈晓农，胡力平. 用^{13}C-NMR 法研究 SBR 的序列结构 I. 不饱和碳区谱峰的归属. 合成橡胶工业，1991，14(3)：200～205

[33]　陈晓农，胡力平，严宝珍. 用^{13}C-NMR 法研究 SBR 的序列结构 III. 序列结构的定量表征. 合成橡胶工业，1991，14(5)：342～346

[34]　金关泰，夏志宇，杨万泰. 五嵌段热塑性弹性体的表征应用. 弹性体，1994，4(1)：11～14

[35]　江明. 高分子合金的物理化学. 成都：四川教育出版社，1988

[36]　王嵩. 高分辨^{1}H-NMR 研究溶聚丁苯橡胶链化学结构. 化学物理学报，2004，17(5)：652～656

[37]　于永良等. 用^{1}H-NMR 测定丁苯共聚物的结构组成. 青岛化工学院学报，1993，14(3)：17～23

[38]　黄毅萍等. 溶聚丁苯链化学结构的 NMR 研究. 应用化学，2005，22(4)：431～434

[39]　毛诗珍，王得华. 聚丁二烯的核磁共振二维谱研究. 高分子学报，1990，(1)：110～114

[40]　李洪泊，孙建中等. 丁二烯/苯乙烯阴离子连续溶液共聚研究. 高校化学工程学报，2002，16(5)：514～518

[41]　殷敬华等. 现代高分子物理学. 北京：科学出版社，2001

[42]　杨军等. 高抗冲聚苯乙烯的增韧机理. 高分子通报，1997，1：43～48

[43]　周丽玲等. PE-C、ABS 改性硬质聚氯乙烯的性能和增韧机理. 工程塑料应用，2002，30(12)：8～11

[44]　Oberster A E，Bouton T C，Valaitis J K. Balancing Wear and Traction with Lithium Catalyzed Polymers. Die Angewandte Makromolekulare Chemie，1973，29/30：291～305

[45]　焦剑，雷渭媛. 高聚物结构、性能与测试. 北京：化学工业出版社，2003

（郑安呐　周颖坚）

第4章 聚合反应挤出过程的有限体积模拟

4.1 引 言

4.1.1 反应挤出过程数值模拟的研究意义

从科学的角度看,在聚合反应挤出过程中,扩散限制的化学反应、伴随化学反应的多相聚合物体系形态的生成与演变、材料体系的化学流变等过程基本上是在封闭状态下进行的;体系通常处于非等温、非等压和高剪切速率的复杂外场条件下,并伴随着黏度在瞬间内可能发生突变的现象。因此,导致现场、实时研究体系的化学反应动力学过程与分子机理、多相聚合物体系形态生成动力学过程、化学流变规律、聚合体系的物理化学性能演变规律等科学问题非常困难。

从技术的角度看,能够采用聚合反应挤出的体系应具备如下的前提条件:①具有较高的聚合速率:这是能否采用聚合反应挤出技术最重要的前提之一。因为螺杆挤出机的长度有限,又必须保证有足够的生产能力,所以物料在螺杆挤出机内的停留时间一般不能超过 10min。②满足传热要求:由于聚合反应仅在数分钟内完成,在此期间体系产生大量的反应热,而且由于强剪切作用,产生可观的黏性耗散热,故对热量传递的要求十分苛刻。挤出机的传热能力是否能满足聚合反应热和黏性耗散热的疏散,是一个聚合反应体系能否采用螺杆挤出机实施聚合的另一个基本前提。③聚合转化率限制:如果体系的转化率太低,或是副产物太多,那么,不仅兼作反应器和脱低设备的挤出机螺杆结构设计变得很复杂,而且整个反应过程的经济性都将受到很大影响。正是由于上述苛刻的技术要求,致使在目前的研究水平下聚合反应挤出技术难以应用于多数的聚合体系,阻碍了该技术在国民经济建设中应有的重要作用的发挥。

解决上述问题的有效方法之一是开展聚合反应挤出过程的数值模拟,进而开展材料组成和反应加工条件的优化设计。本章正是通过聚合反应挤出过程的计算机模拟,定量揭示化学反应对高分子材料流变行为的影响规律,建立在复杂化学与物理条件下高分子材料流变的理论模型,动态计算聚合速率、传热效率、聚合转化率等物理量,从而实现聚合反应挤出过程的化学反应控制、材料结构控制、流体流变过程调控、材料性能控制与极限加工条件的预测,进而实现材料组成和反应加工条件的按需设计[1~3]。

4.1.2　国内外研究现状与分析

国外从 20 世纪 50 年代开始了反应挤出的实验研究。近 20 年来,欧、美、日等工业发达国家和地区的学术机构与挤出设备的研制厂家的实验研究非常活跃。每年发表的论文逾千篇,申报的专利超过 100 项[4~6]。其主要研究领域包括以下几个方面:①反应挤出过程中的化学反应类型、反应机理及相关反应动力学;②反应挤出工程研究;③高分子材料反应挤出技术的研究开发和实际应用[5]。

高分子材料反应挤出的实验研究在我国同样引起了学术界和工业界的高度重视。华东理工大学、上海交通大学、天津大学、北京化工大学、浙江大学、中国科学院化学研究所、四川大学、清华大学、华南理工大学、北京理工大学、中国科学院长春应用化学研究所等单位的学者们取得了一批有一定显示度的实验研究成果。

随着计算机科学与技术的飞速发展,人们自然而然就想到是否可以通过有限有价值的在线检测实验数据,建立适当的数学物理模型,并把化学反应过程用恰当的数学语言在模型中描述,从而借助数值模拟的方法,实现复杂化学与物理条件下反应加工过程的计算机模拟。

Siadat 等在 1979 年报道了缩聚反应挤出过程的数学描述工作,针对单螺杆挤出过程,描述了停留时间分布对缩聚反应挤出过程的影响,得到了挤出机可以简化为柱塞式反应器的结论,进而建立了黏性热与单体转化率的数学模型[7]。Hyun 等模拟了单螺杆挤出机中热塑性弹性体聚氨酯的聚合反应挤出过程,建立了质量守恒、动量守恒、能量守恒、物质种类守恒和 n 级反应动力学的数学模型,获得了黏度与相对分子质量、温度、剪切速率的函数关系;用有限差分方法数值求解了上述方程,并与实验结果进行了比较,吻合较好[8]。Janssen 等对异向旋转双螺杆挤出机中甲基丙烯酸正丁酯的自由基聚合反应挤出过程进行了数值模拟。其中,在热传导方面,建立了热传导系数与螺杆转速、相对挤出量之间的关系式;在反应动力学方面,引入凝胶效应,获得了反应速率、单体转化率的计算值;在化学结构场方面,获得了重均相对分子质量的计算值;在流变方面,获得了零剪切黏度与温度、单体浓度、相对分子质量之间的关系式[9~12]。Michaeli 等分别采用理想的连续搅拌釜式反应器和管式反应器模型,开展了紧密啮合同向旋转双螺杆挤出机中尼龙 6 的阴离子本体聚合、聚苯乙烯的阴离子本体聚合和尼龙 6 的共聚反应挤出过程的数值模拟,得到了流动速度、剪切速率、驱动能、停留时间等的表达式;考虑了聚合反应热、黏性耗散热以及热传导等热现象,获得了体系的温度控制方程;建立了适用于阴离子引发且反应级数为 1 的聚合反应体系转化率的表达式;获得了与相对分子质量、温度和剪切速率相关的体系黏度的表达式,进而开发了工艺过程优化程序[13,14]。Kim、White 等开展了组合式同向旋转双螺杆挤出机中己内酰胺的聚合反应挤出模拟,考察了在不同螺杆构造和不同工艺条件下单体沿螺杆轴向的转化率[15,16]。

Gimenez、Vergnes 等开展了同向旋转双螺杆挤出机中 ε-己内酰胺的聚合反应挤出过程模拟,获得了进料速率、螺杆转速、机筒温度、引发剂浓度等工艺参数对于单体转化率的影响规律,并进行了实验验证[17~20]。

　　尽管聚合反应挤出过程的数值模拟在工业发达国家和地区是近年来的一个研究热点,发表了一批有一定显示度的论文,但是大多数的工作局限于一维空间的简单理想情况,且一般简化处理各种因素之间的耦合作用,基本不涉及反应挤出过程中高分子材料物理化学性能的动态演变规律的分析、材料组成和反应加工条件的优化设计等内容。

　　国内学者对反应加工过程的传输与混合机理、黏性流场分布等问题也做了大量的理论研究,得到了许多相应的数学物理模型,取得了一批有特色和显示度的成果[1~3,21~30]。但是,采用数值模拟方法,在二维、三维空间中研究聚合反应挤出过程中的化学流变问题,并在此基础上开展材料组成和反应加工条件的优化设计,国内却起步不久,成果有限。

4.2　反应挤出机的等效反应器模型建立

4.2.1　同向旋转双螺杆挤出机的建模假设

　　紧密啮合同向旋转双螺杆挤出机的结构复杂,由数个不同的正向输送单元、数个不同的反向输送单元和一个口模组成;挤出机中的物料在螺杆的拖曳作用下向前流动,螺槽是部分充满、部分未充满的,物料的物理和化学变化十分复杂,导致难以按照真实的挤出机结构开展整个聚合反应挤出过程的数值模拟[31~34]。因此,为了便于研究,需要构建该挤出机的等效模型。目前,在反应挤出研究领域中常用的等效反应器模型是沿螺槽轴向展开的一维模型[7,8,11,13,14,16,22,35~38]。

　　紧密啮合同向旋转双螺杆挤出机具有滑动型的啮合特点,啮合区中的螺杆速度呈相反方向,所以物料按∞曲线运动,同时在螺杆轴线方向上移动。忽略越过螺棱的漏流和啮合区中的漏流,在双头螺纹的双螺杆挤出机内有三个单独的顺螺槽料流[39]。如果不考虑物料在两螺杆间传递的变形,可将每一个顺螺槽料流沿螺槽轴向展开,等效处理为一个轴对称流道模型。这样,实际过程中的螺杆转动对流体的拖曳与机筒静止对流体的阻碍的综合作用可以等效为流道模型壁的轴向移动对模型内流体的拖曳作用,同时假定流道模型处于全充满状态。

4.2.2　特征参数计算

　　1. 螺杆几何参数及其相互关系
　　螺杆几何参数如图 4.1 所示[40]。其中,D 为螺杆公称直径;D_s 为机筒内径;δ_f

为螺杆与机筒之间的单面间隙,若忽略 δ_f,D_s 亦为螺杆外径;T 为导程;S 为螺距;n 为螺纹头数;b 为螺棱的轴向宽度;e 为螺棱的法向宽度;B 为螺槽的轴向宽度;W 为螺槽的法向宽度;ϕ 为螺旋角;H 为螺槽深度。通常,用 L 表示螺杆有效长度;L/D 表示螺杆的长径比,是挤出机的一个重要参数。

将螺纹按外径展开,示于图 4.2[40]。

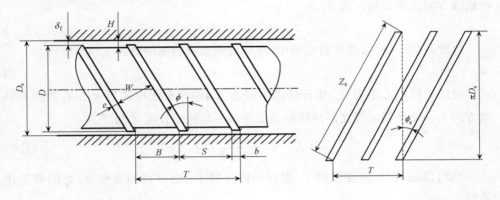

图 4.1　螺杆示意图[40]　　　　图 4.2　按螺纹外径展开的
螺纹示意图[40]

上述螺杆参数可分为三类:第一类是在螺杆全长上保持不变的参数,如 D、D_s、T、S 等;第二类是在直径方向变化的参数,如 $W(W_b$、W_s、$\overline{W})$、$\phi(\phi_b$、ϕ_s、$\overline{\phi})$、$e(e_b$、e_s、$\overline{e})$、$B(B_b$、B_s、$\overline{B})$ 和 $b(b_b$、b_s、$\overline{b})$,以及螺纹沿螺槽方向展开的流道长度 $Z(Z_b$、Z_s、$\overline{Z})$ 等;第三类是沿螺杆轴向变化的量,如螺槽深度 H(下标 s 表示按螺杆外径计算得到的数值,下标 b 表示按螺杆根径计算得到的数值,而字母上的一横表示其平均值,下同)。

可得下述关系[40]:

$$\tan\phi_b = \frac{T}{\pi D_b} \tag{4.1}$$

$$W_b = B_b\cos\phi_b = \left(\frac{T}{n} - b_b\right)\cos\phi_b = \frac{T}{n}\cos\phi_b - e_b \tag{4.2}$$

$$Z_b = \frac{T}{\sin\phi_b} \tag{4.3}$$

$$\tan\phi_s = \frac{T}{\pi D_s} \tag{4.4}$$

$$W_s = B_s\cos\phi_s = \left(\frac{T}{n} - b_s\right)\cos\phi_s = \frac{T}{n}\cos\phi_s - e_s \tag{4.5}$$

$$Z_s = \frac{T}{\sin \phi_s} \tag{4.6}$$

2. 等效反应器模型的长度计算

如图 4.3 所示,在紧密啮合同向旋转双螺杆挤出机中,假设螺杆是双头螺纹的,而且两根螺杆的几何参数相同[39]。当物料完成一个周期的 ∞ 曲线运动时,其在轴线方向上移动的距离 S_∞ 为

$$S_\infty = (2n - 1)S \tag{4.7}$$

因此,在同一台双螺杆挤出机中,单独的顺螺槽料流的数目 n_i 为

$$n_i = 2n - 1 \tag{4.8}$$

设两螺杆中心距为 C_L,螺杆外圆半径为 R_s,螺杆根圆半径为 R_b。在螺杆的轴线方向上一个导程的螺纹沿螺槽轴向展开的平均流道长度 $\overline{Z}$ 为[40]

$$\overline{Z} = \frac{T}{\sin \overline{\phi}} \tag{4.9}$$

平均螺旋角 $\overline{\phi}$ 与螺纹导程 T、螺杆外圆半径 R_s、螺杆根圆半径 R_b 之间有下述关系

$$\overline{\phi} = \arctan \frac{T}{2\pi \overline{R}} = \arctan \frac{T}{\pi(R_s + R_b)} \tag{4.10}$$

因此,每个单独的顺螺槽料流在整个挤出过程中的平均流动距离 L_m 为

$$L_m = \frac{L}{T} \cdot \frac{T}{\sin \overline{\phi}} = \frac{L}{\sin \overline{\phi}} \tag{4.11}$$

式(4.11)即为双螺杆挤出过程的等效反应器模型的长度计算式。

3. 等效反应器模型的等效半径计算

螺槽的横截面形状如图 4.4 所示[39],由 IJ、JK、KL、LM、MN 等 5 条曲线构成。

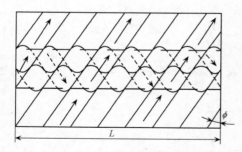

图 4.3　同向旋转双螺杆挤出
机中的流道展开示意图[39]

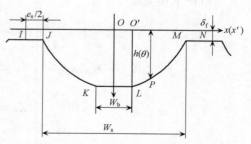

图 4.4　螺槽的横截面形状[39]

根据紧密啮合同向旋转的常规螺纹元件几何学，可得[39]

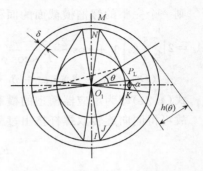

$$W_s = (2\pi/n - \alpha)(T/2\pi)\cos\overline{\phi} \tag{4.12}$$

$$W_b = e_s = (\alpha T/2\pi)\cos\overline{\phi} \tag{4.13}$$

式中，α 是螺根角，即线段 OL 与线段 OK 的夹角，并具有下述关系式

$$\alpha = \pi/n - 2\arccos(C_L/2R_s) \tag{4.14}$$

图 4.5　端面几何关系[39]

令 $\theta(\theta = \xi - \alpha/2)$ 表示螺槽曲线 LM 上任意一点 P 与坐标原点 O 的线段 OP 和线段 OL 的夹角，如图 4.5 所示[39]。

以 θ 表示的点 P 的螺槽深度 $h(\theta)$ 是

$$h(\theta) = R_s - \sqrt{C_L^2 - R_s^2\sin^2\theta} + R_s\cos\theta + \delta_f$$

$$= R_s(1 + \cos\theta) - \sqrt{C_L^2 - R_s^2\sin^2\theta} + \delta_f \tag{4.15}$$

已知，在螺杆横截面上绕坐标原点 O 转动 2π 弧度对应的轴向位移是一个导程 T。假设在螺杆横截面上绕坐标原点 O 转动 θ 弧度对应的轴向位移是 z，则

$$z = \theta \cdot T/2\pi \tag{4.16}$$

将轴向位移 z 转换成垂直于螺槽轴向的位移 x'，可得

$$x' = z \cdot \cos\phi_r = (T \cdot \theta/2\pi)\cos\phi_r \tag{4.17}$$

式中，ϕ_r 是任意半径 r 处的螺旋角。

整理式(4.17)，并转换成垂直于螺槽轴向的位移 x，可得

$$\theta = 2\pi \cdot x'/(T \cdot \cos\phi_r) = 2\pi(x - e_s/2)/(T \cdot \cos\phi_r) \tag{4.18}$$

以 x 表示的点 P 的螺槽深度 $h(x)$ 是

$$h(x) = R_s\left[1 + \cos\frac{2\pi(x - e_s/2)}{T \cdot \cos\phi_r}\right] - \sqrt{C_L^2 - R_s^2\sin^2\frac{2\pi(x - e_s/2)}{T \cdot \cos\phi_r}} + \delta_f \tag{4.19}$$

因为在不同轴向位置处，半径 r 不同，所以螺旋角 ϕ_r 不同。为了简单，用平均螺旋角 $\overline{\phi}$ 代替 ϕ_r。

再计入螺根、螺顶部分的深度，可得螺槽深度 $h(x)$ 的计算式

$$h(x) = \begin{cases} R_s\left[1 + \cos\dfrac{2\pi(x - e_s/2)}{T \cdot \cos\overline{\phi}}\right] - \sqrt{C_L^2 - R_s^2\sin^2\dfrac{2\pi(x - e_s/2)}{T \cdot \cos\overline{\phi}}} + \delta_f & \dfrac{e_s}{2} < x \leqslant \dfrac{W_s}{2} \\ D_s - C_L + \delta_f & 0 \leqslant x \leqslant \dfrac{e_s}{2} \\ \delta_f & \dfrac{W_s}{2} < x \leqslant \dfrac{(W_s + e_s)}{2} \end{cases} \tag{4.20}$$

则一个完整的螺槽横截面的面积 A_s 是

$$A_s = 2\int_{\frac{e_s}{2}}^{\frac{W_s}{2}} \left\{ R_s \left[1 + \cos\frac{2\pi(x - e_s/2)}{T \cdot \cos\overline{\phi}} \right] - \sqrt{C_L^2 - R_s^2\sin^2\frac{2\pi(x - e_s/2)}{T \cdot \cos\overline{\phi}}} + \delta_f \right\} dx$$
$$+ (D_s - C_L + \delta_f) \cdot e_s + \delta_f \cdot e_s \tag{4.21}$$

式(4.21)即为反应器模型的横截面面积计算式。

故可得同向旋转双螺杆挤出过程的等效反应器模型的等效半径 R_e 的计算式

$$R_e = \sqrt{A_s/\pi} \tag{4.22}$$

4.2.3　异向旋转双螺杆挤出机的等效反应器模型建立

为了便于研究,将异向旋转双螺杆挤出机 C 形小室内物料的运动空间沿螺槽轴向展开,并等效处理为一个轴对称模型,进而把螺杆的转动与机筒的静止对流体的综合作用等效为模型壁的轴向运动对流体的作用。

1. 模型长度计算

如图 4.6 所示,一个导程的 C 形小室展开的平均长度 L_0 为[39]

$$L_0 = \frac{(2\pi - \alpha)(T/2\pi)}{\sin\overline{\phi}} = \frac{(2\pi - \alpha)T}{2\pi\sin\left[\arctan\dfrac{T}{\pi(R_s + R_b)}\right]} \tag{4.23}$$

式中,α 为两螺杆啮合区对应的中心角。

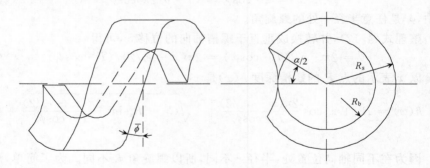

图 4.6　C 形小室示意图[39]

模型长度 L_m 为

$$L_m = \frac{l}{T} \cdot L_0 \tag{4.24}$$

式中,l 为螺杆长度。

2. 模型的等效半径计算

对一根螺杆上一个导程长度内的 C 形小室体积的计算可采用 Janssen 计算公式[40],即从某一长度的空料筒体积中减去相同长度的螺杆体积,如图 4.7 所示[39]。

一根螺杆一个导程内的 m（螺纹头数）个 C 形小室的总体积为

$$V = \left[\left(\pi - \frac{\alpha}{2}\right)R^2 + \left(R - \frac{H}{2}\right)\sqrt{R \cdot H - \frac{H^2}{4}}\right]T - \pi(R-H)^2 T$$

$$- m \cdot 2\pi\left[\left(R \cdot H - \frac{H^2}{2}\right)B + \left(R \cdot H^2 - \frac{2}{3}H^3\right)\tan\psi\right] \tag{4.25}$$

式中，R 为螺杆外半径（取与机筒内半径相等）；H 为 C 形小室的深度；B 为外径处的螺棱轴向宽度；ψ 为螺纹侧面角，且 $\alpha = 2\arctan\left[\sqrt{\dfrac{R \cdot H - H^2/4}{R - H/2}}\right]$。

因此，模型的等效截面积是

$$A_m = \frac{V}{L_0} \tag{4.26}$$

模型的等效半径是

$$R_m = \sqrt{\frac{A_m}{\pi}} = \sqrt{\frac{V}{L_0 \cdot \pi}} \tag{4.27}$$

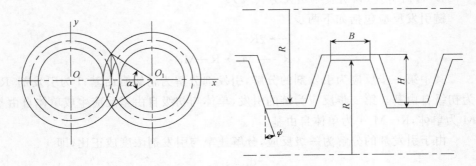

图 4.7　双螺杆的几何参数[39]

4.2.4　初边值条件的设定

初始条件是所研究现象在过程开始时刻的各个求解变量的空间分布。对于稳态问题，不需要初始条件。

边界条件是在求解区域的边界上所求解的变量或其一阶导数随地点及时间的变化规律。边界条件反映实际问题的特性，对于数值计算的结果往往具有决定性的影响。对于我们建立的等效反应器模型，流体力学边界条件设定如下[41]：

（1）入口边界：给定流体流动速度在入口边界上的分布，通常 $u = C_1, v = 0$。

（2）中心线（对称轴）：$v = 0, \dfrac{\partial u}{\partial y} = 0$。

（3）模型的壁面：给定流体流动速度在模型壁面上的分布，通常 $u = C_2, v = 0$。

（4）出口边界：按微分方程理论，应当给定出口截面上的条件，但除非能用实验方法测定,否则我们对出口截面上的信息一无所知,有时,这正是计算所想要知道的内容。目前广泛采用的一种处理方法是假定出口截面上的节点对第 1 个内节点已无影响,因此可以令出口边界节点对内节点的影响系数为零。这样出口截面上的信息对内部节点的计算就不起作用,也就无需知道出口边界上流体流动速度的数值了。

4.3　自由基聚合反应挤出过程的有限体积模拟

4.3.1　自由基聚合反应动力学模型与数值计算

4.3.1.1　自由基聚合反应的历程[42,43]

自由基聚合反应主要包括链引发、链增长、链转移和链终止等基元反应。在实际问题中,我们暂不考虑链转移反应。

1. 链的引发(以引发剂引发为代表)

链引发反应包括如下两步:

$$I \rightarrow 2R \cdot$$
$$R \cdot + M \rightarrow R—M_1 \cdot$$

其中第一步反应为引发剂的分解,引发剂分解为初级自由基;I 为引发剂,R· 为初级自由基。第二步反应为链的引发,单体与初级自由基反应生成单体自由基;M 为单体,R—M$_1$· 为单体自由基。

由于引发剂的分解为一级反应,分解速率与引发剂浓度成正比,即

$$-\frac{dc_{ini}}{dt} = k_d c_{ini} \tag{4.28}$$

式中,c_{ini}表示 t 时刻的引发剂浓度;k_d 表示引发剂分解反应速率常数。

整理式(4.28)并对其积分,可得

$$c_{ini} = c_{ini,0} e^{-k_d t} \tag{4.29}$$

式中,$c_{ini,0}$表示引发剂的初始浓度。

如果 k_d 与温度的关系符合 Arrhenius 方程,则

$$k_d = A_d e^{-E_d/(RT)} \tag{4.30}$$

式中,A_d 表示分解反应频率因子;E_d 表示分解活化能;R 表示摩尔气体常量。

由于第二步生成单体自由基的活化能较第一步生成初级自由基的活化能低,因此,链引发速率主要取决于引发剂的分解速率。链引发速率表示为

$$v_i = 2k_d f c_{ini} \tag{4.31}$$

式中,f 表示引发效率。

2. 链的增长

链的增长过程示意为

$$M_1 \cdot + M \rightarrow M_2 \cdot$$
$$M_2 \cdot + M \rightarrow M_3 \cdot$$
$$\cdots$$
$$\cdots$$
$$M_{n-1} \cdot + M \rightarrow M_n \cdot$$

式中，$M_2 \cdot$ 为二聚体自由基；$M_3 \cdot$ 为三聚体自由基；$M_n \cdot$ 为链自由基。

链增长反应速率可表示为

$$v_p = k_p c_{mono} \cdot c_{mono} \tag{4.32}$$

式中，k_p 表示链增长反应速率常数；$c_{mono} \cdot$ 表示链自由基浓度；c_{mono} 表示单体浓度。

3. 链的终止

链终止反应可分为下述两种情况：

(1) 双基结合终止：$M_n \cdot + M_m \cdot \rightarrow M_n - M_m$

(2) 双基歧化终止：$M_n \cdot + M_m \cdot \rightarrow M_n + M_m$

链终止反应速率可以表示为

$$v_t = 2k_t c_{mono}^2 \cdot \tag{4.33}$$

式中，k_t 表示链终止反应速率常数，当两种链终止反应都同时进行时，$k_t = k_t' + k_t''$，其中 k_t' 和 k_t'' 分别表示双基结合终止和双基歧化终止的反应速率常数。

4.3.1.2　自由基聚合反应动力学模型的确定

1. 基本假定[42,43]

(1) 聚合过程暂不考虑链的转移；

(2) 自由基活性与链长无关，即 $k_p = C$；

(3) 假设单体的总消耗速率等于聚合反应的总速率；

$$- dc_{mono}/dt = a v_i + v_p \approx v_p \tag{4.34}$$

由于生成的是大分子链，所以链引发所消耗的单体数远少于链增长过程所消耗的，故式(4.34)$a v_i$ 可以忽略。

(4) 稳态处理方法。假设在聚合过程中自由基的浓度不变，即

$$v_i = v_t \tag{4.35}$$

2. 链增长反应速率计算

由式(4.31)～式(4.35)可得

$$c_{mono} \cdot = \left(\frac{k_d f}{k_t} \right)^{1/2} c_{ini}^{1/2} \tag{4.36}$$

将式(4.36)代入式(4.32)，可得

$$v_p = k_p (k_d f / k_t)^{1/2} c_{ini}^{1/2} c_{mono} \tag{4.37}$$

如果 k_p, k_t 与温度的关系符合 Arrhenius 方程，则

$$k_p = A_p e^{-E_p/(RT)} \tag{4.38}$$

$$k_t = A_t e^{-E_t/(RT)} \tag{4.39}$$

式中，A_p, A_t 分别表示链增长、链终止反应频率因子；E_p, E_t 分别表示链增长、链终止反应活化能。

将式（4.38）、式（4.39）代入式（4.37），并整理得

$$v_p = A_p (A_d / A_t)^{1/2} f^{1/2} c_{ini}^{1/2} e^{-\left(E_p - \frac{E_t}{2} + \frac{E_d}{2} \right) /(RT)} c_{mono} \tag{4.40}$$

3. 单体浓度计算

对苯乙烯类烯烃本体聚合而言，反应为一级反应。反应速率方程为

$$-\frac{dc_{mono}}{dt} = k c_{mono} \tag{4.41}$$

式中，k 表示反应速率常数。

整理可得

$$c_{mono} = c_{mono,0} e^{-kt} \tag{4.42}$$

将式（4.40）代入式（4.34），并结合式（4.41），可得

$$k = A_p (A_d / A_t)^{1/2} f^{1/2} c_{ini}^{1/2} e^{-\left(E_p - \frac{E_t}{2} + \frac{E_d}{2} \right) /(RT)} \tag{4.43}$$

我们定义 k_0 表示总的频率因子，E_a 表示总的反应活化能，即

$$k_0 = A_p (A_d / A_t)^{1/2} f^{1/2} \tag{4.44}$$

$$E_a = E_p - \frac{E_t}{2} + \frac{E_d}{2} \tag{4.45}$$

将式（4.44）与式（4.45）代入式（4.43），可得

$$k = k_0 c_{ini}^{1/2} e^{-E_a/(RT)} \tag{4.46}$$

将式（4.46）代入式（4.42），可得单体浓度的表达式

$$c_{mono} = c_{mono,0} e^{-kt} = c_{mono,0} e^{-k_0 c_{ini}^{1/2} t e^{-E_a/(RT)}} \tag{4.47}$$

4.3.1.3　转化率的数值计算

1. 转化率模型的构建

聚合反应体系的单体转化率可以表示为

$$X = \frac{c_{mono,0} - c_{mono}}{c_{mono,0}} \tag{4.48}$$

将式（4.47）代入式（4.48），可得

$$X = 1 - e^{-k_0 c_{ini}^{1/2} t e^{-E_a/(RT)}} \tag{4.49}$$

2. 转化率增量的定义

对于等温与等引发剂浓度的过程,可以直接用式(4.49)计算单体转化率。但是在实际的聚合反应挤出过程中,反应温度是变化的,反应域内各个空间点以不同的速率升温,同一空间点在不同时刻也以不同的速率升温,而且引发剂浓度也是不断变化的,致使不能直接用式(4.49)来计算转化率。

为此,我们应用转化率增量来解决该计算问题。首先将反应域内任一空间点在某一反应过程或反应过程的某个阶段终了时的转化率的大小定义为"全量转化率"。在聚合反应过程中某瞬时 t 的全量转化率设定为起始状态,在此基础上,在很小的时间步长 Δt 内发生的转化率定义为转化率增量。这样,在每一时间步长内,可以近似认为反应物系的温度与引发剂浓度是恒定的[44~46]。

3. 全量转化率的数值计算

我们定义 $X(I,J)$ 为第 I 个时间步长对应的转化率,$X(I-1,J)$ 为第 $I-1$ 个时间步长对应的转化率,$\Delta X(I,J)$ 为第 I 个时间步长对应的转化率增量。用 Taylor 展开法导出转化率的差分表达式,并整理得

$$\frac{\partial X}{\partial t}\bigg|_{I,J} = \frac{\Delta X(I,J)}{\Delta t} + O(\Delta t) = \frac{X(I,J) - X(I-1,J)}{\Delta t} + O(\Delta t)$$
$$(4.50)$$

式中,$O(\Delta t)$ 表示截断误差的数量级。

对式(4.49)作微分计算,可得

$$\frac{\partial X}{\partial t} = k_0 c_{\text{ini}}^{1/2} e^{-E_a/(RT)}(1 - X) \tag{4.51}$$

将式(4.51)代入式(4.50),并略去截断误差,可以得到转化率增量的数值计算式

$$\Delta X(I,J) = \frac{k_0 c_{\text{ini}}^{1/2} e^{-E_a/(RT)} \Delta t(I,J)[1 - X(I-1,J)]}{1 + k_0 c_{\text{ini}}^{1/2} e^{-E_a/(RT)} \Delta t(I,J)} \tag{4.52}$$

根据向后有限差分的定义,可得全量转化率的数值计算式

$$X(I,J) = \frac{X(I-1,J) + k_0 c_{\text{ini}}^{1/2} e^{-E_a/(RT)} \Delta t(I,J)}{1 + k_0 c_{\text{ini}}^{1/2} e^{-E_a/(RT)} \Delta t(I,J)} \tag{4.53}$$

由于反应初始的转化率 $X(0,J)=0$,所以可得任一时间步长内的转化率。

4.3.1.4　引发剂浓度的数值计算

式(4.29)给出了引发剂浓度的表达式。为了进行数值计算,同样引入引发剂浓度增量的概念。定义 $c_{\text{ini}}(I,J)$ 表示第 I 个时间步长对应的引发剂浓度,$c_{\text{ini}}(I-1,J)$ 表示第 $I-1$ 个时间步长对应的引发剂浓度,$\Delta c_{\text{ini}}(I,J)$ 表示第 I 个时间步长对应的引发剂浓度的增量[44~46]。用 Taylor 展开法导出引发剂浓度的差分表达式,并整理得

$$\frac{\partial c_{\mathrm{ini}}}{\partial t}\bigg|_{I,J} = \frac{\Delta c_{\mathrm{ini}}(I,J)}{\Delta t} + O(\Delta t) = \frac{c_{\mathrm{ini}}(I,J) - c_{\mathrm{ini}}(I-1,J)}{\Delta t} + O(\Delta t)$$

(4.54)

将式(4.28)代入式(4.54),并略去截断误差,可以得到引发剂浓度增量的数值计算式

$$\Delta c_{\mathrm{ini}}(I,J) = \frac{-k_{\mathrm{d}}c_{\mathrm{ini}}(I-1,J)\Delta t(I,J)}{1 + k_{\mathrm{d}}\Delta t(I,J)}$$

(4.55)

根据向后有限差分的定义,可得全量引发剂浓度的数值计算式

$$c_{\mathrm{ini}}(I,J) = \frac{c_{\mathrm{ini}}(I-1,J)}{1 + k_{\mathrm{d}}\Delta t(I,J)}$$

(4.56)

引发剂的初始浓度 $c_{\mathrm{ini}}(0,J)$ 已知,故可得任一时间步长内的引发剂浓度。

因此,将式(4.56)代入式(4.53),可得修正的单体转化率的数值计算式

$$X(I,J) = \frac{X(I-1,J) + k_0 c_{\mathrm{ini}}(I,J)^{1/2}\mathrm{e}^{-E_{\mathrm{a}}/[RT(I,J)]}\Delta t(I,J)}{1 + k_0 c_{\mathrm{ini}}(I,J)^{1/2}\mathrm{e}^{-E_{\mathrm{a}}/[RT(I,J)]}\Delta t(I,J)}$$

(4.57)

4.3.2 自由基聚合体系的化学结构方程与数值计算

4.3.2.1 平均聚合度的计算[42,43,47,48]

1. 无链转移反应,链终止反应仅为双基结合时的平均聚合度

无链转移反应,链终止反应仅为双基结合时的数均聚合度可以表示为

$$\overline{x}'_{\mathrm{n}} = \frac{v_{\mathrm{p}}}{v'_{\mathrm{t}}/2} = \frac{k_{\mathrm{p}}c_{\mathrm{mono}}}{k'_{\mathrm{t}}c_{\mathrm{mono.}}} = \frac{k_{\mathrm{p}}c_{\mathrm{mono}}}{(fk_{\mathrm{d}}k'_{\mathrm{t}}c_{\mathrm{ini}})^{1/2}}$$

(4.58)

式中,v'_{t} 表示双基结合终止反应速率;k'_{t} 表示双基结合终止反应速率常数,它与温度的关系符合 Arrhenius 公式,即

$$k'_{\mathrm{t}} = A'_{\mathrm{t}}\mathrm{e}^{-E'_{\mathrm{t}}/(RT)}$$

(4.59)

式中,A'_{t} 表示双基结合终止频率因子;E'_{t} 表示双基结合终止反应活化能。

2. 无链转移反应,链终止反应仅为双基歧化时的平均聚合度

无链转移反应,链终止反应仅为双基歧化时的数均聚合度可以表示为

$$\overline{x}''_{\mathrm{n}} = \frac{v_{\mathrm{p}}}{v''_{\mathrm{t}}} = \frac{k_{\mathrm{p}}c_{\mathrm{mono}}}{2k''_{\mathrm{t}}c_{\mathrm{mono.}}} = \frac{k_{\mathrm{p}}c_{\mathrm{mono}}}{2(fk_{\mathrm{d}}k''_{\mathrm{t}}c_{\mathrm{ini}})^{1/2}}$$

(4.60)

式中,v''_{t} 表示双基歧化终止反应速率;k''_{t} 表示双基歧化终止反应速率常数,它与温度的关系符合 Arrhenius 公式,即

$$k''_{\mathrm{t}} = A''_{\mathrm{t}}\mathrm{e}^{-E''_{\mathrm{t}}/(RT)}$$

(4.61)

式中,A''_{t} 表示双基歧化终止频率因子;E''_{t} 表示双基歧化终止反应活化能。

3. 无链转移反应,双基歧化与双基结合并存时的平均聚合度

无链转移反应,双基歧化与双基结合并存时的数均聚合度可以表示为

$$\overline{x}_n = \frac{v_p}{v_t'/2 + v_t''} = \frac{k_p c_{mono}}{k_t' c_{mono.} + 2k_t'' c_{mono.}} = \frac{(k_t)^{1/2} k_p c_{mono}}{(k_t + k_t'')(f k_d c_{ini})^{1/2}} \quad (4.62)$$

4.3.2.2　高分子体系的平均相对分子质量的数值计算

1. 面向数值分析的平均相对分子质量的层次划分

在聚合反应挤出过程的数值分析中，相对分子质量存在三层意义的统计平均。第一层意义的统计平均是在第(I, J)节点处瞬时生成的高分子链的平均相对分子质量；第二层意义的统计平均是在第(I, J)节点处考虑了历史累积效应的整个高分子链群体的平均相对分子质量；第三层意义的统计平均是在第(I, J)节点处整个体系的平均相对分子质量。

2. 在(I, J)节点处瞬时生成的高分子链的平均相对分子质量

(1) 数均相对分子质量。当双基结合与双基歧化两种链终止反应方式并存时，根据式(4.62)，可得高分子的数均相对分子质量

$$\overline{M}_n(I, J) = M_{mono} \overline{x}_n(I, J) = \frac{M_{mono}(k_t)^{\frac{1}{2}} k_p c_{mono}(I, J)}{(k_t + k_t'')[f k_d c_{ini}(I, J)]^{\frac{1}{2}}} \quad (4.63)$$

式中，M_{mono}表示单体的相对分子质量。

(2) 重均相对分子质量[42,43,47,48]。当终止方式仅为双基歧化时，重均聚合度与数均聚合度的关系为

$$\overline{x}_w(I, J) = 2\overline{x}_n''(I, J) \quad (4.64)$$

当终止方式仅为双基结合时，重均聚合度与数均聚合度的关系为

$$\overline{x}_w(I, J) = 1.5\overline{x}_n'(I, J) \quad (4.65)$$

定义歧化终止分数为

$$\gamma(I, J) = \frac{k_t''(I, J)}{k_t'(I, J) + k_t''(I, J)} = \frac{k_t''(I, J)}{k_t(I, J)} \quad (4.66)$$

利用混合法则，当双基结合与双基歧化两种终止方式并存时，重均聚合度可以表示为

$$\overline{x}_w(I, J) = 2\gamma(I, J)\overline{x}_n''(I, J) + 1.5[1 - \gamma(I, J)]\overline{x}_n'(I, J) \quad (4.67)$$

则重均相对分子质量为

$$\overline{M}_w(I, J) = \frac{\gamma k_p c_{mono}(I, J) M_{mono}}{[f k_d k_t'' c_{ini}(I, J)]^{\frac{1}{2}}} + \frac{1.5(1 - \gamma) k_p c_{mono}(I, J) M_{mono}}{[f k_d k_t' c_{ini}(I, J)]^{\frac{1}{2}}} \quad (4.68)$$

3. 在(I, J)节点处高分子链群体的平均相对分子质量

(1) 数均相对分子质量。令$\overline{x}_{en}(I, J)$表示从反应器入口流动至(I, J)节点的过程中形成的高分子链群体的数均聚合度，根据统计平均的定义，可得

$$\overline{x}_{en}(I,J) = \frac{\sum_{i=1}^{I} \overline{x}_n(i,J)N(i,J)}{\sum_{i=1}^{I} N(i,J)} \tag{4.69}$$

式中，$N(i,J)$ 表示单位体积内在 (i,J) 节点上瞬时生成的高分子链的数目，即数均聚合度为 $\overline{x}_n(i,J)$ 的高分子链的浓度，根据定义，可得

$$N(i,J) = \frac{\Delta X(i,J)c_{mono,0}}{\overline{x}_n(i,J)} \tag{4.70}$$

把式 (4.70) 代入式 (4.69)，可得

$$\overline{x}_{en}(I,J) = \frac{\sum_{i=1}^{I} \overline{x}_n(i,J) \dfrac{\Delta X(i,J)c_{mono,0}}{\overline{x}_n(i,J)}}{\sum_{i=1}^{I} \dfrac{\Delta X(i,J)c_{mono,0}}{\overline{x}_n(i,J)}} = \frac{X(I,J)}{\sum_{i=1}^{I} \dfrac{\Delta X(i,J)}{\overline{x}_n(i,J)}} \tag{4.71}$$

则从入口流动至 (I,J) 节点的过程中形成的高分子链群体的数均相对分子质量可以表示为

$$\overline{M}_{en}(I,J) = \frac{M_{mono}X(I,J)}{\sum_{i=1}^{I} \dfrac{\Delta X(i,J)}{\overline{x}_n(i,J)}} \tag{4.72}$$

(2) 重均相对分子质量。令 $\overline{x}_{ew}(I,J)$ 表示从入口流动至 (I,J) 节点的过程中形成的高分子链群体的重均聚合度，根据统计平均的定义，可得

$$\overline{x}_{ew}(I,J) = \frac{\sum_{i=1}^{I} \overline{x}_n(i,J)W(i,J)}{\sum_{i=1}^{I} W(i,J)} \tag{4.73}$$

式中，$W(i,J)$ 表示在 (i,J) 节点上瞬时生成的高分子链的质量分数。

根据定义，可得

$$W(i,J) = \frac{\overline{x}_n(i,J)N(i,J)}{\sum_{i=1}^{I} \overline{x}_n(i,J)N(i,J)} = \frac{\overline{x}_n(i,J)N(i,J)}{c_{mono,0}X(I,J)} \tag{4.74}$$

把式 (4.74) 代入式 (4.73)，可得

$$\overline{x}_{ew}(i,J) = \frac{\sum_{i=1}^{I} \overline{x}_n^2(i,J)N(i,J)}{\sum_{i=1}^{I} \overline{x}_n(i,J)N(i,J)} = \frac{\sum_{i=1}^{I} \overline{x}_n^2(i,J)N(i,J)}{c_{mono,0}X(I,J)} = \frac{\sum_{i=1}^{I} \overline{x}_n(i,J)\Delta X(i,J)}{X(I,J)}$$

$$\tag{4.75}$$

则从入口流动至 (I,J) 节点的过程中形成的高分子链群体的重均相对分子质量为

$$\overline{M}_{\mathrm{ew}}(I,J) = \frac{M_{\mathrm{mono}} \sum\limits_{i=1}^{I} \overline{x}_{\mathrm{n}}(i,J) \Delta X(i,J)}{X(I,J)} \tag{4.76}$$

4. 在第(I,J)节点处材料体系的平均相对分子质量

令$\overline{x}_{\mathrm{eew}}(I,J)$表示在$(I,J)$节点处体系(同时考虑了反应物和产物)的等效重均聚合度,根据混合法则,可得[14]

$$\overline{x}_{\mathrm{eew}}(I,J) = X(I,J)\overline{x}_{\mathrm{ew}}(I,J) + [1 - X(I,J)] \tag{4.77}$$

则在(I,J)节点处材料体系的等效重均相对分子质量为

$$\overline{M}_{\mathrm{eew}}(I,J) = M_{\mathrm{mono}}X(I,J)\overline{x}_{\mathrm{ew}}(I,J) + M_{\mathrm{mono}}[1 - X(I,J)]$$

$$= M_{\mathrm{mono}} \sum\limits_{i=1}^{I} \overline{x}_{\mathrm{n}}(i,J) \Delta X(i,J) + M_{\mathrm{mono}}[1 - X(I,J)] \tag{4.78}$$

4.3.3　自由基聚合体系的化学流变模型与数值计算

4.3.3.1　反应挤出过程的流变特点

在反应挤出过程研究中,黏度是描述聚合物熔体流动行为的最重要的量度之一。因此,在反应挤出过程中,聚合物的黏度可以作为聚合物流体物理性能的典型代表。

对于伴有化学反应的聚合物成型加工,流体黏度不仅是温度和剪切速率的函数,而且与成型加工中发生的化学反应类型和程度密切相关。一般而言,流体黏度可以表示为反应程度、温度、时间、剪切速率、填料性质和压力等的函数[40]

$$\eta = f(X,T,t,\dot{\gamma},F,p) \tag{4.79}$$

式中,$\dot{\gamma}$表示剪切速率;F表示填料;p表示压力。

采用单因素分析方法,可以先根据高分子材料的性能-结构理论,研究相对分子质量及其分布对于高分子熔体黏度的影响;再根据经典流变学,研究剪切速率、温度、压力、填料对于高分子熔体黏度的影响。

大多数聚合物熔体属于假塑性流体,其主要特征是当流动很慢时,剪切黏度保持常数,而随着剪切速率的增大,剪切黏度减小。大致分为以下三段[49,50]:

(1) 当剪切速率$\dot{\gamma} \to 0$时,流体流动性质与牛顿流体相仿,黏度趋于常数,为零剪切黏度η_0。

(2) 当剪切速率超过某一临界值后,材料流动性质出现非牛顿性,剪切黏度随剪切速率的增大而逐渐下降,出现"剪切变稀"行为。

(3) 当剪切速率非常高,$\dot{\gamma} \to \infty$时,剪切黏度又会趋于另一个定值η_∞,称为无穷剪切黏度。通常很难达到无穷剪切黏度,因为在此之前,流动已变得极不稳定,甚至被破坏。

4.3.3.2　本构方程

为了描述高分子流体的流动规律,人们提出各类形式的本构方程。为了既反映在高剪切速率下材料的假塑性流体行为,又反映低剪切速率下出现的牛顿流体行为,采用式(4.80)描写材料黏度的变化规律[29]

$$\eta = \frac{a}{(1 + b\dot{\gamma})^c} \tag{4.80}$$

式中,a,b,c 为三个待定参数,其值可通过外推法确定:

1. a 的确定

当 $\dot{\gamma} \to 0$ 时,$a = \eta_0$。

2. b,c 的确定

当 $\dot{\gamma} \gg 1/b$ 时,$\eta_a = a(b\dot{\gamma})^{-c}$,相当于幂律方程。通过与幂律方程 $\eta_a = K \cdot \dot{\gamma}^{n-1}$ 比较,可得

$$c = 1 - n \tag{4.81}$$

$$b = \sqrt[c]{\frac{a}{K}} = \sqrt[1-n]{\frac{\eta_0}{K}} \tag{4.82}$$

式中,n 称为材料的流动指数或非牛顿指数;K 称为流体稠度,与温度有关。

4.3.3.3　关于剪切黏度的深入讨论

高分子熔体的剪切黏度受众多因素的影响,这些因素可以归纳为:工艺条件的影响(温度 T、压力 p、剪切速率 $\dot{\gamma}$ 或剪切应力 σ 等);物料结构以及成分的影响(配方成分);大分子结构参数的影响(平均相对分子质量 $\overline{M}_w$、相对分子质量分布 $\overline{M}_w/\overline{M}_n$、长链支化度等)[29]。

1. 工艺条件的影响

(1) 温度的影响。高分子熔体的黏度与温度的依赖关系可以用 Arrhenius 方程描述[29]

$$\eta_0(T) = K e^{E_\eta/(RT)} \tag{4.83}$$

式中,$\eta_0(T)$ 表示温度为 T 时的零剪切黏度;K 为材料常数,$K = \eta_0(T \to \infty)$;E_η 为黏流活化能。

由式(4.83)可以看出,随着温度的升高,高分子熔体的黏度下降。这是因为,温度上升,分子无规则热运动加剧,分子间距增大,较多的能量使熔体内部形成更多的自由体积,因而使链段更易于活动。

(2) 剪切速率和剪切应力的影响。剪切速率和剪切应力对高分子熔体黏度的影响主要表现为剪切变稀效应。这可以通过式(4.80)很直观地表示出来。

（3）压力的影响。虽然低于 35MPa 的流体压力对熔体黏度的影响不大，但当压力接近或超过 35MPa 时，熔体黏度的压力依赖性变得明显，其函数关系如式（4.84）所示[40]

$$\eta_p = \eta_r e^{\alpha_p(p - p_r)} \tag{4.84}$$

式中，p_r 表示参考压力；p 表示实际压力；η_p 表示实际压力下的熔体黏度；η_r 表示参考压力下的熔体黏度；α_p 表示压力敏感因子。

压力对高分子熔体流动性的主要影响规律是：压力增大，熔体的流动性下降，黏度上升。这可以归结为：在高压下，高分子熔体内部的自由体积减小，分子链活动性降低。

2. 分子结构参数的影响

（1）平均相对分子质量的影响。高分子溶液与熔体的零剪切黏度与高分子浓度和平均相对分子质量之间关系的经验公式为[49,50]

$$\eta_0 = \begin{cases} K_1 c \overline{M}_{ew} & \overline{M}_{eew} \leqslant M_c \\ K_2 c^{5.4} \overline{M}_{ew}^{3.4} & \overline{M}_{eew} > M_c \end{cases} \tag{4.85}$$

式中，c 表示高分子的质量浓度；M_c 表示临界缠结相对分子质量。

式（4.85）表明，当材料体系的平均相对分子质量小于临界缠结相对分子质量时，熔体的零剪切黏度与高分子的平均相对分子质量基本成正比关系，分子间相互作用较弱。一旦材料体系的平均相对分子质量增大到分子链间发生相互缠结，分子链间的相互作用将因为缠结而忽然增强，一条分子链上受到的应力就会传递到其他分子链上，熔体黏度将随高分子的平均相对分子质量的 3.4 次方律迅速增大。

（2）相对分子质量分布的影响[29]。一般用重均相对分子质量与数均相对分子质量之比来表示相对分子质量分布的宽度。对相对分子质量分布较窄的聚合物，影响其熔体黏度的主要因素为重均相对分子质量的大小。当相对分子质量分布较宽时，重均相对分子质量便不起主导作用了，而是介于重均相对分子质量与 Z 均相对分子质量之间的某种平均相对分子质量的作用较大。

相对分子质量分布对熔体黏性的主要影响规律是：当分布变宽时，物料的黏流温度下降，流动性及加工行为均有改善。这是因为：当相对分子质量分布变宽时，分子链发生相对位移的温度范围变宽，低的相对分子质量组分起到内增塑作用，故使物料开始发生流动的温度跌落。

4.3.4　自由基聚合体系的化学热效应与数值计算

4.3.4.1　聚合反应挤出过程的化学热效应特点

传统的聚合反应与成型加工是分开进行的，反应过程中产生的热易于处理；而在反应挤出过程中，物料的聚合反应速率高、在挤出机内的停留时间短，导致聚合反应热的强度非常大。若不及时将产生的聚合反应热传递到环境中去,物料的温度在数分钟内将达到 400～800℃,而引起物料的降解和炭化,可见在聚合反应挤出过程中化学热效应的影响远远大于黏性耗散热的影响[51]。因此,开展聚合反应挤出过程的化学热效应数值分析,具有重要的科学意义和工程价值。

　　近年来国内外的一些学者开展了反应挤出过程的理论和实验研究,其中部分学者初步开展了反应挤出过程的化学热效应分析[14,16,52]。Michaeli 等采用一维的反应器模型,开展了在紧密啮合同向旋转双螺杆挤出机内尼龙 6 的阴离子本体聚合、聚苯乙烯的阴离子本体聚合和尼龙 6 的共聚反应挤出过程的数值模拟,获得了反应热与反应程度的关系式[14];Kye 等研究了在紧密啮合同向旋转双螺杆挤出机内己内酰胺的阴离子聚合过程,将反应热表示为反应速率与反应焓的乘积[16];司林旭、郑安呐等将紧密啮合同向旋转双螺杆反应器近似为一维的反应器模型,分别以整个螺杆反应器和螺杆反应器中某一单元为体系,建立了热量的衡算方程,进而确定了螺槽中反应热的分布情况[52]。

4.3.4.2　聚合反应热效应的分析

　　在等压条件下发生单位物质的量的反应的热效应就是摩尔反应焓 $\Delta_r H_m$,如式(4.86)所示[53]

$$\Delta_r H_m = \frac{\Delta H}{\Delta \xi} \tag{4.86}$$

式中,ΔH 表示反应焓;$\Delta \xi$ 表示反应进度的增量。

　　根据化学计量方程,可得[53]

$$\Delta \xi = \frac{\Delta n_B}{\nu_B} = \frac{n_B - n_{B0}}{\nu_B} \tag{4.87}$$

式中,n_B 和 n_{B0} 分别表示反应进度为 ξ 和 0 时物质 B 的物质的量;ν_B 表示物质 B 的化学计量数。

　　当在等压且不做非体积功的条件下进行聚合反应时,恒压热 Q_p 与反应焓 ΔH 相等[53],故可得

$$Q_p = \Delta_r H_m \cdot \frac{n_B - n_{B0}}{\nu_B} \tag{4.88}$$

　　聚合反应热效应的程度可以用"质量反应热"来表征,并将它定义为单位质量反应物自聚合初始至反应完全的总放热量,以符号 L_R 表示,单位为 J/kg[44]。

　　因此,1kg 反应物在完全聚合后的恒压热的绝对值就是质量反应热 L_R

$$L_R = \left| \frac{Q_p}{m} \right| = \left| \frac{(n_B - n_{B0})\Delta_r H_m}{\nu_B \cdot \rho V} \right| = \left| \frac{(c_{mono} - c_{mono,0})\Delta_r H_m}{\nu_B \cdot \rho} \right| \tag{4.89}$$

式中,反应完全后单体浓度 c_{mono} 为 0;初始状态单体浓度 $c_{mono,0}$、反应物密度 ρ、化学计量数 ν_B 都是常数;$\Delta_r H_m$ 可由标准状态的 $\Delta_r H_m^{\ominus}$ 计算出来,则 L_R 可求。

4.3.4.3　反应热强度的数值计算

在聚合反应过程中,反应热的释放量 Q 随着转化率 X 的增加而线性增加[44],即式(4.90)成立

$$Q = \rho L_R X \tag{4.90}$$

可见,聚合反应热强度 q_v,取决于转化率对时间的变化率,如式(4.91)所示

$$q_v = \frac{\partial Q}{\partial t} = \rho L_R \frac{\partial X}{\partial t} \tag{4.91}$$

对于 1 级的 Arrhenius 型自由基本体聚合反应,根据式(4.49)与式(4.51),可得下述方程

$$\frac{\partial X}{\partial t} = k_0 c_{\mathrm{ini}}^{\frac{1}{2}} \mathrm{e}^{-\frac{E_a}{RT}} \left(\mathrm{e}^{-k_0 c_{\mathrm{ini}}^{\frac{1}{2}} t \mathrm{e}^{-\frac{E_a}{RT}}} \right) \tag{4.92}$$

将式(4.92)代入式(4.91),可得

$$q_v = \rho L_R k_0 c_{\mathrm{ini}}^{\frac{1}{2}} \mathrm{e}^{-\frac{E_a}{RT}} \left(\mathrm{e}^{-k_0 c_{\mathrm{ini}}^{\frac{1}{2}} t \mathrm{e}^{-\frac{E_a}{RT}}} \right) \tag{4.93}$$

将式(4.47)代入式(4.93),可得

$$q_v = \frac{\rho L_R k_0}{c_{\mathrm{mono},0}} c_{\mathrm{ini}}^{\frac{1}{2}} \mathrm{e}^{-\frac{E_a}{RT}} c_{\mathrm{mono}} \tag{4.94}$$

将式(4.89)代入式(4.94),可得聚合反应热强度的计算式

$$q_v = \left| \frac{k_0 \Delta_r H_m c_{\mathrm{mono}} c_{\mathrm{ini}}^{\frac{1}{2}} \mathrm{e}^{-\frac{E_a}{RT}}}{\nu_B} \right| \tag{4.95}$$

可见,反应热强度是单体浓度、引发剂浓度以及体系温度的增函数。

4.3.5　自由基聚合体系的凝胶效应与数值计算

通常,自由基本体聚合反应过程分为两个阶段:低转化率的反应阶段、具有凝胶效应的中高转化率的反应阶段。凝胶效应的形成原因是:体系黏度随单体转化率提高后,双基终止困难,终止速率常数显著下降,而增长速率常数变化不大,致使活性链寿命延长数十倍,因此自动加速显著,具体表现为相对分子质量迅速增加、材料体系黏度快速增大[9,42,54]。为了简化分析,通常做下述假定:聚合过程暂不考虑链的转移;自由基活性与链长无关;单体的总消耗速率等于聚合反应的总速率;在聚合过程中自由基的浓度不变。

根据自由基聚合反应动力学原理以及凝胶效应的缠绕理论,可得单体转化率的计算式[54]

$$X = 1 - \mathrm{e}^{-A\mathrm{e}^{-E/(RT)} f^{1/2} c_{\mathrm{ini}}^{1/2} (1+\gamma) t} \tag{4.96}$$

式中,γ 表示凝胶效应因子[54];A 表示总的反应频率因子;E 表示总的反应活化能,且有下述关系式

$$A = A_p \left(\frac{A_d}{A_t} \right)^{1/2} \tag{4.97}$$

$$E = E_p - \frac{E_t}{2} + \frac{E_d}{2} \tag{4.98}$$

对于等温和等引发剂浓度的反应过程,可以直接用式(4.96)计算单体转化率。但是在实际的聚合反应挤出过程中,反应温度是变化的,引发剂浓度也是变化的,致使不能直接用式(4.96)计算转化率。为此,我们采用转化率增量方法解决该问题[3,44,54]。与式(4.52)的推导类似,可得转化率增量的数值计算式[54]

$$\Delta X(I,J) = \frac{A f^{1/2} c_{ini}(I,J)^{1/2} e^{-\frac{E}{RT(I,J)}} [1 + \gamma(I,J)] \Delta t(I,J) [1 - X(I-1,J)]}{1 + A f^{1/2} c_{ini}(I,J)^{1/2} e^{-\frac{E}{RT(I,J)}} [1 + \gamma(I,J)] \Delta t(I,J)} \tag{4.99}$$

根据向后差分的定义,可得全量转化率的数值计算式

$$X(I,J) = \frac{X(I-1,J) + A f^{1/2} c_{ini}(I,J)^{1/2} e^{-\frac{E}{RT(I,J)}} [1 + \gamma(I,J)] \Delta t(I,J)}{1 + A f^{1/2} c_{ini}(I,J)^{1/2} e^{-\frac{E}{RT(I,J)}} [1 + \gamma(I,J)] \Delta t(I,J)} \tag{4.100}$$

反应初始的转化率 $X(0,J)=0$,故可以求出任一时间步长内的转化率。

根据自由体积理论,可得凝胶效应的临界转化率[54]

$$X_{cri} = \frac{V_{Fcri} - 0.025 - \alpha_m(T - T_{gm})}{\alpha_p(T - T_{gp}) - \alpha_m(T - T_{gm})} \tag{4.101}$$

式中,V_{Fcri} 表示凝胶效应发生时的临界自由体积;α_m 表示单体的体积膨胀系数;α_p 表示聚合物的体积膨胀系数;T_{gm} 表示单体的玻璃化转变温度;T_{gp} 表示聚合物的玻璃化转变温度。

在低转化率阶段($X \leqslant X_{cri}$),$\gamma = 0$,因此,式(4.96)变为传统的反应动力学方程[3]。

4.3.6　算例与讨论

4.3.6.1　算例简介

为了与甲基丙烯酸正丁酯(n-BMA)单体在啮合异向旋转双螺杆挤出机内的自由基聚合反应过程的实验结果相比较,采用自主开发的软件,开展了该材料的自由基聚合反应挤出过程的有限体积模拟。

根据相关实验资料,确定了挤出机基本参数:螺杆轴向有效长度 $L=0.5m$;螺杆外半径 $R=0.02m$;螺杆根半径 $r=0.015m$;螺纹头数 $m=1$;螺杆导程 $T=0.024m$;外径处的螺棱轴向宽度 $B=0.0102m$;螺槽深度 $H=0.0057m$;螺纹侧面角 $\psi=0.12rad$;两螺杆啮合区对应的中心角 $\alpha=1.08rad$[9]。

　　与体系和工艺有关的主要输入数据列于表 4.1[9~11,36,42,55,56]。在数值模拟中，假设等效反应器模型的流道全充满且为层流状态，并假定单体和引发剂自始至终均匀混合。

表 4.1　与体系和工艺有关的主要输入数据

参　数	数　值
单体的初始浓度	$6.183 \times 10^3 \mathrm{mol/m^3}$
引发剂分解反应频率因子	$1.26 \times 10^{16} \mathrm{s}^{-1}$
链增长反应频率因子	$650 \mathrm{m^3/(mol \cdot s)}$
链终止反应频率因子	$6.2 \times 10^4 \mathrm{m^3/(mol \cdot s)}$
引发剂分解反应活化能	$1.515 \times 10^5 \mathrm{J/mol}$
链增长反应活化能	$1.9 \times 10^4 \mathrm{J/mol}$
链终止反应活化能	$4.6 \times 10^3 \mathrm{J/mol}$
黏流活化能	$1.76 \times 10^5 \mathrm{J/mol}$
表观黏度方程中的参数 b	$0.2649 \mathrm{s}$
表观黏度方程中的参数 c	0.7899
临界缠结相对分子质量	$2.75 \times 10^4 \mathrm{g/mol}$
反应挤出的流率	$20.3 \mathrm{g/min}$
模型入口处的流体速度	$0.00278 \mathrm{m/s}$
模型边界上的流体速度	$0.00250 \mathrm{m/s}$

　　根据实验条件，确定流体温度在螺杆轴向的分布，如图 4.8 所示（"$R = 0.002\,35\mathrm{m}$"表示与模型中心线的径向距离为 $0.002\,35\mathrm{m}$ 的节点）[9]。

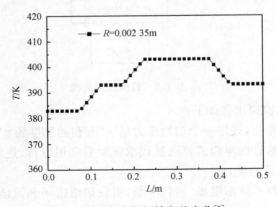

图 4.8　温度在螺杆轴向的变化[9]

4.3.6.2　模拟方法与步骤

采用半隐式迭代算法处理聚合反应挤出过程中各种物理量之间的复杂关系。数值模拟流程如图 4.9 所示。

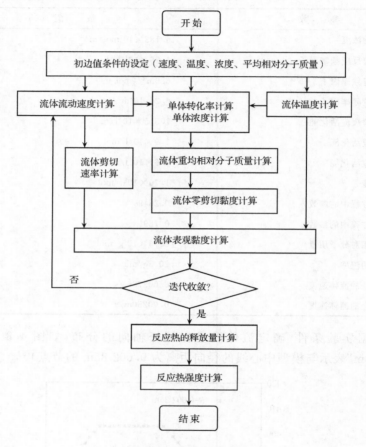

图 4.9　数值模拟流程

具体的数值模拟步骤如下：

（1）变量初始化，设定一个初始压力场 p^* 和初始黏度场 η^*，并设定边界条件；

（2）运用解耦合的半隐式算法迭代求解动量守恒方程、连续性方程，获得收敛的流体速度场与压力场；

（3）依次求解单体浓度场、转化率场、引发剂浓度场和流体的平均相对分子质量场；

（4）计算流体的表观黏度场；

（5）重新调节动量守恒方程中的流体黏度值；

（6）判断计算结果是否满足收敛条件；如果满足，就计算反应热的释放量与反应热强度，进而终止计算并输出结果；反之，返回第（2）步重新计算，直至收敛。

4.3.6.3 模拟结果与讨论

当异向旋转双螺杆挤出机的流率为 20.3g/min，在与模型中心线的径向距离为 0.002 35m 的节点上的引发剂浓度、单体转化率、重均相对分子质量、表观黏度等物理量沿螺杆轴向的变化情况示于图 4.10～图 4.15。

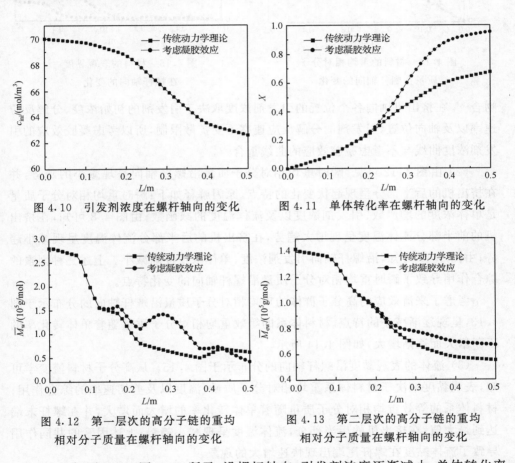

图 4.10 引发剂浓度在螺杆轴向的变化　　图 4.11 单体转化率在螺杆轴向的变化

图 4.12 第一层次的高分子链的重均　　　图 4.13 第二层次的高分子链的重均
　　　相对分子质量在螺杆轴向的变化　　　　　相对分子质量在螺杆轴向的变化

（1）如图 4.10、图 4.11 所示，沿螺杆轴向，引发剂浓度逐渐减小、单体转化率逐渐增大。由式（4.96）可知单体转化率是反应时间和温度的增函数。随着在螺杆轴向上流体停留时间的增加，单体转化率逐渐增大。在低转化率阶段，考虑凝胶效应的转化率与不考虑凝胶效应的转化率差别甚小；而在中、高转化率阶段，考虑凝胶效应的转化率明显大于不考虑凝胶效应的转化率。该模拟结果与实验现象基本

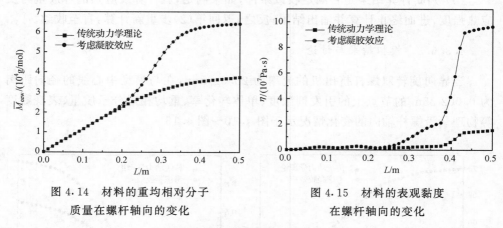

图 4.14　材料的重均相对分子
质量在螺杆轴向的变化

图 4.15　材料的表观黏度
在螺杆轴向的变化

吻合[9]。在挤出机轴向各个位置的引发剂浓度取决于引发剂的初始浓度、分解反应速率以及轴向位置,引发剂的分解反应速率不受扩散限制,所以考虑凝胶效应的引发剂浓度曲线与不考虑凝胶效应的曲线重合[3]。

（2）由图 4.12 可见,瞬时重均相对分子质量沿螺杆轴向呈现减小的趋势,并在挤出机的后半部分呈现起伏变化的特点。原因解释如下:瞬时重均相对分子质量是单体浓度的增函数、引发剂浓度以及流体温度的减函数;由图 4.8 可知,在挤出机的前半部分流体温度呈现增大趋势,在挤出机的后半部分流体温度呈现减小趋势;由图 4.10 可知,沿螺杆轴向引发剂浓度、单体浓度逐渐减小。上述三种因素的综合作用导致了瞬时重均相对分子质量沿螺杆轴向的变化特点。

考虑了来流效应的高分子群体的重均相对分子质量沿螺杆轴向的分布示于图 4.13,呈现逐渐减小的特点。材料体系的等效重均相对分子质量随着单体转化率的不断增大而逐渐增大,如图 4.14 所示。

（3）流体的表观黏度沿螺杆轴向的分布示于图 4.15。从高分子材料流变学可知,表观黏度取决于材料体系重均相对分子质量、温度以及剪切速率的综合作用;材料体系的等效重均相对分子质量随着单体转化率的增大而增大,并在螺杆末端达到最大值;在挤出机的后半部分,流体温度呈现减小趋势;上述因素的共同作用导致了流体黏度在螺杆尾端出现快速增大的现象。

4.3.6.4　与实验结果的比较和讨论

在数值模拟中,假定螺杆上的所有 C 型小室都充满。因此,所有 C 型小室都充满的实验结果被用来与模拟结果进行比较。在全充满 C 型小室数为 25,即所有 C 型小室都充满时,在挤出机出口,单体转化率的实验结果为 88%,重均相对分子质量的实验结果为 65 000g/mol[9]。本章模拟所得转化率为 95%,重均相对分子质量为 67 000g/mol,可见模拟结果略高于实验结果。造成这种偏差的主要原因是:①在数值模拟中假定单体和引发剂自始至终均匀混合;而在实验过程中单体和引发剂在通过进料口进入挤出机的流道后才发生混合作用,即需要经过一段时间才能混合均匀;②对于凝胶效应阶段,在数值模拟中假定链增长反应速率常数不变;而在实际过程中随着流体黏度的增加,链增长反应速率常数是逐渐减小的。

4.4　阴离子聚合反应挤出过程的有限体积模拟

4.4.1　阴离子聚合反应动力学模型与数值计算

在阴离子聚合反应过程中,一般无活性链的转移、耦合及终止,故活性种浓度保持不变[42,43],可得

$$-\frac{dc_m}{dt} = kc_m \tag{4.102}$$

其中,

$$k = k_p c_i^n \tag{4.103}$$

k_p 与温度的关系符合 Arrhenius 方程

$$k_p = A_p e^{-\frac{E_p}{RT}} \tag{4.104}$$

则

$$k = A_p e^{-\frac{E_p}{RT}} c_i^n \tag{4.105}$$

代入式(4.102)并积分,可得单体浓度的表示式

$$c_m = c_{m,0} e^{-kt} = c_{m,0} e^{-A_p e^{-\frac{E_p}{RT}} c_i^n t} \tag{4.106}$$

与自由基聚合反应程度的数值计算类似,可得活性阴离子聚合的全量转化率的数值计算式[3,57]

$$X(I,J) = \frac{X(I-1,J) + A_p c_i^n e^{-\frac{E_p}{RT(I,J)}} \Delta t(I,J)}{1 + A_p c_i^n e^{-\frac{E_p}{RT(I,J)}} \Delta t(I,J)} \tag{4.107}$$

4.4.2　阴离子聚合体系的化学结构方程与数值计算

4.4.2.1　基本假定[2,57~61]

假设阴离子聚合反应挤出过程符合下述条件:①引发剂全部、很快地转变成活性中心;②搅拌良好,单体分布均匀,所有增长链同时形成,各链的增长概率相等;③无链转移和链终止反应;④解聚可以忽略。

4.4.2.2　高分子链群体平均相对分子质量的数值计算

在转化率达到 100% 时，活性聚合物的平均聚合度应等于每一活性端基所加上的单体量，即单体的初始浓度与活性端基浓度之比[42]

$$\overline{x_n} = \frac{nc_{m,0}}{c_i} \tag{4.108}$$

式中，n 为每一大分子的引发剂分子数。对于双阴离子引发聚合，$n=2$；对于单阴离子引发聚合，$n=1$。

因为丁基锂为单阴离子，所以对于仲丁基锂引发的苯乙烯聚合来说，$n=1$，则数均聚合度为

$$\overline{x_n} = \frac{c_{m,0}}{c_i} \tag{4.109}$$

上述聚合度为转化率 100% 时体系的平均聚合度。据此可以获得反应过程中的任一节点 (I,J) 处的数均聚合度，即反应物系从入口流动到 (I,J) 节点的过程中形成的高分子链群体的数均聚合度

$$\overline{x_n} = \frac{\text{已消耗的单体浓度}}{\text{引发剂浓度}} = \frac{c_{m,0}X(I,J)}{c_i} \tag{4.110}$$

则 (I,J) 节点处的数均相对分子质量为

$$\overline{M_n}(I,J) = M_m\,\overline{x_n}(I,J) = M_m\frac{c_{m,0}X(I,J)}{c_i} \tag{4.111}$$

在无终止反应体系中，如果引发反应速率远远超过增长反应速率，而降解速率低于增长反应速率，反应物间充分混合，所有活性中心几乎同时开始增长，在这样的条件下，生成的聚合物的相对分子质量分布很窄，接近于泊松分布[42]

$$\frac{\overline{x_w}}{\overline{x_n}} = 1 + \frac{\overline{x_n}}{(\overline{x_n}+1)^2} \tag{4.112}$$

或简化为

$$\frac{\overline{x_w}}{\overline{x_n}} = 1 + \frac{1}{\overline{x_n}} \tag{4.113}$$

甚至趋于单分散状态。

所以重均聚合度为

$$\overline{x_w} = \overline{x_n} = \frac{c_{m,0}X(I,J)}{c_i} \tag{4.114}$$

重均相对分子质量为

$$\overline{M_w}(I,J) = \overline{M_n}(I,J) = M_m\,\overline{x_n}(I,J) = M_m\frac{c_{m,0}X(I,J)}{c_i} \tag{4.115}$$

4.4.2.3　材料体系的重均相对分子质量的数值计算

令 $\overline{x}_{\text{eqw}}(I,J)$ 表示在 (I,J) 节点,体系的等效重均聚合度。根据混合法则,可得

$$\overline{x}_{\text{eqw}}(I,J) = X(I,J)\,\overline{x}_{\text{n}}(I,J) + [1 - X(I,J)] \tag{4.116}$$

则在 (I,J) 节点,体系的等效重均相对分子质量为

$$\overline{M}_{\text{eqw}}(I,J) = M_{\text{m}}\overline{x}_{\text{eqw}}(I,J) = \overline{M}_{\text{w}}(I,J)X(I,J) + M_{\text{m}}[1 - X(I,J)]$$

$$\tag{4.117}$$

4.4.3　算例与讨论

4.4.3.1　算例简介

针对 Gao 等的苯乙烯阴离子聚合反应挤出实验研究[22]开展数值模拟。该实验研究是在紧密啮合同向旋转双螺杆挤出机内进行的,引发剂在挤出机的轴向位置 400mm 处加入,模具位于挤出机的轴向位置 1300mm 处[22]。因此模拟的挤出机长度就是从引发剂加入位置到模具之间的聚合反应区长度。根据表 4.2 所示的挤出机参数[22,38]求解流道模型的等效长度与半径,然后采用四边形网格离散该流道模型。在流道模型的轴向划分 8000 个节点,在径向划分 60 个节点。沿螺杆轴向的温度分布示于图 4.16[22]。

表 4.2　与挤出机有关的主要输入数据[22,38]

参　　数	数　　值
螺杆公称直径	35mm
中心距	30mm
螺杆的长径比	40
螺纹头数	2
导程	30mm

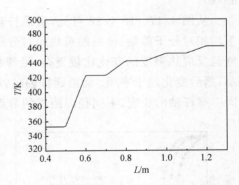

图 4.16　沿螺杆轴向的温度分布[22]

与体系和工艺有关的主要输入数据列于表 4.3[22,29,38,58]。其中,模型入口的流动速率是根据进料速率计算出来的,模型壁的速率是根据同向旋转双螺杆挤出机内物料的拖曳流动性质与挤出机中物料的壁面滑移程度确定的。

在实验过程中,引发剂在加入后需要一段混合过程才能在反应体系中均匀分布;因此,在数值模拟中假设引发剂的混合过程为 45s,且假设在混合过程中引发能力线性增加。

表 4.3　与体系和工艺有关的主要输入数据

参　数	数　值	参　数	数　值
丁基锂的初始浓度	$1.2mol/m^3$	Carreau 方程中的无穷剪切黏度	$500Pa \cdot s$
苯乙烯的初始浓度	$8688.5mol/m^3$	聚苯乙烯临界缠结相对分子质量	$38\ 000g/mol$
链增长反应频率因子	$1.13 \times 10^6 (m^3/mol)^{1/2}/s$	苯乙烯等压比热容	$1844J/(kg \cdot K)$
链增长反应活化能	$5.907 \times 10^4 J/mol$	苯乙烯标准摩尔反应焓	$6.99 \times 10^4 J/mol$
聚苯乙烯的黏流活化能	$95\ 000J/mol$	模型入口处的流体速率	$0.0120m/s$
Carreau 方程中的时间常数	$3s$	模型边界上的流体速率	$0.0222m/s$
Carreau 方程中的非牛顿指数	0.4		

4.4.3.2　模拟结果与讨论

当螺杆转速 $n = 60min^{-1}$ 时,单体浓度、高分子链群体的重均相对分子质量、材料体系的重均相对分子质量、表观黏度、反应热的释放量、反应热强度等物理量沿螺杆轴向的变化情况示于图 4.17～图 4.22(━ 表示与模型中心线的径向距离为 0.003 48m 的节点,靠近模型壁;━ 表示与模型中心线的径向距离为 0.001 87m 的节点;━ 表示与模型中心线的径向距离为 0.000 31m 的节点,靠近模型中心线)。

从图 4.17～图 4.22 可见,沿螺杆轴向,单体浓度逐渐减少,高分子链群体的重均相对分子质量、体系的重均相对分子质量、反应热的释放量逐渐增加。表观黏度与反应热强度的变化比较复杂,沿螺杆轴向,表观黏度先迅速增大,接着迅速减小,然后变化趋于平缓。而沿螺杆轴向,反应热强度先逐渐增大,然后逐渐减小。在同一螺杆轴向长度、不同径向距离的节点上,各物理量随着与模型中心线的径向距

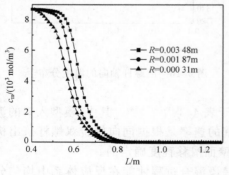

图 4.17　沿螺杆轴向的
苯乙烯单体浓度分布

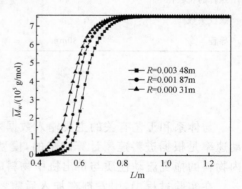

图 4.18　高分子链群体的
重均相对分子质量分布

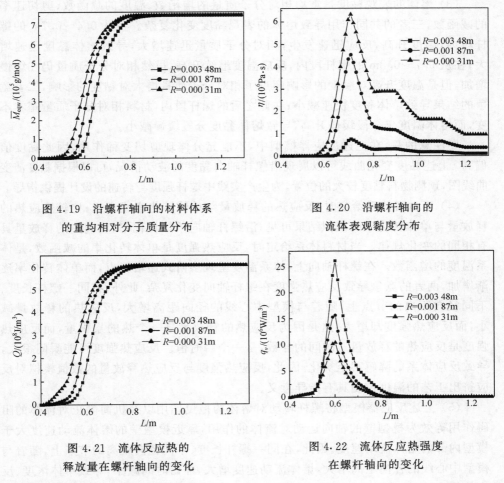

图 4.19　沿螺杆轴向的材料体系
的重均相对分子质量分布

图 4.20　沿螺杆轴向的
流体表观黏度分布

图 4.21　流体反应热的
释放量在螺杆轴向的变化

图 4.22　流体反应热强度
在螺杆轴向的变化

离的不同也不同。其原因如下。

（1）单体浓度是反应时间的减函数，也是温度的减函数，而单体转化率是反应时间的增函数，也是温度的增函数。因此，沿螺杆轴向，随着流动长度的增大，即反应时间的增大，以及温度的升高，单体浓度逐渐减小，单体转化率逐渐增大。此外，可以看出整个反应在螺杆轴向长度 0.8m 处基本完成，0.8m 后基本是反应产物聚苯乙烯的挤出过程。单体转化率与单体浓度沿螺杆轴向分布的模拟结果可以为螺杆长度的选择提供依据。

（2）高分子链群体以及体系的重均相对分子质量是单体转化率的增函数。因此，沿螺杆轴向，随着流动长度的增大，单体转化率增大，从而导致高分子链群体以及体系的重均相对分子质量逐渐增大。重均相对分子质量沿螺杆轴向演变的模拟结果可以为材料组分设计提供指导。

（3）熔体的表观黏度是重均相对分子质量的增函数、温度的减函数、剪切速率的减函数，三者的共同作用导致熔体的表观黏度变化复杂。在从 0.4～0.7m 的螺杆段内，温度升高，反应迅速发生，相对分子质量迅速增大，导致熔体黏度迅速增大；在从 0.7～0.8m 的螺杆段内，反应温度继续升高，虽然相对分子质量仍在缓慢增加，但是温度升高对黏度的影响超过了相对分子质量增大对黏度的影响，二者竞争的结果导致熔体黏度快速减小；在此之后的螺杆段内，材料相对分子质量基本不变，而熔体温度仍分段缓慢升高，导致熔体黏度分段缓慢减小。

要注意的是，在上述反应器模型中，不能充分体现剪切变稀作用，因此黏度值偏高。上述黏度变化曲线可以展现沿螺杆轴向黏度的波动情况，可以根据黏度演变曲线图，预测物料黏度较大的位置，为生产实践中螺杆强度与转速的设计提供指导。

（4）当材料体系给定时，反应热的释放量与单体转化率成正比；比较反应热的释放量与单体转化率的模拟结果可见，沿螺杆轴向单体转化率、反应热的释放量具有相同的变化规律。当材料体系给定时，反应热强度是单体转化率的减函数，是体系温度的增函数。在螺杆轴向上，体系温度呈现多阶式递增特点，而单体转化率逐渐增加，两者的竞争导致反应热强度在螺杆轴向变化复杂。此外，在同一螺杆长度、不同径向距离的节点上，随着与模型中心线的径向距离增大，反应热的释放量减小，而反应热强度却增大，这是因为反应热的释放量是一个热的累积量，而反应热强度是反应热的释放量对时间的导数，是一个瞬时值。反应热强度可能瞬间很大，导致反应体系的降解甚至炭化。因此，反应热强度与反应热释放量的数值模拟对反应挤出工艺的温度控制具有指导意义。

（5）上述反应器模型将螺杆转动对熔体的拖曳作用以及机筒静止对流体的阻碍作用等效为模型壁的轴向运动对流体的作用，靠近模型壁的熔体流动速度大于模型内部的熔体流动速度。因此，在同一螺杆长度、不同径向距离的节点上，随着与模型中心线的径向距离增大，熔体流动速度增大，停留时间减小，导致单体浓度、反应热强度在模型边界处比模型内部大，而重均相对分子质量、黏度、反应热的释放量小。

（6）在上述反应器模型中，忽略越过螺棱的漏流和啮合区中的漏流，且认为流道全充满、流体不可压缩。根据流体力学可知，即使微小的漏流也能显著改变流体压力场，流体的可压缩性质也能导致很大程度的压力损耗[62]。因此，有必要完善反应器模型，提高流体压力场的模拟精度。

4.4.3.3　与实验结果的比较和讨论

由图 4.18 可见，在挤出机出口，高分子材料的重均相对分子质量达到了 754 085.8g/mol，该模拟结果与文献[22]的实验结果 748 400g/mol 基本吻合。上述数值模拟基于全充满的层流流道模型，所以将单体转化率的数值模拟结果与文献[22]中的最小螺杆转速($n=60\text{min}^{-1}$)的实验结果进行了比较,如图 4.23 所示。

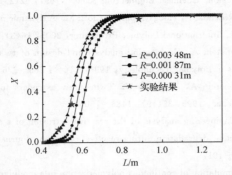

图 4.23　单体转化率的模拟结果与实验结果的比较

　　可见,在螺杆轴向两者的变化规律基本相同。但是,在挤出过程的中后期,模拟结果大于实验结果。因此,有必要研究扩散作用对于活性阴离子聚合反应挤出过程的影响,分析熔体黏度对于活性中心扩散速率、单体扩散速率的影响,进而研究聚合反应挤出过程的扩散控制阶段的反应迟滞现象,提高数值模拟的精度。

参 考 文 献

[1]　贾玉玺. 聚合反应挤出过程的化学流变模拟:[博士后研究工作报告]. 长春:中国科学院长春应用化学研究所,2006

[2]　吴莉莉. 阴离子聚合反应挤出工艺过程的数值模拟:[博士论文]. 济南:山东大学,2007

[3]　Jia Y X, Zhang G F, Wu L L, Sun S, Zhao G Q, An L J. Computer simulation of reactive extrusion processes for free radical polymerization. Polymer Engineering and Science,2007,47(3):667~674

[4]　Vergnes B, Vincent M, Demay Y, Coupez T, Billon N, Agassant J. Present challenges in the numerical modeling of polymer-forming processes. Canadian Journal of Chemical Engineering,2002, 80(6):1143~1152

[5]　董建华,马劲,殷敬华,安立佳,郑安呐,盛京,周持兴. 高分子材料反应加工的科学问题. 中国科学基金,2003,(1):12~15

[6]　殷敬华,莫志深. 现代高分子物理学. 北京:科学出版社,2000

[7]　Siadat B, Malone M, Middleman S. Some performance aspects of the extruder as a reactor. Polymer Engineering and Science,1979,19(11):787~794

[8]　Hyun M, Kim S. A study on the reactive extrusion process of polyurethane. Polymer Engineering and Science,1988,28(11):743~757

[9]　Ganzeveld K, Capel J, Vanderwal D, Janssen LPBM. Modelling of counter-rotating twin screw extruders as reactors for single-component reactions. Chemical Engineering Science,1994,49(10): 1639~1649

[10]　Ganzeveld K, Janssen LPBM. Twin screw extruders as polymerization reactors for a free radical homo polymerization. Canadian Journal of Chemical Engineering,1993,71(3):411~418

[11] de Graaf R，Rohde M，Janssen L P B M. Novel model predicting the residence-time distribution during reactive extrusion. Chemical Engineering Science,1997，52(23)：4345～4356

[12] Janssen L P B M，Rozendal P，Hoogstraten H，Cioffi M. A dynamic model for multiple steady states in reactive extrusion. International Polymer Processing，2001，16(3)：263～271

[13] Michaeli W，Grefenstein A. Engineering analysis and design of twin-screw extruders for reactive extrusion. Advances in Polymer Technology，1995，14(4)：263～276

[14] Michaeli W，Grefenstein A，Berghaus U. Twin-screw extruders for reactive extrusion. Polymer Engineering and Science，1995，35(19)：1485～1504

[15] Kim B，White J. Engineering analysis of the reactive extrusion of ε-caprolactone：The influence of processing on molecular degradation during reactive extrusion. Journal of Applied Polymer Science，2004，94(3)：1007～1017

[16] Kye H，White J. Simulation of continuous polymerization in a modular intermeshing co-rotating twin screw extruder with application to caprolactam conversion to polyamide 6. International Polymer Processing，1996，11(2)：129～138

[17] Gimenez J，Boudris M，Cassagnau P，Michel A. Control of bulk ε-caprolactone polymerization in a twin screw extruder. Polymer Reaction Engineering，2000，8(2)：135～157

[18] Gimenez J，Boudris M，Cassagnau P，Michel A. Bulk polymerization of ε-caprolactone in twin screw extruder. International Polymer Processing，2000，15(1)：20～27

[19] Poulesquen A，Vergnes B，Cassagnau P，Gimenez J，Michel A. Polymerization of ε-caprolactone in a twin screw extruder：Experimental study and modeling. International Polymer Processing，2001，16(1)：31～38

[20] Vergnes B，Della V，Delamare L. Global computer software for polymer flows in corotating twin screw extruders. Polymer Engineering and Science，1998，38(11)：1781～1792

[21] Si L X，Zheng A N，Yang H B，Guo R Y，Zhu Z N，Zhang Y M. A study on new polymerization technology of styrene. Journal of Applied Polymer Science，2002，85(10)：2130～2135

[22] Gao S S，Zhang Y，Zheng A N，Xiao H N. Polystyrene prepared by reactive extrusion：Kinetics and effect of processing parameters. Polymers for Advanced Technologies，2004，15(4)：185～191

[23] Xu G J，Feng L F，Li Y M，Wang K. Pressure drop of pseudo-plastic fluids in static mixers. Chinese Journal of Chemical Engineering，1997，5(1)：93～96

[24] Xie Z M，Zhang D H，Sheng J，Song K X. Effect of mixer resident time on the overall moduli of polymer blends. Journal of Applied Polymer Science，2002，85(2)：307～314

[25] 周持兴，俞炜. 聚合物加工理论. 北京：科学出版社，2004

[26] 章小敏，贾玉玺，孙胜，姚卫国，吴莉莉，安立佳. 苯乙烯自由基聚合反应挤出过程的数值模拟. 高分子材料科学与工程，2006，22(3)：6～10

[27] 陈晋南. 传递过程原理. 北京：化学工业出版社，2004

[28] 戴干策. 聚合物加工中的传递现象. 北京：中国石化出版社，1999

[29] 吴其晔，巫静安. 高分子材料流变学. 北京：高等教育出版社，2002

[30] 王炉钢，冯连芳，许忠斌. 挤出过程物料停留时间分布的在线测量和模型. 合成橡胶工业，2005，28(3)：170～173

[31] David S，Costas T，Thomas A. Mixing analysis of reactive polymer flow in conveying elements of a co-rotating twin screw extruder. Advances in Polymer Technology，2000，19(1)：22～33

[32]　Goffart D, Van Der Wal D, Klomp E, Hoogstraten H, Janssen L P B M, Breysse L, Trolez Y. Three-dimensional flow modeling of a self-wiping corotating twin-screw extruder. Part I: the transporting section. Polymer Engineering and Science, 1996, 36(7): 901~911

[33]　Van Der Wal D, Goffart D, Klomp E, Hoogstraten H, Janssen L P B M. Three-dimensional flow modeling of a self-wiping corotating twin-screw extruder. Part II: the kneading section. Polymer Engineering and Science, 1996, 36(7): 912~924

[34]　Kalyon D, Lawal A, Yazici R, Yaras P, Railkar S. Mathematical modeling and experimental studies of twin-screw extrusion of filled polymers. Polymer Engineering and Science, 1999, 39(6): 1139~1151

[35]　Jongbloed H, Mulder R, Janssen LPBM. The copolymerization of methacrylates in a counter-rotating twin-screw extruder. Polymer Engineering and Science, 1995, 35(7): 587~597

[36]　Janssen L P B M. On the stability of reactive extrusion. Polymer Engineering and Science, 1998, 38(12): 2010~2019

[37]　Rosales C, Marquez L, Perera R, Rojas H. Comparative analysis of reactive extrusion of LDPE and LLDPE. European Polymer Journal, 2003, 39(9): 1899~1915

[38]　烟伟, 张昭, 徐云, 郑安呐, 刘洪来. 苯乙烯反应挤出过程模拟及数值计算. 华东理工大学学报（自然科学版）, 2004, 30(4): 414~418

[39]　耿孝正. 双螺杆挤出机及其应用. 北京: 中国轻工业出版社, 2003

[40]　瞿金平, 胡汉杰. 聚合物成型原理及成型技术. 北京: 化学工业出版社, 2001

[41]　陶文铨. 数值传热学. 西安: 西安交通大学出版社, 2001

[42]　潘祖仁. 高分子化学. 北京: 化学工业出版社, 2003

[43]　Allcock H, Lampe F, Mark J. Contemporary Polymer Chemistry. Beijing: Science Press and Pearson Education North Asia Limited, 2003

[44]　Jia Y X, Sun S, Liu L L, Xue S X, Zhao G Q. Investigation of computer-aided engineering of silicone rubber vulcanizing (I)-Vulcanization degree calculation based on temperature field analysis. Polymer, 2003, 44(1): 319~326

[45]　Jia Y X, Sun S, Xue S X, Liu L L, Zhao G Q. Investigation of computer-aided engineering of silicone rubber vulcanizing (II)-Finite element simulation of unsteady vulcanization field. Polymer, 2002, 43(26): 7515~7520

[46]　Jia Y X, Sun S, Liu L L, Mu Y, An L J. Design of silicone rubber according to requirements based on the multi-objective optimization of chemical reactions. Acta Materialia, 2004, 52(14): 4153~4159

[47]　林尚安, 陆耘, 梁兆熙. 高分子化学. 北京: 科学出版社, 1998

[48]　唐敖庆. 高分子反应统计理论. 北京: 科学出版社, 1985

[49]　许元泽. 高分子结构流变学. 成都: 四川教育出版社, 1988

[50]　Rubinstein M, Colby R. Polymer Physics. Oxford University Press, 2003

[51]　Jia Y X, Zhang G F, Wu L L, Sun S, Zhao G Q, An L J. Analysis of chemical calorific effect during reactive extrusion processes for free radical polymerization. Polymer International, 2007, 56: 1553~1557

[52]　司林旭, 郑安呐, 朱中南. 双螺杆反应挤出模型的研究. 高分子材料科学与工程, 2002, 18(1): 26~29

［53］ 胡忠鲠. 现代化学基础. 北京：高等教育出版社，2000

［54］ Zhang G F, Jia Y X, Sun S, Wu L L, Zhao G Q, An L J. Investigation of the gel effect in reactive extrusion processes for free radical polymerization. Macromolecular Reaction Engineering，2007，1 (3)：321～330

［55］ 贾玉玺，张国芳，孙胜，赵国群，安立佳. 自由基聚合反应挤出过程的化学流变分析. 高分子学报，2007，(12)：1135～1140

［56］ Zhang G F, Jia Y X, Sun S, Wu L L, Zhao G Q, An L J. Study on free radical grafting of polyethylene with vinyl monomers by reactive extrusion. Macromolecular Theory and Simulation，2007，16：785～796

［57］ Wu L L, Jia Y X, Sun S, Zhang G F, Zhao G Q, An L J. Numerical simulation of reactive extrusion processes of PA6. Journal of Applied Polymer Science，2007，103(4)：2331～2336

［58］ 吴莉莉，贾玉玺，孙胜，姚卫国，张国芳，赵国群，安立佳. 苯乙烯阴离子聚合反应挤出过程的数值模拟. 材料研究学报，2007，21(1)：51～56

［59］ 吴莉莉，贾玉玺，孙胜，张国芳，安立佳. 阴离子聚合反应挤出过程的化学热效应分析. 合成树脂及塑料，2007，24(1)：9～13

［60］ Wu L L, Jia Y X, Sun S, Zhang G F, Zhao G Q, An L J. Study on reactive extrusion processes of block copolymer. Materials Science and Engineering A，2007，454～455：221～226

［61］ Wu L L, Jia Y X, Sun S, Zhang G F, Zhao G Q, An L J. Numerical simulation of reactive extrusion processes for activated anionic polymerization. Journal of Materials Processing Technology，2008，199：56～63

［62］ Anderson J. Computational Fluid Dynamics：The Basics with Applications. Beijing：Tsinghua University Press and McGraw-Hill Beijing Office，2002

（贾玉玺　安立佳）

第 5 章　聚乙烯反应挤出接枝功能单体

本章内容包括用于聚烯烃反应挤出接枝的功能单体的合成、功能单体与聚乙烯的反应挤出接枝、聚乙烯接枝丙烯酸及其酯类功能单体的反应动力学和依据 Friedel-Crafts 烷基化反应原理制备聚乙烯和聚苯乙烯的接枝共聚物四个部分。

5.1　功能单体的合成

5.1.1　引言

可用于聚烯烃接枝的单体很多,主要包括乙烯基上 1-取代(图 5.1 中结构Ⅰ)、1,1-二取代(图 5.1 中结构Ⅱ)和 1,2－二取代的单体(图 5.1 中结构Ⅲ)。

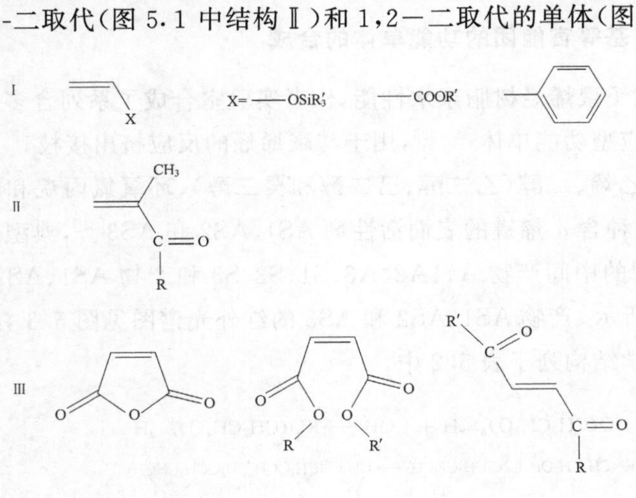

图 5.1　用于聚烯烃反应挤出接枝的功能单体的化学结构

马来酸酐(MAH)是聚烯烃接枝改性最常用的单体之一[1,2]。自由基引发聚烯烃接枝 MAH 是研究最早、最深入的反应,已有 30 年的研究历史,国内外均有大量的文献和专利报道,涉及的聚烯烃品种有聚乙烯[3~9]、聚丙烯[3,10~13]、乙丙共聚物[14,15]和无规聚丙烯[16,17]等。虽然人们对聚烯烃接枝马来酸酐的研究历史最长,其工业产品也已得到广泛应用,但其接枝机理仍存在争议。一些研究者认为接枝链由聚合的马来酸酐长链组成[18],而另外一些研究者认为接枝链仅由马来酸酐单分子组成,本书第 6 章给予了详细介绍。马来酸酐的衍生物如马来酸酯也用于聚烯烃接枝改性。与马来酸酐相比,马来酸酯具有低挥发性和低毒性。Greco 和 Musto[19]指出马来酸二丁基酯不仅具有低的挥发性,而且在聚烯烃中具有良好的溶解性。但是,马来酸酯反应活性低,接枝率通常很低,这些研究工作多在密炼机中进行,直到最近才有反应挤出接枝马来酸酯的报道[20,21]。丙烯酸及其衍生物如丙烯酸[12]、甲基丙烯酸[22]、甲基丙烯酸环氧丙酯[23]和唑啉[24]等广泛用于聚烯烃接枝反应。乙烯基硅烷是另一类重要的接枝单体[25,26],这类单体不易均聚,副反应较少,但接枝链也非常短[27]。乙烯基硅烷接枝物主要应用于电缆工业,用于制备湿固化交联聚烯烃[28]。硅烷也常用于聚烯烃的表面改性[29]。为了拓展功能化聚烯烃的应用范围和赋予功能化聚烯烃特殊功能,许多研究者致力于新型功能化单体的合成和研发工作[30~33]。

5.1.2　含醚、酯、羟基等官能团的功能单体的合成

近年来,为了赋予聚烯烃树脂亲水性能,作者实验室合成了系列含多个醚、酯、羟基等官能团的反应型功能单体[31~33],用于与聚烯烃的反应挤出接枝。

作者等以聚氧乙烯、二醇(乙二醇、己二醇和癸二醇)、环氧氯丙烷和丙烯酰氯为起始物,合成了三种含 α-烯键的表面活性剂 AS1、AS2 和 AS3[31],典型合成路线如图 5.2 所示,得到的中间产物 A1、A2、A3、S1、S2、S3 和产物 AS1、AS2、AS3 的化学结构如表 5.1 所示。产物 AS1、AS2 和 AS3 的红外光谱图见图 5.3,红外特征吸收峰所对应的化学结构列于表 5.2 中。

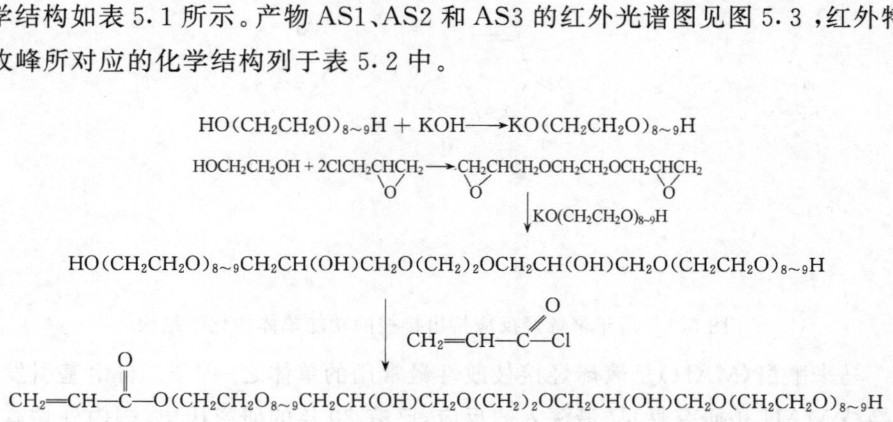

$$HO(CH_2CH_2O)_{8\sim9}H + KOH \longrightarrow KO(CH_2CH_2O)_{8\sim9}H$$

$$HOCH_2CH_2OH + 2ClCH_2CHCH_2 \longrightarrow CH_2CHCH_2OCH_2CH_2OCH_2CHCH_2$$

$$\downarrow KO(CH_2CH_2O)_{8\sim9}H$$

$$HO(CH_2CH_2O)_{8\sim9}CH_2CH(OH)CH_2O(CH_2)_2OCH_2CH(OH)CH_2O(CH_2CH_2O)_{8\sim9}H$$

$$\downarrow CH_2=CH-\overset{O}{\overset{\|}{C}}-Cl$$

$$CH_2=CH-\overset{O}{\overset{\|}{C}}-O(CH_2CH_2O_{8\sim9}CH_2CH(OH)CH_2O(CH_2)_2OCH_2CH(OH)CH_2O(CH_2CH_2O)_{8\sim9}H$$

图 5.2　新型非离子表面活性剂的合成路线

表 5.1　中间产物 A1、A2、A3、S1、S2、S3 和产物 AS1、AS2、AS3 的化学结构
(AA：CH₂＝CH—CO—)

A1	CH₂—CH—CH₂O(CH₂)₂OCH₂CH—CH₂
A2	CH₂—CH—CH₂O(CH₂)₆OCH₂CH—CH₂
A3	CH₂—CH—CH₂O(CH₂)₁₀OCH₂CH—CH₂
S1	HO(CH₂CH₂O)₈~₉OCH₂CH(OH)CH₂O(CH₂)₂OCH₂CH(OH)CH₂O(CH₂CH₂O)₈~₉H
S2	HO(CH₂CH₂O)₈~₉OCH₂CH(OH)CH₂O(CH₂)₆OCH₂CH(OH)CH₂O(CH₂CH₂O)₈~₉H
S3	HO(CH₂CH₂O)₈~₉OCH₂CH(OH)CH₂O(CH₂)₁₀OCH₂CH(OH)CH₂O(CH₂CH₂O)₈~₉H
AS1	AA—O(CH₂CH₂O)₈~₉OCH₂CH(OH)CH₂O(CH₂)₂OCH₂CH(OH)CH₂O(CH₂CH₂O)₈~₉H
AS2	AA—O(CH₂CH₂O)₈~₉OCH₂CH(OH)CH₂O(CH₂)₆OCH₂CH(OH)CH₂O(CH₂CH₂O)₈~₉H
AS3	AA—O(CH₂CH₂O)₈~₉OCH₂CH(OH)CH₂O(CH₂)₁₀OCH₂CH(OH)CH₂O(CH₂CH₂O)₈~₉H

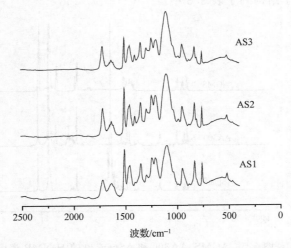

图 5.3　含 α-烯键的表面活性剂 AS1、AS2 和 AS3 的红外光谱图

　　作者等以单硬脂酸甘油脂(GMS)、单油酸甘油脂(A300)、单油酸山梨醇脂(Span80)与丙烯酸(AA)作为起始物质,对甲苯磺酸为催化剂,对苯二酚为阻聚剂,制备了 AGMS、AA300 和 ASpan80 三种含有 α-烯键的反应型非离子表面活性剂[32]。AGMS、AA 300 和 ASpan 80 的化学结构如图 5.4 所示。

表 5.2　表面活性剂 AS1、AS2 和 AS3 的红外特征吸收和相应的化学结构

AS1 波数/ cm^{-1}	AS2 波数/ cm^{-1}	AS3 波数/ cm^{-1}	化学结构
3600～3278	3600～3278	3600～3278	—OH
2873	2871	2873	—CH$_2$—
1722	1721	1721	C=O
1637	1638	1637	CH=CH
1459	1458	1458	—CH$_2$—
1200～1000	1200～1000	1200～1000	C—O—C

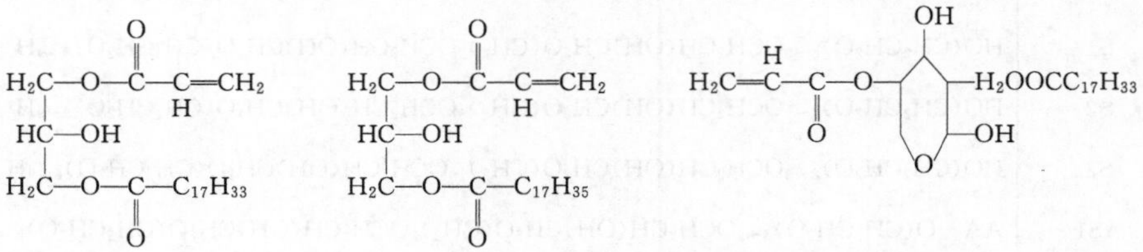

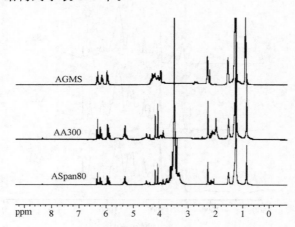

图 5.4　AGMS、AA300 和 ASpan80 的化学结构

三种反应型非离子表面活性剂的^{1}H-NMR 谱图见图 5.5,相应的化学位移所对应产物的化学结构列于表 5.3 中。

图 5.5　AGMS、AA300 和 ASpan 80 的^{1}H-NMR 谱图

表 5.3　AGMS、AA300 和 ASpan80 氢原子的化学位移

合成物	化学位移/ppm						
AGMS	5.82～6.34	—	3.89～4.15	3.62～3.64	2.25	1.24	0.85
AA300	5.80～6.43	5.20～5.55	4.23～4.41	3.62～3.64	2.25	1.23	0.85
ASpan80	5.86～6.43	5.20～5.55	3.83	3.59	2.25	1.23	0.85
化学结构	CH=CH$_2$	CH=CH	—CH$_2$O—	CH(OH)	O=C—CH$_2$	—CH$_2$—	—CH$_3$

　　作者等还以聚醚四元醇(PETO)、硬脂酸单甘油酯(GMS)、月桂酸单甘油酯(GML)和油酸单甘油酯(GMO)以及马来酸酐(MAH)为起始物,对甲苯磺酸和对苯二酚为催化剂和稳定剂,制备了含 β-双键的反应型功能单体 PETO-MAH、GMS-MAH、GML-MAH 和 GMO-MAH[33],其化学结构如图 5.6 所示。在催化剂加入量为 1.0%(质量分数)、反应物的量比为 1:1、反应时间为 8h、反应温度 85℃的条件下,转化率大于 90%、羟值在 128~220 mgKOH/g 之间,收率大于 87%。

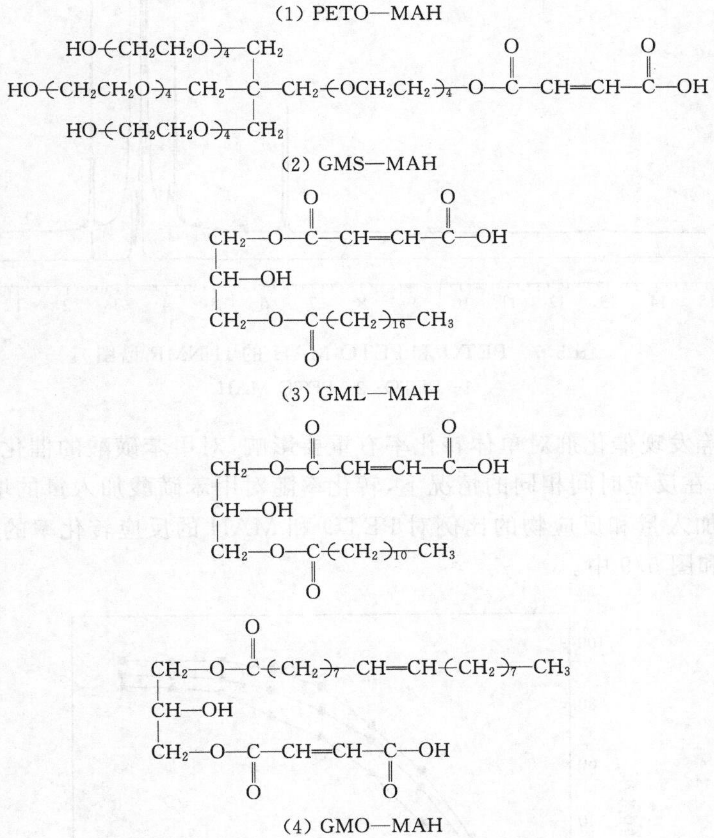

(1) PETO—MAH

HO$\leftarrow$CH$_2$CH$_2$O$\rightarrow_4$CH$_2$

HO$\leftarrow$CH$_2$CH$_2$O$\rightarrow_4$—CH$_2$—C—CH$_2$—OCH$_2$CH$_2$$\rightarrow_4$—O—C—CH=CH—C—OH

HO$\leftarrow$CH$_2$CH$_2$O$\rightarrow_4$CH$_2$

(2) GMS—MAH

CH$_2$—O—C—CH=CH—C—OH

CH—OH

CH$_2$—O—C—(CH$_2$)$_{16}$—CH$_3$

(3) GML—MAH

CH$_2$—O—C—CH=CH—C—OH

CH—OH

CH$_2$—O—C—(CH$_2$)$_{10}$—CH$_3$

CH$_2$—O—C—(CH$_2$)$_7$—CH=CH—(CH$_2$)$_7$—CH$_3$

CH—OH

CH$_2$—O—C—CH=CH—C—OH

(4) GMO—MAH

图 5.6　合成的 4 类含 β-双键的反应型功能单体的化学结构

　　应用傅里叶变换红外光谱(FTIR)和^{1}H-NMR 对 4 种反应型流滴剂分子的结构进行了表征,FTIR 和^{1}H-NMR 的结果表明,MAH 与 4 类化合物的端羟基均发生了酯化反应。其中 PETO 和 PETO-MAH 的^{1}H-NMR 谱图如图 5.7 所示。后者在 12.98 ppm、6.3~6.5 ppm 和 3.9~4.2ppm 处出现新的信号,分别对应于 —COOH、—O(CO)—HC=CH—COOH 中双键和—(CO)—O—(CH$_2$)—上 H 的

化学位移。

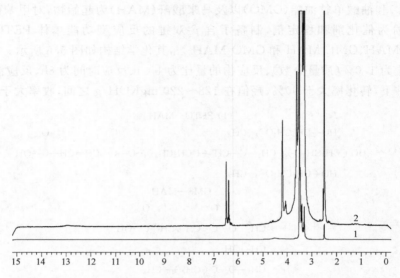

图 5.7   PETO 和 PETO-MAH 的 ^{1}H-NMR 谱图
1—PETO；2—PETO-MAH

作者等发现催化剂对单体转化率有重要影响，对甲苯磺酸的催化效率高于二甲基苯胺，在反应时间相同的情况下，转化率随对甲苯磺酸加入量的增加而增高。催化剂的加入量和反应物的比例对 PETO 和 MAH 的反应转化率的影响分别示于图 5.8 和图 5.9 中。

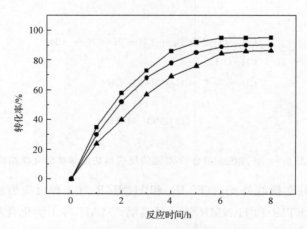

图 5.8   对甲苯磺酸的加入量对转化率的影响
对甲苯磺酸的加入量（质量分数）：■—1%；●—0.75%；▲—0.5%

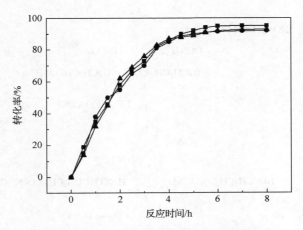

图 5.9 PETO 与 MAH 的比对转化率的影响

PETO 与 MAH 的比:■—1∶0.5;●—1∶0.75;▲—1∶1

5.1.3 含氟功能单体的合成

与仅含碳氢元素的功能单体相比,含氟功能单体具有以下特点:氟的电负性较大,C—F 键具有较大键能,碳氟链化学稳定性和热稳定性都很高;氟原子的半径比氢原子大,可将碳原子完全遮盖起来,使分子间作用力减小,表面张力减小,单体既憎水又憎油;分子间摩擦系数小,不易黏着[34]。

作者课题组以甲苯-2,4-二异氰酸酯(2,4-TDI)、聚氧化乙烯、全氟辛酰氯和丙烯酰氯为原料合成了含氟反应型功能单体[35],合成路线如图 5.10 所示。其中,产物Ⅰ通过甲苯-2,4-二异氰酸酯与聚氧化乙烯反应生成,由于 2,4-TDI 的—NCO 基团反应活性较高,反应在常温下即可迅速反应。为了避免 TDI 氧化,反应在氮气保护下进行,得到无色黏稠的反应产物。

中间产物Ⅰ与全氟辛酰氯反应,生成中间产物Ⅱ。全氟酰氯反应活性很高,反应短时间内结束,采用红外跟踪方法,根据全氟酰氯在 $920cm^{-1}$ 处峰的消失可以判断反应进程,红外跟踪图谱如图 5.11 所示。产物Ⅱ的红外谱图中相关吸收峰所对应的基团如下:$1801\ cm^{-1}$(CF₂C ═O);$1729cm^{-1}$(NHC ═O);$1596\sim1500\ cm^{-1}$(ph—H);$1100\sim1128\ cm^{-1}$(C—O)。

中间体Ⅱ与丙烯酰氯反应,生成产物Ⅲ,酰氯反应活性较高,反应在短的时间内完成,可以根据 $971cm^{-1}$ 处 C—Cl 键的消失判断反应进程。红外跟踪谱图如图 5.12 所示。产物Ⅲ的红外谱图中相关吸收峰所对应的基团如下:$1781\ cm^{-1}$(CF₂C ═O);$1728cm^{-1}$(NHC ═O);$1608cm^{-1}$(C ═C);$1596\sim1500\ cm^{-1}$(ph-H);$1100\sim1128\ cm^{-1}$(C—O)。

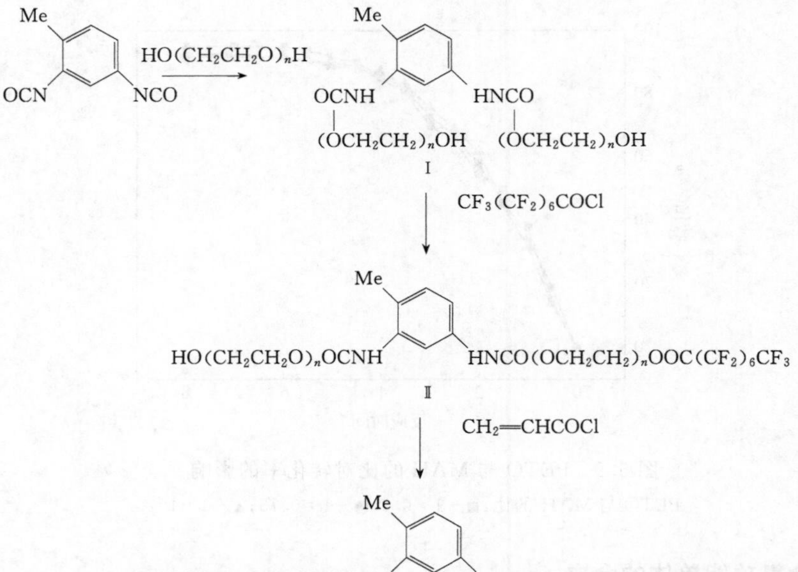

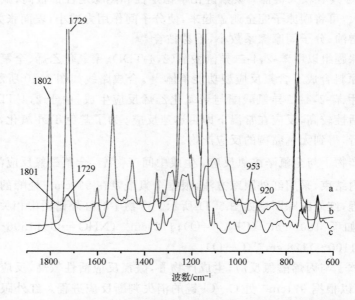

图 5.10　含氟大分子单体的合成路线

图 5.11　产物 Ⅱ(a)、产物 Ⅰ(b)和 CF₃(CF₂)₆COCl(c)的红外谱图

作者等采用 5 种不同相对分子质量的聚氧乙烯(600、1000、1500、2000 和 4600)为起始物,制备了 5 种含氟的反应性表面活性剂。

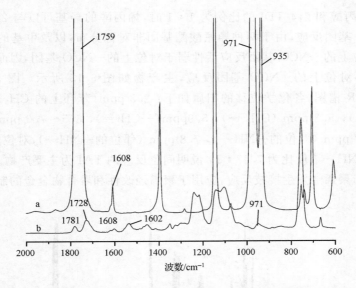

图 5.12　产物Ⅲ(a)和 CH₂═CH—COCl(b)的红外谱图

5.1.4　含异氰酸酯基团的功能单体的合成

异氰酸酯基团(—NCO)是一种反应性很强的官能团,可以和很多含活泼氢的化合物反应,与酰胺和羟基反应速率很快,其极性强于酸酐、羰基、环氧基和唑啉等基团[36]。

作者课题组合成了含异氰酸酯的不饱和单体,3-异氰酸酯-4-甲苯氨基甲酸烯丙酯(TAI)[37]。TAI 由烯丙醇和甲苯-2,4-二异氰酸酯(2,4-TDI)采用溶液反应制备。反应物的化学结构和 TAI 的合成路线如图 5.13 所示。

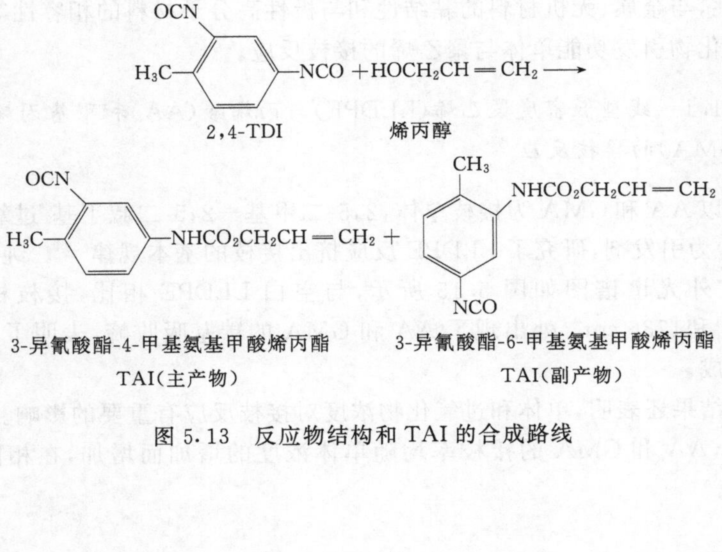

$$OCN$$

H₃C— —NCO ＋HOCH₂CH ═ CH₂ ⟶

2,4-TDI　　　　　烯丙醇

OCN

H₃C— —NHCO₂CH₂CH ═ CH₂ ＋

3-异氰酸酯-4-甲基氨基甲酸烯丙酯
TAI(主产物)

CH₃

—NHCO₂CH₂CH ═ CH₂

NCO

3-异氰酸酯-6-甲基氨基甲酸烯丙酯
TAI(副产物)

图 5.13　反应物结构和 TAI 的合成路线

　　当烯丙醇和 2,4-TDI 的比例为 1∶1 时,烯丙醇的羟基可以与 2,4-TDI 的一个—NCO 基团反应,由于两种异氰酸酯基团非对称分布,以及甲基的位阻和电子效应,邻位上的—NCO 基团反应活性弱于对位上的—NCO 基团,因而烯丙醇倾向于与苯环对位上的—NCO 基团反应,主产物如图 5.13 所示。图 5.14 是 TAI 的 ^{1}H-NMR 谱图,各化学位移的归属如下∶ 2.3 ppm(苯环上的 CH$_3$—), 4.7ppm（—CH$_2$—）, 5.3 ppm (CH$_2$=), 5.9ppm(—CH=), 6.5~7.0 ppm （苯环上的—H）, 7.2 ppm （对位的—NH—）, 7.8 ppm （邻位的—NH—）,对位的—NH—与邻位的—NH—浓度比为 7.47∶1,说明间位反应的 TAI 为主要产物。TAI 反应活性高,易与聚烯烃发生接枝反应,应用于聚烯烃改性和聚合物合金的制备[38]。

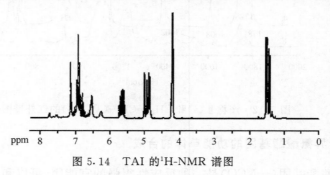

图 5.14　TAI 的 ^{1}H-NMR 谱图

5.2　聚乙烯与功能单体的反应挤出接枝

5.2.1　有机过氧化物引发的聚乙烯与功能单体的接枝反应

　　在聚乙烯分子链中引入相应的功能基团,可赋予聚乙烯某些特殊功能,如亲水性,涂装性,与金属、无机材料的黏结性和与极性高分子材料的相容性等。通常采用有机过氧化物引发功能单体与聚乙烯的接枝反应。

5.2.1.1　线型低密度聚乙烯(LLDPE)与丙烯酸(AA)和甲基丙烯酸环氧丙酯(GMA)的接枝反应

　　我们以 AA 和 GMA 为接枝单体,2,5-二甲基-2,5-二叔丁基-过氧基己烷(简称双-2,5)为引发剂,研究了 LLDPE 反应挤出接枝的基本规律[39]。纯化后的接枝产物的红外光谱谱图如图 5.15 所示,与空白 LLDPE 相比,接枝样品分别在 1716 cm^{-1}和1736 cm^{-1}处出现了 AA 和 GMA 的羰基吸收峰,表明了两种接枝共聚物的生成。

　　试验结果还表明,单体和过氧化物浓度对接枝反应有重要的影响。当固定引发剂浓度时,AA 和 GMA 的接枝率均随单体浓度的增加而增加,在相同单体浓度

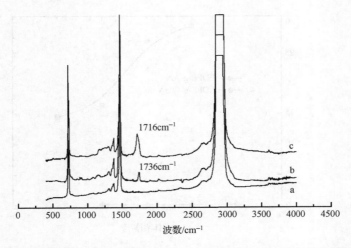

图 5.15　LDPE(a),LDPE-g-GMA(b) 和 LDPE-g-AA(c) 的红外光谱谱图

时,AA 的接枝率高于 GMA;体系的凝胶含量随单体 AA 浓度的增加而降低,但 GMA 的浓度变化对体系的凝胶含量没有影响,且凝胶含量很低(见图 5.16,图 5.17)。当固定单体浓度时,AA 和 GMA 的接枝率均随引发剂浓度的升高而增加;引发剂浓度对凝胶含量的影响则存在一个临界浓度,对于 AA 来说为 0.2%,对于 GMA 为 0.9%,高于此临界浓度,体系的凝胶含量迅速增加(见图 5.18,图 5.19)。

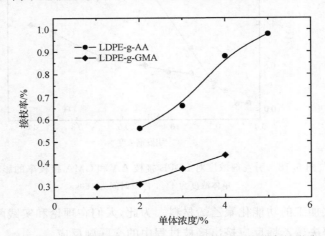

图 5.16　单体浓度对 LDPE 接枝 AA 和 GMA 接枝率的影响

引发剂浓度为 0.3%,停留时间为 160s

5.2.1.2　相关助剂对 LLDPE 接枝 AA 的接枝率及凝胶含量的影响

由于聚乙烯在反应挤出接枝过程中存在严重的交联副反应,难以得到接枝率

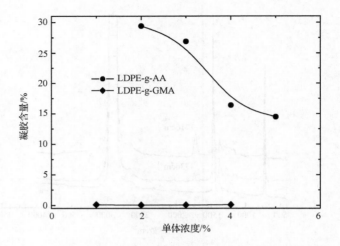

图 5.17 单体浓度对 LDPE 接枝 AA 和 GMA 凝胶含量的影响

引发剂浓度为 0.3%，停留时间为 160s

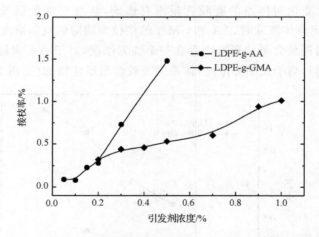

图 5.18 引发剂浓度对 LDPE 接枝 AA 和 GMA 接枝率的影响

单体浓度为 4%，停留时间为 160s

很高、可二次加工的功能化聚乙烯材料。为此，人们在理论和实践两方面都做了大量工作，以解决聚乙烯反应挤出接枝过程中的交联副反应。

作者等研究了给电子体对苯醌、亚磷酸三苯酯、磷酸三苯酯、四氯甲烷等对 LLDPE 接枝 AA 的接枝率和凝胶含量的影响。四氯甲烷和对苯醌是自由基聚合反应的链转移剂和阻聚剂，亚磷酸三苯酯和磷酸三苯酯是抗氧剂，在熔融接枝过程中，可与初级自由基、大分子自由基和单体自由基反应，使体系内自由基的浓度降低。试验结果表明，上述化合物可同时抑制接枝和交联副反应。

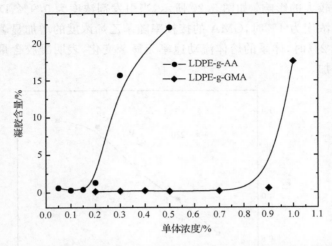

图 5.19　引发剂浓度对 LDPE 接枝 AA 和 GMA 凝胶含量的影响

单体浓度为 4%，停留时间为 160s

　　在体系中加入苯乙烯第二单体，接枝率和凝胶含量都显著提高，这是因为在提高单体反应活性的同时增大了大分子自由基之间的偶合概率。加入液体石蜡和油酸，可使接枝率提高、凝胶含量降低，这归因于局部自由基浓度的降低和单体及引发剂在聚乙烯中的溶解性的提高。相关助剂对 LLDPE 接枝 GMA 的接枝率和凝胶含量的影响列于表 5.4 中。

表 5.4　相关助剂对 LLDPE 接枝 GMA 的接枝率和凝胶含量的影响

助　剂	凝胶含量 / %	接枝率 / %
无	17.6	1.01
对苯醌（0.1%，质量分数）	3.6	0.76
亚磷酸三苯酯（1%，质量分数）	0.9	0.82
磷酸三苯酯（1%，质量分数）	8.7	0.86
四氯甲烷（4%，质量分数）	0.3	0.80
苯乙烯（4%，质量分数）	36.7	2.65
石蜡（4%，质量分数）	14.1	1.45
油酸（4%，质量分数）	16.7	1.30

　　在有机过氧化物引发的 LLDPE 接枝 GMA 体系中加入 2,2,6,6-四甲基-1-哌啶（TEMPO）和秋兰姆（DPTT），可对接枝反应和 LLDPE 的交联副反应同时产生抑制作用，这是因为 TEMPO 和 DPTT 易捕捉体系中的自由基，降低了接枝和交联反应的概率。

　　在体系中同时引入苯乙烯和 DPTT 两种助剂会对 LDPE-g-GMA 接枝率和凝

胶含量带来较大的影响。如图 5.20 所示，当引发剂浓度为 0.9％、DPTT 的浓度为 0.1％、单体浓度为 4％时，GMA 的接枝率随苯乙烯浓度的增加显著提高。当苯乙烯含量小于 2％时，体系的熔体流动速率无显著变化，表明凝胶含量并未因接枝率的增加而增加。

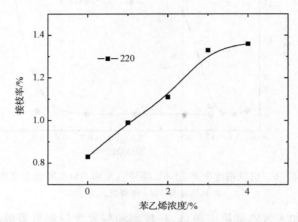

图 5.20　引发剂为双-2,5 和 DPTT 时苯乙烯浓度对 LDPE 接枝 GMA 的接枝率的影响

在 LLDPE 接枝 AA 体系中加入 2％的油酸，同时将引发剂用量减为常用量的 1/10 或 1/5，可以得到较高接枝率和较低凝胶含量的接枝产物。油酸对 PE-g-AA 接枝率和凝胶含量的影响列于表 5.5 中。

表 5.5　油酸对 LLDPE 接枝 AA 的接枝率和凝胶含量（质量分数）的影响

样品	丙烯酸/％	油酸/％	引发剂/％	接枝率/％	凝胶含量/％
1	4	0	0.1	0.08	0.3
2	1	2	0.1	0.33	0.1
3	2	2	0.1	0.73	0.3
4	4	0	0.2	0.28	1.3
5	1	2	0.2	0.51	0.5
6	2	2	0.2	0.94	9.3

5.2.1.3　LLDPE-g-AA 接枝共聚物的化学结构分析

利用反应挤出接枝方法制备的共聚物接枝率较低、接枝链较短，这给接枝链的化学结构表征带来了困难。作者等采用 ^{13}C-NMR 和质谱技术研究了 LLDPE-g-AA 的化学结构[40]。

图 5.21 是接枝样品的 ^{13}C-NMR 谱图，在 33.3 ppm 和 35.9 ppm 处出现共振

峰,分别对应接枝链上 AA 的亚甲基和次甲基碳的化学位移,定量比较发现接枝链是由几个 AA 聚合的短链组成[41]。但是,其化学位移与聚丙烯酸相应的碳原子的化学位移(35.975 和 43.228 ppm)不一样(如图 5.22 所示)。这是由于反应挤出温度在 200℃以上,接枝链上的丙烯酸基团转化成酸酐结构,导致亚甲基和次甲基碳的化学位移向低频移动。

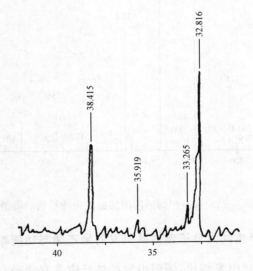

作者等将 LLDPE 与 AA 的反应挤出接枝产物用丙酮抽提,并对抽提液中丙酮挥发后的残留物用质谱进行分析,结果如图 5.23 所示。残留物主要为丙烯酸的齐聚物,其中四聚体具有最大的相对丰度,这表明接枝链也是由数个 AA 聚合的短链组成的。

图 5.21　LLDPE-g-AA 的[13]C-NMR 谱图

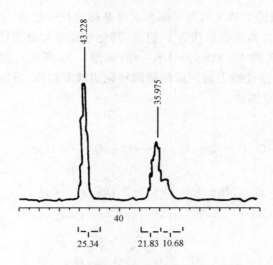

图 5.22　聚丙烯酸的^{13}C-NMR 谱图

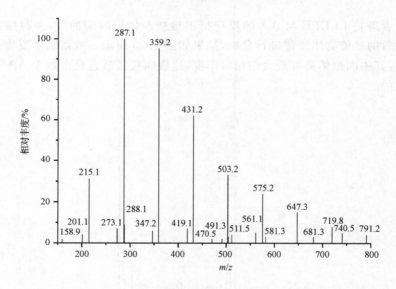

图 5.23　反应产物的丙酮抽提液中残留物的质谱图

5.2.2　预辐照法产生的大分子自由基引发的聚乙烯与功能单体的接枝反应

与有机过氧化物引发相比,辐照引发接枝反应具有洁净、高效的优点[42,43]。本工作采用有氧条件下预辐照方法在聚烯烃大分子链上产生过氧基。获得的过氧基团在常温下不分解,可以稳定存放一段时间,高温下则发生分解,产生大分子自由基,引发接枝反应。

5.2.2.1　LLDPE 与 AA、甲基丙烯酸(MAA)和甲基丙烯酸甲酯(MMA)的接枝反应

作者等采用预辐照方法对 LLDPE 进行了处理,辐照剂量控制在 15~45 kGy,并将其用作 LLDPE 反应挤出接枝 AA、MAA 和 MMA 的引发剂,制备了具有较高接枝率和低凝胶含量的 LLDPE 接枝共聚物[44~47]。初始单体浓度为2%~6%(质量分数),反应温度为 170~210℃,使用的设备为 HAAKE Rheomex PTW24/40p 啮合型同向旋转双螺杆挤出机,螺杆直径为 24mm,长径比(L/D)为 40。双螺杆挤出机的螺杆剖面图及取样点位置如图 5.24 所示。

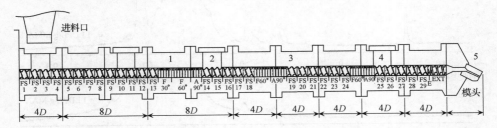

图 5.24　HAAKE Rheomex PTW24/40p 双螺杆挤出机的螺杆剖面图及取样点位置
1—$L/D=14$;2—$L/D=16$;3—$L/D=26$;4—$L/D=34$;5—$L/D=40$

图 5.25 为利用上述设备和工艺条件制备的 LLDPE 与 AA、MAA 和 MMA 的反应挤出接枝产物经纯化后的 FTIR 谱图。与空白 LLDPE 相比,接枝样品在 1716 cm⁻¹、1718cm⁻¹和1732cm⁻¹处出现了新的吸收峰,分别对应于 AA、MAA

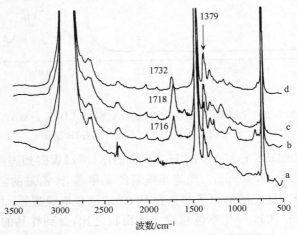

图 5.25　LLDPE(a)、LLDPE-g-AA(b)、LLDPE-g-MAA(c)
和 LLDPE-g-MMA(d)的 FTIR 谱图

和 MMA 的羧基，表明体系中已形成 LLDPE-g-AA，MAA，MMA 接枝共聚物。

图 5.26 是 LLDPE 及 LLDPE 与 AA、MAA 和 MMA 的反应挤出接枝产物经纯化后的 ^{1}H-NMR 谱图。图中 b 是 LLDPE-g-AA 的 ^{1}H-NMR 谱图，可以清楚地观察到连接羧基的 α 单个氢原子的化学位移（2.30～2.40ppm），但是连接羧基的 α 双氢原子的化学位移（应该出现在 2.20～2.24ppm）却未观察到。利用 α 单氢原子的化学位移峰面积与—CH$_2$—化学位移峰一半面积之比，得到样品的接枝率为 1.40%（质量分数），与红外光谱测定的结果一致。这说明 AA 接枝链并不是由单个单体基团组成的，这一结果与 Huang 和 Ghosh 等的结论是一致的[40,41]。

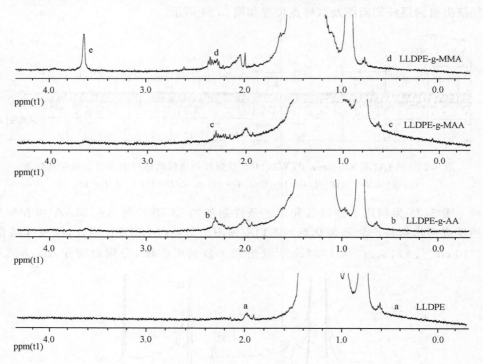

图 5.26　LLDPE(a)、LLDPE-g-AA(b)、LLDPE-g-MAA(c)
和 LLDPE-g-MMA(d)的 ^{1}H-NMR 谱图

图中 c 是 LLDPE-g-MAA 的 ^{1}H-NMR 谱图，可以观察到连接羧基的 α 氢原子的化学位移（2.20～2.40ppm），而连接羧基的 α-甲基，β-乙基的氢原子化学位移由于与 LLDPE 分子链上的氢原子相重合[48]，无法清楚地观测到。利用 α 氢原子的化学位移峰面积与—CH$_2$—化学位移峰一半面积之比，得到样品的接枝率为 1.04%（质量分数），与红外测定结果一致，说明 MAA 的接枝链主要由单个分子组成。

图中 d 是 LLDPE-g-MMA 的 ^{1}H-NMR 谱图。由于 LLDPE 分子链上氢的遮

蔽,与羰基相连的 α-甲基,β-乙基的氢原子化学位移无法清楚地观测到,仅可以观察到连接羰基的 α 氢原子的化学位移(2.20～2.40ppm),同时,酯基(—OCH$_3$)上氢原子的化学位移(3.6～3.7ppm)可以清楚地观察到。同理,利用 α 氢原子的化学位移峰面积与—CH$_2$—化学位移峰一半面积之比,得到样品的接枝率为 0.97%(质量分数)。

　　LLDPE 反应挤出接枝 AA 的试验表明,LLDPE 与单体 AA 的接枝反应及 AA 的均聚反应速率均较快[45],主要发生在第 2 个取样点之前。反应产物中 AA 的接枝率和均聚物的生成量沿螺杆长度方向的变化如图 5.27 所示。LLDPE 与 MAA 和 MMA 的反应挤出接枝反应观察到了类似的现象。

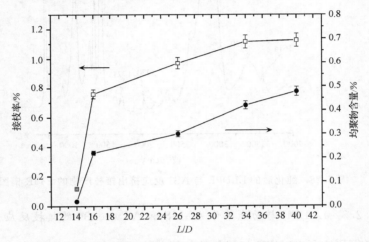

图 5.27　AA 接枝率(GD)和均聚物含量(MH)沿螺杆的变化情况
辐照剂量为 15 kGy,单体浓度为 6%(质量分数),反应温度为 190℃

　　研究结果还表明,LLDPE 预辐照采用的剂量对接枝反应和单体的均聚反应都有重要的影响,接枝率和均聚物含量均随预辐照剂量的增加而增加。反应温度也是影响产物最终接枝率和均聚物含量的重要因素,随着温度的升高,AA 的接枝率、接枝反应速率和均聚反应速率都随之升高。由于单体 MAA 和 MMA 的临界反应温度较低,其相应均聚物的生成量在高温时反而降低,AA 则不受临界反应温度的影响。接枝单体的反应活性决定最终产物的接枝率和均聚物含量。三种单体中,AA 的接枝率和均聚物产量最高,MAA 次之,MMA 最低。

5.2.2.2　LLDPE 与功能单体 AS1、AS2 和 AS3 的接枝反应

　　我们采用反应挤出接枝的技术路线将合成的新型非离子表面活性剂 AS1、AS2 和 AS3(化学结构见表 5.1)接枝到 LLDPE 分子链上[31]。纯化后的反应挤出接枝产物 AS1 的典型红外谱图如图 5.28 所示。图中特征吸收频率 3614～

3420cm^{-1}为功能单体的羟基(—OH)吸收峰,3000~2970 cm^{-1}为甲基和次甲基(—CH$_3$,—CH$_2$—)的吸收峰,1721 cm^{-1}为羰基(—C═O)的吸收峰,1116 cm^{-1}为基团—C—O—的吸收峰,2020 cm^{-1}为聚乙烯分子链中基团—CH$_2$—的特征吸收峰。采用1721cm^{-1}和2020cm^{-1}两峰的峰面积比,并借助用物理共混法得到的校准线计算接枝产物的接枝率,在设定的试验条件下[LLDPE 的辐照剂量 15kGy,功能单体的加料量为 3%(质量分数),反应温度 180~195℃]三种功能单体的接枝率分别达到 1.16%、0.82%和0.71%。

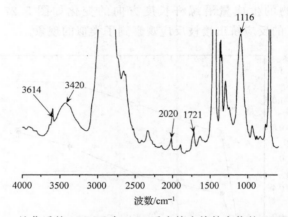

图 5.28　纯化后的 LLDPE 与 AS1 反应挤出接枝产物的 FTIR 谱图

5.2.2.3　LLDPE 与功能单体 AGMS 和 ATween80 的接枝反应

作者等研究了 LLDPE 与制备的功能单体 AGMS 和 ATween80(化学结构式见图 5.4)的反应挤出接枝反应。图 5.29 为经纯化后的接枝产物 FTIR 谱图,与纯LLDPE 的谱图相比,反应挤出接枝产物在 1746cm^{-1}和 1722cm^{-1}(分别对应于AGMS 和 ATween80 的羰基吸收峰)以及 1161 cm^{-1}和 1117 cm^{-1}(对应于 AGMS和 ATween80 中 C—O 的伸缩振动)出现了新的吸收峰,这表明 AGMS 和ATween80 已成功接枝到 LLDPE 的分子链上,形成了 LLDPE-g-AGMS 和LLDPE-g-ATween80 接枝共聚物。采用^{1}H-NMR 测定了系列接枝共聚物中AGMS 和 ATween80 的接枝率,并以接枝率为纵坐标,AGMS 和 ATween80 的FTIR 谱图中羰基吸收峰与 LLDPE 主链的—CH$_2$—的吸收峰的比值为横坐标,获得了利用 FTIR 方法测定 LLDPE-g-AGMS 和 LLDPE-g-ATween80 接枝率的经验方程:AGMS 的接枝率/% = 0.286 A_{1746}/A_{2019};ATween80 的接枝率/% = 0.640 A_{1722}/A_{2019}。

不同接枝率的 LLDPE-g-AGMS 和 LLDPE-g-ATWEEN80 制备的膜表面与水和甘油的接触角及表面能如表 5.6 和表 5.7 所示。AGMS 的接枝率对以上两种

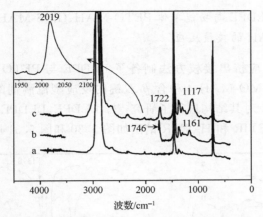

图 5.29　LLDPE(a)、LLDPE-g-AGMS(b)和 LLDPE-g-ATween80(c)的 FTIR 谱图

溶剂在 LLDPE 膜表面的接触角和表面能无显著影响。但是,ATween80 的接枝率却对两种溶剂在 LLDPE 膜表面的接触角和表面能有显著的影响,随着其接枝率的增加,接触角显著降低。这表明接枝产物的亲水性得到很大改善。这是因为与 ATween80 相比,AGMS 含有较少的极性基团且有一个较长的亲油链节。

表 5.6　LLDPE-g-AGMS 膜表面与水和甘油的接触角及表面能

接枝率/%	水接触角/(°)	甘油接触角/(°)	γ^d/(mN/m)	γ^p/(mN/m)	γ/(mN/m)
0.83	99.8	78.2	36.5	0.08	36.6
1.27	100.0	77.0	39.8	0.01	39.8
1.31	102.6	82.0	33.0	0.05	33.1
1.33	103.6	84.7	28.7	0.16	28.9
1.44	103.0	83.7	29.9	0.14	30.0
1.63	102.5	82.2	32.3	0.08	32.4

表 5.7　LLDPE-g-ATween80 膜表面与水和甘油的接触角及表面能

接枝率/%	水接触角/(°)	甘油接触角/(°)	γ^d/(mN/m)	γ^p/(mN/m)	γ/(mN/m)
0.51	97.5	77.2	34.3	0.36	34.7
0.82	96.5	72.6	43.5	0.04	43.5
1.31	79.3	30.9	104.4	0.41	104.8
1.99	76.0	27.0	106.6	0.07	106.7
2.35	73.4	23.3	99.3	0.01	99.3

5.2.2.4　LLDPE 与功能单体 PETO-MAH、GMS-MAH、GML-MAH 和 GMO-MAH 的接枝反应

作者等用反应挤出接枝方法制备了 LLDPE 与 PETO-MAH、GMS-MAH、GML-MAH 和 GMO-MAH 4 种含 β-双键的反应型流滴剂的接枝共聚物并采用 FTIR 和 ^{1}H-NMR 对其结构进行了研究[33]。LLDPE、LLDPE-g-(PETO-MAH)和 PETO-MAH 的 FTIR 和 ^{1}H-NMR 谱图如图 5.30 和图 5.31 所示。

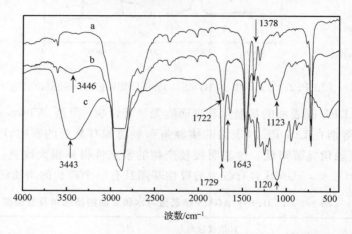

图 5.30　LLDPE(a)、LLDPE-g-(PETO-MAH)(b)和 PETO-MAH(c)的 FTIR 谱图

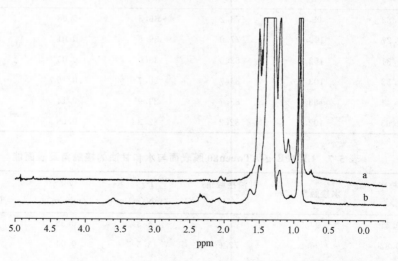

图 5.31　LLDPE(a)和 LLDPE-g-(PETO-MAH)(b)的 ^{1}H-NMR 谱图

图 5.30 中 1378 cm^{-1} 为 LLDPE 中端甲基的特征吸收峰，3443 cm^{-1}、

1729 cm^{-1}、1643 cm^{-1}和 1120 cm^{-1}分别为 PETO-MAH 中羟基、羰基、双键和醚键的特征吸收峰。3446 cm^{-1}、1722 cm^{-1}和 1123 cm^{-1}吸收峰为 PETO-MAH 中羟基、酯基和醚键的特征吸收峰;LLDPE-g-(PETO-MAH)在 1643 cm^{-1}处无双键的特征吸收峰。结果说明,PETO-MAH 分子已成功地接枝到 LLDPE 分子链上。

图 5.31 中 2.06 ppm 处化学位移峰对应于 LLDPE 中—CH$_2$—(β 位)基团上氢;谱线 b 在 3.59 ppm 和 2.30~2.34 ppm 处有新化学位移峰出现,其中在 3.59 ppm 处化学位移峰对应于 PETO-MAH 中—CH$_2$—OH 基团上与端羟基相连的 CH$_2$ 中氢,2.30~2.34 ppm 处化学位移峰对应于 PETO-MAH 反应接枝后其酯基上与碳相连的—CH$_2$—基团上氢。这说明 PETO-MAH 已经接枝到 LLDPE 分子链上,并且是以单个的形式接枝到 LLDPE 分子链上。

其他三类接枝产物的 FTIR 和 ^{1}H-NMR 谱图也证明了相应接枝产物的形成。同时作者等还用化学滴定法和红外光谱法测定了这四类接枝共聚物的接枝率,研究了辐照剂量、单体浓度、反应温度、物料在螺杆中的停留时间等因素对接枝率的影响规律。

图 5.32 ~ 图 5.34 分别为 LLDPE、纯化的 LLDPE-g-(PETO-MAH)和 LLDPE-g-(GMS-MAH)的光电子能谱。可以清楚地看到,在 284.7 eV 处都存在 C—H 键中 C 1s 结合能特征峰,纯化 LLDPE-g-(GMS-MAH)和 LLDPE-g-(PETO-MAH)在 286.5 eV 和 288.3 eV 处有明显的特征峰,这分别归属于 GMS-MAH 和 PETO-MAH 中 C—O 键和 C=O 键的 C 1s 结合能。进一步验证了体系中接枝共聚物的形成。

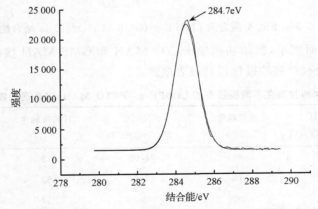

图 5.32 光电子能谱法(ESCA)测定的 LLDPE 的 C 1s 结合能特征峰

水和甘油在 LLDPE-g-(PETO-MAH)和 LLDPE-g-(GMS-MAH)膜表面的接触角和黏结功分别列于表 5.8 和表 5.9。水和甘油在 LLDPE-g-(PETO-MAH)和 LLDPE-g-(GMS-MAH)表面的接触角均随 PETO-MAH 和 GMS-MAH 的接

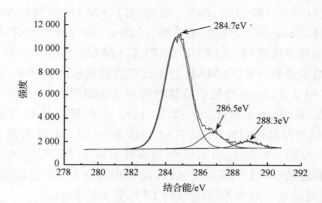

图 5.33 ESCA 测定 LLDPE-g-(PETO-MAH)的 C 1s 结合能特征峰

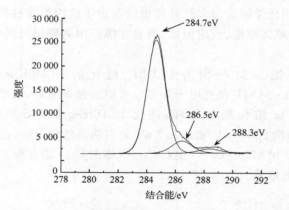

图 5.34 ESCA 测定的 LLDPE-g-(GMS-MAH)的 C 1s 结合能特征峰

枝率的增加而减小,黏结功则随 PETO-MAH 和 GMS-MAH 接枝率的增加而增加,这表明接枝产物的极性得到显著增强。

表 5.8 水和甘油在不同接枝率的 LLDPE-g-(PETO-MAH)膜表面的接触角和黏结功

PETO-MAH 接枝率(质量分数)/%	水接触角 $\theta/(°)$	水黏结功 $W_A/(mJ/m^2)$	甘油接触角 $\theta/(°)$	甘油黏结功 $W_A/(mJ/m^2)$
0	89	74.02	72	82.95
0.3	78	87.87	62	93.12
0.6	65	103.49	52	102.38
1.0	39	129.29	35	115.27
1.5	28	136.98	25	120.80
2.0	13	143.64	11	125.57

表 5.9　水和甘油在不同接枝率的 LLDPE-g-(GMS-MAH)膜表面的接触角和黏结功

GMS-MAH 接枝率(质量分数)/%	水接触角 $\theta/(°)$	水黏结功 $W_A/(\mathrm{mJ/m^2})$	甘油接触角 $\theta/(°)$	甘油黏结功 $W_A/(\mathrm{mJ/m^2})$
0	89	74.02	72	82.95
1.0	62	106.90	56	98.81
1.5	53	116.53	48	105.77
2.0	41	127.65	37	113.97
2.5	32	134.44	29	118.79
3.0	23	139.72	21	122.53

5.2.2.5　LLDPE 与含氟功能单体的接枝反应

作者等开展了将 5.1.3 节合成的 5 种含氟反应型表面活性剂与预辐照的 LLDPE 的反应挤出接枝研究[35](单体的化学结构见图 5.10)。

制备的聚乙烯接枝含氟功能单体(已经纯化处理)的 FTIR 谱图见图 5.35,谱图中相关吸收峰所对应的基团如下:

$3671 \sim 3614 \mathrm{cm^{-1}}$(NH);$3000 \sim 2970\ \mathrm{cm^{-1}}$($\mathrm{CH_3,CH_2}$);$1721\ \mathrm{cm^{-1}}$(C=O);$1400 \sim 1600\ \mathrm{cm^{-1}}$( );$1116\ \mathrm{cm^{-1}}$(C—O);$2020\ \mathrm{cm^{-1}}$为结晶聚乙烯的吸收峰。根据 $1740\mathrm{cm^{-1}}$ 和 $2020\mathrm{cm^{-1}}$ 两峰的峰面积比计算了接枝共聚物的接枝率。聚氧乙烯的相对分子质量分别为 600、1000、1500、2000 和 4600 的五种接枝共聚物的接枝率分别为 0.79%、0.72%、0.68%、0.63%和 0.57%。

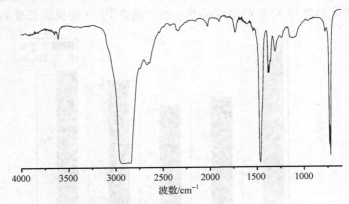

图 5.35　聚乙烯接枝含氟功能单体的 FTIR 谱图

研究结果还表明,聚氧乙烯(PEO)相对分子质量的大小对接枝乙烯薄膜的表面性质有显著影响。接枝共聚物膜表面氧的含量随 PEO 链的长度的变化而变化,当 PEO 相对分子质量为 1500 时,接枝物膜表面的氧含量最高,但当 PEO 相对分子质量继续增加时,氧含量反而减少。这是因为随着相对分子质量的增加,接枝链结晶性增强,限制了其向膜表面的迁移。

　　用 X 射线光电子能谱(XPS)测得的接枝物膜表面的氧含量与 PEO 的相对分子质量的关系如图 5.36 所示。

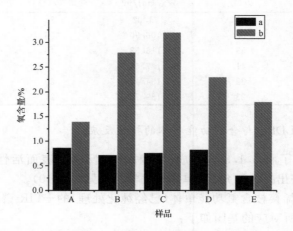

图 5.36　XPS 测定的 LLDPE 与合成的含氟功能单体的接枝共聚物膜表面的氧含量
与 PEO 的相对分子质量的关系

a—接枝物本体中平均氧含量；b—接枝物膜表面的平均氧含量

A—LLDPE-g-III(PEO 600)；B—LLDPE-g-III(PEO 1000)；C—LLDPE-g-III(PEO 1500)；
D—LLDPE-g-III(PEO 2000)；E—LLDPE-g-III(PEO 4600)

　　水在五种接枝聚合物膜表面上的接触角与 PEO 相对分子质量的关系见图 5.37。其变化趋势与 XPS 的测定结果一致。随着 PEO 接枝链长度的增加,接触角

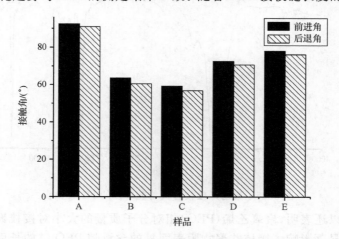

图 5.37　接枝物 LLDPE-g-III 的水接触角

A—LLDPE-g-III(PEO 600)；B—LLDPE-g-III(PEO 1000)；C—LLDPE-g-III(PEO 1500)；
D—LLDPE-g-III(PEO 2000)；E—LLDPE-g-III (PEO 4600)

降低,表明接枝共聚物膜表面极性增加;当接枝单体中聚氧乙烯的相对分子质量为 1500 时,接触角最小,表面极性最大;当接枝链长度继续增加时,接触角增加,接枝物膜表面极性降低。

5.3　聚乙烯反应挤出接枝 AA、MAA 和 MMA 的动力学研究

研究热塑性聚合物反应挤出接枝功能单体的动力学的重要意义在于:了解高温、高黏度、高剪切速率和较短反应时间条件下气-液界面反应的机理;获取反应速率、反应速率常数、到达化学反应平衡的时间、反应活化能等动力学参数;获得制备功能化聚烯烃的最佳工艺参数。对聚烯烃熔体反应挤出接枝功能单体来说,研究其反应动力学存在诸多困难,如建立合适的动力学模型;确定沿螺杆长度方向不同位置处的单体和自由基的浓度;准确测定接枝反应的接枝率、单体均聚物含量和转化率;如何抑制聚烯烃反应挤出过程中的降解或交联副反应等。相关研究工作至今仍鲜有报道。

近年来作者课题组开展了 LLDPE 反应挤出接枝 AA、MAA 和 MMA 的反应动力学研究[44~47]。作者等采用预辐照处理的 LLDPE 为起始物,HAKKA Rheomex PTW24/40P 反应型双螺杆挤出机(螺杆直径 24mm,长径比 40)为实施反应挤出接枝的反应器。该螺杆挤出机的剖面图及取样点位置如图 5.24 所示。样品从沿着螺杆方向排布的 5 个取样点取出,取出的样品浸入液氮中淬冷。不同反应阶段体系中自由基的浓度用高温 ESR 测定,单体的残余浓度用化学滴定法测定,接枝率用红外光谱测定,均聚物含量用溶解-沉淀法测定,反应起始阶段接枝反应和均聚反应的反应速率用接枝率或单体均聚反应的转化率与反应时间的关系曲线的斜率表示。提出的反应历程如下:

过氧化物生成　　　$P + O_2 \xrightarrow{\text{预辐照}} POOP + POOH$　　　　　　　　(5.1)

过氧化物分解　　　$POOP \rightarrow 2PO \cdot$　　　　　　　　　　　　　　(5.2)

　　　　　　　　　$POOH \rightarrow PO \cdot + HO \cdot$　　　　　　　　　　(5.3)

引发接枝反应　　　$PO \cdot + P \rightarrow POH + P \cdot$　　　　　　　　　(5.4)

　　　　　　　　　$P \cdot + M \rightarrow PM_i \cdot$　　　　　　　　　　　(5.5)

引发均聚反应　　　$HO \cdot + M \rightarrow HOM \cdot$　　　　　　　　　　(5.6)

接枝链增长反应　　$PM_i \cdot + M \rightarrow \Sigma PM_{i+1} \cdot$　　　　　　　　(5.7)

均聚链增长反应　　$HO - M_i \cdot + M \rightarrow \Sigma HOM_{i+1} \cdot$　　　　　　(5.8)

接枝链向聚合物 P 转移　$PM_i \cdot + P \rightarrow P \cdot + PM_i$　　　　　　　(5.9)

均聚链向聚合物 P 转移　$HO - M_i \cdot + P \rightarrow P \cdot + HOM_i$　　　　(5.10)

接枝链终止 $\qquad\quad$ PM$_i$ · +PM$_j$ · →PM$_{i+j}$ $\hfill$ (5.11)

$\qquad\qquad\qquad\quad$ PM$_i$ · +PM$_j$ · →PM$_i$+PM$_j$ $\hfill$ (5.12)

$\qquad\qquad\quad$ PM$_i$ · +HO—M$_j$ · →POM$_{i+j}$OH $\hfill$ (5.13)

$\qquad\qquad\quad$ PM$_i$ · +HO—M$_j$ · →PM$_i$+HOM$_j$ $\hfill$ (5.14)

均聚链终止 $\quad$ HO—M$_i$ · +HO—M$_j$ · →HOM$_{i+j}$ $\hfill$ (5.15)

$\qquad\qquad$ HO—M$_i$ · +HO—M$_j$ · →HOM$_i$+HOM$_j$ $\hfill$ (5.16)

$\qquad\qquad\quad$ HO—M$_i$ · +PM$_j$ · →PM$_{i+j}$OH $\hfill$ (5.17)

$\qquad\qquad\quad$ HO—M$_i$ · +PM$_j$ · →HOM$_i$+PM$_j$ $\hfill$ (5.18)

其中，P 代表 LLDPE；M 代表 AA 或 MMA；P · 是次级大分子自由基；HO-M$_i$ · 代表均聚反应链增长自由基；PM$_i$ · 代表接枝反应链增长自由基。

用 ESR 测定的反应体系中链增长自由基浓度与时间的关系见图 5.38。由此可以推断接枝和均聚反应均随时间变化呈现两个阶段，在最初 20s 内为线性增长阶段，随后自由基浓度逐渐下降，120s 后自由基浓度接近零，反应基本停止。

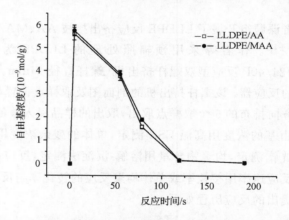

图 5.38　接枝反应为 190℃链增长自由基随反应时间的变化

反应温度为 190℃、辐照剂量为 15kGy、单体浓度 [m] 分别为 1.5×10^{-4}、2.0×10^{-4} 和 2.5×10^{-4}mol/g 时测定的两类大分子过氧基 [POOP] 和 [POOH] 浓度、初始阶段接枝反应速率 R_g、均聚反应速率 R_h、接枝率 GD 和均聚物生成量 MH 如表 5.10 所示。

作者等采用数值拟合方法获得了初始阶段接枝链增长反应速率（R_g）和接枝单体均聚链增长反应速率（R_p）与大分子过氧化物的浓度及单体浓度的关系，其表达式如下。

表 5.10 反应温度 190 ℃、单体浓度分别为 1.5×10^{-4}、2.0×10^{-4} 和 2.5×10^{-4} mol/g 时测定的 LLDPE 反应挤出接枝 AA、MAA 和 MMA 的相关参数

单体	10^6[POOP]/ (mol/g)	10^6[POOH]/ (mol/g)	10^4[m]/ (mol/g)	$10^4 R_g$/ mol/(g·s)	$10^4 R_h$/ mol/(g·s)	GD/ %(质量分数)	MH/ %(质量分数)
AA	3.5	0.94	1.5	0.68	0.18	0.41	0.18
	3.5	0.94	2.0	1.17	0.22	0.49	0.23
	3.5	0.94	2.5	1.50	0.34	0.52	0.30
MAA	3.5	0.94	1.5	0.53	0.14	0.33	0.16
	3.5	0.94	2.0	0.91	0.17	0.37	0.19
	3.5	0.94	2.5	1.17	0.27	0.39	0.23
MMA	3.5	0.94	1.5	0.12	0.07	0.13	0.09
	3.5	0.94	2.0	0.22	0.09	0.21	0.15
	3.5	0.94	2.5	0.28	0.11	0.26	0.19

LLDPE/AA：

$$R_g = (2f_1 k_{d1}[POOP] + f_2 k_{d2}[POOH])^{0.55}[M]^{1.46}$$
$$R_p = (f_2 k_{d2}[POOH])^{0.53}[M]^{1.08}$$

LLDPE/MAA：

$$R_g = (2f_1 k_{d1}[POOP] + f_2 k_{d2}[POOH])^{0.50}[M]^{1.44}$$
$$R_p = (f_2 k_{d2}[POOH])^{0.49}[M]^{1.06}$$

LLDPE/MMA：

$$R_g = (2f_1 k_{d1}[POOP] + f_2 k_{d2}[POOH])^{0.99}[M]^{1.49}$$
$$R_p = (f_2 k_{d2}[POOH])^{0.98}[M]^{0.99}$$

以上结果表明，AA 与 LLDPE 的接枝反应速率与辐照剂量的 0.55 次幂、单体浓度的 1.46 次幂成正比；MAA 与 LLDPE 的接枝反应速率与辐照剂量的 0.5 次幂、单体浓度的 1.44 次幂成正比；MMA 与 LLDPE 的接枝反应速率与辐照剂量的 0.99 次幂和单体 1.49 次幂成正比。由于位阻效应，MAA 和 MMA 与大分子自由基的反应活性低于 AA 与大分子自由基的反应活性，测得的 LLDPE 接枝 AA、MAA 和 MMA 反应的活化能分别为 132 kJ/mol，134 kJ/mol 和 137 kJ/mol。

作者认为：在熔融状态下，单体与大分子自由基的反应是影响接枝反应速率的主要因素[45]。在 AA 或 MAA 与 LLDPE 的反应挤出接枝体系中，链增长自由基主要以双基终止为主；对于 MMA 与 LLDPE 的反应挤出接枝体系，链增长自由基向聚合物的链转移是主要终止方式。

此外作者等还测定了 LLDPE 反应挤出接枝 AA、MAA 和 MMA 初始阶段接枝链链增长反应速率常数 $k_{p,g}$ 和均聚链链增长反应速率常数 $k_{p,h}$[47]。反应速率与大

分子自由基的浓度及单体的浓度用式(5.19)、式(5.20)表示：

$$R_{p,g} = k_{p,g}[PM_i \cdot][M]_e \tag{5.19}$$

$$R_{p,h} = k_{p,h}[HOM_i \cdot][M]_e \tag{5.20}$$

式中，$[PM_i \cdot]$和$[HOM_i \cdot]$为接枝反应和单体均聚反应体系中大分子自由基的浓度；$[M]_e$为反应体系中的单体浓度。实验测定的三种接枝单体在不同温度下的接枝反应速率常数$k_{p,g}$和单体均聚反应速率常数见表5.11。

表 5.11　LLDPE 接枝 AA、MAA 和 MMA 初始阶段的链增长反应速率常数

接枝单体	温度/℃	$10^{-8}k_{p,g}/[g/(mol \cdot s)]$	$10^{-8}k_{p,h}/[g/(mol \cdot s)]$
AA	160	2.1	3.0
	170	3.2	3.9
	180	4.4	6.4
	190	5.2	7.8
	200	5.7	9.5
MAA	160	1.3	1.5
	170	1.6	1.7
	180	2.1	2.6
	190	2.7	3.4
	200	3.5	4.4
MMA	160	1.0	1.2
	170	1.1	1.6
	180	1.5	2.3
	190	2.6	3.1
	200	3.0	2.7

初始阶段 LLDPE 接枝 AA、MAA 和 MMA 的链增长反应速率常数$k_{p,g}$、$k_{p,h}$与温度的关系可用以下式表示。

AA 与 LLDPE 反应挤出接枝体系：

$$\ln[k_{p,g}] = 31.09 - 5130(T)^{-1}$$

$$\ln[k_{p,h}] = 33.77 - 6171(T)^{-1}$$

$$(160℃ < T < 200℃)$$

MAA 与 LLDPE 反应挤出接枝体系：

$$\ln[k_{p,g}] = 30.5 - 5134(T)^{-1}$$

$$\ln[k_{p,h}] = 32.2 - 5833(T)^{-1}$$

$$(160℃ < T < 200℃)$$

MMA 与 LLDPE 反应挤出接枝体系：

$$\ln\left[k_{\mathrm{p,g}}\right] = 32.7 - 6257\,(T)^{-1}$$
$$(160℃ < T < 200℃)$$
$$\ln\left[k_{\mathrm{p,h}}\right] = 33.46 - 6447(T)^{-1}$$
$$(160℃ < T < 190℃)$$

5.4　Friedel-Crafts 烷基化反应对 LLDPE/PS、LLDPE/HIPS 的原位增容作用

5.4.1　形成 LLDPE-g-PS 接枝共聚物的实验验证

与 PE 和 PP 相比，PS 的自由基活性较低，一般很难采用反应挤出接枝方法对 PS 进行化学改性。Carrick[49]首次利用 Friedel-Crafts(F-C)烷基化反应原理研究了 PE 和 PS 溶液共混物中的原位反应增容作用。他们将共混物分别用 PE 的良溶剂和 PS 的良溶剂抽提，发现在增容体系中有不溶物存在，在未增容体系中没有不溶物。Sun 等[50,51]以 AlCl₃ 作为引发剂，采用反应挤出方法制备了 PS 与 PE 的共混物。实验结果表明，PS 在反应过程中发生了降解反应。Diaz 等[52]研究了相对分子质量对接枝反应的影响，发现大量的低相对分子质量 PE 可以接枝到 PS 分子链上。

近年来，作者课题组以路易斯酸作催化剂，系统研究了 LLDPE/PS 和 LLDPE/高抗冲聚苯乙烯(HIPS)共混体系中发生的 F-C 反应及对体系的原位反应增容作用[53]，并采用红外光谱、拉曼光谱、¹³C-NMR、电镜、热分析方法等对接枝共聚物的形成、接枝点位置、体系中发生的降解反应、形态结构等进行了深入分析，并研究了原位反应增容作用对体系物理机械性能的影响。

作者等采用四氢呋喃和正-庚烷对加入路易斯酸催化剂的 LLDPE/PS 反应挤出产物进行了选择性反复抽提，得到的残留物用 FTIR 和¹³C-NMR 进行了表征。图 5.39 为其红外谱图，在 719 cm⁻¹、730 cm⁻¹(对应于 LLDPE 的 CH₃ 基团)和 700 cm⁻¹、758cm⁻¹(对应于 PS 的苯环基团)存在特征吸收峰，证实了体系中形成了 LLDPE-g-PS 接枝共聚物。图 5.40 是该产物的¹³C-NMR 谱图，在 135.0 ppm 处出现的特征峰对应于 LLDPE 接枝到 PS 中苯环对位上的碳的化学位移，进一步证明了 LLDPE-g-PS 接枝共聚物的存在。

经溶剂抽提后的反应产物的拉曼光谱如图 5.41 所示，谱图中有 PS 的特征振动峰存在，但位置发生了变化，未增容体系为 620cm⁻¹，增容后迁移到了 643cm⁻¹ 处。与苯乙烯、邻-二甲苯、间-二甲苯和对-二甲苯等的拉曼光谱特征峰(见表 5.12)比较后发现，反应挤出接枝产物的拉曼光谱特征峰与对-二甲苯的拉曼光谱特征峰

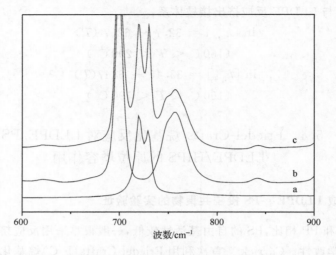

图 5.39　LLDPE(a)、PS(b) 和 LLDPE-g-PS(c)的红外光谱图

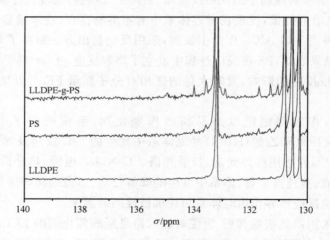

图 5.40　LLDPE、PS 和 LLDPE-g-PS 的 ^{13}C-NMR 谱图

位置相同,这可能是由于空间位阻效应,反应产物中的 PE 接枝到 PS 苯环的对位上。

表 5.12　邻-二甲苯、间-二甲苯和对-二甲苯的拉曼光谱特征峰位置

化合物	拉曼特征峰 δ/cm^{-1}
苯乙烯	620
1,2-二甲基苯	582
1,3-二甲基苯	538
1,4-二甲基苯	643

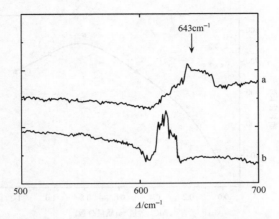

图 5.41 抽提后 LLDPE 与 PS 的反应挤出产物及 LLDPE 与 PS 的共混物的拉曼光谱
(a) LLDPE 与 PS 的反应挤出产物；(b) LLDPE/PS 共混物

5.4.2 原位反应增容的 LLDPE/PS 和 LLDPE/HIPS 共混物的力学性能

由于原位生成的 LLDPE-g-PS 共聚物的增容作用，加入路易斯酸催化剂的 LLDPE/PS 共混体系的力学性能得到了很大提高。如图 5.42、图 5.43 所示，随着催化剂用量的增加，LLDPE/PS ＝80/20 的共混物的 Izod 缺口冲击强度和断裂伸长率随之增加。当催化剂用量达到 0.8％时，力学性能出现最大值，Izod 缺口冲击强度提高了 4 倍，断裂伸长率提高 2 倍，抗张强度也有一定程度的提高。随着催化剂用量的进一步增加，共混物的力学性能变劣，这是因为催化剂过量会引起共混组分的降解。

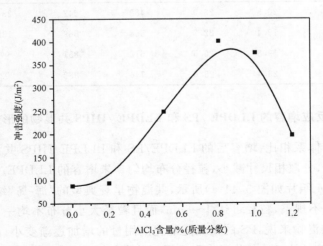

图 5.42 LLDPE/PS（80/20，质量比）共混物缺口冲击强度随 AlCl₃ 量的变化

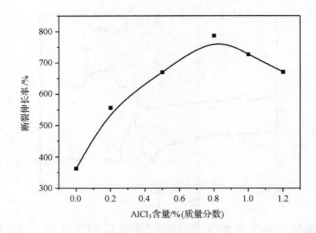

图 5.43　LLDPE/PS（80/20，质量比）共混物断裂伸长率随 AlCl₃ 量的变化

　　增容和未增容 LLDPE/HIPS 共混物的力学性能也有很大的差异，如表 5.13 所示，在不同组成的 LLDPE/HIPS 共混体系中加入 0.5%（质量分数）AlCl₃ 后，共混体系的力学性能均有很大改善。对于 LLDPE/HIPS＝40/60 的共混物，抗张强度从 19.8 MPa 上升到 26.5 MPa，杨氏模量从 612 MPa 上升到 851MPa，缺口冲击强度从 97 kJ/m² 上升到 221 kJ/m²。

表 5.13　增容和未增容 LLDPE/HIPS 共混物的拉伸强度、杨氏模量和缺口冲击强度比较

LLDPE/HIPS	拉伸强度 /MPa		杨氏模量 /MPa		缺口冲击强度 /(kJ/m²)	
	增容	未增容	增容	未增容	增容	未增容
60 : 40	20.8	23.0	488	542	284	496
50 : 50	19.4	22.7	558	589	138	294
40 : 60	19.8	26.5	612	851	97	221
20 : 80	23.4	28.6	744	882	92	129

5.4.3　原位反应增容的 LLDPE /PS 和 LLDPE /HIPS 共混物的形貌

　　与未增容体系相比，增容后的 LLDPE/PS 和 LLDPE/HIPS 共混物的形貌发生了很大变化，分散相尺寸减小，粒径分布均匀。未增容的 LLDPE/PS＝80/20 的共混物的 SEM 照片如图 5.44(a)所示，共混物呈现典型的"海-岛"结构。PS 分散相的形态非常不规整，粒径可达 4～5μm，而且粒径大小分布不均一。对于增容的 LLDPE/PS 共混物来说，PS 的粒径随催化剂用量的增加逐渐变小，而且分布更为均一[见图 5.44 (d)、(e)]，共混物形成了一种类似双连续相的互锁结构，原位生成的接枝共聚物对互锁结构起到了稳定作用。当催化剂用量达到 0.8% 时，PS 的粒

径低于 1μm,继续增加催化剂用量,分散相的粒径则不发生明显变化。

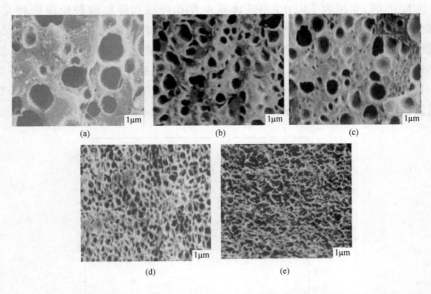

图 5.44　不同催化剂用量的 LLDPE/PS（80/20,质量比）共混物的 SEM 照片

AlCl$_3$ 含量（质量分数）：(a) 0；(b) 0.2%；(c) 0.5%；(d) 0.8%；(e) 1%

从 LLDPE/HIPS = 50/50 共混物的 SEM 照片中也可观察到类似现象,如图 5.45 所示,体系中加入 0.5%（质量分数）催化剂后,分散相的尺寸从 10μm 减少到 1μm。

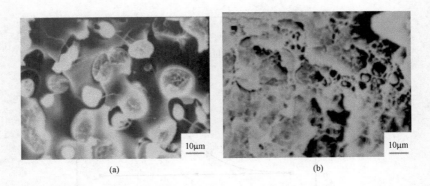

图 5.45　增容与未增容 LLDPE/HIPS（50/50,质量比）共混物的 SEM 照片

(a) 未增容体系；(b) 增容体系

5.4.4　原位反应增容的 LLDPE/PS 共混物的降解行为

　　实验证明,在增容 LLDPE/PS 体系中存在接枝和降解两种反应的相互竞争。当催化剂用量较低时,接枝反应是主要反应,接枝共聚物增加了两相界面层的厚度,提高了共混物两相间的黏结力,使得共混物的流动性降低,相应的熔体流动速率(MFR)降低。随着催化剂用量的增加,降解反应逐渐占据主导地位,使得共混物的 MFR 增加。LLDPE/PS(80/20,质量比)共混物的熔体流动速率(MFR)与催化剂用量的关系如图 5.46 所示。

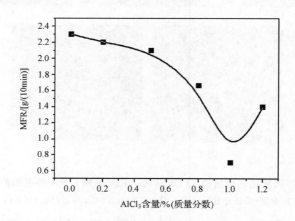

图 5.46　LLDPE/PS(80/20,质量比)共混物的 MFR 与催化剂用量的关系

　　进一步的研究表明,降解主要发生在 PS 链上。如图 5.47 所示,在未加催化剂的情况下,随着 PS 浓度的增高,LLDPE/PS 共混物的 MFR 基本保持不变。但是,

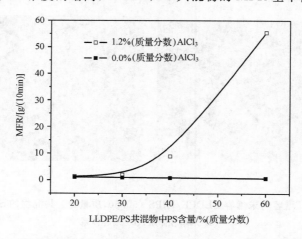

图 5.47　增容与增容 LLDPE/PS 共混物的 MFR 与 PS 组分含量的关系

加入 1.2%（质量分数）催化剂后，LLDPE/PS 共混物的 MFR 随着 PS 浓度的增加显著增大。

5.4.5　原位反应增容的 LLDPE /PS 共混物的结晶行为

原位反应增容的 LLDPE/PS(20/80)共混物的结晶行为随催化剂加入量的变化如图 5.48 所示。随着催化剂用量的增加，LLDPE 的结晶温度向低温方向迁移，结晶峰的面积也相应减小。该实验现象表明，体系中可能发生了 LLDPE 的分步结晶作用。由于 PS 为非晶聚合物且其玻璃化转变温度较高，当 LLDPE 为分散相时，LLDPE 的结晶过程中的成核行为会发生变化。如图 5.48 所示，随着催化剂用量的增加，LLDPE 分散相的尺寸逐步减小，部分 LLDPE 分散相熔体拥有较高活性的成核中心，能够在较高温度下结晶(结晶温度 110 ℃)；不含高效成核中心的熔体则在较大过冷度下结晶(结晶温度下降)；另一些不含任何异相成核中心的部分熔体，只能在最大的过冷度下均相成核结晶[54~57]。另外，体系中 LLDPE-g-PS 接枝共聚物的存在也影响了 LLDPE 分子链在结晶过程中的运动和重排，使 LLDPE 的结晶能力下降，结晶需要的过冷度增加，晶体的完善度下降，宏观表现为结晶温度、结晶速率和体系结晶度的下降。

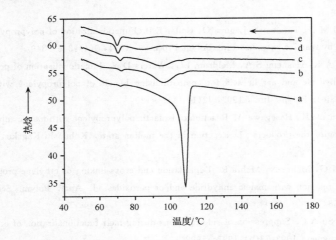

图 5.48　催化剂用量对 LLDPE/PS (20/80，质量比) 共混物结晶行为的影响
AlCl₃ 含量（质量分数）：a—0；b—0.2%；c—0.5%；d—0.8%；e—1.0%

参 考 文 献

[1]　Gaylord N G. Reactive extrusion in the preparation of carboxyl-containing polymers and their utilization as compatibilizing agents//Xanthos M. Reactive Extrusion，Munich：Hanser，1992，55~74

[2] Trivedi B C. Culbertson BM Maleic Anhydride. 1st ed. New York: Plenum, 1982, 459~476

[3] Kowalski R C. Fit the reactor to the chemistry-case histories of industrial studies of extruder reactions//Xanthos M. Reactive extrusion, Munich: Hanser, 1992. 7~32

[4] Bray T, Damiris S, Grace A, Moad G, O'Shea M, Rizzardo E, Van Diepen G. Developments in the synthesis of maleated polyolefins by reactive extrusion. Macromol. Symp., 1998, 129: 109~118

[5] Heinen W, Rosenmoüller C H, Wenzel C B, de Groot H J M, Lugtenburg J, van Duin M. C-13 NMR study of the grafting of maleic anhydride onto polyethene, polypropene, and ethene-propene copolymers. Macromolecules, 1996, 29(4):1151~1157

[6] Samay G, Nagy T, White J L. Grafting Maleic-anhydride and comonomers onto polyethylene. J. Appl. Polym. Sci., 1995:56(11):1423~1433

[7] Gaylord N G, Mehta R, Kumar V, Tazi M. High density polyethylene-g-maleic anhydride preparation in presence of electron donors. J. Appl. Polym. Sci., 1989, 38(2):359~371

[8] Gaylord N G, Mehta R. Peroxide-catalyzed grafting of maleic anhydride onto molten polyethylene in the presence of polar organic compounds. J. Polym. Sci. Part A Polym. Chem., 1988, 26(4):1189~1198

[9] Gaylord G N, Mehta R, Mohan D R, Kumar V. Maleation of linear low-density polyethylene by reactive processing. J. Appl. Polym. Sci., 1992, 44(11):1941~1949

[10] Hu G H, Flat J J, Lambla M. Free radical grafting of monomers onto polymers by reactive extrusion: principles and applications//Al-Malaika S. Reactive modifiers for polymers. London: Chapman &. Hall, 1996,1

[11] Martinez J M G, Taranco J, Laguna O, Collar E P. Functionalization of polypropylene with maleic-anhydride by reactive extrusion. Int. Polym. Process., 1994, 9(4):346~349

[12] Oromehie A R, Hashemi S A, Meldrum I G, Waters D N. Functionalisation of polypropylene with maleic anhydride and acrylic acid for compatibilising blends of polypropylene with poly (ethylene terephthalate). Polym. Int., 1997, 42(1): 117~120

[13] Ide F, Kamada K, Hasegawa A. Reaction of isotactic polypropylene with maleic anhydride, and ionic crosslinking of the products. I. Reaction in the molten state. Kobunshi Kagaku, 1968, 25(274): 107~115

[14] Gaylord N G, Mehta N, Mehta R. Degradation and cross-linking of ethylene-propylene copolymer rubber on reaction with maleic anhydride and/or peroxides. J. Appl. Polym. Sci., 1987, 33(7): 2549~2558

[15] Wu C H, Su A C. Suppression of side reactions during melt functionalization of ethylene propylene rubber. Polymer, 1992,33(9):1987~1992

[16] Garcia-Martinez J M, Laguna O, Collar E P. Role of reaction time in batch process modification of atactic polypropylene by maleic anhydride in melt. J. Appl. Polym. Sci., 1997, 65(7):1333~1347

[17] Garcia-Martinez J M, Laguna O, Collar E P. Chemical modification of polypropylenes by maleic anhydride: Influence of stereospecificity and process conditions. J. Appl. Polym. Sci., 1998, 68(3): 483~495

[18] Brain D, Eisenlohr U. Über die umsetzung von polyäthylen mit maleinsäureanhydrid. Angew. Makromol. Chem.,1976, 55(1):43~57

[19] Greco R. Musto P. Bulk functionalization of ethylene propylene copolymers. 4. A theoretical

approach. J. Appl. Polym. Sci. , 1992，44(5) :781～788

[20]　Rosales C，Marques L，Gonzalez J，Perera R，Rojas B，Vivas M. Free radical grafting of diethylmaleate on linear low～density polyethylenes. Polym. Eng. Sci. , 1996，36(17):2247～2252

[21]　Rosales C，Perera R，Ichazo M，Gonzalez J，Rojas H，Sanchez A，Barrios A D. Grafting of polyethylenes by reactive extrusion. I. Influence on the molecular structure. J. Appl. Polym. Sci. , 1998,70(1):161～176

[22]　Liu N C，Xie H Q，Baker W E. Comparison of the effectiveness of different basic functional-group for the reactive compatibilization of polymer blends. Polymer. , 1993,34(22):4680～4687

[23]　Galluci R R，Going R C. Preparation and reactions of epoxy-modified polyethylene. J. Appl. Polym. Sci. , 1982,27(2):425～437

[24]　 Liu N C，Baker W E. Modification of polymer melts by oxazolines and their use for interfacial coupling reactions with other functional polymers//Al-Malaika S. Reactive modifiers for polymers，London：Chapman & Hall, 1996,163～192

[25]　Munteanu D. Moisture cross-linkable silane-grafted polyolefins//Sheats JE, Carraher Jr CE, Pittman Jr CU. Metal-containing polymeric systems，New York：Plenum Press, 1985, 479～501

[26]　Forsyth J, Baker W E, Russell K E, Whitney R A. Peroxide-initiated vinylsilane grafting：Structural studies on a hydrocarbon substrate. J. Polym. Sci. Part A Polym. Chem. , 1997,35(1):17～25

[27]　Ho R M, Su A C, Wu C H, Chen S I. Functionalization of polypropylene via melt mixing. Polymer, 1993, 34(15):3264～3269

[28]　Munteanu D. Moisture cross-linkable silane-modified polyolefins. //Al-Malaika S. Reactive Modifiers for Polymers，London：Chapman & Hall, 1996, 196～261

[29]　Konar J, Sen A K, Bhowmick A K. Characterization of grafted polyethylene by contact-angle hysteresis and ESCA studies. J. Appl. Polym. Sci. , 1993,48(9):1579～1585

[30]　Chung T C. Synthesis of functional polyolefin copolymers with graft and block structures. Prog. Polym. Sci. , 2002,27(1):39～85

[31]　Xin Z R, Ding Y T, Yin J H, Ke Z, Xu X D, Gao Y, Costa G. Preparation and physical properties of novel nonionic surfactants and their grafting copolymers with linear low density polyethylene (LLDPE). J. Polym. Sci. Part B Polym. Phys. , 2005,43(3):314～322

[32]　李莉莉，蔡传伦，辛志荣，石强，殷敬华. 反应型非离子表面活性剂的制备及其组成和结构. 高等学校化学学报. 2007, 28(4):779～782

[33]　Yao Z H, Yin J H, Song Y X, Jiang G W, Song Y C. Preparation and Properties of a Reactive Type Nonionic Surfactant Grafted Linear Low Density Polyethylene. Polym Bull, 2007,59(1):135～144

[34]　蒋文贤. 特种表面活性剂. 北京：中国轻工业出版社 ,1995,63

[35]　辛志荣. LLDPE 接枝新型表面活性剂共聚物的制备及其结构、性能与应用的基础研究：[博士毕业论文]. 长春：中国科学院长春应用化学研究所,2005

[36]　Braun D, Schmitt M W. Functionalization of poly(propylene) by isocyanate groups. Polym Bull, 1998, 40(2～3):189～194

[37]　Ding Y T, Xin Z R, Gao Y, Yin J H, Costa G. Functionalization of an ethylene-propylene copolymer with allyl (3-isocyanate-4-tolyl) carbamate. J. Polym. Sci. Part B Polym. Phys. , 2003,41(4):387～402

[38]　Ding Y T, Xin Z R, Gao Y, Yin J H, Costa G, Falqui L, Valenti B. Reactive compatibilization of polyamide 6 with isocyanate functionalized ethylene-propylene copolymer. Macromol. Mater. Eng. , 2003, 288(5):446～454

[39]　Yang J H, Yao Z H, Shi D, Huang H L, Wang Y, Yin J H. Efforts to decrease crosslinking extent of

polyethylene in a reactive extrusion grafting process. J. Appl. Polym. Sci. , 2001,79(3):535~543

[40] Huang H L, Yao Z H, Yang J H, Wang Y, Shi D, Yin J H. Morphology, structure, and rheological property of linear low-density polyethylene grafted with acrylic acid. J. Appl. Polym. Sci. , 2001, 80(13): 2538~2544

[41] Ghosh P, Chattopadhyay B, Sen A K. Modification of low density polyethylene (LDPE) by graft copolymerization with some acrylic monomers. Polymer, 1998,39(1):193~201

[42] Chen J, Nho Y C, Park J S. Grafting polymerization of acrylic acid onto preirradiated polypropylene fabric. Radiat. Phys. Chem. ,1998,52(1~6):201~206

[43] Bhattacharya A. Radiation and industrial polymers. Prog. Polym. sci. ,2000, 25(3):371~401

[44] 石强,朱连超,蔡传伦,殷敬华. 反应挤出接枝共聚反应表观链增长常数的测量. 高等学校化学学报. 2005,26(9):1757~1760

[45] Shi Q, Zhu L, Cai C, Yin J, Costa G. Kinetics study on melt grafting copolymerization of LLDPE with acid monomers using reactive extrusion method. J. Appl. Polym. Sci. , 2006,101(6):4301~ 4312

[46] Shi Q, Zhu L, Cai C, Yin J, Costa G. Graft chain propagation rate coefficients of acrylic acid in melt graft copolymerization with linear low density polyethylene. Polymer, 2006,47(6):1979~1986

[47] Shi Q, Cai C, Zhu L, Yin J. Chain propagation kinetics on melt grafting reaction. Macro. Chem. Phys. ,2001,208(16):1803~1812

[48] Lu Z, Huang X, Huang J, Pan G. Synthesis of novel diblock copolymer of isoprene and methacrylic acid, Macromol. Rapid Commun. ,1998,19(10):527~531

[49] Carrick W L. Reactions of polyolefins with strong lewis acids. J. Polym. Sci. Part A-1 Polym. Chem. , 1970,8(1):215~223

[50] Sun Y, Willemse R, Liu T, Baker W. In situ compatibilization of polyolefin and polystyrene using Friedel-Crafts alkylation through reactive extrusion. Polymer,1998,39(11):2201~2208

[51] Sun Y, Baker W. Polyolefin/polystyrene in situ compatibilization using Friedel-Crafts alkylation. J. Appl. Polym. Sci. ,1997,65(7):1385~1393

[52] Diaz M F, Barbosa S E, Capiati N J. Polyethylene-polystyrene grafting reaction: effects of polyethylene molecular weight. Polymer, 2002,43(18):4851~4858

[53] Gao Y, Huang H, Yao Z, Shi D, Ke Z, Yin J. Morphology, structure, and properties of in situ compatibilized linear low-density polyethylene/polystyrene and linear low-density polyethylene/high-impact polystyrene blends. J. Polym. Sci. Part B Polym. Phys. , 2003,41(15):1837~1849

[54] Arnal M L, Müller A J. Fractionated crystallisation of polyethylene and ethylene/alpha-olefin copolymers dispersed in immiscible polystyrene matrices. Macromol. Chem. Phys. , 1999, 200(11): 2559~2576

[55] Müller A J, Balsamo V, Arnal M L, Jakob T, Schmalz H, Abetz V. Homogeneous nucleation and fractionated crystallization in block copolymers. Macromolecules, 2002,35(8):3048~3058

[56] Arnal M L, Matos M E, Morales R A, Santanal O O, Müller A J. Evaluation of the fractionated crystallization of dispersed polyolefins in a polystyrene matrix. Macromol. Chem. Phys. , 1998, 199(10):2275~2288

[57] Everaerta V, Groeninckxa G, Aerts L. Fractionated crystallization in immiscible POM/(PS/PPE) blends Part 1: effect of blend phase morphology and physical state of the amorphous matrix phase. Polymer, 2000,41(4):1409~1428

（殷敬华　石强）

第 6 章　聚丙烯反应挤出接枝功能单体
及功能化聚烯烃参与的反应共混

6.1　过氧化物引发聚丙烯接枝马来酸酐的反应机理探讨

6.1.1　引言

在聚丙烯(PP)反应挤出接枝功能单体过程中,因自由基的诱导作用 PP 易发生 β-裂解副反应而降解。过去的几十年间,为了找到控制 PP 降解的方法,人们在接枝机理方面做了很多研究。迄今为止,有关接枝机理还存在许多不同的观点。Minoura 等[1]提出在溶液接枝过程中马来酸酐(MAH)主要接枝到 PP 主链的叔碳原子上。Gaylord 和 Mishra[2]研究了熔融接枝过程,他们认为 MAH 可能以单环或短支链结构接枝在 PP 主链的叔碳位置,同时发生 MAH 的均聚反应。Roover 等[3]报道了接枝过程中可能发生 MAH 均聚反应。Heinen 等[4]和 Russell 等[5]指出,由于 MAH 均聚上限温度的限制,熔融接枝过程中不可能发生 MAH 的均聚。Rengarajan 等[6]通过 ^{13}C-NMR 分析,指出接枝 MAH 时,PP 大分子链除了发生降解反应外,还可以产生交联反应。Constable 和 Adur[7]报道他们制得的 MAH 接枝的 PP,酸酐是以环的形式连接在 PP 链的末端。

总之,由于接枝产物的接枝率低,接枝物的结构很难得到准确描述,使得人们对接枝的机理产生不同甚至矛盾的解释。因此如何精确得到接枝产物的结构是了解接枝机理的关键。

6.1.2　反应机理

如前所述,由于 PP 反应挤出接枝过程中发生降解,因此在接枝产物中存在大量的相对分子质量很小的接枝产物,在用溶剂提纯时(二甲苯溶解,丙酮中沉淀)它们仍然会残留在溶液中。这部分残留在溶液中的接枝物由于主链较短,其接枝的 MAH 的相对含量较高,这对分析其结构应更便利。作者等[8]采用电喷雾质谱法(ESIMS)分析了溶液中残留的低相对分子质量接枝物的化学结构,发现由过氧化二异丙苯均裂产生的初级自由基不仅可以引发 PP 大分子链形成大分子自由基,而且还可以形成 MAH 自由基。由于在 PP 反应挤出温度下(180~190℃)MAH 不能发生均聚反应,因此 MAH 自由基只能发生歧化终止或作为链转移剂。为此提出了以下反应机理(见图 6.1),认为过氧化物产生的初级自由基,存在同时引发 PP

大分子和 MAH 单体的竞争反应,当 MAH 单体浓度较低时,产生的初始 MAH 自由基浓度较低,MAH 自由基在体系中只能够起链转移剂的作用,使得体系中有效自由基的动力学链长增加,促进了接枝反应的进行,随着单体含量的增加,接枝率增加,产物相对分子质量下降;当单体浓度过高时,此时 MAH 自由基的歧化终止将使得体系中的自由基和单体数量被同时消耗,接枝反应反而被极大抑制,产物的接枝率低而相对分子质量却很高。该机理可很好地解释 PP 反应挤出接枝 MAH 得到的实验结果。

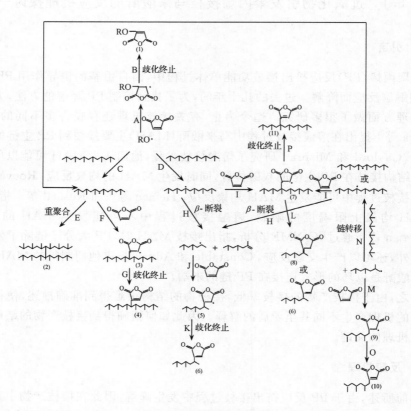

图 6.1　PP 反应挤出接枝 MAH 的反应机理

6.1.3　反应机理的实验验证

在该反应机理的基础上,Zhu 等[9]对 PP 反应挤出接枝 MAH 的过程进行了 Monte Carlo 模拟,得到的结果和实验结果基本一致(见图 6.2)。

为进一步验证提出的反应机理和理论模拟结果的合理性,Zhang 等[10]采用 2,3-$^{13}C_2$ 标记的 MAH 作为接枝单体,以增加接枝产物被检测的信号强度和检测灵敏度。该接枝产物的 ^{13}C-NMR 谱图如图 6.3 所示。

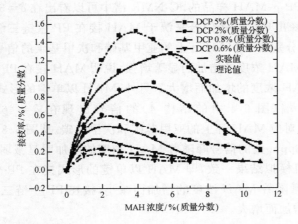

图 6.2　PP 链上 MAH 接枝率随其含量的关系

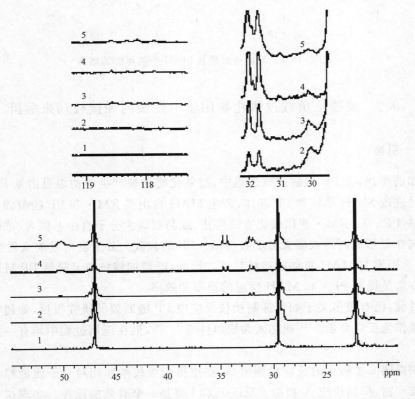

图 6.3　不同 MAH 含量(质量分数)下,PP 和 ¹³C 标记 PP-g-MAH 样品的 ¹³C-NMR 谱
1—PP;2—0.5%MAH;3—1.5%MAH;4—3.5%MAH;5—5.5%MAH。δ=30.3 ppm 处经放大处理

　　由图 6.3 的 PP-g-MAH 样品的[13]C-NMR 谱中可以看出在 $\delta=32.0$ppm 和 $\delta=$ 49.9ppm 处有新峰出现。这些信号来源于 MAH 接在 PP 主链三级碳的结构（图 6.4 中的结构 1），分别属于 MAH 环上的亚甲基碳和次甲基碳的信号。而且还可看出这些信号随着 MAH 浓度的增加而显著增强，说明 MAH 接在 PP 主链三级碳的结构的量随着 MAH 浓度的增加而增大。另外，MAH 以单键的形式接在 PP β-断裂产生的链的末端（图 6.4 中的结构 4）的信号出现在 $\delta=46.5$ppm 和 $\delta=$ 30.4ppm 处，分别对应 MAH 环上的亚甲基碳和次甲基碳。从图 6.3 的局域放大图可以看出 $\delta=30.3$ppm 处的信号峰随着 MAH 浓度的增加明显减弱。这些结果与 Zhu 等[9]的计算机模拟结果一致，即 MAH 以单键的形式接在 PP 分子链 β-断裂产生的链末端的量随着 MAH 浓度的增加而减小，接在 PP 主链三级碳上的量随着 MAH 浓度的增加而增大。

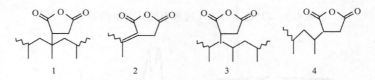

图 6.4　PP 反应挤出接枝 MAH 产物可能的结构

6.2　蒙脱土负载过氧化物用于引发聚丙烯接枝马来酸酐

6.2.1　引言

　　如前所述，在 PP 熔融接枝过程中，过氧化物均裂产生的初级自由基 RO· 可以同时进攻 MAH 单体和 PP 基体、产生 MAH 自由基 RM· 和 PP 的叔碳大分子自由基（PP·）。RM· 或以歧化方式终止、或与叔碳大分子自由基偶合、或作为链转移剂夺氢形成新的叔碳大分子自由基。PP 的叔碳大分子自由基要么发生 β-断裂、要么引发与 MAH 单体的接枝反应。因此，既增加接枝率又降低 PP 链断裂的唯一方法是提高 PP· 和 MAH 反应的速率和效率。

　　目前，已有很多关于如何抑制接枝反应中 PP 链断裂的研究报道，如超临界二氧化碳作为反应介质[11,12]或加入共聚单体等[13~16]，但在应用过程中均有一定的局限性。

　　依据图 6.1 所示的反应机理可知，要想得到接枝率和相对分子质量都相对高的接枝产物，抑制反应 A 和加大反应 F 和 I 将是一个有效的途径。实现这一目标的方法就是提高 MAH 单体与 PP 叔碳自由基的浓度比。在通常的熔融接枝反应体系中，由于自由基在 PP 熔体中的扩散比较困难，存在所谓的"笼壁效应"，使得局部自由基的浓度很大,要想使局部 MAH 单体浓度大于自由基浓度必须采用特殊的实验手段。

6.2.2　反应模型及实验结果

作者等[17]提出可利用纳米反应器的概念在熔融接枝的体系中实现了局部的高单体/自由基浓度比。所谓纳米反应器是指反应器的三维尺寸中任何一维的几何参数达到纳米级的反应器。在 PP 熔融接枝体系中,如果过氧化物引发剂被限制在纳米反应器中,那么其分解产生的初级自由基(RO·)必须扩散出纳米反应器才能与 PP 主链反应而生成大分子自由基。由于有机化蒙脱土(o-MMT)具有纳米级的层状结构及与 MAH 的强相互作用,可被用作接枝反应的纳米反应器。反应机理见图 6.5。

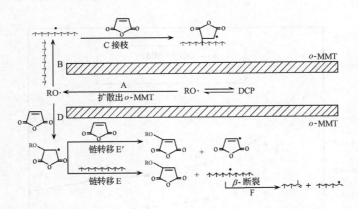

图 6.5　PP/MAH/(DCP/o-MMT)接枝体系的简单反应示意图

如图 6.5 所示,有机过氧化物引发剂 ROOR 位于 o-MMT 片层间,受热分解后形成的 RO·初级自由基在扩散出 o-MMT 片层以前,不能与 PP 大分子或 MAH 单体反应。因此,在 o-MMT 片层间,ROOR 的分解反应是一个可逆反应,o-MMT 的作用就在于减慢了有效 RO·的生成速率。由于 MAH 单体与 o-MMT 表层的相互作用相对较强,体系中 MAH 分子将向 MMT 片层表面靠拢,使得 o-MMT 颗粒表面附近单体/自由基浓度比相对较大。与传统的接枝方法相比,由于该体系中局部自由基的浓度较低,PP 主链的 β-断裂受到抑制,从而使接枝产物的接枝率和相对分子质量都较高,试验结果见图 6.6 和图 6.7。

对于采用二异丙苯过氧化物(DOP)作引发剂的 PP 接枝 MAH 体系,在相同 MAH 加料量时,使用 o-MMT 的体系的接枝率比未使用 o-MMT 的体系提高了近 1 倍,接枝产物的相对分子质量也有一定程度的增加。该方法为制备接枝率较高、降解程度较低的功能化 PP 提供了一条新的途径。

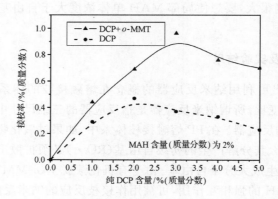

图 6.6　PP/MAH/DCP 和 PP/MAH/(DCP/o-MMT)体系接枝产物的接枝率比较

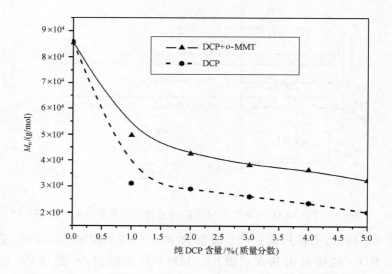

图 6.7　PP/MAH/DCP 和 PP/MAH/(DCP/o-MMT)体系接枝产物的相对分子质量比较

6.3　镧系稀土氧化物用作聚丙烯反应
挤出接枝功能单体的助催化剂

6.3.1　镧系稀土氧化物对 PP 接枝 MAH 的助催化作用

　　镧系元素指元素周期表中第六周期ⅢB族中从镧到镥的 15 种元素。镧系元素与钪和钇合称稀土元素。镧系元素原子的价电子结构是 $ns^2(n-1)d^{0\sim1}(n-2)f^{0\sim14}$，主要特征是从 Ce 到 Lu 增加的电子都填充在内层 4f 简并轨道上。随着原子序数的递增,其性质以平缓的单调递变为主,但很多物理、化学性质递变曲线在某些元素处出现双峰(双谷)的现象称为双峰效应。镧系元素的特征价态是正三价,但内层4f 电子的数目对价态也有次要的影响,当 4f 亚层处于全空、全满或半满状态时,其左右相邻元素具有可变的价态。镧系元素因其具有独特的 4f 电子层结构而具有非常独特的光、电、磁和催化等性能,这些独特的性能使其在诸多领域和行业得到广泛的应用,如从催化观点来看,最使人感兴趣的是镧系元素存在可变价态和顺磁感应性[18],目前已广泛应用于化学和环境领域中[19~21]。在实用方面,最使人感兴趣和最重要的稀土元素化合物是它与氧的化合物。在关于稀土元素在各种反应里的催化性能的绝大多数研究中,都使用氧化物,并且多与其他元素化合在一起而很少单独使用。它们主要作为催化促进剂(结构和电子)或稳定剂以提高主催化剂的活性和选择性或增加其热稳定性[22]。

作者等[23]通过对接枝共聚物的 MFR 和 MAH 单体接枝率的考查,发现不同的镧系化合物对 PP 熔体接枝 MAH 有不同的影响,主要可区分为无影响、抑制、促进三种,具有代表性的试验结果如表 6.1 所示:

表 6.1　不同镧系化合物对 PP 熔体接枝 MAH 反应的影响情况

镧系化合物	用量/mmol	MFR/(g/10min)	MAH 接枝率/%
$Ce_2(C_2O_4)_3 \cdot nH_2O$	6.0	1.4	0.05
$Nd(NO_3)_3 \cdot 4DMSO$	1.6	1	0.07
$(NH_4)_2Ce(NO_3)_6$	2.0	0.6	0.07
$Nd(naph)_3$	0.5	4.8	0.1
$La(naph)_3$	0.5	1.3	0.02
$Ce(naph)_3$	0.5	12.7	0.2
MALa	1.5	20.4	0.22
Sm_2O_3	4.5	16.6	0.27
/		17.6	0.28
La_2O_3	6.0	16.4	0.28
Dy_2O_3	4.5	19.3	0.28
CeO_2	4.5	23.6	0.32
Nd_2O_3	4.5	27.4	0.35

注:PP:100 g;DCP:0.2 g;MAH:2 g。

由表 6.1 可见,与未加入任何镧系化合物的接枝体系(表 6.1 中用"/"表示)相比较,镧系元素的环烷酸络合物、二甲亚砜络合物,草酸亚铈,硝酸铈铵等的抑制作用最为明显。如将 $La(naph)_3$、$Nd(NO_3)_3 \cdot 4DMSO$、$Ce_2(C_2O_4)_3 \cdot nH_2O$、$(NH_4)_2Ce(NO_3)_6$ 引入反应体系后,MAH 单体的接枝率几乎下降为零,同时各接枝共聚物的 MFR 值也从空白样品的 17.6 g/10min 迅速下降到 1.5 g/10min 以下。不同镧系氧化物的影响不同,如 La_2O_3、Sm_2O_3 和 Dy_2O_3 的加入对接枝反应无影响,而 CeO_2 和 Nd_2O_3 则对接枝反应起到促进作用,MAH 的接枝率最大分别增加了 14% 和 25%,但接枝共聚物的 MFR 也由未加镧系氧化物时的 17.6 g/10min 迅速增加至 23.6g/10min 和 27.4 g/10min,增量分别为 34% 和 56%。

在大量实验研究的基础上,作者等[23~25]发现某些镧系氧化物对接枝反应具有较好的促进作用,即其与有机过氧化物并用可以提高反应产物的接枝率。进一步实验证实,当过氧化物引发剂与镧系氧化物的摩尔比为 1∶6 时促进作用最明显。

6.3.2 镧系稀土氧化物的选择依据

镧系元素种类较多,从上面分析可以看出,只有某些特定的元素的氧化物对聚烯烃的接枝反应有促进作用,那么如何才能知道何种元素的氧化物可以作为聚烯烃熔体接枝功能单体的助催化剂呢?选择某一元素的依据与其内层 4f 电子的递变规律有什么关系呢?

6.3.2.1 镧系稀土元素的价态变化对接枝反应的影响

从镧系元素的第二个成员 Ce 开始,新增加的电子填充到位于深处的、受到外层电子很好屏蔽的内层 4f 简并轨道上,这在能量上也是较为有利的。按照 Pauli 不相容原理,该 4f 内层可容纳 14 个电子,除镧、铈、钇和镥外,镧系元素都没有 5d 电子,但是对于将一个电子有些情况下甚至是两个电子,从 4f 能级转移到 5d 能级,不需花费很多的能量。镧系元素与其他元素化合时的特征价态是正三价[26],就是基于这种转移所产生的激发态 $5d^1 6s^2$ 或 $5d^2 6s^1$,其余的 f 电子通常不构成化学键。镧系元素中没有 4f 电子的 La^{3+}($4f^0$)、4f 轨道半充满的 Gd^{3+}($4f^7$)和全充满的 Lu^{3+}($4f^{14}$)具有最稳定的三价,在其邻近的镧系离子为趋向稳定的电子组态 $4f^0$、$4f^7$ 和 $4f^{14}$ 而具有变价的性质,如 Ce^{4+}、Pr^{4+}、Sm^{2+}、Eu^{2+}、Tb^{4+}、Dy^{4+}、Tm^{2+}、Yb^{2+} 等。这是因为对于同一电子亚层,当电子分布为全充满(f^{14})、半充满(f^7)或全空(f^0)时,电子云分布呈球状,原子结构最稳定。

国内研究者[27~30]已报道了变价镧系元素的化合物用作 PVC 热稳定剂的研究工作。根据自由基稳定理论,变价元素具有强的热稳定作用,在变价过程中电子发生得失,与断链自由基、过氧化物分解生成的初级自由基等的未成对电子结合,而将自由基消灭;或与不饱和键发生自由基加成反应而将其消灭。从这一理论出发,图 6.8 中具有变价特性的 8 种元素的化合物均可作为 PVC 的热稳定剂,它们易于通过价态变化将体系中的自由基终止,发挥其热稳定作用。然而,过氧化物引发的 PP 熔体接枝 MAH 的反应刚好与之相反,DCP 分解生成的初级自由基夺取 PP 大分子主链上的氢生成大分子自由基,并进一步与功能单体发生接枝反应。反应体系中若存在变价元素，有可能与初级自由基或大分子自由基发生副反应，抑制正常接枝反应的发生。

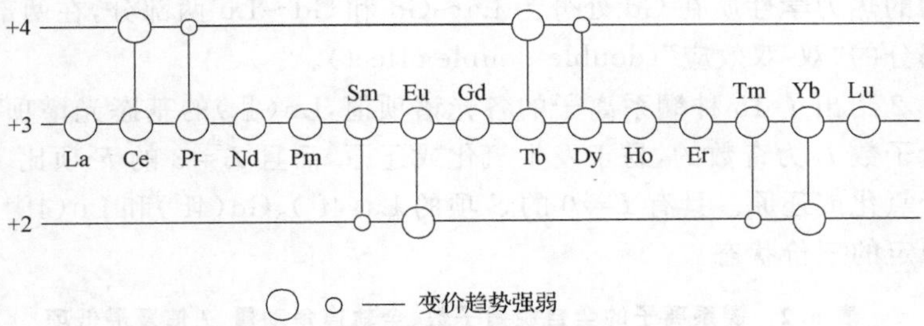

图 6.8　镧系元素的常见价态及其变化情况

如表 6.1 所列数据可知，$Ce_2(C_2O_4)_3 \cdot nH_2O$ 对 MAH 的接枝反应和 PP 基体的降解副反应都有较强的抑制作用。应用 XPS 对接枝样品中铈元素的价态进行测试，并与纯 $Ce_2(C_2O_4)_3 \cdot nH_2O$（$Ce^{3+}$）和纯 CeO_2（Ce^{4+}）的 X 射线光电子能谱（XPS）图谱比较，发现接枝产物中的 Ce 元素在 883.0 eV 和 917.8 eV 处出现 $Ce^{4+} 3d_{5/2}$ 和 $Ce^{4+} 3d_{3/2}$ 的新特征峰，而纯 $Ce_2(C_2O_4)_3 \cdot nH_2O$ 在经历与接枝反应相同的热历史后 XPS 谱图无任何变化。分析认为，反应挤出过程中部分 Ce^{3+} 发生氧化反应生成稳定的 Ce^{4+}：$Ce^{3+} \rightarrow Ce^{4+} + e$。而 DCP 分解生成的初级自由基因含有未成对电子而非常活泼，它能够迅速与上述电子结合生成稳定的化合物，失去原有的引发作用。体系中可反应的自由基浓度减小，接枝反应和降解副反应同时受到抑制。从这一观点出发，则具有变价特性的镧系元素的化合物都不能用作接枝反应的助剂。对比发现，对接枝反应起到促进作用的 CeO_2 和 Nd_2O_3 则具有相对稳定的氧化态。

若从变价角度考虑，镧系元素对 PP 熔体接枝 MAH 反应的影响可分为两类：具有变价倾向的镧系氧化物，特别是变价趋势明显的元素对接枝反应无促进作用，甚至可能抑制接枝反应；而具有稳定三价的氧化物可能对接枝反应具有促进作用。具体来说，Ce_2O_3、Pr_6O_{11}、Sm_2O_3、Eu_2O_3、Tb_4O_7、Dy_2O_3、Tm_2O_3、Yb_2O_3 均在不同程度上具有变价倾向，对接枝反应无促进作用；而具有稳定三价的 La_2O_3、Nd_2O_3、Pm_2O_3、Gd_2O_3、Ho_2O_3、Er_2O_3 和 Lu_2O_3 则可能促进接枝反应。

6.3.2.2　镧系稀土元素电子组态稳定性对接枝反应的影响

随原子序数的递增，镧系元素的性质以平缓的单调递变为主。但很多物理、化学性质递变曲线出现双峰（双谷），如镧系元素原子的体积、热膨胀系数、密度、熔点、沸点、结合能、蒸发热、电离势、电负性、硬度等。这些性质共同的递变规律称之为双峰效应，Fidelis 等[31]将 15 种镧系离子按其电子组态划分为两大组，即 $f^0 \sim f^7$，

假设其稳定态为 f^0、f^7 和 f^{14}；每组又可分为两个小组，电子构型分别为 $f^0 \sim f^3$、$f^4 \sim f^7$ 和 $f^7 \sim f^{11}$ 和 $f^{11} \sim f^{14}$，并假设其稳定态分别为 $f^{3,4}$ 和 $f^{10,11}$。根据这一假设，她解释了稀土络合物的热力学性质在 Gd 处分为 La～Gd 和 Gd～Lu 两部分，在两部分中再各分为两部分的"双-双效应"（double-double effect）。

表 6.2 给出了 15 种镧系离子的各光谱项值，Ln（Ⅲ）的基态光谱项（$^{2s+1}L_J$）的总轨道量子数 L 为奇数的，易于发生氧化或还原，而且 $L=3$ 的 F 项比 $L=5$ 的 H 项更易于氧化或还原。具有 $L=0$ 的 S 项的 La（$4f^0$）、Gd（$4f^7$）和 Lu（$4f^{14}$）已如前述具有最稳定的三价状态。

表 6.2　镧系离子的全自旋量子数、全轨道角动量、J 值及最低项

Ln^{3+}	La^{3+}	Ce^{3+}	Pr^{3+}	Nd^{3+}	Pm^{3+}	Sm^{3+}	Eu^{3+}	Gd^{3+}	Tb^{3+}	Dy^{3+}	Ho^{3+}	Er^{3+}	Tm^{3+}	Yb^{3+}	Lu^{3+}
$4f^n$	$4f^0$	$4f^1$	$4f^2$	$4f^3$	$4f^4$	$4f^5$	$4f^6$	$4f^7$	$4f^8$	$4f^9$	$4f^{10}$	$4f^{11}$	$4f^{12}$	$4f^{13}$	$4f^{14}$
S	0	1/2	1	3/2	2	5/2	3	7/2	3	5/2	2	3/2	1	1/2	0
L	0	3	5	6	6	5	3	0	3	5	6	6	5	3	0
J	0	5/2	4	9/2	4	5/2	0	7/2	6	15/2	8	15/2	6	7/2	0
$^{2S+1}L_J$	$^1S_0$	$^2F_{5/2}$	$^3H_4$	$^4I_{9/2}$	$^5I_4$	$^6H_{5/2}$	$^7F_0$	$^8S_{7/2}$	$^7F_6$	$^6H_{15/2}$	$^5I_8$	$^4I_{15/2}$	$^3H_6$	$^2F_{7/2}$	$^1S_0$

注：S—全自旋量子数；L—全轨道角动量；$J=|L-S|$；$^{2S+1}L_J$—最低项。

表 6.3 总结了 Ln（Ⅲ）的电子组态的稳定性所遵循的奇、偶数变化规律：即基态光谱项中的总轨道角动量量子数 L 为奇数的电子组态（$L=3$ 的 F 项和 $L=5$ 的 H 项）的稳定性低于 L 为偶数的电子组态（$L=6$ 的 I 项和 $L=0$ 的 S 项），也即 $F<H \ll I \ll S$。

表 6.3　镧系离子的电子组态的稳定性

$F=3$	<	$H=5$	≪	$I=6$	≪	$S=0$
f^1 f^6 f^8 f^{13}		f^2 f^5 f^9 f^{12}		f^3 f^4 f^{10} f^{11}		f^0 f^7 f^{14}
Ce^{3+} Eu^{3+} Tb^{3+} Yb^{3+}		Pr^{3+} Sm^{3+} Dy^{3+} Tm^{3+}		Nd^{3+} Pm^{3+} $Ho^{3+}Er^{3+}$		La^{3+} Gd^{3+} Lu^{3+}

结合镧系元素价态变化规律，可以发现三价镧系离子[Ln（Ⅲ）]的电子组态稳定性与元素的变价趋势相一致：电子组态稳定性低的元素（$L=3$ 或 5）具有较强的变价倾向，而电子组态稳定性高的元素（$L=6$ 或 0）基本没有变价倾向。据此可以推断，镧系元素对 PP 熔体接枝 MAH 反应的影响情况也与其电子组态稳定性紧密相关：$L=0$ 的镧系元素（La^{3+}、Gd^{3+} 和 Lu^{3+}）应对接枝反应具有较强的促进作用；$L=6$ 的镧系元素（Nd^{3+}、Pm^{3+}、Ho^{3+} 和 Er^{3+}）也对接枝反应具有一定的促进作用；$L=3$ 或 5 的镧系元素对接枝反应可能没有明显的促进作用。

6.3.2.3　镧系稀土元素内层 4f 电子数对接枝反应的影响

镧系元素的价电子结构都是 $ns^2(n-1)d^{0 \sim 1}(n-2)f^{0 \sim 14}$，从 Ce 到 Lu 新增加的

电子都填充在内层 4f 简并轨道上。在中性原子中，没有 4f 电子的 La($4f^0$)，4f 电子半充满的 Gd($4f^7$)和 4f 电子全充满的 Lu($4f^{14}$)都有一个 5d 电子，此外铈原子也有一个 5d 电子。对于三价镧系离子，在其内层的 4f 轨道中，从 Ce^{3+} 的 $4f^1$ 开始逐一填充电子，依次递增至 Lu^{3+} 的 $4f^{14}$。这些 4f 电子在空间上为外层充满电子的 $5s^2 5p^6$ 壳层所屏蔽，故受外界的电场、磁场和配位场等影响较小，使它们的性质明显不同于 d 电子裸露在外的过渡元素。表 6.4 列出了镧系氧化物中镧系离子内层 4f 电子数及未成对电子数。通常，镧系元素催化活性的差异可能与它们的电子结构和离子结构有关，即与 4f 壳层的电子数，特别是未成对电子数密切相关。

表 6.4　镧系元素原子及其三氧化二物中所含 4f 电子数及未成对 4f 电子数

Ln	La	Ce	Pr	Nd	Pm	Sm	Eu	Gd	Tb	Dy	Ho	Er	Tm	Yb	Lu
N	0	0	1	3	4	5	6	7	7	9	10	11	12	13	14
N′	0	1	2	3	4	5	6	7	8	9	10	11	12	13	14
N″	0	1	2	3	4	5	6	7	6	5	4	3	2	1	0

注：N：镧系元素原子中所含 4f 电子数；N′：镧系元素三氧化二物中所含 4f 电子数；N″：镧系元素三氧化二物中所含未成对 4f 电子数。

6.3.3　三价镧系稀土氧化物在接枝反应中的作用及其机理

在以上理论探讨的基础上，采用化学沉淀法制备了全系列镧系三价氧化物，取其用量为 4.5 mmol/100gPP，着重考查了不同 Ln_2O_3 对 PP 接枝 MAH 的接枝率和 PP 基体降解情况的影响。但这里有两个例外，其一是 Ce_2O_3 活性很高只能存在于还原性气氛中，通常铈的稳定氧化物为 CeO_2，已用作汽车尾汽净化器组分之一，从一致性角度考虑，没有选择 CeO_2 作为接枝反应助剂。其二是 Pm_2O_3，钷在自然界中并不存在，是从 ^{235}U 的裂变产物中分离出来的。因此研究的镧系氧化物共 13 种，即 La_2O_3，Pr_2O_3，Nd_2O_3，Sm_2O_3，Eu_2O_3，Gd_2O_3，Tb_2O_3，Dy_2O_3，Ho_2O_3，Er_2O_3，Tm_2O_3，Yb_2O_3，Lu_2O_3。

试验结果如图 6.9～图 6.11 所示，图中水平直线表示未采用镧系氧化物时的相应指标。总的来说，与单纯由 DCP 引发的接枝体系相比，加入镧系氧化物后，MAH 的接枝率均有不同程度的提高，即镧系氧化物可在不同程度上促进接枝反应，如图 6.9 所示。但加入不同镧系氧化物对接枝反应的助催化活性有很大不同，其中 Nd_2O_3、Gd_2O_3、Ho_2O_3 和 Er_2O_3 的加入使 MAH 接枝率的增加程度最大，如 Gd_2O_3 的加入使 MAH 单体的接枝率提高 25%。而在相同条件下的 La_2O_3、Pr_2O_3、Sm_2O_3、Eu_2O_3、Tb_2O_3、Dy_2O_3、Tm_2O_3、Yb_2O_3 和 Lu_2O_3 对接枝反应基本没有影响，MAH 接枝率的微小变化都在误差范围之内。

已知 Pr_2O_3、Sm_2O_3、Eu_2O_3、Tb_2O_3、Dy_2O_3、Tm_2O_3、Yb_2O_3 均有一定的变价趋

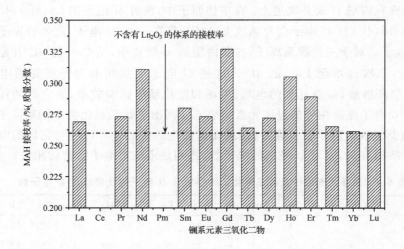

图 6.9　不同镧系三价氧化物对 PP 反应挤出接枝 MAH 的接枝率的影响情况

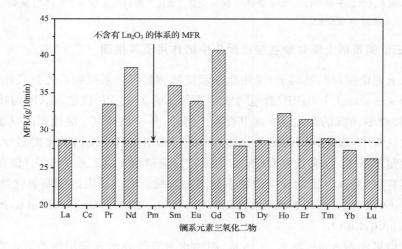

图 6.10　不同镧系三价氧化物对官能化 PP MFR 的影响

势,且总轨道角动量量子数 L 为奇数,电子组态稳定性差,理论分析认为它们对接枝反应无助催化作用,实验结果也很好地验证这一点。对接枝反应助催化作用明显的 Nd_2O_3、Ho_2O_3 和 Er_2O_3 无变价趋势,且 L 为偶数,电子组态稳定性高,这一点也是与理论预测相一致的。但需要注意的是,$L=0$ 的 La_2O_3、Gd_2O_3 和 Lu_2O_3 具有最稳定化合价和电子组态性,也应对接枝反应具有最好的助催化作用,但只有其中的 Gd_2O_3 促进接枝反应,并得到最高的 MAH 接枝率;而令人感到意外的是,相同条件下 La_2O_3 和 Lu_2O_3 的存在对接枝反应基本无影响。对比发现,La^{3+} 的 4f 壳层内

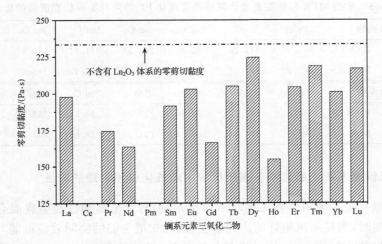

图 6.11　不同镧系三价氧化物对官能化 PP 零剪切黏度值的影响

未填充电子，而 Lu^{3+} 的 4f 壳层为已填充 14 个电子的满态，二者皆不具有未成对的 4f 电子，表现顺磁性，如表 6.2 所示。分析认为，此时，4f 壳层内的未成对电子对镧系元素氧化物的助催化效果起决定性作用。

　　上述具有较好助催化作用的四种氧化物 Nd_2O_3、Gd_2O_3、Ho_2O_3 和 Er_2O_3，其 4f 电子层中的未成对电子数分别为 3、7、4、3。根据上述分析，可以预测放射性元素钷的氧化物 Pm_2O_3 也能明显的促进接枝反应。这样，五种氧化物是以 4f 电子层中未成对电子数分别为 3、4、7、4、3，并以未成对电子数最多的 Gd_2O_3 为中心呈左右对称分布的。即镧系氧化物用作接枝反应的助催化剂时，其催化活性同样存在着"双-双效应"。

　　综上，Ln(Ⅲ)的基态光谱项具有稳定的电子组态是其在接枝反应中具有助催化活性的必要条件，而 Ln(Ⅲ)中所含的 4f 电子数目则对其催化活性起决定性作用，只有同时满足以上两个条件才能作为接枝反应的助催化剂使用。

　　但接枝率提高的同时，PP 基体的降解程度也增加，表现为接枝共聚物的 MFR 增大和零剪切黏度下降，如图 6.9、图 6.10 和表 6.5 所示。总的来说，降解程度的加剧与接枝率的提升规律相同，特别是使 MAH 接枝率提高较大的镧系氧化物，如 Nd_2O_3、Gd_2O_3、Ho_2O_3、Er_2O_3 等，它们所对应官能化 PP 的 MFR 值增加最大，而其零剪切黏度值则下降最多。引入镧系氧化物可增加 PP 接枝 MAH 的接枝率，在提高单体接枝率的同时也会使 PP 基体的降解程度增加。但所得接枝共聚物的熔体强度高，具有良好的加工性能；结晶速率增加，缩短了成型周期；结晶度增加，力学性能得到很大改善。

表 6.5　根据 MFR 和蠕变实验计算所得官能化 PP 的两种零剪切黏度值的比较

镧系氧化物		DCP	La$_2$O$_3$	Pr$_6$O$_{11}$	Nd$_2$O$_3$	Sm$_2$O$_3$	Eu$_2$O$_3$	Gd$_2$O$_3$
η_0/(Pa·s)	By MFR	343.46	342.26	292.20	254.91	271.91	240.51	288.75
	By Creep	233.20	197.76	174.29	163.49	191.37	166.27	202.99
镧系氧化物		Tb$_4$O$_7$	Dy$_2$O$_3$	Ho$_2$O$_3$	Er$_2$O$_3$	Tm$_2$O$_3$	Yb$_2$O$_3$	Lu$_2$O$_3$
η_0/(Pa·s)	By MFR	350.85	342.26	303.06	310.75	338.71	357.25	372.19
	By Creep	205.01	224.34	154.74	204.30	218.64	200.93	216.79

6.3.4　三价镧系稀土氧化物在接枝反应中助催化作用机理的验证

镧系氧化物单独用作催化剂时活性很差,但与贵金属和过渡金属混合用作催化剂的助剂时,则显示出很好的协同效应。现已知道它们的协同效应可能与增加催化剂的储氧和放氧能力;增加晶格氧的流动性;增加催化剂的热稳定性;增加催化剂的分散性;稳定其他金属离子的氧化价等因素有关。在聚烯烃熔体接枝功能单体的反应中,部分镧系氧化物所具有的助催化作用可以理解为 Ln(Ⅲ)与大分子自由基间的某种相互作用,换句话说,Ln$_2$O$_3$ 的存在延长了大分子自由基的寿命,这与在接枝反应过程中通过提高过氧化物引发剂的用量来增加大分子自由基的浓度在效果上是等效的。Gd$_2$O$_3$ 在接枝反应中具有最高的助催化活性,因此以 Gd$_2$O$_3$ 为代表研究了镧系氧化物对自由基反应机理的影响情况。

ESR 是检测反应体系中自由基类型和浓度的直接手段,目前已成功地应用于过氧化物改性 PP 的自由基反应机理的研究。为更好地理解 Ln$_2$O$_3$ 促进接枝反应的机理,采用原位高温 ESR 实验测定了体系 PP+DCP 和体系 PP+DCP+Gd$_2$O$_3$ 中自由基的寿命,进而对上述假设进行了实验验证。首先将 DCP 溶解于丙酮中,再与 PP 粉体共混,风干后真空干燥至恒重。再按摩尔比 DCP︰Gd$_2$O$_3$=1︰6,将部分样品与 Gd$_2$O$_3$ 粉体直接共混。取 0.1g 左右精确称量的反应物密封在石英管中,放入 ESR 波谱仪的测试腔中。以 50℃/min 的速率从室温快速升至 180℃,原位记录此温度下样品 ESR 谱图,此后每间隔 1 min 记录一次谱图,直到检测不到明显的 ESR 信号为止。对 ESR 信号进行积分,以 DPPH 为内标计算大分子自由基浓度,并除以样品质量进行归一化。

图 6.12 为样品 PP/DCP 迅速升温至 180℃后原位记录的 ESR 谱图,在磁场 315～330 mT 之间可明显观察到 8 组 ESR 信号峰。在 Yamazaki[32] 对过氧化物改性 PP 的研究中,同样观察到 8 组 ESR 信号,并进一步劈裂成 26 线超精细结构,他将其归属为大分子三级烷基自由基—CH$_2$C·(CH$_3$)CH$_2$—的八重态[33]。Zhou 等[34]和 Yu[35]记录了过氧化物交联 PP 过程中的 ESR 谱图,观察到 24 线超精细结构:整个谱图由 6 组主峰构成,磁场由低到高 6 个主峰又依次包括 3,4,5,5,4,3

重超精细劈裂峰。本工作中未观察到明显的超精细结构,此差异主要源于:模拟实际加工过程的 ESR 测试温度过高;体系中 DCP 浓度仅为 0.074 mol/kg,远低于观察到 26 线结构时的 0.1 mol/kg 和观察到 24 线结构时的 0.27 mol/kg。

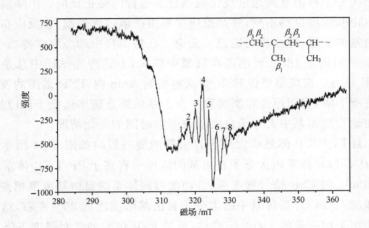

图 6.12 PP/DCP 体系在 180℃时的原位 ESR 谱图
其中,DCP 质量分数为 2%,约 0.074mol/kg

ESR 测试表明,纯 Gd_2O_3 粉体在 $0\sim1000mT$ 磁场范围内仅显示一个大而宽的信号峰,而在本工作扫描磁场范围内无任何 ESR 信号。在相同实验条件下,加入 Gd_2O_3 前后体系的 ESR 谱图如图 6.13 所示。可见强度外,谱图形状基本无变化。

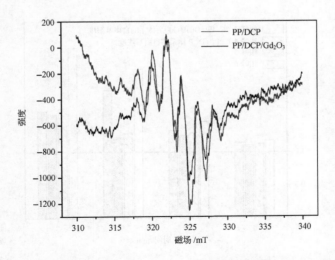

图 6.13 加入 Gd_2O_3 前后的 PP/DCP 体系的 ESR 谱图的比较(部分放大)

这表明,在两种反应体系内存在相同种类的大分子自由基,即加入的 Gd_2O_3 对体系的自由基反应机理无影响。

反应过程中,部分大分子自由基将发生二级反应,即大分子三级自由基的 β-降解和两个大分子自由基间通过歧化或偶合所进行的终止反应。β-降解前后体系中大分子自由基浓度保持不变;终止反应主要由扩散过程控制,在反应挤出过程中大分子自由基的扩散、终止相当迅速。无论是在挤出机中动态取样冷冻于液氮中,还是在油浴中加热至 180℃ 后迅速在液氮中淬火,上述冷冻试样中总是检测不到有效的 ESR 信号。在高温原位 ESR 测试的初始 3min 内,ESR 谱图的波形保持不变而强度有所下降,表明原位检测过程中自由基的终止速率远低于反应挤出过程,因此可方便地检测体系中大分子自由基浓度随时间的变化情况。

Gd_2O_3 对 PP/DCP 体系中大分子自由基浓度的影响如图 6.14 所示。总的来说,PP/DCP/Gd_2O_3 体系内大分子自由基的浓度一直高于 PP/DCP 体系的,即 $C_1/C_0 > 1$。在 0 min 时 ESR 信号强度最大,而此时两体系的自由基浓度相差最小,$C_1/C_0 \approx 1.2$,即加入 Gd_2O_3 后体系中的大分子自由基浓度增加 20% 左右,这也是与接枝率增大的结果相一致的。随时间推移,虽然 ESR 信号的绝对强度下降,但 C_1/C_0 值随时间连续上升,这表明在 Gd_2O_3 存在下大分子自由基更加稳定,或者说存活时间更长。但 ESR 谱图中各组峰所代表的自由基浓度随时间的变化趋势不同,如峰 3,4,5 的自由基浓度比均随时间的增加而上升,而峰 6 在 2min 时达到最大值,然后随时间下降。此差异可归因于上述二级反应所引起的大分子自由基类型的浓度的变化。ESR 检测结果清楚地表明,Gd_2O_3 存在下,体系中大分子自由基浓度的

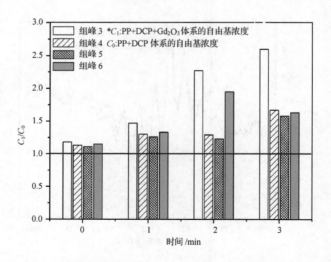

图 6.14　加入 Gd_2O_3 前后,PP/DCP 体系中大分子自由基浓度比随时间的变化情况

增加是 MAH 接枝率增大的直接原因，此结论可推广到其他具有较高助催化活性的镧系氧化物，如 Nd_2O_3、Ho_2O_3 和 Er_2O_3 等。

上述 ESR 实验结果表明，加入镧系氧化物后，体系中大分子自由基峰强随时间明显增加，这表明该体系中自由基的浓度明显增高或自由基的寿命得到延长。据此提出以下假设：镧系离子的 4f 轨道与正常价电子轨道 6s、6p 和 5d 相比居于内层，起某种"后备化学键"或"剩余原子价"的作用，可以稳定反应体系中的自由基；反应体系中引发剂分解生成的初级自由基非常活泼，且寿命较短，加入的镧系离子 4f 轨道上的单电子或空穴将与初级自由基间发生某种相互作用，可能是二者间的简单络合也可能是镧系离子与初级自由基间形成了一种"临时氢键"（RE—O—H—OR），这种作用较好地稳定了初级自由基，使其稳定地存活较长时间；镧系离子 4f 轨道上的单电子或空穴与初级自由基间之间形成的化学键很弱，在热、机械力作用下初级自由基将脱离镧系离子继续引发接枝反应。同时，镧系离子中自由电子或空穴也可能对体系中的大分子自由基起稳定化作用，使其寿命延长，增加了大分子自由基与接枝单体反应的概率。

综上所述，镧系元素化合物，或称稀土化合物用作聚烯烃熔体接枝功能单体助催化剂的研究，可以得出以下主要结论：

（1）与其他镧系元素化合物相比，镧系氧化物更适合作为聚烯烃熔体接枝功能单体的助催化剂，可在一定程度上提高 MAH 单体的接枝率；

（2）在重点研究的 13 种镧系三氧化二物中，Nd_2O_3、Gd_2O_3、Ho_2O_3 和 Er_2O_3 具有较高的助催化活性，它们都不具备变价特性，并具有稳定的电子组态，4f 电子层中的单电子数分别为 3、7、4、3，符合镧系元素物化性质所遵循的"双-双效应"；

（3）Ln（Ⅲ）的基态光谱项具有稳定的电子组态是其在熔体自由基接枝反应过程中具有助催化活性的必要条件，而 Ln（Ⅲ）中所含的 4f 电子数目则对其催化活性起决定性作用；

（4）ESR 研究表明：在 Ln_2O_3 存在下，反应体系中大分子自由基浓度的增加是 MAH 接枝率增加的直接原因；

（5）镧系元素用于催化领域，可从其变价趋势，电子组态的稳定性和内层 4f 电子数等方面加以考虑，镧系元素及化合物性质的递变规律可用于指导科研和生产实践。

6.4　预辐照产生的聚丙烯大分子自由基引发聚丙烯接枝马来酸酐

近年来，作者等将 PP 进行预辐照（剂量控制在 0.5～3 kGy/s）处理，并将预辐照法制备的 PP 大分子自由基用于引发 PP 与功能单体接枝反应，获得了一些有意义的结果。如表 6.6 所示，对于预辐照 PP 用量为 20% 或 30%、接枝单体含量为

0.8％的样品,其接枝率不但略高于采用100％预辐照PP的样品,而且因β-裂解引起的降解副反应得到了有效的控制;与未辐照的PP相比,MFR和力学性能也无剧烈的变化。用该方法制备的功能化PP与铝板复合后的剥离强度可达3 kN/m以上。

表 6.6　PP 大分子引发剂用量对 PP 反应挤出接枝 AA 产物的
接枝率(Gd)、MFR 和力学性能的影响

样品	1	2	3	4	5
预辐照 PP 含量 /％	0	10	20	30	100
AA 浓度 /％	0.8	0.8	0.8	0.8	0.8
Gd /％	0	0.21	0.47	0.42	0.40
MFR /(g/10min)	3.3	0.7	2.2	9.3	79.4
抗张强度 /MPa	26.6	26.4	25.8	25.8	26.6
断裂伸长率 /％	220	150	127	104	32
缺口冲击强度 /(kJ/m²)	17.3	30.1	21.3	17.4	脆断

6.5　功能化聚烯烃在反应共混中的原位反应增容作用

聚合物合金可以将其所在体系中的各种聚合物材料有机地结合在一起,突出每种材料在某些性能上的优势,并使其各自的缺点得以弥补,具有很强的应用背景。然而,大多数聚合物组分间相容性很差,界面张力大,界面强度弱,使得熔融共混时分散相尺寸很大,材料的机械性能很差,难有实用价值。聚合物共混体系的相容性可以通过加入适当的嵌段或者接枝共聚物作为界面相容剂得以改善。通常采用以下几种方法对不相容共混体系进行增容:①加入事先制备的嵌段和接枝共聚物;②通过组分间的次价键进行增容,如氢键、离子-偶极、偶极-偶极、电子给体-受体和 π 电子相互作用等;③加入低相对分子质量偶联剂;④原位反应增容。

在第④种增容方式中,共混组分一般含有反应性基团或通过适当的实验方法引入反应性基团,两相在共混过程中原位形成的共聚物增容剂一般位于两相的界面处,这对降低界面张力,提高界面强度和减少分散相尺寸都是至关重要的。原位反应增容的方法可以有效地提高共混体系的力学性能,很多商品化的聚合物合金都是通过该方法制得的。

原位反应增容通常是在双螺杆挤出机中进行的。挤出机为界面反应提供的时间非常短,一般只有1min 左右,很难达到反应完全。大多数用于聚合物反应增容的反应都是亲核试剂(NH)和亲电试剂(环酸酐、环氧、恶唑啉、异氰酸酯和碳二亚胺)之间的缩合反应,如表 6.7 所示[36]。本小节将介绍近年来在该领域开展的工作。

表 6.7　反应增容中涉及的反应性官能团和反应类型

官能团 A	官能团 B	反应类型
环酐	胺基	亚酰胺化
环氧化合物	羟基（胺基）	开环反应
唑啉	羧酸	开环反应
碳二亚胺	胺基	尿素结构
异氰酸酯	胺	尿烷结构
原酸酯	羟基（巯基）	开环反应

6.5.1　通过酸酐和胺基反应实施的原位反应增容

作者等[37]采用 MAH 接枝的高密度聚乙烯（HDPE-g-MAH）反应增容尼龙 6/超高相对分子质量聚乙烯（PA6/UHMWPE）共混体系，获得了明显的增容效果，分散相 UHMWPE 的粒径从 30～35μm 降低到 3～4μm，共混体系的力学性能明显改善，如表 6.8 所示。

表 6.8　PA6/UHMWPE/HDPE-g-MAH 共混体系的力学性能

PA6/UHMWPE/HDPE-g-MAH/ %（质量分数）	抗张强度/ MPa	杨氏模量/ MPa	断裂伸长率/ %	弯曲强度/ MPa	弯曲模量/ MPa
90/10/0	47.1	1190	19.4	67.7	1397
90/10/5	50.4	1020	39.2	69.1	1402
90/10/10	54.2	1217	132.1	72.4	1411
80/20/0	35.2	996	15.3	54.6	1181
80/20/5	42.3	1038	29.8	57.2	1208
80/20/10	48.5	1120	40.5	60.4	1219
80/20/15	50.8	1137	67.4	62.3	1228
80/20/20	52.3	1149	89.2	64.2	1235
70/30/0	28.7	809	18.8	40.2	1008
70/30/30	47.9	1056	127.0	54.7	1093

6.5.2　通过环氧基和胺基反应实施的原位反应增容

Washiyama 等[38]采用反应挤出接枝方法制备了 PP 接枝甲基丙烯酸环氧丙酯共聚物（PP-g-GMA），并将该共聚物用于 PP 和尼龙 46 的反应增容。如表 6.9 所示，与 PP 未接枝的 PA46/PP 体系相比，PP 接枝体系的抗张强度、杨氏模量、断裂伸长率、弯曲强度和弯曲模量都大幅度提高。但当 PA46 的含量低于 70%（质量分数）时，PP 接枝体系的缺口冲击性能比相应的 PA46/PP 体系低。这是因为与未接枝的 PP 相比,PP-g-GMA 的相对分子质量较低(接枝过程中 PP 分子链发生 β-断裂),冲击强度下降,对体系冲击强度的贡献减少[38,39]。

表 6.9　不同组成的 PA46/PP/PP-g-GMA 在湿态时的力学性能

PA46/PP-g-GMA/PP/ %(质量分数)	抗张强度/ MPa	杨氏模量/ MPa	断裂伸长率/ %	弯曲强度/ MPa	弯曲模量/ MPa	Izod 冲击强度/ (J/m²)
60/40/0	41	1118	6.0	70	1621	22.6
60/0/40	17	347	29.7	62	1391	58.2
70/30/0	47	1188	13.0	89	1784	33.8
70/0/30	18	533	7.0	52	1270	57.5
80/20/0	52	1218	8.8	105	1945	53.4
80/0/20	44	1048	7.8	91	1701	45.6
90/10/0	61	1185	20.0	112	1962	73.0
90/0/10	54	1156	11.5	109	1890	57.0
100/0/0	71	1279	43.5	141	2281	101.7

　　PA46/PP-g-GMA 体系的力学性能优于 PA46/PP 体系的原因可以从两个体系形态结构的差异得到解释。组成为 PA46/PP-g-GMA=75/25 和 PA46/PP=75/25 的样品的 SEM 照片见图 6.15,PP-g-GMA 和 PP 均为分散相,粒子形状都为球形或椭球形,但前者的尺寸要比后者小得多。PP-g-GMA 分散相的粒子直径一般小于 $10\mu m$,而 PP 分散相对粒子的尺寸从几微米到几十微米不等。后者的粒子表面比较光滑,分散相和连续相之间有明显的界限,这表明 PA46 和 PP 之间的相容性很差;而在 PA46/PP-g-GMA 体系中,PP-g-GMA 分散相粒子镶嵌于 PA46 连续相中,两相之间没有明显的界限。这表明采用 PP-g-GMA 与 PA46 共混,由于 GMA 的环氧基和 PA46 的端胺基发生化学反应,生成 PP-g-GMA 与 PA46 的接枝共聚物,体系的相容性和界面黏结性得到改善,致使材料的力学性能得到很大提高。

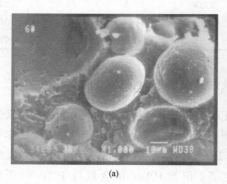
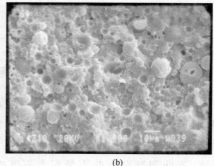

(a)　　　　　　　　　　　　　　(b)

图 6.15　PA46/PP=75/25(a)和 PA46/PP-g-GMA=75/25(b)的共混样品的冲击断面形貌

6.5.3　通过环氧基和羧基反应实施的原位反应增容

作者等[40]研究了 PP-g-GMA（接枝率 1.24%）对具有纳米尺度的端羧基丁腈橡胶（CNBR，粒径范围 50～100nm，凝胶含量 97.1%）和 PP 组成的共混体系的增容作用。发现在相同组成时，CNBR/PP-g-GMA 共混体系的抗张强度、断裂伸长率均高于 CNBR/PP 共混物，邵氏硬度和永久变形则小于 CNBR/PP 共混物（见表 6.10）。当 CNBR 的含量≥70%（质量分数）时，共混物已具有热塑性弹性体的性质，前者的抗张强度和断裂伸长率大约是后者的两倍，硬度和永久变形也有较大程度的下降；当 CNBR 的含量≤25%（质量分数）时，CNBR 是 PP 和 PP-g-GMA 的增韧剂，但对 PP-g-GMA 冲击性能的改善程度远高于对纯 PP 的（见图 6.16）。力学性能的改善归因于 CNBR 的端羧基和 PP-g-GMA 环氧基之间发生了化学反应，形成的接枝共聚物位于两相界面处，起原位反应增容作用，降低了界面张力，增强了两相界面之间的连接和应力的传递。

表 6.10　相同组成的 CNBR/PP 和 CNBR/PP-g-GMA 共混物的力学性能

CNBR/PP/PP-g-GMA/ %（质量分数）	抗张强度/ MPa	断裂伸长率/ %	邵氏硬度/ D	永久变形/ %
30/0/70	28.9	239	59	99
30/70/0	23.5	179	51	73
40/0/60	27.2	228	56	70
40/60/0	19.6	150	49	51
50/0/50	26.2	211	51	66
50/50/0	16.3	117	44	38
60/0/40	23.5	190	47	57
60/40/0	13.3	102	40	28
70/0/30	20.1	176	40	36
70/30/0	12.0	78	32	15
75/0/25	18.0	171	39	32
75/25/0	9.3	73	29	11

作者等[40]同时采用红外光谱法验证了羧基丁腈粉末橡胶和 PP-g-GMA 间的反应，如图 6.17 所示。羧基丁腈粉末橡胶谱图中，位于 2500cm^{-1} 和 3500cm^{-1} 间的宽峰是羧基中—OH 基团的伸缩振动峰；而位于 1700cm^{-1} 处的肩峰则是羧基中羰基的伸缩振动峰。纯化 PP-g-GMA 谱图中，位于 899cm^{-1} 处的特征峰为环氧基团的不对称伸缩振动峰；而环氧基团的其他特征峰均没有显现出来，这是由于环氧基团的这些吸收峰被 PP 的强吸收峰所覆盖的缘故；位于 1740cm^{-1} 处的特征峰对应于 GMA 中的羰基基团。CNBR/PP-g-GMA 谱图中，环氧基团的位于 899cm^{-1} 处

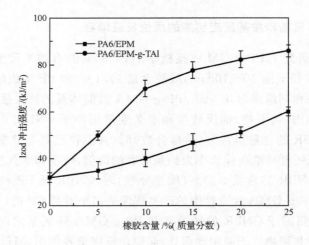

图 6.16　共混物的 Izod 冲击强度随橡胶含量的变化图

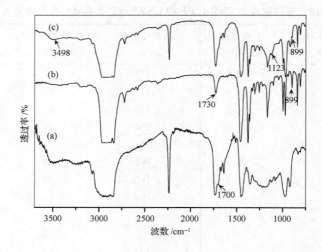

图 6.17　CNBR(a)、PP-g-GMA(b)和 CNBR/PP-g-GMA(c)的红外光谱图

的吸收峰和羧基的位于 1700cm^{-1} 处的吸收峰在 CNBR/PP-g-GMA 热塑性弹性体的谱图中均没有显现；在 3498cm^{-1} 处和 1123cm^{-1} 处出现了两个新的吸收峰，它们分别属于—OH 和—C—O(H)的伸缩振动峰。这表明羧基丁腈粉末橡胶的羧基和 PP-g-GMA 的环氧基团间发生反应后生成了酯基和羟基。

图 6.18 为 PP-g-GMA 和 PP-g-GMA/CNBR＝70/30 的共混物的偏光显微镜照片。与纯 PP 相比，由于接枝到 PP 分子链上的 GMA 的作用，PP-g-GMA 球晶的完善程度下降、缺陷增多，但仍可以看到完整的球晶。在其中加入 30％的羧基丁腈粉末橡胶后，PP-g-GMA 晶体的尺寸显著减小，在相同放大倍数下已看不到球晶

结构，这表明羧基丁腈粉末橡胶对 PP-g-GMA 的结晶起了成核剂的作用。

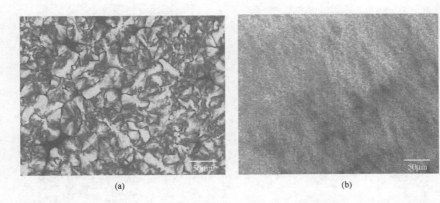

图 6.18　PP-g-GMA 和 PP-g-GMA/CNBR＝70/30 的共混物的偏光显微镜照片
(a) PP-g-GMA(130℃下等温结晶 15min)；(b) PP-g-GMA/CNBR＝70/30(140℃下等温结晶 6min)

6.5.4　通过羟基和羧基反应实施的原位反应增容

　　某些反应增容体系可同时有多种反应共存，例如，以聚酯为主体的共混物中加入含有羧基或者酸酐基团的增容剂，酯化或者酯交换反应会同时发生，达到很好的增容效果。作者等[41]采用反应挤出接枝法制备了线型低密度聚乙烯与丙烯酸的接枝共高聚物(LLDPE-g-AA)(AA 的接枝率为 1.0%)，并将其与对苯二甲酸丁二醇酯(PBT)共混，制备 PBT/LLDPE-g-AA 合金。与相同组成的 PBT/LLDPE 共混体系相比，PBT/LLDPE-g-AA 的抗张强度和杨氏模量稍有改善，但韧性和延展性(分别对应于其冲击强度和断裂伸长率)都明显优于 PBT/LLDPE，见表 6.11。在微观形貌上看得出明显差异，PBT/LLDPE-g-AA分散相粒径和粒径分布都明

表 6.11　不同组成的 PBT/LLDPE/LLDPE-g-AA 共混物的力学性能

PBT/LLDPE/LLDPE-g-AA/ %(质量分数)	抗张强度/ MPa	杨氏模量/ MPa	断裂伸长率/ %	无缺口冲击强度/ (J/m²)	Izod 缺口冲击强度/ (J/m²)
90/10/0	49	830	26	35	23
90/0/10	50	892	37	不断	30
70/30/0	37	820	11	14	16
70/0/30	38	860	38	不断	19
50/50/0	25	652	6	13	12
50/0/50	31	768	29	不断	18
30/70/0	22	503	64	42	58
30/0/70	22	512	80	不断	155

显减小,界面也更加模糊,如图 6.19 所示。

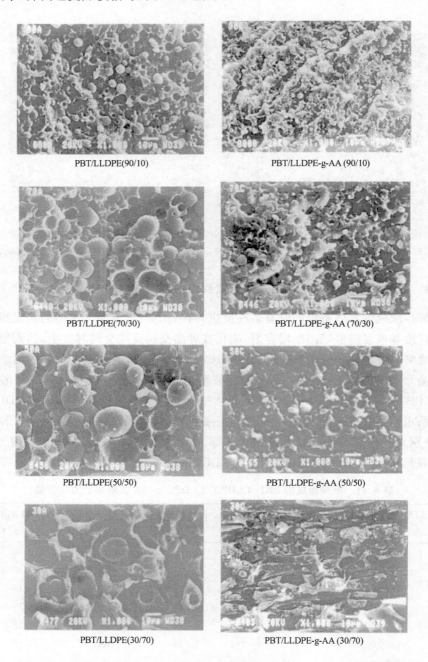

图 6.19　组成相同的 PBT/LLDPE 和 PBT/LLDPE-g-AA 共混物的 SEM 照片

同时,对两个共混体系的稳态流变性质的研究发现,在不同剪切速率下挤出物的不同位置处存在着不同的形态,在较高剪切应力下(280kPa),靠近毛细管壁处会形成一层低黏度的 PBT 层,导致了混合体系黏度的额外降低,大大低于 Utracki 流动方程所预测的体系的理论黏度,如图 6.20 所示。

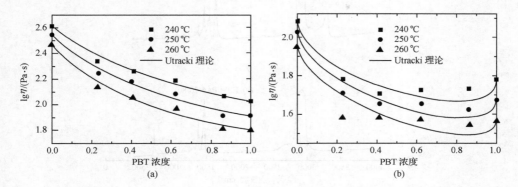

图 6.20　PBT/LLDPE-g-AA 混合体系的熔体黏度与组成的关系曲线

(a) $\sigma = 105$kPa;(b) $\sigma = 280$ kPa

6.5.5　通过胺基与异氰酸酯反应实施的原位反应增容

作者等[43]以烯丙醇和甲苯-2,4-二异氰酸酯(2,4-TDI)为起始物,合成了含异氰酸酯的不饱和单体 3-异氰酸酯-4-甲苯氨基甲酸烯丙酯(TAI),采用溶液接枝法制备了乙丙共聚物(EPM)与 TAI 的接枝高聚物 EPM-g-TAI,并将 EPM-g-TAI 与尼龙 6 共混制备了 PA6/EPM-g-TAI 合金。将质量比均为 80/20 的 PA6/EPM-g-TAI 和 PA6/EPM 两个共混体系分别用 TFE (2,2,2-三氟乙醇)抽提,其相应的残留物的红外图谱见图 6.21。可以看到,PA6/EPM-g-TAI 的残留物在 3299cm^{-1}、1640 cm^{-1} 和 1547 cm^{-1} 处有吸收,这分别对应于 N—H 的伸缩、变形和弯曲振动,表明 PA6/EPM-g-TAI 中尼龙的端胺基与 EPM-g-TAI 的异氰酸酯发生了反应。在 PA6/EPM 的残留物的图谱中未发现上述红外吸收峰。

图 6.22 为质量比均为 25/75 的 PA6/EPM 和 PA6/EPM-g-TAI 共混物的低温断面用二甲苯刻蚀后得到的 SEM 照片。如图所示,对于 PA6/EPM 共混体系,分散相 EPM 被刻蚀后留下的孔洞尺寸较大且分布很宽,两相的界面分明;对于 PA6/EPM-g-TAI(TAI 的接枝率(质量分数)分别为 2.18 %、3.80 %和 4.50%)共混体系,随着 EPM 中 TAI 接枝率的增加,分散相的平均粒径逐渐减小,分布也比较均匀,表明体系的相容性得到明显的改善。

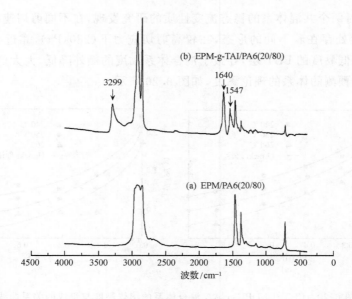

图 6.21　用 TFE 抽提的 PA6/EPM(a)和 PA6/EPM-g-TAI(b)残留物的红外光谱图

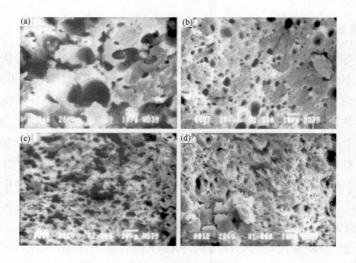

图 6.22　组成为 75/25 的 PA6/EPM 和 PA6/EPM-g-TAI 共混物断面的 SEM 照片
（二甲苯刻蚀）

(a) PA6/EPM；(b) PA6/EPM-g-TAI(2.18％,质量分数)；
(c) PA6/EPM-g-TAI(3.80％,质量分数)；(d) PA6/EPM-g-TAI(4.50％,质量分数)

6.6　增容聚烯烃/聚酰胺合金的流变行为与形态之间的关系

由于聚合物共混体系相态的复杂性,对于三元合金体系,不管是其稳态还是动态流变行为,实验结果和理论预测都有很大偏差[44~46]。流变学理论的应用,往往需要对不同的共混体系进行特定的修正。作者等[47]利用毛细管流变仪,研究了 PP/PA6 和 PP/PP-g-MAH/PA6 共混体系的稳态流变性能,发现实验测定的表观剪切黏度值与 Utracki 公式[式(6.1)]的计算值存在偏差:

$$\lg\eta = -\lg[1 + \beta(\phi_A\phi_B)^{1/2}] - \lg\left(\frac{\phi_A}{\eta_A} + \frac{\phi_B}{\eta_B}\right)$$
$$+ \eta_{max}[1 - (\phi_A - \phi_{A-I})^2/(\phi_A\phi_{B-I}^2 + \phi_B\phi_{A-I}^2)] \tag{6.1}$$

式中,β 为层间滑动系数,代表两相间相互作用的贡献;η_{max} 为最大黏度;ϕ_{B-I} 为组分 B 的相转变浓度,$\phi_{B-I} = 1 - \phi_{A-I}$。

从图 6.23 中可以看到,在两组分 PP/PA6 合系中,由于分散相粒子的形变回复起主导作用,体系的实际黏度小于理论黏度,实际测得的黏度值与计算值的差值 δ 为负值。分散相含量越高,形变粒子越多,共混体系的表观黏度越小,δ 的绝对值变大;而在三组分 PP/PP-g-MAH/PA6 体系中,当分散相粒子的破裂占主导地位时,体系的实际黏度要比计算值高。而且,随着分散相含量的增加,δ 值同样出现增加的趋势。可见 δ 值可以方便用于判断不相容体系增容效果。

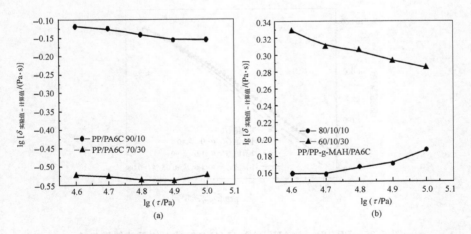

图 6.23　实验测定的和利用 Utracki 公式计算的 PP/PA6 和 PP/PP-g-MAH/PA6
共混体系的黏度值的偏差与剪切速率的关系

(a) PP/PA6 共混体系;(b) PP/PP-g-MAH/PA6 共混体系

在研究 PP/PA6 体系和 PP/PP-g-MAH/PA6 体系的动态流变行为时,作者等[48]发现经典的 Palierne 乳液模型只能描述分散相含量较低的 PP/PA6 体系的动态流变响应,分散相含量较高时 Palierne 模型不再适用,如图 6.24 所示;对于含有增容剂 PP-g-MAH 的共混体系,即使当分散相含量很低时(10%,质量分数),即使采用不同的界面参数,Palierne 模型也不能预测体系的流变行为,如图 6.25 所示。

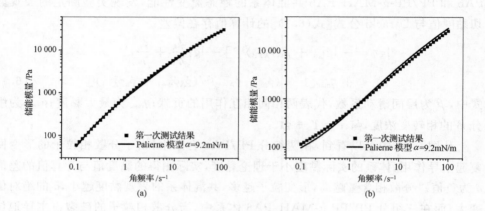

图 6.24 PP/PA6 共混体系的储能模量的实验值和理论计算值之差与角频率的关系

(a) PP/PA6＝90/10;(b) PP/PA6＝70/30

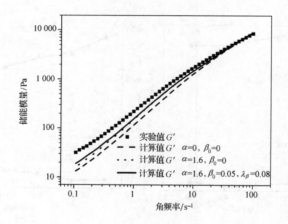

图 6.25 PP/PP-g-MAH/PA6(45/45/10)共混体系储能模量的
实验值和理论计算值之差与角频率的关系

如果将分散相含量较高的两相体系中模型预测值和实验值之差归结为分散相粒子尺寸的不均一性,在增容体系中 Palierne 模型的偏差则是由于体系复杂的相态结构造成的。因为,在增容体系中,PA6 颗粒不是像乳液一样均匀分散在 PP 基体中,而是形成了较为复杂的乳液-乳液结构,即分散在 PP 基体中的 PA6 粒子中又包含了部分 PP 或者 PP-g-MAH,如图 6.26 所示。

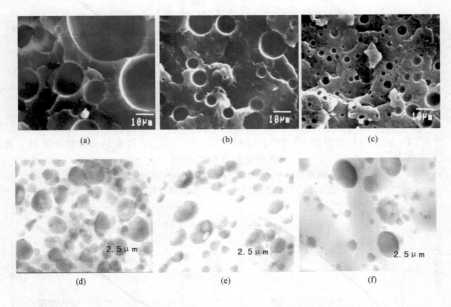

图 6.26　PP/PA6 和 PP/PP-g-MAH/PA6 共混体系的形态
(a) PP/PA6 = 90/10;(b) PP/PA6 = 80/20;(c) PP/PA6 = 70/30;
(d) PP/PP-g-MAH/PA6 = 45/45/10;(e) PP/PP-g-MAH/PA6 = 40/40/20;
(f) PP/PP-g-MAH/PA6 = 35/35/30
图(d)、(e)、(f) 中的标尺为整个照片的宽度

　　有趣的是,如果把包含有部分 PP 或 PP-g-MAH 的 PA6 颗粒看作是完整的 PA6 颗粒,即使 PA6 的含量相应增加,Palierne 模型预测值也与实验值符合得很好,如图 6.27[49]。

　　无论是在增容还是未增容体系中,在进行流变试验前对样品进行预剪切都可以使得体系的相态结构更加均匀(对于未增容体系,分散相粒子尺寸更加均一;对于增容体系,分散相粒子中的乳液-乳液结构会减少),实验值与模型预测值更加吻合,如图 6.28 和图 6.29 所示。所有这些结果都表明,当共混体系的结构比较清楚时,Palierne 模型可以很好地描述聚合物共混体系的流变行为,同样,在测得聚合物共混体系的流变行为后,也可以通过 Palierne 模型来预测共混体系的相态结构。最近的有关 PP/PA6 的松弛行为的研究结果进一步证明了这个观点[49]。

　　另外,一种聚合物体系的松弛时间谱也可以通过对流变实验测得的储能模量

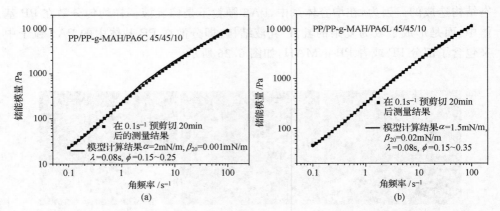

图 6.27　经预剪切处理的 PP/PP-g-MAH/PA6（45/45/10）体系的储能模量的测定值
和理论拟合值的比较

预剪切速率＝0.1 s⁻¹；预剪切时间＝20 min。

$F = 0.15 \sim 0.25$ 或 0.35 表示拟合过程中 PA6 含量随剪切速率的降低而增加的幅度

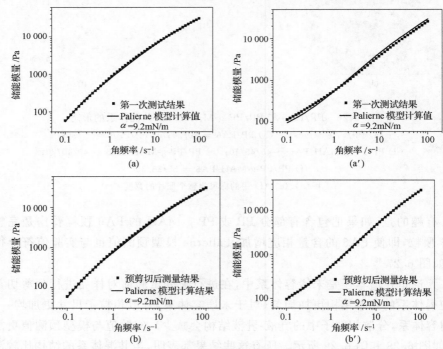

图 6.28　经预剪切处理和未经预剪切处理的 PP/PA6 共混体系的储能模量的
实验值与模拟值的比较

（a）PP/PA6 ＝ 90/10（剪切前）；（a′）PP/PA6 ＝ 70/30（剪切后）；
（b）PP/PA6 ＝ 90/10（剪切前）；（b′）PP/PA6 ＝ 70/30（剪切后）

剪切速率 ＝ 0.1 s⁻¹；剪切时间 ＝ 10 min

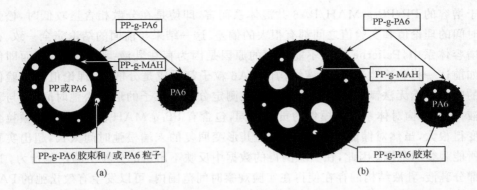

图 6.29　PP/PP-g-MAH/PA6 共混体系中两种乳液-乳液结构的示意图
(a) PP 或 PA6 粒子被 PP-g-MAH 包覆；(b) PP-g-MAH 被大的 PA6 粒子包覆

与频率的关系曲线进行非线性回归(NLREG)的方法求得。通常把松弛时间谱中的峰值时间称为体系的实验松弛时间；另一方面,共混体系中分散相粒子的松弛时间可以通过 Palierne 模型来计算[50]。表 6.12 所列为各种共混体系中分散相粒子的形变松弛时间的理论和实验值。在计算理论松弛时间时,对于未增容体系,两相界面张力为 9.2mN/m；对于增容体系,两相界面张力值为 0.2mN/m,而界面强度 β_{20} 为 0.02mN/m。所有这些数据都来自文献[48]。

表 6.12　PP/PA6 和 PP/PP-g-MAH/PA6 共混体系中分散相粒子的形变松弛时间的理论与实验值

PP/PP-g-MAH/PA6 （质量比）	τ/s（实验）	τ/s（理论）	
		τ_1	$\tau_\beta^{③}$
90/0/10	1.1	1.1[①]	—
70/0/30	17.3	5.9[①]	—
45/45/10	26.0	0.1[②]	21.1
35/35/30	17.0	0.1[②]	36.5
80/10/10	40.0	0.2[②]	37.1
60/10/30	42.0	0.5[②]	84.1

① $\alpha = 9.2$mN/m；

② $\alpha = 2$mN/m；

③ $\alpha = 2$mN/m；$\beta_{20} = 0.02$mN/m。

　　在未增容体系中,当分散相含量较低时(10%,质量分数),理论和实验松弛时间有很好的匹配,这说明 Palierne 模型在此体系中可以完全适用；而当分散相含量增加到 30% 时,由于分散相粒子之间有可能碰在一起,而不能形成类似稳定乳液的海岛结构[50,51],两个松弛时间之间的差别变得很大,Palierne 模型不适用[52]。对于增容的 PP/PP-g-MAH/PA6 共混体系而言,即使是在分散相含量较低时,松弛时间的理论值和实验值之间都有很大的偏差。这一结果与前面的结论完全一致。在增容体系中,Palierne 模型不能适用的原因是因为存在乳液-乳液结构,然而即使如前述一样将产生乳液-乳液结构的 PA6 粒子都看成是分散相,理论值和实验值的吻合仍然无法满意。这主要是由于在测定分散相粒子的形变松弛时间时,与乳液-乳液结构对体系储能模量的贡献不同,包含有 PP-g-MAH 液滴的 PA6 颗粒会变得很大,虽然对储能模量有贡献,但其形变回复的末端松弛时间太长,超出实验所能观察的范围。因此,在实验测得的数据中反映不出这部分粒子的松弛行为。这部分乳液-乳液结构的存在使得在实验观察时间范围内,可以发生有效松弛的 PA6 颗粒反而减少了。如果这种结构不能归结为分散相的话,那么在进行理论计算时就必须把它们归结为连续相,此时体系中的连续相将是由 PP、PP-g-MAH 和乳液-乳液结构三部分组成,乳液-乳液结构的存在会使得整个连续相的黏度发生变化,关于详细的黏度计算方法,有兴趣的读者可以参见参考文献[50]。当重新计算了连续相的黏度以后,PA6 的形变松弛时间的理论值和实验值能很好地吻合。图 6.29 为增容 PP/PP-g-MAH/PA6 共混体系中乳液-乳液结构的示意图。

　　从以上分析不难看出,对于共混体系而言,其形态结构的差异很大程度上影响了它的流变行为,同时,如果能过清晰地表征共混体系的形态,仍然可以运用流变学的模型来预测材料的一些本征特性(如界面张力、界面强度等等)。

参 考 文 献

[1]　Minoura Y, Ueda M, Mizunuma S, Oba M. The reaction of polypropylene with maleic anhydride. J. Appl. Polym. Sci., 1969, 13(8): 1625~1640

[2]　Gaylord N G, Mishra M K. Nondegradative reaction of maleic anhydride and molten polypropylene in the presence of peroxides. J. Polym. Sci. Polym. Lett. Ed., 1983, 21(1):23~30

[3]　Roover B D, Sciavons M, Carlier V, Devaux J, Legras R, Momtag A. Molecular characterization of maleic anhydride-functionalized polypropylene. J. Polym. Sci. Part. A Polym. Chem., 1995, 33(5): 829~842

[4]　Heinen W, Rosenmoller C H, Wenzel C B, de Groot H J M, Lugtenburg J, van Duin M. ^{13}C NMRstudy of the grafting of maleic anhydride onto polyethene, polypropene, and ethene-propene copolymers. Macromolecules, 1996, 29(4): 1151~1157

[5]　Russell K E, Kelusky E C. Grafting of maleic anhydride to n-eicosane. J. Polym. Sci. Polym. Chem. Ed., 1988, 26(8): 2273~2280

[6]　Rengarajan R, Parameswaran V R, Lee S, Vicic M, Rinaldi P L. N. m. r. analysis of polypropylene-maleic anhydride copolymer. Polymer, 1990, 31(9): 1703~1706

[7]　Constable R C, Adur A M. Proceedings of the Forty ninth Annual Technical Conference Society on Plastic Engineering. Montreal, 1991, 1982

[8]　Shi D, Yang J H, Yao Z H, Wang Y, Huang H L, Wu J, Yin J H. Functionalization of isotactic polypropylene with maleic anhydride by reactive extrusion: mechanism of melt grafting. Polymer, 2001, 42(13): 5549～5557

[9]　Zhu Y, An L, Jiang W. Monte Carlo simulation of the grafting of maleic anhydride onto polypropylene at higher temperature. Macromolecules, 2003, 36(10): 3714～3720

[10]　Zhang R H, Zhu Y T, Zhang J G, Jiang W, Yin J H. Effect of the initial maleic anhydride content on the grafting of maleic anhydride onto isotactic polypropylene. J. Polym. Sci. Part A Polym. Chem., 2005, 43(22): 5529～5534

[11]　Galia A, De Gregorio R, Spadaro G, Scialdone O, Filardo G. Grafting of maleic anhydride onto isotactic polypropylene in the presence of supercritical carbon dioxide as a solvent and swelling fluid. Macromolecules, 2004, 37(12): 4580～4589

[12]　Liu T, Hu G H, Tong G S, Zhao L, Cao G P, Yuan W K. Supercritical carbon dioxide assisted solid-state grafting process of maleic anhydride onto polypropylene. Ind. Eng. Chem. Res., 2005, 44: 4292～4299

[13]　Hu G H, Flat J J, Lambla M. Exchange and free-radical grafting reactions in reactive extrusion. Makromol. Chem. Macromol. Symp., 1993, 75: 137～157

[14]　Cartier H, Hu G H. Styrene-assisted melt free radical grafting of glycidyl methacrylate onto polypropylene. J. Polym. Sci. Part A Chem. Ed., 1998, 36(7): 1053～1063

[15]　Hu G H, Cartier H. Free radical grafting of glycidyl methacrylate onto PP in a co-rotating twin screw extruder-Influence of feeding mode. Inter. Polym. Proc., 1998, 13(2):111～117

[16]　Xie X M, Chen N H, Guo B H, Li S. Study of multi-monomer melt-grafting onto polypropylene in an extruder. Polym. Int., 2000, 49(12):1677～1683

[17]　Shi D, Li R K Y, Zhu Y T, Ke Z, Yin J H, Jiang W, Hu G H. Nano-reactors for controlling the selectivity of the free radical grafting of maleic anhydride onto polypropylene in the melt. Polym. Eng. Sci., 2006, 46(10): 1443～1454

[18]　米纳切夫 X M, 霍达科夫 I O C, 安托申 Γ B, 马尔科夫 M A 著, 刘恒潜译. 稀土在催化中的应用. 北京: 科学出版社, 1989, 2

[19]　Trovarelli A, de Leitenburg C, Boaro M, Dolcetti G. The utilization of ceria in industrial catalysis. Catal. Today, 1999, 50(2): 353～367

[20]　Jones M, Wilson R, Norbeck J M, Han W J, Hurley R, Schuetzle D. A systems evaluation on the effectiveness of a catalyst retrofit program in China. Environ. Sci. Technol., 2001, 35: 3416～3421

[21]　Nakayama Y, Yasuda H. Developments of rare earth metal catalysts for olefin polymerization. J. Organomet. Chem., 2004, 689(24): 4489～4498

[22]　Colussi S, de Leitenburg C, Dolcetti G, Trovarelli A. The role of rare earth oxides as promoters and stabilizers in combustion catalysts. J. Alloy Compd., 2004, 374(2): 387～392

[23]　朱连超, 唐功本, 石强, 殷敬华. 稀土化合物参与的等规聚丙烯熔体接枝马来酸酐. 高等学校化学学报, 2006, 27(5): 970～974

[24]　Zhu L C, Tang G B, Shi Q, Cai C L, Yin J H. Neodymium oxide-assisted melt free-radical grafting of maleic anhydride on isotactic-polypropylene by reactive extrusion. J. Polym. Sci. Part B Polym. Phys., 2006, 44(1): 134～142

[25]　Zhu L C, Tang G B, Shi Q, Cai CL, Yin J H. Neodymium oxide co-catalyzed melt free radical

grafting of maleic anhydride onto co-polypropylene by reactive extrusion. React. Funct. Polym., 2006, 66: 984～992

[26] Barrett S D, Dhesi S S. The structure of rare-earth meltal surfaces. Imperial College Press, 2001, 6

[27] 郑郢, 石春山. 稀土元素价态及变态稀土元素. 稀土, 1994, 15(5): 37～41

[28] 赵劲松, 付志敏, 王栋. 稀土复合稳定剂在 PVC 加工中的应用及稳定机理探讨. 聚氯乙烯, 2002, (3): 30～34

[29] 赵劲松, 付志敏. 稀土复合稳定剂在 PVC 加工中的应用及稳定机理探讨. 塑料助剂, 2002, (4): 24～30

[30] 付志敏, 赵劲松, 郑德. PVC 加工的稳定机理探讨. 氯乙烯, 2004, (5): 29～39

[31] Fidelis I K, Mioduski T J. In Stucture and Bonding. Vol. 47 (Eds: Clarke M J, Hemmerich P, Jrgensen C K, Reinen D, Williams R J P). New York: Springer-Verlag Berlin Heidelberg, 1981, 22

[32] Yamazaki T, Seguchi T. Electron spin resonance study on chemical crosslinking reaction mechanisms of polyethylene using a chemical agent. V. Comparison with polypropylene and ethylene-propylene copolymer. J. Polym. Sci. Part A Polym. Chem., 2000, 38(18): 3383～3389

[33] Faucitano A, Buttafava A, Mayer J, Banford H, Fouracre R A. ESR study of the effects of a charge scavenger on the radiolysis of isotactic polypropylene. Radiat. Phys. Chem., 1999, 54: 195～197

[34] Zhou W, Zhu S. ESR Study on Peroxide Modification of Polypropylene. Ind. Eng. Chem. Res., 1997, 36: 1130～1135

[35] Yu Q, Zhu S. Peroxide crosslinking of isotactic and syndiotactic polypropylene. Polymer, 1999, 40 (11): 2961～2968

[36] Paul D R, Bucknall C B. Polymer blends. New York: John Wiley & Sons, Inc. 2000

[37] Yao Z H, Yin Z H, Sun G F, Liu C, Ren L, Yin J H. Morphology, thermal behavior, and mechanical properties of PA6/UHMWPE blends with HDPE-g-MAH as a compatibilizing agent. J. Appl. Polym. Sci., 2000, 75(2): 232～238

[38] Washiyama J, Kramer E J, Hui C Y. Fracture mechanisms of polymer interfaces reinforced with block copolymers: transition from chain pullout to crazing. Macromolecules, 1993, 26(11): 2928～2934

[39] Washiyama J, Kramer E J, Creton C, Hui C Y. Chain pullout fracture of polymer interfaces. Macromolecules, 1994, 27(8): 2019～2024

[40] Xu X D, Qiao J L, Yin J H, Gao Y, Zhang X H, Ding Y T, Liu Y Q, Xin Z R. Preparation of fully cross-linked CNBR/PP-g-GMA and CNBR/PP/PP-g-GMA thermoplastic elastomers and their morphology, structure and properties. J. Polym. Sci. Part B Polym. Phys., 2004, 42(6): 1042～1052

[41] Yang J H, Yao Z H, Shi D, Huang H L, Wang Y, Yin J. Efforts to decrease crosslinking extent of polyethylene in a reactive extrusion grafting process. J. Appl. Polym. Sci., 2001, 79(3): 535～543

[42] Yang J H, Shi D, Gao Y, Song Y X, Yin J H. Rheological properties and morphology of compatibilized poly(butylene terephthalate)/linear low-density polyethylene alloy. J. Appl. Polym. Sci., 2003, 88(1): 206～213

[43] Ding Y T, Xin Z R, Gao Y, Xu X D, Yin J H, Costa G. Reactive compatibilization of polyamide 6 with isocyanate functionalized ethylene-propylene copolymer. Macromol. Mater. Eng., 2003, 288: 446～454

[44]　Utracki L A. On the viscosity-concentration dependence of immiscible polymer blends. J. Rheol. , 1991, 35:1615~1637

[45]　Irving, J B. Viscosities of binary liquid mixtures:A survey of mixture equations. Natl. Eng. Lab. Rept. , 1977, 630

[46]　Palierne J F. Linear Rheology of Viscoelastic Emulsions with Interfacial Tension. Rheol. Acta. , 1990, 29: 204~214

[47]　Shi D, Jiang F D, Ke Z, Yin J H, Li R K Y. Melt rheological properties of polypropylene-polyamide6 blends compatibilized with maleic anhydride-grafted polypropylene. Polym. Int. , 2006, 55(6):701~ 707

[48]　Shi D, Yang J H, Ke Z, Gao Y, Wu J, Yin J H. Rheology and morphology of reactively compatibilized PP/PA6 blends. Macromolecules, 2002, 35(21): 8005~8012

[49]　Shi D, Hu G H, Ke Z, Li R K Y, Yin J H. Relaxation behavior of PP/PA6 blends compatibilized with PP-g-MAH:An application of palierne model in polymer melts with complex interface. Polymer, 2006, 47: 4659~4666

[50]　Riemann R E, Cantow H J, Friedrich C. Interpretation of a new interface-governed relaxation process in compatibilized polymer blends. Macromolecules, 1997, 30(18): 5476~5484

[51]　Jeon H K, Kim J K. The Effect of the Amount of in situ formed copolymers on the final morphology of reactive polymer blends with an in situ compatibilizer. Macromolecules, 1998, 31(26): 9273~ 9280

[52]　Souza A M C, Demarquette N R. Influence of composition on the linear viscoelastic behavior and morphology of PP/HDPE blends. Polymer, 2002, 43(4): 1313~1321

（殷敬华　施德安　朱连超）

第 7 章　聚烯烃接枝及其反应动力学的 Monte Carlo 模拟

7.1　引　　言

随着计算机硬件和软件的快速发展,计算机模拟在高分子科学研究中的作用越来越重要,其中 Monte Carlo 模拟作为最经典和实用的模拟方法之一而备受人们的关注。众所周知,高分子化学结构的独特之处是由一种或多种单体单元键合而成,且相对分子质量很大。从物理角度看,化学反应过程中分子数的变化只能是一整数量,而且化学反应是一个随机过程。因此,就高分子化学问题而言,合成高分子的链长也应是一个离散的整数量。正是由于高分子反应中的随机特征,使 Monte Carlo 算法研究高分子反应问题成为可能。

关于高分子反应动力学的 Monte Carlo 算法及其理论依据在文献中已有详细论述[1]。在此作者仅作一简单介绍。

化学反应的发生首先需要分子间的碰撞,而这种碰撞可以看作是一个 Markov 随机过程。因此,化学反应也应是一个 Markov 随机过程。

对于简单的双分子反应,

$$A + B \longrightarrow C \tag{7.1}$$

根据分子碰撞理论我们可以定义 π_{AB} 为单位时间内分子 A 和 B 因碰撞而发生化学反应的概率。这意味着在体积 V 中,均匀混合的 X_A 个 A 分子和 X_B 个 B 分子在 Δt 时刻内因碰撞而发生反应的概率为

$$\pi_{AB}X_A X_B \Delta t \tag{7.2}$$

π_{AB} 可以看作是微观反应速率常数,其与确定性速率方程中的反应动力学速率常数 k_{AB} 的关系为

$$k_{AB} = \pi_{AB}V \tag{7.3}$$

对于复杂的由 M 个反应组成的高分子反应体系,在 Δt 时间内发生第 μ 个反应的概率为

$$a_\mu \Delta t = \pi_{AB}X_A X_B \Delta t \tag{7.4}$$

因此,只要知道下一个反应发生的时间和下一个反应是哪一种反应就可以确立体系各物种随时间的演化结果。

理论上可以证明,当时间间隔为

$$\tau = \left[\frac{1}{\sum_{\mu=1}^{M} a_{\mu}} \right] \ln \left(\frac{1}{r_1} \right) \tag{7.5}$$

式中，r_1 是单位区间内均匀分布的随机数。第 μ 个反应的抽样可对其随机事件进行直接抽样，即

$$\sum_{v=1}^{\mu-1} a_v < r_2 \sum_{v=1}^{M} a_v \leqslant \sum_{v=1}^{\mu} a_v \tag{7.6}$$

r_2 是另一个单位区间内均匀分布的随机数，体系的演化符合反应概率密度函数随时间演化的规律。式(7.5)和式(7.6)是高分子反应动力学 Monte Carlo 随机抽样的基本原则。

7.2　聚烯烃接枝及其反应动力学的 Monte Carlo 模拟原理及算法

聚烯烃接枝是聚烯烃功能化和高性能化的主要途径之一。本章主要以自由基引发马来酸酐(MAH)接枝聚丙烯(PP)和线型聚乙烯(LPE)为对象，阐述 Monte Carlo 模拟的原理及算法。这主要是因为 MAH 接枝 PP 和 LPE 是目前工业上和实验室最为常用的官能化聚烯烃的方法，但同时也存在比较突出的科学问题。比如，对 MAH 接枝 PP，产物的接枝率不高、产物结构难以表征，其接枝反应历程和接枝产物结构一直是人们争论的焦点。而计算机模拟则不受实验条件的限制，可以弥补实验研究的不足。

对一给定的高分子反应体系，模拟之前首先应清楚该体系中存在的化学反应和规则以及各种反应的反应速率常数。比如，对 PP 熔融接枝 MAH，存在温度上限理论，即高温下接枝 PP 的过程中，MAH 不能发生自聚。之后，给出初始条件，如各物种的浓度。这些都确定之后就可按式(7.5)和式(7.6)进行计算机模拟。

7.2.1　聚丙烯接枝马来酸酐的 Monte Carlo 模拟原理及算法

MAH 接枝 PP 通常是熔融条件下进行的，反应温度较高。自由基引发剂通常为过氧化二异丙苯(DCP)。反应受温度上限理论的约束，即 MAH 不能发生自聚，并且 MAH 自由基只能发生歧化终止。综合文献报道[2~5]，作者等采用如图 7.1 所示的 DCP 引发 MAH 接枝 PP 的反应机理。

从图 7.1 中可以看出体系中接枝反应过程包括如下 10 个基元反应：

引发：

$$\text{DCP} \longrightarrow 2\text{RO} \cdot \qquad\qquad k_{\text{d}} \tag{7.7}$$

吸氢：

$$\text{RO} \cdot + \text{PP} \longrightarrow \text{\textidentityofgraft} \qquad k_{\text{tr2}} \tag{7.8}$$

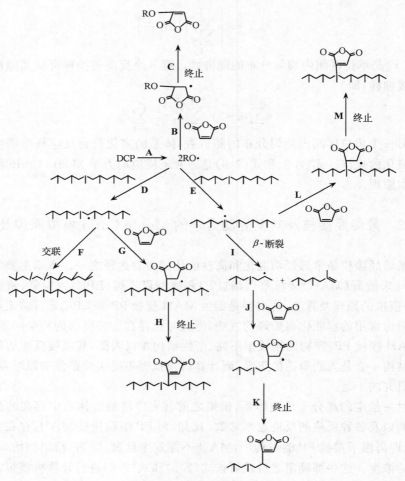

图 7.1　MAH 接枝 PP 的反应机理

$$RO\cdot + PP \longrightarrow \text{⋀⋀⋀⋀⋀} \qquad k_{tr3} \qquad (7.9)$$

副反应：

$$RO\cdot + MAH \longrightarrow \text{(RO⋯)} \qquad k_{side} \qquad (7.10)$$

β-断裂：

$$\text{⋀⋀⋀⋀⋀} \xrightarrow{\;\beta\text{-断裂}\;} \text{⋀⋀} + \text{⋀⋀⋀} \qquad k_\beta \qquad (7.11)$$

接枝：

$$\text{⋀⋀⋀⋀} + MAH \longrightarrow \text{⋀⋀⋀⋀} \qquad k_{j1} \qquad (7.12)$$

$$\text{（图）} \quad + \text{MAH} \quad \longrightarrow \quad \text{（图）} \qquad k_{j2} \qquad (7.13)$$

$$\text{（图）} \quad + \text{MAH} \quad \longrightarrow \quad \text{（图）} \qquad k_{j3} \qquad (7.14)$$

交联：

$$2 \text{（图）} \quad \xrightarrow{\text{交联}} \quad \text{（图）} \qquad k_{t1} \qquad (7.15)$$

终止：

$$\text{R} \cdot + \text{R} \cdot \longrightarrow \text{R} + \text{R} \qquad k_{t2} \qquad (7.16)$$

其中，R·和 R 分别表示大分子自由基和终止反应产物。

由式(7.5)和式(7.6)可知在时间间隔$(t, t+\tau)$，接枝反应中发生哪个基元反应由式(7.17)和式(7.18)决定：

$$\sum_{\nu=1}^{\mu-1} P_\nu < r_1 \leqslant \sum_{\nu=1}^{\mu} P_\nu \qquad (7.17)$$

$$\tau = (1/a_0)\ln(1/r_2) \qquad (7.18)$$

其中，r_1 和 r_2 是单位区间随机数；μ 是被选择的反应；P_ν 是第 ν 个反应的反应概率；τ 是时间间隔；$a_0 = \sum_{\nu=1}^{M} a_\nu$；M 是体系总的基元反应数。所有基元反应速率如下所示：

$$a_1 = k_d^{MC}[\text{DCP}]; \quad a_2 = k_{tr2}^{MC}[\text{RO} \cdot][\text{PP}]; \quad a_3 = k_{tr3}^{MC}[\text{RO} \cdot][\text{PP}];$$

$$a_4 = k_{side}^{MC}[\text{RO} \cdot][\text{MAH}]; \quad a_5 = k_\beta^{MC}[\text{R3} \cdot]; \quad a_6 = k_{j1}^{MC}[\text{R3} \cdot][\text{MAH}];$$

$$a_7 = k_{j2}^{MC}[\text{R2} \cdot][\text{MAH}]; \quad a_8 = k_{j3}^{MC}[\text{R}\beta 2 \cdot][\text{MAH}]; \quad a_9 = 0.5 k_{t1}^{MC}[\text{R2} \cdot]^2;$$

$$a_{10} = 0.5 k_{t2}^{MC}[\text{R} \cdot]^2 \qquad (7.19)$$

其中，[RO·]表示有 DCP 裂解所得的自由基浓度；[R3·]和[R2·]分别表示 PP 三级碳、二级碳自由基的浓度；[Rβ2·]是表示由 β-裂解，式(7.11)所得到的 PP 末端二级碳自由基浓度；[R·]表示体系中总的自由基浓度。根据 a_0 的定义，可知 $a_0 = a_1 + a_2 + a_3 + a_4 + a_5 + a_6 + a_7 + a_8 + a_9 + a_{10}$。

在时间间隔$(t, t+\tau)$中，各基元反应发生的概率可由式(7.20)求得

$$P_\nu = a_\nu/a_0 \qquad (7.20)$$

式中，P_ν 是 10 个基元反应的第 ν 个反应的概率。

此外，模拟中使用的微观反应速率常数 K^{MC}，可以通过下列公式从实验中所测得的宏观反应速率常数 K^{exp} 转化得到：

$$K^{MC} = K^{exp} \quad （一级反应） \qquad (7.21)$$

$$K^{MC} = \frac{K^{exp}}{VN_A} \quad \text{(二级反应)} \tag{7.22}$$

其中，N_A 是阿伏伽德罗常量；V 为体系的体积。代入各个物种的初始浓度和各个反应速率常数值，就可以进行模拟计算直到反应结束。

7.2.2　线型聚乙烯接枝马来酸酐的 Monte Carlo 模拟原理及算法

根据文献报道[6~12]，可以把 DCP 引发 LPE 接枝 MAH 体系中所有的基元反应归纳如下：

引发：

$$\text{DCP} \longrightarrow 2\text{RO} \cdot \qquad\qquad k_d \tag{7.23}$$

吸氢：

$$\text{RO} \cdot + \text{PE} \longrightarrow \text{PE} \cdot + \text{ROH} \qquad\qquad k_{Hy} \tag{7.24}$$

接枝和均聚：

$$\text{RO} \cdot + \text{MAH} \longrightarrow \text{MAH} \cdot + \text{ROH} \qquad k_I$$
$$\text{PE} \cdot + \text{MAH} \longrightarrow \text{PE—MAH} \cdot \qquad k_{p1}$$
$$\text{PE—(MAH)}_n^{\cdot} + \text{MAH} \longrightarrow \text{PE—(MAH)}_{n+1}^{\cdot} \qquad k_{p2}$$
$$\text{(MAH)}_m^{\cdot} + \text{MAH} \longrightarrow \text{(MAH)}_{m+1}^{\cdot} \qquad k_{p3} \tag{7.25}$$

链转移：

$$\text{PE—(MAH)}_n^{\cdot} + \text{PE} \longrightarrow \text{PE} \cdot + \text{PE—(MAH)}_n \qquad k_{tr1}$$
$$\text{(MAH)}_m^{\cdot} + \text{PE} \longrightarrow \text{(MAH)}_m + \text{PE} \cdot \qquad k_{tr2} \tag{7.26}$$

交联和终止：

$$\text{PE} \cdot + \text{PE} \cdot \longrightarrow \text{PE—PE} \qquad k_{c1}$$
$$\text{PE} \cdot + \text{PE—(MAH)}_n^{\cdot} \longrightarrow \text{PE—(MAH)}_n\text{—PE} \qquad k_{c2}$$
$$\text{(MAH)}_m^{\cdot} + \text{PE} \cdot \longrightarrow \text{PE—(MAH)}_m \qquad k_{t1}$$
$$\text{PE—(MAH)}_n^{\cdot} + \text{PE—(MAH)}_m^{\cdot} \longrightarrow \text{PE—(MAH)}_n + \text{PE—(MAH)}_m$$
$$\qquad\qquad k_{t2}$$
$$\text{PE—(MAH)}_n^{\cdot} + \text{(MAH)}_m^{\cdot} \longrightarrow \text{PE—(MAH)}_n + \text{(MAH)}_m \qquad k_{t3}$$
$$\text{(MAH)}_n^{\cdot} + \text{(MAH)}_m^{\cdot} \longrightarrow \text{(MAH)}_n + \text{(MAH)}_m \qquad k_{t4} \tag{7.27}$$

其中，PE、MAH 和 DCP 分别表示聚乙烯、马来酸酐以及引发剂分子。

模拟方法和算法与 PP 接枝 MAH 的类似，只是没有温度上限理论的限制。代入各个物种的初始浓度和各个反应速率常数值，就可以按式(7.21)和式(7.22)进行模拟计算直到反应结束。

7.3　聚丙烯接枝马来酸酐及其反应动力学的 Monte Carlo 模拟

首先生成 10 000 条 PP 链，其链长分布如图 7.2 所示，数均相对分子质量

（M_n）和重均相对分子质量（M_w）分别是 $6.5×10^4$ 和 $14.1×10^4$，并假定体系是均匀的。在模拟中，温度恒定在 190 ℃，且不考虑热降解的影响。通过改变引发剂 DCP 和接枝单体 MAH 的浓度研究初始条件对接枝结果的影响。

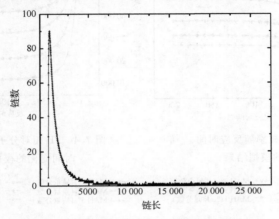

图 7.2　初始 10 000 条 PP 链随链长分布

　　模拟所用的宏观反应速率常数列入表 7.1。该表中的数据一部分是由较低温度下的速率常数根据活化能换算得到的，一部分速率常数是引用与其类似反应的速率常数，还有一部分速率常数由于缺乏相关的数据，是在一合理的范围内调试得到的。

表 7.1　模拟所用的 MAH 接枝 PP 宏观反应速率常数

反应速率常数	数值	反应速率常数	数值
k_d/s^{-1}	$4.9×10^{-2}$	$k_{j1}/[L/(mol·s)]$	$1.09×10^4$
$k_{tr2}/[L/(mol·s)]$	$5.7×10^6$	$k_{j2}/[L/(mol·s)]$	$1.09×10^4$
$k_{tr3}/[L/(mol·s)]$	$2.7×10^7$	$k_{j3}/[L/(mol·s)]$	$1.09×10^4$
$k_{side}/[L/(mol·s)]$	$2.85×10^6$	$k_{t1}/[L/(mol·s)]$	$1.99×10^8$
k_β/s^{-1}	3000	$k_{t2}/[L/(mol·s)]$	$1.99×10^8$

　　图 7.3 是接枝率随反应时间的模拟结果。由该图可以看出，在开始的 100s 内接枝率是随反应时间的增加一直增加。这一规律和 Jaehyug 等的实验结果相吻合[13]。在他们的研究中发现，接枝率随反应时间增加而增加，在 120s 达到平衡值后保持不变。这也说明了表 7.1 中速率常数的合理性。此外，从图 7.4 中，可以看出，PP 相对分子质量在前 100 s 里一直下降，而在接下来的 100s 里保持不变。图 7.3 和图 7.4 都说明反应时间为 200s 时，体系中各反应已经基本完成。因此，图 7.5~图 7.7 均是反应时间为 200s 的模拟结果。

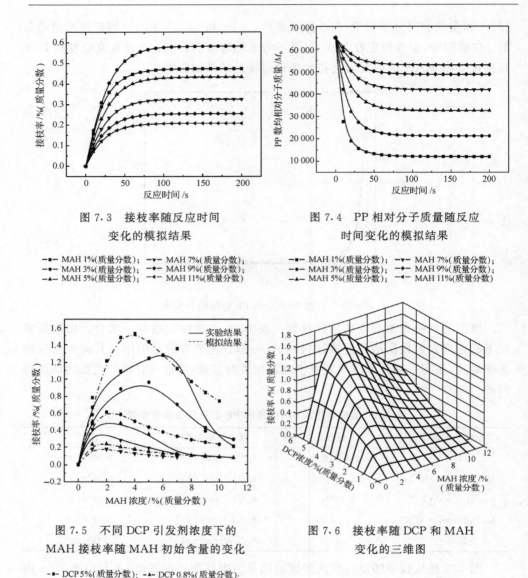

图 7.3　接枝率随反应时间
变化的模拟结果

— ■— MAH 1%(质量分数)；— ▼— MAH 7%(质量分数)；
— ●— MAH 3%(质量分数)；— ◆— MAH 9%(质量分数)；
— ▲— MAH 5%(质量分数)；— ◄— MAH 11%(质量分数)

图 7.4　PP 相对分子质量随反应
时间变化的模拟结果

— ■— MAH 1%(质量分数)；— ▼— MAH 7%(质量分数)；
— ●— MAH 3%(质量分数)；— ◆— MAH 9%(质量分数)；
— ▲— MAH 5%(质量分数)；— ◄— MAH 11%(质量分数)

图 7.5　不同 DCP 引发剂浓度下的
MAH 接枝率随 MAH 初始含量的变化

-■- DCP 5%(质量分数)；-▲- DCP 0.8%(质量分数)；
-●- DCP 2%(质量分数)；-▼- DCP 0.6%(质量分数)

图 7.6　接枝率随 DCP 和 MAH
变化的三维图

图 7.5 是不同 DCP 引发剂浓度下的 MAH 接枝率和 MAH 添加量的关系图。为了便于比较,同时也给出了施德安等在相同条件下所得到的实验结果[5]。其中实线是实验结果,虚线是模拟结果。从图 7.5 中,可以看出,实验和模拟符合较好。随着 MAH 浓度的增加,接枝率先上升到一个峰值后下降。引发剂 DCP 浓度越高,所对应接枝率的峰值点就越高。此外,随着 DCP 浓度的增加,接枝率峰值点所对应的 MAH 浓度也增大。所有这些规律都和施德安等的实验结果相符合[5],这也进一步

说明了模拟中采用的反应机理和速率常数的合理性。

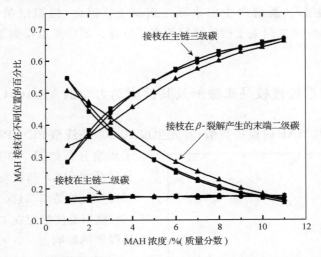

图 7.7　各种接枝结构的产物比例随 DCP 和 MAH 初始含量的关系

—■— DCP 0.8%(质量分数)；　—●— DCP 2%(质量分数)；　—▲— DCP 5%(质量分数)

　　图 7.6 给出了更为全面的接枝率、MAH 浓度、引发剂浓度的三维关系图。从该图中可以看出接枝率的峰位随 DCP 浓度的降低向低浓度的 MAH 方向移动，而且当 DCP 浓度低于 0.5%(质量分数)时候该峰已不明显。这与 Bettini 等的实验结果相符合[14,15]。

　　如图 7.1 所示，MAH 在 PP 链上有三个不同接枝位置，分别是 PP 主链上的二级碳、三级碳以及由 β-裂解产生的末端二级碳。人们对于 MAH 的接枝结构一直存在争议。Heinen 等认为 MAH 主要接枝在 PP 主链的三级碳上[4]，而 Roover 等则认为 MAH 主要接枝在由 β-裂解产生的末端二级碳上[3]。Monte Carlo 模拟的一大优势是能够在分子水平对体系进行在线研究。通过模拟可以对各种接枝产物含量进行定量研究，以揭示接枝产物结构和反应条件之间的内在关系[16]。图 7.7 是各种接枝结构的产物比例随 DCP 和 MAH 初始含量关系的模拟结果。从图中可以看出接枝在 PP 主链二级碳上的 MAH 含量较低(大约 17%)，并且基本保持不变，与预期的结果一致。但是，PP 主链三级碳上的接枝结构含量随着 MAH 浓度的增加而增加，而由 β-裂解产生的末端二级碳上的接枝结构含量却随 MAH 浓度的增加而减少。从图 7.7 中可以发现 MAH 浓度较低时[<2.5%(质量分数)]，MAH 主要是接枝在由 β-裂解产生的末端二级碳，也就是 Roover 等提出的结构[3]。而当 MAH 浓度较大时候[>2.5%(质量分数)]，MAH 主要接枝在 PP 主链上的三级碳上，也就是 Heinen 等提出的接枝结构[4]。在 Heinen 等的实验中[4]，MAH 初始浓度为 5%(质量分数)。因此 MAH 的主要接枝位置应该是 PP 链的三级碳上。而 Roover 等的实验中[3]，所用的 MAH 浓度却低于 1%，所以大部分 MAH 接枝在由 β-裂解产生的末端二级碳上。因此，模拟结果很好地解决了 Heinen 和 Roover 之间关于接枝结构的多年分歧。该结果也得到了后来实验的进一步验证[17]。

7.4　聚乙烯接枝马来酸酐及其反应动力学的 Monte Carlo 模拟

与 PP 接枝 MAH 的模拟类似，首先生成 10 000 条线型 PE(LPE)链，其相对分子质量分布如图 7.8 所示，数均相对分子质量(M_n)和重均相对分子质量(M_w)分别是 2.84×10^4 和 5.44×10^4。模拟温度恒定在 190℃，没有考虑热降解的影响。

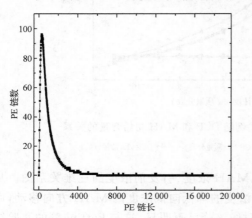

图 7.8　初始 10 000 条 LPE 链随链长分布

表 7.2 是 190℃下 LPE 接枝 MAH 模拟所用的宏观反应速率常数。与 PP 接枝反应速率常数选取类似，该表中的数据一部分是由较低温度下的速率常数根据活化能换算得到的，一部分速率常数是引用与其类似反应的速率常数，还有一部分速率常数由于缺乏相关的数据，是在一合理的范围内调试得到的。

表 7.2　模拟所用的 MAH 接枝 LPE 宏观反应速率常数

反应速率常数	数值	反应速率常数	数值
k_d/s^{-1}	4.9×10^{-2}	$k_{tr2}/[L/(mol \cdot s)]$	0.654
$k_{Hy}/[L/(mol \cdot s)]$	5.7×10^6	$k_{t1}/[L/(mol \cdot s)]$	1.99×10^8
$k_{p1}/[L/(mol \cdot s)]$	1.09×10^4	$k_{t2}/[L/(mol \cdot s)]$	1.99×10^8
$k_{p2}/[L/(mol \cdot s)]$	1.09×10^4	$k_{t3}/[L/(mol \cdot s)]$	1.99×10^8
$k_{p3}/[L/(mol \cdot s)]$	1.09×10^4	$k_{t4}/[L/(mol \cdot s)]$	1.99×10^8
$k_1/[L/(mol \cdot s)]$	2.85×10^6	$k_{c1}/[L/(mol \cdot s)]$	1.99×10^8
$k_{tr1}/[L/(mol \cdot s)]$	0.654	$k_{c2}/[L/(mol \cdot s)]$	1.99×10^8

图 7.9 和图 7.10 是 MAH 接枝率和 PE 数均相对分子质量(M_n)与反应时间的关系图。由图 7.9 中可见，接枝率在前 100s 内随反应时间的增加一直增加，然后在接下来的 100s 中基本保持不变。与此类似，从图 7.10，可以看出数均相对分

子质量在前 100s 内随反应时间的增加而增加,而在接下来的 100s 中基本保持不变。这表明 200s 的反应时间可以使体系中各种基元反应基本完成。因此,图 7.11~图 7.16 是反应时间为 200s 的模拟结果。

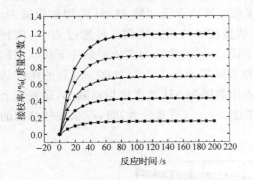

图 7.9 接枝率随反应时间
变化的模拟结果

DCP 浓度: 0.5%(质量分数)。MAH 浓度:
-■- 0.5%(质量分数); -◆- 1.5%(质量分数);
-▲- 2.5%(质量分数); -▼- 3.5%(质量分数);
-◆- 4.5%(质量分数)

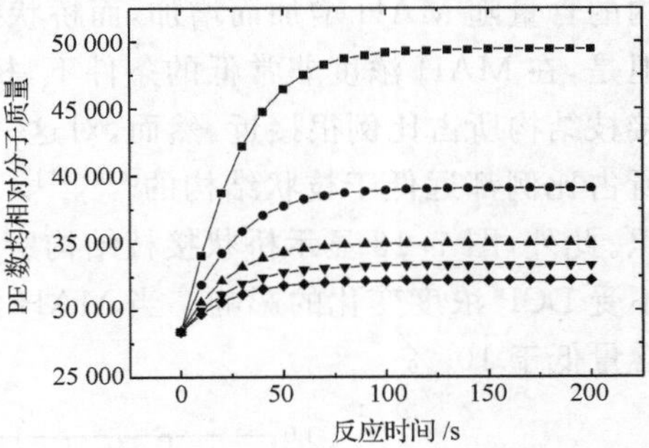

图 7.10 LPE 相对分子质量随反应
时间变化的模拟结果

DCP 浓度: 0.5%(质量分数)。MAH 浓度:
-■- 0.5%(质量分数); -◆- 1.5%(质量分数);
-▲- 2.5%(质量分数); -▼- 3.5%(质量分数);
-◆- 4.5%(质量分数)

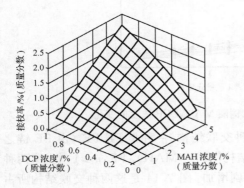

图 7.11 接枝率随 DCP
和 MAH 变化的三维图

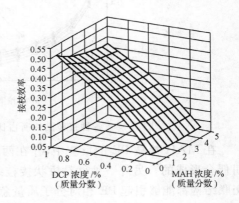

图 7.12 接枝效率随 DCP
和 MAH 变化的三维图

图 7.11 给出了接枝率 MAH、DCP 浓度的三维关系图。从中可以看出接枝率随 MAH 浓度增加而一直增加,这和 Yang 等观察到的实验结果是一致的[11]。此外,模拟结果还给出接枝效率和 MAH、DCP 浓度的三维关系图(图 7.12)。此处,接枝效率是指接枝在 PE 链上的 MAH 量和 MAH 添加量的比值。从图 7.12 可以看出,MAH 浓度较低、DCP 浓度较高时,MAH 的接枝效率比较高。但是,图 7.11却显示该条件下得到的 MAH 接枝率却比较低,表明二者随 MAH 和 DCP 的变化

不同步。

通常人们更为关心的是接枝结构与实验条件之间的内在关系。图 7.13 是各种接枝结构所占比例和 MAH、DCP 浓度关系的模拟结果[18]。该图表明枝状接枝结构的含量随 MAH 增加而增加，而桥状接枝结构的含量却随 MAH 的增加而减少。但是，在 MAH 浓度非常低的条件下，桥状接枝结构所占比例已经超过 40％，两种接枝结构所占比例很接近。然而，对这一问题人们通常认为在任何条件下桥状结构所占比例都远低于枝状结构的[6,9~11]。模拟结果改变了人们对这一问题的传统认识。此外，图 7.13 显示桥状接枝结构所占比例随 MAH 浓度增加而减小，而基本上不受 DCP 浓度变化的影响。当 MAH 浓度＞4 ％（质量分数）时，桥状接枝结构的含量低于 10 ％。

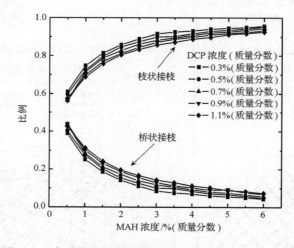

图 7.13　各种接枝结构所占比例随 MAH、DCP 浓度的变化

在 MAH 接枝 PE 的反应中，存在两种交联结构：一种是 PE-PE（由 PE 链之间偶合形成的）；另外一种就是桥状接枝结构[(PE-(MAH)$_n$-PE，$n \geqslant 1$)]。这两种交联结构都能够引起 PE 相对分子质量急剧增加。图 7.14 是这两种交联结构所占比例与 MAH、DCP 浓度的关系图。在 MAH 浓度较低时，PE-PE 结构所占比例要高于 PE-(MAH)$_n$-PE 所占比例，说明 PE-PE 是主要的交联结构。但是，随着 MAH 浓度增加，PE-PE 结构所占比例逐步降低，最终略低于 PE-(MAH)$_n$-PE 所占比例。

图 7.15 是不同 MAH 含量下 MAH 接枝量随接枝长度的变化。为了便于对照，在图 7.15 中也给出了桥状接枝产物和枝状接枝产物数量和 MAH 接枝长度之间的关系。总的 MAH 接枝量是指以桥状接枝或枝状接枝的 MAH 之和。图 7.15 表明随着 MAH 接枝长度的增长，以桥状接枝和枝状接枝的 MAH 量都急剧下降。这表明大部分 MAH 是以单个分子或者是一些低聚物形式接枝在 PE 链上的。这

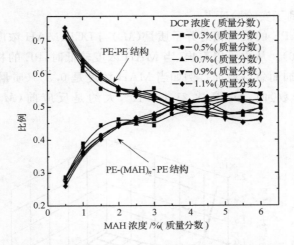

图 7.14　两种交联结构所占比例与 MAH、DCP 浓度的关系图

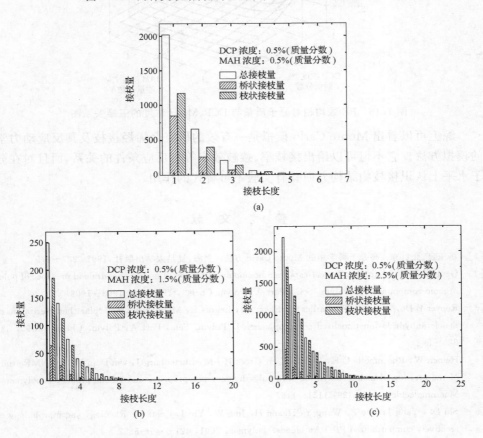

图 7.15　MAH 接枝量随接枝长度的变化

一结果最近得到了实验验证[19]。

最后,给出 PE 的数均相对分子质量(M_n)与 DCP、MAH 浓度的三维关系的模拟结果(图 7.16)。从中可以看出,当 MAH 浓度较低时,PE 的相对分子质量随着 DCP 浓度的增加而急剧增加。例如当 MAH 浓度是 0.5%(质量分数),DCP 浓度是 1%(质量分数)时,M_n 高达 21.6×10^4,大约是反应前($M_n = 2.84 \times 10^4$)的 7.6 倍。

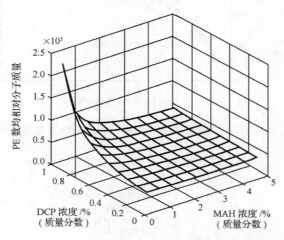

图 7.16　PE 数均相对分子质量与 DCP、MAH 浓度的三维关系图

综上可以看出 Monte Carlo 模拟是一有效的研究聚烯烃接枝及其反应动力学的模拟方法。它不但可以给出接枝率、接枝效率等与反应条件的关系,而且对在分子水平上认识接枝物结构方面具有实验不可替代的作用。

参 考 文 献

[1]　杨玉良、张红东. 高分子科学中的 Monte Carlo 方法. 上海:复旦大学出版社,1992,237~279

[2]　Gaylord N G, Mehta R. Radical-catalyzed homopolymerization of maleic-anhydride in presence of polar organic-compounds. J. Polym. Sci., Part A: Polym. Chem., 1988, 26: 1903~1909

[3]　Roover B De, Sciavons M, Carlier V, Devaux J, Legras R, Momtaz A. Molecular characterization of maleic anhydride-functionalized polypropylene. J. Polym. Sci., Part A: Polym. Chem., 1995, 33: 829~842

[4]　Heinen W, Rosenmolle C H, Wenzel C B, Groot H J M, Lurtenburg J, van Duin M. ^{13}C NMR study of the grafting of maleic anhydride onto polyethylene, polypropene, and ethane-propene copolymers. Macromolecules, 1996, 29: 1151~1157

[5]　Shi D., Yang J, Yao Z, Wang Y, Huang H, Jing W, Yin J, Costa G. Rheology and morphology of reactively compatibilized PP/PA6 blends. Polymer, 2001, 42: 5549~5557

[6]　Gaylord N G, Mehta M, Mehta R. Degradation and cross-linking of ethylene-propylene copolymer

rubber on reaction with maleic-anhydride and peroxides. J. Appl. Polym. Sci. , 1987, 33: 2549～2558

[7] Gaylord N G, Mehta M. Role of homopolymerization in the peroxide-catalyzed reaction of maleic-anhydride and polyethylene in the absence of solvent. J. Polym. Sci. Polym. Lett. Ed. , 1982, 20: 481～486

[8] Moad G. The synthesis of polyolefin graft copolymers by reactive extrusion. Prog. Polym. Sci. , 1999, 24: 81～142

[9] Heinen W, Duin M van, Rosenmoller C H, Wenzel C B, Groot H J M De, Lurtenburg J. C-13 NMR study of the grafting of C-13 labeled maleic anhydride onto PE, PP and EPM. Macromol. Symp. , 1998, 129: 119～125

[10] Yang L, Zhang F, Endo T, Hirotsu T. Structural characterization of maleic anhydride grafted polyethylene by C-13 NMR spectroscopy. Polymer, 2002, 43: 2591～2594

[11] Yang L, Zhang F, Endo T, Hirotsu T. Microstructure of maleic anhydride grafted polyethylene by high-resolution solution-state NMR and FTIR spectroscopy. Macromolecules, 2003, 36: 4709～4718

[12] Ganzeveld K J, Janssen L P B M. The grafting of maleic-anhydride on high-density polyethylene in an extruder. Polymer. Eng. Sci. , 1992, 32: 467～474

[13] Jaehyug C, James L W. Maleic anhydride modification of polyolefin in an internal mixer and a twin-screw extruder: Experiment and kinetic model. Polym. Eng. Sci. , 2001, 41: 1227～1237

[14] Bettini S H P, Agnelli J A M. Crafting of maleic anhydride onto polypropylene by reactive processing. I. Effect of maleic anhydride and peroxide concentrations on the reaction. J. Appl. Polym. Sci. , 1999, 74: 247～255

[15] Bettini S H P, Agnelli J A M. Grafting of maleic anhydride onto polypropylene by reactive extrusion. J. Appl. Polym. Sci. , 2002, 85: 2706～2717

[16] Zhu Y, An L, Jiang W. Monte Carlo simulation of the grafting of maleic anhydride onto polypropylene at higher temperature. Macromolecules, 2003, 36: 3714～3720

[17] Zhang R, Zhu Y, Zhang J, Jiang W, Yin J. Effect of initial maleic anhydride content on the grafting of maleic anhydride onto isotactic polypropylene. J. Polym. Sci. Part A, 2005, 43: 5529～5534

[18] Zhu Y, Zhang R, Jiang W. Grafting of maleic anhydride onto linear polyethylene: A Monte Carlo study. J. Polym. Sci. Part A, 2004, 42: 5714～5724

[19] Martinez J G, Benavides R, Guerrero C. Ultraviolet preirradiation of high-density polyethylene for the grafting of maleic anhydride during reactive extrusion. J. Appl. Polym. Sci. , 2006, 102: 2882～2888

（姜伟　朱雨田）

第 8 章　加工过程中聚丙烯降解和反应的控制原理及应用

8.1　加工过程中聚丙烯的降解和反应

聚丙烯(PP)自 1957 年工业化以来,发展极迅速,在纤维和塑料领域应用广泛。PP 纤维具有高强度、高韧度、良好的耐化学腐蚀性以及价格低廉等特点,因而可用来制备海船缆绳、工业和农业用绳、渔具、安全带、缝纫线、过滤布、涂层织物、电缆包皮、人造草坪、造纸用毡和纸的增强材料、地毯、装饰织物等等。PP 作为一种通用塑料,具有密度小、耐热性高、刚性和硬度较高、加工性能优良及制品具有无毒、无味、光泽好等优点,广泛应用于工业生产的各个领域。

在螺杆挤出过程中,由于 PP 树脂存在固有的结构特点,螺杆和料筒间的机械剪切、螺杆内的局部高温以及有机过氧化物的加入等都将引起 PP 分子链的断链和氧化反应的发生,导致相对分子质量和相对分子质量分布下降。利用 PP 加工过程中易降解的特性,可以适当加以控制和利用。最早出现对 PP 实行可控降解的报道是 1966 年英国人的一项专利,他们用单螺杆挤出机反应挤出得到降解 PP,随后对 PP 在熔体挤出过程中的可控降解等进行了广泛研究[1~9]。如通过抗氧剂和稳定剂的加入控制 PP 的降解,以保证产品的力学性能和稳定加工性;另一方面,通过过氧化物的加入,可实现 PP 的可控降解,制备出所需相对分子质量和相对分子质量分布、流动性好的 PP 树脂,以拓宽 PP 的用途。

8.1.1　聚丙烯降解的主要类型[10]

挤出过程中 PP 大分子会受到热、机械应力和氧的作用,加速化学反应发生,导致聚合物降解和物理性能下降,几种基本的降解方式如下所示。

1. 热机械降解

PP 在加工过程中受到机械力的作用,会发生大分子链断裂、相对分子质量下降的化学现象,如式(8.1)所示。

$$\text{~~~~C-C-C-C~~~~} \longrightarrow \text{~~~~C-\dot{C}H} + \text{H}_2\dot{C}-C\text{~~~~} \tag{8.1}$$

2. 热氧化降解

在氧气存在情况下,PP 会与氧气结合形成氢过氧化物,再进一步分解产生活性中心（自由基），形成自由基后，便开始链式的氧化反应而进一步降解。

第一步：形成烷氧自由基和过氧化自由基。

$$聚合物 \longrightarrow 2R\cdot \tag{8.2}$$

$$R\cdot + O_2 \longrightarrow ROO\cdot \tag{8.3}$$

$$ROO\cdot + RH \longrightarrow ROOH + R\cdot \tag{8.4}$$

$$ROOH \longrightarrow RO\cdot + \cdot OH \tag{8.5}$$

第二步：烷氧自由基[式(8.6a)、(8.6b)]和过氧化自由基[式(8.7a)、(8.7b)]发生 β-断裂，使大分子裂解。

$$\tag{8.6a}$$

$$\tag{8.6b}$$

在挤出过程中，会有碳碳双键的形成，可能为过氧自由基的断裂，如式(8.7a)和(8.7b)所示，也可能是挤出机中氧气不足造成的[式(8.8a～c)]。

$$\tag{8.7a}$$

$$\tag{8.7b}$$

$$\tag{8.8a}$$

$$\tag{8.8b}$$

$$+ \text{\textasciitilde\textasciitilde}CH_2-\underset{\underset{CH_3}{|}}{CH}-CH_2-\underset{\underset{CH_3}{|}}{CH} \qquad\qquad (8.8c)$$

3. 过氧化物引发 PP 降解

过氧化物引发 PP 降解的机理为[11]：含有 ROOR 的 PP 在熔融状态下，通过一系列包括链引发、链断裂、链转移和链终止的自由基反应而发生降解。聚合物主链在过氧化物自由基的作用下，叔碳原子上的氢脱出，形成大分子自由基；接着大分子自由基发生 β-断裂，从而降低了聚合物的相对分子质量。这一反应过程能通过大分子自由基的重组和歧化反应而终止。以下是简化的反应图示[11]：

$$ROOR \longrightarrow RO\cdot \qquad\qquad (8.9a)$$

$$\text{\textasciitilde\textasciitilde}CH-\underset{\underset{CH_3}{|}}{\overset{\overset{H_2}{|}}{C}}-\underset{\underset{CH_3}{|}}{\overset{\overset{H}{|}}{C}}-\underset{\underset{H_2}{|}}{C}\text{\textasciitilde\textasciitilde}+RO\cdot \xrightarrow{-ROH} \text{\textasciitilde\textasciitilde}\underset{\underset{CH_3}{|}}{\overset{\cdot}{C}}-\underset{\underset{CH_3}{|}}{C}-CH-\underset{\underset{H_2}{|}}{C}\text{\textasciitilde\textasciitilde} \longrightarrow$$

$$\qquad\qquad\qquad\qquad\qquad\qquad\qquad 自由基进攻 \qquad\qquad 氢脱出$$

$$\text{\textasciitilde\textasciitilde}\underset{\underset{CH_3}{|}}{C}=CH_2 + H\underset{\underset{CH_3}{|}}{\overset{\cdot}{C}}-\underset{\underset{H_2}{|}}{C}\text{\textasciitilde\textasciitilde} \qquad\qquad (8.9b)$$

$$\text{\textasciitilde\textasciitilde}\underset{\underset{CH_3}{|}}{\overset{\overset{H_2}{|}}{C}}-\overset{\cdot}{C}H + H\underset{\underset{CH_3}{|}}{\overset{\cdot}{C}}-\underset{\underset{H_2}{|}}{C}\text{\textasciitilde\textasciitilde} \xrightarrow{末端（歧化）} \text{\textasciitilde\textasciitilde}\underset{\underset{CH_3}{|}}{C}H_2-CH_2 + HC=\underset{\underset{H}{|}}{\overset{\overset{CH_3}{|}}{C}}\text{\textasciitilde\textasciitilde}$$

$$\qquad\qquad\qquad\qquad\qquad\qquad\qquad\qquad\qquad\qquad\qquad\qquad\qquad (8.9c)$$

8.1.2　影响聚丙烯降解的主要因素

PP 在熔融挤出过程中，影响降解的主要因素有以下几个方面：

1. 过氧化物

过氧化物是根据与给定半衰期（即 50% 的过氧化物分解所需要的时间）相适应的温度来选择[11]。过氧化物在加工温度下的挥发性是选择过氧化物的另一个重要因素。同时，过氧化物的使用量和添加方法对 PP 降解也会产生较大影响。在利用过氧化物可控降解 PP 实验中，PP 中所添加的少量防紫外与抗热、氧、老化降解等添加剂对化学降解剂如过氧化二叔丁基（DTBP）等活性反应基团有一定的抑制作用[12]。另外，适当增加加工温度有利于提高化学降解剂对 PP 分子链的降解效率。

2. 温度

刘勇等[13]研究了 PP 在不同加工次数和温度下的降解行为，发现在 280℃ 进行加工比在 220℃ 下，对 PP 相对分子质量、相对分子质量分布的影响大。提高温度可以使分子链更容易发生热裂解；同时增加机械降解次数相当于增加了分子链被剪切的概率,使其易于裂解。机械降解次数也是影响降解的主要因素。

3. 助剂

高温下少量的氧就会对 PP 降解产生很大的促进作用。反应体系中加入的抗氧剂,一方面与烷基或过氧基作用,提供氢离子,其本身变成稳定基团;另一方面,RH 和 R· 反应,阻止了自由基的生成并与其反应,保证了挤出和使用过程中 PP 不发生热降解和热氧化降解。这些结果表明抗氧剂会抑制 PP 的降解[8]。

4. 微观结构

Pucci 等[14]研究了具有不同微观结构的乙烯/丙烯共聚物(具有相同组成,但乙烯和丙烯链段的序列分布不同)的熔融降解行为。得出共聚物结构的改性、官能团的浓度和链断裂反应的程度依赖于实验条件(惰性气氛、氧化氛围和过氧化物的存在)以及起始聚合物的微观结构,分子链中长的乙烯序列赋予共聚物降解后的结晶稳定性和热氧化稳定性。这些结果说明具有不同微观结构的聚合物熔体在加工中有不同的热行为。

5. 其他

剪切应力、挤出机及口模的几何形状、螺杆转速和口模温度等也是影响降解的因素。

8.1.3　加工过程中聚丙烯的可控降解

根据上述分析,掌握了 PP 在挤出过程中的降解特性和影响因素。PP 在加工过程中的降解一方面会影响 PP 加工的稳定性,另一方面又可以利用 PP 的降解特性,在螺杆挤出过程中实现对 PP 的可控降解,制备出所需结构和性能的 PP 及其合金。

图 8.1~图 8.3 为加工温度、螺杆转速和降解剂对 PP 降解的影响。在工业生

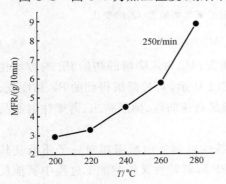

图 8.1　降解 PP 的 MFR 随加工温度(T)的变化

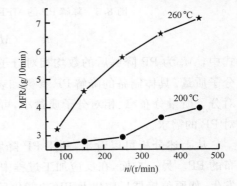

图 8.2　降解 PP 的 MFR 随螺杆转速(n)的变化

产中,聚合物在一定条件下的熔体流动速率(MFR)是一种判断聚合物加工流动性能好坏的简单快捷的重要指标。从图 8.1 可以看出,在螺杆转速和喂料速率不变的情况下,随着料筒温度的升高,得到 PP 降解样品的 MFR 逐渐降低。当加工的温度恒定时,样品 MFR 随螺杆转速的变化如图 8.2 所示。随着螺杆转速的增大,MFR 逐渐下降。这些结果表明加工温度和机械剪切力的增加,使 PP 降解程度增大,黏度下降。图 8.3 显示了很低的加工温度和螺杆转速条件下,加入少量的过氧化物,PP 的 MFR 明显增大,而且随着过氧化物浓度增加,MFR 随之增加。表明过氧化物能迅速促进 PP 降解,比单纯改变加工温度和螺杆转速效果明显。由此可见,如果要制备一系列不同 MFR 的 PP 树脂,单纯提高加工温度和螺杆转速,降解程度有限,而且温度越高,螺杆转速越快,降解不易控制,且大大增加能耗,不易制备出高流动性 PP 降解树脂。综合加工条件和过氧化物对 PP 降解的影响,实现对高黏度 PP2401 可控降解,制备出流动性差别较大的 PP 降解树脂如 PP05~PP55,以满足不同产品对 PP 流动性的要求。降解过程中,PP 分子链断裂的数目(n_R)可根据式(8.10)来计算[15]。

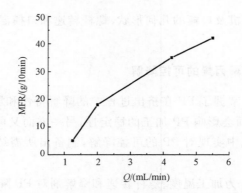

图 8.3　降解 PP 的 MFR 随过氧化物流量(Q)的变化

$$n_R = (M_{no}/M_{nt}) - 1 \tag{8.10}$$

式中,M_{nt} 为 PP 降解后的数均相对分子质量;M_{no} 为未降解的初始 PP 的数均相对分子质量。具体制备的降解 PP 参数如表 8.1 所示。可控降解得到的 PP 黏度低、相对分子质量分布窄、相对分子质量小,可满足高速纺丝、薄膜挤出、薄壁注射制品等对 PP 的需求。

从上述分析可以看出,利用 PP 降解特性可制备出所需相对分子质量及其分布的 PP。另一方面,在反应加工过程中,PP 降解特性又影响加工过程中其他反应发生,如原位接枝反应以及 PP 功能化反应等。在此类反应中需要加入过氧化物作为引发剂,而过氧化物又是 PP 降解反应的促进剂,在过氧化物存在条件下,PP 降解速率迅速,如果对 PP 降解反应不加以控制,将会阻碍其他反应发生。所以在 PP

表 8.1　不同降解 PP 树脂的基本参数

代号	PP 牌号	MFR/(g/10min)	$M_n/10^4$	$M_w/10^4$	D	n_R
1	PP2401	2.5	9.6	43.8	4.55	
2	PP05	5	5.7	28.3	4.94	0.68
3	PP15	15	4.3	19.4	4.54	1.25
4	PP25	25	4.6	18.5	3.98	1.07
5	PP35	35	3.9	17.0	4.35	1.47
6	PP45	45	3.6	12.0	3.33	1.67
7	PP55	55	3.5	11.6	3.32	1.76

反应挤出过程中,通常加入多种极性单体以抑制其降解,促进其他反应发生[16~20]。PP 与其他聚合物原位增容共混过程中,除了加入引发剂过氧化物外,也需要加入其他功能单体以抑制 PP 降解,促进相容剂生成[21,22]。

二硫化四乙基秋兰姆(TETD)是许多单体聚合时的热和光引发剂。Takayuki 等[23]研究了 TETD 对单体聚合的影响,发现 TETD 不仅是引发剂,也是阻聚剂、终止剂和链转移剂。在 PP 加工过程中,加入 TETD 可以分解形成自由基,与 PP 自由基结合,瞬间降低了 PP 自由基的浓度,减少 PP 自由基发生 β-断裂;并且 TETD 自由基与 PP 自由基反应可逆,在合适条件下重新生成 PP 自由基,反应如式(8.11)所示。

$$\text{(8.11a)}$$

$$\text{(8.11b)}$$

通过调整过氧化物和 TETD 的比例,可制备出不同熔融指数的 PP,如表 8.2 所示。从不同组成降解 PP 的 MFR 比较可以看出,TETD 的加入明显降低了 PP 的降解速率,熔融指数比单纯加过氧化物(DTBP)的 PP 明显下降,由此可见,TETD 对 PP 来说是一种有效的降解抑制剂。

表 8.2　不同降解 PP 的 MFR

样品序号	组成/%（质量分数）		MFR/(g/10min)
	DTBP	TETD	
D1	—	—	4.57
D2	—	0.20	4.80
D3	0.20	—	9.87
D4	0.20	0.080	6.65
D5	0.20	0.20	7.10
D6	0.20	0.32	6.00
D7	0.20	0.41	6.80
D8	0.20	0.57	6.80

　　利用 TETD 的加入可降低 PP 降解速率的特性，在 PP 共混合金制备过程中，加入 TETD，抑制 PP 的降解，可增加 PP 自由基与其他聚合物或单体发生反应的概率，使 PP 接枝和功能化反应速率提高[18,24]，可制备出原位增容的不同熔融指数的 PP 共混合金。

　　图 8.4 显示了挤出过程中，过氧化物和 TETD 的存在原位增容 PP/PS 共混过程。从图可以看出，TETD 在挤出过程中生成的自由基能与 PP 自由基结合，抑制了 PP 大分子自由基发生 β-断裂。由于 TETD 和 PP 自由基的反应可逆，PP 自由基并没有终止，而是增加了 PS 与 PP 大分子自由基接触和反应的机会，促进了 PP-g-PS 接枝物的生成。根据上述反应特性，通过调整两者比例，制备出不同流动性和结构的原位增容的 PP/PS 共混物，如表 8.3 所示。

表 8.3　PP/PS 共混物的组成和 MFR

样品序号	组成/%（质量分数）				MFR/(g/10min)
	PP	PS	DTBP	TETD	
B1	98	2	0.2	0.08	13.9
B2	95	5	0.2	0.08	12.9
B3	92	8	0.2	0.08	13.6
B4	90	10	0.2	0.08	17.7
B5	85	15	0.2	0.08	16.9
B6	90	10	0.1	0.08	9.52
B7	90	10	0.4	0.08	60.0
B8	90	10	0.6	0.08	94.2
B9	90	10	0	0	5.60
B10	90	10	0.2	0	48.4
B11	90	10	0	0.08	8.40

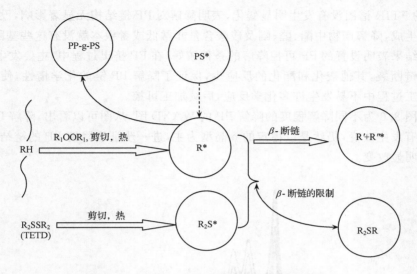

图 8.4　PP/PS 共混过程中原位增容示意图

8.2　降解聚丙烯的结构和性能

8.2.1　降解聚丙烯的微观结构

图 8.5 是不同相对分子质量降解 PP 的 FTIR 谱图。从图 8.5 可以看出，降解

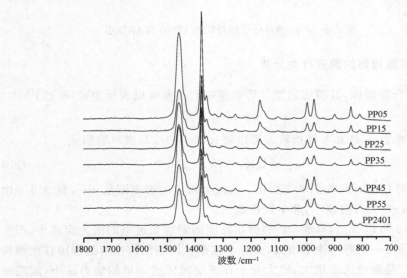

图 8.5　不同相对分子质量降解 PP 的 FTIR 谱图

PP 的 FTIR 谱图没有发生明显变化,表明降解对 PP 链结构无显著影响,没有支化结构生成,降解产物中酯、醛、酮及羧酸含量非常低或者根本就没有这些基团产生。这些结果表明设置的 PP 可控降解的条件较好,在 PP 挤出过程中,主要发生 PP 大分子链断裂,其他羧化和酯化的反应少,保证了降解 PP 链的化学惰性,使其在二次加工过程中不易发生许多化学反应,后续加工可控。

图 8.6 为不同降解程度的降解 PP 的 WAXD 图,从图可以看出,降解 PP 的晶型没有发生改变,仍然是以稳定的 α 晶型为主,进一步证实降解 PP 的链结构没有发生明显改变。

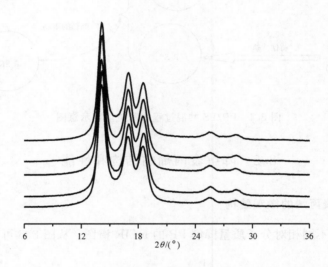

图 8.6　不同相对分子质量降解 PP 的 WAXD 图

8.2.2　降解聚丙烯的流变行为分析

对于聚合物熔体,其剪切黏度与剪切速率的关系可以表示为式(8.12)[25]

$$\eta = K\dot{\gamma}^n/\dot{\gamma} = K\dot{\gamma}^{n-1} \tag{8.12}$$

式中,K 是常数;n 是非牛顿指数。可以将式(8.12)改写成对数形式

$$\lg\eta = \lg K + (n-1)\lg\dot{\gamma} \tag{8.13}$$

以 $\lg\eta$ 对 $\lg\dot{\gamma}$ 作图,如图 8.7 所示。曲线上每点的斜率即是 $n-1$ 的大小。由于 $n<1$,所以 $n-1<0$,值越小,非牛顿性越大。

从图 8.7 可以看出,降解 PP 的剪切黏度随着剪切速率的增大而减小,产生这种现象的原因:一是剪切速率增大,大分子逐渐从网络结构中解缠和滑移使缠接点浓度降低;二是剪切速率增大,使大分子在流层间传递动量的能力减小,流层间的拖拽力即流动阻力减小。同时曲线的斜率逐渐变小,说明随着剪切速率的增大样品

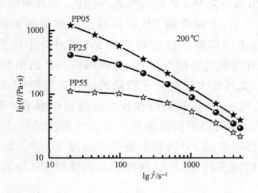

图 8.7　200℃时,降解 PP 的 $\lg\eta\sim\lg\dot{\gamma}$ 图

的非牛顿性逐渐增大。随着过氧化物用量的增加,降解 PP 的 MFR 上升,样品的黏度随剪切速率的变化减缓,这是因为过氧化物的加入,PP 降解程度增加,相对分子质量降低,相对分子质量分布变窄,样品的流动性对剪切速率敏感性下降,有利于稳定加工。

聚合物的黏度与温度的关系与低分子液体一样,符合式(8.14)[25],即

$$\eta = A e^{\Delta E_\eta / RT} \tag{8.14}$$

式中,A 是一个常数;ΔE_η 称流动活化能。把式(8.14)的指数形式改写为对数形式,则

$$\lg\eta = \lg A + 0.434\Delta E_\eta / RT \tag{8.15}$$

由式(8.15)可以看出剪切黏度的对数与温度的倒数之间存在线性关系,如图 8.8 所示。

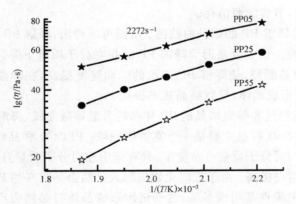

图 8.8　剪切速率为 2272s^{-1} 时,降解 PP 的 $\lg\eta\sim1/T$ 图

从图 8.8 可知,$\lg\eta\sim1/T$ 基本上是直线关系,每条直线的斜率都可以表示为

$0.434\Delta E_\eta / R$，可以看出每种降解 PP 的斜率是不同的，即其对温度的敏感性不同。

从上述分析可以看出，不同降解 PP 剪切黏度对剪切速率和温度的敏感性存在较大差异，这主要是由不同降解过程得到的 PP 相对分子质量和相对分子质量分布差异引起的。随着过氧化物浓度增加，降解加剧，PP 的相对分子质量降低，相对分子质量分布变窄，尤其是大相对分子质量的链段含量降低，链段之间的缠结减少，导致样品的流动性增加，且剪切黏度在较高的剪切速率下才偏离牛顿性。根据降解 PP 的流动性，可以制备出不同性能的产品。如高流动性的 PP 可以制备成细旦、超细旦纤维，流动性适中的 PP 可以制备成高强度 PP 合金纤维。另外，根据共混合金中其他聚合物的流变特性，可以选择相应的降解 PP 与其共混，制备出性能优良的 PP 合金。

8.2.3　降解聚丙烯的性能

图 8.9 为不同相对分子质量降解 PP 的熔融和结晶曲线。从图 8.9(a)可以看出，经过 130℃ 等温结晶的 PP 样品都形成了两个熔融峰，这主要是因为聚合物中的不同链段形成了不同晶片厚度所致。熔点 T_m 与晶片厚度 l 的关系式为[25]

$$T_m = T_m^0 \left(1 - \frac{2\sigma_e}{l\Delta h} \right) \tag{8.16}$$

式中，T_m 为晶片厚度为 l 时的结晶熔点；T_m^0 为晶片厚度为 ∞ 时的结晶熔点；Δh 为单位体积的熔融热；σ_e 为表面能。显然 l 越小，则 T_m 越低；l 越大，则 T_m 越高。

降解 PP 样品的熔点明显低于 PP2401，而且随着降解程度增加，熔点下降更多。降解 PP 样品熔点下降主要是过氧化物的加入会破坏 PP 链段的规整性，带来缺陷，破坏晶体的完善性，导致晶片厚度下降，使熔点降低。降解 PP 熔点下降有利于降低加工温度，节省能源消耗。

图 8.9(b)是降解 PP 的结晶曲线图。从图可以看出，降解 PP 的热结晶温度提高，结晶速率加快。这主要是因为降解 PP 的相对分子质量下降，尤其是大分子链段在降解过程中易断裂，使降解 PP 链段的运动速度提高，在降温过程中，运动快的链段规整排列形成晶体，导致结晶速率提高。

图 8.9(c)是经过非等温结晶的 PP 样品的升温熔融曲线。降解 PP 样品出现多重熔融峰，而 PP2401 样品主要是一个宽的熔融峰。PP2401 样品经过降解后，相对分子质量降低，相对分子质量分布变窄。具有适中相对分子质量且易运动的链段易形成完善晶体，熔点提高。由于过氧化物的加入必然会导致有些 PP 链段的规整性破坏，如引入其他极性基团羰基等，这些链段形成晶体时必然会产生缺陷，导致晶体完善性下降，熔点降低。链段的多样性导致多重熔融峰出现。

图 8.9(a)和图 8.9(c)熔融曲线差异主要是因为结晶条件不同所致。在 130℃ 等温结晶过程中，晶片厚度受链段运动快慢影响较小，链段有充分的时间择优排列

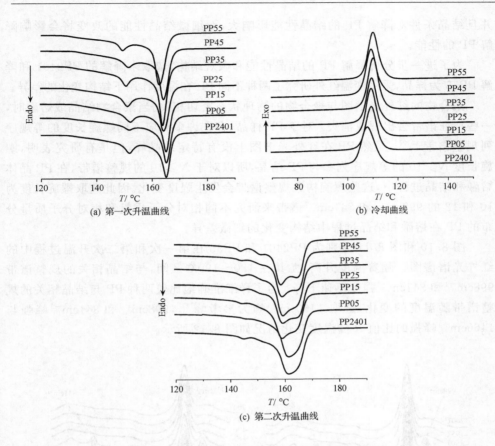

图 8.9　不同相对分子质量降解 PP 的 DSC 曲线

形成完善晶体,晶片完善性主要受链段规整性影响。根据过氧化物降解 PP 原理,过氧化物的加入对 PP 链段规整性会有一些破坏,导致降解 PP 熔点下降。而第二次升温曲线所用的 PP 仅仅是通过一次降温过程中的非等温结晶,由于结晶条件不充分,链段运动快慢影响晶体完善性。降解 PP 中一些链段规整且运动较快的链形成的晶体完善,优于 PP2401 形成的晶体,导致这部分晶体的熔点很高;链段规整性遭到破坏的链形成的晶体熔点必然低于 PP2401。同时,一些相对分子质量低的链段可能在 130℃ 等温结晶时不能形成晶体,而在非等温结晶条件下,这些相对分子质量低的链段可以在自己最佳的结晶温度处结晶,但由于温度一直下降,结晶条件不充分,形成不同厚度的晶体,导致图 8.9(c)熔融峰比图 8.9(a)的熔融峰多,且熔点之间差别较大。

　　上述结果表明 PP 经过不同程度降解后,虽然其晶型没有发生改变,但降解 PP 的结晶速率、晶片厚度以及不同晶片厚度的晶体相对含量等发生了细微变化,并且结晶条件对降解 PP 的结晶性能影响大,而细微结晶性能的改变将会影响降解 PP 的性能。

　　为了进一步分析降解 PP 的结晶性能和微观结构,选取未降解的 PP2401 和降解 PP55 为样品,采用变温红外研究了两种不同 PP 在温度作用下结构变化的差异。

　　聚合物的红外光谱图与聚合物的物理状态密切相关。当聚合物结晶或熔融时,一些特征谱带会出现或消失。对于 PP 样品,存在许多对应不同螺旋长度的等规序列规整谱带[26,27],虽然 PP 在红外光谱图上没有特定结晶峰,但是有研究表明,螺旋长度 $N \geqslant 10$ 的等规序列参与 PP 结晶,所以对于 $N \geqslant 10$ 的规整谱带,在 PP 晶体熔融和结晶过程中,这些螺旋构象规整谱带会发生强度变化。因此选取螺旋长度为 10 和 12 的 998cm^{-1} 和 841cm^{-1} 谱带来研究不同相对分子质量和相对分子质量分布的 PP 在熔融和结晶过程中结构变化的细微差异。

　　图 8.10 和图 8.11 分别为 PP2401 和 PP55 在第一次和第二次升温过程中的红外光谱谱图。随着温度升高,尤其在 180～190℃ 区间,与结晶相关的规整谱带 998cm^{-1} 和 841cm^{-1} 强度迅速下降。为了详细准确地比较两种 PP 与结晶相关的规整谱带随温度的变化,选取 1460cm^{-1} 峰为参考峰[27],998cm^{-1} 和 841cm^{-1} 峰强与 1460cm^{-1} 峰强的比值 R 随温度变化情况如图 8.12 所示。

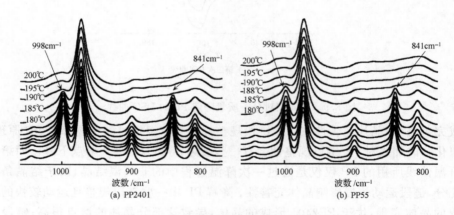

图 8.10　PP 在第一次加热过程中红外光谱图

　　从图 8.12 可以看出不同热历史和相对分子质量对 PP 中不同序列长度规整谱带强度随温度变化的影响。在第一次升温过程中,相对分子质量低的 PP55 样品,998cm^{-1} 峰强度随温度的升高迅速下降;而对于 PP2401 样品,在升温过程中,强度先下降,在 100～140℃ 温度范围内,强度轻微上升,进一步升高温度,强度迅速下降。两种样品 841cm^{-1} 的强度随温度的变化趋势与 998cm^{-1} 的相类似。第一次升温的样品是通过 200℃ 熔融压膜,然后在空气中淬冷得到,其结晶条件非常不充分,因此结晶速率的快慢对样品的结晶性能影响大。PP2401 的相对分子质量大,在

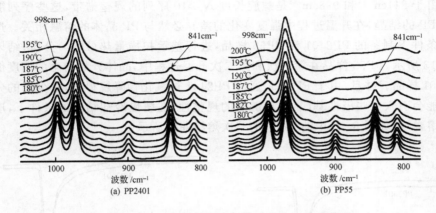

图 8.11 iPP 在第二次加热过程中红外光谱图

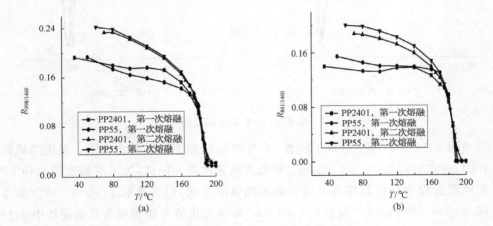

图 8.12 不同规整谱带的强度随温度的变化

淬火条件下,其分子链来不及做规整排列,导致结晶速率下降,结晶度降低,在随后的升温过程中会发生重结晶,使 $841cm^{-1}$ 和 $998cm^{-1}$ 谱带的强度在重结晶的温度区域升高。而经过降解得到的 PP55 样品,相对分子质量下降,分子链的活动能力增强,在淬火过程中,能迅速结晶,导致 PP 在升温过程中链断重结晶的含量少,看不到明显的 $841cm^{-1}$ 和 $998cm^{-1}$ 谱带强度升高。第二次升温的样品是经过缓慢降温结晶得到,在此条件下,样品已经充分结晶,$841cm^{-1}$ 和 $998cm^{-1}$ 谱带的强度明显大于第一次升温样品。在升温过程中,没有重结晶发生,温度升至 160℃时,$841cm^{-1}$ 和 $998cm^{-1}$ 谱带强度开始迅速下降。PP55 由于相对分子质量低,PP 的规整谱带 $841cm^{-1}$ 和 $998cm^{-1}$ 强度降低迅速,并且序列长度越长的规整谱带 $841cm^{-1}$ 在两种 PP 升温过程中的变化差异越明显。

　　由于 841cm⁻¹和 998cm⁻¹是螺旋长度 $N \geqslant 10$ 序列的规整谱带,这些序列能够参与 PP 的结晶,在升温过程中强度变化的差异必然与 PP 晶体的熔融相关。选取相同条件下制备的 PP2401 和 PP55 样品,进行差示扫描量热(DSC)分析,结果如图 8.13 所示。PP55 样品在第一次和第二次升温过程中,晶体开始熔融的温度低于PP2401 样品。并且,由于 PP55 是通过 PP2401 过氧化物降解得到,极少量的分子链可能会引入一些极性基团,破坏链段的规整性,在缓慢冷却结晶的条件下,形成多重熔融峰,如图 8.13 中的 PP55 的二次熔融曲线所示。

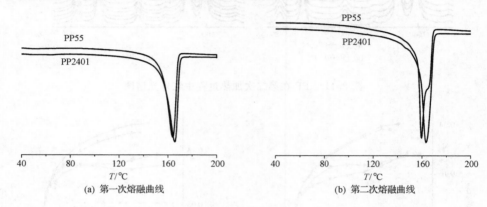

(a) 第一次熔融曲线　　　　　　　　　　　(b) 第二次熔融曲线

图 8.13　PP 的熔融曲线

　　图 8.14 为不同相对分子质量 PP 在降温过程中的红外光谱图。温度降低到130℃左右时,998cm⁻¹和 841cm⁻¹峰强度迅速增加。同样,为了准确比较两种 PP在降温过程中与结晶相关的规整谱带随温度变化,仍然选取 1460cm⁻¹峰为参考峰,998cm⁻¹和 841cm⁻¹峰强与 1460 cm⁻¹峰强的比值 R 随温度变化情况如图 8.15所示。

　　从图 8.15 可以看出,在降温过程中,PP55 的 998cm⁻¹和 841cm⁻¹峰强度增长速率和强度高于 PP2401。这些变化的差异应该与两种 PP 在降温过程中的结晶性能有关。从图 8.16 的 PP 结晶曲线可以看出,PP55 的结晶温度高于 PP2401,并且峰宽变窄,表明在降温过程中,PP55 比 PP2401 先结晶,并且结晶速率快,所以在变温红外光谱上,PP55 的 998cm⁻¹和 841cm⁻¹先出现强度增长且强度增长迅速。差异的主要原因是 PP55 与 PP2401 相比,相对分子质量小且相对分子质量分布窄,导致在降温过程中,分子链运动能力增强,结晶速率增加。

　　综上所述,不同热历史和样品相对分子质量、相对分子质量分布的差异影响PP 在升降温过程中不同螺旋长度规整谱带强度变化。相对分子质量低的 PP,在降温过程中,与结晶相关的规整谱带 998cm⁻¹和 841cm⁻¹强度增长快,结晶温度高,结晶速率快。在升温过程中,相对分子质量低的 PP 的 998cm⁻¹和 841cm⁻¹规整谱

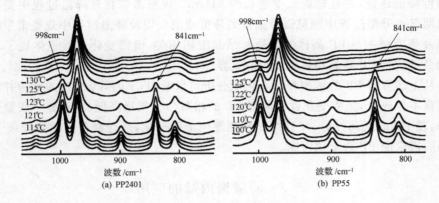

图 8.14　冷却过程中 PP 红外光谱图变化

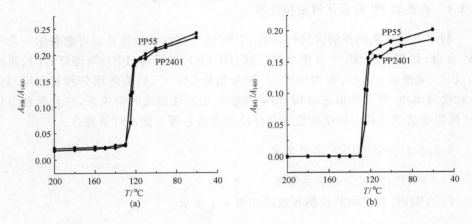

图 8.15　PP 不同规整谱带的强度随温度变化

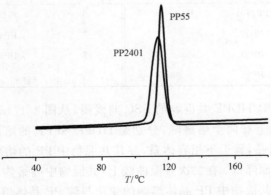

图 8.16　PP 的冷却曲线

带强度降低迅速,并且螺旋长度越长的 841cm^{-1} 规整谱带在升降温过程中变化差异越明显。升温过程中规整谱带强度的降低或消失以及降温过程中规整谱带的出现以及强度增加与 PP 晶体的熔融和结晶密切相关,谱带变化差异也体现了不同相对分子质量 PP 结晶和熔融行为的差异。

从上述降解 PP 的结构和结晶性能分析可以看出,不同降解 PP 的结构并没有发生根本性改变,主要变化就是降解 PP 的相对分子质量降低、相对分子质量分布变窄,使 PP 的流动性好,并且结晶性能发生细微变化,适合制备高性能纤维[28]以及不同需求的 PP 合金化树脂。

8.3　降解聚丙烯的应用

8.3.1　高性能 PP 合金化树脂和纤维

利用上述一系列控制降解得到的 PP 树脂与其他聚合物共混可制备出一系列 PP 合金,如聚丙烯(PP)/高密度聚乙烯(HDPE)、聚丙烯(PP)/聚酯(PET)、聚丙烯(PP)/聚酰胺(PA6)、聚丙烯(PP)/聚苯乙烯(PS)等,研究各组分相互作用的化学和物理本质、复合物形态结构、结晶性能与加工性能之间的关系,并且对合金化 PP 树脂在纺丝过程中的结构变化与纤维性能关系等方面进行研究。

8.3.1.1　PP/HDPE 共混体系

1. PP/HDPE 共混物的热性能

PP/HDPE 共混物的比例和组成如表 8.4 所示。

表 8.4　共混物的序号和组成

样品序号	PP 的原料	PP/HDPE	样品序号	PP 的原料	PP/HDPE
1	PP2401		5	PP35	
2	PP05		6	PP45	
3	PP15		7	PP55	
4	PP25	90/10			

图 8.17 为 PP/HDPE 共混物的 DSC 曲线图。从图 8.17(a)和(b)可以看出,共混物的熔融曲线上有两个熔融峰,分别是 HDPE 和 PP 的熔融峰,表明共混物中 PE 和 PP 分别结晶,属于不相容体系,并且共混物中 PP 的熔融温度随着 PP 熔体流动速率的增大而降低。在二次升温曲线上,共混物中高熔体流动速率的 PP 易出现多重熔融峰。共混物中 PP 晶体熔融的变化与纯 PP 晶体熔融变化相一致,表明 HDPE 对不同熔体流动速率 PP 结晶影响较小,不能进入 PP 晶体中。但 HDPE 的

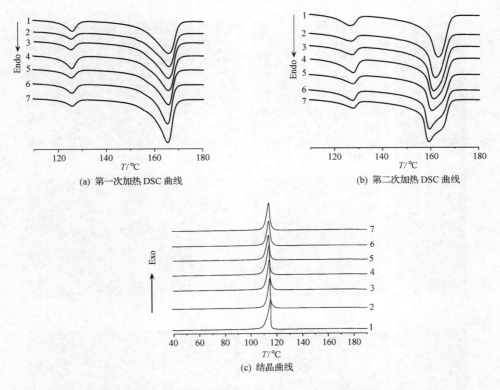

(a) 第一次加热 DSC 曲线　　　　(b) 第二次加热 DSC 曲线

(c) 结晶曲线

图 8.17　不同熔体流动速率 PP/HDPE 共混物的 DSC 曲线

存在影响降解 PP 晶体生长速率,如图 8.17(c)所示。随着降解 PP 熔体流动速率增大,共混物的结晶温度降低,结晶速率变慢,而纯的 PP 结晶温度随着熔体流动速率增大提高,结晶速率加快。原因可能是不同熔融指数的 PP 与 HDPE 共混物形态差异较大。虽然 PP 和 HDPE 属于非相容体系,但连续相 PP 和分散相 PE 的黏度比受降解 PP 的性能影响存在很大差异,导致 HDPE 在不同熔体流动速率 PP 中分散状态不同,从而对 PP 晶体生长影响不同,导致共混物的结晶速率随着降解 PP 熔体流动速率的变化规律与纯 PP 相反。

2. 共混物的形态结构

共混物从熔融态降温过程中,会发生相分离和结晶。如果共混物分散不好,易发生相分离,相分离速率大于结晶速率,共混物将不能形成完整球晶。随着相分离发生,球晶边界会模糊,形成许多粒状、块状晶体。如果共混物分散形态较好,相分离速率慢于结晶速率,结晶使形态固定,阻止相分离进一步发生,这种情况下仍然能看到完整球晶[29]。图 8.18 为不同熔融指数 PP 与 HDPE 共混物的相差显微镜图。PP2401 与 HDPE 的相容性最好,HDPE 比较均一地分散在其中,能看见 PP 完

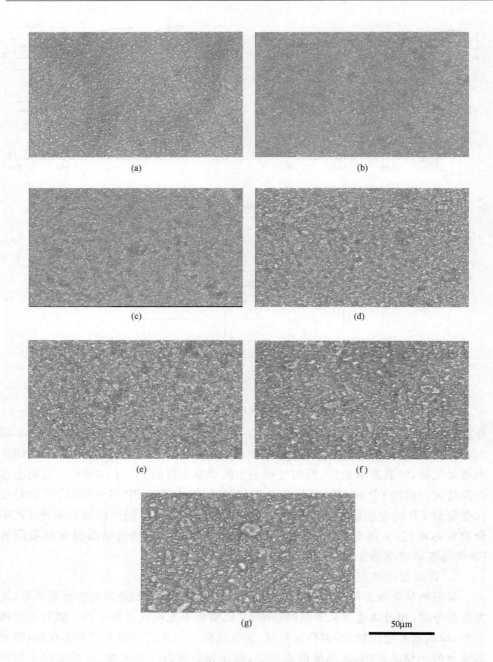

图 8.18　PP/HDPE 共混物的形态（相差显微镜，400 倍）

样品制备：样品薄膜以 30℃/min 升温至 200℃，保温 10min，以 10℃/min 降温至 130℃，结晶

整球晶;随着 PP 降解程度增加,熔融指数增大,共混物的相容性逐渐下降,PP 球晶遭到破坏,看不见 PP 完整球晶。PP/HDPE 共混物分散状态的差异与 HDPE 和 PP 的相对黏度相关。

PP/HDPE 共混是在熔融状态下挤出机中进行的,典型流动是剪切流动,共混物的分散状态与剪切作用下熔体珠滴变形和破碎过程相关。

根据 Taylor 等的研究成果,液滴形变和流体性能关系为

$$\lambda = \frac{\eta_a}{\eta_m} \tag{8.17}$$

$$K = \frac{\eta_m \times G \times a}{\gamma_{AB}} \tag{8.18}$$

$$D = \frac{L - B}{L + B} = \frac{19\lambda + 16}{16\lambda + 16} \cdot K \tag{8.19}$$

式中,D 为液滴的形状因子;L 为形变液滴的长轴直径;B 为形变液滴的短轴直径;η_a 为分散相液体黏度[dyn[①]/(cm² · s)];η_m 为连续相液体黏度[dyn/(cm² · s)];G 为剪切速率 /s⁻¹;a 为液滴半径(cm);γ_{AB} 为两相界面张力(dyn/cm)。当 K 值比较大且固定不变时,D 与 λ 有如下关系

$$D = \frac{5}{4\lambda} \tag{8.20}$$

可见 λ 值越大,D 值越小,液滴越不容易发生形变,反之则容易形变。Taylor 等认为,太小的 λ 值使液滴形变而不破碎,形成细长液流。另外,当 K 值比较小时,有利于液滴的破碎,K 和 λ 间有一定的依赖关系,只有当 $0.3 \leqslant \lambda \leqslant 0.9$,$K$ 值比较小时,液滴不但容易形变,而且也最容易断裂(λ 最佳值为 0.632),形成较好的分散状态。

所以,随着 PP 降解程度增加,黏度降低,分散相与连续相的黏度比逐渐增大,远远超过 0.9,导致共混物分散形态随着 PP 熔融指数的增大而变差。

3. 共混物的结晶形态

撤除相差片,换上偏光片,可以看到共混物中 PP 结晶的形态,如图 8.19 所示。随着 PP 熔融指数增大,共混物中 HDPE 分散性差,PP 球晶的完善性被破坏。随着 PE 相的聚集,在 PP 球晶上可以看到尺寸较大的分散 PE,进一步表明随着 PP 熔融指数增大,共混物分散性能变差。

从上述分析可以看出,共混物中不同相对分子质量及分布 PP 显著影响共混物的分散形态。

8.3.1.2　PP/PA6 共混物及纤维

1. PP/PA6 共混物的形态

根据 PA6 黏度大小和纺丝对聚合物流动性需求,选取 PP15 为共混样品,加入

---

① dyn 为非法定单位,1dyn = 10⁻⁵N。

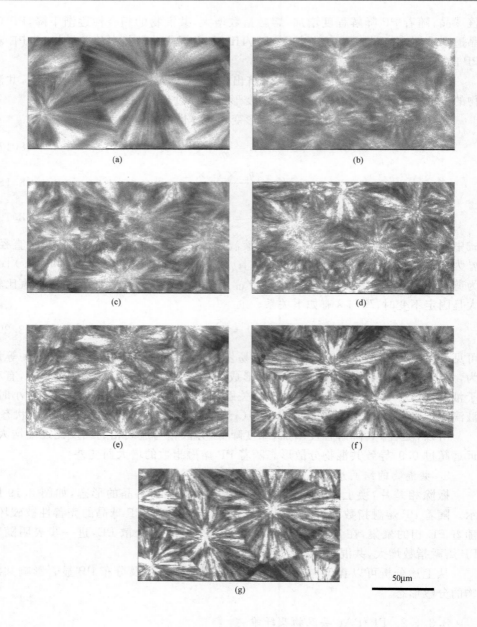

图 8.19　PP/HDPE 共混物的结晶形态（偏光显微镜，400 倍）

增容剂聚丙烯接枝马来酸酐（PP-g-MAH），制备 PP/PA6 共混物及纤维。图 8.20 为 PP/PP-g-MAH/PA6 不同配比共混物的 SEM 照片。由图 8.20(a)可见，在 PP/PA6 二元体系中，PA6 为分散相，PP 为连续相，分散相 PA6 在连续相中的分散性较差,呈较粗的棒条状,粒径分布较宽,且表面光滑,两相之间的界面也很清晰,呈现典型的不相容共混体系的海岛型两相结构特征。图 8.20(b)、(c)、(d)的结果显示,由于增容剂 PP-g-MAH 的加入,反应性增容作用的产生,共混体系分散相区域变小,分散相呈棒球共存状态,棒条变细;进一步增加增容剂的含量,棒状消失,分散相呈粒状,粒径变小,粒径分布变窄,两相界面模糊,说明 PP-g-MAH 的在位反应改善了 PP/PA6 共混体系的相容性。从相态大区域结构角度看,体系仍为海岛型两相结构。但分散相 PA6 粒子反相迁移聚集可能性减少,提高相态稳定性。

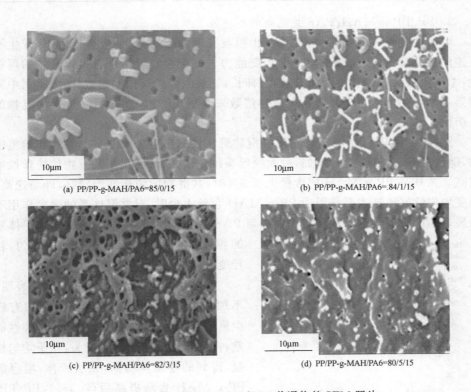

(a) PP/PP-g-MAH/PA6=85/0/15　　　　(b) PP/PP-g-MAH/PA6=.84/1/15

(c) PP/PP-g-MAH/PA6=82/3/15　　　　(d) PP/PP-g-MAH/PA6=80/5/15

图 8.20　PP/PP-g-MAH/PA6 共混物的 SEM 照片

2. PP/PP-g-MAH/PA6 共混物的结晶性能

表 8.5 表示固定 PA6 含量,PP-g-MAH 添加量对 PP/PA6 共混物结晶与熔融行为的影响。数据表明,PP-g-MAH 的加入使 PA6 的热结晶峰消失,这说明 PP-g-MAH 的加入,使 PA6 分散相粒径减小,PA6 在通常结晶温度下的结晶受到抑制,而是在低温下均相成核,与 PP 同时结晶。DSC 曲线上两个熔融峰的存在,表明共混体系中 PP 和 PA6 分别结晶,没有形成共晶或新的晶型。

表 8.5　PP/PP-g-MAH/PA6 共混物的结晶和熔融温度

组成/%(质量分数)	$T_{m}/℃$		$T_{c}/℃$	
PP/PP-g-MAH/PA6	PP	PA6	PP	PA6
85/0/15	163.0	220.0	118.7	182.7
84/1/15	165.4	221.5	117.2	—
82/3/15	164.6	221.1	117.7	—
80/5/15	163.7	220.3	117.6	—

3. PP/PP-g-MAH/PA6 共混物的可纺性

可纺性是指聚合物熔体/流体挤出喷丝孔后,在轴向拉伸应力作用下,发生不可逆的连续变细,成为细长丝条的形变能力。三个参数可用来考察聚合物的可纺性:①细流最大拉伸长度;②细流断裂伸长;③最大喷丝头拉伸倍数(φ)。本书中采用第三个参数,即用最大喷丝头拉伸倍数来表征 PP/PP-g-MAH/PA6 共混物的可纺性。

图 8.21 是 PP-g-MAH 含量对共混物可纺性的影响。从图可知,在本实验范围内,随着 PP-g-MAH 含量增加,最大喷丝头拉伸倍数增大,说明共混物的纺丝性能提高。尤其是 PP-g-MAH 的含量大于 3% 时,共混物的纺丝性能较好,即纺速高、纤度均匀性好。这主要是因为 PP-g-MAH 含量太少时,对共混体系的增容作用不明显;随着 PP-g-MAH 含量增加,PP 与 PA6 的反应性增容得到加强,增大了体系的相容性,使分散相的分散更加均匀,粒径变小,可纺性提高。

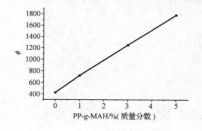

图 8.21　PP/PP-g-MAH/PA6
共混物的可纺性

在实验室纺丝机上的纺丝试验表明,不加增容剂的 PP/PA6 共混物和加有较少量增容剂(1%)的共混物纺丝、牵伸性能差,在纺丝过程中经常有断头,丝条均匀性差,得到的卷绕丝易断,无法牵伸;增容剂 PP-g-MAH 含量提高后(≥3%),PP/PP-g-MAH/PA6 共混物可纺性提高,能够顺利纺丝和牵伸,得到纤度和强度可调控的共混纤维。

8.3.1.3　PP/PET 共混物及纤维

1. 共混物的形态

选取 PP35 与 PET 熔融共混,研究了 PP/PET 共混物及纤维的结构和性能。图 8.22 显示了 PP/PET 共混物横断面的 SEM 照片。由图 8.22(a)可见,共混物的横截面呈典型海岛型两相结构,PET 为分散相,PP 为连续相,有清晰的界面和明显的相分离裂痕。图 8.22(b)的结果则显示,乙烯-乙酸乙烯酯共聚物(EVA)的加入使分散相尺寸显著变小,且两相界面变得相对模糊。这是因为 EVA 是乙烯和含极性酯基的烯类单体的共聚物,其所含的乙烯链段与 PP 相容,含酯基的链段则可以与 PET 发生亲和作用,所以 EVA 的加入可有效改善 PP 和 PET 的相容性,从而使二者的相分离趋势得到抑制,界面变得不清晰。而 PS 的加入[图 8.22(c)]使共混体系中的分散相尺寸变大,导致相分离现象进一步发展。由于 PS 是非极性非结晶性聚合物,与 PP、PET、EVA 均不相容,所以在共混体系中以较大尺寸的颗粒形态存在[32][图 8.22(c)中的白色粒子],此时,PP、PET 和 EVA 仍保持较好的相容性,均匀分散在基体 PP 中。

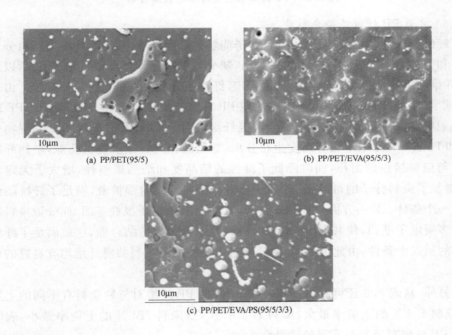

(a) PP/PET(95/5)

(b) PP/PET/EVA(95/5/3)

(c) PP/PET/EVA/PS(95/5/3/3)

图 8.22　PP 共混物的 SEM 照片

2. PP 合金纤维的表面形态

图 8.23 为纯 PP 纤维和改性 PP 纤维的表面形态。可以看出,纯 PP 纤维表面光滑,而改性 PP 纤维表面有许多裂纹和沟槽,这主要是由不相容的非晶态组分的加入造成的。由于 PS 与 PP、PET、EVA 完全不相容,并且在纤维冷却成形时,PS 和 PP 收缩率相差很大,导致纤维表面形成许多裂纹和沟槽,改善 PP 表面亲水性能。

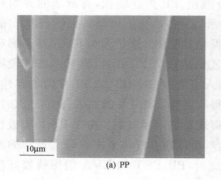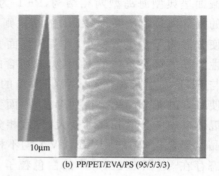

(a) PP   (b) PP/PET/EVA/PS (95/5/3/3)

图 8.23　PP 纤维和合金纤维的表面形态

3. 共混 PP 纤维的染色性能

纤维染色的基本条件是：①染料分子能够扩散到纤维内部；②纤维与染料分子有亲和力。由于 iPP 结晶度高，结构紧密，缺少与染料分子有亲和力的基团，所以纯 PP 纤维的染色性极差。表 8.6 为共混 PP 纤维用分散染料染色上染率情况。由表 8.6 可见，共混 PP 纤维染色上染率比纯 PP 纤维有大幅度提高，特别是 PP/PET/EVA/PS 共混纤维染色性优于其他共混纤维。由于 PP/PET/EVA/PS 共混物中 PS 和 PP、PET 完全不相容而发生相分离，导致两相间有很多裂纹孔隙，增加纤维表面与染料接触的面积，同时降低了纤维的结晶度和结晶规整性，增大了无定形区，增加了染料分子的可及区，有利于染料分子向纤维内部扩散，满足了纤维染色的第一个条件。另一方面，由于 PET、EVA 中含有给电子极性基团，而分散染料带有许多吸电子基团，使共混 PP 纤维与染料分子有很大的结合能，这就满足了纤维染色的第二个条件。由此可见，分散染料对本实验的一系列共混纤维均有良好的可染性。

另外，从表 8.6 还可看出，同一组成的改性 PP 纤维对三种染料有不同的上染率，染料 E-EX 的上染率最大，染料 E-2BL 次之，染料 2BLN 的上染率最小，表明改性 PP 纤维对染料有明显的选择性。

表 8.6　PP 纤维和合金纤维的上染率

样品	上染率/%		
	E-EX	E-2BL	2BLN
PP	4.70	1.80	6.40
PP/PET	84.5	73.8	38.0
PP/PET/EVA	86.8	86.3	43.6
PP/PET/EVA/PS	92.1	88.4	49.1

上述研究表明,采用合适相对分子质量和相对分子质量分布的降解 PP,加入其他聚合物和相容剂共混,可制备出亲水和染色性能优异的 PP 合金纤维。

8.3.1.4　PA6 纳米纤维制备

利用自制的合金化 PP 树脂易拉伸的特点,在不加相容剂的条件下,制备不同 PA6 含量的 PP 共混纤维,通过溶出 PP,可得到直径从几十纳米到几百纳米的超细旦 PA6 纤维,如图 8.24 所示。

8.3.1.5　原位反应增容技术制备 PP/PS 合金化树脂和纤维

1. PP/PS 合金化树脂的结构和性能

前面已经论述了通过在 PP/PS 共混挤出过程中加入不同含量的 TETD 和 DTBP,可以控制 PP 降解,促进 PP-g-PS 接枝物生成,制备出原位增容的 PP/PS 合金化树脂。

从图 8.25 可以看出,共混时加有 TETD 的体系中 PS 粒子尺寸小,分散均匀。表明共混过程中,TETD 的加入促进 PP-g-PS 生成,改善了 PP/PS 共混物的相容性,使 PS 以较小的粒子均匀分散在 PP 基体中。

图 8.26 为不同配比的 PP/PS 共混物的 SEM 照片。在挤出过程中,都加入了相同比例的 DTBP 和 TETD。从图可以看出,不同配比的 PP/PS 共混物中 PS 分散均匀,且粒子尺寸小。这些结果进一步表明 TETD 的加入,促进了 PP-g-PS 生成,可制备出结构稳定的 PP/PS 合金化树脂。

从图 8.27 可以看出,加有 TETD 的 PP/PS 共混体系的 PP 熔点、结晶温度以及熔融热焓比不加 TETD 共混体系高,表明 PP-g-PS 生成改善体系的分散形态,使 PP 结晶率、结晶速率以及晶体完善度提高。

2. PP/PS 共混纤维

采用上述 PP/PS 合金化树脂为原料,在常规纺丝机上纺制 PP/PS 共混纤维,喷丝板的规格为 0.35mm×0.7mm,48 孔,纺丝温度为 200～240℃,纺丝速率为 300m/min,牵伸倍数为 3 倍。目的是希望加入 PS 后,共混纤维的表面能形成许多小的裂缝和沟槽,同时不降低 PP 的强度,增加 PP 与其他材料的结合力,扩大 PP 纤维的用途。

从图 8.28 可以看出,PP/PS 纤维的表面有许多沟槽和裂缝,纤维经过牵伸后,沟槽变细,并沿着纤维拉伸方向取向。PP/PS 共混纤维表面形成许多沟槽和裂缝主要是因为 PP/PS 不相容,并且 PP 和 PS 纤维冷却成形时,PS 和 PP 收缩率相差很大的缘故。表面的沟槽和裂缝能改善 PP 纤维与其他材料的黏结力,可扩大 PP 的用途。

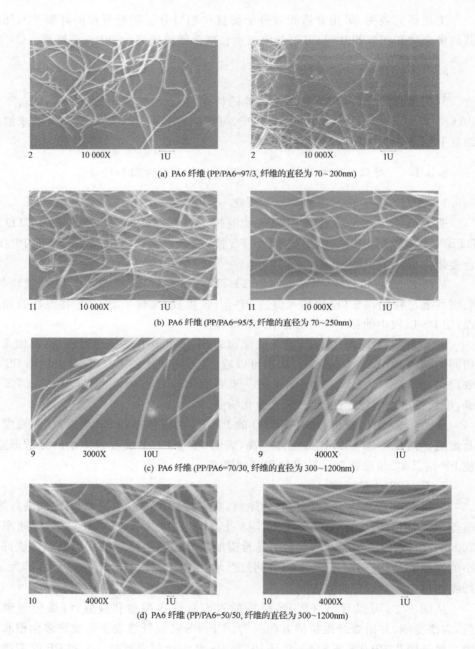

(a) PA6 纤维 (PP/PA6=97/3, 纤维的直径为 70~200nm)

(b) PA6 纤维 (PP/PA6=95/5, 纤维的直径为 70~250nm)

(c) PA6 纤维 (PP/PA6=70/30, 纤维的直径为 300~1200nm)

(d) PA6 纤维 (PP/PA6=50/50, 纤维的直径为 300~1200nm)

图 8.24　不同纳米尺度的 PA6 纤维

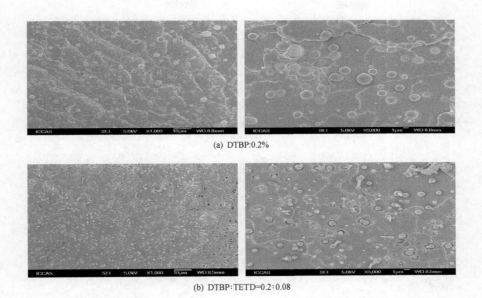

(a) DTBP:0.2%

(b) DTBP:TETD=0.2:0.08

图 8.25　PP/PS(90/10)共混物的相态结构

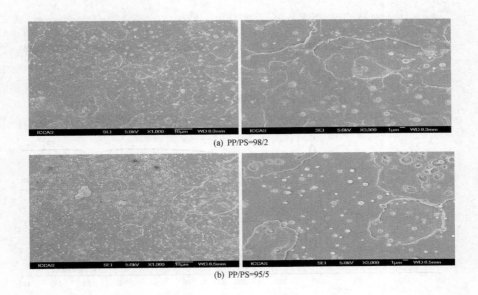

(a) PP/PS=98/2

(b) PP/PS=95/5

图 8.26　PP/PS 共混物的 SEM 照片

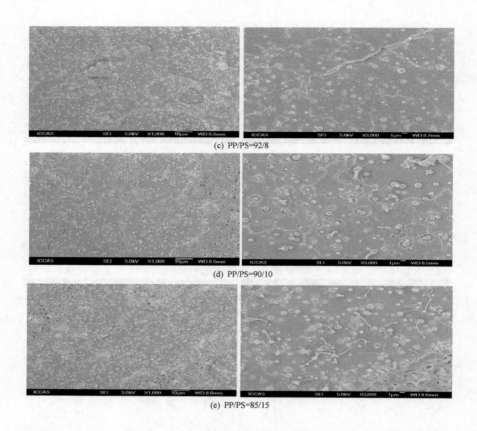

(c) PP/PS=92/8

(d) PP/PS=90/10

(e) PP/PS=85/15

图 8.26 PP/PS 共混物的 SEM 照片(续)

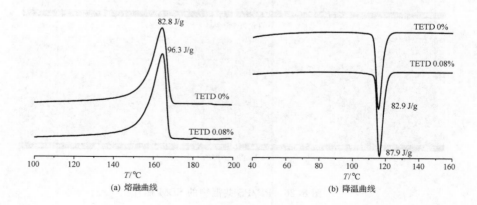

(a) 熔融曲线

(b) 降温曲线

图 8.27 PP/PS(90/10)共混体系的 DSC 曲线

(a) 95/5 (卷绕丝，溶出 PS)　　　　　　　　(b) 95/5 (牵伸丝，溶出 PS)

(c) 92/8 (卷绕丝，溶出 PS)　　　　　　　　(d) 92/8 (牵伸丝，溶出 PS)

(e) 90/10 (卷绕丝，溶出 PS)　　　　　　　　(f) 90/10 (牵伸丝，溶出 PS)

图 8.28　不同 PS 含量的 PP/PS 纤维的表面形态(DTBP：TETD = 0.2：0.08)

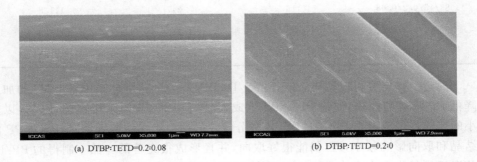

(a) DTBP:TETD=0.2:0.08　　　　　　　　(b) DTBP:TETD=0.2:0

图 8.29　PP/PS(90/10)共混纤维的表面形态(溶出 PS)

从图 8.29 可以看出,在共混物中加入 TETD 的纤维表面裂缝和沟槽数量多,尺寸小,沿拉伸方向取向。表明共混时加入 TETD,有利于生成 PP-g-PS,改善了 PP/PS 共混物的分散形态,使 PS 在 PP 基体中能以较小的颗粒均匀分散,在纤维成型过程中,形成尺寸较小的裂缝和沟槽,增加 PP 与其他聚合物黏结力的同时,对 PP 的强度影响较小。

表 8.7 为 PP/PS 共混纤维的取向度(红外二向色性测试)。共混时加入 TETD 的体系,纤维的晶区取向和整体取向比不加 TETD 共混纤维高。高的取向有利于提高纤维强度。

表 8.7　PP/PS 共混纤维的取向度

PP/PS/DTBP/TETD	fav(非晶区取向因子)	fc(晶区取向因子)
95/5/0.2/0.08	0.50	0.55
92/8/0.2/0.08	0.49	0.54
90/10/0.2/0.08	0.47	0.59
85/15/0.2/0.08	0.40	0.44
90/10/0.4/0.08	0.43	0.44
90/10/0.2/0	0.42	0.40

表 8.8 可以看出,加有 TETD 的共混纤维强度较好,断裂伸长率低。

表 8.8　PP/PS 牵伸纤维的性能

PP/PS/DTBP/TETD	直径/μm	拉伸断裂强度/MPa	拉伸断裂伸长率/%
95/5/0.2/0.08	16	318	94.3
92/8/0.2/0.08	16	282	91.3
90/10/0.2/0.08	16	343	67.6
85/15/0.2/0.08	16	247	111.8
90/10/0.4/0.08	16	213	117.9
90/10/0.2/0	16	177	147.833

通过上述研究可以得出,在 PP/PS/DTBP/TETD 共混体系中,TETD 的加入降低 PP 降解的速率,促使 PP-g-PS 生成,改善了 PP/PS 体系相容性,使 PS 以较小的尺寸均匀分散在 PP 基体中。这种分散较好的树脂在纺制纤维时,PS 对 PP 的结晶和取向影响较小,PP 仍能很好取向,并且形成很完善的 α 晶。制得的 PP/PS 共混纤维的表面含有许多裂纹和沟槽,增加了 PP 与其他聚合物或材料的结合力,且纤维仍然保持较高的强度,扩大了 PP 纤维的用途。

8.3.2　高强 PP 纤维

在降解 PP 树脂中加入高相对分子质量聚烯烃以及其他加工助剂制备合金化 PP 树脂,树脂的 MFR 为 4～25g/10min(230℃/2.16kg),表观相对分子质量分布 $D<4.0(M_w/M_n)$。此种树脂纺丝性能好,易牵伸,可以在普通纺丝设备上纺制出高强度 PP 纤维。

图 8.30 显示出几种添加剂的加入没有改变 PP 的结晶性能,仍然生成完善的 α 晶。

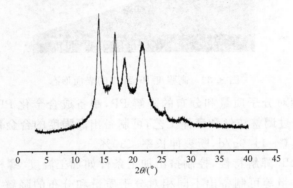

图 8.30　合金化 PP 树脂的结晶性能

图 8.31 是高强度合金化 PP 纤维的 DSC 曲线。从图可以看出,牵伸丝的吸热峰很尖锐,说明高强度 PP 纤维的结晶非常完善。与卷绕丝的熔融曲线相比较,牵伸丝的熔点比卷绕丝提高 9℃,熔融热增加 14J/g,说明在高倍牵伸的过程中,纤维的结晶度和晶体完善度发生很大变化。

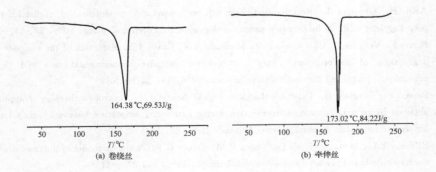

图 8.31　高强度合金化 PP 纤维的熔融曲线

采用合金化降解 PP 树脂,经过高倍牵伸制备的高强度 PP 纤维的表面很光滑,看不到明显缺陷,如图 8.32 所示。而常规 PP 树脂经过高倍牵伸以后表面会出现许多缺陷,使强度下降。

图 8.32　高强度 PP 纤维的表面形态

利用不同相对分子质量和分布的降解 PP,制备成合金化 PP 树脂,在国产的普通纺丝机上通过调整纺丝和牵伸工艺,可制备出高强度的合金化 PP 纤维。纤维的强度可达到 9.0～11.0g/d,断裂伸长率<30%。

总之,利用 PP 降解特性,控制挤出加工条件如加工温度、螺杆转速、加工助剂以及过氧化物含量等可制备出不同相对分子质量和分布的降解 PP 树脂,与其他聚合物共混,制备出高性能的 PP 共混合金。另外,利用对 PP 降解控制,可以原位增容制备不同相对分子质量和相对分子质量分布的 PP 合金树脂。通过上述方法,开发出了高性能聚丙烯合金化树脂。

参 考 文 献

[1] Azizi H, Ghasemi I. Reactive extrusion of polypropylene: production of controlled-rheology polypropylene (CRPP) by peroxide-promoted degradation. Polymer Testing, 2004, 23: 137～143

[2] Berzin F, Vergnes B, Canevarolo S V, Machado A V, Covas J A. Evolution of the peroxide-induced degradation of polypropylene along a twin-screw extruder: experimental data and theoretical predictions. Journal of Applied Polymer Science, 2006, 99: 2082～2090

[3] Berzin F, Vergnes B, Delamare L. Rheological behavior of controlled-rheology polypropylenes obtained by peroxide-promoted degradation during extrusion: comparison between homopolymer and copolymer Journal of Applied Polymer Science, 2001, 80: 1243～1252

[4] El'darov E G, Mamedov F V, Gol'dberg V M, Zaikov G E. A kinetic model of polymer degradation during extrusion. Polymer Degrdation and Stability, 1996, 51: 271～279

[5] Machado A V, Maia J M, Canevarolo S V, Covas J A. Evolution of peroxide-induced thermomechanical degradation of polypropylene along the extruder. Journal of Applied Polymer Science, 2004, 91: 2711～2720

[6] Marisa C G R, Fernanda M B C, Stephen T B. A study of polypropylene peroxide promoted

degradation. PolymerTesting, 1995, 14: 369~380

[7] Vergnes B, Berzin F. Peroxide-controlled degradation of polypropylene: rheological behavior and process modeling. Macromol. Symp., 2000, 158: 77~90

[8] 丁健, 余鼎声, 徐日炜, 丁雪佳. PP-R 双螺杆挤出熔体输送和降解行为的研究. 合成树脂及塑料, 2004, 21 (1): 41~45

[9] 李秀洁, 李学军, 黄松. 聚丙烯高浓缩降解母料生产控制. 辽宁化工, 2002, 31 (5): 191~195

[10] Hinsken H, Moss S, Pauquet J R, Zweifel H. Degradation of polyolefins during melt processing. Polymer Degradation and Stability, 1991, 34 (1~3): 279~293

[11] 马里诺·赞索斯. 反应挤出——原理与实践. 瞿金平, 李光吉, 周南桥等译. 北京: 化学工业出版社, 1999. 32

[12] 刘勇, 邵宇. PP 化学降解中助剂温度和分子量的影响. 合成纤维工业, 1995, 18 (4): 14~18

[13] 刘勇, 范庆荣, 邵宇, 高金贵. 化学与机械降解对聚丙烯树脂分子量和分子量分布的影响. 合成纤维工业, 1990, 13 (2): 45~49

[14] Pucci A, Lorenzi D, Coltelli M B, Polimeni G, Passaglia E. Controlled degradation by melt processing with oxygen or peroxide of ethylene / propylene copolymers. Journal of Applied Polymer Science, 2004, 94 (1): 372~381

[15] Gonzalez-Gonzalez V A, Neira-Velazquez G, Angulo-Sanchez J L. Polypropylene chain scissions and molecular weight changes in multiple extrusion. Polymer Degradation and Stability, 1998, 60: 33~42

[16] Assoun L, Manning S C, Moore R B. Carboxylation of polypropylene by reactive extrusion with functionalised peroxides. Polymer, 1998, 39 (12): 2571~2577

[17] Coiai S, passaglia E, Aglietto M, Ciardelli F. Control of degradation reaction during radical functionalization of polypropylene in the melt. Macromolecules, 2004, 37: 8414~8423

[18] Graebling D. Synthesis of branched polypropylene by a reactive extrusion process. Macromolecules, 2002, 35: 4602~4610

[19] Ho R M, Su A C, Wu C H. Functionalization of polypropylene via melt mixing. Polymer, 1993, 34 (15): 3264~3269

[20] 占德权, 康文韬, 陈立柯. 利用反应挤出的聚丙烯熔融接枝改性. 化工时刊, 2002, 9: 8~11

[21] Xie X M, Zheng X. Effect of addition of multifunctional monomers on one-step reactive extrusion of PP/PS blends. Materials and Design, 2001, 22: 11~14

[22] 郤向阳, 谢续明. 聚丙烯共混物反应挤出过程中的降解抑制. 功能高分子学报, 1998, 11 (2): 231~236

[23] Takayuki O. Iniferter concept and living radical polymerization. Journal of Polymer Science Part A: Polymer Chemistry, 2000, 38 (12): 2121~2136

[24] Beyou E, Chaumont P, Chauvin F, Devaux C, Zydowicz N. Study of the reaction between nitroxide-terminated polymers and thiuram disulfides toward a method of functionalization of polymers prepared by nitroxide mediated free "Living" radical polymerization. Macromolecules, 1998, 31 (20): 6828~6835

[25] 何曼君, 陈维孝, 董西侠. 高分子物理(修订版). 上海: 复旦大学出版社, 1990. 267

[26] Zhu X, Fang Y, Yan D. A possible explanation to the structure change of isotactic polypropylene occurring at about 135℃. Polymer, 2001, 42 (21): 8595~8598

[27]　Zhu X Y，Yan D Y. In situ FTIR spectroscopy study on the melting process of isotactic poly (propylene). Macromolecular Chemistry and Physics，2001，202（7）：1109～1113

[28]　董擎之，唐闻群，郭群. 化学降解对聚丙烯纺丝及织构性能的影响. 华东理工大学学报，1999，25（4）：390～393

[29]　Phillips R A. Macromorphology of polypropylene homopolymer tacticity mixtures. 2000，38（15）：1947～1964

[30]　Torza S，Cox R G，Mason S G. Particle motions in sheared suspension XXVII. Transient and steady deformation and burst of liquid drops. Journal of Colloid and Interface Science，1972，38（2）：395～411

[31]　Vanoene H. Modes of dispersion of viscoelastic fluids in flow. Journal of Colloid and Interface Science，1972，40（3）：448～467

[32]　朱本松. 聚苯乙烯/等规聚丙烯共混中双重海/岛复合结构的形成. 高分子科学，1994，4：455～462

（张秀芹　王笃金）

第9章 聚合物反应挤出过程的在线分析

9.1 引 言

关于聚合物共混物或合金已有多本专著[1]，讨论的基本问题包括组成、表征、性能和最终应用，也介绍了研究方法。关于反应挤出也有专著[2]，主要以品种为主线，多以文献综述形式，介绍了研究方法、反应挤出过程的条件和产物的性质等。本章有别于前几章和其他专著，主要介绍关于加工过程中多相聚合物结构的形成与演变的研究方法和结构的表征。

聚合物共混物(polymer blends)是将两种以上的聚合物用化学或物理的方法混合成宏观上均匀的，具有不同于原组分凝聚态结构与性能的新型材料。由于这种混合物类似把不同纯金属熔制成合金，所以也称为高分子合金(polymer alloys)，又因为其往往由多组分组成，且绝大多数是多相的，所以称之为多相聚合物(multi-phase polymer)。聚合物的性能除取决于其化学结构外，同时受到加工条件和凝聚过程的影响，特别是聚合物复杂体系，即多相多组分聚合物的影响。聚合物熔融共混加工过程极大地影响着材料的力学性能，通过改变混炼设备结构、混炼控制条件可有效地控制共混物相结构[3~7]。共混物相结构的发展是聚合物从最初的宏观颗粒或粉末到微观结构的变化过程，如何观测和采集过程变化的参数是了解上述问题的关键。早期关于加工条件对材料结构乃至性能影响的研究多以非在线检测形式开展的，加工与监测不在同一时刻，测试是在阶段性加工完成后进行的。这样就难于揭示加工对材料结构乃至性能影响的本质问题[8,9]。

聚合物共混物相形态发展演变的研究工作主要集中在密炼系统和双螺杆挤出系统中。对于密炼机混炼过程，已有的研究工作是在混炼过程中定时取样并使之骤冷，尔后用显微镜(电子显微镜和光学显微镜)观察样品相结构的变化。

Schreiber 等[10]在间歇式混炼机上进行的研究工作表明：在混炼的最初 2min 内，当共混物正处于熔融或软化过程时，分散相尺寸迅速降低，共混体系形态结构发生极大的变化；当共混物完全熔融或软化后，分散相尺寸的变化很小。

Plochocki 等[11]利用一种工业混炼机混炼聚苯乙烯(polystyrene)/线型低密度聚乙烯(linear low-density polyethylene，LLDP)，提出早期分散可能是宏观颗粒以固体形式或经软化后，与加工设备内壁接触并摩擦时产生的，从而提出了"摩擦"机理。认为最初的熔融或软化发生在粒子表面，此时的温度较低，表现出更多的弹性而不是黏性,这时两相可以相互分散,尔后高含量组分经过聚结形成连续相。

Scott[12,13]对不同共混物进行了研究,结果与其他研究报道结论一致[14~19],即分散相尺寸急剧减小主要发生在软化或熔融阶段。作者根据自己的长期研究成果与有关报道,提出了在混炼初期相结构发展的初始化机理,如图9.1所示。按照这一机理,分散相组分首先分离出来,部分渗入连续相组分中形成层状或带状分散相。至于这种层状或带状结构是怎样形成的还不太清楚,可能是混炼中流动场作用下颗粒撕裂拉伸形成的,也可能是混炼室内壁摩擦而破裂出的小块形成的。带状结构中随即形成许多小孔,这些孔洞被连续相基质所填充。当孔洞发展到足够大时,多孔层状体由于剪切应力作用开始破裂成不规则小块,这就是中期观察到的大颗粒。随共混过程的进行,不规则小块继续分裂形成近乎球状的小颗粒。在以后的共混过程中,球状小颗粒粒径大小只有较小的变化,这就是许多研究中观察到的在共混2min以后颗粒尺寸没有太大变化的原因。

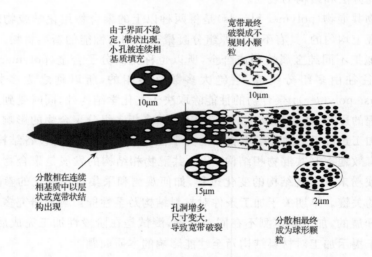

图 9.1　Scott 提出的聚合物机械共混初期结构发展机理[12]

Elemans 等[20]在以分散相尼龙-6与连续相聚丙烯共混的研究中发现,分散相层状结构的破裂是从边缘开始撕裂而分离出小块,逐渐发展导致整个带状结构的消失。他们提出了在混炼初期相结构发展的初始化机理,如图9.2所示。按照这种机理,由于聚合物的传热性较差,宏观颗粒的最初软化或熔融先在表面发生,主要表现为弹性而非黏性。弹性模量小的组分趋于被拉伸破坏,变成分散相,这样就发生了早期的混合分散。此时任一相都可能分散在另一相中,由于含量的不同,可在后期发生相反转[7]。分散相首先分离出一部分渗入连续相中,形成层状或带状分散相。这种层状或带状结构的形成,也可能是分散相与混炼室内壁摩擦而破裂的结果。带状结构在剪切力的作用下撕裂分离出小块,这一过程逐渐发展后导致整个带状结构的消失。

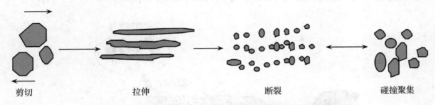

剪切　　　　　　拉伸　　　　　　　断裂　　　　　碰撞聚集

图 9.2　Elemans 聚合物共混初期结构发展机理

Sundararaj 等[21]通过在同向双螺杆挤出机上不同位置的取样分析来研究共混物形态结构的变化,研究的体系是 PS/PA 和 PS/PP。结果表明,分散相的尺寸在共混初期即材料的熔融或软化阶段迅速降低,共混物形态结构发展最显著的部分发生在第一个捏合区的前两个捏合段(在熔融点附近)。SEM 照片分析表明初期还有带状物生成,由于界面张力的作用,这些带状物能形成柱状体(1μm 数量级),柱状体不稳定断裂生成数量级也是 1μm 的球状粒子。这可能是在共混初期分散相粒径分布曲线呈现双峰结构[5]的原因。在共混物完全熔融后,粒径变化很小。Sundararaj 等还在间歇式混炼机上用相同的共混体系作了对比实验,结果发现间歇式混炼机和双螺杆挤出机中共混物形态结构发展的模式相似。

Scott 和 Macosko[17]在以前工作的基础上又作了大量的工作,并于 1995 年在 *Polymer* 上发表了他们的研究成果。他们在间歇式混炼机上研究了 5 种共混体系,其中 PS-Ox(苯乙烯与噁唑啉的共聚物)/PA、SMA(苯乙烯马来酐)/PA 是反应性体系,PS/PA、PETG/PA 和 PC/PA 为非反应体系。研究结果表明,他们先前提出的模式对两类共混体系均适合,不过他们发现在初期也有柱状物生成,而且网络破裂后也可生成线状物。在反应性共混体系中,界面反应产生的效应与界面层的生成速率密切相关。此外,从他们的 SEM 照片的比较可以看出,在共混初期界面反应效应表现得不明显,故反应体系与非反应体系的初期形态结构发展的模式相似。但是,共混后期界面反应产生的效应非常明显。在共混 7min 后,PS-Ox/PA、SMA/PA 体系的分散相粒径要比非反应体系 PS/PA 的分散相粒径小 5~10 倍。

Macosko[17]在研究聚甲基丙烯酸甲酯(PMMA)以 30∶70 比例与聚苯乙烯共混中发现,即使加入 1% 的苯乙烯-甲基丙烯酸甲酯嵌段共聚物也会使聚甲基丙烯酸甲酯粒子尺寸显著减小。这主要是由于共聚物降低了表面张力。图 9.3 描述了聚合物-聚合物熔融共混过程中加入或不加共聚物相态变化的机理。

分散相粒子在剪切力的作用下,在表面形成层状结构,随着体系的流动这些层状结构延伸,厚度可达到约 1μm,最后被撕裂或发展成孔洞。孔洞间的区域延伸成为纤维状,最终破裂成为亚微米颗粒。在没有加入增容剂时,颗粒在表面迅速聚结,最终颗粒的尺寸取决于聚结与细化之间的平衡(如图 9.3 右上所示)。如果加入足够的增容剂,共聚物就可以扩散到新生成的界面以降低其界面张力,从而使得层状结构延伸得更长也更薄,还可以防止小颗粒的聚结(见图 9.3 右下所示)。

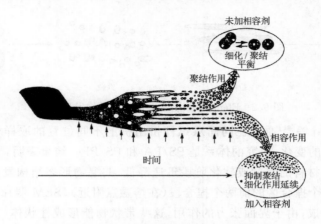

图 9.3　聚合物共混相结构发展简图[9]

从以上研究成果可以看出,不论是非反应性共混体系还是反应性共混体系,在共混初期其形态结构发展模式相似:分散相颗粒首先形变生成片状物或带状物,接着,在片状物或带状物上有小孔生成,这些小孔被连续相基质所填充。当小孔的尺寸和数量发展到足够大时,生成易破裂的网络状结构。由于剪切应力的作用,网络破裂成不规则小碎块或破裂成大量线状物,这些不规则小碎块或线状物继续分裂直到形成近乎球状的粒子。前期生成的带状物也可能变成柱状体,以后断裂成粒径较大的粒子。在以后的共混过程中,分散相粒径只有很小的变化,主要是粒径分布中的最大值有所降低。

Favis[16]用间隙工作的密炼机在密炼过程中停止混炼来观察共混物结构的变化。发现共混物结构的变化主要在开始混炼的 2～3min 内完成。对于挤出机多数采用简体可开式挤出机,在确定的混炼时间停车、开启挤出机料简体,快速冷却,然后取样,同样用显微镜观测样品的结构。这种方法不能做到实时掌握材料内部微结构变化的情况。Scott 等[22~25]分别用密炼机、单螺杆挤出机、双螺杆挤出机,在间歇工作的情况下研究共混体的结构,得出了与 Favis 类似的结论,与 Plochocki 等[11]结果是一致的。

上述关于熔融加工条件对材料结构乃至性能影响的研究采用的方法是非在线的,共混加工与监测不在同一时刻进行,测试是在阶段性加工完成后,且不能做到无损测量,这样就难于揭示共混加工对材料结构形成过程的变化规律的本质[21,22]。这一问题的解决,依赖于共混过程的在线分析。共混过程的在线分析是指在聚合物或共混物处于加工、处理或反应过程中对其结构、形态和性能等进行跟踪监测,无损采集相关的结构参数,进而分析其结构形态的变化规律,研究结构-加工条件与材料性能的关系[26~28]。Leukel 等[29]在挤出机模口处设置显微镜对共混物进行了在线形态测量,该方法受显微镜分辨率、材料浊度和熔体流动速率影响较大。最近,Schlatter 等[30]设计了一种光散射在线装置,但是该装置必须连接到挤出机高压力区域,以使少量熔融共混物流出挤出机,进入光散射装置,进而进行分析。这干扰了加工过程,并不是完全的无损测量。Sheng 和 Zhou[31,32]设计并构建了光散射在线采集与分析系统,可以实现对聚合物多相体系加工过程的微结构变化进行在线监测分析。

9.2　研究方法

聚合物共混体系相结构的研究主要依赖于显微分析,即以光学或电子显微镜对共混物分散相进行直接观察。显微分析的优点是直观,可反映局部的精细结构,但其属于微观分析,对大尺度范围内的宏观分析较为困难,而激光光散射弥补了这一不足,以激光照射共混样品,由于共混物结构不均匀性使其对照射激光产生强烈散射,通过分析散射光对散射角度的依赖关系可以获得分散相尺寸等信息。激光光散射的优点是无损检测和连续采集,特别适合于微观与介观尺度共混体系加工过程的在线分析。将显微分析与光散射技术联合使用,则可获得共混体系加工过程较为全面的信息。

9.2.1　显微分析

9.2.1.1　显微镜观测聚合物共混体系相结构的表征

研究多相聚合物复杂体系形态结构的最常用方法是使用光学显微镜和电子显微镜直接观察样品,可以得到反映多相聚合物复杂体系形态结构的显微镜照片。大部分研究者利用这些照片来进行定性分析,若将照片输入到计算机中,或者将照片直接存储为计算机图像,便可以利用计算机的数字图像分析方法来定量研究聚合物合金的形态结构。目前,已有较系统的图像处理软件,为显微图像的处理提供了研究条件。

Galloeway 等[33]运用数字图像处理技术研究了不同组分比的 PEO/PS 非相容共混体系相界面区域的变化。他们首先将该共混体系不同组分比例下的 SEM 照片采用专门的生物切片机切片,然后对图像进行中值滤波处理。再用高斯边缘识别技术将两相界面抽取出来(见图 9.4)。经过计算,发现该非相容体系单位面积内相界面长度随 PEO 组成变化有如图 9.4(c)所示的变化规律。

Li 等[34]在研究 PP/LLDPE 体系的相容性及结晶性时,运用数字图像处理技术将球晶的偏光显微镜照片首先进行二值化处理。而后计算出了每个球晶的平均

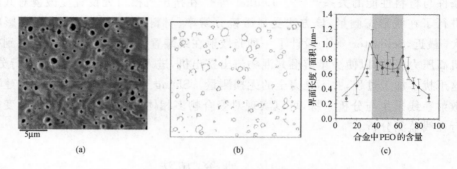

图 9.4　SEM 照片的边缘抽取和界面随组分变化图[33]

直径以及在特定方向上的距离。利用这两个参数讨论了该体系球晶生长动力学过程。

　　Akemi 等[35]在研究热致液晶共聚酯的相分离过程时,使用录像机现场录制了加热相分离的偏光显微镜(PLM)图像信息,其中的黑和白区域分别对应各向同性和各向异性组分,然后使用计算机来进行数字数据分析。他们通过找到合适的阀值方法将图像二值化(binarize),在二值化图像上,分别按不同的方向扫描,得到了所谓特征弦长 Λ 的分布,使用此参数来分析液晶相分离过程。并定义了相应的标度函数,讨论了相分离动力学过程中不同阶段的机理。

　　Inoue 等[36]引入非球度概念反映分散相形态。在研究聚砜和尼龙-6(PSU/PA)共混物中添加反应性相容剂 PSU-MAH 和 PSU-PhAH 对其结构影响时,对其 SEM 照片采用了一种新的数字图像分析(DIA)方法。他们首先人工将 SEM 图像二值化,然后使用一种等效椭圆方法(MEE)将其中每个颗粒以最接近的椭圆来代替,如图 9.5 所示,从而可测出该椭圆的长半轴 a 和短半轴 b。他们定义了一个参数叫非球度(asphericity)$\zeta = a/b - 1$,用来表现该颗粒的形状。然后以长半轴 a 为横坐标,非圆球度 ζ 为纵坐标,将每个颗粒的两个参数对应绘在图上,见图 9.5。其

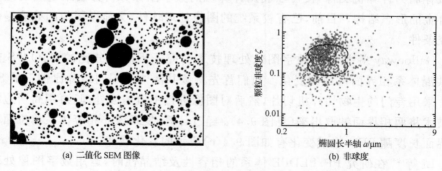

图 9.5　用等效椭圆代替分散相颗粒后的二值化 SEM 图像[36]

中的封闭曲线包括了图中 65% 的点。通过研究此封闭曲线的移动来研究组分对共混物中分散相颗粒尺寸和形状的影响。他们的研究结果表明,反应增溶体系由于原位形成接枝共聚物降低了界面张力,分散相非球度增加,与非相容体系相比,封闭曲线向右移动。

杨玉良等[37]结合高分子体系中图样(形态)生成、选择及其动力学的发展介绍了在高分子共混物、嵌段共聚高分子、含液晶高分子共混体系的相分离动力学方面以及在高分子复杂流体中的图样生成及其动力学方面的研究工作。

9.2.1.2　显微镜图像计算聚合物共混体系相尺寸[38]

当得到多相聚合物共混过程的样品之后,对于样品相结构的测试已不是问题,可以用常规的任何一种表征相结构的测试方法。显微镜观察相结构是最常用的方法,可以是电子显微镜、光学显微镜和原子力显微镜。显微镜图像展示的相结构形态反映了聚合物共混体系两相的尺度和形貌,确定相尺寸是非常关键的。此处介绍颗粒尺寸的表征是从不同定义出发,计算相颗粒大小,同时可以得到颗粒分布、形状等参数,对于测量聚合物共混物的相结构参数是一种较好的方法。

1. 颗粒大小的表征

圆球大小最易表征,用一个参数——直径即可。对于其他形状的颗粒可以用某种当量直径来表示。在显微镜下可观察到单个颗粒的二维形貌,适用的表示方法如下:

投影面直径 d_a:与置于稳定位置的颗粒的投影面积相同的圆的直径。

投影面直径 d_p:与任意放置的颗粒的投影面积相同的圆的直径。

周长直径 d_c:与颗粒的投影外形周长相等的圆的直径。

Feret 直径 d_F:与颗粒投影外形相切的一对平行线之间的距离。

Martin 直径 d_M:颗粒投影外形面积等分线。

展开直径 d_R:通过颗粒重心的弦长(L)。

前三者对单个颗粒有唯一的确定值,而后三者在不同方向会有不同的值,所以对于单个颗粒会有无穷个值,因此用后三者表征单个颗粒大小时可用平均概率统计直径,例如 d_R,如图 9.6 所示。

可用式(9.1)计算平均概率统计直径:

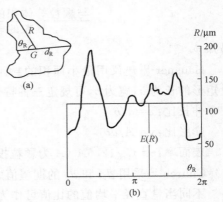

图 9.6　(a)展开直径 d_R 和半径 R 的定义;(b)展开曲线

$$E(d_R) = \frac{1}{\pi} \int_0^{2\pi} R d\theta_R \tag{9.1}$$

对于 d_M、d_F，求法类似 d_R。R 与 θ_R 的含义如图 9.6(a)。R 为颗粒重心到颗粒边缘任一点的距离，θ_R 为 R 与 d_R 夹角。

对于大量的颗粒测定后三种直径时，通常采用测定平行于某固定方向的直线尺寸，而得到有意义的数值。因此这三者又被称为统计直径。

实验证明，就整体而言同一物系有 $d_M < d_a < d_F$。Heywood[39]认为 d_F 误差大，d_M 与 d_a 较一致。Walton[40]认为 d_F 约等于 d_c。

2. 颗粒形状的表征

常用两个参数来表示颗粒形状：形状系数和形状因素。

(1) 形状系数：测得的颗粒各种大小和颗粒体积或面积之间的关系。

如对于投影面直径有：

颗粒面积：$S = \pi d_S^2 = \alpha_{V,a} d_a^2$

颗粒体积：$V = (\pi/6) d_V^3 = \alpha_{V,a} d_a^3$

其中，d_S 为面积直径（与颗粒具有相同表面积的圆球直径）；d_V 为体积直径（与颗粒有相同体积的圆球直径）；α_S，α_V 分别为面积和体积的形状系数；下标 a 表示是对应于 d_a 的。

(2) 形状因素：颗粒各种测得大小的无量纲组合。

对于圆球各种当量直径均相等。对于非圆球状颗粒，它与圆球相差越大，各种当量直径的差别也可能会越大，因此它们的无量纲组合可表现出颗粒与圆球的相差程度。

最早的形状因素定义为圆球度 ψ_w。

$$\psi_w = \frac{\text{与颗粒等体积的圆球表面面积}}{\text{颗粒的表面面积}} = \left(\frac{d_V}{d_S}\right)^2 \tag{9.2}$$

易知 $\psi_w \leqslant 1$。

Hausner[41]建议用最小面积的封闭矩形与颗粒比较的方法来评价颗粒形状。设矩形的长为 a，宽为 b，可规定三种特性：

伸长比：$x = a/b$

膨胀比：$y = A/ab$

表面率：$z = C^2/12.6A$（A 为颗粒投影面面积，C 为周长）

Church[42]采用 d_M 和 d_F 的期望值之比作为众多椭球体颗粒的形状因素。

不同当量直径平均值的比值可作为形状因素，此时对于整个颗粒大小分布，一种当量直径的分布乘以此形状因素应可以得到另一种当量直径的分布。

3. 颗粒大小分布的表示方法

在表示颗粒大小时，常使用大小范围来表示。常用的大小范围取法有等间隔的算术级数划分法和等比的几何级数划分法等。

（1）列表法。这是常用的表示颗粒大小分布的方法，也是用其他表示方法的基础，常用项目如表 9.1 所示（以算术级数划分法为例）。

表 9.1　颗粒分布

颗粒大小范围 $x_r \sim x_{r+1}$	间隔 dx	平均大小 $\bar{x}$	频率数 $d\Phi$	累计频率数 Φ	百分率频率 $d\varphi$	累计百分率频率 φ	百分率频率密度 $d\varphi/dx$
⋮	⋮	⋮	⋮	⋮	⋮	⋮	⋮
⋮	⋮	⋮	⋮	⋮	⋮	⋮	⋮
⋮	⋮	⋮	⋮	⋮	⋮	⋮	⋮

各参数定义如下：

颗粒大小范围 $x_r \sim x_{r+1}$，其中，x 为测得的颗粒的当量直径。

间隔 dx：$x_{r+1} - x_r$

平均大小：$\bar{x} = (x_{r+1} + x_r)/2$

频率数 $d\Phi$：在某大小范围内颗粒的某特征（包括个数、长度、面积和体积等）出现的总数。

累计频率数 Φ：小于某颗粒大小的特征总数，$\Phi = \sum_0^x d\Phi$。

百分率频率 $d\varphi$：等于 $d\Phi / \sum d\Phi$，$\sum d\Phi$ 即某特征在整个大小范围内的出现总数。

累计百分率频率 φ：$\varphi = \sum_0^x d\varphi$

百分率频率密度 $d\varphi/dx$：每一单位长度的百分率频率，相当于概率论中的概率密度。

对于几何级数划分，将 x 取对数后进行相应改变即可。

频率中最常用特征是个数 N。由它的分布可计算出其他特征分布。

（2）矩形图（频率中取特征个数为例）。矩形图即频率数 dN 对颗粒大小 x 作矩形图。矩形方块高度与颗粒数成正比，如图 9.7。

（3）累计百分率频率分布图。即累计百分率频率 φ 对 x 作图，通常将各点描成连续平滑曲线，如图 9.8。

（4）频率密度分布图。即 $d\varphi/dx$ 对 x 作图，见图 9.9。若分级足够的话，可连成平滑曲线，类似于概率密度曲线。该曲线下总面积为 100，任何大小范围内的百分率频率可由对应的曲线下积分面积求得。

4. 平均直径

如图 9.10 所示，"频率密度最大值"是频率密度最大所对应的颗粒大小；"中线值"是在累计百分率频率曲线上 50％对应的颗粒大小,在频率密度曲线上,通过此值的垂线将曲线下的面积等分;"平均值"是通过频率密度曲线所包括的面积的重心的垂线与横坐标的交点值,公式为:$\overline{x} = \dfrac{\sum x\mathrm{d}\varPhi}{\sum \mathrm{d}\varPhi}$。

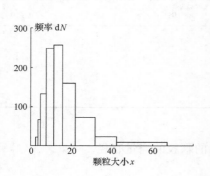

图 9.7　矩形图

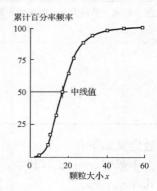

图 9.8　累计百分率频率分布图

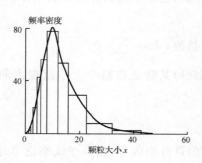

图 9.9　频率密度分布图

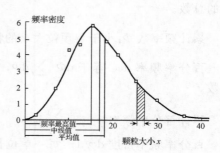

图 9.10　平均直径示意图

颗粒分布的特征包括个数、长度、面积和体积。大小不同的颗粒所组成的物质可被另一个与该物系有且仅有两个相同特征的均匀物系所代表。对于这两个相同的特征而言,后一物系的颗粒大小即为前者的平均值。

各种主要的平均直径如下:

个数、长度平均直径:$x_{\mathrm{NL}} = \dfrac{\sum \mathrm{d}L}{\sum \mathrm{d}N} = \dfrac{\sum x\mathrm{d}N}{\sum \mathrm{d}N}$

个数、表面平均直径:$x_{\mathrm{NS}} = \sqrt{\dfrac{\sum \mathrm{d}S}{\sum \mathrm{d}N}} = \sqrt{\sqrt{\dfrac{\sum x^2\mathrm{d}N}{\sum \mathrm{d}N}}}$

个数、体积平均直径：$x_{\mathrm{NV}} = \sqrt[3]{\dfrac{\sum \mathrm{d}V}{\sum \mathrm{d}N}} = \sqrt[3]{\dfrac{\sum x^3 \mathrm{d}N}{\sum \mathrm{d}N}}$

长度、表面平均直径：$x_{\mathrm{LS}} = \dfrac{\sum \mathrm{d}S}{\sum \mathrm{d}L} \dfrac{\sum x^2 \mathrm{d}N}{\sum x \mathrm{d}N}$

长度、体积平均直径：$x_{\mathrm{LV}} = \sqrt{\dfrac{\sum \mathrm{d}V}{\sum \mathrm{d}L}} = \sqrt{\dfrac{\sum x^3 \mathrm{d}N}{\sum x \mathrm{d}N}}$

表面、体积平均直径：$x_{\mathrm{SV}} = \dfrac{\sum \mathrm{d}V}{\sum \mathrm{d}S} = \dfrac{\sum x^3 \mathrm{d}N}{\sum x^2 \mathrm{d}N}$

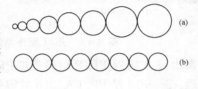

如图 9.11 所示，(a)表示原物系，(b)表示代表物系，它们的个数和总直径和相等，则物系的每一个颗粒大小就是个数长度平均直径。个数长度平均直径是最常用的一种平均直径。

以上各种平均直径均可从颗粒大小分布列表上直接计算得到。

图 9.11　个数长度平均直径

颗粒的分散程度就用平均直径的标准方差 σ 表示。

$$\sigma = \sqrt{\frac{\sum (x - \overline{x})^2 \mathrm{d}\varphi}{\sum \mathrm{d}\varphi}} = \sqrt{\frac{\sum x^2 \mathrm{d}\varphi}{\sum \mathrm{d}\varphi} - (\overline{x})^2} \tag{9.3}$$

颗粒的相对分散程度可以用平均直径的离差系数 δ 表示。

$$\delta = \frac{\sigma}{\overline{x}} \quad (\overline{x} \neq 0) \tag{9.4}$$

9.2.1.3　颗粒测定原理在高分子合金两相体系中的应用[43]

1. 显微图像的二值处理及相关结构参数的计算

高分子共混物中的分散相可以看作为均匀介质中分布的颗粒。因此，可以用颗粒大小和形状测定方法来表征分散相的结构，从而较全面地描述分散相的大小和形状。得到分散相信息最常用的方法是电子显微镜（SEM 和 TEM）和光学显微镜，对高分子共混物的脆性断面或切片的形貌进行观测。

以聚丙烯（PP）/尼龙 1010（PA1010）共混物为例，对其 SEM 图像进行二值化处理。首先使用 Photoshop 等图像处理软件，将照片中的两相区分开，分别用白色表示连续相，黑色表示分散相，即将照片二值化。二值化处理后存储为单色 BMP 格式图像，图 9.12(a)是 SEM 照片，图 9.12(b)二值化处理后的结果。根据图 9.12(b)使用软件 Particle Distribution Counter（PDC）[45]来统计、分析图片，可得到相关的结构参数：分散相弦长 L_1 分布，连续相弦长 L_2 分布，Feret 直径 d_F 分布，Martin 直径 d_M 分布，投影面直径 d_p 分布，周长直径 d_c 分布。

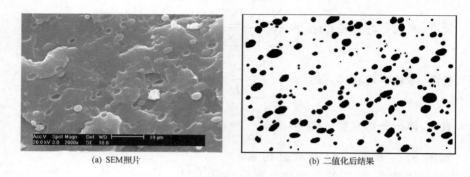

(a) SEM照片　　　　　　　　　　(b) 二值化后结果

图 9.12　SEM 照片原始图和二值化处理后结果

根据上述方法对 PP/PA1010 和 PP/PA/PP-g-MAH 共混体系的 SEM 照片进行处理。图 9.13 是 PP/PA1010 共混体系的 SEM 照片，经图像处理后得到分散相尺寸的分布图和相关的结构参数。

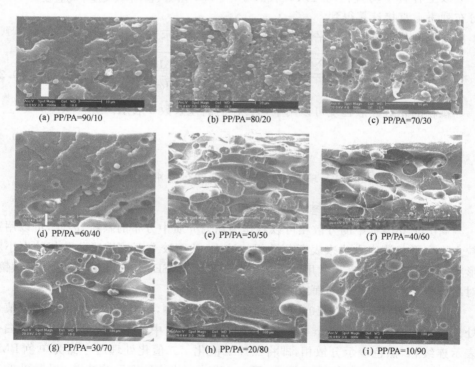

(a) PP/PA=90/10　　　　　(b) PP/PA=80/20　　　　　(c) PP/PA=70/30

(d) PP/PA=60/40　　　　　(e) PP/PA=50/50　　　　　(f) PP/PA=40/60

(g) PP/PA=30/70　　　　　(h) PP/PA=20/80　　　　　(i) PP/PA=10/90

图 9.13　PP/PA 系列共混 15min 出料的 SEM 照片及投影面直径 d_p 分布

　　表 9.2 是计算得到的分散相颗粒不同定义的直径和弦长。表中给出的数值表明。其中，d_F 和 d_c 较接近，d_M 和 d_p 较接近，且 d_F 和 d_c 数值大于 d_M 和 d_p。其 d_R 用 L_1（分散相）和 L_2（连续相）表示。

表 9.2　PP/PA1010 合金组成与相尺寸的关系

组成/%（体积分数）	$d_c/\mu m$	$d_F/\mu m$	$d_M/\mu m$	$d_p/\mu m$	$L_1/\mu m$	$L_2/\mu m$
PP90/10	1.41	1.40	1.36	1.34	1.25	6.27
PP80/20	1.92	1.95	1.92	1.89	1.76	6.20
PP70/30	3.00	3.15	3.10	3.09	4.97	17.33
PP60/40	2.06	2.14	2.11	2.09	3.17	18.44
PP50/50	—	—	—	—	—	—
PP40/60	—	—	—	—	—	—
PP30/70	17.39	16.71	15.93	15.90	28.52	70.55
PP20/80	14.24	13.78	13.39	12.67	31.71	71.69
PP10/90	10.88	10.64	10.50	10.41	16.86	69.54

注：中间画"—"的组成是双连续相结构，无对应参数。

　　将表 9.2 中相结构参数绘图（见图 9.14），可以看到，不同定义的分散相直径的变化规律是一致的，当 PP 为分散相时，不同定义的平均直径其数值是接近的。在 PA1010 为分散相时，不同定义的平均直径其数值是一致的。弦长 L_1 与平均直径的变化规律是一致的，当 PP 为分散相时，其数值要小于平均直径，而 PA1010 为分散相时，其数值与平均弦长接近。当 PA1010 为分散相时，L_2（连续相尺度）其变化规律与平均直径相似。但是，当 PP 为分散相，其数值的变化波动较大，由 SEM 照片可以看出，此时相分布是不均匀的。在 PP 组成为 40%～60% 区域为相逆转区，即双连续相区。

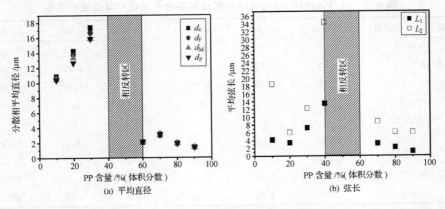

图 9.14　PP/PA1010 共混体系相尺寸与组成的关系

　　图 9.15 是部分相容体系的 PP/PA/PP-g-MAH 合金的 SEM 照片和分散相尺寸的分布。表 9.3 是计算得到的 PP/PA/PP-g-MAH 合金分散相颗粒不同定义的直径和弦长。比较 PP/PA1010 和 PP/PA/PP-g-MAH 合金的分散相直径可以发现，后者（即具有部分相容性的 PP/PA1010/PP-g-MAH 合金体系）的分散相直

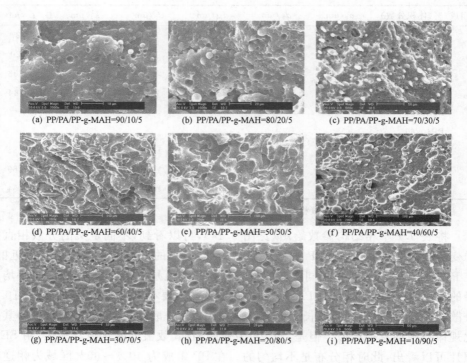

(a) PP/PA/PP-g-MAH=90/10/5　　(b) PP/PA/PP-g-MAH=80/20/5　　(c) PP/PA/PP-g-MAH=70/30/5

(d) PP/PA/PP-g-MAH=60/40/5　　(e) PP/PA/PP-g-MAH=50/50/5　　(f) PP/PA/PP-g-MAH=40/60/5

(g) PP/PA/PP-g-MAH=30/70/5　　(h) PP/PA/PP-g-MAH=20/80/5　　(i) PP/PA/PP-g-MAH=10/90/5

图 9.15　PP/PA/g 系列共混 15min 出料的 SEM 照片及投影面直径 d_p 分布

表 9.3　PP/PA1010/PP-g-MAH 部分相容合金相尺寸与组成的关系

组成/%（体积分数）	$d_c/\mu m$	$d_F/\mu m$	$d_M/\mu m$	$d_p/\mu m$	$L_1/\mu m$	$L_2/\mu m$
90/10/5	1.24	1.24	1.23	1.23	1.16	6.07
80/20/5	1.73	1.79	1.77	1.76	2.20	6.16
70/30/5	2.65	2.83	2.73	2.74	3.17	8.82
60/40/5	—	—	—	—	—	—
50/50/5	—	—	—	—	—	—
40/60/5	11.55	11.64	11.43	11.35	13.49	34.24
30/70/5	7.73	7.60	7.42	7.31	7.22	12.22
20/80/5	3.07	3.05	2.98	2.95	3.45	6.07
10/90/5	3.76	3.86	3.83	3.80	4.21	18.44

　　注：中间画"—"的组成是双连续相结构，无对应参数。

径小于 PP/PA1010 体系。由于增容剂 PP-g-MAH 的作用,在 PP/PA1010/PP-g-MAH 体系中,相间形成部分相容区,导致分散相尺度变小。

图 9.16 给出了 PP/PA1010/ PP-g-MAH 共混体系相尺寸与组成的关系,可以看到其变化规律与体系 PP/PA1010 是一致的。同时与文献[44]的结果也是一致的。

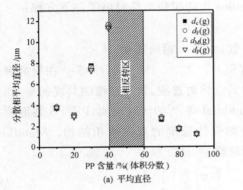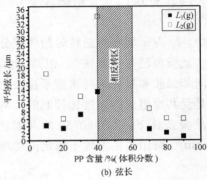

(a) 平均直径　　　　　　　　(b) 弦长

图 9.16　PP/PA1010/ PP-g-MAH 共混体系相尺寸与组成的关系

对于二元聚合物共混体系,如给定的 A/B 共混物,如果研究的是整个组成范围,那么可以定义 3 个基本区间,即:① A 相分散在基质 B 中;② 存在相反转的中间区,这里 A 和 B 均为连续相;③ B 相分散在基质 A 中(图 9.16 和图 9.17)。这里双连续形态是一个重要的和组成有关的现象。

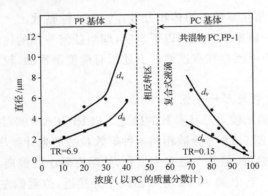

图 9.17　PC 与 PP 的共混物中分散相尺寸对组成的依赖关系[44]

双连续相(也称共连续相)是一种复杂的形态结构,在聚合物共混体系的电子显微镜图像中都可发现这种结构,电子显微镜图像是表征双连续相的最直接的方法。在这一区域,共混物的性能变化非常大,有可能大幅度提高材料的力学性能,也可能降低材料的力学性能。Willemse 等[45]发现,双连续相的 PE/PP(PS)具有很高的拉伸模量,超出了现有关于双连续形态共混物模量的预报结果。但是,盛京、马桂秋[46]发现 PP/PA1010 和 PP/PA1010/ PP-g-MAH 共混体系在双连相区,其力学性能达到最小值。因此,在双连续相区两相的形态结构被称为复杂形态,其研究也备受重视,已提出了几个模型预测共连续点。但是,所有的模型均以黏度为控制参数。Paul 和 Barlow[47]根据 Avgeropoulos[48]的实验结果提出了如下方程:

$$\phi_1/\phi_2 = \eta_1/\eta_2 \tag{9.5}$$

式中,ϕ_x 为 x 相在相逆转时的体积分数;η_x 为 x 相的黏度。

此模型已得到验证[49],但是,也有例外[44,50~52]。De Roover 等[53]在研究聚己二酰间苯二胺和聚丙烯马来酸干接枝物共混物时发现,只有在熔融共混初期,相逆转区是受共混组成的黏度比控制的。Mekhilef 等[54]的研究表明,PE/PS 共混物在静态聚集条件下,仅在 50/50 的共混物能保持稳定的双连续相结构。Metelkin 和 Blekht[55]给出了毛细管不稳定流动理论模型,其方程为

$$\phi_1 = \left[1 + \frac{\eta_1}{\eta_2} F\left(\frac{\eta_1}{\eta_2} \right) \right]^{-1} \tag{9.6}$$

其中

$$F\left(\frac{\eta_1}{\eta_2} \right) = \left\{ 1 + 2.25g\left(\frac{\eta_1}{\eta_2} \right) + 1.81 \geqslant \left[\lg\left(\frac{\eta_1}{\eta_2} \right) \right]^2 \right\} \tag{9.7}$$

Utracki[56]基于乳化理论提出

$$\frac{\eta_1}{\eta_2} = \left(\frac{\phi_m - \phi_2}{\phi_m - \phi_1} \right)^{[\eta]\phi_m} \tag{9.8}$$

式中,ϕ_m 为集体在相互渗透点的体积分数;$[\eta]$ 为特性黏数。

Utracki 在这一模型里考虑到以下事实,即当任何一相的体积分数低于相互渗透的临界值时,都不可能存在双连续。上述所有模型都预测,较低黏度的相易形成连续相。

2. 粒径分布及颗粒形状分析

(1)不同粒径的比较及形状参数的确定。以 PP/PA=90/10 共混 15min 出料的 SEM 照片为例,图 9.18 为分散相的 4 种等效粒径的累计频率数分布图。4 种等效粒径的分布比较接近,但并不是完全重合。始端有较小的偏离,末端重合较好,而中间部分偏离较大。其中 d_p 和 d_M 分布曲线十分接近,位置偏左上一些;d_F 分布曲线位置偏右下一些;d_c 分布曲线始端偏左,中间段偏右。其物理意义为,对于同一系列的颗粒,累计频率数相同的各种等效直径中,d_p 值和 d_M 值接近且都较小,d_F 值较大,d_c 值则上下摆动。研究其他不同组成和共混时间的物料的分散相粒径分布,也有类似规律。

通过对 4 种等效粒径的比较发现,取 d_F 和 d_p 平均值的比值可以较好地反映

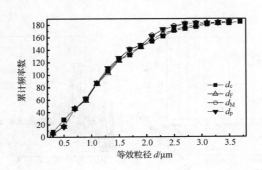

图 9.18　PP/PA＝90/10 分散相颗粒 4 种等效粒径累计频率数分布图

颗粒的形状差别，取此值作为形状因素 Ψ 更合理。

考虑到 d_p 是由整个颗粒面积算出的，能较好地反映整个颗粒的尺寸，建议在图像处理中，讨论分散相粒径时，采用投影面直径 d_p。

（2）不同组成的粒径分布变化。分别对图 9.13 和图 9.15 的粒径分布归一化（即将每张图的各统计频率数除以颗粒总数）后可绘粒径分布图，如图 9.19 和图 9.20。可用于表征分散相粒径的分布，进而可以研究其分布规律。

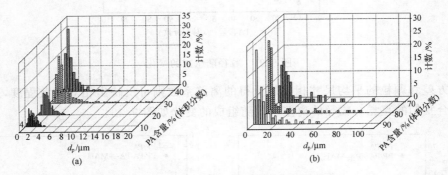

图 9.19　PP/PA1010 体系组成的粒径分布

（3）不同组成的平均粒径变化。取投影面直径 d_p 的平均值对组成作图，见图 9.21。图 9.21 揭示了共混体系中两相尺寸与组成的关系。在 PA1010 为分散相时，PP/PA1010 和 PP/PA1010/PP-g-MAH 两体系的平均直径的数值是接近的。当 PP 为分散相时，体系 PP/PA1010 和体系 PP/PA1010/PP-g-MAH 的平均直径相差很大，PP/PA1010/PP-g-MAH 体系的平均直径远小于 PP/PA1010。

（4）不同组成的粒径分布宽度变化。粒径的标准方差可以反映出粒径分布的宽度，方差值越大，粒径分布越宽，均一性越差。粒径的标准方差随组成的变化如图 9.22 所示。

由于颗粒的平均大小相差较大，标准方差只能反映出绝对的离散程度，而把标

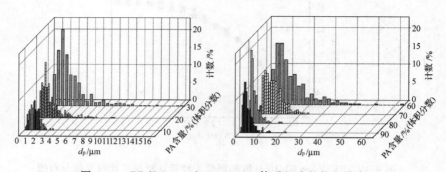

图 9.20　PP/PA1010/PP-g-MAH 体系组成的粒径分布

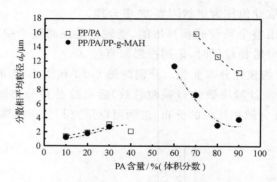

图 9.21　粒径随组成的变化

准方差和颗粒的平均尺寸相比后所得的离差系数则可反映出相对离散程度,这更符合我们的直觉。粒径的离差系数随组成的变化如图 9.23。

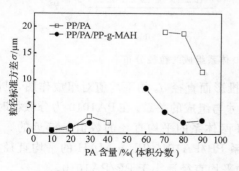

图 9.22　粒径标准方差
随组成的变化

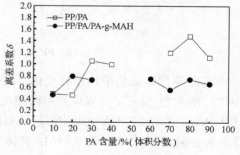

图 9.23　粒径离差系数随
组成的变化

　　虽然曲线具有一些波动,但是它们的走向呈现出一定的趋势。不加相容剂时,PP 为低组分时的粒径相对均一性要比 PA 为低组分时差。加相容剂后,PA 和 PP

为低组分的粒径相对均一性相差不大,比不加相容剂时好,PP 为低组分时相对离散程度下降的幅度要大一些。

(5) 不同组成的形状因素变化。取 d_F 和 d_p 平均值的比值作为形状因素 Ψ,它与 1 的接近程度可以反映颗粒形状投影面接近圆的程度。形状因素随组成的变化如图 9.24 所示。

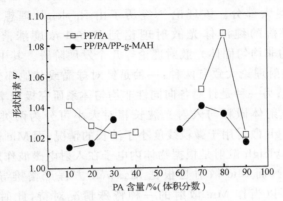

图 9.24　形状因素随组成的变化

9.2.2　光散射

9.2.2.1　Rayleigh 散射理论

当一束光通过非均匀介质时引起介质分子发生振动,并以此振动为中心向四周发射电磁波,这种现象称为光散射。反射、折射和衍射均可看作为光散射的特殊情况。散射光可分为粒子对光的吸收、反射、经折射后透射和衍射 4 部分。散射光强随散射角的分布不同,包含着粒子尺寸和分布信息,通过测量散射光强的角度依赖性,即可了解材料微观结构情况,其中结构尺寸范围由光源的波长决定。He-Ne 激光器发射波长为 632.8nm 的激光,利用激光散射可以研究微米级的结构;X 射线波长很短(例如常用的 CuK_α 辐射 $\lambda = 0.154nm$),所以 X 射线小角散射(SAXS)适合于研究尺寸在 $1 \sim 10nm$ 数量级范围的与电子密度起伏有关的结构特征;中子射线(SANS)的波长约在 $10^{-10}m$ 的数量级,它适宜作为用散射或衍射方法研究物质结构的光源,将中子源冷到液氮温度,就可将相应的波长增大到 $10^{-9}m$ 以上,这种穿透能力很强的长波较相应波长的 X 射线有更好的应用性。用 SANS 方法研究固体高聚物,往往受到体系的电子密度差太小的限制。例如,聚邻氯代苯乙烯/聚苯乙烯(PoClS/PS)体系共混物的散射曲线与 PS 的散射曲线差别不大,难于用 SANS 法进行研究。但是,若用氘代试样,以用 SANS 法进行研究,往往能得到很好的结果。

　　光散射按频率位移（能量变化）大致可分为三大类[57]，即弹性光散射（elastic light scattering）、准弹性光散射（quasi-elastic）和非弹性光散射（inelastic）。其实，在散射成分中，各种类型都同时存在，不可分割，但不同的类型要用不同的手段来测定。以激光光散射研究聚合物共混相结构只涉及弹性光散射。

　　弹性散射亦称经典散射或静态光散射，散射中没有频率位移和能量损失，它在散射成分中占绝大部分。该理论[58]经历了由 Rayleigh 理想气体光散射理论、Einstein 密度涨落的纯液体光散射理论到 Debye 浓度涨落的高分子溶液及 Debye-Bueche 的非均匀固体光散射理论等几个发展阶段。其中 Debye-Bueche 的非均匀固体光散射理论大致有两种：一种是针对球晶或其他部分有序的样品进行描述的模型理论；另一种是针对各向同性非均匀体系研究极化率起伏的统计理论。

　　光散射按散射体微粒与入射光波长相对大小可分为两类，Rayleigh 散射和 Mie 散射。Rayleigh 散射用于微粒线度小于波长的情况，而 Mie 散射用于微粒线度较大的情况。Rayleigh 散射是根据物体内电子在入射电磁波作用下按牛顿力学运动的理论推出的，而 Mie 散射是根据 Maxwell 方程严格推导出的，但实际上，Rayleigh 散射可以当作 Mie 散射的一种特殊情况对待，此时二者的结果是一致的。

　　Debye-Bueche[58]非均匀固体光散射理论是基于 Rayleigh 散射采用统计理论导出的。具体推导过程如下：

　　当电磁波进入一物体时，物体中的电子 e 就受到作用力 eE，这时电子的运动满足牛顿定律

$$m \frac{\mathrm{d}^2 x}{\mathrm{d}t^2} + kx = eE \tag{9.9}$$

式中，E 为该电子所处电磁波的电场强度；x 为电子运动的位置量；m 为质量；k 为力常数。式（9.9）的解为

$$x = x_0 e^{i(wt-\phi)} \tag{9.10}$$

$$x_0 = \frac{eE_0}{k - m\omega^2} = \frac{eE_0}{m(\omega_0^2 - \omega^2)} \tag{9.11}$$

其中，$\omega_0 = \sqrt{\dfrac{k}{m}}$ 为共振频率。当 $\omega < \omega_0$ 时为 Rayleigh 散射，ω_0 一般相应于紫外光部分，因此，Rayleigh 散射主要是可见光的散射。这时

$$x_0 = \frac{eE_0}{m\omega_0^2} \tag{9.12}$$

由于电子离开平衡位置形成的偶极矩

$$M = ex = \left(\frac{e^2}{m\omega_0^2} \right) E_0 e^{i\omega t} \tag{9.13}$$

而极化率 α 则为

$$\alpha = \frac{M}{E} = \frac{e^2}{m\omega_0^2} \tag{9.14}$$

可以看到此时 α 和外场的频率 ω 无关。

根据电动力学可知,当电荷做加速运动时要辐射能量。一个电子加速运动时给出的电磁辐射的电场强度由式(9.15)表示

$$E_s = \frac{\dot{M}\sin\varphi}{c^2 r} \tag{9.15}$$

其中,光速 $c = 3 \times 10^{10}$ cm/s;r 是散射源到观测点的距离;φ 是偶极矩和 r 间的夹角。根据式(9.15),$\dot{M}$ 具有以下形式

$$\ddot{M} = \frac{\mathrm{d}^2 M}{\mathrm{d}t^2} = -\omega^2 \alpha E_0 e^{i\omega t} \tag{9.16}$$

将式(9.12)代入式(9.11)得

$$E_s = -\frac{\alpha\omega^2 E_0}{c^2 r}\sin\varphi\, e^{i\omega t} \tag{9.17}$$

根据电磁理论,相应的 Rayleigh 散射强度为

$$I_s = \frac{c}{4\pi}E_s E_s^* = \frac{c}{4\pi}E_0^2\frac{\alpha^2\omega^4}{c^2 r^2}\sin^2\varphi \tag{9.18}$$

通常用 Rayleigh 比表示体系的散射能力

$$R(\theta) \equiv \frac{I_s r^2}{I_0 V_s} \tag{9.19}$$

其中,I_0 为入射光光强;V_s 是散射单元的体积;θ 是散射角。由入射光方向算起,将式(9.19)代入式(9.18),并考虑到 $I_0 = \frac{c}{4\pi}E_0^2$,则

$$R(\theta) = \frac{N}{V_s}\left(\frac{\omega}{c}\right)^4 \alpha^2\sin^2\varphi \tag{9.20}$$

其中,N 为分子数。

当 $\omega < \omega_0$ 时为相当于 X 射线的散射,即 Thomson 散射。

$$x_0 = \frac{eE_0}{m\omega^2} \tag{9.21}$$

$$M = \left(-\frac{e^2}{m\omega^2}\right)E_0 e^{i\omega t} \tag{9.22}$$

$$\alpha = -\frac{e^2}{m\omega^2} \tag{9.23}$$

参照 Rayleigh 散射的讨论,Thomson 散射的 Rayleigh 比为

$$R(\theta) = \frac{1}{V_s}\left(\frac{\omega}{c}\right)^4 \alpha^2\sin^2\varphi \tag{9.24}$$

$$R(\theta) = \frac{1}{V_s}\left(\frac{e}{mc^2}\right)\sin^2\varphi = \frac{i_e}{V_s}\sin^2\varphi \tag{9.25}$$

其中，$i_e \equiv \left(\dfrac{e^2}{mc^2}\right)^2$ 为 Thomson 散射因子。

$$R_N(\theta) = \frac{N}{V_s} i_e \sin^2 \varphi = \rho_e i_e \sin^2 \varphi \tag{9.26}$$

其中，ρ_e 为电子密度。

1. Rayleigh 散射的统计理论

一个体系的散射振幅

$$E_s = KF = K \sum_j \alpha_j e^{-ik(\mathbf{r}_j \cdot \mathbf{s})} \tag{9.27}$$

各体元处的极化率可写作平均极化率 α_0 加上对该平均值的偏离或起伏 $\Delta \alpha_j$

$$\alpha_j = \alpha_0 + \Delta \alpha_j \tag{9.28}$$

将式(9.28)代入式(9.27)，经整理，并以 η 表示 $\Delta \alpha$，则

$$I_s = K' \sum_j \sum_m \eta_j \eta_m e^{ik(\mathbf{r}_{mj} \cdot \mathbf{s})} \tag{9.29}$$

若考虑一个连续体系，可以用一个二重积分代替式(9.29)

$$I_s = K \iint \eta(r_j) \eta(r_m) e^{ik(\mathbf{r}_{mj} \cdot \mathbf{s})} dr_j dr_m \tag{9.30}$$

引入相关函数 $\gamma(r_{mj})$，定义为

$$\gamma(\mathbf{r}_{mj}) \equiv \frac{\langle \eta(\mathbf{r}_j) \eta(\mathbf{r}_m) \rangle_{\mathbf{r}_{mj}}}{\overline{\eta^2}} \tag{9.31}$$

其中，$\overline{\eta^2}$ 是极化率的均方起伏；符号 $\langle \rangle_{\mathbf{r}_{mj}}$ 表示对所有用向量 $\mathbf{r}_{mj}$ 连接的体元对取平均。

把相关函数引入式(9.31)，并假定体系具有球形对称，则

$$I_s = 4\pi K' V_s \overline{\eta^2} \int_0^\infty \gamma(r) \frac{\sin(hr)}{hr} r^2 dr \tag{9.32}$$

此方程为 Debye-Bueche 散射公式。其中，V_s 为散射体积；h 为散射矢量 $\left(h = \dfrac{4\pi}{\lambda} \sin \dfrac{\theta}{2} \right)$。

特征结构参数如下。

(1) 相关距离 a_c。通常相关函数具有指数形式

$$\gamma(r) = e^{-r/a_c} \tag{9.33}$$

式中，a_c 称为相关距离。图 9.25 是起伏 η 随 r 变化示意图。a_c 是这种起伏周期变化的平均值。因此，体系的结构状况可用反映起伏值大小的量 $\overline{\eta^2}$ 和起伏相关的距离的量 a_c 来表征。正是它们决定着散射的强弱和角度依赖性。

将式(9.29)代入 Debye-Bueche 公式并积分，得

$$I_s(h) = K^m \frac{a_c^3}{(1 + h^2 a_c^2)^2} \tag{9.34}$$

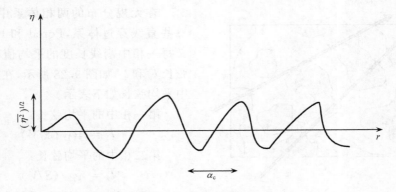

图 9.25　极化率的起伏

即

$$\frac{1}{[I_s(h)]^{1/2}} = \frac{1}{(K^m a_c^3)^{1/2}}(1 + h^2 a_c^2) \tag{9.35}$$

以 $1/[I_s(h)]^{-1/2}$ 对 h^2 作图（见图 9.26），应得一直线，其斜率与截距之比为 a_c^2。

在以 $1/[I_s(h)]^{-1/2}$ 对 h^2 作图时发现，可得到两条直线（见图 9.26），两个直线的斜率为 a_{c1}（当 $h \to 0$）和 a_{c2}（当 $h \to \infty$）。Bauer 和 Pillai[59]给出了 a_{c1} 和 a_{c2} 的物理意义（见图 9.27）。a_{c2} 代表分散相尺度，a_{c1} 代表分散相粒子间的尺度（包括连续相的尺度）。但是，河合弘迪等[60]认为，a_{c1} 代表分散相中的大颗粒尺度，a_{c2} 代表分散相的小颗粒尺度，并计算了 a_{c1} 和 a_{c2} 的比例。

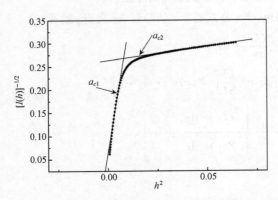

图 9.26　$I(h)^{-1/2}$ 对 h^2 作图求 a_c 值示意图

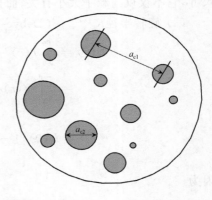

图 9.27　a_{c1} 和 a_{c2} 的物理意义

（2）平均弦长 $\bar{l}$。对于无规分布的聚合物共混物两相体系可以用 Debye[61]近似分析。两相体积分数分别是 ϕ_1 和 ϕ_2，两项的表面积 S 和相体积 V 的比具有如下关系

$$S/V = 4\phi_1\phi_2/a_c \tag{9.36}$$

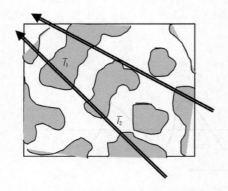

图 9.28　平均弦长物理意义示意图定义
（由 Kratky[63]定义）

在无规分布的两相体系中,任意画一些直线穿过体系,Porod 和 Kratky 定义每一相中割线长度的平均值称作平均弦长 $\overline{l}_1$ 和 $\overline{l}_2$,如图 9.28 所示,在三维坐标中平均弦长如下表示。

第一相中的平均弦长:

$$\overline{l}_1 = 4\varphi_1/(S/V) \qquad (9.37)$$

第二相中的平均弦长:

$$\overline{l}_2 = 4\varphi_2/(S/V) \qquad (9.38)$$

将式（9.36）代入式（9.37）和式（9.38）,则

$$\overline{l}_1 = \frac{a_c}{\phi_2} \qquad (9.39)$$

$$\overline{l}_2 = \frac{a_c}{\phi_1} \qquad (9.40)$$

由式(9.39)和式(9.40)可计算平均弦长。

考虑一个无限稀释的特殊情况,$\phi_1 > \phi_2$,$\phi_1 \to 1$,因此,$\overline{l}_2 \approx a_c$,即在稀释体系中相关距离就是稀相区的平均大小。Khambatta 等[61]指出对于稀释体系中的球形分散相粒子,$a_c = 4R/3$(R 为粒子半径),对于浓的非均相体系,a_c 代表其中各组分平均尺寸,它不仅仅与粒子大小有关,而且依赖于粒子间距等结构因素。

（3）旋转半径 $\overline{R_g}$[64]。由 Debye-Bueche 公式将 $\sin(hr)$ 对 hr 展开,就有

$$\begin{aligned}
I_s(\theta) &= c\int_0^\infty \gamma(r)\frac{\sin(hr)}{hr}r^2\mathrm{d}r \\
&= c\left[\int_0^\infty \gamma(r)r^2\mathrm{d}r - \frac{h^2}{3!}\int_0^\infty \gamma(r)r^4\mathrm{d}r + \cdots\right] \\
&= I_s(0)\left[1 - \frac{h^2}{3!}\frac{\int_0^\infty \gamma(r)r^4\mathrm{d}r}{\int_0^\infty \gamma(r)r^2\mathrm{d}r} + \cdots\right]
\end{aligned} \qquad (9.41)$$

因为

$$\frac{\int_0^\infty \gamma(r)r^4\mathrm{d}r}{\int_0^\infty \gamma(r)r^2\mathrm{d}r} = 2\,\overline{R_g^2} \qquad (9.42)$$

$\overline{R_g^2}$ 是均方旋转半径,因此

$$P(\theta) \equiv \frac{I_s(\theta)}{I_s(0)} = 1 - \frac{\overline{R_g^2}}{3}h^2 + \cdots \qquad (9.43)$$

由此可知，若以 $P(\theta)$ 对 h^2 作图，在 h 很小时，应有一直线段，且其斜率等于 $-\frac{1}{3}\overline{R_g^2}$。

采用 Guinier 作图法来处理，也可求出 $\overline{R_g}$。在 h 很小时，有近似式：

$$P(\theta) \approx e^{-\frac{\overline{R_g^2}}{3}h^2} \tag{9.44}$$

所以

$$\ln P(\theta) \approx -\frac{\overline{R_g^2}}{3}h^2 \tag{9.45}$$

这样也可用 $\ln P(\theta) \approx h^2$ 作图的直线斜率得到 $\overline{R_g}$ 值。$\overline{R_g}$ 代表高分子的平均尺寸大小，可以用来描述高分子链，而无需假定它具有一定的形状。

（4）积分不变量 $Q^{[65]}$。对于 Debye-Bueche 散射公式，如果要测定散射的角度依赖性，可通过傅里叶逆变换算出相关函数。

$$\gamma(r) = \frac{C}{\overline{\eta^2}} \int_0^\infty I(h) \frac{\sin(hr)}{hr} h^2 \mathrm{d}h \tag{9.46}$$

当 $r=0$ 时，$\gamma(0)=1$，则有

$$\overline{\eta^2} = C \int_0^\infty I(h) h^2 \mathrm{d}h \tag{9.47}$$

设

$$Q = \int_0^\infty I(h) h^2 \mathrm{d}h \tag{9.48}$$

Q 称为积分不变量，因此通过实验测定散射的角分布 $I(q)$，就可以算出积分不变量 Q，表征均方起伏 $\overline{\eta^2}$。

（5）不均匀性距离 $l_c^{[66]}$。对于非晶态共混物，也可以通过相关相函数来讨论共混物中分散相的分散状况。这时常用不均匀性距离 l_c 这样一个参量来表征。

$$l_c \equiv 2 \int_0^\infty \gamma(r) \mathrm{d}r \tag{9.49}$$

将式（9.46）代入式（9.49）中，经推导整理得

$$l_c = \frac{\displaystyle\int_0^\infty I(h) h \mathrm{d}h}{\displaystyle\int_0^\infty I(h) h^2 \mathrm{d}h} \tag{9.50}$$

通过对实验所测得的散射光强的角度分布 $I(h)$ 进行积分，可求得不均匀性距离 l_c 值。

（6）相界面过渡层厚度。与显微镜方法相比，光散射测量的优势之一是可以测量部分相容共混聚合物的界面层厚度。关于界面层厚度经典的测试方法是小角 X

射线光散射分析法,作者推导了用小角光散射数据计算界面层的方法[130]。根据光散射统计理论对于非相容的两相体系,即相区间有很尖锐的界面的两相体系,其均方起伏比例于两相体积分数的乘积以及两相极化率差值的平方。

$$\overline{\eta^2} = \varphi_1\varphi_2(\alpha_2 - \alpha_1)^2 \tag{9.51}$$

式中,$\overline{\eta^2}$是体系的均方起伏;α_1 和 α_2 是两相的极化率;φ_1 和 φ_2 是两相的体积分数。如果相区之间的界面不是尖锐的,而是弥散的,若界面层体积分数为 φ_3,则式(9.51)应修正为

$$\overline{\eta^2} = (\alpha_2 - \alpha_1)^2\left(\varphi_1\varphi_2 - \frac{\varphi_3}{6}\right) \tag{9.52}$$

即弥散的界面将使$\overline{\eta^2}$变小。

在两相体系中,因为 $\varphi_2 \approx 1 - \varphi_1$,故

$$\overline{\eta^2} = (\alpha_2 - \alpha_1)^2\left[\varphi_1(1 - \varphi_1) - \frac{\varphi_3}{6}\right] \tag{9.53}$$

由$\overline{\eta^2} = Q/C$,得

$$Q = (\alpha_2 - \alpha_1)^2/C\left[\varphi_1(1 - \varphi_1) - \frac{\varphi_3}{6}\right] \tag{9.54}$$

推导可得

$$\varphi_3 = -6\left(\varphi_1 - \frac{1}{2}\right)^2 + \frac{3}{2} - \frac{6QC'}{(\alpha_2 - \alpha_1)^2} \tag{9.55}$$

因为 $Q' = Q/I_0$,故

$$\varphi_3 = -6\left(\varphi_1 - \frac{1}{2}\right)^2 + \frac{3}{2} - \frac{6Q'C'I_0}{(\alpha_2 - \alpha_1)^2} \tag{9.56}$$

依旧令 $\dfrac{C'I_0}{(\alpha_2 - \alpha_1)^2} = K$,$K$ 和体系种类有关系。则

$$\varphi_3 = -6\left(\varphi_1 - \frac{1}{2}\right)^2 + \frac{3}{2} - 6\frac{QK}{I_0} \tag{9.57}$$

下面推导计算 φ_3 的方法。

第一步:标定 K。$K = \dfrac{C'I_0}{(\alpha_2 - \alpha_1)^2}$。式中,$C'$ 为一积分常数;α_1, α_2 分别为各组分的极化率。对主要组分一致的体系,K 为一常数,故可用完全不相容的两组分混合情况下的散射实验来标定 K。

首先测出完全不相容体系散射的 Q 和 I_0,由式(9.54)和式(9.57)得

$$Q = \left[-\left(\varphi_1 - \frac{1}{2}\right)^2 + \frac{1}{4}\right]I_0/K \tag{9.58}$$

所以

$$K = \frac{I_0}{Q}\left[-\left(\varphi_1 - \frac{1}{2}\right)^2 + \frac{1}{4}\right] \tag{9.59}$$

　　第二步：进行散射实验，测出部分相容体系在进行光散射实验时的积分不变量 Q，入射光强 I_0。

　　第三步：将 K,Q,I_0 和体系中组分的体积分数 φ_1 代入式（9.59），

$$\varphi_3 = -6\left(\varphi_1 - \frac{1}{2}\right)^2 + \frac{3}{2} - 6\frac{QK}{I_0} \tag{9.60}$$

从而求出 φ_3。

　　若假设部分相容体系中分散相为球形或近似球形结构，分散相平均尺寸为 r，相容层厚度为 d，n 为分散相颗粒数目，则如图 9.29 所示。

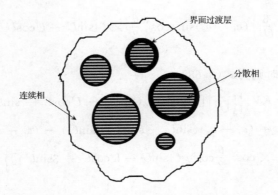

图 9.29　两相体系中分散相尺寸、过渡层厚度示意图

　　设相容区的体积为 V_3，则

$$V_3 = n\left[\frac{4}{3}\pi(r+d)^3 - \frac{4}{3}\pi r^3\right] \approx 4\pi n r^2 d \tag{9.61}$$

用 V 代表混合的总体积，则分散相颗粒数目

$$n = \frac{V\varphi_2}{\frac{4}{3}\pi r^3} = \frac{3V\varphi_2}{4\pi r^3} \tag{9.62}$$

所以

$$V_3 = \frac{3V\varphi_2 d}{r}$$

$$\varphi_3 = \frac{3\varphi_2 d}{r} \tag{9.63}$$

将式（9.62）代入式（9.59），得

$$\frac{3\varphi_2 d}{r} = -6\left(\varphi_1 - \frac{1}{2}\right)^2 + \frac{3}{2} - 6Q'K \tag{9.64}$$

$$d = \left[-2\left(\varphi_1 - \frac{1}{2}\right)^2 + \frac{1}{2} - 2QK/I_0\right]r/\varphi_2 \tag{9.65}$$

可求出弥散层的厚度 d 来。

在光散射理论中,因为相关系数 a_c 从某个角度反映了分散相的尺寸,故可由 a_c 替代 r 来求弥散层的厚度 d,式(9.65)变为

$$d = \left[-2\left(\varphi_1 - \frac{1}{2} \right)^2 + \frac{1}{2} - 2QK/I_0 \right]a_c/\varphi_2 \tag{9.66}$$

2. Rayleigh 散射的模型理论[58]

在讨论聚合物的球晶时,可以应用 Rayleigh 散射模型理论。它与偏光显微镜是对应的。对于球晶结构,光散射的散射强度可以表示为在偏光系统为正交时,即 H_V 散射,其表达式为

$$I_{H_V} = KV_s^2 \left[\left(\frac{3}{U^3} \right) (\alpha_t - \alpha_r)\sin\mu\cos^2\frac{\theta}{2} \times (4\sin U - U\cos U - 3\sin U) \right] \tag{9.67}$$

当偏光系统为平行时则为式(9.68)

$$\begin{aligned}
I_{V_V} = KV_s^2 \Big\{ & \left(\frac{3}{U^3} \right) \big[(\alpha_t - \alpha_s)(2\sin U - U\cos U - \sin U) \\
& + (\alpha_r - \alpha_s)(\sin U - \sin U - \sin U) - (\alpha_t - \alpha_r) \\
& \times \cos^2\frac{\theta}{2}\cos^2\mu(4\sin U - U\cos U - 3\sin U) \big] \Big\}^2
\end{aligned} \tag{9.68}$$

其中

$$\sin U = \int_0^U \frac{\sin x}{x}\mathrm{d}x \tag{9.69}$$

$$U = \frac{4\pi R_s}{\lambda}\sin\frac{\theta}{2} \tag{9.70}$$

由式(9.70)可以计算球晶的半径。

9.2.2.2　Mie 散射理论简介

Mie 散射理论是 Mie 和 Debye 从 Maxwell 方程出发,推导出的单个均匀球体散射光的严格解。

1. Mie 散射基本方程[67]

Mie 散射理论给出单个球体的散射光强与入射光强的关系

$$I = \frac{i_1 + i_2}{2k^2r^2}I_0 \tag{9.71}$$

其中,波数 $k = 2\pi/\lambda$;λ 为入射光;I_0 为入射自然光光强;r 为散射距离;i_1, i_2 分别为振动方向与入射光和散射光所在平面垂直和平行方向的光线光强,即

$$i_1 = |S_1(\theta)|^2, i_2 = |S_2(\theta)|^2 \tag{9.72}$$

$$S_1(\theta) = \sum_{n=1}^{\infty} \frac{2n+1}{n(n+1)}\{a_n\pi_n(\cos\theta) + b_n\tau_n(\cos\theta)\} \tag{9.73}$$

$$S_2(\theta) = \sum_{n=1}^{\infty} \frac{2n+1}{n(n+1)} \{b_n \pi_n(\cos\theta) + a_n \tau_n(\cos\theta)\} \tag{9.74}$$

其中，θ 为散射角；系数 a_n, b_n, π_n, τ_n 分别为

$$a_n = \frac{\Psi'_n(y)\Psi_n(x) - m\Psi_n(y)\Psi'_n(x)}{\Psi'_n(y)\zeta_n(x) - m\Psi_n(y)\zeta'_n(x)} \tag{9.75}$$

$$b_n = \frac{m\Psi'_n(y)\Psi_n(x) - \Psi_n(y)\Psi'_n(x)}{m\Psi'_n(y)\zeta_n(x) - \Psi_n(y)\zeta'_n(x)} \tag{9.76}$$

$$\pi_n(\cos\theta) = \frac{1}{\sin\theta} P'_n(\cos\theta) \tag{9.77}$$

$$\tau_n(\cos\theta) = \frac{\mathrm{d}}{\mathrm{d}\theta} P'_n(\cos\theta) \tag{9.78}$$

其中，Ψ_n, τ_n 为 Riccati-Bessel 函数，P'_n 为 Legendre 多项式。参数

$$x = ka, \quad y = mka$$

式中，a 为球半径；m 为折光指数。

2. 相角法简化算法

Mie 散射理论得出的公式必须经过简化才能使用，否则没有实用价值。当粒子为非吸收光时，m 为实数，Mie 理论系数 a_n, b_n 可由相角法计算，具体地，

$$a_n = \frac{1}{2}(1 - \mathrm{e}^{-2\mathrm{i}\alpha_n}) \tag{9.79}$$

$$b_n = \frac{1}{2}(1 - \mathrm{e}^{-2\mathrm{i}\beta_n}) \tag{9.80}$$

其中，i 为虚数单位；α_n, β_n 为相角。公式右边第一项对应 Fraunhofer 衍射部分，第二项对应反射与折射对散射的贡献。在相角法中，

$$\tan\alpha_n = -\tan\delta_n(x) \frac{\tan\alpha_n^*(y) - 1 - m^2[\tan\alpha_n^*(x) - 1]}{\tan\alpha_n^*(y) - 1 - m^2[\tan\beta_n^*(x) - 1]} \tag{9.81}$$

$$\tan\beta_n = -\tan\delta_n(x) \frac{\tan\alpha_n^*(y) - \tan\alpha_n^*(x)}{\tan\alpha_n^*(y) - \tan\beta_n^*(x)} \tag{9.82}$$

$$\tan\delta_n(x) = -\frac{j_n(x)}{n_n(x)} \tag{9.83}$$

$$\tan\alpha_n^*(x) = -\frac{xj'_n(x)}{j_n(x)} \tag{9.84}$$

$$\tan\beta_n^*(x) = -\frac{xn'_n(x)}{n_n(x)} \tag{9.85}$$

其中，$j_n(x), n_n(x)$ 分别为第一、二类 Bessel 函数。

Van de Hulst 指出，$0.5 < x < 30$ 时，用相角法可以很快得到精确数值解。

上述公式适用于介质为真空情况。若介质不是真空，其折光指数为 m_2，球的折光指数为 m_1，光在真空中波长为 λ_0 时，$m = m_1/m_2$，$\lambda = \lambda_0/m_2$，同样适用上述于 Mie

理论。

3. 粒径分布的确定

考虑共混物中分散相以不同尺寸的近似球形颗粒分散于连续相基体中,那么应用 Mie 散射理论的解可以确定其中颗粒的分布情况。这里假设各个颗粒的散射是非相干的,且在散射平面上散射光强具有轴对称性。因此,总的散射强度为各粒子散射强度的加和,即

$$I(\theta_k) = \sum_j N_j I(a_j, \theta_k) \tag{9.86}$$

其中,$I(a_j, \theta_k)$ 为半径为 a_j 的单个粒子在散射角为 θ_k 的散射强度,这可以由 Mie 理论得到,N_j 为对应于半径 a_j 的粒子数量。结合光散射实验记录到的不同散射角光强,可得到一组仅含有未知量 N_j 的线性方程组,解此方程组即可确定分散相的粒径分布。

9.2.2.3 光散射在相结构表征中的应用

盛京等[32]对样品进行了前向散射和背向散射(在线分析)的对比试验(图 9.30),并根据光散射理论计算出体系的 a_{c1} 和 a_{c2}。图中给出了混炼 10min 时 a_{c2} 与组成的关系,a_{c1m} 和 a_{c2m} 是在线的结果,a_{c2f} 是前向散射的结果。a_{c2m}(或 a_{c2f})值随着橡胶含量的增加先是增加,在组成 50/50 后减小。在组成 50/50 时 a_{c2m}(或 a_{c2f})的数值不是最大,此状态预示共混物是双连续相。图 9.30(b)是 a_{c1m}(混炼第 10min 的结果)与组成的关系。它的变化规律与 a_{c2m} 相同。因此,a_{c1} 和 a_{c2} 均可表征体系相的尺度。同时这一结果表明在线采集数据与前向散射结果是一致的,可以正确反映混炼过程中相的结构。

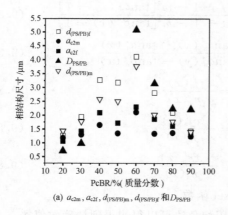

(a) a_{c2m}, a_{c2f}, $d_{(PS/PB)m}$, $d_{(PS/PB)f}$ 和 $D_{PS/PB}$

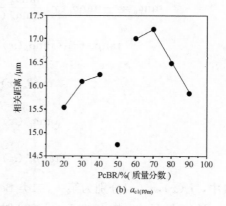

(b) $a_{c1(PPm)}$

图 9.30　聚合物合金中相关距离与组成的关系

图 9.31 为相关函数 a_c 和平均弦长 l 与组成的关系,图中 A 表示边续相(区),

C 表示双连续相(区),B 表示分散相(B),因此落在 B 区的 l 值表示的是分散相尺度。由图可见,l 与 a_c 具有相同的变化趋势,即 a_{c2} 可以表征分散相尺度。

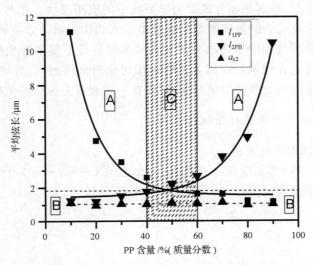

图 9.31　相关函数 a_{c2} 和平均弦长与组成的关系

9.2.3　显微图像的傅里叶变换

　　傅里叶分析是近代数学各种分支中应用的最广泛的一个分支。自从 20 世纪 60 年代中期快速傅里叶变换算法被发现以来,傅里叶分析的应用领域愈益扩大。到今天,几乎一切现代科学技术领域都要用到傅里叶分析法。傅里叶分析包括傅里叶级数、傅里叶变换、离散傅里叶变换及其快速算法,即快速傅里叶变换。

　　近年来,随着计算机技术的飞跃发展,使得数字图像的快速有效处理和分析成为可能。数字图像处理的方法主要分成两大部分:一是空域分析法;二是频域分析法。空域分析法就是对图像矩阵进行处理;频域分析法是通过图像变换从空域变换到频域,从另外一个角度来分析图像的特征并进行处理。频域分析法在图像增强、图像复原、图像编码压缩以及特征编码压缩方面有着广泛的应用。

　　为了达到快速有效的地对图像进行处理和分析的目的,常常需要将原定义在图像空间的图像经过相应的图像变换方法转换到另外一些空间,并利用在这些空间的特有性质方便地进行一定的加工,最后再转换回图像空间以得到所需的效果。图像变换就是把数字图像从空域变换到频域,就是对原图像函数寻找一个合适变换的数学问题。图像变换是许多图像处理和分析的基础。

　　傅里叶变换是线性系统分析的一个有力工具,它将图像从空域变换到频域,使我们能够定量地分析诸如数字化系统、采样点、电子放大器、卷积滤波、噪声、显示点等的作用(效应),把傅里叶变换的理论同其物理解释相结合,将大大有助于解决大多数图像处理问题。

　　本节简要介绍了傅里叶变换的相关理论基础,并介绍了傅里叶变换理论在高聚物多相共混体系,特别是相分离动力学研究中的应用现状。在此基础上,将傅里叶变换分析理论及相关的数字图像处理技术引入到相分散动力学研究领域。对高聚物熔体动态共混过程中采样的相差显微镜照片进行了傅里叶变换,并运用相关的傅里叶变换理论在频域和空域范围内详细讨论时间序列,组分序列以及随温度和剪切速率变化的相分散动力学过程,进而在一定程度上探讨相关机理。

9.2.3.1　傅里叶变换理论概述[70,71]

1. 一维连续傅里叶变换

　　假设函数 $f(x)$ 为实变量 x 的连续函数,且在 $(-\infty,+\infty)$ 内绝对可积分,则 $f(x)$ 的傅里叶变换定义为

$$F(u) = \int_{-\infty}^{+\infty} f(x)e^{-j2\pi ux}dx \tag{9.87}$$

其反变换式为

$$f(x) = \int_{-\infty}^{+\infty} F(u)e^{j2\pi ux}du \tag{9.88}$$

其中,$j^2 = -1$。在积分区间,$f(x)$ 必须满足只有有限个第一类间断点、有限个极值点和绝对可积的条件,并且 $F(u)$ 也是可积的。

　　式(9.87)和式(9.88)称为傅里叶变换对,并且是可逆的。正、反傅里叶变换的唯一区别是幂的符号。$F(u)$ 是一个复函数,由实部和虚部构成。

$$F(u) = R(u) + jI(u) \tag{9.89}$$

$$|F(u)| = \sqrt{R^2(u) + I^2(u)} \tag{9.90}$$

$$\theta(u) = \arctan\left[\frac{I(u)}{R(u)}\right] \tag{9.91}$$

式中,$|F(u)|$ 称为 $f(x)$ 的振幅谱或傅里叶谱;$F(u)$ 称为 $f(x)$ 的幅值谱;$\theta(u)$ 称为 $f(x)$ 的相位谱;$E(u) = F^2(u)$,$E(u)$ 称为 $f(x)$ 的能量谱。

2. 二维连续傅里叶变换

　　从一维傅里叶变换可以很容易地推广到二维傅里叶变换。

　　如果 $f(x,y)$ 连续可积,并且 $F(u,v)$ 可积,则存在以下傅里叶变换对,其中 u,v 为频率变量:

$$F(u,v) = \int_{-\infty}^{+\infty} f(x,y)e^{-j2\pi(ux+vy)}dxdy \tag{9.92}$$

$$f(x,y) = \int_{-\infty}^{+\infty} F(u,v)e^{j2\pi(ux+vy)}dudv \tag{9.93}$$

与一维傅里叶变换一样,二维傅里叶变换可以写为如下形式:

$$F(u,v) = R(u,v) + jI(u,v) \tag{9.94}$$

幅值谱为

$$|F(u,v)| = \sqrt{R^2(u,v) + I^2(u,v)} \tag{9.95}$$

相位谱为

$$\theta(u,v) = \arctan\left[\frac{I(u,v)}{R(u,v)}\right] \tag{9.96}$$

能量谱为

$$p(u,v) = |F(u,v)|^2 = R^2(u,v) + I^2(u,v) \tag{9.97}$$

幅值谱表明了各正弦分量出现的次数,而相位谱信息表明了各正弦分量在图中出现的位置。

图 9.32 中(a)为 PS/PE(50/50)熔体动态共混过程中 4min 时的相差显微镜 (phase contrast microscopy,PCM)照片,图中标尺的值为 $50\mu m$;(b) 为其傅里叶变换所得到的相位谱;(c) 为其傅里叶变换所得到的幅值谱,图中标尺的值为 $140\mu m^{-1}$;(d) 为幅值谱的立体显示。幅值谱表征了原照片表面起伏的频率分布,因而蕴含了丰富的结构信息。相位谱看起来完全是随机的,但它是逆傅里叶变换不

图 9.32　PS/PE(50/50,体积比)动态共混过程中 4min 时的相差显微镜照片及其
傅里叶变换所得到的谱图(标尺:PCM $50\mu m$; 2DFT $140\mu m^{-1}$)

可缺少的特征信息,大多数实用滤波器都只影响幅值,而几乎不改变相位信息。

9.2.3.2　傅里叶变换的优化算法

由于在计算机中图像的存储使用的是数字形式,连续的傅里叶变换不适用于计算机的处理。所以在计算机中傅里叶变换一般都采用离散傅里叶变换(DFT)。在计算机中使用离散傅里叶变换主要基于以下原因:

(1) 离散傅里叶变换的输入输出都是离散值,方便计算机的运算操作。

(2) 采用离散傅里叶变换,可以用快速傅里叶变换来实现,以提高运算速度。

离散傅里叶变换的定义如下:假设 m 的离散值是:$0,1,2,\cdots,N-1$;得到离散化的函数值$\{f(m_0),f(m_0+dm),f(m_0+2dm),\cdots,f(m_0+(N-1)dm)\}$,表示相对于连续函数的任意 N 个统一的空间采样。

则一维离散傅里叶变换的正反公式对为

$$F(p)=\sum_{m=0}^{N-1}f(m)\mathrm{e}^{-j2\pi pm/N},\quad p=0,1,2,\cdots,N-1 \tag{9.98}$$

$$f(m)=\frac{1}{N}\sum_{p=0}^{N-1}F(p)\mathrm{e}^{j2\pi pm/N},\quad m=0,1,2,\cdots,N-1 \tag{9.99}$$

假设 $f(m,n)$ 是一个离散空间中的二维函数,则二维离散傅里叶变换的正反公式对为

$$F(p,q)=\sum_{m=0}^{M-1}\sum_{n=0}^{N-1}f(m,n)\mathrm{e}^{-j(2\pi/M)pm}\mathrm{e}^{-j(2\pi/N)qn}$$

$$p=0,1,2,\cdots,M-1,\quad q=0,1,2,\cdots,N-1 \tag{9.100}$$

$$f(m,n)=\frac{1}{MN}\sum_{p=0}^{M-1}\sum_{q=0}^{N-1}F(p,q)\mathrm{e}^{j(2\pi/M)pm}\mathrm{e}^{j(2\pi/N)qn}$$

$$m=0,1,2,\cdots,M-1,\quad n=0,1,2,\cdots,N-1 \tag{9.101}$$

式中, $F(p,q)$ 称为 $f(m,n)$ 的离散傅里叶变换系数;$F(0,0)$ 被称为函数傅里叶变换的 DC(DC 表示直流)分量。

二维傅里叶变换具有很多重要性质,例如可分离性、平移性、周期性、共轭对称性、旋转性、满足分配律、可进行尺度变换(缩放)、卷积等。这些性质使其在频域中对图像的操作变得简单,从而简化了整个处理过程,因此在图像处理和分析中有重要的应用。

9.2.3.3　傅里叶变换分析理论及应用

1. 聚合物共混体系相结构图像傅里叶变换分析理论

由于傅里叶变换可以方便地将空域范围内的图像转换成频域范围内的图像,从而大大拓展了图像的分析深度和广度。特别是近年来,随着计算机技术的飞跃发

展,快速傅里叶变换技术在许多崭新领域内得到了应用和推广。

Tanaka 等[72]首先比较系统地介绍了傅里叶变换技术在高聚物共混体系相结构图像演化研究中的应用,指出高聚物共混体系相差显微镜照片的傅里叶变换图像与其小角激光光散射(small angle laser scattering,SALS)图像存在着一定的对应关系,并在理论上作了相应的推导,自此,傅里叶变换技术成为研究高聚物多相共混体系图像演化的有力工具。然而,在这方面比较出色的工作应首推日本京都大学的 Hashimoto[73,74]以及复旦大学杨玉良[52]教授。两位高分子物理学家同他们的合作者们系统地将这一技术应用于高聚物多相共混体系的相分离动力学过程研究,并在相分离图样优化,相分离图样演化以及相分离动力学机理方面获得了比较出色的研究成果。

由于在图像分析处理方面的诸多优点,傅里叶变换技术理应是研究相分散动力学过程图样演化的一个有力工具。

2. 傅里叶变换图样形状

图 9.33 为 PS/PE(10/90,体积比)共混体系熔体动态共混过程中 6min 时的相差显微镜图像(a)及其傅里叶变换图像(b)。沿箭头方向剖切光斑可获得光强 $I(h)$ 随散射矢量 $h[h=(4\pi/\lambda)\sin(\theta/2)]$ 的变化曲线(图 9.34)。定义该曲线峰值处所对应的散射矢量为 h_m,光强为 I_m。

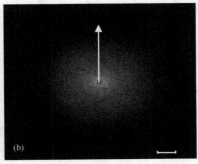

图 9.33　PS/PE(10/90,体积比)动态共混过程中 6min 时的相差显微镜照片
及其傅里叶变换图像(标尺:PCM 50μm;2DFT 140μm^{-1})

Hashimoto 等[75]指出,沿傅里叶变换图像某个方向剖切所得到的光强对散射矢量依赖曲线的形状反映了相差显微镜图像表面与该方向垂直方向上光强的起伏。曲线上的每个起伏峰分别代表了空域图样上不同的特征长度 Λ。而且,h_m^{-1} 正比于垂直方向上特征长度的最可几值 Λ_0,即

$$\Lambda_0 \propto h_m^{-1} \tag{9.102}$$

分散相粒子在某一位置的某一方向上跨越的距离为特征长度 Λ,采用一定的

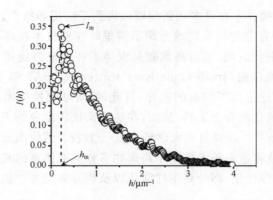

图 9.34　沿图 9.33 箭头方向的光强对散射矢量依赖曲线

扫描密度沿特定方向对图样中的分散相粒子进行逐步扫描,得到 Λ 在该方向上的空间分布(见图 9.35)。

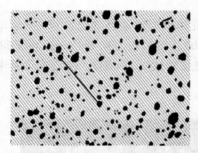

图 9.35　Λ 的空间分布示意图
图中黑线为扫描轨迹

图 9.36 中(a),(c)分别为 PS/PE 组分体积比为 20/80,50/50 的相差显微镜照片。(b),(d)分别为对应的傅里叶变换光斑。从图上可以发现,当 PS/PE 体积比为 20/80 时,分散相粒子呈现圆形,此时,沿各个方向扫描所获得的最可几特征长度值近乎均一,因而其傅里叶变换光斑也是非常标准的圆形。然而,当 PS/PE 体积比为 50/50 时,相形貌呈现双连续状,而且沿箭头所示方向发生了明显的取向。此时,沿各个方向扫描所获得的最可几特征长度值产生明显的差异,傅里叶变换光斑相应有了明显的取向,呈现椭圆形,而且,椭圆的短轴方向与相差显微镜照片上相的取向方向相同。

根据傅里叶变换的旋转性质[41],对于互为傅里叶变换对的函数 $f(x,y)$ 和 $F(u,v)$ 来说,若在空域内旋转 θ 角,即

$$f(x\cos\theta + y\sin\theta, - x\sin\theta + y\cos\theta) \qquad (9.103)$$

则其对应的频域函数为

$$F(u\cos\theta + v\sin\theta, - u\sin\theta + v\cos\theta) \qquad (9.104)$$

这表明空域范围内的图样若旋转一个角度,那么频域范围内的傅里叶变换光斑也将旋转同样的角度。

如图 9.37 所示,我们将图 9.36 中(c)沿顺时针方向旋转 90°,再作傅里叶变换,傅里叶变换光斑也相应的沿顺时针方向转了 90°。

傅里叶变换这种频域内光斑形状对空域范围内相形貌取向的依赖性以及其频

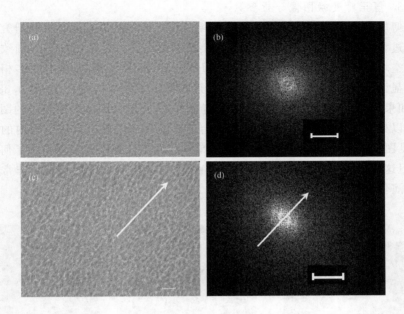

图 9.36　PS/PE 共混体系傅里叶变换光斑的取向（标尺：PCM 50μm；2DFT 140μm⁻¹）

(a) PS/PE(20/80，体积比)时相差显微镜照片；

(b) PS/PE(20/80，体积比)时相差显微镜照片傅里叶变换光斑；

(c) PS/PE(50/50，体积比)时相差显微镜照片；

(d) PS/PE(50/50，体积比)时相差显微镜照片傅里叶变换光斑

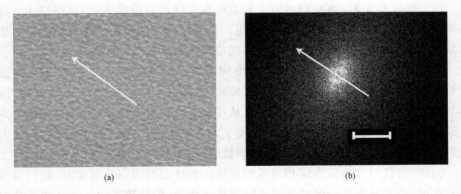

图 9.37　傅里叶变换光斑的旋转（标尺：PCM 50μm；2DFT 140μm⁻¹）

域与空域范围内旋转的同步性，对于我们定性、定量研究聚合物熔体动态共混过程
时间分辨序列、组分组成序列等相形貌的演化有着非常重要的意义，有关这一点，
我们将在下面作详细讨论。

3. 傅里叶变换图像分析参数

傅里叶变换光斑的形状反映了空域范围内图样的形貌变化。在研究相分散动力学过程图像演化中,运用傅里叶变换技术可以在频域范围内更加细致和深入的研究空域范围内所表现出来的规律。Hashimoto 等[76]指出,聚合物多相共混体系相差显微镜照片的傅里叶变换图像低频区集中了相结构信息,如图 9.38 中(b)所示。如果将傅里叶变换图像高频区的信息去掉,并对低频区采用相应的图像滤波方法加以处理,其逆傅里叶变换图像就会更加清晰地展现出空域范围内的相结构信息,见图 9.38(c)。虽然我们很难得知具体的操作过程以及究竟采用了何种滤波方法,但这至少可以说明对于傅里叶变换图像低频区的处理能够获得非常准确的相结构演化信息。

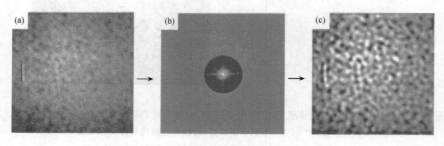

图 9.38　傅里叶变换相特征信息提取[44]

为了能够从傅里叶变换图像中获取尽可能多的频域范围内蕴含的相结构信息,有必要定义相应的分析参数,下面将主要的分析参数加以说明。

(1) 特征长度 h_m。该参数的定义和取法在前面已有所描述,但这些描述主要是当傅里叶变换光斑接近标准圆形时适用。当傅里叶变换光斑由于空域范围内相结构发生取向而呈现出椭圆形时,光斑不同位置所蕴含的信息不再等价。

如图 9.39 所示,图中 y 轴(短轴)方向对应于空域图样上 Y 方向,该方向恰好是双连续相区相的取向方向;而 x 轴(长轴)方向对应于空域图样上 X 方向,该方向与双连续相区取向方向垂直。可见,从任何一个位置剖切光斑所获取的 $I \sim h$ 曲线都只反映对应的空域图样上特定方向上的相结构信息。但是反过来说,这又会给我们提供分析特定方向上相结构信息的机会。

例如,当我们分析双连续相区域相的细化程度随时间演化规律时,我们只考虑相的宽窄,而不考虑其长度。在傅里叶变换光斑上,沿长轴方向剖切光斑所获取的 $I \sim h$ 曲线恰好仅仅包含了这方面的信息。因此,我们只要处理沿此方向的 $I \sim h$ 曲线随时间的演化,便可很容易地获取双连续相的细化信息。此时,从图 9.40 上可以发现,$I \sim h$ 曲线上主峰的旁边会有一个较之主峰略弱的峰,该峰所对应的散射矢量 h 的倒数与相的宽度呈正比,为了方便起见,定义此时的 h 为 h_m。

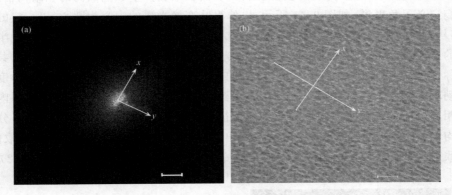

图 9.39　傅里叶变换光斑轴在空域图样上的对应性
（标尺：PCM 50μm；2DFT 140μm⁻¹）

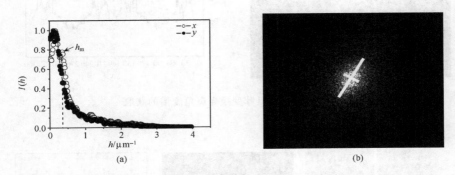

图 9.40　傅里叶变换光斑取向时 h_m 的获取与傅里叶变换光斑的取向

（2）傅里叶变换光斑长短轴长度比 $\phi_{H/V}$。当空域范围内图像形貌发生变化时，特别是沿某个方向取向时，其傅里叶变换光斑便会发生改变，呈现椭圆形（图 9.40）。我们定义该椭圆长轴与短轴所跨越的散射矢量长度比值为 $\phi_{H/V}$。$\phi_{H/V}$ 值的大小反映了傅里叶变换光斑的取向程度。当光斑呈标准的圆形时，$\phi_{H/V}$ 值为 1，这表明空域图样上分散相粒子沿各个方向上的最可几特征长度值相等。当空域图样上分散相发生沿某个方向占优势的排列或取向时，最几特征长度便会发生角度依赖，此时光斑变成椭圆形，因而 $\phi_{H/V}$ 值大于 1。相区取向越严重，则光斑越扁，$\phi_{H/V}$ 得值便越大。

$\phi_{H/V}$ 值对于我们确定相反转的出现有非常大的帮助。而且，当我们研究相反转前后两相结构随时间演化的动力学过程时，通过研究 $\phi_{H/V}$ 随时间的变化，便可洞悉相结构的形成、取向等变化。

（3）角度谱（方位角）：特定半径下剖切傅里叶光斑所得的光强变化曲线。为了能够更好地反映傅里叶变换光斑的结构,从而获取更多空域范围内的相结构信息,我们定义了角度谱。如图 9.41 所示,以傅里叶变换光斑的中心为圆心,以一定的半径,从垂直定点开始,获取旋转一周 360°方向上的光强分布,即为该光斑在此半径下的角度谱。角度谱表明了整个圆周上光强的起伏。由于傅里叶变换光斑的共轭对称性,所以角度谱在 180°两边是对称的。当整个圆周上光强均匀分布,则角度谱波动较小,反之角度谱波动较小时,整个圆周上光强均匀分布,表明空域范围内分散相粒子沿各个角度方向上的最可几特征长度是均匀的;如果圆周方向光强分布不均匀,在角度谱上便会有明显的波峰出现,这表明空域范围内相区发生了取向,导致最几特征长度产生角度依赖性。波峰的振幅越高,则取向越严重(图 9.42)。

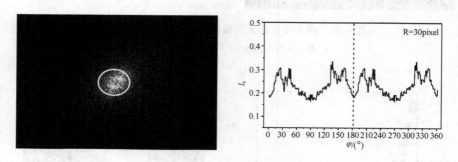

图 9.41　傅里叶变换光斑角度谱的获取

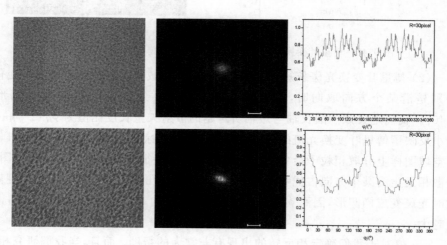

图 9.42　相结构不同时的角度谱(标尺:PCM 50μm;2DFT 140μm^{-1})

　　角度谱可以辅助我们定量地考察相分散动力学过程中傅里叶变换光斑形状的改变,从而分析相结构的变化情况。对于时间序列的相分散动力学过程,可以通过考察新峰出现的时间和位置来考察相分散动力学过程中相结构的突变等；当组分改变时，可以通过考察峰的增减判断相结构是否出现相反转，相区是否取向；当转速或温度改变时，通过考察新峰的出现及振幅，判断此时的相结构变化情况。

对于同一幅傅里叶变换图像，采用不同的半径求取其角度谱，可以获得角度谱的半径依赖规律。如果光斑是均匀的，则无论怎样改变半径，其角度谱的波动变化不大；但如果光斑在某一位置出现突变，则必定在特定半径的角度谱上表现出来。由于半径大小对应着频率的高低，所以突变若发生在高频位置，则表明尺寸较小的相区发生了明显的变化；反之，则尺寸较大的相区发生了明显的变化。

为了方便比较角度谱的振幅大小，需要对角度谱进行归一化处理，即采用振幅值除以最大振幅。

4. 傅里叶变换图像与 SALS 图像的关系

高聚物共混体系相差显微镜照片的傅里叶变换图像与其 SALS 图像存在着一定的对应关系，理论推导如下[73,74]。

相差显微镜照片上某个点 r（r 为位置矢量）的光强可表示为 $I_1(r)$，该点的折光指数可表示为 $\delta n(r)$。$I_1(r)$ 与 $\delta n(r)$ 成正比，即

$$I_1(r) \propto \delta n(r) \tag{9.105}$$

相差照片二维傅里叶变换的能谱可表示为

$$P(k) = |F(k)|^2 = F \cdot F^* \tag{9.106}$$

这里 $F(k)$ 是 $I_1(r)$ 的傅里叶变换，可表达为

$$F(k) = \int_v I_1(r) \exp(-jk \cdot r) dr \tag{9.107}$$

根据卷积定律，有

$$F \cdot F^* = \int_v \langle I_1(r) I_1(0) \rangle \exp(-jk \cdot r) dr \tag{9.108}$$

所以，$P(k)$ 可表达为

$$P(k) = \int_v \langle I_1(r) I_1(0) \rangle \exp(-jk \cdot r) dr \tag{9.109}$$

$$\propto \int_v \langle n(r) n(0) \rangle \exp(-jk \cdot r) dr \tag{9.110}$$

另一方面，SALS 的散射光强 $I(k)$ 可表示为

$$I(k) \propto \int_v \langle n(r) n(0) \rangle \exp(-jk \cdot r) dr \tag{9.111}$$

由式(9.109)～式(9.111)可知

$$I(k) \propto P(k) \tag{9.112}$$

式(9.112)表明相差照片二维傅里叶变换的能谱 $P(k)$ 与同一时刻的 SALS 图像具有等价关系。

从图 9.43 上可以发现 SALS 图像(a)和同一时刻相差照片的傅里叶变换图像(b)从形貌上看来并不存在多大对应关系。杨玉良等[76]指出,通过空域图像所获得的傅里叶变换图像实际上是具有不同特征值的散射点阵,小角激光光散射图像的光强分布是不完全相同的散斑,只是由于中心光过强,图像面积不够大,散斑看不清楚。但是,傅里叶变换图像点阵的光强密度的含义与 SALS 图像的含义是相同的。利用相应的数字图像处理手段,将这些点阵密度转换成了光强。

图 9.43　PS/PE(10/90,体积比)熔体动态共混过程中 6min 时的 SALS 图像(a)
和 2DFT(b)图像

如图 9.44 所示,(b)是初始傅里叶变换图像(a)经过数字图像处理技术处理后所获得的具有连续变化光强的图像,(c)是对应的 SALS 图像。从图上可以看出,经数字图像处理技术处理后的傅里叶变换图像有明显的环状结构,而 SALS 图像由于反射光等因素的影响环状结构并不明显,而且中间的信息受反射光的影响较大。从图 9.45 上可以看出,SALS 图像与处理以后的二维傅里叶变换图像光强基本上能够对应起来,这表明通过傅里叶变换手段可以将空域范围内的相差显微镜照片与 SALS 图像有机地结合起来。傅里叶变换图像能够容易地辨析出相结构的特征散射矢量(即 h_m),这一点 SALS 图像由于反射光的影响较难实现;但是从另一方面说,SALS 图像能够实现对整个共混过程的在线分析,而且光强所包含的信息并未因反射光的影响而有多大变化。

既然 SALS 图像与傅里叶变换图像的光强对应关系较好,便可借助 SALS 图像的参数来分析傅里叶变换图像。这里引用相关距离 a_{c2},因为该参数恰好表征了分散相粒子的平均尺寸。图 9.46 是采用傅里叶变换图像计算 a_{c2} 的示意图。

5. 聚合物共混体系图像傅里叶变换分析实现方法

Tanaka[72]指出采用不同的显微手段所获得的照片虽然都能表征相形貌,但其含义不同。只有通过相差显微镜获得图像的傅里叶变换图像才能与同时刻的 SALS 图像良好地对应起来。杨玉良等[37]指出,由于二维傅里叶变换图像分析是相差图像的直接傅里叶变换图像,因此结果的好坏直接受到原始照片质量的影响。一定要注意图像必须具有代表性,能够清晰、真实地反映客观存在,合理地突出所需

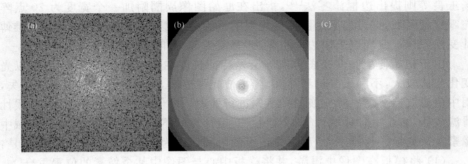

图 9.44　2DFT 图像的连续化处理

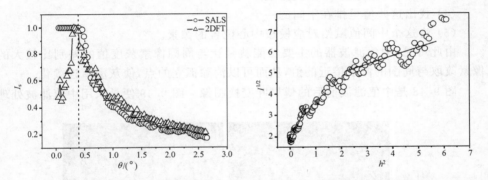

图 9.45　2DFT 和 SALS 图像光强　　　　图 9.46　2DFT 图像计算相关距离 a_{c2}

展示的细节。特别是对于相差显微镜照片,在制样时一定要保证厚度不能太大,否则会造成分散相粒子的重叠而影响最终的分析结果。

　　本书所有的傅里叶变换分析及结果处理均采用自编软件 AFFT。AFFT 软件是采用 Matlab5.0 编制的。其数字图像处理过程如图 9.47 所示。

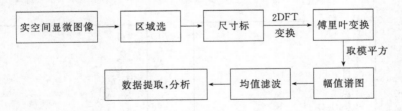

图 9.47　2DFT 图像数字图像处理过程

　　需要指出的是,由于傅里叶变换是定义在一个全空间内的分析方法,而实际得到的图像总是在一个有限的区域内,因此无法在无限空间内计算,这就产生了所谓的泄漏问题。对于共混的显微图像,Tanaka[72]采用 Gauss 窗函数来克服泄漏问题,杨玉良等则提出边框添零法[76]，指出在原始图像周围附加一个宽度为 20 点阵的充零框型区域，并设定原始图像的光强的平均值为零，就可以得到满意的二维傅里叶变换图像。我们也采用边框添零法，宽度为 50 点阵，结果是令人满意的。

由于初始傅里叶变换图像实际上是特征长度在频域内的点阵显示，所以光强变化起伏较大，不利于分析和计算。为了使光强连续，同时又保证信息不至丢失，采用中值滤波器对傅里叶变换图样事先进行处理。中值滤波器是最常用的非线性平滑滤波器。它是一种邻域计算，类似卷积，但计算的不是加权求和，而是把邻域中的像素按灰度级进行排序，然后选择该组的中间值作为输出象素值。具体做法是：

（1）将模板在图像中漫游，并将模板中心与图像中某个像素的位置重合。

（2）读取模板下各对应像素的灰度值。

（3）将这些灰度值从小到大排成一列。

（4）找出这些值里排在中间的一个。

（5）将这个中间值赋给对应模板中心位置的像素。

由此可见，中值滤波器的主要功能就是让与周围像素灰度值的差别比较大的像素改取与周围的像素接近的值，从而可以消除孤立的点，使灰度值连续化。

图 9.48 是中值滤波前后的傅里叶变换图像。图 9.49 便是采用中值滤波处理

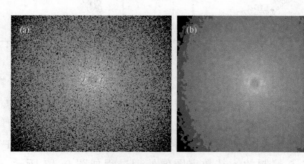

图 9.48　傅里叶变换图像的中值滤波

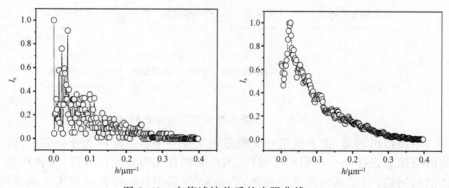

图 9.49　中值滤波前后的光强曲线

前后的傅里叶变换图像对应的光强,中值滤波后的光强明显变得连续化。

9.3 多相聚合物体系形成(加工)过程的在线分析

聚合物共混加工过程极大地影响材料的力学性能,通过改变混炼设备结构和混炼条件能有效地控制共混物结构[76~79]。共混物结构的发展是聚合物从起初的宏观颗粒或粉末到微观粒子的变化过程。共混过程的在线(on line)分析是研究相结构在混炼过程中的形成与演变(包括化学变化),从而可以研究材料结构及加工条件对材料性能的影响。在 9.1 节中已提到,早期关于加工条件对材料结构乃至性能影响的研究处于一种非在线过程,加工与检测不在同一时刻,即测试是在阶段性加工之后。因此,难于揭示加工过程对材料结构乃至性能影响的本质。在线分析是指在聚合物或共混物处于加工、处理或反应过程中实时对其结构、形态等进行跟踪检测,获悉相关的特征参数,进而研究相结构的形成与演变及影响因素的一种分析方法。

聚合物共混挤出加工过程相结构形态分析研究的报道大部分是源于间歇法的研究结果。即研究设备停止工作、采样、对样品进行分析。而在密炼混炼过程中也常采用间歇法。Favis[80]用间隙工作的密炼机在密炼过程中停止混炼研究共混物结构的变化。发现共混物结构的变化主要在开始混炼的 2~3min 内完成。Scott 等[17,22,31]分别用密炼机、单螺杆挤出机、双螺杆挤出机,在间歇工作的情况下研究共混体系的结构,给出了与 Favis 类似的结论。

实验过程的在线分析很早就已开始。用于结构研究的主要有结晶过程的监测[82]和相分离的研究[81~85]。实验发现,流变-光学技术(rheo-opticak technique)是利用流变技术和光散射技术结合研究聚合物流变特性的有效的在线分析方法,能够同时得出聚合物流变特性和与聚合物结构有关的光学特性的信息。

1986 年 Hashimoto 等[86]将流变-光学技术进一步发展,其装置能同时测量高分子体系在液态或溶解状态下的流变特性和小角光散射特性,装置如图 9.50 所示,这种流变光散射仪核心部分是用石英玻璃制作的一个光学透明锥体(E)和一个光学透明平板(G)组成的容器,被测试样(F)盛于其中,整个核心部分由一加热装置(H)所封闭,加热炉中由石英玻璃制作两个窗口以便入射光和散射光通过。入射光源采用 He-Ne CW 气体激光光源,入射光经滤光片(interference filter)(B)保证除波长为 6328 Å 以外的其他波长光不能通过,入射光偏振方向由起偏镜(polarizer)(D)调节。入射光被平面镜(M₁)反射,通过窗口和锥体投射在试样上,散射光穿过 G 和窗口射出,经反射镜(M₂)进入分析器(K)。

Hashimoto 等还利用高分子液晶在此装置上进行了研究,详细讨论了剪切速率与散射光强及其分布间的定量关系,结合动态黏度值,进行了严格的理论验证,

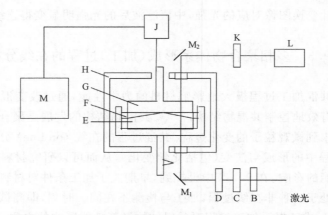

图 9.50　流体小角激光光散射在线分析装置结构简图

B—入射光滤光片；D—起偏镜；E—光学透明锥体；F—被测试样；G—光学透明平板；H—加热装置；
K—分析器；L—光陷阱；M、J—流变仪控制与检测系统；M₁—入射光反射平面镜；M₂—散射光反射平面镜

并对剪切流动下二维散射图像变化作了结构形态变化的深入探讨。但是，这些方法不能反映聚合物加工过程的化学与物理问题。Han(韩志超)等[87]、安立佳和蒋世春等[90]均研制了可视化旋转流变仪，并在该仪器上作了大量研究工作。

　　为了能直接监测到聚合物共混过程中结构变化，美国 Du Pont 公司的 Shih[89] 在研究共混体系的相反转机理时，采用了在设备（见图 9.51）中打开窗口，通过即时摄像法监测共混初期两相体系宏观结构变化的全过程。这种方法仅能观察共混过程中相形态的宏观变化，而不能对混炼过程相结构进行定量研究。

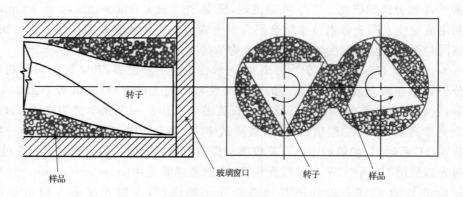

图 9.51　实验用混炼设备结构简图

　　天津大学盛京等[90~92]最初设计并研制的光散射在线分析系统是在密炼机上实现的（图 9.52）。图中 L 为激光光源，保证发出波长为 6350Å 单色光；D 为密度片（density），用于调节入射光强度以便得到适度的散射信号；P₁ 为起偏镜，使入射光

为线偏振光；线偏振光经半透半反镜 M 反射后投射在被测物上；当被测物正处于加工阶段时，密炼室（mixing chamber）开一玻璃窗口以便入射光投射在加工试样上；由被混料散射产生的背散射光穿过半透半反镜 M 进入光学系统 O 及检偏器（P_2）然后被 CCD（charge-couple device）接收并转变成电信号送入计算机进行信息处理。这一装置可称为激光背散射在线分析系统，它可以连续采集和分析动态过程中的信息，并计算出所需的结果。该装置是见报道的唯一的动态在线分析系统。

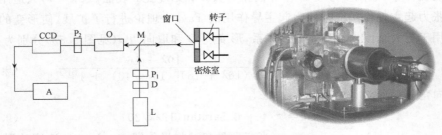

图 9.52　光散射在线分析系统与装置

9.3.1　聚合物共混体系相结构的形成与演变

近 20 年来聚合物共混以其独特的优势已发展成为对现有的聚合物进行改性或制备具有崭新性能高分子材料的重要手段。共混过程中相形态结构的形成及其演变过程将决定共混物最终的结构，并极大地影响着材料的力学性能。为了获得性能优越的新材料，全世界开展了大量有关聚合物共混的研究，一方面从实验上表征和监测形态结构形成规律；另一方面，集中在从流变学角度研究聚合物熔体的变化规律，熔体液滴的变形、破裂和聚集规律，进而对加工流场中聚合物共混过程的形态进行数值模拟。

9.3.1.1　流场中高分子共混物的形态演化理论

共混物的最终形态是分散相液滴在熔体中的变形、破裂和聚集过程综合作用的结果。研究表明，影响液滴形成的因素主要有：流动类型、黏度比、聚合物的弹性和组成、热动力学反应、时间等[93]。液滴悬浮于另一种液体中受到拉伸或剪切力作用时，将发生变形，变形达到一定程度将破裂为更小的液滴。按液滴和连续相液体的类型，这一问题可分为三种情况：①牛顿液滴分散于牛顿流体；②牛顿液滴分散于非牛顿流体，非牛顿液滴分散于牛顿流体；③非牛顿液滴分散于非牛顿流体。

1. 牛顿体系中分散相液滴的形变与破裂

Einstein[94]提出了描述刚性球在稀悬浮体系中的黏度表达式。Oldroyd[95]研究了球形液滴在液体中的情况。Taylor[96]首先研究了当悬浮在另一种牛顿流体中初始形状为球形牛顿液滴受到剪应力或拉伸力作用时,将发生形变并随后破裂为更小的液滴。理论和实验都表明,在小形变速率时球状液滴将形变为椭球状。此时,黏度比 λ 和表面张力系数 κ 控制液滴的变形,分别定义为

$$\lambda = \eta_d/\eta_m \tag{9.113}$$

$$\kappa = \sigma d/\nu_{12} \tag{9.114}$$

其中,η_d 和 η_m 分别为分散相与连续相黏度;σ 为剪应力;d 为液滴直径。在稳态均匀剪切流体中,液滴变形度 D 由界面张力数 κ 和黏度比 λ 表征。Cox[97]对只适用于界面张力起主导作用或黏性力起主导作用的 Taylor 理论进行了扩展,使形变的计算适用于更大范围内 λ 和 κ 值的体系,形变度 D 和取向角 α(见图 9.53)分别为

$$D = \frac{L-B}{L+B} = \frac{\kappa}{2} \cdot \frac{19\lambda + 16}{(16\lambda + 16)[(19\lambda\kappa/40)^2 + 1]^{1/2}} \tag{9.115}$$

取向角

$$\alpha = \pi/4 + 0.5\arctan(19\lambda\kappa/20) \tag{9.116}$$

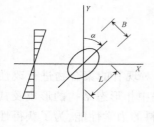

图 9.53　液滴在简单剪切
流中变形示意图

当变形量超过临界值即 $D > D_{crit}$ 时,液滴破裂。

除变形破裂机理外,Rayleigh[109] 和 Tomotika[110]还研究了线状体的表面张力失稳破裂。这一理论的主要思想是线状体受横向扰动发生变形,当横向扰动幅值接近 $0.81R$(初始线状体截面半径)时,线状体液滴破裂。Taylor 观察到当 $\lambda > \kappa_{crit} = 3.8$ 时,拉伸流和剪切流中的 κ_{crit} 值相差非常大。Rumscheidt 和 Mason[98]观察到当 $\lambda \leqslant 0.2$ 时,液滴被拉成两端突出的丝状体,从两端依次破裂出小液滴;若 $0.2 < \lambda < 3.7$ 丝状体同时破裂成一系列小液滴,且 $\lambda \approx 1$ 时破裂后液滴最小;在 $\lambda > 3.7$ 时液滴只发生有限形变并不破裂。Karam 和 Bellinger[99]总结出破裂只发生在 $0.005 \leqslant \lambda \leqslant 4$ 的范围内。

2. 牛顿液滴分散于非牛顿流体和非牛顿液滴分散于牛顿流体

Prabodh 和 Stroeve[93]发现在剪切流中,液滴更易伸长,只有流动停止时液滴破裂。Elmendrop 和 Maalcke[100,101]认为液滴的法向应力越大,则形变越小,液滴稳定性越高。一些研究者得到的重要结论是,液滴的弹性起到稳定液滴的作用。当体系为牛顿液滴和黏弹性介质时,Flumerfelt 的研究表明[102],介质的弹性也起到稳定液滴的作用。

3. 黏弹性液滴与黏弹性介质

Vanoene[103]指出,液滴的变形与黏度比、表面张力、液滴及介质的弹性相关。他得到的动态表面张力关系

$$v_{12} = v_{12}^0 + (d/12)[(\sigma_{11} - \sigma_{22})_d - (\sigma_{11} - \sigma_{22})_m] \tag{9.117}$$

其中，v_{12}^0为静态表面张力；$\sigma_{11} - \sigma_{22}$为第一法向应力差；下标 d，m 分别表示分散相与介质。当$(\sigma_{11} - \sigma_{12})_d > (\sigma_{11} - \sigma_{22})_m$时，$v_{12} > v_{12}^0$，弹性有稳定液滴的作用。

黏弹性液滴分散于黏弹性介质的变形是三维、非静止流动问题，这导致了本构关系的复杂性，另外，流体的弹性在破裂过程起的作用还不十分清楚。大多数实验表明弹性因素起到了稳定液滴的作用，使分散过程困难，也有的得到的结论是相反的。

以上三种分散情况都限制在低浓度范围。总之，目前还没有一种理论能很好预报共混聚合物中液滴的变形。

4. 稳态粒径预报

事实上，分散相粒子的最终尺寸不仅与液滴的破裂过程有关，而且与聚集过程相关。提高剪切速率、降低分散相黏度在加速破裂过程的同时也加速聚集过程，只有在极稀流动体系中，由破裂理论预报的粒子尺寸才与实验符合较好，大量研究表明，液滴直径随分散相浓度提高而迅速增大。因此，孤立地考虑液滴的破裂是无意义的，而必须同时考虑聚集过程。

一般认为液滴的聚集与碰撞概率相关。Tokita[104]假设聚集过程与碰撞总数成比例，当破裂与聚集过程达到平衡时，得到了粒子直径关系

$$d^* = \frac{24}{\pi} \frac{P_r v_{12} \phi_d}{\eta_m \dot{\gamma} - 4/\pi P_r E_{DK} \phi_d} \tag{9.118}$$

其中，E_{DK}和P_r分别为宏观破裂能和碰撞概率。由于这两个参数很难测得，实际上它只是定性关系。关系式表明，随浓度、表面张力的提高或剪切应力的降低均可提高粒子直径。Hu 等[105]已将这一原理应用于 PP/PA6 共混体系中。通过增加表面活性剂降低了表面张力，减小了聚集得到更小分散尺寸的共混物。最近，Fortelny[106]给出了液滴有效碰撞概率的理论预测

$$P_c = \exp\left[-9C_a^2 R^2 \Big/ (8h_c^2)\Big(1 + \frac{3C}{\lambda}\Big)\right] \tag{9.119}$$

其中

$$C_a = \frac{\eta_m R \dot{\gamma}}{\Gamma_{12}}, \quad \lambda = \frac{\eta_d}{\eta_m}, \quad C = \frac{4R\pi}{\bar{d}_{12}} \tag{9.120}$$

上述关系是否有效还需精确的实验进一步验证。

Elmendrop[100]从孤立的两个相近尺寸的球形液滴的碰撞出发，考虑了聚集的动态过程，得到了临界聚集时间

$$t_c = 3k^{\ln(d/4h_c)}/4\dot{\gamma}^2 \tag{9.121}$$

其中，h_c为临界分离距离，对熔融聚合物$h_c \approx 50\text{nm}$。该理论的主要缺陷是未考虑浓度因素，这是由其假设前提造成的。由 Taylor 液滴破裂准则计算得到的是粒子

直径下限,而 Elmendrop 关系得到的是上限。

研究共混物在双螺杆挤出机中的形态变化更有实际意义。Delamare 等[107]提出了聚集和分散相粒径的关系

$$R^* = R\left(\frac{2}{2 - P_{\text{coal}}}\right)^{1/3} \tag{9.122}$$

该式只适用于牛顿流体。

Wu[108]从 Taylor 方程出发,用双螺杆挤出机所做的实验中得出经验式

$$\begin{cases} \dot\gamma_c \eta_c d / \Gamma_{12} = 4\lambda^{0.84} & (\lambda > 1) \\ \dot\gamma_c \eta_c d / \Gamma_{12} = 4\lambda^{-0.84} & (\lambda < 1) \end{cases} \tag{9.123}$$

当 $\lambda = 1$ 时,存在最小粒径为 $d_{\min} = 4\Gamma_{12}/\dot\gamma_c \eta_c$。

Shi 等[109]在考虑剪切流、低浓度下给出了共混物混合过程的形态演化模型,同时研究了挤出机参数和操作条件对形态演化的影响。

最近,有文献介绍了聚氨酯与聚烯烃共聚中存在新的聚集机理"domino 效应",即一个聚集过程可引发下一聚集过程。

周持兴和张洪斌[96]从描述双组分聚合物共混中海/岛结构发展过程的动力学模型出发,得到平衡粒径:

$$R = R_0 \left[(\lg B - \lg\phi)/(\lg B - \lg\phi_0) \right]^{6/13} \tag{9.124}$$

式中,$B = \pi K_1/4\dot\gamma$。当已知某一平衡粒径 R_0 与相应浓度 ϕ_0 时,可由式(9.124)求得任意允许浓度 ϕ 时的平衡粒径 R_0。Ghodgaonkar 和 Sundararaj[110]认为分散相和连续相的弹性都对粒径有影响。使液滴形变的力是剪切力和连续相的第一法向力,抵抗形变的力是界面张力和分散相的第一法向力,两种力达到平衡时,则平衡粒径

$$d = 2v/[\eta_m \dot\gamma - 2(G_d - G_m)] \tag{9.125}$$

式中,G_d 和 G_m 分别为分散相和连续相的弹性模量。Ghodgaonkar 还观测到,对某些低浓度的共混体系(PS/PE、PS/EPMA、PS/PA330),分散相粒径随剪切速率的增加存在一最小值,即呈现粒径随剪切速率增加而增加的现象,而高浓度的共混体系由于聚集作用显著而无这种现象。

综合分散和聚集两种作用,当达到动态平衡时,分散相平均粒径存在某一稳态值。研究分散相微粒破裂后的最终粒径大小及影响因素,对于控制分散过程有着重要意义。聚集作用对分散相粒径有显著影响已成为大多数研究者的共识,考虑了聚集效应的粒径预测值与实验值更能相符。

Rumscheidt 等[111]的研究表明,对于一种液体分散到另一种液体中的情况,主要存在两种基本的机理:一种机理是稳态破裂,或液滴分裂;另一种是变形的细流线分裂成一系列细小的液滴。后一种现象就是人们所熟悉的毛细管不稳定现象,在瞬间剪切条件下或流动停止时,经常能观察到这种现象。如图 9.54(a)为逐步平衡

机理,图 9.54(b)为瞬间破碎机理。

最初是由 Rayleigh[112] 提出了一个模型,用来描述黏性气流在大气中扰动的生长。后来,Tomotika[113] 把这一理论推广至牛顿流体,并发现根据毛细管不稳定性机理,液滴破裂所需的时间取决于几个参数,如界面张力、黏度比和流线初始直径。受到扰动时,柱状流线逐渐发生正弦式变形,根据理论,当波长大于流线的初始圆周长时,变形将随时间的变化发生指数增长。

Tomotika 指出这种破裂是由于丝状体界面发生扰动所致,扰动界面为正弦曲线,如图 9.55 所示。当畸变振幅 $A=0.81R_0$ 时,丝状体发生破裂。

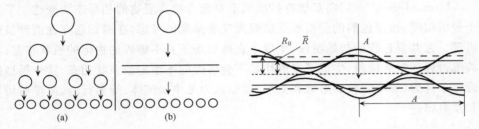

图 9.54　两种分散机理的示意图　　　　　图 9.55　纤维液柱正弦振荡形变

Stone 等[114] 观察到另外一种断裂模式,称之为"末端收缩",是毛细管不稳定性的竞争过程。末端收缩是一种非均匀断裂形式,这里,纤维碎裂起初是从线流的末端开始进行的。并发现这种破裂形式依赖于黏度比和被拉长液滴的初始长径比 (L/D)。通过末端收缩发生的破裂可以导致粒子产生尺寸分布。

最近,很多研究已将黏弹效应引入与聚合物共混物形态有关的一般模型里,Scholz 和 Graebling 等[115] 研究了不相容聚合物共混物在熔融状态下的流变性能,发现在低频下,由于界面张力效应,体系表现出明显的弹性行为。显然,共混物的弹性对形态是非常敏感的。在聚合物共混物中,当一组分在较低的浓度范围,以液滴形式分散在另一个组分(基体)中时,末端区的弹性模量明显高于基体聚合物的弹性模量,这是由于液滴的变形所致。这种弹性的增加只有在分散相的零切黏度或复数模量均低于基体聚合物的情况下才会发生。在这些条件下,用理论方法去预测多相体系的流变行为是可能的。

Palierne[116] 提出了可以推测聚合物乳液线性黏弹行为的一个模型,这里他考虑了分散在黏弹性基体中的黏弹性液滴尺寸和组分间界面张力的影响。乳液中含有黏弹性的、多分散的液滴,其复数剪切模量可以用每一相的复数剪切模量、界面张力和液滴的半径来表示。

Lee 和 Park[117] 提出了一个描述不相容共混体系形态生成过程的本构方程。在这个模型里,没有采用单个液滴变形机理处理这些问题,而是假设了一个界面结构,其中界面区面积和它的各向异性是平衡的,这是因为在流动和界面张力之间存在着竞争关系。由于这个模型可以应用于不同的流动场以及具有不同体积分数的共混物,因而还引入了聚集效应。他们还成功地比较了应用在动态振荡流动的理论预测和 PS-LLDPE 共混物的实验结果。最近,Sundararaj[23]对 Palieme 方法与 Lee 和 Park 模型作了比较。

关于研究相形态在螺杆挤出机中的演变有不同的分析方法。Lindt 等[24]基于 Lindt[118,119]提出的熔融段的数学熔融模型对单螺杆挤出机相形态演变的初期提出了一个分析模型。他们沿着螺杆轴向不同位置的相尺寸大小的改变建立了一个模型,并与实验数据很好地吻合。

Utracki 等[109]在同向双螺杆挤出机上对聚合物共混物的相形态演变建立了一个分析模型。按照他们的分析和从微观流变学角度的考虑,在剪切场存在两种破碎机理。在共混过程的初始阶段,生成了在剪切场下并不破碎的稳定的条状相态;在共混过程的最终阶段,生成了在剪切场下会破碎的不稳定的条状相态。这个模型的近似条件为:忽略颗粒的熔融和变形,近似认为是牛顿流体、等温行为、简单剪切场和没有归并。

9.3.1.2　加工过程的在线分析

(1) 聚合物/橡胶体系。

① 光散射在线分析。杨宇平等[120]研究了聚丙烯/顺丁橡胶(PP/PcBR)共混体系在密炼混炼过程中相结构的形成与演变。图 9.56(a)是在密炼-光散射在线分析系统中 PP/PcBR 体系共混过程的二维光散射强度分布图像,图 9.56(b)为其等值线图。

图 9.56(a)显示了共混物混炼过程物料散射强分布的变化。在混炼 15s 时,光散射散斑的分布是无规的,体系处于混炼初期,分散相处于破碎初期,入射光穿过的样品是不均匀的,可能是体系的 A 组分或 B 组分,也可能是两相的界面处,体系尚未混合均匀。随混炼时间的延长,散射图像的分布开始集中,乱散射的斑点减少,逐渐形成有规则的图像,体系两相混合逐渐均匀,预示体系的相结构发生了变化。同时可以发现,散射图像呈椭圆状,表明体系分散相粒子在剪切力作用下取向。图 9.56(b)是散射图像的等值线图。

由光散射图像(图 9.56)可得到图 9.57,即散射强度与散射波矢量的关系。由图 9.57 的数据根据光散射理论可以计算出表征相结构特征的光散射结构参数,如表征相尺寸的平均弦长、相关距离、旋转半径和表征体系均匀性的积分不变量等相结构参数。

图 9.58(a)是 PP/PcBR 共混体系的相关距离 a_{c2} 与混炼时间的关系,图 9.58(b)是 PP/PcBR 体系的平均弦长 $\bar{l}$ 与混炼时间的关系。聚合物共混物在密炼机中混炼时可分成三个阶段,图 9.58 中的第一个区域:共混物混炼初期,聚合物被迅速

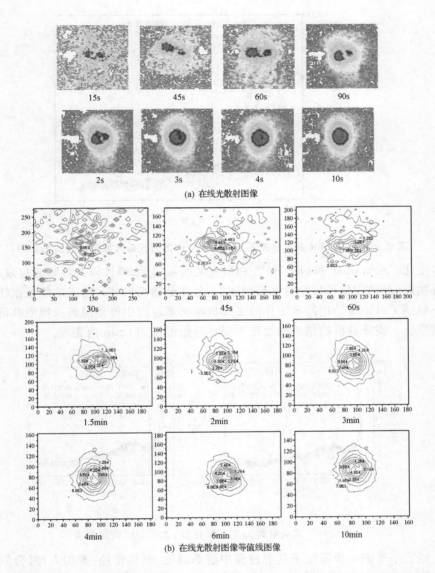

(a) 在线光散射图像

(b) 在线光散射图像等值线图像

图 9.56　PP/PcBR 共混体系共混过程中在线光散射随时间演变的等值线图像[80]

破碎细化(分散)，分散相形成(在 1~2min 之间)，分散相尺寸达到最小值；第二区：分散相细化的中期，分散相破碎速率减小，相归并发生，相归并开始阶段，相归并速率大于分散相细化速率，曲线出现最大值，尔后分散相细化速率大于相归并速率，分散相细化和分散继续进行(在 2~3min 之间)；第三区：体系分散相尺寸缓慢减小，直至分散相细化速率与相归并速率达到平衡(动态平衡)，分散相尺寸不再进

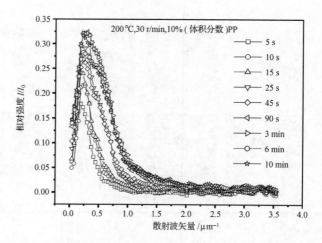

图 9.57　PP/PcBR 共混体系不同时间对应的散射光强与散射波矢的关系图

一步变化。Schreiber 和 Olguin[121]在研究某些聚烯烃/弹性体共混物时也发现,在共混初期,分散相粒子尺寸降低幅度较大,尔后分散相尺寸对输入的能量很快就变得不敏感了。Favis[17]用间歇工作的密炼机在密炼过程中停止混炼来检测共混物结构的变化。发现共混物结构的变化主要在开始混炼的 2min 内完成。

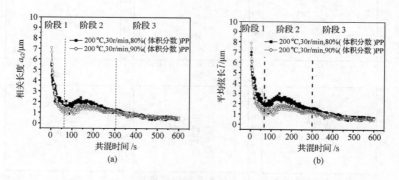

图 9.58　相关距离 a_{c2} 和平均弦长 $\bar{l}$ 与共混时间的关系

　　杨宇平等进一步研究了共混过程中混炼温度、混炼转速(剪切力)对分散相结构的影响。图 9.59 给出了在 210℃混炼,不同组成的 PP/PcBR 共混物的相关距离 a_{c2} 与转速的关系图。不同组分比的共混物的分散相颗粒尺寸随转速的变化规律基本一致,分散相颗粒尺寸随转速的变化存在一个线性区,随着转速的提高,分散相颗粒尺寸单调下降。转速较低时,密炼机转子的剪切作用较弱,使得输入的用于颗粒破碎的能量不够大,因而颗粒尺寸比较大。随着转子转速的提高,共混物颗粒所受到的剪切作用增加,超过颗粒的界面张力时,导致颗粒变形破碎,尺寸减小;当转速超过一定值后(约在 60r 附近),随着转速的提高,分散相颗粒尺寸增大。a_{c2} 随设备转速的变化中出现最小值,说明在混炼设备的转速(剪切力)高达一定数值时,加大了分散相粒子间的碰撞概率,相归并加快。

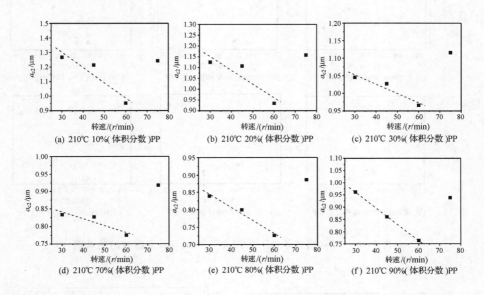

图 9.59　分散相的相关距离 a_{c2} 值与混炼转子转速的关系图

图 9.60 分别是 30r/min,不同组成条件下,分散相相关距离 a_{c2} 随共混温度的演变关系图。a_{c2} 随共混温度的变化与转速的变化类似,存在一个线性区域。但是,线性区的温度范围因分散相而异。当 PP 为分散相时,线性区域在 200~220℃范围,当 PcBR 为分散相时,线性区在 190~210℃。

蔡志江等[122]研究了 PS/PcBR 体系的共混过程,图 9.61 和图 9.62 是 PS/PcBR 和 PS/PcBR 增容体系平均弦长随混炼时间的变化。其变化规律与 PP/PcBR 是一致的。在混炼初期,分散相尺度急剧下降并出现最小值。混炼过程的第二阶段相尺度的变化起伏是较大的,分散相尺度增大,再趋于平稳。在 PS/PcBR 和 PP/PcBR 增容两个体系中,相分散和细化的规律是相同的,可能与两体系中是同种橡胶有关。对于 PP/PcBR 增容体系,由于改善了非相容体系界面关系和界面张力,与非相容体系 PS/PcBR 相比,分散相尺度减小。

② 在线取样图像分析。图 9.63 是 PP/PcBR 共混体系在线采样样品的 SEM 照片。SEM 照片显示了分散相结构的变化,其形态与图 9.56(a)光散射图样的变化显示的分散相形态的变化一致,表明在线光散射的结果是可信的。同时,光散射在线采集与分析系统是无损采集过程的变化信息,更真实地反映了聚合物共混过

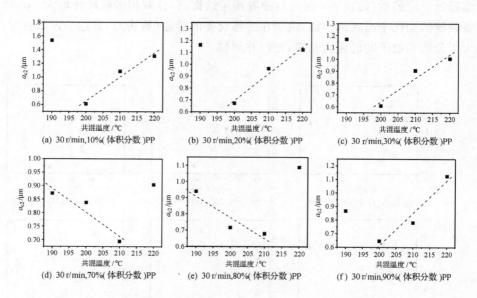

图 9.60　不同组成条件下的相关距离 a_{c2} 与共混温度的关系图

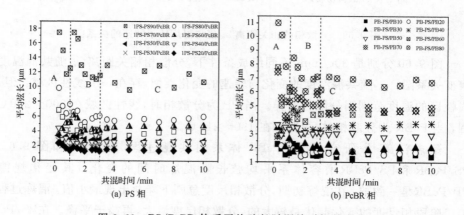

图 9.61　PS/PcBR 体系平均弦长随混炼时间的变化

程中相结构的变化。由分散相颗粒粒径分布图可看到,其颗粒尺寸在混炼 0.75min 时最大,到混炼 1min 急剧减小,2min 以后颗粒直径变化不大,与光散射的结果是一致的。但是,由于混炼过程采样较困难,无法得到更短和时间间隔更密的数据,相对数据量较小,无法与在线光散射在线采集系统相比。

③ 显微图像的傅里叶变换分析。杨宇平等[120]对图 9.64 给出的 PS/PcBR(70/30) 共混体系的 SEM 照片进行了傅里叶变换,并得到相应的散射谱,图 9.65 是 SEM 照片经二值化处理的图像和相应的傅里叶变换谱。

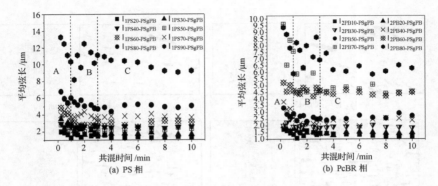

图 9.62 PS/PcBR 增容体系平均弦长随混炼时间的变化

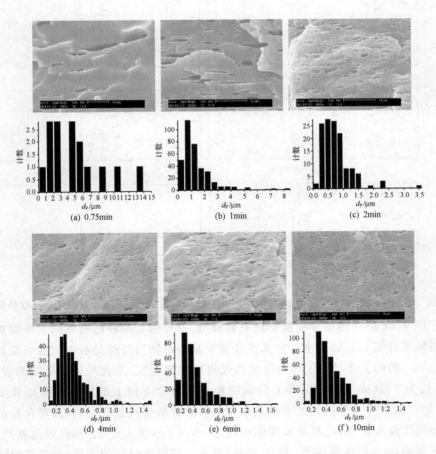

图 9.63 不同时间的 PP/PcBR 共混体系 (80/20)SEM 照片及粒径分布柱状图

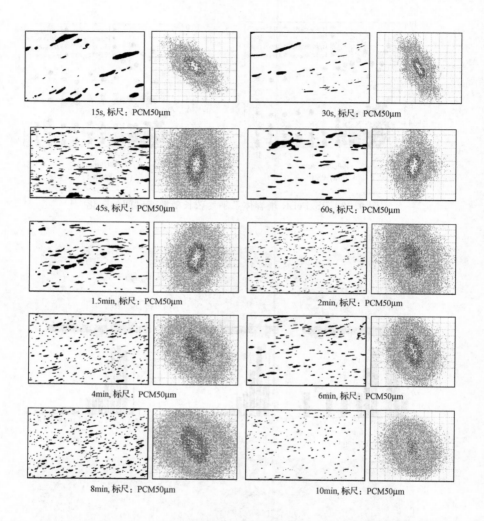

15s, 标尺: PCM50μm

30s, 标尺: PCM50μm

45s, 标尺: PCM50μm

60s, 标尺: PCM50μm

1.5min, 标尺: PCM50μm

2min, 标尺: PCM50μm

4min, 标尺: PCM50μm

6min, 标尺: PCM50μm

8min, 标尺: PCM50μm

10min, 标尺: PCM50μm

图 9.64　PP/PcBR(80/20,体积比)动态共混过程对应的 SEM 照片及其傅里叶变换图像

图 9.64 中其傅里叶变换光斑呈椭圆型,即分散相颗粒已被取向。根据椭圆的长短轴可计算长短轴长度。定义该椭圆长轴与短轴所跨越的散射矢量长度比值为 $\phi_{H/V}$。$\phi_{H/V}$ 值的大小反映了傅里叶变换光斑的取向程度。当光斑呈现标准的圆形时,$\phi_{H/V}$ 值为 1,这表明空域图样上分散相粒子沿各个方向上的最可几特征长度值相等。当空域图样上分散相发生沿某个方向占优势的排列或取向时,最可几特征长度便会发生角度依赖,此时光斑变成椭圆形,因而 $\phi_{H/V}$ 值大于 1。相区取向越严重,则光斑越扁,$\phi_{H/V}$ 的值便越大。图 9.65(a)是 $\phi_{H/V}$ 与混炼时间的关系,随共混时间的延长,$\phi_{H/V}$ 值变小,分散相粒子取向度减小。图 9.65(b)是 $\phi_{H/V}$ 值与共混组成的关系

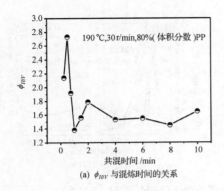
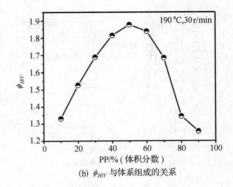

(a) ϕ_{HIV} 与混炼时间的关系　　　　　　(b) ϕ_{HIV} 与体系组成的关系

图 9.65　傅里叶变换光斑的取向程度

图,由图明显可以看到随着 PP 含量的增加,分散相粒子取向程度随之逐渐增加;当 PP 含量大于 50% 时,共混体系呈双连续结构,PP 含量继续增加,发生相反转,PcBR 成为分散相,则 PcBR 颗粒的取向度随着 PP 含量的增加而减小。

　　根据图 9.63 和图 9.64 分散相颗粒形态的变化和光散射的结果,可归纳出 PP/PcBR 体系在混炼过程中,在剪切力和温度的作用下,相形态结构演变的机理。图 9.66 给出了 PP/PcBR 体系混炼过程相结构形成与演变的机理,与 Elemans[20] 研究分散相尼龙-6 与连续相聚丙烯共混的相形态演变的机理近似。

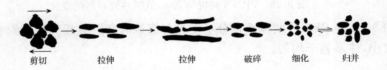

剪切　　　　拉伸　　　　拉伸　　　　破碎　　　　细化　　　　归并

图 9.66　共混聚合物混炼过程相结构演变机理

　　由傅里叶变换谱根据光散射理论可计算相结构参数,图 9.67 是 PP/PcBR 体系相结构参数(a_{c2} 和 $\overline{l}_1$)随混炼时间的变化。图中给出了 SEM 照片和相差显微镜(PCM)图像的傅里叶变换结果和在线光散射的分析结果。可以看到,光散射在线采集的结果与图像傅里叶变换后得到的结果是一致的。

　　(2)聚合物/聚合物体系。

　　① 光散射在线分析。李云岩[123]用密炼机-光散射在线系统,研究了 PP/PS 共混体系在混炼过程中相结构的变化。图 9.68 是 PP/PS 共混体系的相关距离 a_{c2} 和与混炼时间的关系。其变化规律与 PP/PcBR 和 PS/PcBR 体系是相同的。但是,PP/PS 体系在混炼初期,共混物分散相颗粒快速破碎过程中,没有出现分散相的最小值。

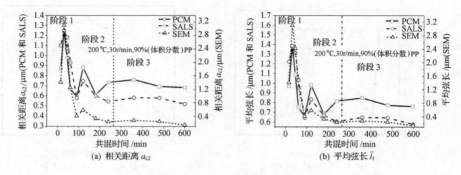

图 9.67　相结构参数随共混时间的变化(SEM，PCM，SALS)

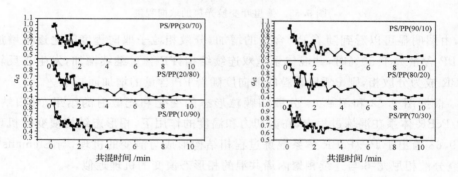

图 9.68　PP/PS 共混体系 a_{c2} 值随共混时间的变化

图 9.69 是 PP/PS 共体系积分不变量与混炼时间的关系。随混炼时间的延长，Q 值变小，体系趋于均匀。

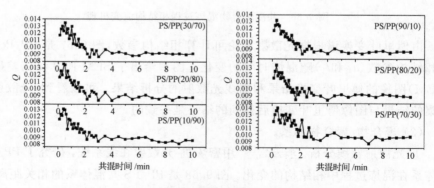

图 9.69　PP/PS 共混体系 Q 值与共混时间的关系

② 在线采样的图像分析。图 9.70 是 PS/PP(70/30)共混体系在线采集样品脆断面的 SEM 照片。其中直方图为对应的分散相颗粒投影面直径 d_p 分布。从图可

以看出,共混时间为 1min 时,分散相颗粒形状已呈椭圆形,分散相颗粒较大,分布较集中。随着共混的进行,分散相颗粒尺寸逐渐变小。共混 3.0min 后,分散相颗粒细化达到最小,呈球形或椭球形分散在连续相中,尺寸分布也较均匀。此后,分散相处于破裂和聚结的动态平衡中,其形状及尺寸基本稳定下来。9min 时,开始出现大颗粒,即发生分散相的归并。这一结果定性地说明了多相聚合物体系共混过程中,相结构的变化主要发生在共混的初期,这与 Scott 等的共混初始化机理中提到的理论是一致的,和光散射在线的结果是吻合的。

    PS/PP 体系分散相颗粒粒径与共混时间的关系如图 9.71 所示。图 9.72 则给出了 PS/PP 体系分散相颗粒粒径分布宽度与共混时间的关系,随混炼时间的延长,

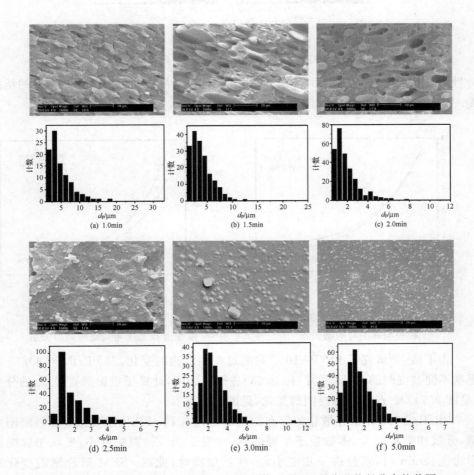

图 9.70 不同时间的 PS/PP(70/30)共混体系 SEM 照片及粒径分布柱状图

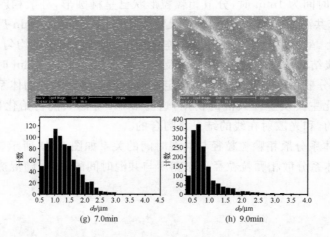

图 9.70　不同时间的 PS/PP(70/30)共混体系 SEM 照片及粒径分布柱状图(续)

分散相粒径和分布宽度变小,体系变得均匀,这一结果与光散射及分布变量的结果是一致的。

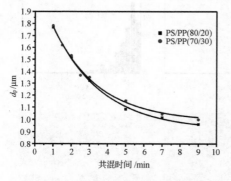

图 9.71　PS/PP 体系分散相颗粒
粒径与共混时间的关系

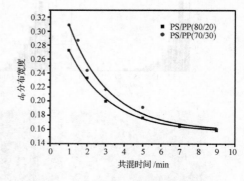

图 9.72　PS/PP 体系分散相颗粒
粒径分布宽度与共混时间的关系

张丁浩[124]研究了 PP/PA1010 共混过程相结构的变化,对 PP/PA＝90/10 共混物不同共混时的 SEM 照片(图 9.73)进行了处理,计算了投影面直径 d_p 的分布(见图 9.74)和 d_p 随混炼时间的变化(见图 9.75)。

PP/PA1010 体系分散相的形态结构的变化与 PS/PP 体系类似。物料刚刚熔融,分散相颗粒较大,多数粒子呈椭圆状;共混 2min 后,颗粒变小,形状仍以椭圆形为主;3min 后,颗粒进一步变小,形状近似圆球;此后,SEM 照片形貌变化不大。在混炼 15min 时,分散相颗粒增大,即分散相出现归并。分散相颗粒的粒径分布(d_p 的分布)随共混时间的变化如图 9.74。图 9.75 是分散相粒径 d_p 随共混时间

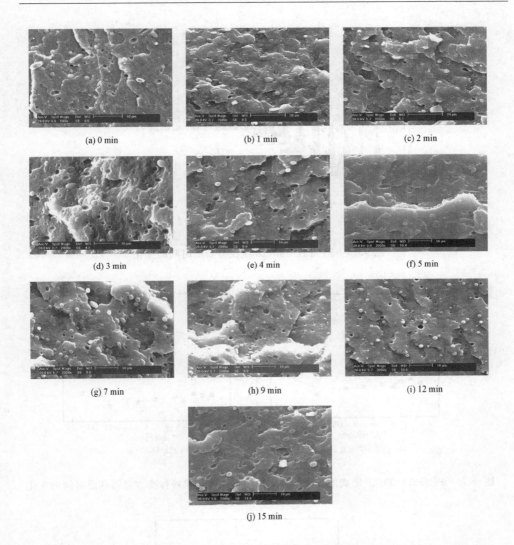

图 9.73　PP/PA＝90/10 组成共混不同时间的 SEM 照片及投影面直径 d_p 分布的变化。

前面已介绍,粒径的标准方差可以反映粒径分布的宽度,它随时间的变化如图 9.75(b)。混炼开始(0min 时),颗粒尺寸的分布最宽,远远大于其他时间的数值; 1～5min 期间,粒径的标准方差有些波动,表明分散相的分散和归并还没有完全达到平衡;5min 后,粒径的标准方差达到了稳定值,表明粒径分布宽度不再变化,分散相的分散和归并已经达到平衡,在 15min,颗粒的归并速率加大,由于长时间混炼,颗粒碰撞概率加大,分散相的归并成为主导。

取 d_F 和 d_p 平均值的比值作为形状因素 Ψ,它随组成的变化如图 9.76。在混炼

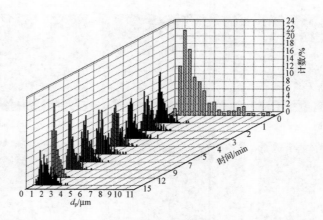

图 9.74 PP/PA＝90/10 粒径分布随时间的变化

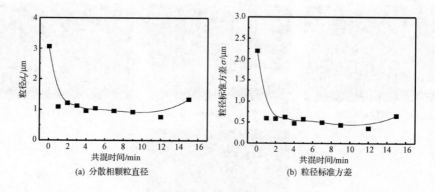

(a) 分散相颗粒直径

(b) 粒径标准方差

图 9.75 PP/PA＝90/10 组成的分散相颗粒投影面直径和粒径标准方差随共混时间的变化

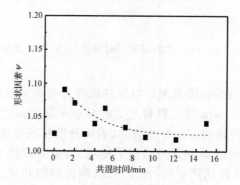

图 9.76 PP/PA＝90/10 体系分散相颗粒形状系数随共混时间的变化

1min 时，Ψ 最大。随混炼时间的延长，Ψ 减小，并向 1 靠近，表明体系分散相颗粒形状由椭圆形向接近球形变化。

研究 PP/PA 共混物系列的 SEM 照片时发现，在 PP/PA1010 体系和 PP/PA1010/ PP-g-MAH 体系两种共混体系中，当 PP 含量分别为 $30\%\sim50\%$ 和 $40\%\sim50\%$ 时，分散相中存在另一相的组分，形成所谓"复合液滴"或"次级包含"，或所谓的"Salarni"（意大利腊肠）结构（见图 9.77）。这种结构在光散射的测试中很难发现，这是由于光散射的原理界定了的，光散射得到的是平均值。

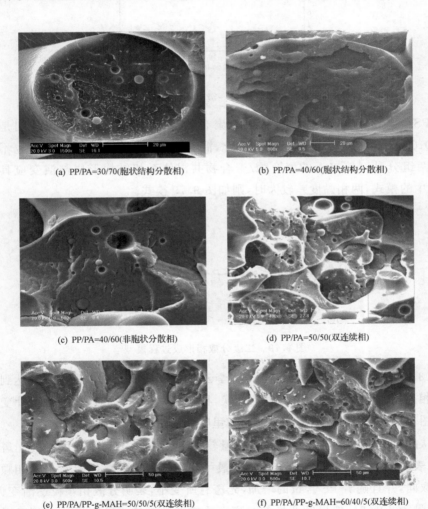

(a) PP/PA=30/70(胞状结构分散相)　　　　　(b) PP/PA=40/60(胞状结构分散相)

(c) PP/PA=40/60(非胞状分散相)　　　　　(d) PP/PA=50/50(双连续相)

(e) PP/PA/PP-g-MAH=50/50/5(双连续相)　　　(f) PP/PA/PP-g-MAH=60/40/5(双连续相)

图 9.77　胞状结构分散相和双连续相结构的 SEM 照片（放大倍数较高）

用同上的方法处理含有二级分散相的组成的 SEM 照片,得到有关二级分散相的定量信息,其二级分散相颗粒尺寸平均粒径随组成变化的比较如图 9.78。

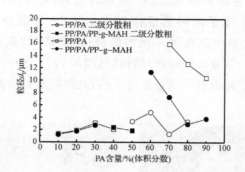

图 9.78　二级分散相粒径和一级分散相粒径随组成变化的比较

PS/PP 和 PP/PA1010 体系同为聚合物/聚合物共混体系,其差别是 PP/PA1010 中两组分的黏度差较大。因此,混炼过程中相形态的演变机理也不尽相同。两组分黏度较接近的聚合物/聚合物共混体系相结构形成与演变应具有图 9.66 中的模式,两相黏度差较大时,则如图 9.79 模式。

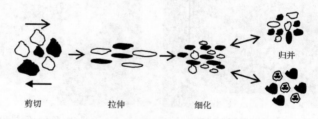

剪切　　　　　　拉伸　　　　　　细化　　　　　　归并

图 9.79　二级分散相形成过程模型

(3) 显微图像的傅里叶变换分析。李云岩对 PS/PP 系列共混 10min 达到平衡时的相差显微镜图像进行了傅里叶变换,相差显微镜图像和对应的傅里叶变换图像如图 9.80,相差图像标尺为 50μm,傅里叶变换图像标尺为 140 μm^{-1}。

从图上可以看出,当分散相 PS 含量较小时(<40%),傅里叶变换的光斑均呈圆形,表明分散相颗粒在各个方向上的最可几特征长度相差不大,即分散相颗粒未发生取向,并且随着 PS 含量的增加,光斑有所变小,表明分散相颗粒逐渐变大;当 PS 含量为 40% 时,傅里叶变换的光斑变为椭圆状。傅里叶变换的光斑不再呈球形,同时可以看出,颗粒取向的方向与光斑的长轴方向垂直;当分散相 PS 含量为 50% 时,光斑取向更加严重,表明分散相颗粒在各个方向上的最可几特征长度相差

很大。由相差电镜图片可以看出，此时相结构为双连续相，PS 相以带状贯穿于连续相中，贯穿方向与光斑长轴方向垂直。

（4）分散相颗粒尺寸及尺寸分布。图 9.81 为傅里叶变换光斑光强与散射矢量关系。由于在实空间内，散射矢量与特征长度 L 存在如下关系：$L \times h = 2\pi$，因此可以用 h_m^{-1} 表征最可几特征长度的变化，以 h_m^{-1} 对 PS 含量作图可以得到最可几特征长度与组成的关系，如图 9.82。随着 PS 含量的增加，最可几特征长度相应增加，当 PS 含量大于 40% 时，共混体系呈双连续结构，PS 含量继续增加，发生相反转，PP 成为分散相，且 PP 颗粒的最可几特征长度随其含量的较少而减小。

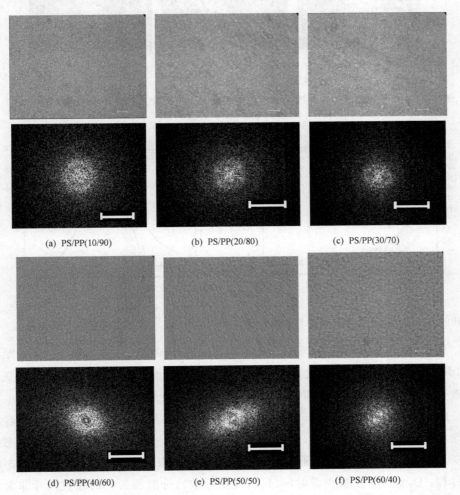

(a) PS/PP(10/90)　　　(b) PS/PP(20/80)　　　(c) PS/PP(30/70)

(d) PS/PP(40/60)　　　(e) PS/PP(50/50)　　　(f) PS/PP(60/40)

图 9.80　PS/PP 共混体系共混 10min 时的相差显微镜照片及对应傅里叶变换图像

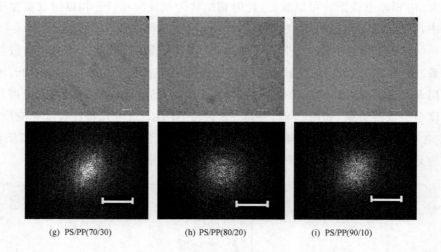

(g) PS/PP(70/30)　　　　　(h) PS/PP(80/20)　　　　　(i) PS/PP(90/10)

图 9.80　PS/PP 共混体系共混 10min 时的相差显微镜照片及对应傅里叶变换图像（续）

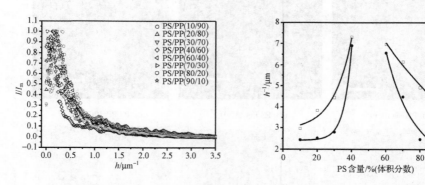

图 9.81　傅里叶变换光斑光强与散射矢量　　　图 9.82　颗粒尺寸与组成的关系

　　另外，根据光散射理论，求取了用以表征分散相颗粒尺寸的参数——相关距离 a_{c2}，其变化趋势与 h_m^{-1} 的变化趋势一致。这说明傅里叶变换也是研究相形态演变的有效手段，所得到的变化规律与光散射计算的 a_{c2} 的变化规律一致。

　　Li 和 Hu[125]使用 Haake Rheocord 密炼机，对比研究了不同组成比的增容和未增容的不相容共混物体系，即 PP/PA6 与 PP/ PP-g-PA6/PA6 的初期相形态的演变。共混温度为 220℃，接近 PA6 的熔点。实验结果发现了三种不同的相形态演变过程：①当 PA6 含量很低时（<1%，质量分数），分散相最初的颗粒尺寸非常小（0.25~0.3μm）。由于增容剂 PP-g-PA6 的存在，增容共混体系的相尺寸并不发生改变，而 PP/PA6 共混体系的相尺寸则随时间增加至 0.45μm。②当 PA6 组分含

量介于 1%～10 %时,分散相最初期的颗粒尺寸也非常小(0.25～0.3μm),且随时间而增加。由于 PP-g-PA6 的存在,使得相尺寸增加速率很小。③当 PA6 组分含量很高时(>15%,质量分数),颗粒尺寸在相分散最初期很大(约为 6μm),且随时间而减小。基于此,作者认为相尺寸随时间的演变可以分为四种情况,熔融速率≪分散速率,共混过程中无归并;熔融速率<分散速率,存在归并过程;熔融速率接近分散速率,存在归并过程;熔融速率≫分散速率,存在归并过程。但是,作者仅仅讨论了 PP6 含量小于 15%的低浓度体系。

综上所述,杨宇平、李云岩等从共混温度、共混剪切速率、共混时间和组分含量以及分散速率、熔融速率等方面研究聚合物共混体系相结构的形成与演变,所得的规律与国际相关学者的研究工作相比较,证明利用小角激光背散射装置并结合 Debye 非均匀固体散射理论来研究非相容或部分相容共混体系的相形态及尺寸演变是十分有效的。在此基础上研究了聚合物共混体系相结构形成与演变过程的物理与化学问题将在第 10 章讨论。

9.3.2　双螺杆挤出过程的在线分析

前面已介绍,研究聚合物挤出共混过程,文献报道的方法基本上是停车取样法。天津大学设计的挤出-光散射在线采集与分析系统(图 9.83),可以连续在线采集挤出混炼过程共混物变化的光散射图像,配合北京化工大学设计的在线取样器,可以连续采样和采集光散射图像,取得可以表征体系相结构的结构参数。

图 9.83　挤出-光散射在线采集与分析系统

9.3.2.1　光散射在线分析

可视化双螺杆挤出机-光散射在线采集与分析系统的窗口由研究需要和螺杆

长度决定。陈云[126,92]的研究采用了螺杆长径比为 33：1，由三个视窗和相应的三个取样口组成可视化在线采集系统。以加料口为基准，视窗和取样口的位置分别是 $s_1 = 38\text{cm}$、$s_2 = 54.5\text{cm}$ 和 $s_3 = 70\text{cm}$。

　　图 9.84 给出的是由 $s_3 = 70\text{cm}$（第三个视窗）的 PE/PA1010 体系不同时间的背散射图像。在挤出混炼过程中混炼条件，如混炼温度、螺杆转速对混炼效果有很大的影响。螺杆的螺纹结构同样对研究体系的混炼效果有很大的影响。密炼机混炼过程中，共混物相结构的变化与混时间有关。而挤出混炼过程中，相结构的变化与物料在挤出机内的行程有关。即在不同的螺杆位置，共混物相结构是不同的，同一位置螺杆螺纹结构不同，所得结果也不同。

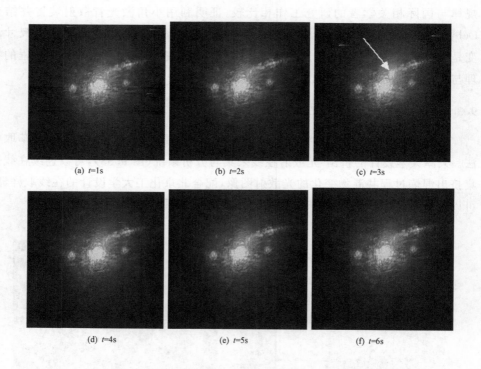

(a) $t=1\text{s}$　　　　　　(b) $t=2\text{s}$　　　　　　(c) $t=3\text{s}$

(d) $t=4\text{s}$　　　　　　(e) $t=5\text{s}$　　　　　　(f) $t=6\text{s}$

图 9.84　PE/PA1010 体系不同时间的光散射图
捏合盘螺纹元件螺杆组合，$s = 70\text{cm}$，$n = 30\text{r/min}$

　　为了考察共混过程的稳定性，采集了同一视窗不同时间的光散射图样。该研究定义散射光斑的积分强度：散射光斑的积分强度为散射图像中包含大部分散射光斑区域内的所有光强的线性叠加。在实验中，对于一个固定的转速和固定的位置，录制了 10s 的散射图像，从这 10s 的图像中，取 6 幅图像（间隔 1s），对每幅图像取相同大小的区域，计算散射光斑积分强度并做归一化处理。散射光斑积分强度随时间的变化如图 9.85～图 9.87 所示。

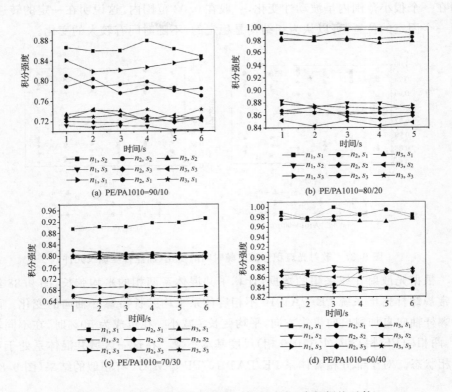

图 9.85　散射光斑积分强度随时间的变化(常规螺纹元件)

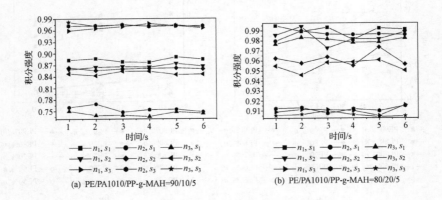

图 9.86　散射光斑积分强度随时间的变化(常规螺纹元件,增容体系)

图中 n 表示转速,$n_1=40\text{r/min}$,$n_2=35\text{r/min}$,$n_3=30\text{r/min}$;s 表示轴向距离,$s_1=38\text{cm}$,$s_2=54.5\text{cm}$,$s_3=70\text{cm}$(下同)。从图 9.86 中可以看出,不论是常规螺纹

元件还是捏合盘螺纹元件,加相容剂或不加相容剂体系,积分强度基本上都是随时间在一个很小范围内呈波动性变化,一般在 0.03 范围内。这说明在一定的转速下,对一个固定的位置,可以认为相结构是稳定的,不随时间有较大的变化。

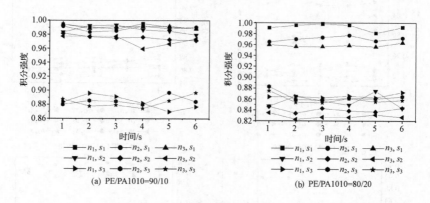

(a) PE/PA1010=90/10

(b) PE/PA1010=80/20

图 9.87　散射光斑积分强度随时间的变化(加捏合盘螺纹元件)

　　根据光散射在线采集的数据,计算了共混体系两相的平均弦长,图 9.88 给出了常规螺杆挤出系统 PE/PA1010 不相容体系平均弦长沿螺杆轴向的变化。两相沿螺杆轴向自加料口向机头方向,平均弦长 $\bar{l}$ 减小。在组成为 50% 时,在不同转速下,两相 $\bar{l}_1$(PE 相)和 $\bar{l}_2$(PA1010 相)尺度基本不变。在这一区域共混体系处于双连续相状态。对于部分相容体系 PE/PA1010/PP-g-MAH 有相似的结果(图 9.89)。

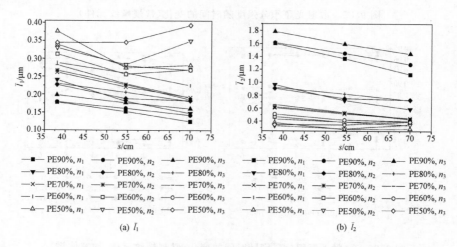

(a) $\bar{l}_1$

(b) $\bar{l}_2$

图 9.88　平均弦长 $\bar{l}$ 随轴向距离的变化(常规螺纹元件、不相容体系)

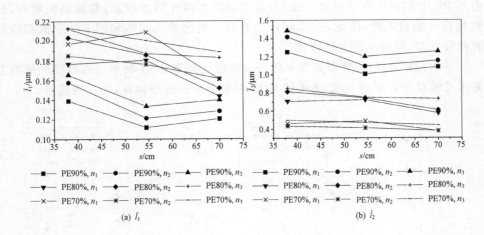

(a) $\bar{l}_1$　　　　　　　　　　(b) $\bar{l}_2$

图 9.89　平均弦长 $\bar{l}$ 随轴向距离的变化（常规螺纹元件、增容体系）

9.3.2.2　在线采样图像分析

1. 常规结构螺杆

（1）非相容体系 PE/PA1010。在双螺杆挤出机中进行聚合物共混除加工条件外，还涉及螺杆结构。同样的加工条件、同一体系、不同螺杆结构可以得到不同相结构的共混物。

图 9.90 分别是转速 $n = 40\text{r/min}$，螺杆轴向不同位置（即加料口算起），PE/PA1010＝90/10 体系的 SEM 照片和分散相粒径分布图（常规螺杆、非相容体系）。

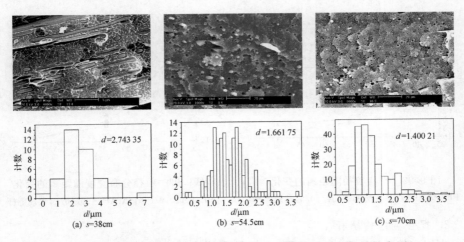

(a) s＝38cm　　　　(b) s＝54.5cm　　　　(c) s＝70cm

图 9.90　不同轴向距离在线取样 SEM 照片及分散相粒径分布图

PE/PA1010＝90/10，n＝40r/min

由于 PE/PA1010 是不相容体系,两者之间的界面作用力较差,共混物脆断时,分散相有可能被拔出,因此 SEM 照片上看到的突出的类球体和凹下的孔洞都应被看作分散相,周围介质为连续相。

平均粒径 d、粒径分布宽度 σ 随距离的变化如图 9.91 所示。以粒径的标准方差来反映粒径分布的宽度,方差值越大,粒径分粒径分布越宽,均一性越差。

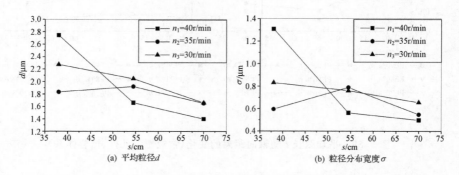

(a) 平均粒径d (b) 粒径分布宽度σ

图 9.91   分散相平均粒径和粒径分布宽度随螺杆轴向距离的变化
PE/PA1010=90/10,常规螺杆,非相容体系

(2) 部分相容体系 PE/PA1010/PP-g-MAH。图 9.92 和图 9.93 是在转速 n 一定时,PE/PA1010/PP-g-MAH=90/10/5 体系不同螺杆轴向距离(与加料口的距离)的分散相平均粒径和分散相粒径分布图(常规螺纹元件,加入 5% 的相容剂)。可以看出,增容体系在离开挤出机出口前,分散相粒径小于部分增容体系,粒径分布宽度很小,体系分布均匀。

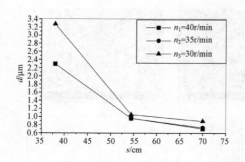   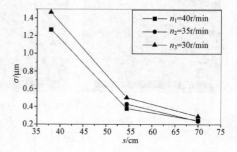

图 9.92   平均粒径随距离的变化   图 9.93   粒径分布宽度随距离的变化
PE/PA1010/PP-g-MAH=90/10/5,常规螺杆   PE/PA1010/PP-g-MAH=90/10/5,常规螺杆

2. 捏合盘结构螺杆

非相容体系 PE/PA1010。图 9.94 是在转速 n 一定时,PE/PA1010=90/10 体系不同螺杆轴向距离(与加料口的距离)的 SEM 照片和分散相粒径分布图(捏合

盘元件螺杆组合）。

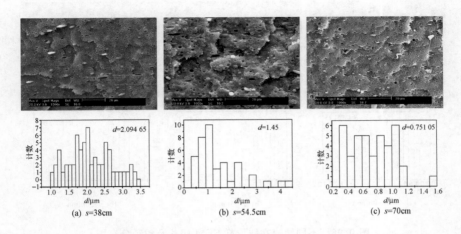

图 9.94　不同轴向距离在线取样 SEM 照片及分散相粒径分布图

PE/PA1010＝90/10,n＝35r/min,捏合盘元件螺杆组合

捏合盘元件螺杆组合下的相形态演化与常规螺杆下的相似,也符合共混初期形态演化模式:聚集块→带状结构→球状粒子。这说明多相聚合物在双螺杆挤出过程中的相形态演化基本规律不随着螺杆构型的改变而改变。

平均粒径随距离的变化、粒径分布宽度如图 9.95 所示。

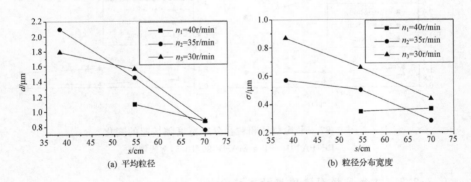

图 9.95　平均粒径和粒径分布宽度随距离的变化

PE/PA1010＝90/10,捏合盘元件螺杆组合

图 9.96 是 PE/PA1010/PP-g-MAH＝90/10/5 体系不同转速的 SEM 照片和分散相粒径分布图（常规螺纹元件,加入 5％的相容剂）。

平均粒径、粒径分布宽度随转速的变化如图 9.97 所示。可以看出,增容体系平均粒径、粒径分布宽度变化规律和非增容体系的变化是一致,即转速越大,颗粒

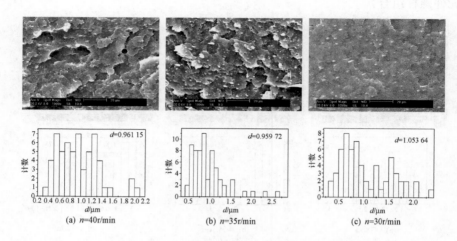

(a) n=40r/min　　　　(b) n=35r/min　　　　(c) n=30r/min

图 9.96　不同转速在线取样 SEM 照片及粒径分布图

PE/PA1010/PP-g-MAH＝90/10/5，s＝54.5cm，常规螺杆

尺寸越小，分布宽度越窄，分布越均匀。同时说明，不论是否加入相容剂，螺杆转速对共混效果的影响是一样的。

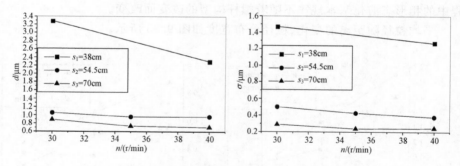

图 9.97　平均粒径和粒径分布宽度随转速的变化

PE/PA1010/PP-g-MAH＝90/10/5，常规螺杆

9.3.2.3　在线采样图像傅里叶变换分析

对 PE/PA＝90/10 体系（常规螺杆、转速为 35r/min）的 SEM 照片进行二维傅里叶变换，并与实际光散射图比较如图 9.98 所示。

图 9.98 中（A）为电镜照片，（B）为由电镜照片经过二维傅里叶变换得到的图像，（C）为对应的 SALS 图像。可以看出，二维傅里叶变换得到的图像与实验得到的 SALS 图是一致的。实际光散射图的散射光斑的两侧有两个小光斑，这是毛玻璃的反射光斑，对计算没有影响。由二维傅里叶变换得到的图像没有此现象，这也是

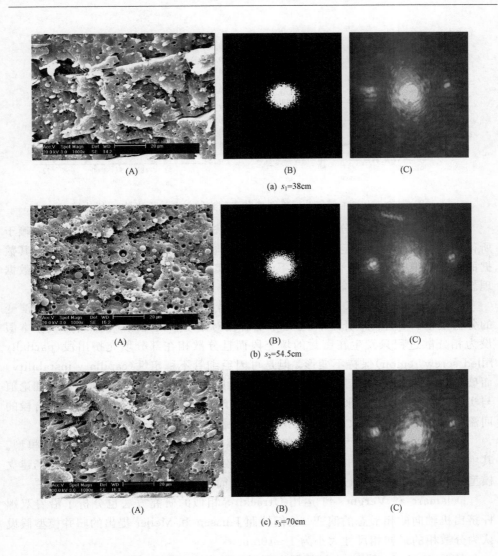

(a) $s_1=38\text{cm}$

(b) $s_2=54.5\text{cm}$

(c) $s_3=70\text{cm}$

图 9.98　SEM 照片、二维傅里叶变换图像和 SALS 图像

二维傅里叶变换图像的优点，没有光散射实验中杂散光的影响。

　　需要指出的是，二维傅里叶变换得到的图样是黑白两色的二值化图像，而实际的小角激光散射图像是灰度图像。二维傅里叶变换得到图样的白色的不同疏密程度即代表了小角激光散射图像的不同灰度。

　　由二维傅里叶变换得到图样可以算出 a_{c2} 和 a_{c1} 值。在线采集的 SALS 图和二维傅里叶变换得到图像分别算出的 a_{c2} 和 a_{c1} 值如图 9.99 所示。两种方法得到的数据是一致的。

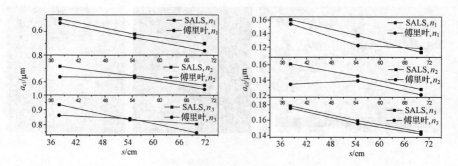

图 9.99　由二维傅里叶变换图像和实验光散射图计算出的 a_c 值比较

由于傅里叶变换该分析方法是对实空间图像直接进行分析,故其强烈依赖于所得到图像的质量。一定要注意所选图像必须具有代表性,要清晰分明,否则其数据的有效性很难保证。在普遍情况下,光散射实验数据要比二维傅里叶变换的数据理想。这也是光散射实验的优点。

Huneault 等[127]寻求基于同向双螺杆挤出机对非牛顿流体建立了相形态演变的分析模型。在他们的研究中,考虑了啮合段对流动和归并效应的影响。其基本假设为相分散过程只发生在密封的填充段而且分散相在部分填充挤出段(partially filled screw region)保持不变形,但是可因毛细管不稳定性(capillary instability)而破碎。Huneault 等寻求将归并效应与经验归并速率一起考虑。他们认为理论值与实验值十分一致。近来,Huneault 等[128]将流动过程中的破碎影响与在捏合段的回流一起考虑,进一步改善了他们的早期的模型。

Janssen 和 Meijer[129]提出了在同向双螺杆挤出机的理想化的两段混合模型。其中涉及了交替强段和弱段。在"强段"具有较高的变形速率,并基于拉伸流场建立模型;在"弱段"是挤出机的静止区域,并基于简单剪切场建立模型。

Delamare 和 Vergnes[130]运用 Utracki 等相似的研究方法也分析了沿着双螺杆挤出机轴向的相形态的演变。他们按照 Janssen 和 Meijer 提出的归并模型假设认为分散相的最初相尺寸大小为 $1\sim10\mathrm{mm}$。

最近,De Loor 等[131]也计算研究了反应共混沿着双螺杆挤出机轴向的相形态的演变,他们使用了一种非常简单的相形态计算方法,与实验结果十分吻合。

Shi 和 Utracki[109]提出了一个用于描述双螺杆挤出机中聚合物共混物形态演变的基本模型。它建立在熔融之后和模口之前这段区间内的剪切流动基础上,而没有考虑分散相间的聚集。该模型主要考虑了液滴成纤和随后的破裂。在后来的研究中,Huneault 等[128]提出了一个包括液滴分裂以及成纤的改进模型。当毛细管数大于 $4Ca_{\mathrm{crit}}$ 时,液滴成纤并解离为更细小液滴被认为是混合初始阶段的主要机理。当毛细管数低于 $4Ca_{\mathrm{crit}}$ 时,认为是以液滴分裂机理为主。而当毛细管数低于 Ca_{crit} 时,则认为液滴的分散停止。作者用粒子间聚集速率经验方程描述了聚集过程,发现形态的发展主要发生在物料填充的螺杆区间。在其他一些研究中[34]也观察到,PE-PS 共混物中形态的演变对挤出机的输出速率或螺杆转速不十分敏感。后来的研究也表明,尽管混合区的结构发生很大的变化,得到的液滴直径仍然差不多。这项研究的一些实验结果与其对相应模型的十分吻合。如图 9.100 所示。Delamare 和 Vergnes[130]提出了一个类似的理论模型,但是基于不同的假设,该模型可用来描述在双螺杆挤出机中熔融态下聚合物共混物形态的演变。

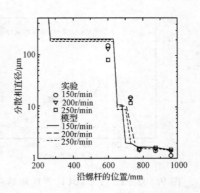

图 9.100　PE/PS 共混物中颗粒直径分布情况(点为实验值,线为计算值)

尹波等[132]研究了聚碳酸酯/聚乙烯(PC/PE)共混物在双螺杆挤出初期过程中的形态演变规律。用 SEM 观察螺杆轴向不同位置的共混物分散相形态,分析了混合初期 PC 分散相形态的演变规律;建立了 PC 分散相在软化变形条件下,由颗粒状变化为片状、纤维状结构并最终破碎松弛为球形粒子的模型,如图 9.101 所示。讨论了混合初期螺杆构型对 PC 分散相形态的影响,发现增加捏合块数量能降低混合初期分散相的平均粒径及其分布。

颗粒　　　　　　颗粒或条带　　　　条带或纤丝　　　　纤丝断裂　　　　球形微粒

图 9.101　相分散初期阶段 PC 分散相相形态演变示意图

9.3.2.4　聚合物共混体系原位增容的在线分析

1. 光散射在线分析

盛京,李景庆[133~135]研究了路易斯酸-AlCl₃ 催化 PP/PS 体系原位烷基化,使之形成聚合物合金。应用光散射在线采集与分析方法观察合金的形成过程,计算了PP/PS 体系相间过渡层的形成,以确定无水 AlCl₃ 催化 PP/PS 体系原位增容的效果。各加工参数对界面层厚度的影响如图 9.102～图 9.105 所示。

2. 在线取样图像分析

王亚[136]应用反应挤出方法研究了 PP/PS/AlCl₃ 原位合金化,应用在线采样得到的挤出机不同位置的共混体系的 SEM 照片,见图 9.106。PP/PS 体系和 PP/PS/AlCl₃ 体系的相尺寸见图 9.107。可以看出原位增容的 PP/PS/AlCl₃ 体系的相尺寸要小于 PP/PS 非相容体系。王亚还进行了 PP/PS/AlCl₃ 体系中添加少量苯乙烯单体的研究,得到的结果与 PP/PS/AlCl₃ 体系一致。

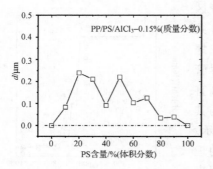

图 9.102　PP/PS/AlCl₃ 界面层厚度 d
对合金组成的依赖性

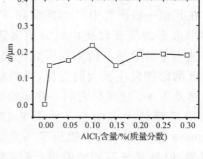

图 9.103　PP80/PS20/AlCl₃ 界面层厚度 d
对无水 AlCl₃ 用量的依赖性

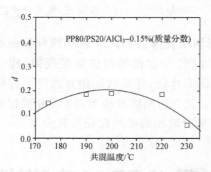

图 9.104　PP80/PS20/AlCl₃ 界面层厚度 d
对共混温度的依赖性

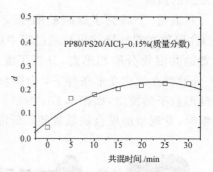

图 9.105　PP/PS/AlCl₃ 界面层厚度 d
对共混时间的依赖性

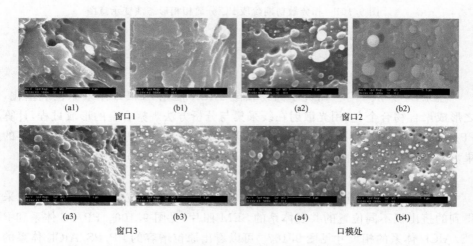

图 9.106　PP/PS/AlCl₃ 体系的 SEM 照片（螺杆长径比 56∶1）
(a1)～(a4) PP/PS/AlCl₃＝80/20/0；(b1)～(b4) PP/PS/AlCl₃＝80/20/0.3

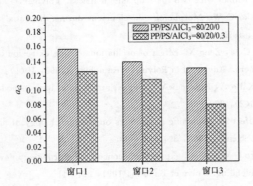

图 9.107　不同采集位置(窗口 1,2,3)分散相的尺寸

参 考 文 献

[1]　Paul D R, Bucknall C B. Polymer Blends. New York: John Wiley & Sons, 2000

[2]　马里诺·赞索斯. 反应挤出——原理与实践. 北京:化学工业出版社,1999

[3]　Miles I S. Preparation, structure, and properties of two-phase co-continuous polymer blends. Polymer Engineering & Science, 1988, 28: 796~805

[4]　Kim J K, Lee S H, Paglicawan M A, et al.. Effects of extruder parameters and compositions on mechanical properties and morphology of maleic anhydride grafted polypropylene/waste tire blends. Polymer-Plastics Technology and Engineering, 2007, 46 (1): 19~29

[5]　Endoh M K, Takenaka M, Hashimoto T. Effects of shear flow on a semidilute polymer solution under phase-separating condition. Polymer, 2006, 47 (20): 7271~7281

[6]　Du M L, Guo B C, Jia D M. Effects of thermal and UV-induced grafting of bismaleimide on mechanical performance of reclaimed rubber/natural rubber blends. Journal of Polymer Research, 2005, 12 (6): 473

[7]　Kim J W, Yoo J E, Kim C K. Phase behavior of ternary blends containing dimethylpolycarbonate, tetramethylpolycarbonate and poly[styrene-co-(methyl methacrylate)] copolymers (or polystyrene). Polymer International, 2005, 54 (1): 130

[8]　Yang X D, Zhu Y T, Jiang W. Online study of the formation of PA6 droplets in PP matrix under shear flow. Journal of Applied Polymer Science, 2007, 104: 2690~2695

[9]　Mélo T J A, Canevarolo S V. In-line optical detection in the transient state of extrusion polymer blending and reactive processing. Polymer Engineering & Science, 2005, 45(1): 11~19

[10]　Schreiber H P, Olguin A. Aspects of dispersion and flow in thermoplastic-elastomer blends. Polymer Engineering & Science, 1983, 23:129~134

[11]　Plochocki A P, Dagli S S, Andrews R D. The interface in binary mixtures of polymers containing a corresponding block copolymer: Effects of industrial mixing processes and of coalescence. Polymer Engineering & Science, 1990, 30: 741~752

[12]　Scott C E, Macosko C W. Morphology development during reactive and non-reactive blending of an

ethylene-propylene rubber with two thermoplastic matrices. Polymer, 1994, 35: 5422~5433

[13] Scott C E, Macosko C W. Morphology development during the initial stages of polymer-polymer blending. Polymer, 1995, 36, 461~470

[14] Isayev A I, Wang C M, Zeng X. Effect of oscillations during extrusion on rheology and mechanical properties of polymers. Advanced in Polymer Technology, 1990, 10(1): 31~45

[15] Karger-Koscis J, Kallo A, Kuleznev V N. Phase structure of impact-modified polypropylene blends. Polymer, 1984, 25(2), 279~286

[16] Favis B D. The effect of processing parameters on the morphology of an immiscible binary blend. Journal of Applied Science, 1990, 39, 285~300

[17] Scott C E, Macosko C W. Model experiments concerning morphology development during the initial stages of polymer blending. Polymer Bulletin, 1991, 26: 341

[18] Sundararaj U, Macosko C W, Nakayama A, Inoue T. Milligrams to kilograms: An evaluation of mixers for reactive polymer blending. Polymer Engineering &. Science, 1995, 35(1), 100~114

[19] Lindt J T, Ghosh A K. Fluid mechanics of the formation of polymer blends. Part I: Formation of lamellar structures. Polymer Engineering &. Science, 1992, 32, 1802~1813

[20] Elemans P H M, Bos H L, Janssen J M H. Transient phenomena in dispersive mixing. Chemical Engineering Science, 1993, 48(2):267~276

[21] Sundararaj U, Macosko C W, Rolando R W. Model filled polymers. XIII: Mixing and time-dependent rheological behavior of polymer melts containing crosslinked polymeric particles. Polymer Engineering &. Science, 1992;32;1814~1425

[22] Scott C E, Macosko C W. Morphology development during the initial stages of polymer-polymer blending. Polymer, 1995, 36 (3):461~470

[23] Sundararaj U, Macosko C W, Rolando R J, Chan H T. Morphology development in polymer blends. Polymer Engineering &. Science, 1992, 32 (24): 1814~1823

[24] Lindt H T, Ghosh A K. Fluid mechanics of the formation of polymer blends. Part I: Formation of lamellar structures. Polymer Engineering &. Science, 1992, 32 (24): 1802~1813

[25] Yang X D, Zhu Y T, Jiang W. Online study of the formation of PA6 droplets in PP matrix under shear flow. Journal of Applied Polymer Science, 2007, 104 (4): 2690~2695

[26] Coates P D, Barnes S E, Sibley M G, et al. In-process vibrational spectroscopy and ultrasound measurements in polymer melt extrusion. Polymer, 2003, 44 (19): 5937~5949

[27] Schlatter G, Serra C, M. Bouquey M, et al. Online light scattering measurements: A method to assess morphology development of polymer blends in a twin-screw extruder. Polymer Engineering &. Science, 2002, 42 (10): 1965~1975

[28] Pal K, Rastogi J N. Development of halogen-free flame-retardant thermoplastic elastomer polymer blend. Journal of Applied Polymer Science, 2004, 94(2): 407~415

[29] Leukel J, Weis C, Friedrich C, Gronski W. Polymer communications: On-line morphology measurement during the extrusion of polymer blends. Polymer, 1998, 39: 6665~6667

[30] Schlatter G, Serra C, Bouquey M, Muller R. Online light scattering measurements: A method to assess morphology development of polymer blends in a twin-screw extruder. Polymer Engineering &. Science, 2002, 42: 1965~1968

[31] Zhou J M, Sheng J. Small angle light backscattering of polymer blends: 1. Multiple scattering,

Polymer，1997，38：3727～3731

[32] 周家敏. 多祖分多相聚合物工混过程在线分析：[天津大学博士学位论文]，天津大学，1996

[33] Galloeway J A. Image analysis for interfacial area and cocontinuity detection in polymer blends. Polymer，2002，43：4715～4722

[34] Li J. Miscibility and crystallisation of polypropylene-linear low density polyethylene blends. Polymer，2001，42：1941～1951

[35] Akemi N. Process and mechanism of phase separation in polymer mixtures with a thermotropic liquid crystalline copolyester as one component. Macromolecules，1996，29：5990～6001

[36] Charoensirisomboon P，Inoue T，et al. Morphology of compatibilized polymer blends in terms of particle size-asphericity map. Polymer，2000，41：7033～7042

[37] 杨玉良，邱枫，张红东等. 高分子复杂流体中的图样生成与选择. 自然科学进展，1989，8：520～527

[38] 张丁浩，盛京. 高分子共混物分散相尺寸和形状的表征. 化学工业与工程，2002，2：141～146

[39] Heywood H. Transactions of the Institution of Mining and Metallurgy，1946，55：391

[40] Walton W H. Ferets statistical diameter as a diameter as a measure of particle size. Nature，1948，162：329～330

[41] Hausner H H. Characterization of the powder particle shape. Planseeber Pulvermetall，1966，14(2)：75～84

[42] Church T. Problems associated with the use of the ratio of Martin's diameter to Feret's diameter as a profile shape factor. Powder Technology，1968，2(1)：27～31

[43] 张丁浩. 聚丙烯/尼龙 1010 体系共混过程中的在线分析及其结构与性能研究：[天津大学硕士论文]. 天津大学，2001

[44] Favis B D，Chalifoux J P. Influence of composition on the morphology of polypropylene/polycarbonate blends. Polymer，1988，29：1761～1967

[45] Willemse R C，Speijer A，Langeraar A E，et al. Tensile moduli of co-continuous polymer blends. Polymer，1999，40：6645～6650

[46] 马桂秋. 聚丙烯/顺丁橡胶合金中结晶相的形态结构与结晶行为：[天津大学博士学位论文]. 天津大学，2003

[47] Paul D R，Barlow J W. Polymer blends. Journal Macromolecules Science，Reviews Macromolecules Chemistry，1980，C18：109～168

[48] Avgeropoulos G N，Weissert F C，Biddison P H，Böhm G C A. Rubber Chemistry and Technology，1976，49：93

[49] Utracki L A. Polymer Alloys and Blends，New York：Hanser Publishers，1989

[50] Bourry D，Favis B D. Cocontinuity and phase inversion in HDPE/PS blends：Influence of interfacial modification and elasticity. Journal of Polymer Science，Part B，Polymer Physics，1998，36：1889～1899

[51] Bouilloux A，Ernst B，Lobbrecht A，Muller R. Rheological and morphological study of the phase inversion in reactive polymer blends. Polymer，1997，38：4775～4783

[52] Mekhilef N，Verhoogt H. Phase inversion and dual-phase continuity in polymer blends：theoretical predictions and experimental results. Polymer，1996，37：4069～4077

[53] De Roover B，Devaux J，Legras R. PAmXD，6/PP-g-MA blend. II. Rheology and phase inversion location. Journal of Polymer Science，Part A，Polymer Chemistry，1997，35：917～925

［54］ Mekhilef N, Favis B D, Carreau P J. Morphological stability, interfacial tension, and dual-phase continuity in polystyrene-polyethylene blends. Journal of Polymer Science, Part B, Polymer Physics, 1997, 35: 293~308

［55］ Metelkin V I, Blekht V S. Colloid J. of the USSR, 1984, 46: 425. Translated from Kolloid Zh., 1984, 46: 476

［56］ Utracki L A. On the viscosity-concentration dependence of immiscible polymer blends. Journal of Rheology, 1991, 35: 1615~1637

［57］ 左榘. 激光散射原理及在高分子科学中的应用, 郑州: 河南科学技术出版社, 1994, 8

［58］ 斯坦讲授. 徐懋等译. 散射和双折射方法在高聚物研究中的应用, 1983. 北京: 科学出版社, 1983

［59］ Bauer R G, Pillai P S. In Toughness and brittleness of plastics; Deanin R D, Crugnola A M, Eds. ACS Advances in Chemistry Series 154, Washington D. C.: American Chemical Society, 1979, 284

［60］ 茂木正彦, 河合弘迪. 纤维と工业. 1970, 3(12): 86~91

［61］ Khambatta F B, Warner F, Russell T, Stein R S. Small-angle x-ray and light scattering studies of the morphology of blends of poly (ε-caprolactone) with poly (vinvl chloride). Journal of Polymer Science, Polymer Physics Edition, 1976, 14, 1391~1424

［62］ Debye P, Bueche A N. Scattering by an inhomogeneous solid. Journal of Applied Physics, 1949, 20, 518~525

［63］ Glatter O, Kratky O. Small Angle X-ray Scatter. London: Acadeic Press Inc LTD, 1983, 43

［64］ Glatter O, Kratky O. Small Angle X-ray Scatter. London: Acadeic Press Inc LTD, 1983, 155

［65］ Glatter O, Kratky O. Small Angle X-ray Scatter. London: Acadeic Press Inc LTD, 1983, 153

［66］ Guinier A, Fournet G. Small Angle X-ray Scatter. New York: John Wiley & Sons Inc LTD, 1955, 18

［67］ Van de Hulst H C. Light Scattering by Small Particles. New York: John Wiley, 1957

［68］ 陈云, 盛京, 沈宁祥. 小角光散射在线系统研究多相聚合物双螺杆挤出过程中的相尺寸——非相容 PE/PA1010 体系. 高分子学报, 2004, (2): 282~287

［69］ 马桂秋. 聚丙烯/顺丁橡胶合金中结晶相的态形结构与结晶行为: [天津大学博士学位论文]. 天津大学, 2005

［70］ 孙仲康. 快速傅里叶变换及其应用. 北京: 人民邮电出版社, 1982

［71］ 威佛 H J. 离散和连续傅里叶分析理论. 北京: 北京邮电学院出版社, 1991

［72］ Tanaka H, Hayashi T, Nishi T. Application of digital image analysis to pattern formation in polymer systems. Journal of Applied Physics, 1986; 59; 3627~3643

［73］ Alexander E, Hashimoto T. Morphology determination of novel polysulfone-polyamide block copolymers using element spectroscopic imaging in the transmission electron microscopy. Macromolecules, 2000, 33: 2786~89

［74］ Alexander E, Hashimoto T. Element spectroscopic imaging of poly (2-vinylpyridine)-*block*-polyisoprene microdomains containing palladium nanoparticles. Macromolecules, 2001, 34: 8239~8245

［75］ Wang W, Shiwaku T, Hashimoto T. Phase separation dynamics and pattern formation in thin films of a liquid crystalline copolyester in its biphasic region. Macromolecules, 2003, 36: 8088~8096

［76］ 张剑文, 张红东, 严栋, 陈之灏, 杨玉良. 数字化图像测量分析技术——2DFT 方法及其应用. 高等学校化学学报, 1997, 18: 1869~1874

[77]　Endoh M K，Takenaka M，Hashimoto T. Effects of shear flow on a semidilute polymer solution under phase-separating condition. Polymer，2006，47 (20)：7271～7281

[78]　Du M L，Guo B C，Jia D M. Effects of thermal and UV-induced grafting of bismaleimide on mechanical performance of reclaimed rubber/natural rubber blends. Journal of Polymer Research，2005，12 (6)：473～482

[79]　Kim J W，Yoo J E，Kim C K. Phase behavior of ternary blends containing dimethylpolycarbonate，tetramethylpolycarbonate and poly[styrene-co-(methyl methacrylate)] copolymers (or polystyrene). Polymer International，2005，54 (1)：130～136

[80]　Favis B D，The effect of processing parameters on the morphology of an immiscible binary blend. Journal of Applied Polymer Science，1990，39 (2)：285～300

[81]　Yu L，Dean K，Li L. Polymer blends and composites from renewable resources. Progress in Polymer Science，2006，31 (6)：576～602

[82]　Goossens S，Groeninckx G，Mutual influence between reaction-induced phase separation and isothermal crystallization in POM/epoxy resin blends. Macromolecules，2006，39 (23)：8049～8059

[83]　Ruegg M L，Newstein M C，Balsara N P，et al. Small-angle neutron scattering from nonuniformly labeled block copolymers. Macromolecules，2004，37 (5)：1960～1968

[84]　Peng M，Li D S，Chen Y，et al. Effect of an organoclay on the reaction-induced phase-separation kinetics and morphology of a poly(ether imide)/epoxy mixture. Journal of Applied Polymer Science，2007，104 (2)：1205～1214

[85]　Merfeld G D，Paul D R，Light scattering characterization of tetramethyl polycarbonate blends with polystyrene and with styrene-pentabromobenzyl acrylate copolymers. Polymer，2000，41 (2)：649～661

[86]　Hashimoto T. Late stage spinodal decomposition of a binary polymer mixture. II. Scaling analyses on $Qm(\tau)$ and $Im(\tau)$. Journal of Chemical Physics，1986，85(11)，6773～6786

[87]　Hobbie E K，Migler K B，Han C C，Amis E J，Light scattering and optical microscopy as in-line probes of polymer blend extrusion. Advanced Polymer Technology，1998，17(4)：307～316

[88]　Yao W G，Jia Y X，An L J，Li B Y，Elongational properties of biaxially oriented polypropylenes with different processing properties. Polymer-Plastics Technology and Engineering，2005，44(3)：447～462

[89]　Shih C K，Mixing and morphological transformations in the compounding process for polymer blends：The phase inversion mechanism. Polymer Engineering and Science，1995，35：1688～1692

[90]　马桂秋，原续波，盛京. 光散射研究聚丙烯/橡胶合金相结构及其结晶特征. 高分子学报，2002，(1)：63～67

[91]　张丁浩，盛京，沈宁祥. 光散射在聚合物共混过程中形态发展研究的应用. 光散射学报，2003，(2)：37～40

[92]　陈云，盛京，沈宁祥. 聚合物双螺杆挤出过程中的相尺寸——非相容 PE/PA1010 体系. 高分子学报，2004，(2)：282～287

[93]　Utracki L A，Shi Z H. Conformational changes in a polyethylene model under tension and compression. Polymer Engineering and Science，1992，32(24)：1824

[94]　Einstein A，Eine neue bestimmung der moleküldimensionen. Annalen der Physik，1906，324：289～306

［95］　Oldroyd J G. Proceeding of the Royal Society，London，1955，A18：41

［96］　张洪斌，周持兴. 流场中高分子共混物分散相的形态变化. 高分子材料科学与工程，1999，15(4)：4～7

［97］　Cox R G. The deformation of a drop in a general time-dependent fluid flow. Journal of Fluid Mechanics，1969，37(3)：601～623

［98］　Rumscheidt F D，Mason S G. Particle motions in sheared suspensions XII. Deformation and burst of fluid drops in shear and hyperbolic flow. Journal of Colloid Science，1961，16，238

［99］　Karam H J，Bellinger J C. Deformation and Breakup of Liquid Droplets in a Simple Shear Field，Industrial and Engineering Chemistry Fundamentals，1968，7，576～581

［100］　Elmendrop J J. A study on polymer blending microrheology. Polymer Engineering and Science，1986，26(6)：418～426

［101］　Elmendrop J J，Maalcke R J，A study on polymer blending microrheology：Part 1，Polymer Engineering and Science，1985，25(16)：1041～1047

［102］　Flumerfelt R W. Drop breakup in simple shear fields of viscoelastic fluids. Industrial & Engineering Chemistry Fundamentals，1972，11，312

［103］　Vanoene H. Modes of dispersion of viscoelastic fluids in flow. Journal of Colloid Interface Science，1972，40(3)：448～467

［104］　Tokita N. Analysis of Morphology Formation in Elastomer Blends. Rubber Chem Technol. ，1977，50(2)：292～300

［105］　Cartier H，Hu G H. Morphology development of in situ compatibilized semicrystalline polymer blends in a co-rotating twin-screw extruder. Polymer Engineering and Science，1999，39(6)：996～1013

［106］　Fortelny I. Breakup and coalescence of dispersed droplets in compatibilized polymer blends. Journal of Macromolecular Science，Part B，Physics，2000，B39(1)：67～78

［107］　Delamare L，Vergnes B. Computation of the morphological changes of a polymer blend along a twin-screw extruder. Polymer Engineering and Science，1996，36(12)：1685～1693

［108］　Wu S. Formation of dispersed phase in incompatible polymer blends：Interfacial and rheological effects. Polymer Engineering and Science，1987，27(5)：335～343

［109］　Shi Z H，Utracki L A. Development of polymer blend morphology during compounding in a twin-screw extruder. Part II：Theoretical derivations. Polymer Engineering and Science，1992，32(24)：1834～1845

［110］　Ghodgaonkar P G，Sundararaj U. Prediction of dispersed phase drop diameter in polymer blends：The Effect of Elasticity. Polymer Engineering and Science，1996，36(12)：1656～1665

［111］　Rumscheidt F D，Mason S G. Particle motions in sheared suspensions XII. Deformation and burst of fluid drops in shear and hyperbolic flow. Journal of Colloid Science，1961，16，238

［112］　Rayleigh J W S. Proc. London Math. Soc. ，1879，10，4

［113］　Tomotika S. Proc. Royal. Soc. ，London. ，1935，A150，322

［114］　Stone H A，Bentley B J，Leal L G，An experimental study of transient effects in the breakup of viscous drops. Journal of Fluid Mechanics，1986，173，131～158

［115］　Scholz P，Froelich D，Muller R. Viscoelastic Properties and Morphology of Two-Phase Polypropylene/Polyamide 6 Blends in the Melt. Interpretation of Results with an Emulsion Model. Journal of Rheology，1989，33，481

［116］　Palierne J F. Linear rheology of viscoelastic emulsions with interfacial tension. Rheol Acta. ，1990，29，204～214

[117] Lee H M, Park O O. Rheology and dynamics of immiscible polymer blends. Journal of Rheology, 1994, 38, 1405~1425

[118] Lindt J T, Ghosh A K. Fluid mechanics of the formation of polymer blends. Part I: Formation of lamellar structures. Polymer Engineering and Science, 1992, 32: 1802~1813

[119] Lindt J T, Ghosh A K. Polymer Engineering and Science, 1992, 32: 1802

[120] 杨宇平. 聚丙烯/顺丁橡胶共混物相结构形成演变及其分散动力学研究:[天津大学博士学位论文]. 天津大学, 2006

[121] Schreiber H P, Ologuin A. Aspects of dispersion and flow in thermoplastic-elastomer blends. Polymer Engineering and Science, 1983, 23:129~134

[122] 蔡志江. 多相聚合物体系熔体动态过程中的相结构及在线分析-聚苯乙烯/顺丁橡胶(非相容及部分相容)共混的相结构及在线分析:[天津大学硕士学位论文]. 天津大学, 1999

[123] 李云岩. 多相聚合物相结构的形成与演变——PS/PP 合金相结构及其演变特征:[天津大学硕士学位论文]. 天津大学, 2005

[124] 张丁浩. 聚丙烯/尼龙 1010 体系共混过程中的在线分析及其结构与性能研究:[天津大学博士学位论文]. 天津大学, 2001

[125] Li H, Hu G H. The early stage of the morphology development of immiscible polymer blends during melt blending: Compatibilized vs. uncompatibilized blends. Journal of Polymer Science, Part B, Polymer Physics, 2001, 39:601~610

[126] 陈云. 聚乙烯/尼龙 1010 体系双螺杆挤出过程中的在线分析及相结构研究:[天津大学硕士学位论文]. 天津大学, 2002

[127] Huneault M A, Shi Z H, Utracki L A. Development of polymer blend morphology during compounding in a twin-screw extruder. Part IV: A new computational model with coalescence. Polymer Engineering and Science, 1995, 35: 115~127

[128] Huneault M A, Champagne M F, Luciani A. Polymer blend mixing and dispersion in the kneading section of a twin-screw extruder. Polymer Engineering and Science, 1996, 36: 1694~1706

[129] Janssen J M H, Meijer H E H. Dynamics of liquid-liquid mixing: A 2-zone model. Polymer Engineering and Science, 1995, 35: 1766~1780

[130] Delamare L, Vergnes B. Computation of the morphological changes of a polymer blend along a twin-screw extruder. Polymer Engineering and Science, 1996, 36: 1685~1693

[131] De Loor A, Cassagnau P, Michel A, Delamare L, Vergnes B. Reactive blending in a twin screw extruder. International Polymer Processing, 1996, 11, 139

[132] 尹波, 赵印, 安海宁, 潘敏敏, 杨鸣波. PC/PE 共混体系在双螺杆挤出初期的形态演变. 高分子材料科学与工程, 2006, 22(4):192~195

[133] 李景庆. 流变学方法研究无水氯化铝原位催化增容聚丙烯/聚苯乙烯合金体系:[天津大学博士学位论文]. 天津大学, 2007

[134] 李景庆, 田晓明, 盛京. 时间扫描研究低剪切条件下 PP/PS 合金材料的静态流变特征. 中国塑料, 2007, 1: 52

[135] Li J Q, Zhao J, Yuan X Y, Sheng J. Compositional dependence of static shear viscosity of immiscible PP/PS blends. Journal of Macromolecular Science, Part B, Physics, 2007, 46(4): 651

[136] 王亚. 无水氯化铝原位催化增容聚丙烯/聚苯乙烯共混物的研究:[天津大学博士学位论文]. 天津大学, 2007

（盛京　原续波　李云岩）

第 10 章　聚合物挤出过程中相结构的形成及演变

第 9 章详细地介绍了多相聚合物在共混加工过程中相结构形成与演变的研究方法——聚合物挤出过程的在线分析,并以在线采集与分析方法为核心,介绍了有关加工流场中聚合物形态结构形成与发展的实验研究。全章没有刻意讨论聚合物共混物结构、性能和相间的相互作用与界面特征,这些内容有大量的研究,在教科书中和很多专著中均有详细的介绍和讨论[1~3]。本章在第 9 章的基础上,着重讨论聚合物共混物相结构形成过程中的化学与物理问题以及相结构的形成及演变的规律。

10.1　聚合物共混体系相结构形成过程中的物理问题

10.1.1　聚合物共混体系相结构形成与演变的机制和动力学

第 9 章介绍了聚合物共混体系相结构的形成与演变过程的研究方法并提出了相应的机理,这些机理均为实验观察的现象归纳的定性结果。相应的理论由于其前提是以稀溶液的观点出发,对于分散相处于高浓度时并不适应。因此,聚合物共混物相结构的形成的本质问题并未解决。本节将通过实验结果讨论聚合物共混体系相结构的形成与演变性质与机制。

10.1.1.1　聚合物共混体系相结构形成与演变的机制

1. 分散理论的提出

最早有关宏观粒子破裂的研究起源于矿物质的加工(粉碎)及相应的研究,并有一系列粒子破裂理论被提出,这些理论为矿物加工提供了理论依据[4]。Rittinger 理论[5]是较早期的并被广泛接受的一种观点,这种观点认为粒子的破裂是由粒子表面的裂纹引起的,表面的应力集中导致裂纹的产生,按照 Rittinger 假定,用于粉碎所作的有用功直接正比例于新产生的颗粒的表面积 S_{sp},而反比例于新产生颗粒的直径 D 的大小。则有用功可表示为

$$W \propto S_{sp} \propto 1/D \tag{10.1}$$

考虑连续粉碎过程,颗粒由粒径 D_1 粉碎到 D_2 所需的有用功

$$\Delta W \propto \left(\frac{1}{D_2} - \frac{1}{D_1} \right) \tag{10.2}$$

考虑到连续粉碎过程，有

$$\lim_{\Delta W \to 0} (\Delta W) \propto \lim_{\Delta D \to 0} \left(\frac{\Delta D}{D^2} \right) \tag{10.3}$$

$$dW = -K(1/D^2)dD \tag{10.4}$$

与 Rittinger 理论不同，Kick 理论[6]是基于粒子在受压下产生形变而从应力-应变原理为出发点得到的。该理论认为粒子的破裂来自于应力的集中，施加于颗粒的最大应力比例于粒子体积而不是表面积。

Bond[7]认为粒子的破裂与表面和体元都有关系，认为应力的吸收依靠整个粒子，即与体积有关，而裂纹的产生总是来自于表面，即与面积有关，同时裂纹的发展又是在表面和体内同时进行的。

$$\Delta W \propto \Delta(1/D^{1/2}) \tag{10.5}$$

作者由此得到有用功与颗粒尺寸的关系为

$$dW = -K(1/D^{3/2})dD \tag{10.6}$$

Bond 理论在处理以前许多实验数据中得到了检验，被认为是较完善的理论，适用于任何尺度的任何种类的矿物加工，且适用于任何加工机械。

作者期望这一理论在高分子机械共混中也具有一定适用性，若高分子共混加工过程中，分散相颗粒破碎具有脆性破碎。归纳式（10.5）和式（10.6）对于一般情况，不难抽象出如下表达式

$$dW = -bD^{-n}dD \tag{10.7}$$

式中，W 表示加工单位体积聚合物共混物所需的能量；D 为聚合物共混物中被粉碎的分散相颗粒粒径。在聚合物熔体加工条件下（如密炼机或挤出机等），共混加工中所系能量为

$$W = \tau \cdot t \tag{10.8}$$

其中，τ 为转动扭矩；t 为混炼时间。假定共混过程中转矩 τ 始终保持常数，则式（10.7）可变为

$$\tau dt = -kD^{-n}dD \tag{10.9}$$

令 $b = \dfrac{k}{\tau}$，则由式（10.9）整理得到：

$$\lg D_t = \frac{1}{1-n}\lg\left(t + \frac{b}{n-1}D_0^{1-n}\right) + \frac{1}{1-n}\lg\frac{n-1}{b} \tag{10.10}$$

式（10.10）为经修正后得到的理论表达式，称作"分散理论"。D_t 为 t 时刻分散相的粒径；D_0 为加工初始时刻的颗粒尺寸；t 为混炼时间。式中的 b 定义为过程系数；n 为分散系数，其数值与加工物料、加工设备及加工条件有关。式（10.10）表明，若分散相粒径与共混时间在双对数坐标系中满足线性关系，则说明聚合物机械共混加工的分散动力学可用幂函数描述。由于 D_0 为初始时刻的颗粒尺寸，高分子树脂原料一般是直径为 5mm 左右的粒料，远远大于 D_t，式（10.10）中 $1/D_0^{n-1}$ 可近似

为零,因此,有

$$\ln(D_t) \simeq \frac{\ln[b/(n-1)]}{n-1} - \frac{1}{n-1}\ln t \tag{10.11}$$

以 $\ln D_t$ 对 $\ln t$ 作图,由直线的斜率为 B 和截距为 A 可求得 b 和 n。

$$A = \ln[b/(n-1)]/(n-1) \tag{10.12}$$

$$B = 1/(n-1) \tag{10.13}$$

2. 分散理论适用性检验

在求解分散系数时,如以平均弦长 L 表示颗粒尺寸,需要 $\lg L$ 对 $\lg t$ 作线性拟合,而拟合效果的好坏,需对其进行显著性检验[8,9]。

应用 Origin 软件进行线性拟合($\lg L = A + B\lg t$)可以得到如下几个数据:A(截距),B(斜率),R(相关系数),SD(标准差),N(数据点数),P(R 等于 0 的概率)。

其中,$r = \dfrac{\sum (x_i - \bar{x})(y_i - \bar{y})}{\sqrt{\sum (x_i - \bar{x})^2} \sqrt{\sum (y_i - \bar{y})^2}}$,$-1 \leqslant r \leqslant 1$,$r^2$ 越大,相当于 $|r|$ 越大,说明两个变量的线性关系越明显。

作者利用判据 $|r| > \sqrt{\dfrac{F_{1-\alpha}(1, n-2)}{(n-2) + F_{1-\alpha}(1, n-2)}}$,使用相关系数 r 作线性回归的显著性检验,即 r 检验法。

在 PP/PcBR 共混体系研究中,$n = 15$,查表得

$$\alpha = 0.01, \quad F_{0.99}(1, 13) = 9.07 \quad \sqrt{\frac{F_{1-\alpha}(1, n-2)}{n-2 + F_{1-\alpha}(1, n-2)}} = 0.641$$

$$\alpha = 0.025, \quad F_{0.975}(1, 13) = 6.41 \quad \sqrt{\frac{F_{1-\alpha}(1, n-2)}{n-2 + F_{1-\alpha}(1, n-2)}} = 0.575$$

$$\alpha = 0.05, \quad F_{0.95}(1, 13) = 4.67 \quad \sqrt{\frac{F_{1-\alpha}(1, n-2)}{n-2 + F_{1-\alpha}(1, n-2)}} = 0.514$$

3. 塑料/橡胶共混体系

盛京和杨宇平[10,11]研究了聚丙烯/顺丁橡胶(PP/PcBR)共混体系混炼过程中相尺度的变化,由在线光散射采集的数据得到的两相平均弦长(平均弦长可表征两相尺寸,见第 9 章)随共混时间的变化关系,如图 10.1 所示。该体系的混炼过程是将确定组成的物料加入密炼机中,待升至指定混炼温度时开始混炼。在混炼初期,1min 之内,平均弦长迅速减小,表明在这段时间内,在温度场及剪切场的作用下熔融的相颗粒尺寸迅速变小,关于在此阶段相结构的变化的规律与特征在第 9 章已有详细介绍。

根据颗粒的破碎机理,如果以聚合物表征相尺寸的结构参数和混炼时间的对数作图可得一条直线,则该理论适用于聚合物共混体系相破碎与细化。图 10.2 给

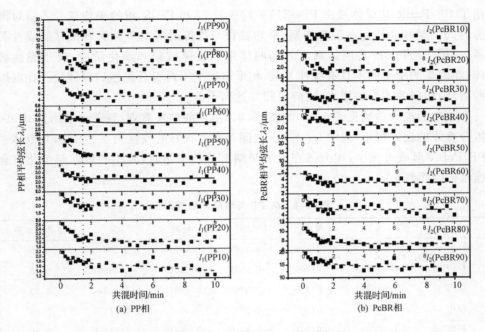

图 10.1　PP/PcBR 共混体系平均弦长与混炼时间的关系

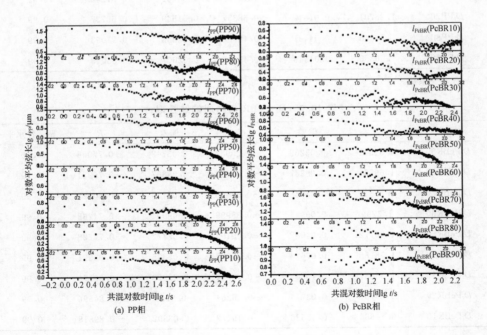

图 10.2　PP/PcBR 共混体系平均弦长与混炼时间的对数关系

出了 PP/PcBR 共混体系中 PP 相的平均弦长 l_{PP} 和 PcBR 相的平均弦长 l_{PcBR} 对混炼时间的对数曲线。在混炼初期,平均弦长与混炼时间的对数具有很好的线性关系,说明 PP/PcBR 共混体系在外场的作用下快速破碎和细化阶段,属于脆性破碎,在混炼的中后期不具有线性关系,相形态演变不再符合脆性破碎理论。在混炼的后期,相归并的影响增大,破碎与归并达到平衡。

相应的拟合参数见表 10.1 和表 10.2。由表的结果看到,显著水平均为 0.99,拟合直线的误差很小,说明 $\lg l$ 与 $\lg t$ 之间存在着很好的线性关系。因此,共混体系 PP/PcBR 形成过程中,相分散在混炼初期至达到平衡时,其相的破碎与细化符合脆性破碎机理。

表 10.1　D_t-PP 与时间的线性拟合

组成	A	偏差	B	偏差	R[①]	显著性水平
D_tPP10	0.93257	0.01131	-0.24668	0.07959	-0.56023	0.99
D_tPP20	0.96263	0.02466	-0.25424	0.01442	-0.86681	0.99
D_tPP30	0.94585	0.01315	-0.27847	0.09972	-0.52964	0.99
D_tPP40	1.10987	0.01046	-0.32151	0.08485	-0.71155	0.99
D_tPP50	1.06772	0.04082	-0.19197	0.02772	-0.71728	0.99
D_tPP60	2.33811	0.07559	-1.14021	0.05702	-0.97242	0.99
D_tPP70	1.85791	0.01847	-0.58857	0.01549	-0.68737	0.99
D_tPP80	1.76248	0.04481	-0.48352	0.02953	-0.91093	0.99
D_tPP90	1.96356	0.04646	-0.45213	0.02607	-0.85053	0.99

① 相关系数。

表 10.2　D_t-PcBR 与时间的线性拟合

组成	A	偏差	B	偏差	R	显著性水平
D_tPcBR90	1.91372	0.05269	-0.25987	0.03742	-0.77056	0.99
D_tPcBR80	1.69551	0.08287	-0.32402	0.05867	-0.76221	0.99
D_tPcBR70	1.39318	0.03045	-0.33946	0.09136	-0.60925	0.99
D_tPcBR60	1.3299	0.09944	-0.35999	0.09004	-0.74263	0.99
D_tPcBR50	1.06772	0.04082	-0.19197	0.02772	-0.71728	0.99
D_tPcBR40	1.58185	0.07623	-0.85237	0.05306	-0.93521	0.99
D_tPcBR30	1.33532	0.13543	-0.48851	0.08273	-0.69176	0.99
D_tPcBR20	0.89737	0.03714	-0.26264	0.0353	-0.84596	0.99
D_tPcBR10	0.76683	0.03526	-0.19472	0.03592	-0.89818	0.99

影响 PP/PcBR 共混体系相分散的因素如下。

根据式(10.11),当 lg$l$ 对 lg$t$ 得到直线后,可计算直线的斜率 B 和截距 A,进一步可计算得到分散系数系数 n 和过程系数 b。

(1)组成对分散理论参数的影响。由图 10.3 可以看到,分散系数 n 与过程系数 b 随组成具有同样的变化规律,即随着分散相含量的增加而减小,n 越小越利于分散。而且由表 10.1 和表 10.2 同样可以看到,表征相尺寸减小速率快慢的拟合直线斜率 B 随着组分 PP 或 PcBR 含量的增加也具有先增加后减小的趋势,即对应的 n 值是先减小后增大。并且 PcBR 为分散相时,n 值对浓度变化更为敏感。需要提及的是在体积组成比为 50/50 的时候,n 和 b 突然增加,这是由于两种组分的浓度相当,两相都有可能处于连续状态,不利于分散。

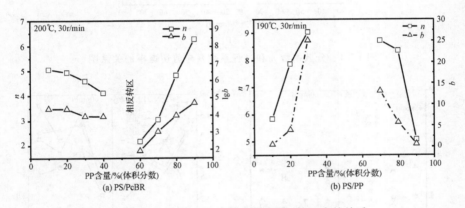

图 10.3　分散系数 n 和过程系数 b 与组成的关系

(2)剪切速率对分散理论参数的影响。图 10.4 是 190℃条件下,组分比不同的共混体系不同组成的 n、b 值随剪切速率的变化。当 PP 为 70%(体积分数)、混合温度为 190℃、剪切速率分别为 30、45 和 75r/min 时,对应的 n 值分别为 8.25、5.06 和 4.84,b 值分别为 5.39、4.01 和 3.56;而当剪切速率为 60 r/min 的时候,所对应的 n 值为 4.51,b 值为 2.35。由此可见,n、b 在转速为 60r/min 的时候最小,即密炼机转速在 60 r/min 时更有利于聚合物共混体系的分散。

(3)温度对分散理论参数的影响。图 10.5 列举了在转速为 45 r/min 和 60 r/min时,4 种组分比的共混体系所对应的 n、b 值随温度的变化。对于 PP 30%(体积分数)共混体系在 60r/min 加工条件下,190、210 和 220℃对应的 n 值分别为 3.78、3.48 和 3.62,而当温度为 200℃ 的时候,所对应的 n 值为 3.29。由此可见,在温度为 200℃的时候,对应的分散系数 n 值最小,即相尺寸减小的速率最大。但是由图 10.5 可以看到,b 值随温度的变化规律并不明显。

4. 塑料/塑料共混体系

为了进一步研究聚合物共混过程中宏观粒子的分散动力学和脆性分散理论对

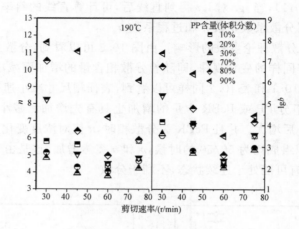

图 10.4　分散系数 n 和过程系数 b 与剪切速率的关系图

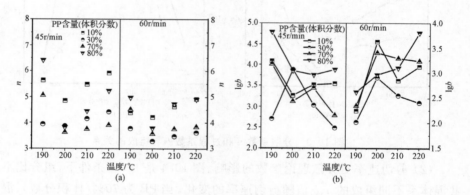

图 10.5　分散系数 n(a)和过程系数 b(b)与共混温度的关系图

聚合物共混体系相破碎和分散的适用性,李云岩[12]在周家敏[13,14]的工作基础上对 PS/PP 共混体系进行了研究,PS/PP 体系平均弦长与时间关系见图 10.6。PS/PP 体系在共混过程中,混炼初期相尺度的细化同样符合脆性破碎理论。很明显,对于不同组成的 PS/PP 体系,$\lg l$ 与 $\lg t$ 有很好的线性关系(图 10.7),说明共混中分散相的破碎具有脆性破裂的特征。而且,对于每组数据均可以拟合出两条直线,包含相分散初期和中期相的分散和破碎均具有脆性破碎特征,这一现象与 PP/PcBR 不同。表明,相分散初期和中期,相分散的速度常数不同。图 10.8 是 PS/PP 体系分散系数与组成关系。可明显地看出混炼初期 n 值远小于混炼中期的 n 值,混炼初期混炼体系处于快速破碎和分散状态,混炼中期以分散和破碎为主,颗粒间的归并开始,表观上颗粒破碎与细化的速率下降;随着分散相含量的增加,分散相颗粒尺寸变大,加之相互距离减小,使得颗粒之间相互碰撞概率增加,分散系数逐渐增大。

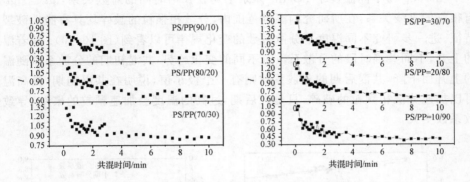

图 10.6　PS/PP 体系平均弦长与共混时间的关系

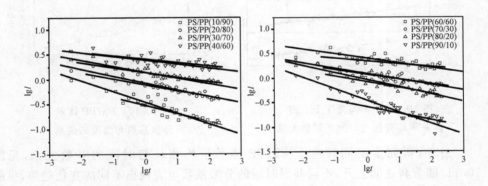

图 10.7　不同组成 PS/PP 体系平均弦长与时间的对数关系

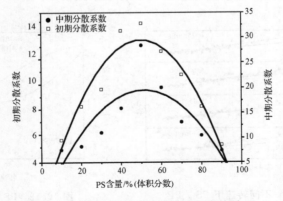

图 10.8　PS/PP 体系分散系数与组成关系

　　图 10.9 为不同温度下 PS/PP 体系平均弦长与时间的对数关系,$\lg l$ 与 $\lg t$ 亦有很好的直线关系,在所研究的温度范围内,分散相颗粒的破碎均具有脆性破裂的特征。进一步研究不同温度下分散系数的变化规律可以看到(图 10.10)。随着温度的上升,不同共混时段的分散系数有不同的变化趋势,共混初期的分散系数随温度的上升而下降,共混后期的分散系数则有一个极小值,说明在共混初期,提高温度可以加速分散相颗粒的破碎,只是在后期,过高的温度会加速颗粒的聚结,导致分散系数变大。

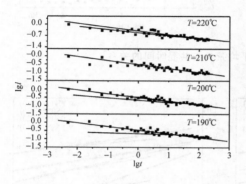

图 10.9　不同温度下 PS/PP
体系平均弦长与时间的对数关系

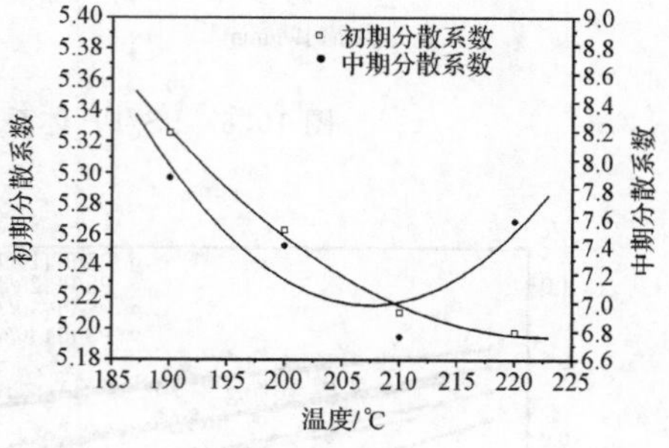

图 10.10　PS/PP 体系
分散系数与温度的关系

　　另外,研究了不同转速下 PS/PP 体系平均弦长与时间的对数关系,见图 10.11。随着转速的上升,不同共混时段的分散系数也表现出不同的变化趋势,见图 10.12。共混初期的分散系数随转速的上升而下降,共混中期的分散系数则有一个极小值,说明,在共混初期,提高转子转速仍可以加速分散相颗粒的破碎,只是在中期,过高的转速会加速颗粒的聚结,导致分散系数较大。

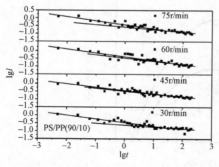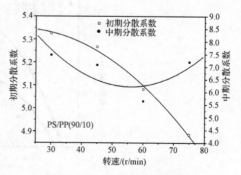

图 10.11　不同转速下 PS / PP
体系平均弦长与时间的对数关系

图 10.12　PS/PP 体系分散
系数与转速的关系

盛京及其合作者[15]还研究了 PS/PE 共混体系相破碎与分散特征,其相的破碎机制均属于脆性破碎。因此,聚合物/橡胶和聚合物/聚合物共混体系在熔融状态下混炼,其相的破碎与细化属于脆性破碎。这一特点在第 9 章中介绍的国内外的研究报道中均未提及。

10.1.1.2　多相聚合物相结构的形成与演变的动力学

1. 聚合物共混物相结构演变的动力学分析

将式(10.9)改写为

$$-\frac{\mathrm{d}D}{\mathrm{d}t} = \frac{\tau D^n}{k} \tag{10.14}$$

$$-\frac{\mathrm{d}D}{\mathrm{d}t} = bD^n \tag{10.15}$$

其中,b 为过程系数,实质是动力学速率常数。式(10.14)或式(10.15)即表示共混物混炼时分散相破碎和细化的速率。分散相破碎和分散的速率与过程系数 b 有关,即与加工条件等因素有关。同时也与分散系数 n 有关。因此,由式(10.14)或式(10.15)可知,多相聚合物相结构的形成与演变的速率与多种因素有关。

邹建龙等[16,17]在研究 PS/PP 共混体系相分散时,对 Taylor[18,19]和 Tokita[20]的共混物相分散细化理论进行了探讨,并对 Tokita 的理论进行了修正,推导出分散相尺寸随混炼间变化的表达式为

$$t = \frac{1}{kD_E}\ln\frac{D}{D - D_E} - c \tag{10.16}$$

或

$$\ln\frac{D}{D - D_E} = kD_E(t + c) \tag{10.17}$$

式中,c 是常数,与起始时间有关;k 表达式为

$$k = \frac{\eta_m\dot{\gamma} + 2(G'_m - G'_d)}{3\pi D_E}\frac{P\dot{\gamma}\,\phi_d}{1 + f_2\phi_d} \tag{10.18}$$

式中,P 是粒子碰撞后发生聚结的概率;$\dot{\gamma}$ 是剪切速率;ϕ_d 是分散相的体积分数。k 与 $\dot{\gamma}$、ϕ_d 和 P 等因素有关,k 值越大则粒子碰撞后聚结的概率越大,相的细化作用减小。崔丽莉[21]根据式(10.17)对不同聚合物共混体系进行了分析发现,实验结果与式(10.18)是相吻合的。

崔丽莉对 PS/PP、HIPS/PP、PP/PA6 和 PP/PA1010 共混物及其部分相容体系混炼过程中相尺寸的变化进行了分析。综合图 10.13 中所示各共混体系的变化,得出结论:平均粒径在共混初期较大,随共混时间的延长,平均粒径值减小,且趋于相对稳定。若对平均粒径坐标取自然对数后再对共混时间作图[按式(10.16)],如

图 10.14。各个不同体系的变化曲线均大致呈现直线变化关系,即呈指数衰减规律变化,表明各体系相的破碎和细化符合脆性破碎。拟合各直线,将其各自的直线斜率值取负($-k$)后对稳态平均粒径 d_E 作图,见图 10.15。可以发现各数据点大致分散在直线 $-k=0.215d_E+0.02$ 附近,见图 10.15(a),呈现某种程度上的线性关联;但,PP/PA6=10/90 体系偏离该直线较远,见图 10.15(b)。图 10.15(a)中的各体系平均粒径均较小,而图 10.15(b)中的 PP/PA6=10/90 体系的分散相颗粒尺寸较大。所以就所选择的图 10.21(a)中的研究体系而言,参数 k 与稳态平均粒径间存在线性关系 $-k=0.215d_E+0.02$。

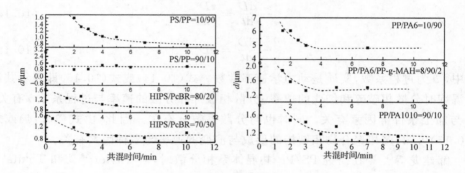

图 10.13 平均粒径随共混时间的变化

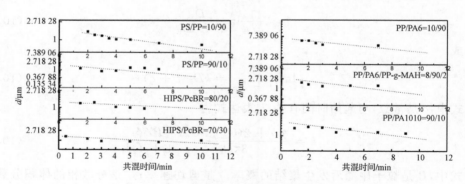

图 10.14 平均粒径的对数随共混时间的变化

根据式(10.17),用 $\ln d/(d-d_E)$ 对共混时间 t 作图,将得到一条直线,其斜率 $K=kd_E$。如图 10.16 所示,可以看到,图 10.16(a)和(b)中的体系均有较好的线性关系,我们将拟合后的直线斜率 K 对各体系的稳态平均粒径 d_E 作图,如图 10.17(a)和(b)所示。结果显示对于图 10.17(a)中的各体系,K 与 d_E 大致呈直线关系,各数据点分散在 $K=1.6d_E-0.18$ 附近;在图 10.22(b)的 PP/PA6=10/90 体系,线性拟合的斜率 K 与稳态平均粒径 d_E 间的关系则远远偏离图 10.17(a)中的线性拟合。

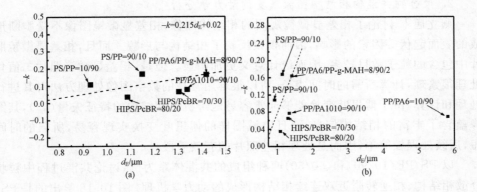

图 10.15 斜率 $-k$ 随稳态平均粒径 d_{E} 的变化

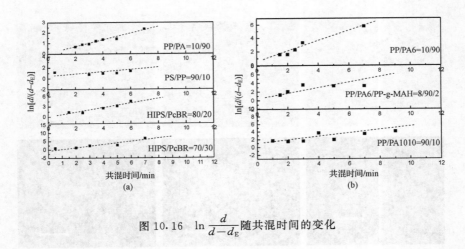

图 10.16 $\ln\dfrac{d}{d-d_{\mathrm{E}}}$ 随共混时间的变化

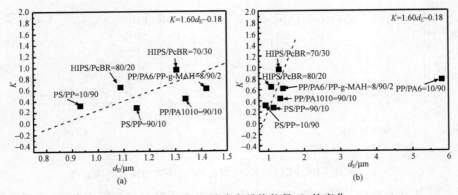

图 10.17 斜率 K 随稳态平均粒径 d_{E} 的变化

2. 聚合物共混物相结构图像演变的动力学分析

燕立唐[15]讨论了相差显微镜观测的相结构图像,相差显微镜图像不受脆断形成的表面起伏等因素的影响,因而仅仅反映了相结构与形貌。而且,相差显微镜照片中包含的粒子数目较多,因而统计意义更加明显。但是,相差显微镜照片二值化处理很繁琐,计算所需的时间很长,所以很难用常规的数字图像处理方法对其进行处理和计算。由于傅里叶变换能够非常容易地辨析出相结构的特征矢量(h_m),其图像蕴含了丰富的相结构信息,而且空域图样的傅里叶变换实现容易,所需的时间短,后续处理较简单,因而是处理相差照片的有效手段。

以 PS/PE(10/90)和(50/50)两种组成的共混体系为例,讨论共混过程中粒状分散相结构、相逆转附近双连续相结构形成的动力学机理。图 10.18 给出的是 PS/PE(10/90)体系的部分时间的图像及光强曲线。

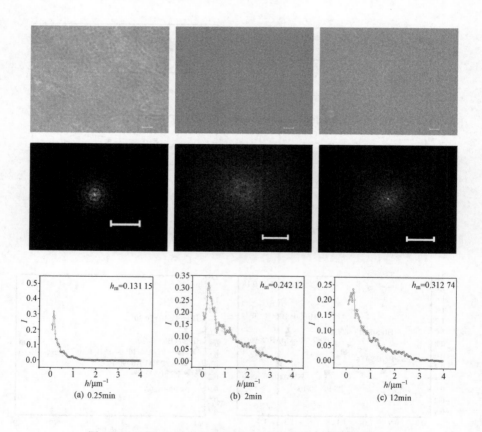

图 10.18　PS/PE(10/90,体积比)时间序列图像及光强曲线

从共混初期到共混结束,所有的傅里叶变换光斑均接近标准圆形,表明分散相

粒子在各个方向的特征长度近乎均一,因而共混过程中的分散相粒子形状接近圆形。

在第 9 章中提到,Hashimoto 等[24]指出,沿傅里叶变换图样某个方向剖切所得到的光强-散射矢量关系曲线的形状反映了与相差显微镜照片表面垂直方向上光强的起伏。曲线上的每个起伏峰分别代表了空域图样上不同的特征长度 Λ。而且,h_m^{-1} 正比于垂直方向上特征长度的最可几值 Λ_0,即

$$\Lambda_0 \propto h_m^{-1} \tag{10.19}$$

分散相粒子在某一位置的某一方向上跨越的距离为特征长度 Λ,采用一定的扫描密度沿特定方向对照片中的分散相粒子进行逐步扫描,得到 Λ 在该方向上的的空间分布(见第 9 章图 9.32)。图 10.19 是 PS/PE(10/90)时间序列叠加在一块的光强曲线。图 10.20 是 h_m 随共混时间变化图。

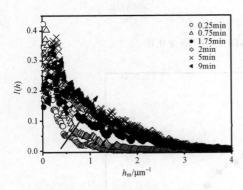

图 10.19　PS/PE(10/90)时间序列
叠加在一块的光强曲线

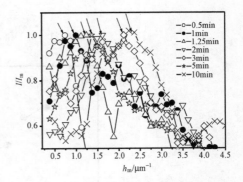

图 10.20　h_m 随共混时间变化

从图 10.20 上可以发现,在共混初期的 1min 内,随着共混时间增长,h_m 不断减小,而后变化不大。从 10.21 图上也可以发现,h_m^{-1} 和相关距离 a_{c2} 随着共混时间的演化大致可分为三个阶段。在第一阶段,也就是共混初期的 1min 内,两个值均迅速地从大变小,这表明分散相粒子急速地破碎成较小的结构;在第二阶段,也就是共混后的 1~3min 内,h_m^{-1} 和 a_{c2} 变化速度均减缓,表明分散相粒径减小的同时,小块的碰撞概率变大,发生了凝聚,因此延缓了分散相粒径的减小速度;第三阶段,也就是共混 3min 后,h_m^{-1} 和 a_{c2} 变化不大,表明分散相粒径变化不大,分散相的破碎和凝聚达到了平衡,相结构不再发生大的变化。这一结果表明,h_m^{-1} 可以表征体系分散相的尺度。

为了进一步研究分散相粒径随时间演化的的机理,将图 10.21(a)的横、纵坐标分别取常用对数(图 10.22),发现在共混的初期 1min 内,分散相粒径变化的斜率是 α 恒定的,对于该体系,α 约为 -0.25,也即

$$\Lambda_0 \propto h_m^{-1} \propto t^{-0.25} \tag{10.20}$$

式中，α 定义为破碎系数。破碎系数 α 表征了共混初期分散相颗粒破碎的速率。分散相粒径变化的斜率 α 是恒定的，说明共混初期主要发生的是分散相破碎。

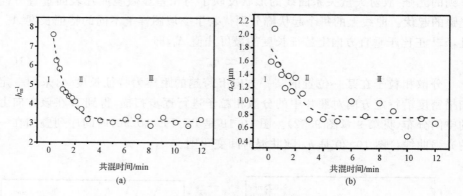

图 10.21　h_m^{-1} 和 a_{c2} 随共混时间变化图

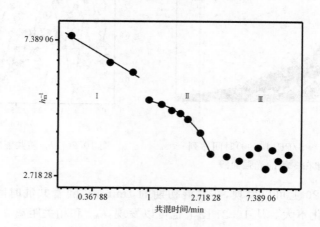

图 10.22　h_m^{-1} 随共混时间变化图

随着共混时间的不断增加，在第二区域内，粒径分布不再是一条直线，而是一条曲线，表明粒径虽然随时间变化，但已经不是特定的幂率关系，α 与时间有关。这是由于两个原因造成的：①分散相破碎到一定程度后，破碎小块碰撞的概率增大，聚结(归并)作用逐步增强，直至破碎与聚结达到平衡；②温度升高到一定程度，分散相颗粒黏度迅速变小，导致明显的塑性变形直至破裂，不再是脆性破碎。在第三个区域，斜率几乎为零，这表明分散相粒径已经不再随时间变化。在这段区域内，分散相的破碎与归并完全达到了平衡。

对于 PS/PE(50/50)体系进行同样的处理，可得图 10.23 和图 10.24。

为了进一步研究分散相粒径随时间演化的的机理，作者将图 10.24(a)中横、

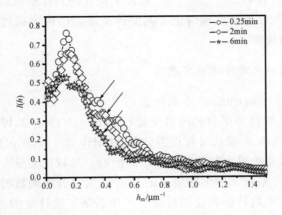

图 10.23　共混不同时刻 $I(h) \sim h_m$ 关系

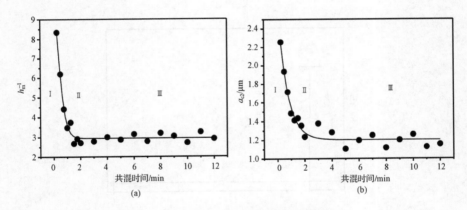

图 10.24　h_m^{-1} 和 a_{c2} 随共混时间变化图

纵坐标分别取常用对数,在共混的初期 1min 内,分散相粒径变化的斜率 α 是恒定的,对于该体系,α 约为 -0.62,也即

$$\Lambda_0 \propto h_m^{-1} \propto t^{-0.62} \tag{10.21}$$

　　分散相粒径变化的斜率 α 是恒定的,表明共混初期主要发生的是分散相破碎,而且是脆性破碎,和矿物破碎类似。PS/PE(50/50)体系 α 的绝对值明显比 PS/PE(10/90)时的 α 大,表明此时相区的破裂速率较快。

10.1.2　聚合物共混体系相形态结构的特征

　　在第 9 章中介绍了聚合物共混物在复杂外场作用下,相结构形态在形成过程中的变化,特别是相尺寸的变化。我们知道,多相聚合相尺寸不具有单值性,它是一个分布。盛京及其合作者[11~17,21~23,25~27]研究了聚合物共体系相结构形成过程相尺寸及其分布,应用颗粒分布原理讨论了共混体系形态结构形成过程中相颗粒尺寸分布的特点和分布规律。

10.1.2.1　颗粒尺寸分布测定原理

1. 对数正态(log-normal)分布统计理论[28]

定义:设 X 是取值为正数的随机变量,若 $\ln X \sim N(\mu, \sigma^2)$,即该随机变量的对数服从正态分布,则称 X 服从对数正态分布,并记作 $X \sim \ln(\mu, \sigma^2)$。

图 10.25 所示曲线即为对数正态分布的图形。对数正态分布包含两个重要参数:数学期望 μ 和方差 σ^2。数学期望 μ 的幂值 e^μ 为该分布函数的最可几值。e^μ 应该与平均粒径或者平均特征长度相对应。σ^2 则表征了统计量的分布的宽窄,σ^2 越大,统计量分布越大,对应的粒径分布宽度越大;σ^2 越小,统计量分布便越窄,对应的粒径分布便越均匀。

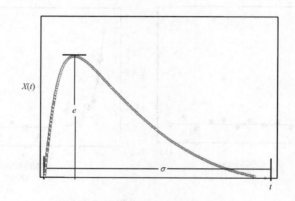

图 10.25　对数正态分布函数示意图

2. 图估计理论

对数正态分布中未知参数的点估计可以先通过数据的对数变换,然后用正态分布中未知参数的点估计来获得。在此介绍图估计法。

设某产品的寿命 T 服从正态分布,在图估计法中,这里的对数常取常用对数,故其分布函数为

$$F(t) = \frac{\lg e}{\sqrt{2\pi}\sigma t}\int_{-\infty}^{t}\exp\left[-\frac{1}{2}\left(\frac{\lg t - \mu}{\sigma}\right)^2\right]\mathrm{d}t,\ t > 0 \qquad (10.22)$$

其中,μ 称为对数均值;$\sigma > 0$ 称为对数标准差;$\lg e = 0.4343$。这个分布函数在 $t-F(t)$ 坐标系上是一条连续上升曲线,不是一条直线,但经过变换,这个分布函数可用标准正态分布函数表示,即

$$F(t) = \int_{-\infty}^{\frac{\lg t - \mu}{\sigma}} \frac{1}{\sqrt{2\pi}} e^{-\frac{x^2}{2}} dx = \Phi\left(\frac{\lg t - \mu}{\sigma}\right), \quad t > 0 \quad\quad (10.23)$$

由于标准正态分布函数 $\Phi(x)$ 是严格单调上升的,故其反函数存在,且反函数为

$$\Phi^{-1}[F(t)] = \frac{\lg t - \mu}{\sigma} \quad\quad (10.24)$$

若令 $Y = \Phi^{-1}[F(t)]$,$X = \ln t$,则有

$$Y = \frac{1}{\sigma} X - \frac{\mu}{\sigma} \quad\quad (10.25)$$

这是一条在 $X-Y$ 坐标系上的直线方程,它的斜率为 $1/\sigma$,永远为正,它的截距为 μ/σ。所以一条对数正态分布函数曲线对应一条 $X-Y$ 坐标系下的上升直线。反之,$X-Y$ 坐标系下的一条上升直线也可确定一个对数正态分布函数。这样我们就在对数正态分布函数与 $X-Y$ 坐标系下的上升直线之间建立了一一对应关系,这就是图估计法的理论依据。

10.1.2.2　统计分布理论在共混动力学研究中的应用

根据对数正态分布的图估计理论,如果粒径或者特征长度分布函数能够转化成 $X-Y$ 坐标系内一条单调上升的直线,则粒径与特征长度的分布便符合对数正态分布。根据式(10.25),可进一步采用线性回归的方法获取参数 σ 和 μ。σ 表征了分布函数分布的宽度,因而可以用来表征粒径分布的均匀程度。μ 的幂值为粒径的最可几值,因而与粒径有一定的对应关系。

如果证明了粒径分布是对数正态分布,则表明粒径分布符合随机分形的 Stable 分布理论,因而可以借助非线性动力学的相关理论,对共混过程进行模拟和计算。

李云岩[12]在研究 PS/PP 共混体系相结构形态的演变过程时计算了体系的像尺寸的分布。PS/PP 体系共混 10min 达到平衡时的 SEM 照片及对应的投影面直径 d_p 分布见图 10.26 所示。图 10.27 是 PS/PP 体系分散相颗粒平均粒径与组成的关系。

从图 10.27 可以看出,在 PS/PP 共混体系中,随着两相含量的增加,分散相颗粒尺寸相应地增大,与相关的文献报道是一致的。当分散相含量超过 40% 时,尺寸较大的颗粒间相互碰撞聚结,形成双连续结构。

对数正态分布统计理论是研究非线性动力学和随机分形体系规律的有力工具。为借助统计学相关理论进一步研究 PS/PP 共混体系相结构,应用图估计法对分散相颗粒粒径的分布柱状图进行变换,进而判断颗粒尺寸分布是否符合对数正态分布。

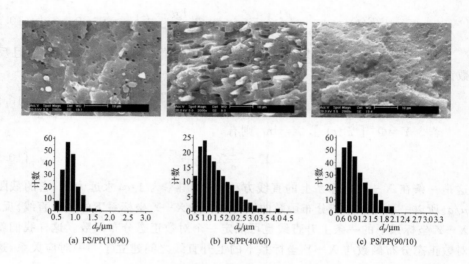

(a) PS/PP(10/90)　　　　　(b) PS/PP(40/60)　　　　　(c) PS/PP(90/10)

图 10.26　不同组成的 PS/PP 体系 SEM 照片

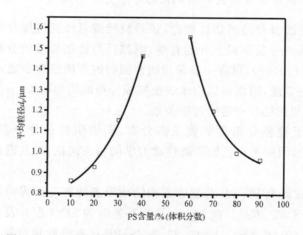

图 10.27　PS/PP 体系分散相颗粒平均粒径与组成的关系

　　图 10.28 为不同组成的 PS/PP 共混体系分散相颗粒粒径分布依据图估计理论变换得到的图形。在 X-Y 坐标系内,不同组成 PS/PP 共混体系的数据均呈很好的线性关系,说明在组成变化的情况下,分散相颗粒粒径分布始终符合对数正态分布。通过对图 10.28 中各组成的数据进行回归,可以得到对数正态分布的两个参数:用以分析分散相颗粒尺寸的数学期望 μ 和用以分析分散相颗粒尺寸分布的标准方差 σ。从而可对相结构进一步定量分析。

　　图 10.29 为 PS/PP 体系分散相颗粒粒径及其分布宽度与组成的关系,由图可

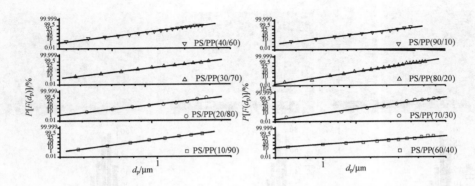

图 10.28　不同组成的 PS/PP 共混体系分散相颗粒粒径分布判定

知,随着分散相含量的增加,在颗粒尺寸增大的同时,其分布宽度也相应增加,颗粒尺寸均一性变差,且当 PP 为分散相时,这一趋势更为显著。

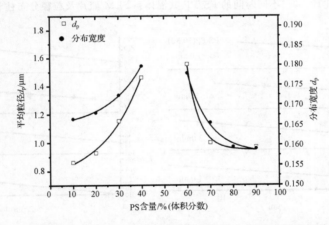

图 10.29　PS/PP 体系分散相颗粒粒径及其分布宽度与组成的关系

　　应用 PS/PP 体系不同混炼时间的 SEM 照片经图像处理可以得到体系对应的投影面直径 d_p 分布图见图 10.30。根据图估计理论计算了不同时间的 PS/PP 共混体系分散相颗粒粒径的累计分布,如图 10.31 所示。显然,对于任一时间的共混体系,$P[F(d_p)]$ 与 d_p 均呈线性关系,表明颗粒粒径的分布符合对数正态分布,因此可以借助对数正态分布的相关参数研究相形态的演化规律。

　　崔丽莉和王亚等[21~23,25,26]分别计算了 PP/PA6、PP/PA1010、PS/PP、PS/PcBR、PP/PET 和部分相容体系以及 PP/HIPS 等共混体系的分散相尺寸和分布,用图估计方法计算了分散相颗粒粒径的累积分布,发现所研究体系分散相尺寸的分布均具有对数正态分布的特征。

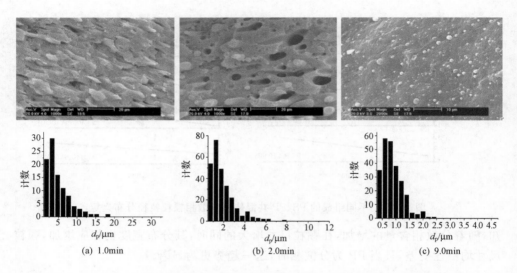

(a) 1.0min　　　　　　　　　(b) 2.0min　　　　　　　　　(c) 9.0min

图 10.30　不同时间的 PS/PP 共混体系 SEM 照片及粒径分布柱状图

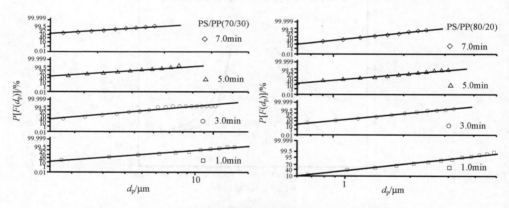

图 10.31　不同时间的 PS/PP 共混体系分散相颗粒粒径的累计分布

10.2　聚合物共混体系形成与演变过程中分散相的分形行为

　　分形理论是当代法国数学家 Mandelbort[29]在 20 世纪初建立的。该理论的基本观点是：维数的变化是可以连续的，处理的对象总是具有非均匀性和自相似性。所谓自相似性就是局部是整体比例缩小的性质。分形是相对整形而言的，它指的是那种处处不规则，处处不可微，具有自相似性的几何形体。世界在本质上是非线性的，现实世界中的几何形体应该用分形来描述，整形只不过是分形的一种特例。标度和分形是有直接联系的,当所研究体系具有分行特征时,体系结构变化必定具有相似性,而自相似性出现在无标度区。

　　维数是刻画图形占领空间规模和整体复杂性的量度,是图形最基本的不变量。我们通常所说的维数指的是欧氏维数,如线段与正方形的欧氏维数分别为 1 和 2。但自然界中存在着许许多多不能用欧氏维数来量度的不规则形状的几何体,这就是我们所说的分形体。如科契曲线,用一维尺度来测量,其长度为无穷;而用二维尺度去测量,其面积为零。因此,一维尺度太细而二维尺度太粗,用非整数维的尺度可能正适合,维数跳出整数的圈子,就产生了分形维数。分形维数定义如下:对一个 D 维的物体,若将它每一维的尺寸放大 L 倍,则会得到 N 个原来的物体,此时有

$$L^D = N \tag{10.26}$$

两边取对数有

$$D = \ln N / \ln L \tag{10.27}$$

式(10.27)定义为分形维数。

10.2.1　分形维数的计算方法[30,31]

　　维数的计算方法有许多种,其中可用来研究空间中离散分布的点集的方法主要有 5 种:改变粗视化程度求维数(计盒子法),根据测度关系求维数,利用分布函数求维数,利用密度相关函数求维数,能谱法求维数。

10.2.1.1　改变粗视化程度求维数

　　设 F 是平面上的一个离散子集,要求 F 中元素的分布的维数。首先,用间隔为 r 的正方形把平面分成若干边长为 r 的格子,再数出有多少个正方形含有 F 中的元素,把这些正方形的数目记为 $N(r)$。改变 r 值重复上述过程,如果对不同的 r,有关系式 $N(r) \propto r^{-D}$ 成立,则 D 就是 F 的分形维数,本书以 D_N 表示此法求得的分形维数。

　　此外,在研究自然界中实际分形的时候,首先必须判断所研究的对象是否确具有分形特征,它是否存在无标度区。所谓无标度性指的是分形体的某些性质,如复杂程度、非规则性等不随尺度的缩小而改变。无标度性与自相似性是一致的。其次要确定无标度区间,所谓无标度区间就是指自相似性存在的范围。然后我们才能测算出该范围内的分形维数。

　　为了确定无标度性,常需构建标度函数。为此,张丁浩[37]给出的标度函数如下所示:

$$N(L) = S_N(L) \cdot L^{D_N} \tag{10.28}$$

则

$$S_N(L) = N(L) \cdot L^{-D_N} \tag{10.29}$$

称 $S_N(L)$ 为标度函数,它可以表现研究对象的复杂程度。若随着 L 的变化,$S_N(L)$ 为恒定值,则表示研究对象的复杂程度不随标尺的变化而变化,即它具有无标度性,或自相似性,这样就可以求取分形维数以分析离散点集的分形特征。

10.2.1.2　测度关系求维数

以 F 中的某一元素为中心,以 r 为半径作圆(或正方形),它所包含的 F 中的元素数记为 $M(r)$。改变 r 的值,如果对不同的 r,能得到关系式 $M(r) \propto r^D$,则 D 就是 F 的分形维数,本书中用 D_M 表示用此法求得的分形维数。一般地,可以对不同的圆心求 D_M,然后取出这些 D_M 的平均值,最好的方法是把圆心取在分布的重心上。

同样,需要构建如下标度函数以验证离散点的分布具有自相似性:

$$S_M(r) = M(r) \cdot r^{D_M} \tag{10.30}$$

需要补充的是,利用计盒子法和测度关系法所求得的分形维数,均能反映出 F 中元素空间分布的均匀性,同时在利用这两种方法计算分形维数时,需要将这些元素视作单位点,这就要求不同的元素之间大小相差不是很大,因此这两种分形维数实际上已经反映出 F 中元素尺寸本身已具有一定的均匀性,然而,若要精确分析颗粒尺寸分布的均匀性,尚需借助其他方法,亦即下面将要介绍的利用分布函数求分形维数。

10.2.1.3　分布函数求维数

分形集中,如果某一几何或物理量的分布有密度概率 $\rho(s)$,s 是一尺度,则尺度大于 r 的量的分布 $P(r)$ 可表示为 $P(r) = \int_r^\infty \rho \mathrm{d}s$,如果在变换尺度时,该量的分布不变,那么对任意的 $\lambda > 0$,有 $P(r) \propto P(\lambda r)$。能满足这种分布的量,通常有负幂律分布 $P(r) \propto r^{-D}$,D 即为分形维数,本书用 D_f 表示用此法求得的分形维数。

对于共混体系的相结构,可选取用以表示分散相颗粒尺寸的特征长度作为研究对象,通常特征长度分布的整个空间并非分形集,但该空间内往往包含有分形子集,该子集内特征长度的分布具有自相似性,并且满足负幂率关系,因此通过特征长度分布的概率密度函数与特征长度之间的这一关系,即可确定特征长度分布空间内的无标度区域,同时可计算出分形维数。由于分布函数计算不便,可对 $P(r) \propto r^{-D}$ 微分得到:

$$\rho(L) \propto L^{-1-D} \tag{10.31}$$

即

$$\lg \rho(L) \propto \lg L^{-1-D} \tag{10.32}$$

因此,将 $\lg \rho(L)$ 对 $\lg L^{-1-D}$ 作图,即可求出分形维数。

10.2.1.4　密度相关函数求维数

相关函数是一个基础统计量,通常可以根据相关函数计算分形维数。令 $\rho(X)$ 为位置为 X 处的密度,则密度相关函数可定义为

$$c(r) = \langle p(x)\rho(x + l) \rangle \cdot \tag{10.33}$$

式中,r 是两相关点之间的距离;· 表示平均值。当某一离散点集的分布具有分形特征时,相关函数符合幂律关系:

$$c(r) \infty r^{-\alpha} \tag{10.34}$$

分形维数 D 与指数间存在关系

$$D = d - \alpha \tag{10.35}$$

式中,d 为欧氏空间维数,对式(10.34)进行傅里叶变换,得到相应的能谱 $F(k)$,当 $0 < d - D < 1$ 时,有式(10.36)成立:

$$F(k) = 4\int_0^\infty dr \cos(2\pi kr)c(r) \infty k^{d-D-1} \tag{10.36}$$

根据式(10.36),可以计算出离散点分布的分形维数,显然,通过光散射或对空域图样进行傅里叶变换,我们可以很容易地获取能谱,因此,本书在对光散射图样进行处理时,借助此方法计算了分散相颗粒分布的分形维数,并以 D_c 表示。

10.2.1.5　能谱法求维数

在研究某空间形态或时间过程的统计特征时,若能得到它的能谱,则可以根据能谱来确定这一波动性的过程是否具有分形特征,并同时可以求得分形维数。若某一空间形态具有分形特征,其能量谱满足:

$$S(r) \infty f^{-\beta} \tag{10.37}$$

并且分形维数和指数之间存在如下关系:

$$\beta = 5 - 2D \tag{10.38}$$

式中,D 为分形维数,将此关系推广到傅里叶变换能谱,因为傅里叶变换光斑某一方向的光强-波矢关系对应着空域图样中某个切面的起伏,因此,我们可以通过研究傅里叶变换光斑或散射光斑的光强-波矢关系来分析相结构的起伏状态,本书以 D_p 表示用此法求得的分形维数。

10.2.2　聚合物共混体系的标度和分形特征

10.2.2.1　聚合物共混体系 SEM 照片的标度和分形特征

1. SEM 照片的分形特征

韩蕴萍[36]应用测度法研究了 HIPS/PcBR 共混体系的分形特征。图 10.32 是

HIPS/PcBR(70/30)共混体系,在不同取样时间(从 30s~10min)部分样品的 SEM
照片。样品断口表面用环己烷刻蚀,因此,图中黑色孔洞是刻掉的 PcBR 相的位置。

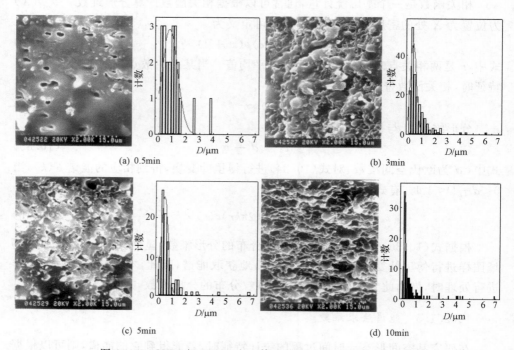

图 10.32　HIPS/PcBR(70/30)体系共混不同时间的 SEM 照片

　　利用测度法对所得到的 SEM 照片进行处理。以半径为 L 的圆按一定的规则
分别在不同位置得到覆盖圆,令覆盖圆的面积为 A,在图上不同位置得面积分别为
面积 $A_1,A_2,\cdots A_n$,取其几何平均值 $A(L)=\sqrt[n]{A_1 A_2 \cdots A_n}$,变换半径值 $L_1,L_2 \cdots L_n$
得到不同的面积 $A(L)$,从而可求得分形维数 D。

　　(1)自相似性分析。图 10.33 为体系 HIPS/PcBR(70/30)混炼时间为 7min 时
的 SEM 照片的 $A(L)$对 L 的关系曲线。其中 L 为覆盖圆的半径,$A(L)$为 L 圆内
PcBR 相颗粒的平均面积,即 $\overline{A}=\sqrt[n]{A_1 A_2 \cdots\cdots A_n}$。$\ln A$ 与 $\ln L$ 有很好的直线关系,
其斜率为维数 $D=1.97$,这种线性关系说明 HIPS / PcBR 体系相归并与相尺寸增
长过程具有对尺寸的自相似性。图 10.34 是 HIPS / PcBR 组成为 80/20 时共混后
期对时间的自相似性,即由 4~10min 跟踪 $A(L)$与 L 的关系。

　　(2)分形分析。对于 HIPS/PcBR 体系计算得到的分形维数列于表 10.3 和表
10.4。蔡志江[22]应用测度法计算了 PS/PcBR 及其部分相容体系的分形维数,张丁
浩[37]分别应用测度法和计盒子法计算了 PP/PA1010 共混体系的分形维数,其数

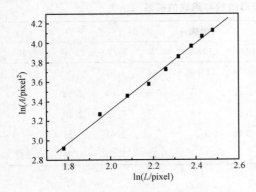

图 10.33 共混对尺度的自相似性
组成：HIPS/PcBR(70/30)

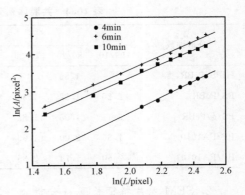

图 10.34 在共混后期对时间的自相似性
组成：HIPS/PcBR(80/20)

据分别列于表 10.3 和表 10.4。测度法和计盒子法所得分形维数具有密度的概念，故其数值的增加表示聚合物共混体系分散相颗粒尺度细化。由于图像法很难得到共混体系连续的初始图像，但可以看到聚合物共混体系混炼 2min 以后的结果，其分形维数基本一致。部分相容体系的分形维数要大于非相容体系的分形维数。因此，聚合物共混体系的分形维数的变化不仅可以表征体系分散相的细化程度，同时可以表征体系的相容性。

表 10.3 分形维数与时间的关系

分形维数	时间 / min										
	0.5	1.0	1.5	2.0	2.5	3.0	4.0	5.0	6.0	7.0	10.0
HIPS/PcBR 80/20	1.758		1.771	1.808	2.073		2.103	1.753	1.886		1.641
HIPS/PcBR 70/30	2.70	1.54	2.65	2.13		1.96	1.82	1.72	1.92	1.97	1.96
PS/PcBR 80/20		1.29	1.30	1.40		1.70		1.84			1.82
PS/PcBR/g 80/20		1.78		1.86		1.96		2.06		2.05	2.09
PP/PA1010 90/109(D_{fN})		1.31		1.26		1.36	1.34	1.36		1.49	
PP/PA1010 90/10(D_{fM})		2.20		2.50		1.62	1.94	1.68		2.25	

注：D_{fN} 为数格子法；D_{fM} 为测度法。

表 10.4　共混体系分形维数与组成的关系

分形维数	组成								
	99/10	80/20	70/30	60/40	50/50	40/60	30/70	20/80	10/90
HIPS/PcBR		1.86		2.28	1.88	1.94	1.97		
PS/PcBR	2.20	1.82	1.34	1.02			1.03	2.32	
PS/g/PcBR	2.13	1.05	1.82	1.57			2.08	2.13	
PP/PA1010	1.80	2.00	1.83	2.46			2.51	1.81	
PP/PA1010/g	2.50	1.74	2.35			1.72	1.84	1.96	1.84

2. SEM 照片特征长度 Λ 分析

（1）SEM 照片特征长度 Λ 的定义。原理：定义二值化图像中分散相粒子在某一位置的某一方向上跨越的距离为特征长度 Λ，采用不同的扫描密度多角度对图样中的分散相粒子进行逐步扫描，得到 Λ 的空间分布（图 10.35）。Λ 的概率密度函数 $P(\Lambda)$ 为

$$P(\Lambda) = N(\Lambda)/\int_0^\infty N(\Lambda)\mathrm{d}\Lambda \qquad (10.39)$$

其中 $N(\Lambda)$ 为 Λ 出现的频率。平均特征长度 Λ_m 定义为

$$\Lambda_\mathrm{m}(t) \equiv \int_0^\infty \Lambda P(\Lambda)\mathrm{d}\Lambda \qquad (10.40)$$

图 10.35 是对二值化 SEM 图像采用 100 条弦在 45° 方向上进行扫描时的扫描轨迹。特征长度与弦长有密切的关系，平均特征长度应该与平均弦长相近，但特征长度可计算不同角度上的相区尺寸，这是两者的区别。

（2）标度函数的定义[32]。Hashimoto[24]等在利用特征长度 Λ 研究液晶体系相分离图像演化动力学时，定义了归一化概率函数 $p[\Lambda(t)/\Lambda_\mathrm{m}(t)]$ 作为标度函数来研究图像演化的自相似性，该函数可以进一步引入相分散图像演化动力学。

$$P[\Lambda(t)/\Lambda_\mathrm{m}(t)] \equiv P[\Lambda(t)\Lambda_\mathrm{m}(t)]/c \qquad (10.41)$$

这里 $P[\Lambda(t)/\Lambda_\mathrm{m}(t)]$ 是无标度的，c 是一常数，定义如下：

$$\int_0^\infty P[\Lambda(t)/\Lambda_\mathrm{m}(t)]\mathrm{d}[\Lambda(t)/\Lambda_\mathrm{m}(t)] = \frac{1}{c} \qquad (10.42)$$

以 $p[\Lambda(t)/\Lambda_\mathrm{m}(t)]$ 对 $\Lambda/\Lambda_\mathrm{m}$ 作图，通过比较不同时刻图形的形状，便可判断所对应 SEM 照片是否具有自相似性。

原续波等[33]研究了 PS/PcBR 共混体系 SEM 照片，求得了特征长度 Λ 和是平均特征长度 Λ_m，并绘制了体系的概率密度函数 $P(\Lambda)$ 与平均特征长度 Λ_m 的曲线，如图 10.36。其中图 10.36（a）为 PS/PcBR 体系，（b）是其部分相容体系 PS/g/

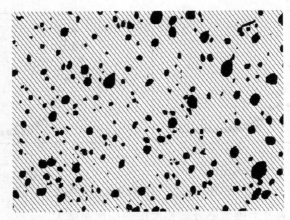

图 10.35　Λ 的空间分布示意图

图中黑线为 45°100 条弦时的扫描轨迹

PcBR。作者绘制了标度曲线，如图 10.37 所示，曲线基本相重合，说明 PS/PcBR 及其部分相容体系分散相尺度的变化具有无标度区，即具有自相似性，该体系具有分形特征。对图 10.37 曲线求对数，其直线部分的斜率即为分形维数。

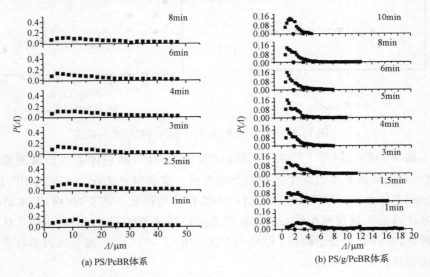

图 10.36　$P(\Lambda)$ 对 Λ_{m} 作图

PS/PcBR 及其部分相容体系的分形维数与共混时间的关系如图 10.38，图中还给出了平均特征长度 Λ_{m} 的变化。分形维数 D 与 Λ_{m} 的变化趋势正好相反。分散相的尺度随共混时间的增加而减小，分形维数则增大。用特征长度求取的分形维数

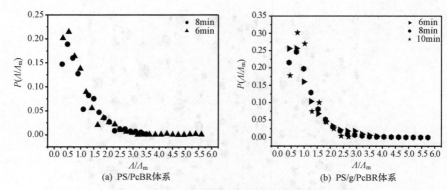

图 10.37　共混体系的标度曲线

具有密度概念,则分形维数随分散相尺度的细化而增大。

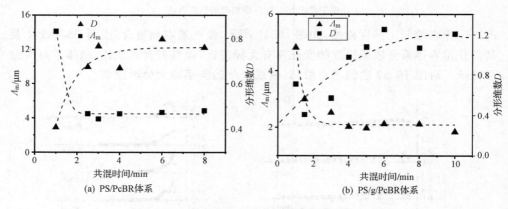

图 10.38　特征长度、分形维数与共混时间的关系

　　盛京和燕立唐等[15,34]对 PP/PA1010 和 PP/PE 共混体系的显微图像进行了分析,利用特征长度讨论了体系的分形特征。盛京和王亚等[35]在研究 PP/PS 及其部分相容体系 PP/SEP/PS 共混过程中的相结构形成与演变时,应用 SEM 照片处理方法得到了通过颗粒质心的弦长定义的粒径 d_g 的变化和分布,研究了体系的标度特征,并计算了分形维数。结果与上述的介绍一致。分形维数可以表征分散相的细化程度。

10.2.2.2　小角散射研究相分散动力学的标度行为与分形特征

1. 散射光强的标度一致性

　　随着时间的推移,共混过程中分散相逐渐细化。散射函数 $I(h,t)$ 在 t 时刻可由相关长度标度表示[38]:

$$I(h,t) \sim V\langle\eta^2(t)\rangle\xi(t)S[h\xi(t)] \tag{10.43}$$

其中，V 是散射单元体积；$\langle\eta^2(t)\rangle$ 是极化率的均方起伏；$\xi(t)$ 是相关长度；$S[h\xi(t)]$ 是与波矢量有关的结构函数。在一定温度下，散射函数随时间的变化与 $\xi(t)$ 具有简单的标度关系，而 $\xi(t)$ 与固定结构的波长 $\Lambda(t)$ 相对应，并由最大波矢量 $h_m(t)$ 决定。

$$\xi(t) \equiv \Lambda(t)/2\pi = 1/h_m(t) \tag{10.44}$$

由式（10.43）和式（10.44）可以解得标度结构函数：

$$S[X \sim I(h,t)h_m^3(t)] \equiv F(x) \tag{10.45}$$

$$X = h/h_m(t) \tag{10.46}$$

如果体系变化具有自相似性，则实验得到的 $F(x)$ 值与时间无关，也就是说，$I(h)\cdot h_m^3$ 对 h/h_m 作图均落在一条曲线上。燕立唐[15]以 PS/PE（10/90）体系初始时间段内的散射光强曲线为例[图 10.39（a）]，研究了散射光强演化的标度一致性。

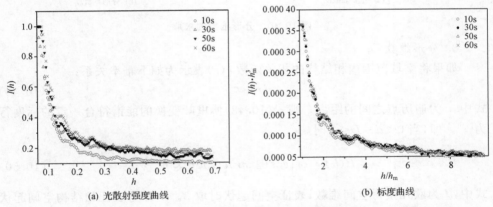

(a) 光散射强度曲线　　　　　　　　　(b) 标度曲线

图 10.39　PS/PE（10/90，体积分数）初始时刻的光强曲线（a）及其标度曲线（b）

图 10.39（b）为该体系熔体动态共混过程中初始时间段内采集的光散射强度的标度曲线。由图可见，在这些曲线具有很好的重合性，表明在这段时间内光强曲线的演化具有标度一致性，即具有自相似性。说明在这段时间内相结构的演化具有自相似性，体系具有分形特征。

2. 分形维数 D_s

在傅里叶变换一章中我们曾经推导了利用空域图样的傅里叶变换光斑求取分形维数 D_p 的公式，即

$$\lg P(h) \propto (5 - 2D_p)\lg h \tag{10.47}$$

这里的光强 $P(h)$ 为傅里叶变换光斑的能谱。根据前面的推导，小角激光光散射的光强与空域图样的傅里叶变换光斑的能谱之间存在如下关系：

$$I(h) \propto P(h) \tag{10.48}$$

因此,通过小角光散射的光强曲线也能求出相应的分形维数(见图 10.40)。为了区别于分形维数 D_p,这里将该分形维数定义为 D_s。D_s 与 D_p 的含义相同,可以用来表征相分散的程度。

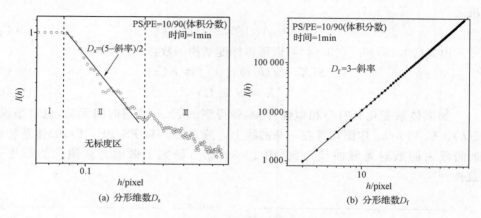

图 10.40　分形维数的求取

3. 分形维数 D_f

如果将空域范围内相结构的相关函数 $c(r)$ 表示为如下幂率关系:

$$c(r) \propto r^{-\alpha} \tag{10.49}$$

式中,r 为遍历点之间的距离。则式(10.48)傅里叶变换的能谱符合一定的标度行为[71]。即,当 $0 < d - D < 1$ 时,有

$$P(h) = 4\int_0^\infty \cos(2\pi hr)c(r)\mathrm{d}r \propto h^{d-D-1} \tag{10.50}$$

式中,d 为欧几里得空间维数,表征空间起伏时取 3。D 即为表征相结构空间起伏涨落的分形维数。联立式(10.48)和式(10.50)可得

$$I(h) \propto h^{d-D-1} \tag{10.51}$$

为了满足式(10.50)成立的条件,将该式两边积分,则有

$$II(h) = \int_0^\infty I(h)\mathrm{d}h \propto h^{d-D} \tag{10.52}$$

这里 $II(h)$ 表示光强对散射矢量 h 的积分。将式(10.52)两边取对数,有

$$\lg[II(h)] \propto (d - D)h \tag{10.53}$$

其中分形维数 D,为了区别于其他分形维数,定义为 D_f。式(10.53)即为利用小角激光光散射的光强曲线求取分形维数 D_f 的公式。

杨宇平在研究 PP/PcBR 共混体系时,讨论了共混体系部同时刻的曲线的变化,应用式(10.53)计算了计算了共混体系的分形维数 D_f,图 10.41 为 $\lg I(q) \sim \lg q$

曲线,图中 q 即为 h。由图 10.41(b)的分形维数 D_f 与共混时间的关系见图 10.42。D_f 随共混时间的演长而减小,在共混约 1.5min 以后,趋于平稳,分散相颗粒尺度 a_{c2} 随共混时间的增加相应减小。因此,显示了体系密度起伏的状态,当分散相颗粒减小并趋于均匀时,D_f 减小,当分散相尺度为定时,D_f 趋于稳定。

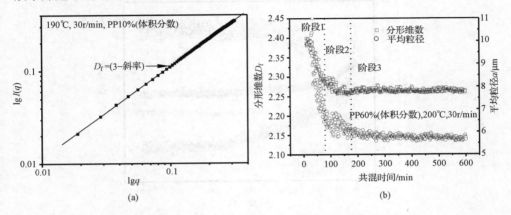

图 10.41　(a) $\lg I(q)$ 与 $\lg q$ 的关系;(b) D_f、a_{c2} 与共混时间的关系

杨宇平同时讨论了分形维数 D_s 的计算。图 10.42(a)是 PP/PcBR 共混体系不同共混时间的 $I(q)$ 对 q 曲线,按式(10.45)和式(10.46)得到的体系的标度曲线见图 10.42(b)。

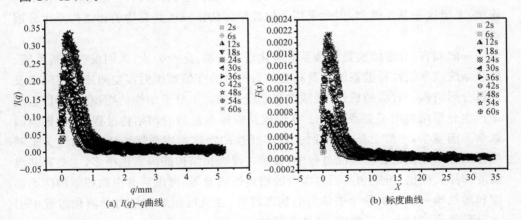

图 10.42　合金体系散射强度与标度行为

由图 10.42(b)发现,其标度曲线并不完全重合,而是分时段重合,即分散相破碎过程中的不同时段,分散相破碎过程中颗粒几何形状的变化,在不同时段具有不同特征,即具有不同的无标度区,可以计算出不同数值的分形维数 D_s。所以,我们可以得到聚合物共混体系共混过程中,在共混初期,分散相尺度细化过程的分形维

数。图 10.43 为分形维数 D_s、颗粒粒径与共混时间的关系，D_s 具有密度概念，它的变化与分散相颗粒尺度的变化相反。因此，体系分形维数的变化规律，要视分线维数的计算方法确定。

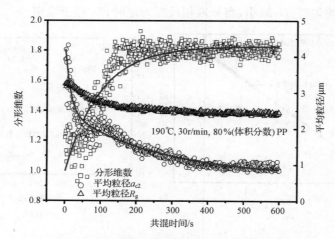

图 10.43　分形维数 D_s、颗粒粒径与共混时间的关系

10.2.3　多相共混体系相形成过程中相结构空间涨落的分形

多相共混体系相结构大多是随机的、不连续的，它们不具有一般数学分析中的连续、光滑这一基本性质，因此采用一般数学方法来描述共混物的相结构是十分困难的。

一般而言，分形结构是复杂系统演化后的产物。迄今为止，人们仅在随机系统、耗散系统或非线性耗散系统以及具有外力约束的守恒系统的实空间或相空间中发现过分形结构。因此，随机性、耗散性和非线性是产生分形结构的物理机制，即它们是产生分形结构的必要条件[39]。在形成共混体系复杂的相结构过程中，其影响因素众多而复杂，本质上是非线性的，而非线性的物理本质是耗散性，耗散性又是随机性的后果。在聚合物共混过程中，影响共混物相结构的因素也很多，主要有共混温度、时间、配比、扭矩和共混物本身的物理性质等等。考虑到共混物相结构的不连续和随机等一般分析数学中认为的病态特征，在共混相结构动力学演化过程中引入分形理论将是十分自然的，也是必要的。

分形维数作为分形体系的定量表征参数，反映了共混体系相结构的不规则程度、无序程度，它可用来描述共混相结构的形态，是反映共混体系相结构无序特征的一个状态函数。所以，分形维数具有熵的意义，最终必与随机性联系起来，它深刻反映了共混界面中无序的结构特征。对于聚合物共混体系而言，图像实质上就是浓度或取向等物理量在空间上的分布及其时间演化[40]。因而，通过研究共混体系相结构的图像,便可以研究共混动力学过程的分形行为。

我们已经在前面的章节中讨论了从不同角度定义的部分分形维数的意义、求法等。在本节中,我们将首先介绍分形和共混体系相结构图像之间关系的几个定义及其证明。在此基础上,推导利用相差显微镜空域图像求取表征相结构空间涨落幅度的分形维数 D_{mp},以及利用相关函数法求取表征相结构空间涨落的分形维数 D_{3c},并介绍求取这两种分形维数的计算机实现方法。同时介绍利用相差图像的傅里叶变换图像求取分形维数 D_{mf} 的方法。最后,将本书中各种相关分形维数加以综合讨论,介绍这些分形维数之间存在的关系。

李加深等[23]系统研究了共混体系图像与其分形处理之间的关系。在利用一个自然表面的分形维数来帮助我们理解图像之前,必须确定怎样才能通过图像处理过程把一个分形形状转变成一个图形密度表面。

燕立唐[15]进一步研究了聚合物共混体系相结构图样的表面特征。首先,必须对一些术语进行定义。由于真实的图像和表面的点在任何测量尺度内都是存在的,所以它们并不是真正数学意义上的分形。与此相反,物理意义上的表面存在一个上限,也就是图像的大小,和一个下限,即组成表面的颗粒。和其他所有的数学抽象概念一样,分形也只能近似地应用在一定范围的物体上。

由于我们不能指望一个物理表面在所有的范围内都具有分形行为,那么“分形表面”一个合理的物理定义为:在一定范围内可以用某一单一分形函数精确近似表示表面。因此,如果一个表面在一个较大的范围内具有一个稳定的分形维数,我们就可以称之为分形表面。这表明该表面在该范围内可以用单一分形函数精确近似。

基于这些考虑,我们提出以下两个定义,第一个用于二维函数,如图形密度表面,第二个用于三维空间的二维拓扑表面,如山表面。

定义 1:分形布朗表面是符合统计描述的连续函数,其中 x 是在最小($\Delta x_{\min}$)和最大($\Delta x_{\max}$)范围内的二维向量。

定义 2:空间同性分数布朗表面和组成它的每一个单元 $N = (N_x, N_y, N_z)$ 都是具有同一分形维数的分形布朗表面。

有了这些定义,我们就可以讨论一个三维分形表面如何在一个二维图形中体现出来。

命题 1:一个具有空间同性分数布朗三维表面可以产生二维密度分形,该图形也是分数布朗表面,并且与三维表面组分有一致的分形维数。

证明:点 P 处的图形密度 I 是表面法线 N 的函数,则有

$$I = \rho \lambda N \cdot L \tag{10.54}$$

其中,ρ 为表面反照率;λ 为光密度;$L = (l_x, l_y, l_z)$ 为光照方向。因此,变量 I 只是变量 N 的函数。

由命题 1 可知,图形密度服从以下规律:

$$Pr\left(\frac{I(x,y) - I(x + \Delta x, y)}{\parallel \Delta x \parallel^H}\right) = F(y) \tag{10.55}$$

为了说明这一点,令 N_1 为点 (x,y) 的法线,N_2 为点 $(x+\Delta x,y)$ 的法线,得到

$$Pr\left(\frac{\rho\lambda(N_1 \cdot L) - \rho\lambda(N_2 \cdot L)}{\parallel \Delta x \parallel^H} < y\right) = F(y) \tag{10.56}$$

$$Pr\left(\frac{\rho\lambda(N_{1x}l_x + N_{1y}l_y + N_{1z}l_z) - \rho\lambda(N_{2x}l_x + N_{2y}l_y + N_{2z}l_z)}{\parallel \Delta x \parallel^H} < y\right) = F(y)$$
$$\tag{10.57}$$

由于 N_x、N_y 和 N_z 都是分数布朗运动,ρ、λ 和 L 都是常数。故 $\rho\lambda N_x l_x$、$\rho\lambda N_y l_y$ 和 $\rho\lambda N_z l_z$ 也是分数布朗函数。因此

$$I = \rho\lambda(N \cdot L) = \rho\lambda(N_x l_x + N_y l_y + N_z l_z) \tag{10.58}$$

这个命题表明表面法线的分形维数可以表达图形密度表面分形维数,当然还可以表达物理表面的分形维数。通过不同的几何方法对图像处理进行模拟可以看出,这个命题在很大范围内都是成立的。表面的"粗糙度"可以由图形的"粗糙度"来表达。表面是各向同性的,那么,通过测量图形数据的分形维数,就可以估计表面的分形维数。

命题 2:分形布朗运动函数的一个线性变换是和原函数具有相同分形维数的分形布朗函数。

证明:如果 $I(x)$ 是分形布朗函数,那么对于 $AI(x)+B$,式(10.59)成立,

$$Pr\left(\frac{[AI(x) + B] - [AI(x + \Delta x) + B]}{\parallel \Delta x \parallel^H} < y\right) = F(y) \tag{10.59}$$

变换一下,式(10.59)还可以写为以下两式:

$$Pr\left(\frac{I(x) - I(x + \Delta x)}{\parallel \Delta x \parallel^H} < \frac{y}{A}\right) = F(y) \tag{10.60}$$

或

$$Pr\left(\frac{I(x) - I(x + \Delta x)}{\parallel \Delta x \parallel^H} < y\right) = F(yA) \tag{10.61}$$

命题即得证。线性变换只是分布函数 $F(y)$ 的变化。

命题 3:分布函数 $F(y)$ 的变化不会影响分形布朗函数的分形维数。

证明:如果 $I(x)$ 是分形布朗函数,那么对于 $I(x)$,式(10.62)成立,

$$Pr\left(\frac{I(x) - I(x + k\Delta x)}{\parallel k\Delta x \parallel^H} < y\right) = F(y) \tag{10.62}$$

令 $\Delta x^* = k\Delta x$,有

$$Pr\left(\frac{I(x) - I(x + k\Delta x^*)}{\parallel \Delta x^* \parallel^H} < y\right) = F(y) \tag{10.63}$$

命题得证。

前面已经描述了一种从亮度均匀表面得到分形维数的方法。尽管有些表面亮

度不均匀,还是有希望从表面的等高线得到它的分形维数。而且可以用平面等高线的分形维数直接得到三维表面的分形维数。表面的分形维数等于等高线的分形维数加 1。

李加深等[23]研究了高聚物共混体系 SEM 照片的相关分形。我们知道,聚合物多相共混体系的 SEM 照片直接记录了样品断面对于二次电子溅射所产生的差异。这些差异一部分是由于相结构的差异造成的,因而包含了相结构的信息,但同时脆断时形成的断面起伏也会影响到二次电子的溅射。因此,同时包含了断面的起伏信息。断面的起伏与相结构没有多大关系,却能影响直接从 SEM 照片中获取的相结构信息的准确程度。所以,通过 SEM 照片来研究共混体系的三维分形与实际偏差甚大。然而,共混体系的相差图像完全反映了两相体系的相结构特征,其光强的涨落仅与相结构有关。因此,通过相差显微图像所获得的分形维数才能准确地反映相结构演化的动力学过程。

10.2.3.1　相关函数法求分形维数

1. 相差图样的相关分形维数

假定某一空间内随机分布的量在位置 x 处的密度为 $\rho(x)$,则相关函数 $c(r)$ 可定义为

$$c(r) = \langle \rho(x)\rho(x+r) \rangle \cdot \tag{10.64}$$

这里,· 表示平均;r 为遍历点之间的距离。根据情况,平均可以是全体平均,也可以是部分平均。当分布为分形时,相关函数为幂形。如果是幂形就不存在特征长度,相关总是以同样的比例衰减。例如,假如有

$$c(r) \propto r^{-\alpha} \tag{10.65}$$

此幂指数 α 与分形维数 D 的关系为[53]

$$\alpha = d - D \tag{10.66}$$

联立式(10.65),式(10.66),并两边取对数,有

$$\lg[c(r)] \propto (d - D)\lg(r) \tag{10.67}$$

此式为通过空域图像求分形维数的方法。为了区别于其他各类分形维数,该分形维数定义为 D_{3c}。显然,该分形维数表征的是相结构空间的涨落幅度。利用相关函数求图样分形维数计算方法的示意图见图 10.40。

2. 显微图像傅里叶变换谱的相关分形维数

有关显微图像傅里叶变换谱的相关函数计算分形维数见 10.2.2 节聚合物共混体系的标度和分形特征中"分形维数 D_f"的定义与计算,计算维数方法的示意图见图 10.40。

3. PS/PE 共混体系图像表面的分形维数

(1) 共混图像相结构的三维形貌(见图 10.44)。燕立唐[15]根据前面的理论推

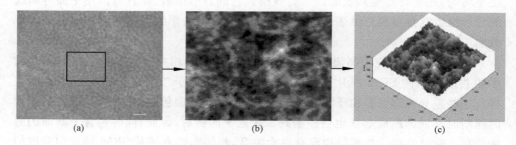

图 10.44　图像的三维形貌截取示意图

导,根据图样的光强起伏表征了相结构的空间涨落情况。将相差图像的光强作为 z 轴,图样的两个边分别作 x 轴和 y 轴,二维图像随即转换为相结构的空间三维形貌图。为了方便,我们仅从图样中间截取一小部分,转换为三维形貌起伏图(图 10.45)。

图 10.45　PS/PE(10/90)共混体系时间序列图像的三维形貌

从图 10.45 上可以发现,PS/PE(10/90)共混体系随着共混时间的增长,初始阶段图像三维形貌的涨落幅度迅速变小,表明在这段时间内相结构的均匀程度迅速变好。1min 后,图像的涨落幅度趋向平稳。3min 后,图像的涨落幅度已基本稳定。这表明相结构的均匀程度已经接近平稳,随共混时间的延长不再有大的变化。因此,初始阶段是相结构形成的关键时期。

(2) 图像的相关分形维数 D_{3c}。根据图 10.45,PS/PE 体系的的显微图像的相关函数按式(10.67)绘制的曲线如图 10.46 所示。随着共混时间的增长 $M_c(r)\sim r$ 曲线的斜率绝对值逐渐变小。从计算得到的分形维数 D_{3c} 随共混时间变化图(图 10.47)中可以发现,随着共混时间的增长,D_{3c} 的变化曲线大致可分为三个阶段。第一个阶段(1min 内),分形维数迅速变小,表明相结构的涨落幅度迅速变小,相结构迅速变均匀。第二个阶段(1~3min),D_{3c} 波动较大,但总体趋势仍然变小,表明相结构变均匀的速度减缓。第三个阶段(共混 3min 后),D_{3c} 围绕着中心值上下波动,表明相结构均匀程度已经达到平衡。

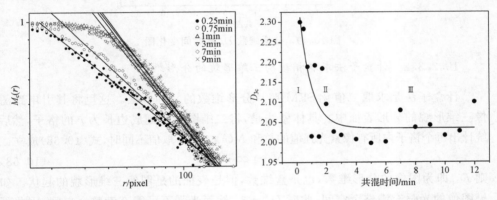

图 10.46　时间序列的 $M_c(r)\sim r$ 曲线　　　图 10.47　分形维数 D_{3c} 随时间变化图

(3) 傅里叶变换光斑的相关分形维数 D_{mf}。根据式(10.53)计算绘制的曲线(见图 10.48)可以发现,共混初期随着共混时间的增加,所得分形维数 D_{mf} 随共混时间

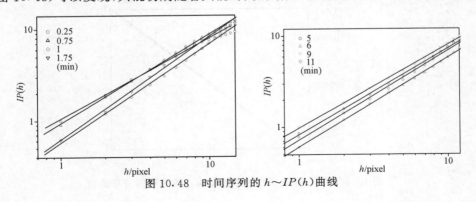

图 10.48　时间序列的 $h\sim IP(h)$ 曲线

的变化曲线见图 10.49。该曲线同样可以分为三个阶段。第一个阶段(1min 内),分形维数迅速变小,表明相结构的涨落幅度迅速变小,相结构迅速变均匀。第二个阶段(1～3min),D_{mf} 总体趋势仍然变小,但变化速度减缓,表明相结构变均匀的速度减缓。第三个阶段(共混 3min 后),D_{mf} 围绕着中心值上下波动,表明相结构均匀程度已经达到平衡。这与 D_{3c} 的结果是非常一致的。

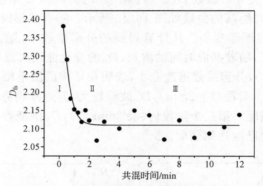

图 10.49　分形维数 D_{mf} 随时间变化图

10.2.3.2　计盒子法求取相结构三维形貌的分形维数

计盒子法是求取二值化 SEM 照片分形维数的一种方法。这里将其引申到图像三维形貌的分形表征中。具体做法是,将二维图像分割成边长为 r 的格子,然后统计出每个格子内所有像素光强值的总和 $N(r)$。当 r 取值不同时,式(10.68)成立:

$$N(r) \propto r^{-D_{mp}} \tag{10.68}$$

则 D_{mp} 即为图像的分形维数,也是盒维数,但是表征的是图像三维形貌的起伏。如果图像的光强充满整个空间,此时 $D_{mp}=3$。然而光强不可能充满整个空间,因此不可能到 3,只会介于 2～3 之间。所以 D_{mp} 表征的是相结构的涨落程度,也即相均匀程度。图 10.50 为利用计盒子法求取相结构三维形貌的分形维数示意图。

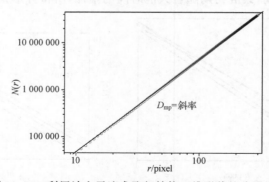

图 10.50　利用计盒子法求取相结构三维形貌的分形维数

李加深[23]讨论了 PP/PP-g-MAH/PA1010 共混体系的显微图像表面空域的分形特征,应用计盒子法求的表面分形维数 D_{mp}。图 10.51 给出了表面不同状态的分形维数 D。

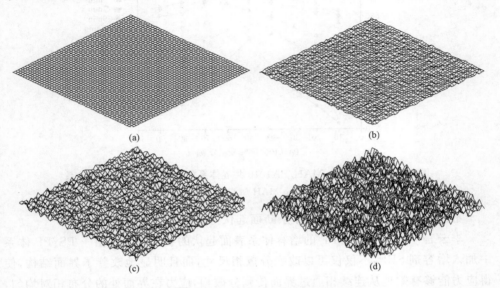

图 10.51　表面不同状态的分形维数 D[41]
(a) 平板表面 $D \approx 2.0$;(b) 粗糙表面 $D \approx 2.1$;
(c) 凹凸表面 $D \approx 2.5$;(d) 笋状表面 $D \approx 2.8$

图 10.52 是 PP/PP-g-MAH/PA1010 共混体系分形维数与共混时间的关系,随共混时间的延长分形维数 D_{mp} 增大。对于不同组成,PP/PP-g-MAH/PA1010 共混体系的分形维数 D_{mp} 随分散相含量的增加而增大(见图 10.53)。

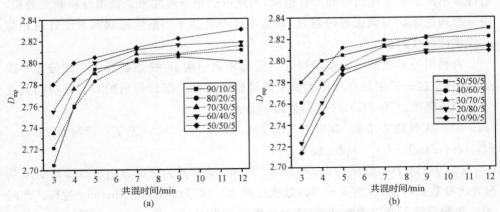

图 10.52　PP/PP-g-MAH/PA1010 共混体系的分形维数随共混时间的变化

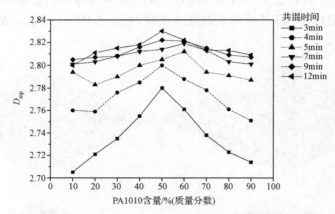

图 10.53　PP/PP-g-MAH/PA1010 共混体系的分形维数与组成的关系
PP-g-MAH 加入量为 5%

不同相容剂含量的 PS/PP 体系断面起伏分析如下。

李云岩[12]研究了 PS/PP 的增容体系表面起伏的物理意义。由于 PS/PP 体系中加入增容剂 SEP,不仅仅可以改变分散相尺寸,而且明显地改善了界面结构,使得应力能够有效地从连续相通过界面传到分散相,应力在界面处的分布相对均匀,这一点可以从材料断面的复杂程度的角度进行研究。从材料断面上等距离地取 n 个点,以所有取得的点生成面,可得到断面的等效三维视图(见图 10.54),为定量地研究这一曲面的性质,引入了三维分形布朗运动,提出用分形数来描述界面的状态。在随机分形中,最典型的是分形布朗运动,其已广泛地用来模拟可控复杂度的逼真形象的地貌形态。由于地貌往往是有许多凹凸单元组成,而材料的断面图也是由许多不同形状的微凸峰和凹谷组成,因此可运用分形技术来模拟分析断面形貌,用分形理论来研究该图形形貌时,其基本假设是基于图形的形状具有统计自相似性或统计自放射性。

为利用分形布朗运动模型研究共混物断面形貌,可视该断面为三维分形布朗运动曲面(这一假定是在考虑到其空间结构的实际情况后做出的),其相应的灰度为 $I(t)$。随机过程 $\{I(t), t \in T\}$,如果满足:

(1)具有独立增量,即对于任意 $t_1 < \cdots < t_n, (N > 2, t_j \in T)$,诸增量 $I(t_2) - I(t_1), \cdots, I(t_n) - I(t_{n-1})$ 相互独立。

(2)$I(t) - I(s)$ 服从 $N(0, \sigma^2 |t-s|^\alpha)$ 分布,则称其为分形布朗运动。其中,α 为 Hurst 参数。特别地,当 $\alpha = 1$ 时,随机过程 $X(t)$ 即为 Wiener-Einstein 过程。此时的 α 参数反映了断面的粗糙度,它与维数关系为

$$D = n + 1 - \alpha = 3 - \alpha \tag{10.69}$$

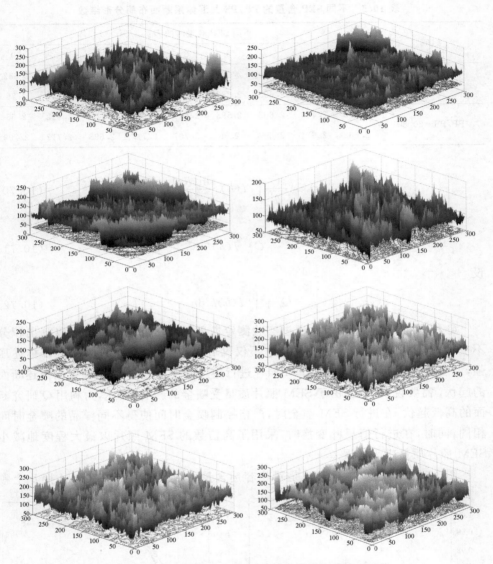

图 10.54　不同 SEP 含量的 PS/PP 共混体系断面形貌

　　由分形理论知,分形维值相当接近所能感知的断面起伏的频率,维值较大的共混物断面起伏的频率较高,断面状态较为复杂。表 10.5 给出的布朗分形维数 D_{Bronwn} 随 PP/PS 增容剂含量的变化。

　　除了断面起伏的频率以外,起伏的幅度也是描述断面形貌的必要参数,为研究断面起伏幅度对相容剂含量的依赖关系,借鉴光散射理论引入参数积分不变量 Q。对于 Debye-Bueche 散射公式,可通过傅里叶逆变换算出相关函数。

表 10.5 不同 SEP 含量的 PP/PS 共混体系断面布朗分形维数

组成	不同 SEP 含量时的 D_{Brown}/%								
	0	2	4	6	8	10	12	15	20
PP/PS=1/99	2.438	2.469	2.568	2.587	2.632	2.575	2.587	2.609	2.632
	2.655	2.685	2.693	2.687	2.727	2.746	2.755	2.757	2.76
PP/PS=20/80	2.345	2.453	2.602	2.598	2.643	2.631	2.6453	2.622	2.63
	2.662	2.674	2.697	2.66	2.707	2.717	2.698	2.712	2.709

$$\gamma(r) = \frac{C}{\overline{\eta^2}} \int_0^\infty I(h) \frac{\sin(hr)}{hr} h^2 \mathrm{d}h \tag{10.70}$$

当 $r=0$ 时，$\gamma(0)=1$，则有

$$\overline{\eta^2} = C \int_0^\infty I(h) h^2 \mathrm{d}h \tag{10.71}$$

设

$$Q = \int_0^\infty I(h) h^2 \mathrm{d}h \tag{10.72}$$

Q 称为积分不变量，因此通过实验测定散射的角分布 $I(h)$，就可以算出积分不变量 Q，表征均方起伏 $\overline{\eta^2}$，实际上 $\overline{\eta^2}$ 不仅仅可以表征组成起伏，同样可以描述压强，温度等物理量的起伏。对 SEM 照片进行傅里叶变换之后，$\overline{\eta^2}$ 同样可以描述断面的起伏。需要说明的是，由于 SEM 照片质量受喷金的影响，因此，为利用 Q 研究断面的高低起伏，在进行 SEM 喷金时，严格控制喷金时间使得不同样品的喷金时间相同，同时，在进行傅里叶变换时，采用了高倍数的 SEM 照片以最大程度地减小 SEM 照片质量带来的误差。

图 10.55 同区域内 Q/Q_{max} 是对相容剂含量的依赖曲线（定义 SEM 照片上颗

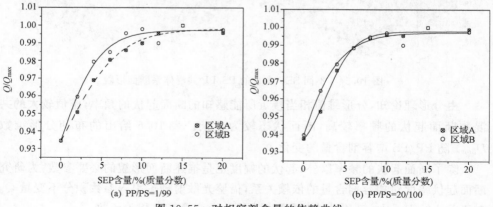

(a) PP/PS=1/99

(b) PP/PS=20/100

图 10.55 对相容剂含量的依赖曲线

粒边界内的区域为 A,颗粒边界内的区域为 B)。从图上可以看出,随着相容剂含量的增加,Q/Q_{max} 相应地增加并在 SEP 含量为 15% 处稳定下来,这表明相容剂的加入使得断面的起伏变得更大。关于共混体系断面复杂程度的研究并不多见,王文新等研究表明,断面的起伏越复杂表明体系的相容性越好,因此,从图 10.55 结果看来,Q 可以有效地描述断面起伏的复杂程度和增容效果。

10.3　聚合物共混体系相结构归并行为

相容性聚合物共混体系的相分离问题被广泛地研究,并取得了大量的理论与实际成果,其目的是控制相分离程度以达到材料性能最佳的结构状态。多相结构形态是聚合物共混体系的特征,如何控制聚合物共混体系相结构形态关系到体系的宏观性能。聚合物共混体系相结构的形成是依靠外加剪切场的作用,外加剪切场可以使体系分散相尺寸细化,但也可使分散相聚集归并。当失去外加剪切场后,在温度场的作用下,分散相同样可以聚集归并。图 10.56[35] 显示聚合物共混体系相结构形成与演变过程的分散相细化与归并。因此。聚合物共混体系相结构的形成与演变过程自然包含相结构的归并过程。

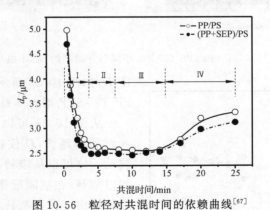

图 10.56　粒径对共混时间的依赖曲线[67]

10.3.1　静态归并过程中结构参数分析

在研究非相容聚合物共混体系 PP/PS 时发现,随共混时间的延长分散相的归并十分明显[43,35]。以 PP/PS(20/80)共混体系为例,其相形态随静态归并时间变化的 SEM 照片如图 10.57 所示。

从图上可以看出,共混体系呈现明显的海岛状结构,其中球状凸起或凹坑为 PP 分散相,基体为 PS。随着归并的进行,颗粒尺寸增加,值得一提的是,在整个归并过程中,颗粒基本保持球状,为了定量地分析颗粒形状的变化,引入颗粒的形变

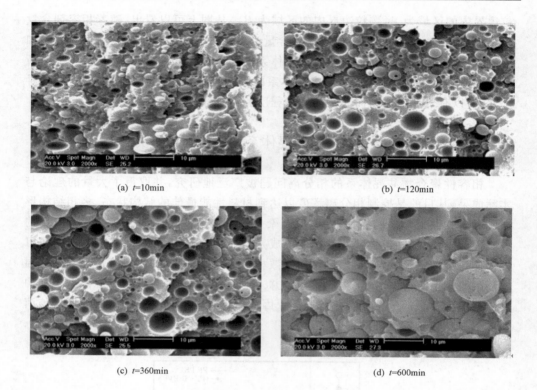

(a) t=10min

(b) t=120min

(c) t=360min

(d) t=600min

图 10.57 PP/PS（20/80）不同归并时刻的 SEM 照片

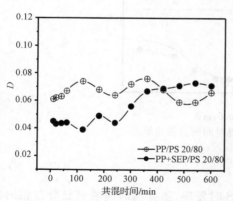

图 10.58 PP/PS（20/80）不同相归
并时刻的颗粒形变度

度 D，如图 10.58 所示，图中同时给出了 PP/PS/SEP 增容体系。

从图 10.58 可以看出，随着静态归并时间的延长，D 仅在较小的范围之内波动。这可以从哑铃状液滴的回缩过程加以解释：在液滴凝聚的过程中，基质液膜的排出过程和哑铃状液滴的回缩过程是控制整个凝聚过程的关键步骤，当液滴相互融合以后，在相界面张力作用下，哑铃状液滴会逐渐回缩为球形，这一过程所用时间 τ 与界面张力 σ 之间存在如下关系：

$$\tau \approx \frac{R\eta}{2\sqrt[3]{2\sigma}}, \quad \eta = \eta_{\mathrm{m}} + 16\eta_{\mathrm{d}} \tag{10.73}$$

由于 PS 与 PP 是典型的不相容高聚物，两相界面张力较大，加之归并过程中没有外加剪切力的干扰,使得哑铃状液滴的回缩过程在较短的时间内即可完成。同时,这一结果表明,与基质液膜的排出过程相比,液滴的回缩过程对整个凝聚过程的控制作用相对较轻。

10.3.1.1　静态归并过程中粒径及其分布

图 10.59 为 PS/PP(80/20)体系不同静态归并时刻的颗粒尺寸,可以看出,与 SEM 照片的结果一致:随着归并的进行,相邻的颗粒彼此结合形成较大的颗粒,相尺寸相应地增加。另外,与 PS/PP(80/20)相比,PS/PP+SEP(80/20)体系中,随着静态归并时间的延长,尽管颗粒尺寸同样有所增加,但是这一增长是非常缓慢的,这表明相容剂的加入能有效地减缓颗粒的归并。

图 10.60 是不同静态归并时刻的颗粒尺寸分布图。可以看出,大多数颗粒仍集中在 6μm 以下范围内,同时,在 6～12μm 范围出现了很长的拖尾,虽然它们为数不多,但粒径较大,所以对应的 SEM 照片可以看到一些大颗粒它们出现的原因可能是在界面张力作用下,相邻的颗粒彼此归并形成较大的颗粒,由于尺寸相差较大的颗粒间相互归并的概率低于尺寸相当的颗粒间的归并概率,因此这些后继形成的大颗粒间会舍弃周围的小颗粒而彼此"吞噬"形成更大的颗粒,从而造成了尺寸分布上的不连续性。

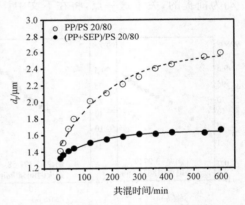

图 10.59　PP/PS (20/80)不同相归并时刻的颗粒尺寸

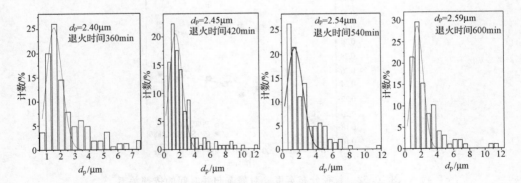

图 10.60　不同静态归并时刻的颗粒尺寸分布柱状图

对数正态分布统计理论是研究非线性动力学和随机分形体系规律的有力工

具。为借助统计学相关理论进一步研究 PS/PP 共混体系相结构,可借助图估计法对分散相颗粒粒径的分布柱状图进行变换,进而判断颗粒尺寸分布是否符合对数正态分布,并借助相关参数对相结构加以分析。

为此,作者等根据图估计理论计算了不同时间的 PS/PP 共混体系分散相颗粒粒径的累计分布,如图 10.61 所示。显然,对于任一时刻,$P[F(dp)]$ 与 dp 均呈线性关系,表明颗粒粒径的分布符合对数正态分布,因此可以借助对数正态分布的相关参数来研究相形态的演化。图 10.62 为粒径分布宽度 δ 对静态归并时间的依赖曲线。从图上可以看出,在归并的初期,随着归并的进行,分布宽度相应增加,颗粒尺寸变得不均匀,到归并的后期,尽管分散相颗粒粒径在不断地增加,其分布宽度却稳定下来,这表明在此时段内,相尺寸的增加在以保证其分布在较小的范围内波动为前提的,关于这一点,将在下文中详细讨论。

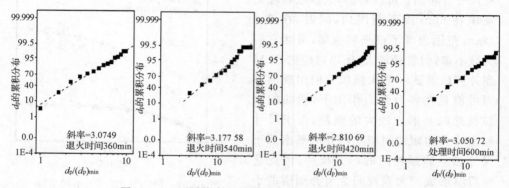

图 10.61 不同静态归并时刻的颗粒尺寸累计分布图

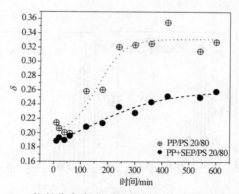

图 10.62 粒径分布宽度 δ 对静态归并时间的依赖关系

10.3.1.2　静态归并过程中分形行为分析

关于相归并过程中结构函数的标度行为已被公认,但以往的研究大多是借助光散射进行的,实际上,对于高聚物而言,相结构的图样就是多相聚合物体系浓度或取向等物理量在空间上的分布和时间上的演变,图样的形成和选择对应于高分子材料的形态形成与演变。因此,聚合物多相体系熔体过程中的图样,不失为研究共混过程中相形态的形成及其演变规律的有效手段,作者利用间歇采样法对 PS/PP 共混体系的静态相归并过程进行了在线检测和分析,计算了不同时刻的分形维数并研究了结构函数的标度行为。

为研究相分散过程中的分形行为,作者引入了分形维数 D_f。如果物理量 x 的分布空间具有分形特征,定义 x 的分布密度函数为 $p(x)$,则尺寸大于 t 的 x 的分布概率 $f(x)$ 可表示为

$$f(t) = \int_t^{+\infty} p(x)\mathrm{d}x \tag{10.74}$$

当 t 变为 λt 时,若满足:

$$f(\lambda t) \propto f(t) \tag{10.75}$$

则 $f(x)$ 应满足幂律关系:

$$f(t) \propto t^{-D_f} \tag{10.76}$$

D_f 为分形维数,以 $\lg f(t)$ 对 $\lg t$ 作图,其斜率即为 $-D_f$,这样便求出了分形维数。显然,只有当 t 的分布空间为无限集时,并且 t 在整个空间内均能满足幂律关系,才能计算分形维数,由于分散相颗粒的粒径 d_g 分布的无标度区域为有限子集,在该子集外,t 的分布不能满足幂律关系,因此,不能直接利用上述的推导求取 d_g 的分布空间内分形集的分形维数。为此,对式(10.76)进行微分处理可得

$$p(t) \propto t^{-D_f-1} \tag{10.77}$$

即

$$\lg p(t) = (-D_f - 1)\lg t + m \tag{10.78}$$

式中,m 为一常数,以 $\lg p(t)$ 对 $\lg t$ 作图即可求得分形维数,且对 t 的分布空间大小没有限制,因此,可利用式(10.78)求取 d_g 的分布空间内分形子集(无标度区)的分形维数。

在研究 d_g 分布空间的分形特征时,其无标度区通常为 d_g 分布空间的子集,在未知其无标度区的前提下难以得到概率密度 $p(t)$,为此,可定义 $p_{total}(t)$ 为整个空间范围内的概率密度,则定义在无标度区内的概率密度 $p(t)$ 可表示为

$$p(t) = \frac{N(t)}{N_{fractal}(t)} = \frac{N(t)}{N_{total}(t)} \cdot \frac{N_{total}(t)}{N_{fractal}(t)} = p_{total}(t) \cdot \frac{N_{total}(t)}{N_{fractal}(t)} = k p_{total}(t)$$

$$\tag{10.79}$$

式中，$N_{\text{total}}(t)$ 和 $N_{\text{fractal}}(t)$ 分别为整个分布空间和无标度区内 t 的数量，将式（10.79）代入式（10.78）得

$$\lg p_{\text{total}}(t) = (-D_{\text{f}} - 1)\lg t + m - \lg k \tag{10.80}$$

以 $\lg p_{\text{total}}(t)$ 对 $\lg t$ 作图（见图 10.63）便可求取分形维数。应该指出，我们不是很赞成将 D_{f} 称之为分形维数，确切地讲，D_{f} 仅仅是描述尺寸分布的结构参数。图 10.64 是分形维数对静态归并时间的依赖曲线，从图上可以看出，在归并的前期，随着时间的延长，D_{f} 有所减小，表明颗粒尺寸均匀性变差，至归并的后期，分形维数 D_{f} 在较小的范围之内波动，表明在此时段内，静态归并时间对颗粒尺寸分布的影响不大。此外，从 D_{f} 的推导过程可以看出，D_{f} 所描述的仅仅是一定范围内［满足式（10.80）的区域内］颗粒尺寸的分布情况，因此其计算不会受到颗粒尺寸拖尾现象的影响，从这一角度讲，与上文中的分布宽度相比，D_{f} 更能如实地反映大多数颗粒尺寸的变化。

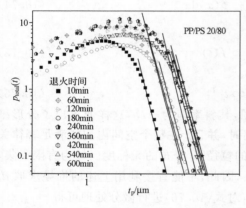

图 10.63　不同归并时刻 $p_{\text{total}}(t) \sim t$ 曲线　　图 10.64　不同归并时刻分形维数

10.3.1.3　相归并的在线光散射结果分析

光散射法是一种较好的无损检测材料内部不均匀性的方法，它具有测量粒子尺寸范围宽、光电转换响应时间短和分辨率高等优点。

当光照射到粒子上时，会引起粒子对光的散射。散射光可分为粒子对光的吸收、反射、经折射后透射和衍射四部分。散射光强随散射角的分布情况，包含着粒子尺寸和分布信息，通过测量散射光强的角度依赖性，即可了解材料微观结构情况，其中结构尺寸范围由光源的波长决定。He-Ne 激光器发射波长为 632.8nm 激光，利用激光散射可以研究微米级的结构；X 射线波长很短（例如常用的 CuK_α 辐射 $\lambda = 0.154\text{nm}$），所以小角 X 射线散射（SAXS）适合于研究尺寸在 1～10nm 数量级

范围的与电子密度起伏有关的结构特征;中子射线的波长约在 10^{-10}m 的数量级,它适宜作为用散射或衍射方法研究物质结构的光源,将中子源冷到液氮温度,就可将相应的波长增大到 10^{-9}m 以上,这种穿透能力很强的长波较相应波长的 X 射线有更好的应用性。用 SAXS 方法研究固体高聚物,往往受到体系的电子密度差太小的限制。例如,聚邻氯代苯乙烯/聚苯乙烯体系(PoClS/PS)共混物的散射曲线与 PS 的散射曲线差别不大,难于用 SAXS 法进行研究。但是,若用氘代试样,以小角中子散射(SANS)法进行研究则往往能得到很好的结果[31]。本研究中应用小角激光散射来研究共混物中微米级的微观结构。

参数 a_c 称为相关距离,是极化率起伏变化周期的平均值,具有长度的单位。由于在共混物中极化率的起伏与两相的变化起伏一致,所以 a_c 值与分散相颗粒尺寸及其间距有关,其值越小,表明颗粒的尺寸越小,分布越均匀,分散的效果越好。不同组成的 PP/PS 共混体系的 a_c 值随共混时间的变化如图 10.65 所示。

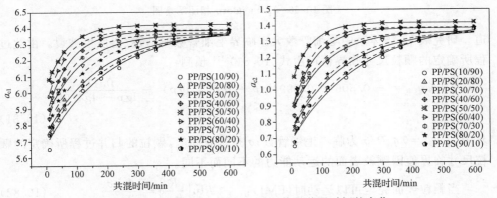

图 10.65　PP/PS 共混体系的 a_c 值随共混时间的变化

10.3.2　剪切诱导归并过程中相结构的形成与演变

在加工流场作用下共混体系相结构主要由颗粒的分散和归并两个过程决定。不同加工条件下两个过程对共混物终态结构的影响力度和效果是不同的,这可以借助 Elemendorp 相图进行分析。图 10.66 是 Elemendorp 相图的示意图,从图上可以看出,整个相图由颗粒破裂曲线和归并曲线组成,两条曲线将整个区域分为四部分。只有在区域 II 内,相形态的演变仅由归并过程控制。

在研究该归并之前,建立相应的 Elemendorp 相图并根据相图确定适当的试验条件以保证相形态的发展不受破裂过程的影响是必要的。

建立此相图的关键在于确定破裂曲线和归并曲线,亦即确定两种不同的过程对颗粒尺寸的定量关系。关于颗粒的破裂过程对其尺寸的影响作用已有不少的报

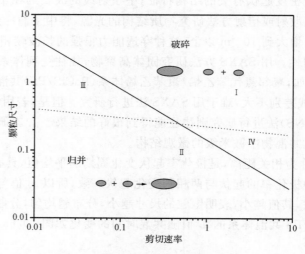

图 10.66　Elemendorp 相图示意图

道。研究表明，当体系中毛细管数大于临界毛细管数时，颗粒会发生破裂。由此过程所确定的颗粒尺寸临界值可由式(10.81)[114]预测：

$$\lg Ca_{crit} = -0.506 - 0.0994\lg p + 0.124(\lg p)^2 - \frac{0.115}{\lg p - \lg 4.08}$$

(10.81)

其中，$Ca_{crit} = \dot{\gamma}\eta_m R/\sigma$ 为临界毛细管数；σ 是基质黏度。颗粒的归并过程所确定的颗粒尺寸临界值因颗粒表面的运动能力的不同而不同。

当颗粒表面完全可以运动时(FMI)：　　　$R\ln\left(\dfrac{R}{h_{crit}}\right) = \dfrac{2}{3}\dfrac{\sigma}{\eta_m \dot{\gamma}}$　　(10.82)

当颗粒表面部分可以运动时(PMI)：　　　$R = \left(\dfrac{4}{\sqrt{3}}\dfrac{h_{crit}}{p}\right)^{\frac{2}{5}}\left(\dfrac{\sigma}{\eta_m \dot{\gamma}}\right)^{\frac{3}{5}}$　　(10.83)

当颗粒表面完全不可以运动时(AMI)：　　　$R = \left(\dfrac{8}{9}\right)^{\frac{1}{4}}\left(\dfrac{h_{crit}\sigma}{\eta_m \dot{\gamma}}\right)^{\frac{1}{2}}$　　(10.84)

其中，$h_{crit} \approx \left(\dfrac{Ad}{16\pi\sigma}\right)^{\frac{1}{3}}$ 是临界基质液膜厚度。通过计算不同加工条件不同过程下颗粒尺寸的临界值即可构建 Elemendorp 相图。图 10.67 是不同组成的 PP/PS 共混体系 Elemendorp 相图，从图上可以看出，临界剪切速率大约为 4～5s^{-1}，因此只要使归并过程中的剪切速率低于这个值，即可保证在整个归并过程中，相形态的发展实际是归并过程控制的。

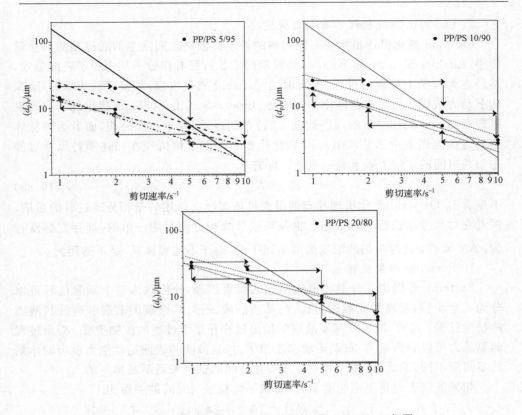

图 10.67　不同组成的 PP/PS 共混体系 Elemendorp 相图

10.3.3　相归并过程数学行为分析

10.3.3.1　静态归并过程中液滴粗化机理及动力学研究

两相不相容共混聚合物的物理性能很大程度上决定于相的形态,而相的形态在很大程度上由流动过程中粒子与粒子间的归并控制。归并的研究包括动态归并和静态归并。退火导致静态归并,其形成机制为通过粒子与粒子的溶解减小粒子间界面面积以达到稳定。虽然在静态归并过程中没有外加的作用力,但存在其他各种作用力(如重力、范德华力),这些作用力会使得分散相的形态发生粗化,严重地影响材料的性能,因此,对静态情况下共混物形态的粗化机理进行研究,可以更好地控制共混物的相形态。在本节中,我们对已有的关于分散相液滴粗化机理进行了汇总改进,分析比较了不同的机理在描述 PP/PS 共混体系差异,对 PP/PS 共混体系静态归并过程中相粗化机理做出合理的归属,并进一步建立了相粗化的动力学模型,对液滴尺寸作出近似预测。

1. Ostwald 熟化机理和布朗凝聚机理

Ostwald 熟化机理是指在不同曲率的粒子或液滴之间发生的通过基质的质量传递。Lifshitz-Slyozov 和 Wagner 将液滴的增长过程看作分子从小粒子表面蒸发，然后在大粒子上凝聚的过程，即所谓的 Ostwald 熟化机理，该机理认为蒸发-凝聚的驱动力依赖于粒子表面曲率的化学势。Binder-Stauffer 和 Sigia 提出的布朗凝聚机理考虑了分散相粒子的布朗运动，通过布朗运动，粒子相互碰撞，而后为降低体系的自由能而发生归并，Ostwald 熟化机理和布朗凝聚机理在描述颗粒尺寸对静态归并时间的依赖关系上是一致的。即有

$$R^3 = R_0^3 + k_i t \tag{10.85}$$

不难看出，Ostwald 熟化机理和布朗凝聚机理实际上描述的是相分离过程的后期，两者在对尺寸增长行为的描述上也是与弦节线相分离后期一致的，即存在标度行为：$\Delta R \propto t^{\frac{1}{3}}$，此时两相的浓度尚未达到平衡，对于不相容体系，是不适用的。

2. Fortelny 凝聚机理

Fortelny 等提出了分散相液滴粗化的凝聚机理，他们认为整个凝聚过程可以分为 4 个步骤：液滴彼此靠近，液滴间基质液膜的排出，液膜的破裂和哑铃状液滴的松弛过程。其中，液滴间基质液膜的排出过程是整个过程的控制步骤。凝聚过程的驱动力可以分为重力、布朗运动和范德华力，且液滴的表面运动能力也会因体系的不同而不同，因此，颗粒尺寸对静态归并时间的依赖关系不是单一的。

如果液滴表面是完全能动型的，液滴平均粒径与时间的关系为

$$R\left[\ln\left(\frac{R}{2h_c}\right) - 1\right] = R_0\left[\ln\left(\frac{R_0}{2h_c}\right) - 1\right] + \left(\frac{2\sigma}{9\eta_m}\right)\left\{1 - \exp\left[\frac{-9\phi}{4(1-\phi)}\right]\right\}t \tag{10.86}$$

如果液滴表面是部分能动型的，当驱动力分别为重力、布朗运动和范德华力时，液滴平均粒径与时间的关系为

$$R^3 = R_0^3 + \frac{2\sqrt{6}\,\sigma^{3/2}h_c}{\eta_d(g\Delta\rho)^{1/2}}\left[1 - \exp\left(\frac{-9\sigma\tau}{4(1-\phi)}\right)\right]t \qquad (\text{重力}) \tag{10.87}$$

$$R^{3/2} = R_0^{3/2} + \frac{6\pi^{1/2}\sigma^{3/2}h_c^{3/2}}{\eta_d(kT)^{1/2}}\left[1 - \exp\left(\frac{-9\sigma\tau}{4(1-\phi)}\right)\right]t \qquad (\text{布朗运动}) \tag{10.88}$$

$$R^2 = R_0^2 + \frac{32(6\pi)^{1/2}\sigma^{3/2}h_c^2}{3A^{1/2}\eta_d}\left[1 - \exp\left(\frac{-9\phi}{4(1-\phi)}\right)\right]t \qquad (\text{范德华力}) \tag{10.89}$$

如果液滴表面是完全不能动型的，当驱动力分别为重力、布朗运动和范德华力时，液滴平均粒径与时间的关系为

$$R^5 = R_0^5 + \frac{20\sigma^2h_c^2}{3\eta_m g\Delta\rho}\left[1 - \exp\left(\frac{-9\phi}{4(1-\phi)}\right)\right]t \qquad (\text{重力}) \tag{10.90}$$

$$R^2 = R_0^2 + \frac{32\pi\sigma^2 h_c^3}{3\eta_m kT}\left[1 - \exp\left(\frac{-9\phi}{4(1-\phi)}\right)\right]t \qquad （布朗运动）\qquad (10.91)$$

$$R^3 = R_0^3 + \frac{128\pi\sigma^2 h_c^4}{3\eta_m A}\left[1 - \exp\left(\frac{-9\phi}{4(1-\phi)}\right)\right]t \qquad （范德华力）\qquad (10.92)$$

该机理的不足之处是没有考虑到颗粒尺寸的多分散性,无法预测液滴分散程度在静态归并过程中的变化。

3. Fortelny 改进模型

Fortelny 凝聚机理的提出是以液滴间基质液膜的排出过程是整个过程的控制步骤为前提的。实际上,基质液膜的排出过程对于高黏度的体系往往并不是速率控制步骤,液滴凝聚的速率控制步骤是哑铃状液滴的松弛过程,因此,Fortelny 理论的预测与实验结果之间往往存在较大的偏差。针对 Fortelny 凝聚机理的不足之处,人们对此模型进行了改进,认为液滴间基质液膜的排出过程和哑铃状液滴的松弛过程将同时成为液滴凝聚的控制步骤,同时考虑液滴尺寸的多分散性对液滴粗化的影响。

为了处理问题的方便,不妨先考虑单分散的共混体系,对于单分散体系,定义当相邻两个液滴表面的距离小于临界距离 τ 的时刻为归并开始时刻,体系中单位体积内颗粒数目的变化可表示为

$$\frac{dn}{dt} = -fpn^2 \qquad (10.93)$$

其中,n 是单位体积内液滴的数目;p 是相邻液滴表面距离小于临界距离的概率;f 是液滴发生归并的概率,并有 $f = \dfrac{1}{t_c}$,t_c 为归并所需时间,由液滴间基质液膜的排出过程和哑铃状液滴的松弛过程共同决定。因此解决液滴归并动力学的关键在于 p 和 t_c 两个参数的计算。Lu 和 Torquato 给出了相邻液滴表面距离的分布密度为

$$p(z) = \frac{\pi nR^2}{1-\phi}\exp\left(-\frac{\pi nR^2 z}{1-\phi}\right) \qquad (10.94)$$

其中,z 表示相邻液滴表面距离;ϕ 是分散相体积分数;R 是液滴半径。这样,在某一方向上邻液滴表面距离小于临界距离的概率 p_1 可表示为下列积分形式:

$$p_1 = \int_0^\tau p(z)dz \qquad (10.95)$$

将式(10.94)代入到式(10.95)可得

$$p_1 = 1 - \exp\left(-\frac{\pi nR^2\tau}{1-\phi}\right) \qquad (10.96)$$

若体系始终保持单分散,则颗粒数目与其尺寸之间存在如下关系:

$$n(t) = \frac{3\phi}{4\pi R^3(t)} \qquad (10.97)$$

联立式(10.96)和式(10.97)得到

$$p_1 = 1 - \exp\left[-\frac{3\phi\tau}{4(1-\phi)R}\right] \tag{10.98}$$

假定在三维笛卡尔坐标系中,不同方向上的液滴表面距离分布相互独立,则三维空间内,相邻液滴表面距离小于临界距离的概率为

$$p = 1 - \exp\left[-\frac{9\phi\tau}{2(1-\phi)R}\right] \tag{10.99}$$

这样我们便找到了 p 的表达式,下面进一步分析 t_c 的表达式。在假定液滴间基质液膜的排出过程和哑铃状液滴的松弛过程共同决定归并过程的前提下,t_c 应为两个过程所用时间的和,即有

$$t_c = t_{\text{drain}} + t_{\text{merge}} \tag{10.100}$$

其中,t_{merge} 为哑铃状液滴的松弛过程所用时间,通常有 $t_{\text{merge}} = \dfrac{R\eta}{2\sqrt[3]{2}\,\sigma}$,$\eta = \eta_m +$
$16\eta_d$;t_{drain} 为液滴间基质液膜的排出过程,与液滴表面运动能力和归并驱动力有关,由前文分析可知,PP/PS 共混体系静态归并过程应为范德华力驱动的过程,且液滴表面属于部分能动型,基于这一原因,作者仅以此类型为例,分析 t_{drain} 的表达式。基质液膜的排出过程,实际上可以将被看作液膜厚度 h 从临界表面距离 τ 减至为临界液膜厚度 h_c 的过程。Chester 分析了归并过程中基质液膜厚度与归并时间的关系,提出当液滴表面属于部分能动型,基质液膜厚度的变化满足如下微分方程:

$$-\frac{\mathrm{d}h}{\mathrm{d}t} = 2\left(\frac{2\pi\sigma}{R}\right)^{\frac{3}{2}}\frac{h^2}{\pi\eta_d F^{\frac{1}{2}}} \tag{10.101}$$

式中,F 为范德华力,并有

$$F = \frac{32AR^6}{3h^2(2R+h)^3(4R+h)^2} \tag{10.102}$$

联立式(10.93)、式(10.97)、式(10.99)~式(10.102)得到在范德华力驱动下,表面部分能动型的液滴在由液滴间基质液膜的排出过程和哑铃状液滴的松弛过程成为决定性步骤的凝聚过程中动力学模型为

$$\frac{mR^4}{4} + \frac{nR^5}{5} = \frac{mR_0^4}{4} + \frac{nR_0^5}{5} + t, \quad m = \frac{2\pi\eta}{\sqrt[3]{2}\,\sigma p\phi}, \quad n = \frac{\sqrt{A}\,\pi\eta_d}{4\sqrt{6\pi}\sigma^{\frac{3}{2}}h_c^2 p\phi}, \quad \eta = \eta_m + \eta_d$$

$$\tag{10.103}$$

从式(10.103)可以看出,当共混体系组成一定时,液滴间基质液膜的排出过程和哑铃状液滴的松弛过程对整个归并过程的贡献取决于两项界面张力,因此可以通过改变界面张力的方法(如加入相容剂)对归并过程进行调控。

以上推导了单分散体系中液滴归并的动力学方程,然而实际的体系都有一定的多分散性,且分散度由液滴的产生速率和归并速率共同决定,对于多分散体系,理论计算得到的粒径是液滴的平均粒径,归并过程可以用以下生灭过程表述:

$$\frac{\partial n(v,t)}{\partial t} = \frac{1}{2}\int_0^v \dot{N}_{cc}(v-\omega,\omega)\mathrm{d}\omega - \int_0^\infty \dot{N}_{cc}(v,\omega)\mathrm{d}\omega \qquad (10.104)$$

其中，$\dot{N}_{cc}(v-\omega,\omega)=fpn(v-\omega)n(\omega)$，$\dot{N}_{cc}(v,\omega)=fpn(v)n(\omega)$ 分别为体积为 v 液滴的产生速率和消失速率，p、f 的物理意义与单分散体系中的相同，求解时满足 $R=(R_v^{-1}+R_w^{-1})^{-1}$。对式(10.104)积分得到单位体积内颗粒数目的变化速率 $\dot{n}(t)$ 为

$$\dot{n}(t) = \frac{\partial}{\partial t}\int_0^\infty n(v,t)\mathrm{d}v = \frac{1}{2}\int_0^\infty\int_0^v \dot{N}_{cc}(v-\omega,\omega)\mathrm{d}\omega\mathrm{d}v - \int_0^\infty\int_0^\infty N_{cc}(v,\omega)\mathrm{d}\omega\mathrm{d}v$$

$$= \frac{1}{2}\int_0^\infty\int_0^v fpn(v-\omega)n(\omega)\mathrm{d}\omega\mathrm{d}v - \int_0^\infty\int_0^\infty fpn(\omega)n(\omega)\mathrm{d}\omega\mathrm{d}v \qquad (10.105)$$

将式(10.97)代入式(10.105)得到

$$n(t_0)\left[\left(\frac{\langle R_0\rangle}{\langle R_t\rangle}\right)^3 - 1\right] = \frac{1}{2}\int_0^\infty\int_0^v fpn(v-\omega)n(\omega)\mathrm{d}\omega\mathrm{d}v - \int_0^\infty\int_0^\infty fpn(v)n(\omega)\mathrm{d}\omega\mathrm{d}v \qquad (10.106)$$

式(10.106)即为多分散体系中液滴归并的动力学方程，借助此动力学方程可以实现对静态归并过程中相结构的预测。考虑到颗粒尺寸的离散性，作者采用式(10.106)所示的对数正态分布函数对初始尺寸分布进行拟和将其连续化且使初始时最小粒径 $R_0\to0$，从而解决了初始尺寸不同的问题，即对于任意尺寸 v，必定存在相应的 ω，满足 $v\pm\omega\in\{v\}$，$\{v\}$ 为尺寸分布空间。

$$F(v) = \frac{\lg e}{\sqrt{2\pi}vt}\int_{-\infty}^v \exp\left[-\frac{1}{2}\left(\frac{\lg v-\mu}{\sigma}\right)^2\right]\mathrm{d}v, \quad n(v) = \frac{\mathrm{d}F(v)}{\mathrm{d}v} \qquad (10.107)$$

图 10.68 是利用动力学方程模拟的颗粒尺寸与模拟次数(静态归并时间)之间的关系，从图上可以看出，随着模拟次数的增加，颗粒逐渐增大，同时加入相容剂的体系中颗粒增长速度明显小于未加相容剂的体系中的情况；图是颗粒尺寸分布的

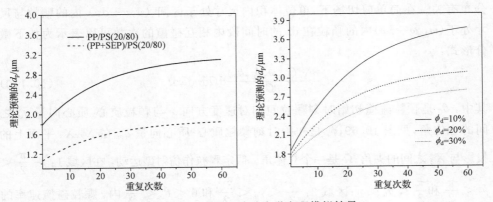

图 10.68　颗粒尺寸动力学方程模拟结果

模拟曲线,由图可知,随着模拟次数的增加,在颗粒尺寸增加的同时,其分布也变得不均匀,这一结果与前文的实验结果是一致的,表明动力学方程能够较好地模拟静态归并过程中相结构的演变。

10.3.3.2 剪切诱导归并过程相结构演变机理属性研究

根据颗粒表面运动能力的不同,分散相颗粒的归并可以分为:表面完全能动型(FMI)、表面部分能动型(PMI)和完全不能动型(FII),三种模型在对颗粒归并效率的描述上是不同的,因此通过分析归并效率的变化来确定颗粒归并机理的属性问题即判定那种归并模型更能有效地描述颗粒间的归并不失为研究归并动力学的有效方法。在本节中,作者基于 Korobko 等提出的适于不同归并模型的效率方程,理论上预测了归并效率与不同加工条件的关系,同时将归并效率的理论预测值与实验值进行比较,对 PP/PS 共混体系剪切条件下的归并机理的属性问题作出合理的解释,该理论大致如下。

假定归并过程为一生灭过程且体系中不存在多个(多于两个)颗粒间的归并,则归并过程中颗粒数目的变化可以用以下微分方程表示:

$$\frac{\partial n(v,t)}{\partial t} = \frac{1}{2}\int_0^v \dot{N}_{cc}(v-\omega,\omega)\mathrm{d}\omega - \int_0^\infty \dot{N}_{cc}(v,\omega)\mathrm{d}\omega \tag{10.108}$$

式中,$\dot{N}_{cc}(v,\omega)$ 为颗粒的归并速率。因此式(10.108)右端第一项表示小颗粒归并后形成体积为 v 的颗粒的速率;第二项表示体积为 v 的颗粒因与其他颗粒归并而造成的损失速率。进一步定义 P_c 为颗粒碰撞后发生归并的概率,则颗粒的归并速率可以表示为

$$\dot{N}_{cc}(v,\omega) = Pc(v,\omega)\dot{N}_c(v,\omega) \tag{10.109}$$

其中,$\dot{N}_c(v,\omega)$ 为颗粒的碰撞速率,该速率与颗粒的体积 v、ω 以及颗粒间的位置分布有关。在简单剪切场下,单位体积内尺寸处于区间 $(v,v+\mathrm{d}v)$ 内的颗粒与尺寸处于 $(\omega,\omega+\mathrm{d}\omega)$ 内的颗粒在 $\mathrm{d}t$ 的时间段内相互碰撞的次数可以表示为如下微分形式:

$$\frac{\partial N_c(v,\omega,\phi_0,\theta_0)}{\partial\Omega}\mathrm{d}\Omega\mathrm{d}v\mathrm{d}\omega\mathrm{d}t \tag{10.110}$$

其中,θ_0 是颗粒碰撞初始时刻颗粒间相对速度方向 x 与颗粒质心-质心向量 q_{vw} 之间的方位角,见图 10.69;ϕ_0 是初始时刻颗粒质心-质心向量 q_{vw} 在 X_2-X_3 平面上的投影与 X_2 之间的夹角;Ω 是一个立体角。假定颗粒作仿射型运动,在区域1:$-\frac{\pi}{2}<\phi_0<\frac{\pi}{2}$ 和 $\frac{\pi}{2}<\theta_0<\pi$;区域2:$\frac{\pi}{2}<\phi_0<\frac{3\pi}{2}$ 和 $0<\theta_0<\frac{\pi}{2}$ 内,颗粒碰撞速率的微分形式可表示为

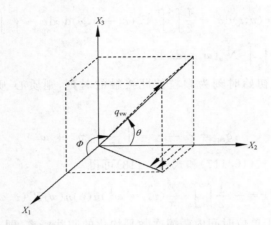

图 10.69　碰撞颗粒空间方位图

$$\frac{\partial \dot{N}_c(v,\omega,\phi_0,\theta_0)}{\partial \Omega} = -\frac{1}{2}\dot{\gamma}\, q_{vw}^3 n(v)n(\omega)\cos\phi_0\sin 2\theta_0 \tag{10.111}$$

在其他区域 $\dfrac{\partial \dot{N}_c(v,\omega,\phi_0,\theta_0)}{\partial \Omega} = 0$，联立式(10.109)～式(10.111)可得

$$\frac{\partial \dot{N}_{cc}(v,\omega,\phi_0,\theta_0)}{\partial \Omega} = -\frac{1}{2}P_c(v,\omega,\phi_0,\theta_0)\dot{\gamma}\, q_{vw}^3 n(v)n(\omega)\cos\phi_0\sin 2\theta_0 \tag{10.112}$$

对立体角进行积分得到归并速率方程为

$$\dot{N}_{cc}(v,\omega) = \int \frac{\partial \dot{N}_{cc}(v,\omega,\phi_0,\theta_0)}{\partial \Omega}\mathrm{d}\Omega$$

$$= -\frac{1}{2}\dot{\gamma}\, q_{vw}^3 n(v)n(\omega)\iint P_c(v,\omega,\phi_0,\theta_0)\cos\phi_0\sin 2\theta_0\mathrm{d}\phi_0\sin\theta_0\mathrm{d}\theta_0 \tag{10.113}$$

定义 $P_c'(v,\omega)$ 为基于立体角平均化的归并概率，即有

$$P_c'(v,\omega) = \frac{\displaystyle\int_{0.5\pi}^{\pi}\left[\int_{-0.5\pi}^{0.5\pi}P_c(v,\omega,\phi_0,\theta_0)\cos\phi_0\mathrm{d}\phi_0\right]\sin 2\theta_0\sin\theta_0\mathrm{d}\theta_0}{\displaystyle\int_{-0.5\pi}^{0.5\pi}\cos\phi_0\mathrm{d}\phi_0\int_{0.5\pi}^{\pi}\sin 2\theta_0\sin\theta_0\mathrm{d}\theta_0} \tag{10.114}$$

鉴于体系的对称性，由式(10.111)～式(10.113)可以得到颗粒碰撞速率和归并速率为

$$\dot{N}_c(v,\omega) = \frac{4}{3}\dot{\gamma}\, q_{vw}^3 n(v)n(\omega) \tag{10.115}$$

$$\dot{N}_{cc}(v,\omega) = \dot{N}_c(v,\omega)P_c'(v,\omega) \tag{10.116}$$

另一方面，单位体积内颗粒数目为分布密度的积分：$N(t) = \displaystyle\int_0^\infty n(v,t)\mathrm{d}v$，对式(10.108)积分得到颗粒数目的变化速率为

$$\dot{N}(t) = \frac{\partial}{\partial t} \int_0^\infty n(v,t)\mathrm{d}v = \frac{1}{2}\int_0^\infty \int_0^v \dot{N}_{cc}(v-\omega,\omega)\mathrm{d}\omega\mathrm{d}v - \int_0^\infty \int_0^\infty \dot{N}_{cc}(v,\omega)\mathrm{d}\omega\mathrm{d}v$$

$$= -\frac{1}{2}\int_0^\infty \int_0^\infty \dot{N}_{cc}(\omega,\omega)\mathrm{d}\omega\mathrm{d}v \tag{10.117}$$

定义颗粒归并的初始时刻为颗粒彼此接触的时刻,则质心-质心向量 q_{vw} 在数值上为

$$q_{vw} = r_v + r_\omega = \left(\frac{3}{4\pi}\right)^{\frac{1}{3}}(v^{\frac{1}{3}} + \omega^{\frac{1}{3}}) \tag{10.118}$$

联立式(10.115)、式(10.117)和式(10.118)可得

$$\dot{N}(t) = -\frac{1}{2}\int_0^\infty \int_0^\infty \frac{\dot{\gamma}}{\pi}(v^{\frac{1}{3}} + \omega^{\frac{1}{3}})n(v)n(\omega)P_c'(v,\omega)\mathrm{d}\omega\mathrm{d}v \tag{10.119}$$

定义 $\ll P_c \gg$ 为基于单位时间内碰撞次数平均化的归并概率,即有

$$\ll P_c \gg = \frac{\int_0^\infty \int_0^\infty P_c'(v,\omega)\dot{N}_c(v,\omega)\mathrm{d}v\mathrm{d}\omega}{\int_0^\infty \int_0^\infty \dot{N}_c(v,\omega)\mathrm{d}v\mathrm{d}\omega} \tag{10.120}$$

将式(10.120)代入到式(10.119)中则有

$$\dot{N}(t) = \frac{d}{dt}\int_0^\infty n(v,t)\mathrm{d}v = -\frac{\dot{\gamma}}{\pi}\ll P_c \gg \phi N\left(1 + 3\frac{\langle v^{\frac{1}{3}}\rangle\langle v^{\frac{2}{3}}\rangle}{\langle v\rangle}\right)$$

或

$$\ll P_c \gg = -\frac{\dot{N}(t)}{\phi N(t)}\frac{\pi}{\dot{\gamma}}\left(1 + 3\frac{\langle v^{\frac{1}{3}}\rangle\langle v^{\frac{2}{3}}\rangle}{\langle v\rangle}\right)^{-1} \tag{10.121}$$

因此,通过实验计算不同时刻的颗粒尺寸的前三个阶距和颗粒数目的变化速率,就可以地得到平均归并效率的实验值 $\ll P_c \gg_{\mathrm{exp}}$。同时为确定该平均值的理论值 $\ll P_c \gg_{\mathrm{mod}}$,作者引入了由 Chester 定义的归并效率:

$$p_c(v,\omega,\theta_0,\varphi_0) = \exp\left(\frac{-\tau_{\mathrm{dr}}(v,\omega)}{\tau_{\mathrm{int}}(\theta_0,\varphi_0)}\right) \tag{10.122}$$

$\tau_{\mathrm{dr}}(v,\omega)$ 取决于颗粒的尺寸,对于不同的模型, $\tau_{\mathrm{dr}}(v,\omega)$ 有不同的表达式:

$$\begin{cases} \mathrm{FMI}: (3\mu_c R/2\sigma)\ln(h_0/h_{\mathrm{cr}}) \\ \mathrm{PMI}: (\pi\lambda\mu_c\sqrt{F})/2(2\pi\sigma/R)^{\frac{3}{2}}(h_{\mathrm{cr}}^{-1} - h_0^{-1}) \\ \mathrm{FII}: (6\pi\mu_c R^2/F)\ln(h_0/h_{\mathrm{cr}}) \end{cases} \tag{10.123}$$

$\tau_{\mathrm{int}}(\theta_0,\varphi_0)$ 取决于质心 - 质心向量的取向,并有 $\tau_{\mathrm{int}}(\theta_0,\varphi_0) = -\frac{2\cot(\theta_0)}{\dot{\gamma}\cos(\varphi_0)}$,将 $\tau_{\mathrm{dr}}(v,$ $\omega)$ 和 $\tau_{\mathrm{dr}}(v,\omega)$ 代入式(10.138)中得到归并机理的统一表达式:

$$p_c(v,\omega,\theta_0,\varphi_0) = \exp\left[\left(\frac{R}{R_0}\right)^\alpha\left(\frac{\dot{\gamma}}{\dot{\gamma}_0}\right)^\beta\tan(\theta_0)\cos(\phi_0)\right] \tag{10.124}$$

联立式(10.113),式(10.114),式(10.117),式(10.119)和式(10.124),可计算平均归并概率的理论值≪P_c≫$_{mod}$,通过比较归并效率的理论预测值与实验值,可判定 PP/PS 共混体系剪切条件下的归并机理的属性问题。值得一提的是,在 ≪P_c≫$_{mod}$的计算过程中,需要首先确定颗粒尺寸的分布密度函数 $n(v)$,为此,本书采用对分布函数微分的方法确定不同颗粒尺寸的分布密度,并定义分布函数 $F(x)$ 有如下形式:

$$F(x) = \begin{cases} N[1 + (a/x_m)^b]/[1 + (a/x)^b], & x < x_m \\ N & x \geqslant x_m \end{cases}$$

$$F(x) = \frac{\lg e}{\sqrt{2\pi}\sigma x}\int_{-\infty}^{x} \exp\left[-\frac{1}{2}\left(\frac{\lg x - \mu}{\sigma}\right)^2\right]\mathrm{d}x, \ x > 0 \qquad (10.125)$$

图 10.70 是不同组成的 PP/PS 共混体系归并效率的理论值和实验值对比结果。可以看出,采用 PMI 模型时,归并效率的理论值和实验值之间更为接近,这表明 PP/PS 共混体系中,颗粒表面的运动能力属于部分运动型,即颗粒的归并动力学可以用部分能动型动力学理论描述。

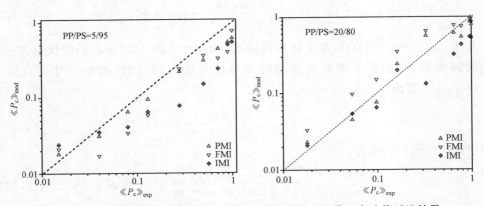

图 10.70　不同组成的 PP/PS 共混体系归并效率的理论值和实验值对比结果

10.3.3.3　剪切诱导归并动力学及标度行为

早期归并模型的提出是通过测量足够长的剪切作用之后共混物中获得的稳定液滴尺寸的方法进行的,尽管这一理论可以较好地描述液滴的稳定尺寸,但是不能准确地预测了液滴尺寸发展的动力学。从 Chesters 开始,由于归并引起的颗粒尺寸发展动力学得到了广泛的关注。本章中,从颗粒归并的速率方程出发,作者推导了颗粒尺寸与归并时间之间的半定量关系,深入分析颗粒尺寸演变的标度行为。

为使问题简化,假定体系为单分散,由式(10.115)和式(10.118)得到颗粒相互碰撞的频率为

$$\dot{N}_c(t) = \frac{4}{3}\dot{\gamma}\left[\left(\frac{3}{4\pi}\right)^{\frac{1}{3}}2d(t)^{\frac{1}{3}}\right]^3 n(t)^2 = \frac{8}{\pi}\dot{\gamma}^2 n(t)^2 d(t)^2 \tag{10.126}$$

其中，$\dot{\gamma}$ 是剪切速率；$d(t)$ 是液滴直径；$n(t)$ 是单位体积内的液滴数量。由于在这个表达式中流体力学相互作用被忽略，因此其只能应用于相对稀的体系。对于颗粒表面部分能动性的情况，将式（10.126）代入到式（10.86）中，并采用 Chesters 提出了归并效率的近似表达式（10.127）可以得到颗粒尺寸与归并时间的关系式（10.128）。

$$P(t) = \exp\left[-0.07655\frac{p}{h_c}\left(\frac{\eta_m\dot{\gamma}}{\alpha}\right)^{3/2}d(t)^{5/2}\right] \tag{10.127}$$

$$\frac{\mathrm{d}d(t)}{\mathrm{d}t} = k\phi\dot{\gamma}\,d(t)\exp\{-[m\cdot d(t)]^{5/2}\dot{\gamma}^{3/2}\} \tag{10.128}$$

其中，k 为一常数；$m = c'\left(\frac{p}{h_c}\right)^{2/5}\left(\frac{\eta_m}{\alpha}\right)^{3/5}$。式（10.128）即为描述颗粒尺寸与归并时间的动力学方程。为分析颗粒尺寸演变的标度行为，对式（10.128）积分得到：

$$\int_{m\dot{\gamma}^{3/5}d_0}^{m\dot{\gamma}^{3/5}d(t)} \frac{\mathrm{d}u(t)}{ku(t)\exp[-u(t)^{5/2}]} = \phi\dot{\gamma}\,t \tag{10.129}$$

其中，$u(t) = m\dot{\gamma}^{3/5}d(t)$，除了初始粒径 $d_0 = d(t=0)$ 外，式（10.129）中仅包含一个未知参数 h_c，而对于颗粒表面部分能动性的情况，颗粒的初始尺寸可以由式（10.130）得出。

$$d_0 = c\frac{\dot{\gamma}^{-3/5}}{m} \tag{10.130}$$

于是式（10.129）变为

$$\int_{c(\dot{\gamma}/\dot{\gamma}_0)^{3/5}}^{c[d(t)/d_0](\dot{\gamma}/\dot{\gamma}_0)^{3/5}} \frac{\mathrm{d}u(t)}{0.525u(t)\exp[-u(t)^{5/2}]} = \phi\dot{\gamma}\,t \tag{10.131}$$

这个等式表明在减缓剪切速率之后液滴尺寸的变化，仅仅是三个变量的函数，分别为应变、速率减小率和共混物组分比。因此，对当共混物的组成保持不变时，得出下面的标度行为：

$$\frac{d(t)}{d_0} = f\left(\dot{\gamma}t,\ \frac{\dot{\gamma}}{\dot{\gamma}_0}\right) \tag{10.132}$$

图 10.71 是对归并过程中的标度行为分析的结果，从图上可以看出，不同组成不同转速下的粒径对应变的依赖曲线均重合在一起，这表明 PP/PS 的剪切诱导归并过程中存在式（10.132）所示的标度行为。

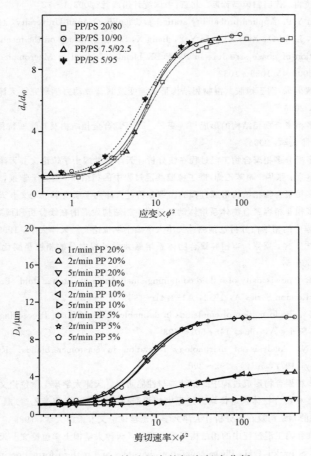

图 10.71　归并过程中的标度行为分析

参 考 文 献

［1］　Manson G A，Sperlin L H. Polymer blends and composition. New York：Heyden，1976

［2］　Deanin R D，Crugnola A M. Toughness and brittleness of plastics，American in Chemistry Series 154，
　　　Washington D C：American Chemical Society，1979

［3］　Paul D R，Bucknall C B，Polymer blends. New York：John Wiley & Sons，2000

［4］　Zhu C Y. The mathematcal simulation on thedispersed process，Chemical Equipment Technology，
　　　1993，14，28

［5］　Von Rittinger P R，Lehrbuch der Aufbereitungskunde. Berlin：Ernst and Korn，1867，47

［6］　Kick F. Das Gesetz der Proportionalen Widerstände und Seine Anwendungen，Felix-Verlag，Leipzig，
　　　1885，112

［7］　Bond F C. The third theorie of comminution，Mining Engineering，1952，4：484

[8] 吴喜之,田茂再. 代回归模型诊断. 北京:中国统计出版社,2003,1~72

[9] Ou J H, Xu Y P. Applied probability statistics. Tianjin:Tianjin University,1999,309

[10] Yang Y P, Li W Q, Xiao Z G, Li Y Y, Jiang X, Sheng J. Study on the mechanism of the formation and evolution of phase structure in PP/PcBR blends. Journal of Macromolecular Science, Part B:Physics,2006,45:1039~1052

[11] 杨宇平. 聚丙烯/顺丁橡胶共混物相结构形成演变及其分散动力学研究:[天津大学博士学位论文].天津大学,2006

[12] 李云岩. 多相聚合物相结构的形成与演变——PS/PP 合金相结构及其演变特征:[天津大学硕士学位论文]. 天津大学,2005

[13] 周家敏. 多祖分多相聚合物工混过程在线分析:[天津大学博士学位论文].天津大学,1996

[14] 周家敏,盛京,张华. 聚苯乙烯/顺丁橡胶共混过程中的相结构. 高分子学报,1998,5:518~524

[15] 燕立唐. 多相聚合物相结构形成过程的图像分析:[天津大学硕士学位论文].天津大学,2004

[16] 邹建龙. 多相非相容聚合物体系熔体动态过程中相结构发展的在线分析和预测-聚苯乙烯/聚丙烯体系共混过程中的相结构分析及预测:[天津大学硕士学位论文].天津大学,1999

[17] 邹建龙,沈宁祥,盛京. 非相容聚合物体系熔融共混过程中分散相粒径变化的预测. 高分子学报,2002,1:53~57

[18] Taylor G I. The viscosity of a fluid containing small drops of another fluid. Proceedings of the Royal Society of London Series A,1932,A138:41~48

[19] Taylor G I. The formation of emulsions in definable fields of flow. Proceedings of the Royal Society of London Series A,1934,146:501~523

[20] Tokita N. Analysis of morphology formation in elastomer blends. Rubber Chemistry and Technology,1977,50(2):292~300

[21] 崔丽莉. 多相聚合物形成过程中的相结构与性能研究:[天津大学硕士学位论文].天津大学,2001

[22] 蔡志江. 多相聚合物体系熔体动态过程中的相结构及在线分析-聚苯乙烯/顺丁橡胶(非相容及部分相容)共混的相结构及在线分析:[天津大学硕士学位论文].天津大学,1999

[23] 李加深. 聚合物工混过程中的相结构与形态研究:[天津大学博士学位论文].天津大学,2001

[24] Wang W, Shiwaku T H. Phase separation dynamics and pattern formation in thin films of a liquid crystalline copolyester in its biphasic region. Macromolecules,2003,36:8088~8096

[25] Ma G Q, Zhao Y H, Yan L T, Li Y Y, Sheng J. Blends of polypropylene with poly(cis-butadiene) rubber. III. Study on the phase structure and morphology of incompatible blends of polypropylene with poly(cis-butadiene) rubber. Journal of Applied Polymer Science,2005,100:4900~4909

[26] Wang Y, Cai Z J, Sheng J. Formation and development of phase morphology and structure on polystyrene blends. I. Study of phase behavior and structure character of polystyrene/poly (cis-butadiene) rubber immiscible system during melt blending by scanning electron microscopy. Journal of Macromolecular Science, Part B, Physics,2004,B43:1075~1093

[27] Shi W X, Li Y Y, Xu J, Ma G Q, Sheng J. Morphology development in multi-component polymer blends:I composition effect on phase morphology in PP/PET polymer blends. Journal of Macromolecular Science, Part B, Physics,2007,46:1115~1126

[28] 方开泰,许建伦.统计分布.北京:科学出版社,1987

[29] Mandelbrot B B. Fractal geometry of nature,New York:Freeman,1983

[30] Takayasu H. Fractals in the physical sciences,Manchester and NewYork:Manchester Univesity

Press，1989，11～31

[31]　李后强，汪富强. 分形理论及其在分子科学中的应用. 北京：科学出版社，1997

[32]　Nakai A，Shiwaku T，Wang W. Process and mechanism of phase separation in polymer mixtures with a thermotropic liquid crystalline copolyester as one component. Macromolecules，1996，29：5990～6001

[33]　原续波，盛京，李晓战，李加深，蔡志江. 多相聚合物体系熔体动态过程中相形成与发展——PS/PcBR 非相容体系的扫描电子显微镜图样分析. 高分子学报，2001，2：219～223

[34]　Yan L T，Sheng J. Analysis of phase morphology and dynamics of immiscible PP/PA1010 blends and its partial-miscible blends during melt mixing from SEM patterns. Polymer，2006，47：2894～2903

[35]　王亚，李景庆，赵蕴慧，盛京. PP/PS 共混体系相结构形成与演变. 高分子学报，2007，7：604～608

[36]　韩蕴萍. 多相聚合物体系熔体动态过程中的相结构与行为-高抗冲聚苯乙烯/顺丁橡胶共混过程中的结构与性能：[天津大学硕士论文]. 天津大学，1998

[37]　张丁浩. 聚丙烯/尼龙 1010 体系共混过程中的在线分析及其结构与性能研究：[天津大学硕士论文]. 天津大学，2001

[38]　Furukawa H. A dynamic scaling assumption for phase separation. Advance in Physics，1985，34(6)：703～750

[39]　Takayasu H. Fractals in the physical sciences. Manchester：Manchester University Press，1989

[40]　张济忠. 分形. 北京：清华大学出版社，1995

[41]　Yang Y，Jiang M，Fu S. Modern Topics on Macromolecules. Shanghai：Fudan University Press，1998

[42]　王亚. 无水氯化铝原位催化增容聚丙烯/聚苯乙烯共混物的研究：[天津大学博士学位论文]. 天津大学，2007

[43]　李云岩. 聚丙烯/聚苯乙烯共混物相结构形成演变及其动力学研究：[天津大学博士学位论文]. 天津大学，2007

（盛京　马桂秋　王亚）

第 11 章　聚合物反应加工流变学

11.1　引　　言

聚合物反应加工过程除了包括原料输送、熔化、混合、解吸与脱挥、成型等物理单元之外,还包括化学反应单元;它将单体或聚合物的化学反应与加工成型融为一体,赋予传统加工设备(如螺杆挤出机等)以合成反应器与成型设备双重功能。聚合物反应加工可分为反应注射成型(reactive injection modeling,RIM)和反应挤出(reactive extrusion)两大类。后者是目前国内外研究与开发的重点。反应挤出除能够在连续挤出过程中完成聚合反应外,还可以通过单体与聚合物共聚,或聚合物之间的偶联、接枝、酯交换等反应,实现对聚合物的化学改性或使之转变成新的聚合物。反应挤出时,也会伴随有人们所不希望但却不可避免的反应发生,如热降解、力学降解和交联等。这里面涉及的化学反应有自由基型、离子型、官能团型等多种反应类型,在反应机理和反应动力学方面有着区别于传统反应的特点和规律。由于聚合物反应加工过程中伴随的化学反应会影响聚合物的结构,这种结构上的变化又将在聚合物材料的黏弹行为方面得到反映,而聚合物材料黏弹行为的改变又会影响大分子反应动力学。所以在研究加工过程中的流变学问题时,必须同时考虑其中的化学反应,并由此催生了新概念——化学流变学(chemorheology)。

聚合物反应加工中流变行为的最显著的特点是体系黏度变化不仅是温度和剪切速率的函数,而且与成型加工中发生的化学反应密切相关。而黏度的变化和施加的外场作用又会引起化学反应动力学机理和进程的变化,这又反过来影响体系的流变性能。化学流变行为决定了聚合物反应加工的条件,影响着聚合物产品的质量。因此,很有必要开展化学流变学理论研究工作,模拟反应加工过程,帮助人们深入理解整个加工过程,优化加工设备和工艺条件。

化学流变学的概念在 1946 年就由 Andrews 等[1]提出,目的在于研究化学反应与材料流变学性质之间的关系;随后得到了进一步的发展[2,3],但其主要研究对象限于热固性树脂的交联固化[4,5]以及聚合物的降解老化[6]过程,对其他热塑性聚合物化学改性过程应用研究较少。

要很好地控制和预测聚合物加工过程中的化学反应,就必须对其动力学进行研究。化学反应动力学的基本任务是研究反应进行的条件(温度、压力、浓度、介质以及催化剂等)对化学反应速率的影响,揭示化学反应的历程(或机理),并研究物质的结构和反应能力之间的关系[7]。那么化学流变学和反应动力学的结合无疑更大丰富了化学流变学作为新生的交叉学科的内涵。对化学流变学深入研究拓展出了一门新的理论领域：流变动力学（rheokinetics），它的一般定义[8]是，将流变学行为和反应动力学联系起来的学科，即研究反应机理与流变学性质相互关系，将流场、反应动力学与产物结构三者有机联系起来。1977 年 Cherkinskii[9]首先提出了"流变动力学"的概念，并认为有可能将流变动力学的方法应用到聚合和解聚过程中；1996 年 Malkin[10]在其专著中阶段性总结了"流变动力学"的意义、方法和应用。

在时间尺度层面上，聚合物反应加工过程中存在三个时间概念：

（1）Δt_m：观察时间，或称实验测量时间；

（2）θ_r：结构可回复过程的特征松弛时间，对应聚合物自身固有的松弛时间，主要由物理行为引起，如聚合物受到应力或应变作用；

（3）θ_{mu}：结构不可回复过程的特征时间，对应聚合物结构发生不可逆转变的变化时间，如聚合物发生相转变或化学反应（聚合、扩链、降解、支化和交联等），可由体系流变学性质 g 定义为

$$\theta_{mu} = \left(\frac{1}{g} \cdot \frac{\partial g}{\partial t} \right)^{-1} \tag{11.1}$$

当 $\theta_r \ll \Delta t_m \ll \theta_{mu}$ 时，聚合物熔体为"恒定"液体，体系流变学性质不随时间变化；当 $\Delta t_m \approx \theta_r，\Delta t_m \ll \theta_{mu}$ 时，聚合物熔体就是通常意义上的黏弹性液体（viscoelastic liquid），体系流变学性质随松弛过程而改变；当 $\theta_r \ll \Delta t_m，\Delta t_m \approx \theta_{mu}$ 时，聚合物熔体就称为"流变动力学"液体（rheokinetics liquid），体系流变学性质因化学反应或相转变发生变化。Malkin 上述定义主要针聚合或固化反应体系，并没有考虑聚合物链形态的变化对大分子链反应的影响。当聚合物熔体在流场作用下发生反应时，由于聚合物链的松弛时间较长，会出现 $\Delta t_m \approx \theta_r，\Delta t_m \approx \theta_{mu}$ 的状况，也可称作"流变动力学"液体，在聚烯烃熔体反应加工时常遇到这类状况。作者对此开展了研究工作，所取得的进展将在下面介绍。

化学反应动力学从分子尺度解释反应过程中的实验数据，并用可测量到的参数反映反应的微观机理。从经典动力学理论角度来说，动力学参数在整个反应过程中都保持常数，这与在无机或有机小分子反应体系中得到的实验结果相符，但是对于高黏度的聚合反应或高分子-高分子反应体系来说却不尽如此。一般认为，聚合物区别于其他纯黏性液体的根本不同点在于分子链的缠结，宏观上表现为黏弹性。缠结高分子链运动的时间依赖性和多尺度性使高分子体系中的反应变得更为复杂。在高黏度体系中，反应体系中的分子扩散受到阻碍，使反应速率系数发生改变，进而影响化学反应的动力学机理和进程，这又反过来影响体系的流变性能；在不同的流场下，分子链运动机理与化学反应机理都可能改变，这直接导致终产物结构与

性能的变化,如图 11.1 所示。因此,流变动力学研究化学反应的重点在于大分子链处于非平衡态构象下大分子反应机理和动力学,这应该与大分子处于平衡态构象时的反应不同。

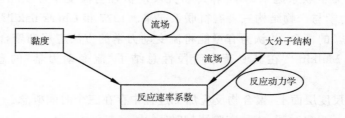

图 11.1 流场中高分子体系反应研究过程说明

在一般液相化学反应的动力学研究中,黏度并不是一个十分重要的参数。反应物和产物都是低相对分子质量的物质。因此,反应体系的黏度并不依赖于转化率或温度和压力等的实验条件,而在反应过程中始终保持不变,并且对反应的动力学没有影响。与此相比,聚合反应过程则导致产物的平均相对分子质量远远大于反应物,而且这些大分子之间在本体内会发生相互缠结,使黏度在很短时间内急剧升高,即聚合过程是一个反应介质流体动力学行为发生显著和快速变化的过程。这样,在高黏度下传热和传质将变得十分困难,传热和传质系数也都是转化率的函数。一般认为,聚合反应中,在低转化率时,体系保持牛顿流体特性,且流变动力学方程是线性的;而随着反应的进行体系逐渐表现出非牛顿性。在自由基本体聚合过程中,中等至高转化率阶段随着大分子链运动受限程度的增加会逐渐出现由"Trommsdorff 效应"导致的"自加速"现象(图 11.2),它使得均聚合反应的链增长速率高于经典聚合反应动力学所得的结果 10~100 倍,所以,如何抑止"Trommsdorff 效应"是非常关键的问题。需要指出的是,这种"Trommsdorff 效应"导致的"自加速"现象是在等温条件下产生的,它不同于"Arrhenius"自加速过程,后者是由于聚合反应放出大量反应热的非等温效应所致。

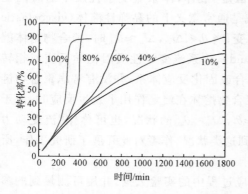

图 11.2 MMA 在苯中进行自由基聚合时的自加速现象(不同曲线表示溶剂中不同的单体初始浓度)[11]

11.1.1　单体聚合反应

溶液聚合体系中,在反应前期(此时在反应自动加速之前,转化率较低),由于体系黏度较小,可以视之为牛顿流体。这时的流变动力学方程中的参数都可视为常数,可以用较简单的函数关系来表示体系黏度随时间的变化以及黏度与反应转化率的关系,这就是经典动力学研究得到的结果。在低转化率时,体系黏度 η 可以表示为[12]

$$\eta = KM_n^a C_p^b \tag{11.2}$$

式中,M_n 是高分子数均相对分子质量;C_p 是高分子浓度;K、a 和 b 是常数。Malkin[12]曾通过环十二酰胺在溶液中的开环聚合数据的分析,通过不同温度下黏度对相对分子质量的依赖性,分析了聚合物过程中的相分离行为。此方程也用于研究丙烯酸酰胺在稀水溶液中自由基聚合过程[13]。这些研究中都未进一步研究流场中不同的外加应力对流变动力学可能会有的影响。

对于本体聚合,在线性条件下,根据经典自由基聚合反应理论[14],结合式(11.2),可以推导出[15]

$$\eta = At^m \tag{11.3}$$

式中,A 依赖于单体和引发剂的初始浓度、引发剂效率、自由基引发、增长和终止反应的速率系数以及指数 a 和 b,$m = a + b$。此方程是在低转化率、低黏度聚合过程中,流变动力学研究常用的最简单的公式。它成功描述了在聚合反应初期,体系的黏度变化。如果改变温度,通过式(11.3)也能较准确地计算反应速率系数和活化能。但此式只适用于低转化率范围,此时,高分子溶液呈现牛顿特性,流场中剪切应力对黏度的影响可以忽略。当"Trommsdorff 效应"出现后,链增长速率系数 k_p 将会随反应进行而不断变化。实验发现[16],在聚合反应的初期,$m \approx 1$,转化率较低,在大分子间无缠结,黏度增加较慢;当 $5 < m < 7$,无扩散限制或相分离发生,聚合以一定速率进行;当 $m \gg 7$,转化率较高,Trommsdorff 效应显现,体系黏度增加较快。而且在剪切流场下,随剪切速率增大 m 减小。当剪切速率超过某值以后,不同阶段的 m 值都趋向某平衡值,并且相差不太大。这反映出在较大的剪切速率下,"Trommsdorff 效应"已经完全被消除;更强剪切时,反应动力学过程基本一致。

当转化率升高后,聚合体系应具有非牛顿性,这时就应该考虑切剪作用对流变动力学参数的影响。Sekkar 等[17]研究了在低剪切速率下,聚氨酯生成体系的流变动力学,发现体系的黏度与时间具有如下关系

$$\eta_t = \eta_0 e^{kt} \tag{11.4}$$

其中,k 是反应速率常数;t 是时间。但研究含有不同活性羟基的混合物进行反应时发现[18],黏度的变化规律依赖于活性-惰性羟基比。实际上,本体聚合中体系黏度的变化可能要复杂得多。

从上面的分析可以看到,不管是高分子浓溶液还是本体体系,黏度都比较大,小分子或高分子的运动都受到阻碍,这种阻碍作用一般来说不可以忽略。在这种受阻扩散情况下,反应的动力学将受到较大的影响。在本体反应中,剪切速率和剪切作用的时间可能影响反应动力学,进而间接地改变体系的流变学性质。因此,寻找扩散系数与黏度、温度以及聚合体系内部微观、介观结构变化之间的定量关系,将是流变动力学研究中的重要课题。

11.1.2　热固性树脂固化

热固性树脂固化过程的化学流变学一直是人们最为关心的问题,因为它直接关系到热固性树脂加工过程的控制和产品质量的提高。固化反应使聚合物分子链增长、支化、交联,对体系黏度的影响是十分显著的。考虑到热固性树脂固化反应期间的黏度变化是由两个不同但彼此相关的过程控制的,即热活化和反应过程。因此,早期的化学流变学模型采用的是这两种影响加和在一起的经验关系式[19](Roller 的四参数模型[20])

$$\ln\eta = \ln\eta_0 + \frac{E_\eta}{RT} + k_\infty t \cdot \exp\left(\frac{E_k}{RT}\right) \tag{11.5}$$

式中,η 是聚合物黏度(时间的函数);η_∞ 是温度 $T\to\infty$ 时聚合物黏度(外推值);E_η 是聚合物的黏流活化能;k_∞ 是与 η_∞ 相对应的反应动力学前置因子;E_k 是与 E_η 相对应的反应活化能;T 是热力学温度;t 是反应时间。其中,4 个参数 η_∞、E_η、k_∞ 和 E_k 可以从一组等温流变实验数据拟合求得。

四参数模型能够描述等温过程的化学黏度变化,但在模拟非等温过程时误差较大,为此在四参数模型中又引入了比例因子 Φ 和反应级数 n,得到了五参数和六参数模型[5]。多参数模型在等温和非等温化学流变学模拟中得到了证实,但仍然是经验性的。

树脂固化从本质上讲是官能团之间的反应,Mijovic[21]提出以如下动力学模型来描述热固性环氧树脂固化的反应速率

$$\frac{\mathrm{d}x}{\mathrm{d}t} = (k_1 + k_2 x^m)(1 - x)^n \tag{11.6}$$

式中,k_1 是树脂基体上的官能团引发反应的反应速率系数;k_2 是反应中生成的羟基再发生反应的速率系数;$m+n$ 是总的反应级数。Musto[22]考虑到,当转化率很高时体系的高黏度会阻碍链扩散,这时反应速率会越来越小,反应程度未达到 100% 之前反应速率就减小到零,他对 Mijovic 方程进行了修正,设最终转化率为 $x_{\max}$,则式(11.6)变为

$$\frac{\mathrm{d}x}{\mathrm{d}t} = (k_1 + k_2 x^m)(x_{\max} - x)^n \tag{11.7}$$

但是这两个方程都是静态条件下的,由于黏度在反应过程中的巨大变化,导致

理论预测结果与实验结果在凝胶点后（黏度剧增）相差较大。

测定官能团转化率的常用方法是红外光谱定量分析与化学滴定，这都要从反应体系中取样，这样的方法有其局限性和不便性，在线测量的方法就显得非常必要了。Malkin 等利用热效应和流变学性质研究了环氧树脂固化过程的流变动力学[23]，提出了流变转化率 β_r 的概念

$$\beta_r = G/G_0 \tag{11.8}$$

其中，G_0 是反应完全时产物的储能模量；G 是转化率为 β_r 时的储能模量。固化过程总的反应速率系数 k 可以表示为

$$\frac{1}{k} = \frac{1}{k_r} + \frac{1}{k_d} \tag{11.9}$$

式中，k_r 是化学反应动力学常数；k_d 是扩散动力学常数（限制总反应程度）。k_r 可以通过 β_r 求得[10]

$$\frac{\mathrm{d}\beta_r}{\mathrm{d}t} = k_r(1 - \beta_r)(1 + C\beta_r) \tag{11.10}$$

其中，C 是一个与温度无关的特征常数。Malkin 假定 k_r 在固化过程中不变。k 通过 T_g、T_{g0} 间接求得[24]

$$(T_g - T_{g0})/T_{g0} = k_1\beta/(1 - k_2\beta) \tag{11.11}$$

式中，T_g 是瞬时的玻璃化温度，它取决于转化率；T_{g0} 是无交联固化后得到的线型高分子的玻璃化温度；k_1、k_2 是反映高分子物理特性的理论常数。在不同反应程度，即不同 β 时，将体系淬冷以终止反应，然后用 DSC 法测定 T_g，从而计算得到 β；然后计算 $k = \mathrm{d}\beta/\mathrm{d}t$。从图 11.3 中可看到，随着转化率的提高，$k_d$ 对 k 的影响越来越大。这表明在反应后期，扩散主导着化学反应的进程；同时还发现固化剂（胺类）含量增加，活化能提高，他们认为这是由于固化剂上的伯胺和仲胺对环氧基不同的反应活性所致。

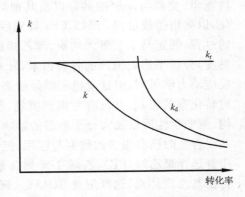

图 11.3　反应速率系数随转化率变化示意图[23]

Malkin 等还以 $1/\eta \sim t$（黏度的倒数～时间）作图，外推到 $1/\eta = 0$（即 $\eta \to \infty$），得到凝胶时间 t^*。通过 t^*、k_r、k_d 以及 Arrhenius 关系，分别计算了反应活化能，得到相近的结果。同时发现固化剂（胺类）含量增加，活化能提高，他们认为这时由于固化剂上的伯胺和仲胺对环氧基不同的反应活性所致。伯胺与环氧反应得到仲胺后，活性增强。

　　Macosko 等建立了 Castro-Macosko 模型[25]来描述凝胶点前的黏度变化

$$\eta = \eta_0 \left(\frac{a_g}{a_g - a} \right)^{f(a, T)} \tag{11.12}$$

其中，a 是异氰酸酯的转化率；g 表示凝胶点。他们选用 a 的二次函数来拟合 $f(a, T)$，但没有说明为什么选用二次函数，也没有讨论其他函数是否更准确。并且，这个模型不适合于凝胶点后的体系，且在接近凝胶点时误差会增大。这时想通过测黏度来确定 a 以推断分子结构就更困难了。这种情况下，Macosko 等提出了另一个通过黏度计算相对分子质量的模型[26]

$$\eta = K e^{\frac{E_a}{RT}} \left(\frac{M_w}{M_{w0}} \right)^{f(a, M)} \tag{11.13}$$

11.1.3　大分子反应

　　高分子接枝改性早已广泛应用到工业生产中，国内外已有若干综述[27,28]，从单体选择、接枝方法、接枝机理、产物表征及产物性能等方面较全面地总结了聚烯烃的接枝反应。目前这方面的研究主要集中于：① 如何提高接枝率；② 如何减少副反应；③ 接枝物的表征；④ 接枝产物物理、化学性能的变化及应用；⑤ 反应接枝加工过程的工艺参数控制。但是，接枝过程反应非常复杂，有单体接枝与均聚反应的竞争、交联与降解的共存以及其他副反应，故在研究其机理时都会做相关的简化，以突出接枝过程。比如，Cha 等先后研究了马来酸酐[29]和苯乙烯[30]接枝聚丙烯的过程，假定马来酸酐无均聚、苯乙烯的均聚与接枝比例已知，通过测定接枝率和黏度，分析了影响机理的各种因素，针对两类不同性质的单体，分别提出了不同的反应动力学机理。但这些机理都是静态的，主要考虑的是温度、单体浓度、停留时间对转化率的影响，并没有考虑到流场、剪切速率等流变学参数对反应机理、产物结构、流变学性质以及大分子形态的影响。尽管高分子熔体之间的反应在制备高分子共混合金时已有很多的研究与应用，但缺少对其反应过程中的流变动力学的研究。作者选择聚乙烯（PE）、乙烯-1-辛烯共聚物（POE）、聚丙烯（PP）等聚烯烃树脂作为自由基反应体系，选择尼龙 6（PA6）、聚对苯二甲酸丁二酯（PBT）等缩聚物作为基团反应体系，深入到分子结构与链形态的层次研究了它们在加工流场中的化学流变行为。下面将从实验与理论研究方法、剪切流场对反应速率的影响与反应选择性、流变动力学方程与加工流场中反应过程模拟几个方面分别加以叙述。

11.2　流变实验与理论分析方法

　　在聚合物反应加工的研究中，流场对大分子反应机理和反应动力学的影响是其中的核心问题之一。流变动力学研究的目的就是要将大分子反应动力学与流场参数（流场类型、流场强度、流动历史等）关联起来。

11.2.1　研究大分子反应的流变学实验方法

大分子反应的一个特点是分子结构或相对分子质量会在反应的过程中发生改变,由于大分子的流变学性质对其结构因素(相对分子质量、相对分子质量分布、分子链的拓扑结构)非常敏感,利用流变学方法来研究大分子的反应可以包括两个基本的内容。

1. 材料结构的表征

通常反应加工后,由于化学反应的存在,聚合物体系的分子结构或相结构会发生改变,可以利用流变学性质对这些结构改变的敏感性来定性或定量地表征大分子反应。对于材料结构的表征,一般可以采用线性黏弹性质,可以通过小振幅振荡剪切(SAOS)、应力松弛、蠕变等方法实现。图 11.4 显示了聚丙烯/过氧化物/多官能团单体体系通过密炼混合后产物的储能模量与频率的关系[31],图中编号对应的配方见表 11.1,从 D0 到 D4,单体的含量逐渐增加,在低频区的模量也逐渐上升,而且 $G' \sim \omega^n$ 的标度指数 n 也逐渐减小,这是由于在多官能团单体存在条件下,过氧化物产生的自由基会导致单体的接枝和聚丙烯链的长支化,而长支化分子具有较长的松弛过程。通过低频区储能模量与频率标度关系的变化,可以定性地判断出从 D0 到 D4,样品中的长支链的含量增加。材料结构的变化不仅体现在线性黏弹性性质,在非线性流变学行为中也有很重要的特征。例如,瞬态拉伸黏度对长支化分子结构非常敏感。图 11.5 显示了聚丙烯与长支化聚丙烯(样品 D1)的瞬态拉伸黏度,对于线型聚丙烯瞬态拉伸黏度随时间平滑上升,而长支化聚丙烯在很小的拉伸速率下就表现出明显的应变硬化现象,而这是长支链聚合物的一个典型性质,由此也可以判断出材料中存在长支化的聚合物链。

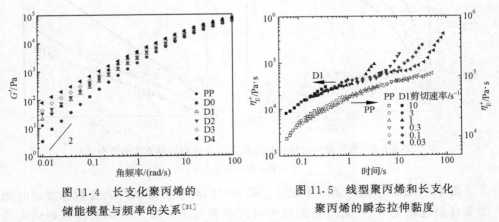

图 11.4　长支化聚丙烯的　　　　　　　图 11.5　线型聚丙烯和长支化
储能模量与频率的关系[31]　　　　　　　　聚丙烯的瞬态拉伸黏度

经过反应加工后,由于微观结构的变化导致聚合物的流变学性质会发生较大的改变,通过这些性质的变化基本可以定性地判断结构的变化趋势。如果要从流变学性质来得到定量的结构参数,则需要与流变学理论相结合。

　　2. 反应进程的监测

　　除了对反应产物进行表征外,还可以利用流变学性质的变化来在线监测反应的动力学过程。此时流变仪不仅仅作为流变性质的表征仪器,而且是提供精确剪切流场的反应器。利用流变仪在线监测大分子的反应,首先是样品制备的问题。通常大分子反应都是在熔融状态下举行,因此就要求在样品制备过程中没有反应或者反应很少。对于自由基反应,一般选择在较低温度下混合,而在较高温度下跟踪反应;还可以采用先将惰性物质进行混合,然后在室温下通过溶液浸泡吸附或超临界流体辅助吸附等方法将反应活性物质(如引发剂、催化剂等)混入样品。

　　利用旋转流变仪来监测大分子反应,经常采用时间扫描的方法。例如,一般认为小振幅振荡剪切(SAOS)对大分子的动力学行为和大分子反应影响很小,因此可以利用 SAOS 来监测体系流变性质(如黏度、动态模量)随时间的变化。图 11.6 显示了在一定频率,不同振幅下聚乙烯通过自由基交联过程的动态模量变化[32]。可以看出虽然在交联反应中 G'' 不像 G' 那样对反应进程敏感,但两者都是在大应变条件下增加得更快。G' 和 G'' 的交点可以看成结构变化的转变点。交点之前,体系是黏性主导;交点之后,体系进入弹性主导;这个交点也可以看作是表观凝胶点。反应中施加的应变越大,交点也就出现得越早,这意味着外加应变越大,交联反应越快。在所施不同的扫描应变下,交点处的模量都接近于 $2.1×10^4$ Pa,这说明交联后的 HDPE 的微结构可能是相似的。

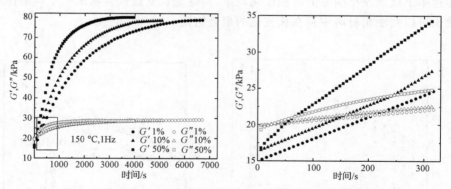

图 11.6　聚乙烯在过氧化物作用下交联过程的动态模量变化[32]
右图是左图的局部放大

　　图 11.7 显示了聚对苯二甲酸丁二酯(PBT)环氧多层试样的复数黏度随时间的变化而逐渐上升,并且上升的趋势可以分为三个阶段[33]。从实验开始到大约 1500s 左右的时间为第一阶段,在这一阶段,体系的复数黏度随时间快速上升,在

末期达到稳定值;从实验的 1500s 左右到 2500s 左右为第二阶段,在这一阶段内体系的复数黏度基本不变;实验从 2500s 以后进入第三阶段,在这一阶段,体系的复数黏度再次缓慢上升。体系的其他流变参数的变化趋势,如模量等也基本相似。对于 PBT/石蜡的多层试样,复数黏度在整个实验过程中基本没有什么变化。这是由于石蜡中没有活性官能团与 PBT 里的羧基发生反应,因而体系在实验过程中没有共聚物生成,所以体系的复数黏度没有变化。由于 PBT 和环氧树脂可以发生反应,生成相对分子质量更高的共聚物,所以使得体系的复数黏度增大。在实验的第一阶段,PBT 和环氧树脂在界面接触,相互之间立即发生反应,生成相对分子质量更大的共聚物,使得体系的复数黏度快速上升,这时的反应主要为反应控制型。由于在界面反应不断发生,界面的共聚物越来越多,逐渐饱和,阻碍了两边活性官能团的进一步接触,加上界面两边的活性官能团逐渐消耗,浓度越来越低,使得反应速率渐渐下降直到停止,实验进入第二阶段。在第二阶段里,界面完全饱和,远离界面的活性官能团还来不及扩散到界面,反应处于停止状态,表现为体系的复数黏度保持在一定值,不再变化。当远处的活性官能团渐渐扩散到界面时,反应继续发生,于是体系的复数黏度再次上升,实验进入第三阶段。这时由于大分子的扩散速率小于反应速率,所以为扩散控制型。这与其他反应体系平面界面反应的实验结果相似[34,35]。从图中我们还可看出,体系复数黏度在第三阶段的上升斜率要明显小于第一阶段的上升斜率,这也说明体系的反应在第三阶段为扩散控制型。

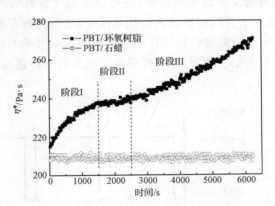

图 11.7　PBT/环氧反应体系黏度随时间的变化[33]

　　SAOS 的优点在于可以同时得到材料的储能模量和损耗模量,进而与材料结构的变化相关联。但是由于流场类型的限制,无法研究稳态剪切条件下的反应进程,此时可以采用瞬态时间扫描。图 11.8 显示了 LLDPE/DCP 体系在不同剪切率下黏度随时间的变化[36]。加入引发剂 DCP 后剪切黏度随着时间增加,而原始 LLDPE(没有加 DCP)在任一剪切速率下、在整个测试时间内都非常稳定,这说明有大分子间的反应是由于 DCP 的加入而引发的。在 $\dot{\gamma}=0.0015\text{s}^{-1}$ 时的黏度变化与 $\dot{\gamma}=0.0065\text{s}^{-1}$ 时的变化几乎重合,前者的数据点更为分散些,可能是由于仪器的灵敏度所致。这说明,当剪切速率足够低时,反应动力学不受剪切速率的影响。

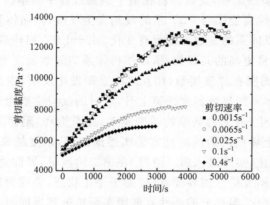

图 11.8　LLDPE/DCP 黏度随反应时间的变化[36]

利用瞬态剪切可以得到在连续剪切条件下的体系黏度变化,虽然可以从黏度达到平衡值的时间来判断反应速率的快慢,但是由于体系的剪切变稀性质,很难直接从瞬态剪切黏度判断出反应的转化率,特别是很难比较不同剪切速率下的反应进程。为了克服剪切变稀性质的影响,还可以采用交替剪切的方法(如图 11.9 所示)。在高剪切速率下长时间剪切进行化学反应,之后在参考剪切速率下短时间剪切测量体系的黏度。因此可以在同样的参考剪切速率水平上比较不同剪切速率下反应过程中材料的流变学性质,深入理解剪切速率对反应进程和反应机理的影响。

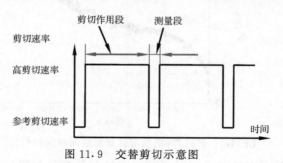

图 11.9　交替剪切示意图

11.2.2　数据分析方法

11.2.2.1　大分子反应产物结构的流变学分析

由于大分子的结构差异在各种流变学性质中都有表现,因此通过对最终产物或者不同时刻反应产物的黏弹性的表征,可以半定量或定量地得到产物的结构参数。从流变学性质推断分子结构的依据是大分子动力学理论。对于线型高分子,以蠕动(reptation)模型为基础的管子理论(tube theory)可以很好地将大分子的相对分子质量、相对分子质量分布与线性黏弹性关联起来。例如,通过双重蠕动模型(double reptation model)就可以很好地拟合材料的动态模量,得到相对分子质量分布。对于反应过程中大分子始终保持线型结构的体系,如末端官能团之间的均相反应,可以通过对产物的线性黏弹性表征得到反应产物的结构。如果反应基团不一定分布在大分子链的末端,那么反应产物的结构可能具有三臂星型、四壁星型甚至更复杂的结构。对于自由基引发的大分子反应一般都会得到复杂的支化产物。分析支化产物的结构对于了解反应机理和反应动力学有重要意义。由于长支化聚合物结构的定量表征是非常困难的,这里仅仅以两个例子来说明可以采用的一些方法。

例 1：聚丙烯(PP)/过氧化物[2,5-二甲基-2,5 双(叔丁基过氧化)己烷(DMDBH)]/多官能团单体[季戊四醇三丙烯酸酯(PETA)]反应体系中,在过氧化物/PETA 的参与下,PP 的自由基反应机理可以简化为[31]

① 引发剂分解：　　　　　　I→2R·

引发大分子自由基：　　　　R·+P→P·+RH

接枝：　　　　　　　　　　P·+M→PM·

偶合：　　　　　　　　　　PM·+P·→P—M—P（支化）

② 降解：　　　　　　　　　P·→P_t·+P_d

链转移：　　　　　　　　　PM·+P→PM+P·

　　　　　　　　　　　　　PM·+P—M—P→PM+P—M—P·

　　　　　　　　　　　　　P_t·+P→P_t+P·

　　　　　　　　　　　　　P_t·+P—M—P→P_t+P—M—P·

③ 偶合：　　　　　　　　　P—M—P·+P·→

　　　　　　　　　　　　　P—M—P·+P—M—P·→交联或支化

④ 降解：发生支化链或交联链的降解反应。

表 11.1 为长支链聚丙烯的配方与产物流变参数。

表 11.1　长支链聚丙烯的配方与产物流变参数[31]

	过氧化物/% (质量分数)	PETA/% (质量分数)	x_g/% (质量分数)	τ_L/s	τ_B/s	N	N_a	$\eta_{0,BL}$/ 10^4Pa·s	$\eta_{0,L}$/ 10^4Pa·s	$\eta_{0,B}$/ 10^4Pa·s	x	E_{lcb}/ %
PP	0	0	—	2.2	0	—	—	—	—	—	—	—
D0	0.1	0	—	<1	0	—	—	—	—	—	—	—
D1	0.1	0.6	0.13	2.2	14.2	76	24.9	1.85	2.0	0.41	0.05	2.7
D2	0.1	1.0	0.18	2.2	37.0	76	26.5	1.92	2.0	1.00	0.06	2.3
D3	0.1	1.5	0.26	2.2	130.0	76	28.6	2.74	2.0	3.48	0.56	15.0
D4	0.1	2.0	0.30	2.2	175.4	76	29.0	3.62	2.0	4.40	0.75	17.5

　　线型 PP 分子链通过 β-裂解反应断链,形成很多断链的大分子自由基,这些大分子自由基由于偶合反应又形成新的大分子链,它们可能是支化的也可能是线型的。因此,反应产物可以看成是线型聚丙烯和长支化聚丙烯(LCB PP)的共混物,而反应物配方中单体 PETA 的增加不但会改变长支化聚丙烯的含量,而且会改变支链的平均长度。图 11.10 显示了 PP 与不同产物(D0-D4)的松弛时间谱(从动态模量通过 GENEREG 程序[37]计算得到)。可以清楚地看出,线型 PP(纯 PP 和 D0)只有一个特征松弛时间,即对应于线型 PP 的松弛过程,并且 D0 的松弛时间略低于纯 PP 的,这是由于 D0 的相对分子质量小于纯 PP。然而,所有的 LCB PP 样品(即使支化度非常低的 D1)都出现两个特征松弛时间,其中短特征松弛时间对应于线型分子链的松弛过程,而长特征松弛时间对应于支化链的松弛过程。LCB PP 的短松弛时间(τ_L)和纯 PP 的松弛时间非常接近,说明它们线型部分的相对分子质量和纯 PP 的相对分子质量相接近。可以利用 LCB PP 的长松弛时间(τ_B)来估计长支链的长度与含量。

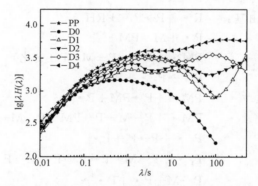

图 11.10　聚丙烯/过氧化物/多官能团单体反应产物的松弛时间谱[31]

　　根据大分子动力学理论,线型链可以用管子长度波动-蠕动模型[38]描述,支化链可以采用 Ball-McLeish 模型[39]描述,通过线型链和支化链的特征松弛时间比就可以计算支化链的长度

$$\frac{\tau_B}{\tau_L} = \frac{\exp(\nu N_a)}{3N^3(1 - 1.47N^{-0.5})^2} \tag{11.14}$$

其中,N_a 是支链的缠结链段数($N_a = M_B/M_e$);线型 PP 的链段数 N 可根据相对分子质量和缠结相对分子质量 M_e 求得。从表 11.1 看出,D1 支链的平均长度大约为线型链的 1/3,并且随着 PETA 用量的增加,LCB PP 支化链的长度逐渐增长。这个结果与 Tsenoglou 和 Gotsis[40]关于断链长度的假设完全不同,这就意味着在作者的反应体系中不能采用 Tsenoglou 和 Gotsis 方法来计算 LCB 的含量。

　　由于 LCB PP 样品中线型链的长度与纯 PP 接近,所以可以认为其零剪切黏

度 ($\eta_{0,L}$) 与纯 PP 相等, 而支化部分的零剪切黏度 ($\eta_{0,B}$) 表示为

$$\frac{\eta_{0,B}}{\eta_{0,L}} = \frac{12(\nu N_a)^{-1}\tau_B}{\pi^2(1 - 1.47N^{-0.5})\tau_L} \quad (11.15)$$

其中, ν 是常数 ($\nu = 15/8$)。从表 11.1 看出 $\eta_{0,B}$ 的值随着支链长度的增加而快速增加。由于 LCB PP 样品可以看作是线型部分和支化部分的共混物, 它的零剪切黏度假设符合对数混合规则[41]

$$\eta_{0,BL} = \eta_{0,L}^{1-x}\eta_{0,B}^{x} \quad (11.16)$$

式中, x 是支化链在所有链中的比例。按照式 (11.16) 可以很容易求得支化链的含量 x。此外, 根据上面的结果, 还可求出有多少接枝的单体参与了支化反应, 即单体 PETA 的支化效率 E_{lcb}

$$E_{lcb} \approx \frac{x}{(x_g/M_{PETA})/[(1 - x_g)/M_{PP}]} \quad (11.17)$$

式中, x_g 是表 11.1 中列的 PETA 的接枝率, 可以通过红外光谱定量得到; M_{PETA} 是单体 PETA 的相对分子质量 ($M_{PETA} = 298$); M_{PP} 是线型 PP 的相对分子质量。表 11.1 中的计算结果表明支化链的长度随着单体 PETA 用量的增加而增加, 由此可以推测不同 PETA 用量时的 PP 自由基反应机理是不同的。当 PETA 用量比较低时, 接枝反应发生在降解反应之后, 因而, 支化产物的主链和支链都是断链后的 PP 链段。随着 PETA 用量的增加, 由于有足够的单体捕捉初级大分子自由基, 接枝反应和降解反应可能同时发生, 所以支化产物的主链大部分是原来的线型 PP, 而支化链是降解反应后的 PP 链段, 并且支化链的长度随着 PETA 用量的增加而增长。同时, 单体的支化效率随着单体用量的增加呈现增大的趋势。当单体的接枝率从 D1 的 0.13 增加到 D4 的 0.30 时, 单体的支化效率却快速地从 D1 的 2.7 增加到 D4 的 17.5, 表明高含量的多官能团单体是有利于 PP 的支化反应的。一般来说, 用 NMR 或 GPC 测得的长支链聚烯烃的支化度小于 $1/10^4$C[42~45]。对于此例中的线型 PP, 由相对分子质量和重复单元相对分子质量 ($2M_w/M_0$) 可以算出一条 PP 大分子链大约包括 20 000 个碳原子。根据表 11.1 中的 x 值可知, 支化度在 0.025~0.38/10^4C 范围内。

　　例 2: 聚烯烃在过氧化物存在条件下发生长支化反应。由于偶合与断链反应的同时存在, 使得产物的相对分子质量与分子结构发生很大的变化, 产物可以是含有复杂长支化产物的混合物。对于其中长支化产物结构的确定, 通常是比较困难的。长支化产物在很多方面都体现出独特的流变学性质, 特别是在大振幅振荡剪切 (LAOS) 流场中有典型的非线性流变行为。下面以 PEB/DCP 体系在不同剪切流场中的反应为例, 来说明应用 LAOS 来确定反应产物及反应机理的方法。反应条件是 160℃, 施加的是振荡剪切流场, 应变幅值分别为 1% (P1), 10% (P2) 和 25% (P3), 通过大分子自由基偶合产生支化聚合物分子, 同时还可能发生断裂反应, 从

而降低相对分子质量（流场对此反应机理的影响见第 11.3 节）。

在振荡剪切流场中，所施加的应变为 $\gamma(t) = \gamma_0 \cos(\omega t)$。$\gamma_0$ 是应变幅值；ω 是频率。当 γ_0 很小时，所测量的应力可以表示为 $\sigma(t) = \sigma_0 \cos(\omega t + \delta)$，应力幅值 σ_0 与应变幅值成正比，δ 为相位角，表现出线性黏弹性行为。当 γ_0 较大时，应力响应不再是简单的三角函数，会出现对应于 ω 不同倍频的谐波。图 11.11 显示了 PEB/DCP 体系反应产物在 LAOS 流场中不同应变幅值时的应力波形。可以看出，在高应变幅值情况下，应力的波形明显偏离了三角函数。高次谐波的幅值与材料的结构密切相关，可以采用傅里叶变换（FTR）的方法来对应力进行分析

$$\sigma(t) = I_1 \cos(\omega t + \varphi_1) + I_3 \cos(3\omega t + \varphi_3) + I_5 \cos(5\omega t + \varphi_5) + \cdots$$

(11.18)

对于剪切应力而言，由于弹性储能的非负性，只有奇数次谐波出现。表征非线性行为可以采用幅值比 $I_{n/1} = I_n/I_1$（n 为奇数）和相对相位角 $\Phi_n = \varphi_n - n\varphi_1$（$\Phi_n \in [0, 2\pi]$），对于支化聚合物通常可以用 $I_{3/1}$ 来表示长支化的程度。图 11.12 显示了 PEB/DCP 体系在 160℃，频率 6Hz，应变幅值 1% 条件下得到的反应产物，在 0.1Hz、400% 动态应变下应力响应的傅里叶变换幅值比。可以明显看出在奇数倍频下出现高次响应，这与产物的非线型分子结构相关。图 11.13 显示了 PEB/DCP 体系在 160℃下，不同反应产物的线性黏弹性。可以看出反应产物 P1 和 P2 的 G' 基本相同；与之相比，P3 的储能模量要低很多，这意味着体系中有可能存在断链反应。图 11.14 显示了 PEB/DCP 体系在 160℃下，不同反应产物的 FTR 性质。PEB 为线型链，幅值比 $I_{3/1}$ 基本为零，而且基本不随应变变化；在大应变下 P1、P2 和 P3 显示出强烈的非线性行为，并且在大应变下 P1 的 $I_{3/1}$ 大于 P2 的 $I_{3/1}$，说明二者分子结构上的差异；P3 的 $I_{3/1}$ 介于线型链 PEB 和产物 P1、P2 之间，这与其较小的支

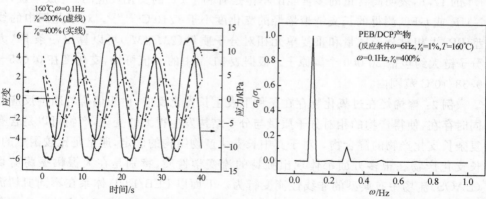

图 11.11　PEB/DCP 体系反应产物（$\omega = 6$Hz，$\gamma_0 = 1\%$，$T = 160$℃）在不同应变幅值（200% 和 400%）下的应力波形

图 11.12　PEB/DCP 体系反应产物在 400% 动态应变下应力响应的傅里叶变换幅值比

化程度有关。

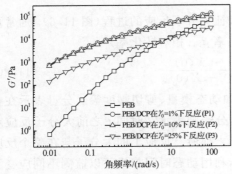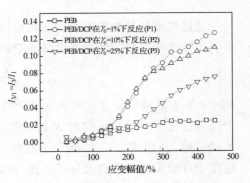

图 11.13　PEB/DCP 体系不同反应产物
　　在 SAOS 中的储能模量
　　　与频率的关系

图 11.14　PEB/DCP 体系不同反应产物
　　在 LAOS 中的非线性性质
　　　与应变的关系

参照振荡剪切流场中模量的定义,从傅里叶变换的应力也可以得到高阶的模量。

$$\sigma(t) = \gamma_0 \sum_{n=1, n=odd} \left[G'_n(\omega, \gamma_0)\sin(n\omega t) + G''_n(\omega, \gamma_0)\cos(n\omega t) \right] \quad (11.19)$$

G'_n 和 G''_n 分别表示 n 次谐波的储能模量和损耗模量。图 11.15 显示了 PEB/DCP 体系的不同反应产物的三阶模量(G'_3 和 G''_3)与应变的关系,同样可以看出高度支化的产物(P1 和 P2)具有明显的 G'_3 和 G''_3,而线型链 PEB 的 G'_3 和 G''_3 基本为零。图中对于 P1 和 P2 出现了负的 G''_3,这主要是由相对相位角的变化引起的。

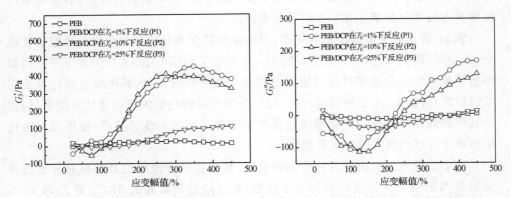

图 11.15　PEB/DCP 体系不同反应产物在 LAOS 中的高阶模量与应变的关系

从图 11.14 和图 11.15 的结果来看,FTR 对于大分子结构的变化非常敏感,虽然很难从 FTR 的结果定量得到具体的支化程度,但是可以定性地比较反应产物的结构,还可以用来判断流场对反应机理的影响。

11.2.2.2 流变转化率分析

通过流变学参数随时间的变化可以表征大分子反应的进程(图 11.6)。通常可以利用流变学参数的变化来定义流变转化率 β_{rel}(相对转化率)[23, 32]

$$\beta_{rel} = \frac{X(t) - X(0)}{X(\infty) - X(0)} \qquad (11.20)$$

其中,X 表示随时间变化的流变学函数,如动态模量、剪切黏度等。分母表示在整个反应过程中大分子反应对 X 的贡献,而分子则表示在时间 t 之前大分子反应对 X 的贡献。所以式(11.20)表示了在时间 t 之前所有反应了的大分子与在整个反应过程中可能反应的所有大分子之比。例如,利用动态时间扫描可以监测不同应变下的聚乙烯的自由基偶合反应,通过式(11.20)可以计算得到的流变学转化率(其中 $X = G'$)。当转化率是黏度或模量的线性函线时,式(11.20)是精确的。但大多数情况下,转化率与黏度或模量不是线性关系;另外,式(11.20)假定了最终转化率是 100%,一方面这要求反应完全结束才能够用相对转化率来表示,另一方面对于高分子反应体系,由于副反应的存在,实际上最终转化率总是低于 100%。

利用流变学方法来研究大分子反应的关键之处在于如何从流变学函数的变化来得到反应的转化率。这实际上是利用流变学性质来确定聚合物分子结构的问题。由于流变学性质是聚合物的微观结构对宏观形变所产生响应的统计平均,因此通常利用流变学性质来推断分子结构是一个病态问题,只有在特殊的条件下才能够得到定量的结果,而且对于不同的反应体系和不同的反应条件,可能存在不同的转化率计算方法。下面以聚乙烯的自由基交联反应和 PBT 扩链反应为例,说明通过流变学方法来定量确定化学反应转化率的方法。

例1:聚乙烯交联反应的转化率。最简单的转化率分析是利用流变函数定义流变(或相对)转化率[式(11.20)]。图 11.16 显示了 HDPE 在 DCP 引发下在动态振荡剪切流场中发生交联反应的流变学转化率随时间的变化,其中相对转化率是用式(11.20)对图 11.6 中的模量计算得到。采用相对转化率的优点是计算简单,但由于其中的假设以及反应产物组成与流变学函数之间的非线性关系,使得相对转化率很难与反应的真实进程关联起来。

为了定量表征自由基反应中的转化率,最直接的方法就是知道相对分子质量及其分布的变化。当重均相对分子质量(M_w)超过某临界值 M_c(对聚乙烯 $M_c \approx 4000$)后,在某一给定的剪切速率下,黏度与 M_w 有如下关系:

$$\eta = k M_w^n \qquad (11.21)$$

式中,η 是稳态剪切黏度;k 是由聚合物类型与温度决定的一个常数。当剪切速率从零向无穷大变化时,n 从 3.5 向 1 变化(图 11.17)。Schreiber 等通过实验证明了线型聚乙烯满足这个关系[47]，理论上也可以分析此关系的合理性[48]。为了把黏度变化转换成 DCP 的绝对转化率，就要先求得在不同剪切速率下的 k 与 n 的值。这可以通过对反应产物的分级测定来确定[46]。假设相对分子质量分布 D 的变化可以用线性关系来近似表示（图 11.18）

$$D_{\mathrm{t}} = D_0 + \frac{D_\infty - D_0}{T_{\mathrm{r}}} t \tag{11.22}$$

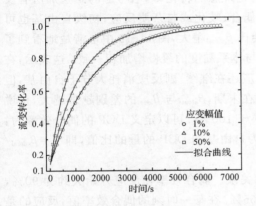

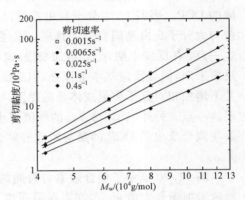

图 11.16　聚乙烯交联反应的　　　　　　　图 11.17　不同剪切速率下黏度
流变学转化率随时间的变化　　　　　　　　与重均相对分子质量的关系[46]

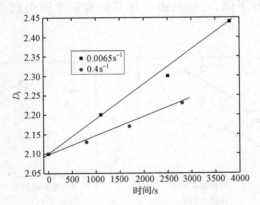

图 11.18　多分散指数随反应时间的变化[46]

那么引发剂的实际转化率可以表示为[46]

$$\beta_{\mathrm{actual}} = \frac{xM_{\mathrm{I}}}{M_{\mathrm{I}}} = \frac{m_{\mathrm{p}}M_{\mathrm{I}}}{m_{\mathrm{I}}} \left(\frac{D_0}{\sqrt[n]{\eta_0/k}} - \frac{D_0 + (D_\infty - D_0)t/T_{\mathrm{r}}}{\sqrt[n]{\eta_{\mathrm{t}}/k}} \right) \tag{11.23}$$

式中，M_{I} 是引发剂的相对分子质量；$m_{\mathrm{I}}/m_{\mathrm{p}}$ 表示引发剂与聚合物的质量比。在这个方法中，没有对最终转化率作任何假设，唯一的要求就是黏度与相对分子质量之间的关系满足式(11.21)。

β_{ideal}、β_{actual} 与 β_{rel} 一起显示于图 11.19 中以作比较。β_{rel} 是一个相对值,其中假设最终转化率为 100%,但通常是很难达到的。从上文的分析可以看到,不同于 β_{ideal} 或 β_{actual} 的是,β_{rel} 本身并没有严格地与高分子微观结构或化学反应动力学联系在一起,因此 β_{rel} 与前两者有很大的不同。β_{actual} 是 DCP 真实的转化率,仅考虑参与了偶合反应的 DCP,不考虑其他副反应。β_{ideal} 是理想的转化率,它考虑的是参加所有反应的 DCP。事实上,大分子自由基可以偶合、歧化或与杂质反应;初级自由基也可能与大分子自由基偶合[49]。这样,β_{ideal} 会比 β_{actual} 稍大,图 11.19 中也清楚地看到了这一点。在反应末期,β_{actual} 增加很慢,这与体系黏度的缓慢增加相一致。这表示,在反应末期,偶合反应基本上停止,但副反应还在继续。副反应消耗大分子自由基,但并不增加相对分子质量或体系的黏度。在末期,β_{actual} 与 β_{ideal} 的差别越来越大,正说明这一点。另外,β_{actual} 与 β_{ideal} 的终值都小于 100%。可以定义 DCP 的偶合效率为:参与偶合反应的 DCP 的量与所有分解为自由基的 DCP 的量的比值,即 $f = \beta_{actual}/\beta_{ideal}$。

图 11.20 显示了偶合效率与时间的关系。偶合效率在反应开始大约为 90%,然后增加到最大值 95%,在末期降到约 65%。在某一时刻的偶合效率值,反应的是在这个时刻前平均的偶合效率。可以看到,在反应终点时,偶合效率为 0.65,这说明反应全过程平均的偶合效率是 0.65,这个值与其他作者的结果一致[50,51]。偶合效率在反应末期的下降,可能是由于体系的高黏度所引起的强烈的笼蔽效应所致[52]。

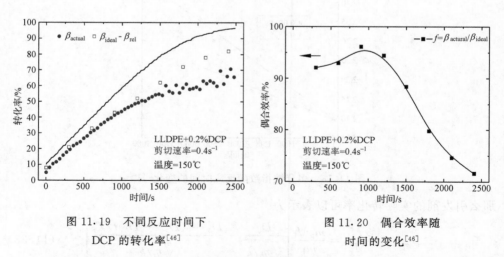

图 11.19　不同反应时间下　　　　　　　图 11.20　偶合效率随
DCP 的转化率[46]　　　　　　　　　　　时间的变化[46]

例 2:聚对苯二甲酸丁二醇酯/环氧树脂扩链反应的转化率。PBT、PET 等聚酯可以通过与多官能团环氧树脂反应来进行扩链,提高熔体强度,从而拓宽其应用领域。动力学过程对扩链的效果非常关键,可以通过多层样品的反应进行研究。图 11.21 显示了 240℃ 小振幅振荡剪切下 PBT/环氧树脂的多层试样的复数黏度随时间的变化[53],体系的其他流变参数如模量等的变化趋势也和复数黏度相似。由于在高温下 PBT 的羧基和 epoxy 的环氧基团在界面发生反应,生成更长分子链的共聚物,所以体系的复数黏度随反应时间的延长而增大。

对于共混体系,总体的表观黏度与各组分的黏度有以下关系式[54]

$$1/\eta^*(t) = \omega_{PBT}(t)/\eta^*_{PBT} + \omega_{ep}(t)/\eta^*_{ep} + \omega_{co}(t)/\eta^*_{co} \tag{11.24}$$

其中,ω_{PBT}、ω_{ep} 和 ω_{co} 分别为试样中 PBT、环氧树脂和共聚物的质量分数;η^*_{PBT}、η^*_{ep} 和 η^*_{co} 分别为纯 PBT、环氧树脂和共聚物在同等条件下的复数黏度。随着反应的进行,PBT 和环氧树脂的质量分数可以表示为和 $\omega_{PBT} = \omega_{PBT,0} - \omega'_{PBT}(t)$ 和 $\omega_{ep} = \omega_{ep,0} - \omega'_{ep}(t)$;$\omega_{PBT,0}$ 和 $\omega_{ep,0}$ 分别是实验起始时刻 PBT 和环氧树脂在体系中的质量分数;$\omega'_{PBT}(t)$ 和 $\omega'_{ep}(t)$ 分别是从起始时刻到 t 时刻反应消耗掉的 PBT 和环氧树脂的质量分数。由于 PBT 和环氧树脂之间是双分子反应,参加反应并消耗掉的质量分数满足 $\omega'_{PBT}/\omega'_{ep} = M_{PBT}/M_{ep}$,并且生成的共聚物的质量分数也可以表示为 $\omega'_{co}/\omega'_{PBT} = M_{co}/M_{PBT} = (M_{PBT} + M_{ep})/M_{PBT}$,其中 M_{PBT}、M_{ep} 和 M_{co} 分别为试样中 PBT、环氧树脂和共聚物的平均相对分子质量。PBT 和环氧树脂的复数黏度 η^*_{PBT}、η^*_{ep},可以通过相同条件下的试验直接测得,但是却没有办法对纯的共聚物来进行试验测量。对于 PBT/环氧树脂的多层试样,只有在界面才生成少量共聚物,且很难分离出来。由于 PBT 具有很长的长链,环氧树脂则只有相对很短的链,所以两者反应后生成的共聚物可认为因为绝大部分为 PBT 长链而宏观显示与 PBT 相似的流变性能,即可以假设共聚物的流变性能和 PBT 相同[55]。因此共聚物的复数黏度可以估计为 $\eta^*_{PBT}/\eta^*_{co} = (M_{PBT}/M_{co})^{3.4}$,而体系的黏度变化可以表示为

$$\frac{1}{\eta^*(t)} = \frac{\omega_{PBT,0} - \omega'_{PBT}(t)}{\eta^*_{PBT}} + \frac{\omega_{ep,0} - M_{ep}\omega'_{PBT}(t)/M_{PBT}}{\eta^*_{ep}} + \frac{(M_{PBT} + M_{ep})\omega'_{PBT}(t)/M_{PBT}}{\eta^*_{PBT}((M_{PBT} + M_{ep})/M_{PBT})^{3.4}}$$

$$\tag{11.25}$$

利用式(11.25)就可以将体系的复数黏度 $\eta^*(t)$ 和消耗掉的 PBT 的质量分数联系起来,而且可以定义反应体系的转化率为 $X(t) = \omega'_{PBT}(t)/\omega_{PBT,0}$。这样就可以将实验得到的反应体系的复数黏度和体系反应的转化率联系起来。图 11.22 显示了利用以上方法得到的 PBT 的转化率与时间的关系。使用这种方法得到的反应转化率为绝对值,并且物理意义明确,此转化率与利用端基滴定法得到的化学转化率非常接近。从图 11.22 中可以看出,对于 PBT/环氧树脂的多层样品而言,在 2000s 后反应依然没有结束(转化率远远低于 100%),此时如果采用流变(相对)转化率就会产生很大的误差。

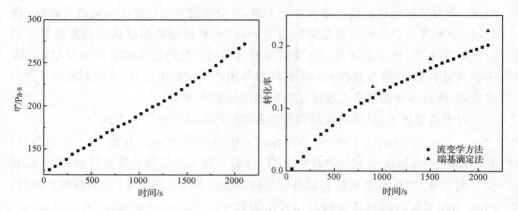

图 11.21　PBT/epoxy 在 240℃下
复数黏度随时间的变化[53]

图 11.22　PBT/epoxy 在 240℃
反应转化率随时间的变化[53]

11.2.2.3　反应动力学分析

利用材料流变学性质的变化来表征大分子反应时,如果可以通过计算得到绝对转化率,那么利用化学反应动力学方程就可以直接得到反应动力学常数,这与传统化学反应动力学分析是一致的。但是,对于一些体系很难通过流变学分析得到定量的化学转化率,只能利用流变(相对)转化率来表示反应进程。此时需要建立相应的动力学模型,从流变转化率来计算反应动力学常数。

例如对于聚乙烯的交联过程,一般认为过氧化物引发的交联反应是自由基反应,并且可以被简化为三个步骤。

第 1 步:引发剂的分解和初级自由基的形成。

$$\mathrm{I} \xrightarrow{k_\mathrm{d}} 2\mathrm{R} \cdot \tag{11.26}$$

这步反应的动力学方程是

$$\frac{\mathrm{d}[\mathrm{R} \cdot]}{\mathrm{d}t} = -2f\frac{\mathrm{d}[\mathrm{I}]}{\mathrm{d}t} = 2fk_\mathrm{d}[\mathrm{I}] \tag{11.27}$$

其中,$[\mathrm{R} \cdot]$ 是初级自由基的浓度;$[\mathrm{I}]$ 在时间 t 时引发剂的浓度;f 是引发剂效率;k_d 是引发剂分解速率系数。取引发剂效率 $f = 0.5$[56],f 的绝对值会影响到计算反应速率系数的绝对值,但不会影响到它们的相对关系。$[\mathrm{I_0}]$ 是引发剂初始浓度;t 是测试的时间。

第 2 步:氢的吸收和大分子自由基的形成。

$$\mathrm{R} \cdot + \mathrm{P} \xrightarrow{k_\mathrm{a}} \mathrm{RH} + \mathrm{P} \cdot \tag{11.28}$$

初级自由基特别活泼,它会从聚合物主链上夺取氢,以形成一个大分子自由基。速率系数 k_a 大约在 $10^6 \sim 10^7 (\mathrm{L/mol \cdot s})$ 数量级[57]。k_a 相对于 k_d 要大得多,就是说初级自由基能很快全部转化为大分子自由基。

第 3 步：大分子自由基的偶合反应及交联键的形成。在这里忽略歧化终止[58]，并且将烷基自由基、烯丙基自由基[59]以及其他可能形成的自由基（它们的自由基位置和化学环境可能不同）都近似同一处理。这样终止反应可表示为

$$\text{P} \cdot + \text{P} \cdot \xrightarrow{k_t} \text{P---P} \tag{11.29}$$

式中，k_t 是偶合反应速率系数。

通过求解三步反应的动力学方程可以得到大分子偶合反应的速率系数[32]

$$k_t = \frac{\mathrm{d}\beta_r/\mathrm{d}t}{2f[\text{I}_0]\{1 - \exp[-k_d(t + t_0)] - \beta_r\}^2} \tag{11.30}$$

其中，t_0 是预处理时间，指流变实验开始之前的退火时间。利用式(11.30)就可以从流变相对转化率得到大分子偶合的速率系数。

11.3　剪切流场对反应速率的影响

11.3.1　均相体系中大分子/大分子的偶合反应

对于聚乙烯/DCP 体系的偶合反应，在振荡剪切流场中不同应变幅值下的反应转化率曲线如图 11.16 所示，可以用公式拟合：$\beta_r = 1 - A\exp(-t/\lambda)$。$A$ 是一个与 $t = 0$ 时的转化率有关的无因次参数；λ 是特征反应时间。A 和 λ 的拟合值列于表 11.2 中。因为在时间 $t = 0$ 时，不同外加应变下的实验体系的转化率很接近，故 A 值在不同测试中几乎相等。λ 随着扫描应变幅值的增加而减小，表示较大的应变幅值有利于偶合反应的发生。反应特征时间与外加应变间存在下面的规律：$\lambda = 557.6 - 558.1\lg\gamma$，这表示反应特征时间与外加应变的对数存在线性关系。若应变超过了线性黏弹范围，此关系可能就会失效。

表 11.2　应变对偶合动力学参数及凝胶量的影响[32]

$\gamma/\%$	1	10	50
A	0.856	0.86	0.866
λ/s	1651	1171	693
$\ln k_{t01}$	5.5	5.18	5.3
$a_1/\text{Pa} \cdot \text{s}$	2300	2980	3710
$\ln k_{t02}$	0.15	0.73	1.29
$a_2/\text{Pa} \cdot \text{s}$	25900	24700	25300
$\phi_{gel}/\%$	8.3	9.3	11.2

利用式(11.30)可以通过流变转化率计算得到偶合速率系数与反应时间、流变

转化率以及体系黏度之间的关系。图 11.23 显示了偶合速率系数 k_t 与黏度的关系[32]。k_t 的变化可以分为三个区域，如图中三条直线所示。在第一、二区，可以用下面的函数用来拟合 k_t 和 η^* 的关系：$k_t = k_{t0}\exp(-\eta^*/a)$，式中，$k_{t0}$ 和 a 都是常数，拟合值列于表 11.2。其中 k_{t0} 和 a 的脚标 1 和 2 是分别用来表示第一区和第二区中。a 反映了速率系数对黏度的敏感程度，a 越大，速率系数对黏度的依赖性越小。在第一区，应变大，a_1 的值也大，这意味着振动流场对于交联反应有促进作用。从第一区到第二区的转变与凝胶网络的形成有关，转变点都在凝胶点附近，但略早于凝胶点。事实上，终止反应速率系数（k_t）与大分子自由基浓度无关，但反应速率（$\mathrm{d}\beta_r/\mathrm{d}t$）受自由基浓度影响。从式（11.30）中可以看到，k_t 与 $\mathrm{d}\beta_r/\mathrm{d}t$ 的变化是不同步的，凝胶点（反应速率转折点）落后于速率系数转折点，落后的时间取决于 DCP 的分解速率与转化率。另外，速率系数对体系黏度更为敏感。当黏度增加到一定值时，黏度发生突变；但在这时，体系中大分子自由基的浓度依然较高，反应速率也就会在更长时间内保持不变。在第二区，k_t 减小得更慢，并且 k_t 对黏度的灵敏程度在不同的应变下也几乎相同，这可从三条拟合直线具有几乎相同的斜率看出。当转化率超过 85%，反应进入第三区，这时由于更高的交联密度，k_t 变得很小且改变很少。

在经典的动力学中[60]，除温度外，速率系数不受其他环境因素影响。温度对速率系数的影响可以用 Arrhenius 公式表达：$k_{t0} = Z\exp(-E/RT)$。式中，Z 是碰撞频率因子（反应物在单位浓度下，在单位时间和单位体积内总的碰撞次数）；E 是活化能；R 是摩尔气体常量；T 是热力学温度；$\exp(-E/RT)$ 是有效碰撞次数和总碰撞次数的比值。在偶合常数中引入黏度的影响，可以得到 $k_t = Z\exp(-\eta^*/a)\exp(-E/RT) = Z'\exp(-E/RT)$。式中 $Z' = Z\exp(-\eta^*/a)$，Z' 是有效碰撞频率因子，由 Z、η^* 和 a 决定。此方程可作为一个通用的流变动力学公式。

偶合速率系数的变化可以分为三个阶段。第一阶段是最初的 500s，即转化率还未达到 25% 之前的那段时间；之后，进入第二阶段，直到转化率达到终转化率的 90%；最后的一部分是第三阶段。为了更好地理解这三个阶段，可以用高分子链构象椭球的概念来解释。当施加稳态剪切时，高分子链被拉伸，即构象椭球变形，并沿着流动方向排列取向。在层流中，同一流动层内的两个大分子自由基要相互碰撞、发生偶合反应，必须要相互贯穿，且越过很大的阻碍，这不太可能。但是，在相邻流层之间存在着速度差，这样，相邻流层的大分子自由基就有更多的碰撞机会、更少的贯穿阻力。因此可以认为，大分子自由基的偶合终止主要是在相邻流层间发生，而这是被法向的扩散所控制。随着剪切速率提高，沿速法向扩散速率降低[61]。从图 11.24 中可以看出，在反应初期（I），剪切速率对反应转化率和偶合反应产生的影响很小；而随着反应中施加的剪切速率提高，最终转化率下降，这说明反应后期（凝胶点后）剪切流场抑制了反应，这一点可通过反应终产物的稳态黏度曲线（图 11.33）证实。可以看到，所有的反应产物黏度都远远高于原始物，同时反应过程中所施加的剪切速率越大,产物黏度越小,这说明相对分子质量增加程度较小。

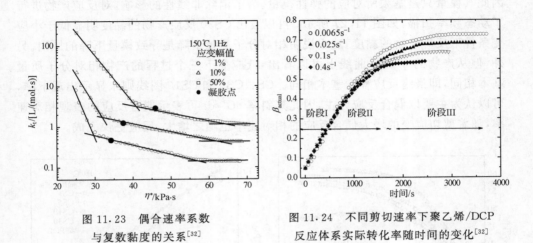

图 11.23　偶合速率系数
与复数黏度的关系[32]

图 11.24　不同剪切速率下聚乙烯/DCP
反应体系实际转化率随时间的变化[32]

11.3.2　均相体系中大分子的断链反应

如果在均相反应中同时存在大分子的偶合和断链,那么流场对整个反应的影响更为复杂。到目前为止,还很难用流变学方法来定量区分剪切对偶合和断链反应的影响,但是可以得到定性的影响趋势。

对于聚烯烃的自由基反应,断链反应发生的概率与产生断链结构的密度有关。如果分子中存在两个支化点间隔一个 C 原子的结构(图 11.25),就有可能出现 β-断链反应[62]。聚丙烯中存在大量的这种结构,因此在自由基存在的情况下,聚丙烯链非常容易断裂;聚乙烯中几乎没有这种结构,因此聚乙烯链在自由基存在时只发生偶合反应;对于乙烯/α-烯烃共聚物,分子链上存在少量的这种结构,因此在特定的条件下也会发生断链反应。

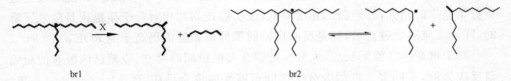

br1　　　　　　　　　　br2

图 11.25　br2 结构自由基的 β-断链[62]

对于乙烯/α-辛烯共聚物(PEO)在 DCP 引发下的自由基反应,在低应变下(CS1,CS5 和 CS10),体系的储能模量随时间单调上升(图 11.26),可见反应主要以长链的偶合为主。CS30 图线表明体系的储能模量随时间先上升而后下降,本体系中这种模量的下降应该是由相对分子质量降低所引起,因此说明偶合反应发生

的同时可能有降解反应存在。由于 CS30 是在非线性区域的大振幅振动下进行的，
因此其模量只是基频所对应的弹性模量。为了消除非线性的影响，对反应产物进行
了动态频率扫描，如图 11.27 所示。可以看出 CS30 反应产物的黏度明显低于小应
变条件下反应产物的黏度，这也说明相对分子质量下降是导致模量下降的原因。另
外，但从产物的 $\eta^* \sim \omega$ 曲线上可以看出，低应变下三个过程的产物相对分子质量
基本相同，即最终反应程度基本相同。CS1、CS5 和 CS10 图线则未显示出现下降，
可以认为主要以偶合反应为主，因此其斜率 $\mathrm{d}G'/\mathrm{d}t$ 可表示偶合反应的表观相对速
率，随着剪切应变的增大偶合反应的相对速率也随之增大，反应更快完成。

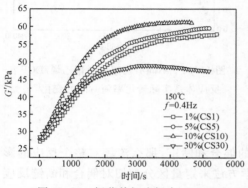

图 11.26　振荡剪切流场中，150℃下
PEO/DCP 在不同应变幅值下反应的
储能模量随时间的变化[62]

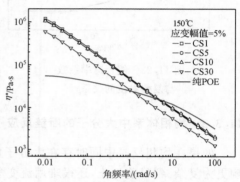

图 11.27　不同应变幅值下反应产物的
复数黏度与频率的关系[62]

　　稳态时间扫描测试过程和产物表征如图 11.28 所示，以稳态黏度 η 来监测反
应的过程。反应过程中，不同剪切速率下的样品都表现出稳态黏度随时间的先上升
后下降，这说明偶合和降解反应同时发生。图 11.28 中 SS3、SS5 和 SS10 图线的斜
率 $\mathrm{d}\eta/\mathrm{d}t$ 可表示相对分子质量增大的表观相对速率，依次随着剪切速率的增大而
降低，说明有效的降解反应发生越严重。同样，从图 11.29 中可以看出，随着反应过
程剪切速率的增大，终产物的黏度降低，说明终产物的相对分子质量也是随之下降
的，降解反应随之越显著，但是反应产物的零剪切黏度值仍高于纯 POE。

　　对于可逆的官能团反应，大分子的偶合与断链同时存在。以聚己内酰胺的后缩
聚反应为例，不同聚合度的大分子之间可能发生偶合反应，$\mathrm{P}_n + \mathrm{P}_m \Longleftrightarrow \mathrm{P}_{n+m} + \mathrm{W}$，
其逆反应为长链与水分子反应而断链。为了比较不同流场和剪切速率对反应的影
响，采用了 11.2.1 节的方法。图 11.30 为不同剪切模式下的表观反应速率系
数[63]。从图中我们可以看出：反应体系的反应速率系数随剪切速率的增大而减小。
一种可能的原因是：剪切加快了缩聚反应的逆反应，使得表观反应速率系数下降。
Welp 等[64]实验证明：在长链大分子中，中部链段的运动能力低于两端链段的运动

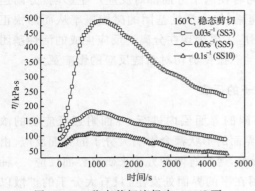

图 11.28 稳态剪切流场中，160℃下
PEO/DCP 在不同剪切速率下
反应的黏度随时间的变化[62]

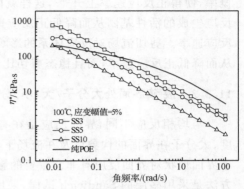

图 11.29 不同剪切速率下反应产物的
复数黏度与频率的关系[62]

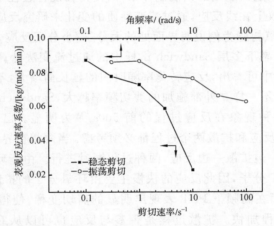

图 11.30 不同剪切模式下表观反应速率系数随剪切速率和振动频率的变化图[63]

能力。而且，在长链中部的活性基团由于受到主链的屏蔽作用，其反应活性比在两端的活性基团要小[65]。当反应体系处于剪切流场后，这种由于主链空间位阻引起的屏蔽作用会被减弱。剪切使大分子按剪切方向伸展，露出中部的活性基团。这就意味着剪切流场使得在长链中部的活性基团可以得到更多的机会和其他基团发生反应。在此实验中，作为逆反应的水解反应正是这种反应。当逆反应发生时，大分子长链被水解成为两条长链，生成两个处于长链链端的活性基团。这时，如果反应体系处于静态条件下，两个活性端基处于比较临近的位置。这种情况下两个活性端基再次相互碰撞的可能性也很大，从而再次发生正反应。但是如果反应体系处于剪切流场下，情况就会不同。逆反应生成的两个活性端基会被剪切流场分开，使得再次发生正反应的可能性大大降低。由于剪切流场会增大活性基团之间的相互碰撞

概率,使得正反应速率上升[66],这样就同时在两个方面都对反应产生影响:分离逆反应生成的活性基团从而降低正反应速率;加大活性基团的碰撞概率从而加快正反应速率。剪切流场对反应体系的影响应主要表现在分离逆反应生成的活性基团从而降低正反应速率,而且稳态剪切比动态振荡剪切对断链反应的影响更大。

11.3.3　液-液界面处大分子/大(小)分子的反应

　　与均相反应不同,界面反应是在有限的界面层内进行,界面附近反应物的浓度、大分子在界面的构象以及在流场下界面的形状都会影响大分子的界面反应。由于界面形状对界面反应有非常重要的影响,通常有两种方法来研究界面反应。一种方法是采用多层的 Sandwich 试样,采用在平的界面处发生,只有大分子的扩散以及构象会影响到反应的进程。另一种方法是反应共混,通常情况下在挤出或密炼机内进行,伴随着强烈且复杂的剪切和拉伸作用,但很难得到定量的流变动力学结果。当然,也可以选择适当的共混制样条件,使得在混合过程中尽量减少反应的发生,然后在流变仪上在线反应,通过流变性质的变化来研究反应动力学。

　　以 PBT/环氧树脂为例说明界面处的大分子/小分子反应。图 11.31 是振荡剪切流场中不同频率下多层 Sandwich 试样中的通过流变法计算得到的转化率随时间的变化。从图中可看出,反应转化率随时间的延长而增大,不同频率下反应转化率的增大速率也不一样。外部施加的剪切频率越大,Sandwich 试样的反应转化率增大得越快。这种现象在反应过程的前 500s 尤为明显。已有研究表明在多层 Sandwich 界面,反应和扩散两个过程都必须考虑。当两相在界面接触时,一相向另一相内部扩散,一边扩散一边反应,两种过程同时进行。由于环氧树脂分子的运动能力远高于 PBT 分子,因此反应的快慢主要由环氧分子的扩散控制,其扩散系数满足 $D_c \sim 1/\eta$,而在高频下 PBT 表现出明显的剪切变稀,使得环氧分子的扩散能力增加,反应进程加快。扩散过程是否参与反应也可以从对比实验中看出,图 11.32 是不同频率下均匀混合试样中的转化率随时间的变化图。从图中我们可看出,从流变法计算出来的试验的初始反应转化率不为零,这说明在试样的准备过程中,已有部分反应已经发生。不同的剪切频率下试样的反应转化率随时间的上升趋势基本相同,差异不大。这一现象在反应过程的前 500s 尤为明显。这是由于 PBT 和环氧树脂部分相容,经过共混以后的试样可以认为环氧树脂已经均匀分布在 PBT 内,扩散过程对反应的影响可以忽略。

　　对于大分子的界面反应,通常有两种研究方法。一种是针对平面界面,研究模型反应体系在界面处反应的进程与界面性质的变化。由于界面反应的进行,生成的共聚物在界面堆积,导致界面张力下降,当界面张力变为负值后,界面的粗糙度与大分子的均方回转半径接近[68]。进一步的平面界面反应将会导致界面呈现不稳定性,会有共聚物包覆的小液滴脱离界面。另一种是利用反应共混来研究在加工流场中界面反应对聚合物共混物相形态的影响。对于界面反应动力学,有实验表明虽然表观反应速率系数远低于均相反应,但是考虑到界面处的体积非常小,在相同体积内的界面反应速率反而比均相反应高[69]。在聚合物反应共混中,共聚物在界面的生成速率(界面反应速率)、分散相变形的速度、共聚物在界面迁移的速度会相互制衡,在流场对这些微观机理的影响方面还缺乏细致的研究,目前唯一的认识是界面反应速率与界面面积产生的速率相关。

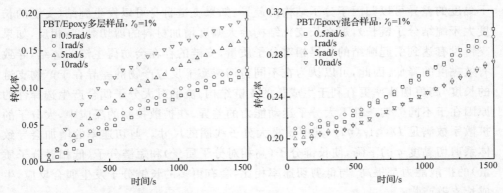

图 11.31　PBT/环氧树脂多层样品在不同　　　　图 11.32　PBT/环氧树脂混合样品在不同
频率下反应转化率随时间的变化[67]　　　　　　频率下反应转化率随时间的变化[67]

11.4　剪切流场的反应选择性

流场对大分子反应的影响不仅仅体现在反应动力学上,而且可能会影响反应机理。这主要体现在不同的流场中,大分子反应的产物的分子结构、相对分子质量等都会有差异。引起这些差异的原因是在不同流场中大分子运动能力存在的差别。下面以两个例子说明流场对大分子反应产物结构的选择性影响。

11.4.1　剪切流场中聚乙烯长支化的选择性

LLDPE/DCP(0.2%,质量分数)体系在高温条件下,DCP 分解产生的自由基会引发大分子的偶合。首先,实验发现在不同剪切速率条件下反应产物的流变性质存在差异,图 11.33 显示了在 5 个不同的剪切速率下产物的剪切黏度与剪切速率的关系[36]。可以看出,随着剪切速率的增加产物的零剪切黏度降低。由于不同产物的分子结构和相对分子质量都不相同,因此直接比较产物的黏度无法得知流场的影响。由于线型聚合物的零剪切黏度与其重均相对分子质量满足 $\eta_0 \sim M_w^{3.5}$,而松弛时间也满足 $\tau \sim M_w^{3.5}$,因此可以采用时间-相对分子质量叠加原理将所有的曲线平移到同样的相对分子质量水平来比较。定义平移因子 $\alpha_M = \eta_0 / \eta_{0,\mathrm{ref}}$,其中,$\eta_{0,\mathrm{ref}}$ 是参考相对分子质量对应的零剪切黏度,这里选取未反应的 LLDPE 为参照物。通过平移,可以得到 $\eta/a_M \sim \dot{\gamma}a_M$ 曲线,此时已经排除了相对分子质量对剪切黏度的影响,产物流变性质的差异就完全由分子结构引起。图 11.34 显示了平移后的等效剪切黏度 (η/a_M)-等效剪切速率 $\dot{\gamma}a_M$ 曲线,可以看出不同剪切速率下反应的产物具有明显差异。随着反应剪切速率的增加,产物的等效黏度也增加,但是在剪切速率低于 $0.1s^{-1}$ 时,产物的等效黏度甚至低于未反应的 LLDPE。在相同相对分子质量水平下黏度的差异可以归因于分子结构的差异。如果支链自身可以发生缠结(支链的长度大于缠结分子链长),那么长支化结构会大幅度增加材料的剪切黏度;相反,如果支链没有达到引起缠结的临界相对分子质量,支链的存在会妨碍主链的缠结,导致有效黏度的降低。因此,可以认为在不同剪切速率下反应产物的差异在于产物支链的长度,高剪切速率更有利于生成长的支链结构。流场对大分子偶合产生选择性的原因在于不同剪切条件下大分子运动能力的差异。在扩散控制的反应中,大分子的扩散系数满足 $D_c \propto 1/(\eta a)$,其中 a 是大分子线团的尺寸。剪切速率的增加会导致体系剪切黏度 η 的下降,使长链分子(高相对分子质量)和短链分子(低相对分子质量)的扩散能力都提高。与低剪切速率相比,会有更多的长链分子发生偶合反应,生成长支链产物。

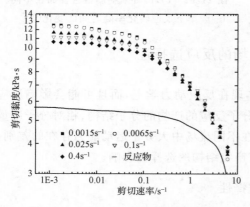 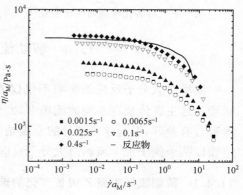

图 11.33　LLDPE/DCP 在不同剪切　　　　图 11.34　LLDPE/DCP 反应产物剪切
速率下反应产物的剪切黏度[36]　　　　　黏度的时间-相对分子质量叠加[36]

11.4.2　剪切流场中共聚聚烯烃大分子断链的选择性

前文指出,在特定的剪切流场中,具有一定支化结构的聚烯烃进行自由基反应时会发生某种程度的断链反应。对于共聚聚烯烃/过氧化物体系,在反应过程中会同时存在偶合与断链。由于体系中同时存在线型链和支化链,因此断链在各种结构的大分子链上都有可能发生,而剪切流场会影响不同结构的链发生断链反应。

实验发现,对于共聚聚烯烃/过氧化物体系,如果施加振荡剪切流场,降解的临界应变与实验的频率有关,存在一个开始断链反应的临界应变幅值。在一定频率下,判断某种应变幅值是否会导致降解,可以通过模量随时间是否有下降(如图11.26)、或者对产物的流变学表征(如图11.27)来完成。表 11.3 列出了 PEB/DCP 体系在 160℃,在不同频率下反应产生降解的临界应变。可以看出发生断链反应的临界应变随着频率的增加而降低。在低频下,降解的临界应变幅值大于线型链和支化链的线性黏弹性范围;在高频下,降解的临界应变幅值已经小于线型链和支化链的线性黏弹性范围,即在体系的线性黏弹性区域内的小应变振荡剪切流动就会导致大分子链的降解。但是,在线型区外的断链反应(如频率 0.1Hz,临界应变 25%)与在线型区内的断链反应(如频率 25Hz,临界应变 2%)的机理是不同的。断链反应是一个大分子链在支化点附近断裂为两个链(图 11.25)。在静态条件下,断裂生成的两个链非常接近(距离小于捕捉半径),大分子的扩散运动不足以使两个链偏离捕捉半径,因此很难发生降解。在流场中,在两个大分子重新偶合的特征时间($\sim k_t^{-1}$)内,如果由于对流和扩散的双重作用使两个链的距离大于捕捉半径,就会导致实际的断链反应发生。在剪切流场中,初始距离为 $\vec{x}_0$ 的两个大分子链的间距变化可以表示为 $\vec{x}(t)=\exp(L \cdot t) \cdot \vec{x}_0+[\vec{x}_D(t)-\vec{x}]$,其中 $\exp(L \cdot t) \cdot \vec{x}_0$ 表示由于剪切对流导致的间距变化,$\vec{x}_D(t)-\vec{x}$ 表示有扩散引起的间距变化;如果时间大于链的蠕动松弛时间($t>\tau_{rep}$),由扩散引起的间距变化为 $\Delta x^2(t)=2D_{rep}t$;如果时间满足 $\tau_R<t<\tau_{rep}$,则 $\Delta x^4(t)\sim t$。在振荡剪切流场中,可以认为应变幅值决定了宏观对流引起的大分子链分离的程度,而频率则决定了大分子链的松弛是否能够使分离的两个聚合物链重新偶合。对于共聚聚烯烃而言,断链可以发生在线型链上,也可以发生在支化链上;断链的产物可以是线型链,也可以是支化链。由于线型链的松弛时间往往比支化链小得多,当施加一定应变使断链的大分子分离后,断链产生的支化链的松弛速率总是小于线型链的松弛,因此一旦发生有效断链,最容易产生的产物必然是长的线型链或支化链。因此,低频下线型区外的断链主要发生在支化链上,产生长的线型链或支化链;在高频下线型区内的断链反应除了容易发生在支化链上外,线型链也很容易降解。

表 11.3　PEB/DCP 体系在振荡剪切流场中发生降解的临界应变

频率/Hz	线型链的线型区范围	产物的线型区范围	产生降解的临界应变 γ	产生降解的临界剪切速率 $\dot{\gamma}_{max}/s^{-1}$
0.1	$\gamma \leqslant 24.6\%$	$\gamma \leqslant 19.7\%$	25%	0.157
0.4	$\gamma \leqslant 24.6\%$	$\gamma \leqslant 16.9\%$	25%	0.628
1.5	$\gamma \leqslant 23.6\%$	$\gamma \leqslant 7.0\%$	14%	1.319
6	$\gamma \leqslant 15.7\%$	$\gamma \leqslant 4.9\%$	8%	3.016
25	$\gamma \leqslant 9.9\%$	$\gamma \leqslant 3.9\%$	2%	3.142

11.5　流变反应动力学方程

11.5.1　以大分子蠕动模型为基础的流变动力学理论

1. 均相反应流变动力学

Smoluchowski 最早研究了均相简单流体中的扩散控制反应,有效反应速率系数[70]为

$$k = \alpha a D_{AB}, \quad D_{AB} = D_A + D_B \tag{11.31}$$

其中,α 是前置系数;D_A 和 D_B 分别为两线团质心的自扩散系数。这里假设一个"捕捉半径"a,当两反应活性点之间的距离处在"捕捉半径"范围内,反应就会立刻发生,其尺度应该为纳米级(图 11.35)。

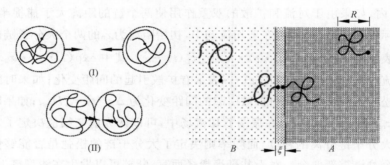

图 11.35　扩散控制大分子反应示意图:均相反应[71]与界面反应[73]

de Gennes 对此问题做了更严格的分析[71,72]。假设每根大分子链上只有一个活性点,认为反应的控速步是两带有活性点的大分子线团相互靠近的过程(I);当两线团发生接触后,活性点依然运动而互相靠近,但此时整个线团并不再继续前进(II),这一步是快速步。他对反应物是单分散的聚合物,而且活性点位于链的末端的大分子反应体系的动力学做了理论推导,得出了反应速率系数 k 与反应时间 t 和链相对分子质量 N 的标度关系。两个链是否会碰撞导致反应与其运动能力有关,可以用记忆函数 $S(t) \sim x^{-d}(t)$ 表示[d 表示空间维数,$x(t)$ 表示一个链的均方运动距离],$S^{-1}(t)$ 就表示在 t 时间段内链运动走过的体积。如果假设 $x(t) \sim t^u$,那么 $S(t) \sim t^{-du}$。对于简单扩散有 $x(t) \sim t^{1/2} (u = 1/2)$,因此三维空间中就有 $S(t) \sim t^{-3/2}$,而一维空间中 $S(t) \sim t^{-1/2}$。由几何空间决定的记忆函数的差异可以得到不同的速率系数。当 $du < 1 [S(t)$ 的衰减慢于 $t^{-1}]$,得到反应速率系数 $k \sim t^{du-1}$ 将随时间增加而减小;当 $du > 1 [S(t)$ 的衰减快于 $t^{-1}]$,反应速率系数将与时间无关,可以表示为 $k^{-1} = \int_0^\infty S(t) dt$,对于简单扩散可以得到 $k \sim aD$。对于大分子反应而言,可以

粗化处理为当两聚合物大分子线团发生接触时,反应就发生了。这样,可用均方回转半径 R_0 来替代"捕捉半径"作为有效的反应半径,即 $k \sim R_0 D_{AB}$。

考虑到聚合物的长链特性,通过不同的动力学模型(Rouse 模型,蠕动模型)来分析大分子链的扩散行为。若体系为非缠结的($N < N_e$),可应用 Rouse 模型:① 当 $t < \tau_R$ 时,有 $x(t) \sim t^{1/4}$,$k \sim t^{-1/4}$,反应速率系数与相对分子质量和捕捉半径无关[捕捉半径 $a < x(t)$];② 当 $t > \tau_R$ 时,$k \sim D_R R_0$,考虑到相对分子质量的依赖关系 $D_R \sim N^{-1}$ 和 $R_0 \sim N^{1/2}$,所以 $k \sim N^{-1/2}$。这里 τ_R 为 Rouse 松弛时间,D_R 为 Rouse 行为下的扩散系数。若体系为相互缠结的($N > N_e$),可应用蠕动模型[95]:① 当 $t > \tau_{rep}$ 时,$k \sim D_{rep} R_0 \sim N^{-3/2}$,反应速率系数 k 与 t 无关;② 当 $\tau_R < t < \tau_{rep}$ 时,$k \approx D_{rep} R_0 (\tau_{rep}/t)^{1/4}$,反应速率系数对时间的依赖性与未缠结体系 Rouse 模型类似,但是这里 k 依赖于相对分子质量,$k \sim N^{-3/4}$;③ 当 $t < \tau_R$ 时,$k \sim t^{-5/8}$,k 与相对分子质量无关。这里,τ_{rep} 为蠕动松弛时间;D_{rep} 为蠕动行为下的扩散系数。

Fredrickson 等[73]延伸了 de Gennes 的理论框架,推导了简单流场作用存在下(剪切和拉伸)扩散控制的反应动力学,结果表明对流可加快反应速率。他们通过 Peclet 数来将流场的影响引入反应速率系数中,$Pe = a_2 \dot{\gamma}/D$。和 de Gennes 相同,他们也用 R_0 来代替 a,由此 Peclet 数可以变换为 Deborah 数,$De = \dot{\gamma}\tau$,这里,$\dot{\gamma}$ 是剪切速率;D 为扩散系数;τ 为链的松弛时间。由于数学上的限制,通过 Laplace 变换得到时间趋于无穷大时的反应速率系数:$k = \lim_{t \to \infty} k(t)$。在弱流场下,非缠结与缠结的聚合物反应体系具有相同 k 的表达式

$$k_{shear} = 50.26 D_0 R(1 + 0.8068 De^{1/2} + \cdots)$$
$$k_{ext} = 50.26 D_0 R(1 + 1.258 De^{1/2} + \cdots) \tag{11.32}$$

但是其中的扩散系数和松弛时间对不同相对分子质量的聚合物是不同的。对于非缠结聚合物,D_0 是 Rouse 扩散系数($D_0 \sim N^{-1}$),τ 是 Rouse 松弛时间($\tau \sim N^2$);而对于缠结聚合物 D_0 是蠕动扩散系数($D_0 \sim N^{-2}$),τ 是蠕动松弛时间($\tau \sim N^3$)。因此,高相对分子质量的聚合物受流场的影响比低相对分子质量聚合物的更显著。另外还可以看出拉伸流场对反应速率系数的影响比剪切流场的影响更大。强流场作用下($De \gg 1$),如果大分子没有缠结,那么 $k_{shear} = 52.908 D_0 R De^{1/3}$($De \to \infty$),速率系数对相对分子质量有微弱的依赖性 $k_{shear} \sim N^{1/6}$。如果大分子存在缠结,当 $1 \ll De \ll \tau_{rep}/\tau_R \approx N$ 时,$k_{shear} \sim D_0 R De/\ln De$;当 $De \gg \tau_{rep}/\tau_e \approx b^2 N^3$,$k_{shear} \sim \dot{\gamma}^{1/3}$,此时缠结体系动力学反应系数 k 与剪切速率的关系退化成 Rouse 行为,表明强剪切下分子链发生显著的拉伸,充分解缠和取向,符合非缠结体系时的变化规律。

上述理论工作从大分子动力学入手,得出了反应动力学参数与流场参数、大分子链结构参数之间一系列重要的关系。这对反应加工具有十分重要的指导意义,但仍然存在一些局限性。首先,这些结果都没有实验验证。其次是对反应物模型要求

很高,需要不高的反应活性点浓度,并且都要位于链末端。如若反应活性点位于链中部,势必生成长支化结构的产物,它的运动过程和对反应动力学的影响会大大不同于上面的结果;尽管 de Gennes 提到了长支链影响,但没有做定量描述。第三,Fredrickson 的推导过程中并没有考虑基体黏度变化对动力学过程的影响。最后,Fredrickson 的结果并不适用于:① 链内反应,由于流场造成的链拉伸会破坏有利于链内反应的链构象,从而抑止链内反应的进行;② 存在逆反应的过程,这种情况就更为复杂。

2. 界面反应流变动力学

对于两种不相容的聚合物,它们之间可能的化学反应只能发生在界面处,生成的共聚物会分布在界面(图 11.35)。对于大分子界面反应,目前的理论分析只能针对平的界面展开[74],而对于一般的反应共混,由于界面反应与界面变形同时存在,理论分析还非常困难。

对于平面聚合物界面反应,如果本体中的反应基团浓度为 ρ_0,经过一个短暂的诱导期(～末端松弛时间 τ),单位界面面积上共聚物的分子数目 σ 的增长可以表示为 $d\sigma/dt|_{t=0}=k_0\rho_0^2$,$k_0\approx cR^4/[\tau\ln(\tau/\tau_0)]$ 是初始界面反应速率系数,c 是常数。对于未缠结链($N<N_e$),τ_0 是一个与相对分子质量无关的时间常数(～链末端扩散出界面区的时间),τ 表示 Rouse 松弛时间($\tau\sim N^2$),因此有 $k_0\sim 1/\ln N$;对于缠结链($N>N_e$),τ_0 是 Rouse 松弛时间,τ 表示蠕动松弛时间($\tau\sim N^3$),因此有 $k_0\sim 1/(N\ln N)$。这表示聚合物相对分子质量的增加会大大降低界面反应的初始速率。随着反应的举行,生成的共聚物会在界面堆积,同时界面层附近的反应基团可能会耗尽,因此反应速率系数会随时间而发生变化。

对于反应基团浓度很低的情况($\rho_0R^3\ll 1$),通常存在三个反应阶段:① 初期($\tau\ll t\ll\tau_\rho$),这里 $\tau_\rho=D_0/(k_0^2\rho_0^2)\sim\tau\ln^2 N/(\rho_0R^3)^2$,表示界面反应物浓度衰减的特征时间,在反应物浓度很低时,$\tau_\rho\gg\tau$;② 中期($\tau_\rho\ll t\ll\tau_\sigma$),这里 $\tau_\sigma=(\sigma^*)^2/(D_0\rho_0^2)$,表示共混物在界面累积的特征时间,$\sigma^*$ 表示化学势能垒达到 k_BT 时共混物在界面的浓度;③ 后期($t\gg\tau_\rho$)。在反应初期,界面反应物的消耗和共聚物的饱和效应都可以忽略,反应链的界面浓度几乎保持不变,共聚物的界面浓度随时间线性增加,$\sigma(t)\approx k_0\rho_0^2t$。在反应中期,共聚物的饱和效应依然可以忽略,但是在界面附近反应物会耗尽,界面反应物的浓度 $\rho_i(t)\approx\rho_0(\pi t/\tau_\rho)^{-1/4}$ 将低于本体中的浓度 ρ_0,共聚物浓度的变化满足 $\sigma(t)\sim\sigma^*(t/\tau_\sigma)^{1/2}=\rho_0(D_0t)^{1/2}$,这意味着产物浓度的增加由聚合物质心扩散所决定,而与反应速率系数 k_0 无关。由于 $\tau_\sigma/\tau_\rho\sim N/\ln^2 N$,因此扩散控制的反应中期的时间可能达到 $10^3\sim 10^4$s。在反应后期,由于共聚物在界面的累积,产生了显著的化学势能垒($\gg k_BT$),反应速率急剧下降,$\sigma(t)\sim\sigma^*\ln^{1/2}[N^{1/2}t/(\tau_\sigma\ln N)]$。

当反应物基团浓度较高时($\rho_0R^3\gg 1$),反应物浓度的衰减时间 $\tau_\rho<\tau$,这直接影

响了反应速率系数 k_0：当 $t \gg \tau$，$k_0 \approx cR^4/[\tau\ln(\tau/\tau_0)]$ 与时间无关；当 $\tau_0 \ll t \ll$ 时，$k_0(t) \approx \pi^{1/2}cR^4/[\tau\ln^{3/2}(t/\tau_0)]$。此时虽然反应过程还可以区分为三个阶段，但是时间常数变为 $\theta_\rho \ll \tau/(\rho_0 R^3)^2 \sim \tau/N$ 和 $\theta_\sigma \ll \theta_\rho$ $(\sigma^* R^2)^2 \sim \theta_\rho N \sim \tau$。在反应初期（$t = \theta_\rho$），反应物的消耗和共聚物的饱和几乎可以忽略，$\sigma(t) \approx \rho_0^2 \int_0^t k_0(t')dt'$，产物浓度随时间几乎呈线性增长。在反应中期（$\theta_\rho \ll t \ll \theta_\sigma$），界面反应物的浓度为 $\rho_i(t) \sim \rho_0[\ln(t/\tau_0)]^{3/4}(t/\theta_\rho)^{-1/4}$，而产物浓度 $\sigma(t) \sim R^{-2}(t/\theta_\rho)^{1/2}$，同样是 $t^{1/2}$ 的标度规律。在反应后期（$t \gg \theta_\sigma$），产物浓度的变化与低浓度反应体系类似 $\sigma(t) \sim \sigma^* \ln^{1/2}$ $[N^{1/2}t/(\tau\ln N)]$。图 11.36 显示了在反应的不同阶段，界面产物浓度与时间的不同标度

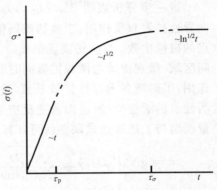

图 11.36　大分子界面反应界面
共聚物浓度随时间的变化[74]

关系。上述分析只是针对静态条件下的大分子平面界面反应，对于存在剪切流场的情况目前还没有定量的理论分析结果，特别是在流场中界面形态发生改变的情况还没有方法来描述。

11.5.2　大分子构象依赖的流变动力学理论

除了采用大分子蠕动理论来建立均相体系的流变动力学理论外，还可以用唯象的方法来进行分析。由于大分子反应与其均方回转半径（捕捉半径）密切相关，因此可以从大分子链构象的角度来建立相应的理论模型[75]。假设：

（1）所有的高分子链具有相同（或近似相同）的长度和结构。

（2）只有一小部分的高分子链具有单个的活性中心，它们的活性相同，且无规分布在高分子主链的任何位置。这些活性高分子链均匀地分布于本体中。

（3）当两个活性中心碰撞时，它们将立即发生不可逆的偶合反应。

由少量过氧化物引发或者在高温下辐射引发的聚合物偶合反应，可以近似地认为是符合上述三个假设的典型的反应类型。高分子链的运动由两个部分组成：一是热扩散（即布朗运动），二是外加流场导致的对流。在剪切流场中，假设流动保持层流，由此可以得到偶合反应速率系数为，$k_r = \dot{\gamma}_d D N_A \psi$，$\dot{\gamma}$ 是外加的稳态剪切速率；D 是垂直于剪切方向的法向扩散系数；N_A 是阿伏伽德罗常量；ψ 是碰撞效率；d 是聚合物某一流层的厚度。引入构象椭球的概念[61]，则 d 的值可以通过构象椭球的长轴（λ）以及取向角（θ）估计得到，$d = \lambda\sin\theta$。d 与一根高分子链构象球的直径数量级相同，约为 10^{-7}m。可以看出速率系数与高分子链浓度无关，与扩散系数线性相关，这一点与 Fredrickson[73] 的结果相似。对于缠结聚合物，考虑到 $D \sim N^{-2}$（N 是

聚合度,与相对分子质量成正比关系)和 $d\sim$ 线团大小 $\sim N^{0.5}$,可以得到标度关系 $k_r\sim N^{-1.5}$,这与 de Gennes 的结果是一致的[72]。

进一步分析表明[75],反应动力学参数受微观混合作用控制,即受到对流与各向异性扩散双重作用。当剪切流场很弱时,反应活性点的扩散能力决定了反应活性点的碰撞次数。当剪切流场很强时,微观流动控制着反应活性点的碰撞次数。在中间区域,微观流动与微观扩散同时起作用。此时,大分子链的取向与拉伸具有双重作用:①影响各向异性扩散系数,进而影响反应活性点的碰撞次数;②改变了反应活性点的活性半径,进而改变反应活化能。根据 PE 偶合反应实验数据,将构象张量模型与上述表达式联立就可计算反应速率系数与剪切速率的关系

$$k = \alpha N_A R_0 D_0 \left[\dot{\gamma} + \frac{\sqrt{C_{11} D_0}}{2R_0 C_{11}^* \sin\theta} \right] C_{11}^* C_{22} \sin\theta \exp[\det(C_{ij})] \exp(-E/RT)$$

$$(11.33)$$

式中,α 为一常数;$2R_0$ 是为大分子链线团末端距;D_0 热力学平衡态下扩散系数;C_{ij} 大分子链线团构象张量;C_{11}^* 是 C_{ij} 的最大特征值;θ 是流场下构象线团取向角;E 是活化能;R 是摩尔气体常量;T 是热力学温度。C_{ij} 与 θ 可由聚合物链线团流变模型计算得到。式(11.33)指出了剪切流场对于偶合反应动力学过程影响的微观-介观机理。图 11.37 显示了一个典型的计算结果。可以看出,反应速率系数与剪切速率的关系可以分为三段(微观扩散主导、微观混合作用、微观对流主导):当剪切速率很小时,偶合速率系数为常数,与剪切速率无关;当剪切速率增加后,分别有如下两种标度关系,$k_r\sim\dot{\gamma}^{0.4}$ 和 $k_r\sim\dot{\gamma}^{0.2}$。构象模型所预测的反应速率的标度指数略低于蠕动模型的结果,但是两种模型的预测都还需要进一步实验的检验。

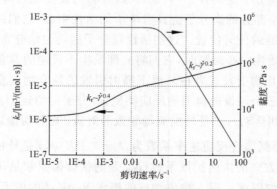

图 11.37　构象模型预测的反应速率系数与剪切速率的关系[75]

仍然是从高分子构象球的角度出发,作者等研究了聚合物不相容体系(SMA/PA6)的界面反应[67],推导出了在两相界面面积一定的情况下界面反应速率系数

的表达式

$$k=\begin{cases}\left(1+\dfrac{\dot{\gamma}\ \lambda R_{22}}{2D_0R_{11}\cos\theta}\sqrt{2R_{11}\lambda\cos\theta-\lambda^2}\right)^n A_0\exp\left(\dfrac{E_0}{RT}\right) & (\lambda<R_{11}\cos\theta)\\[3mm] \left(1+\dfrac{\dot{\gamma}\ \lambda R_{22}}{2D_0}\right)^n A_0\exp\left(\dfrac{E_0}{RT}\right) & (R_{11}\cos\theta<\lambda<2R_{11}\cos\theta)\\[3mm] \left(1+\dfrac{2\dot{\gamma}\ R_{11}^2R_{22}\cos\theta^2}{D_0\lambda}\right)^n A_0\exp\left(\dfrac{E_0}{RT}\right) & (2R_{11}\cos\theta<\lambda)\end{cases}$$

$$(11.34)$$

式中，λ 是不相容两相界面层的厚度；R_{ij}^* 是 C_{ij}^* 的平方根。图 11.38 给出了式 (11.34) 计算得出与实验测定的反应半衰期($t_{1/2}=\ln2/k$)随剪切速率的变化图。对比情况表明当 $n=1$ 时理论预测较为成功，这提示由于剪切流场引起的高分子长链能够达到的最大反应体积和长链上官能团之间的有效碰撞概率应该成线性关系。

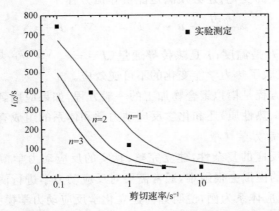

图 11.38　计算得出与实验测定的反应半衰期随剪切速率的变化曲线

11.6　实际加工流场中反应过程模拟

聚合物反应加工有很多实际的例子，如通过反应共混制备材料、反应挤出、反应注射成型等。多相体系的反应共混模拟涉及相形态的变化、界面化学反应等多方面复杂因素，到目前为止依然没有特别成功的模拟方法。这里主要介绍混合、挤出等反应加工过程的模拟，反应注射成型的模拟见参考文献[76]。

11.6.1　理论模型

聚合物反应加工过程是非常复杂的。在加工过程中进行大分子反应不仅仅与加工设备的物理性质(如流场类型、流场强度、停留时间等)有关，同时大分子反应动力学还会受到流场的影响,而在输运过程中材料结构与性质的不断变化又会影响到设备内部的物理场。因此,聚合物反应加工过程是一个多物理场和化学场耦合的问题。求解此类问题必须针对实际的加工设备,通过对几何结构、材料性质、反应动力学等的合理假设,才能在有效的计算资源内得到合理的计算结果,对反应加工的过程进行指导。

1. 流体输运模型和能量守恒模型

在反应加工过程中,聚合物首先要在加工设备中进行输运。假设聚合物材料在反应前后始终保持不可压缩性,满足质量守恒和动量守恒方程

$$\nabla \cdot \boldsymbol{u} = 0 \tag{11.35}$$

$$\rho\left(\frac{\partial \boldsymbol{u}}{\partial t} + \boldsymbol{u} \cdot \nabla \boldsymbol{u}\right) = -\nabla p + \nabla \cdot \tau + \rho \boldsymbol{f} \tag{11.36}$$

其中,$\boldsymbol{u}$ 是速度矢量;τ 是偏应力张量;$\boldsymbol{f}$ 表示重力加速度;ρ 是材料的密度;p 表示压力。考虑到温度的变化,还必须满足能量守恒方程

$$\rho c_V\left(\frac{\partial T}{\partial t} + \boldsymbol{u} \cdot \nabla T\right) = -\nabla \cdot \boldsymbol{J} + G_{\mathrm{T}} \tag{11.37}$$

其中,c_V 是热容;T 是温度;$\boldsymbol{J}$ 是热传导通量($\boldsymbol{J} = -k_{\mathrm{m}} \nabla T$,$k_{\mathrm{m}}$ 是热传导系数);G_{T} 表示热耗散,它反映了热力学能变化的不可逆效应。

这三个守恒方程是模拟聚合物加工的一般方程,如果应用到反应加工,材料的性质(如应力张量、热性质)还和化学反应动力学和体系的组成有关。

2. 化学反应动力学模型

由于聚合物反应的复杂性,建立完整、真实的反应动力学模型将会非常复杂,对反应加工过程的模拟会很困难,通常需要对反应动力学进行简化。这里以线型聚烯烃/过氧化物反应体系为例,说明如何建立化学反应动力学模型。

在过氧化物引发下的线型聚合物偶合反应,可以包括以下几个主要步骤:

(1) 引发剂分解:$I \xrightarrow{k_{\mathrm{d}}} 2RO\cdot$,分解速率系数为 k_{d},一个引发剂分子分解产生两个初级自由基 $RO\cdot$。动力学过程可以描述为

$$\frac{\partial [I]}{\partial t} + \boldsymbol{u} \cdot \nabla [I] = -k_{\mathrm{d}}[I] \tag{11.38}$$

其中,$[I]$ 表示引发剂的浓度。方程左边第二项 $\boldsymbol{u} \cdot \nabla [I]$ 表示对流对引发剂浓度空间分布的影响。

(2) 初级自由基夺氢生成大分子自由基:化学反应式为 $RO\cdot + P{-}H \xrightarrow{k_a} P\cdot + ROH$ 和 $RO\cdot + P_={-}H \xrightarrow{k'_a} P_=\cdot + ROH$,其中 $P{-}H$ 和 $P_={-}H$ 分别表示烷基链和带双键的大分子链。夺氢反应的速率系数 k_a 和 k'_a 大概是在 $10^6 \sim 10^7 \mathrm{L}/(\mathrm{mol} \cdot \mathrm{s})$ 这个数量级。k_a 相对于 k_{d} 要大得多,即初级自由基能很快全部转化为大

分子自由基。考虑带双键的链 $P_=$—H 的原因是歧化终止反应会产生双键。

（3）歧化终止：化学反应式为 $P_2\cdot + P_2\cdot \xrightarrow{k_D} P$—$H + P_=$—$H$。如果要考虑歧化终止，对所产生的自由基要进行区分，为了简化问题，这里忽略了歧化终止反应。

（4）偶合终止反应：如果考虑不同种类的自由基，偶合反应至少包括 $P\cdot +$ $P\cdot \xrightarrow{k_C} P$—$P$，$P\cdot + P_=\cdot \xrightarrow{k_C} P$—$P_=$，$P_=\cdot + P_=\cdot \xrightarrow{k_C} P_=$—$P_=$。为了使问题简化，可以不区别烷基自由基和烯丙基自由基，因此偶合反应可以表示为 $P\cdot + P\cdot \xrightarrow{k_C}$ P—P，其反应动力学方程为

$$\frac{\partial[P\cdot]}{\partial t} + \boldsymbol{u}\cdot\nabla[P\cdot] = 2fk_d[I] - k_t[P]^2 \qquad (11.39)$$

$$\frac{\partial[P-P]}{\partial t} + \boldsymbol{u}\cdot\nabla[P-P] = \frac{1}{2}k_t[P\cdot]^2 \qquad (11.40)$$

其中，$[P\cdot]$ 表示大分子自由基的浓度；$[P-P]$ 表示偶合产生的大分子的浓度。

（5）链转移反应：化学反应式为 $P\cdot + P_=$—$H \xrightarrow{k_{tr}} P$—$H + P_=\cdot$，通过链转移反应产生烯丙基自由基。

通过简化的反应动力学模型，可以描述线型聚烯烃在过氧化物引发剂作用下的偶合反应，求解此模型可以得到体系的化学组成随时间的变化。要将化学反应动力学模型与流场中的守恒模型相偶合求解，还必须建立反应动力学与流场的关系（流变动力学模型）和材料流变学性质与材料组分、流场的关系（本构模型）。

3. 流变动力学模型

在 11.5.1 中研究详细阐述了均相体系反应的流变动力学理论，将其应用到反应加工的模拟中，首先要考虑流场对反应速率系数的影响。如果加工流场中的 De 不是非常高，Friedrickson 理论可以简化为

$$k_t \propto \begin{cases} (1 + 0.8068De^{1/2}) & De \leqslant 10 \\ 0.818\dfrac{De}{\ln De} & De \geqslant 10 \end{cases} \qquad (11.41)$$

另一方面，作者等在实验中发现反应速率系数与体系黏度的变化密切相关，黏度的依赖性可以表示为 $k_t \propto \exp(-\eta/b)$，$b$ 为拟合常数。综合分子理论与实验的结果，可以建立如下的流变动力学模型

$$k_t = \begin{cases} k_{t0}\exp(-\eta/b)(1 + 0.8068De^{1/2}) & De \leqslant 10 \\ 0.818k_{t0}\exp(-\eta/b)\dfrac{De}{\ln De} & De \geqslant 10 \end{cases} \qquad (11.42)$$

其中，k_{t0} 是初始时、剪切速率为零时的反应速率系数，是个常数。可以看出体系黏度、松弛时间和剪切速率对反应速率系数的影响是不同的：剪切速率的提高会提高反应速率系数，而反应体系黏度的增加会降低反应速率系数。因此，在反应过程中，反应速率系数会不断变化。在反应初期，体系黏度较低，随着偶合反应的进行，体系

的松弛时间会增加,导致反应速率系数增加;在反应后期,体系的黏度很高,反应速率系数的变化主要由黏度控制,k_t 会逐渐降低。

4. 本构模型

在流变动力学模型中反应速率系数受到体系黏度和松弛时间的影响,在输运方程中体系的应力也依赖与大分子的组成与性质。通常,聚合物反应体系会同时表现出黏性和弹性。但是,由于考虑黏弹性流变行为的聚合物加工模拟方法会受到体系弹性的限制,这里只考虑体系黏性的影响。随着反应的进行,体系中包含两种聚合物链:未反应的线型链和偶合反应生成的支化链。首先忽略线型链相对分子质量(M_L)的差异,假设偶合反应的交联点在线型链的中间,即所生成的支化链是四臂的星型链(相对分子质量为 $2M_L$),臂长为线型链的一半($M_L/2$)。在反应过程中的 t 时刻线型链的分数为 $x(t)$,支化链的分数为 $y(t)$,根据幂律混合原则,可以得到材料黏度随时间的变化为

$$\eta(t) = \eta_L^{1-y(t)}\eta_B^{y(t)} = \eta_L\left(\frac{M_L}{M_C}\right)^{-3y(t)}\exp\left[\alpha y(t)\left(\frac{M_L}{M_C}-1\right)\right] \tag{11.43}$$

其中,η_L 和 η_B 分别是线型链和四臂星型链的剪切黏度;M_C 是产生缠结的临界相对分子质量;M_L 是线型链的相对分子质量;α 是常数(15/8)。类似地,体系的松弛时间可以表示为

$$\lambda(t) = \lambda_L\left(\frac{M_L}{M_C}\right)^{-3y(t)}\exp\left[\alpha y(t)\left(\frac{M_L}{M_C}-1\right)\right] \tag{11.44}$$

其中,λ_L 是线型链的松弛时间。

上述输运模型、能量守恒模型、反应动力学模型、流变动力学模型和本构模型联立即可求解在加工流场中聚合物反应的过程,这些模型可以应用到模拟二维和三维的反应加工中。

11.6.2　双螺杆挤出机反应挤出过程的一维模拟

双螺杆挤出机内存在各种非常复杂的过程,其中包括固体的熔融、输运、混合、化学反应等,而且在双螺杆挤出机中多数的螺杆区间都是不充满的,因此对三维模拟而言,除了对完全充满段进行流动、反应的模拟之外,还必须考虑不完全充满段内的自由界面问题,这给全螺杆的三维模拟带来了很大的困难。目前对双螺杆挤出全过程的模拟依然是以一维模拟为主。所谓的一维模拟是指忽略双螺杆径向性质的差异,只考虑沿螺杆轴向温度、压力、剪切速率、反应转化率等参数的变化(图 11.39)。

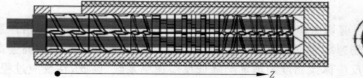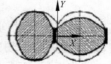

图 11.39　一维模拟双螺杆挤出的示意图[77]

假设温度、剪切速率、停留时间和转化率只是轴向位置 Z 的函数，即 $T = F_T(Z)$，$\dot{\gamma} = F_{\dot{\gamma}}(Z)$，$t = F_t(Z)$，$C = F_C(Z)$。螺杆中不同位置的剪切速率可以根据螺杆单元的类型，利用简化的连续性方程和动量守恒方程计算得到。整个螺杆的停留时间分布可以通过对不同螺杆单元的停留时间分布举行卷积计算得到，而对于不同类型的螺杆单元，则可以采用合适的理想反应器来近似计算其停留时间分布。沿螺杆轴向温度的变化可以近似为

$$\rho c_p Q \Delta T = Q_h + Q_{vis} + Q_r \tag{11.45}$$

其中，Q 是体积流量；ρ 是密度；c_p 是比热容；Q_h、Q_{vis} 和 Q_r 分别是料筒/螺杆表面的交换热、黏性耗散和反应热。交换热可以表示为 $Q_h = h(T_b - T)S_b$，h 是在料筒表面的热交换系数；T_b 是料筒温度；S_b 是 ΔZ 螺杆长度内的料筒表面积。黏性耗散可以表示为 $Q_{vis} = \overline{\eta^2} \dot{\gamma} V_{\Delta z}$，$V_{\Delta z}$ 是在 Z 处轴向长度为 ΔZ 螺杆单元的体积。反应热为 $Q_r = \rho Q \Delta H \Delta C$，$\Delta H$ 表示反应焓，ΔC 表示在 ΔZ 长度内转化率的增加。

反应物和产物浓度沿螺杆轴向的变化可以根据反应动力学写出，例如对于二阶反应，产物浓度 y 可以表示为

$$U \frac{\partial y}{\partial Z} = kx^2 \tag{11.46}$$

其中，U 是沿轴向的速度；k 是反应速率系数；x 是反应物的浓度。

通常一维模拟的计算是从挤出机的出口开始，假设出口处的温度，然后沿着挤出机逆向计算到熔融区，比较计算温度与熔融温度的差异，通过迭代得到螺杆中的各种物理场和物质浓度的分布。在多数的一维模拟中，基本都没有考虑流变动力学因素，即认为反应速率系数只是温度的函数。因此挤出工艺的变化主要影响了体系的黏度，通过黏性耗散影响螺杆中温度的变化，进而影响转化率。这类模拟对于反应速率系数受流场和体系黏度影响不大的体系比较适合。但是在只考虑热效应对反应影响的一维模拟中，由于温度场在螺杆径向存在分布，因此一维模拟的反应转化率可能会低于实际值。图 11.40 显示了对 ε-己内酯挤出聚合过程的一维模

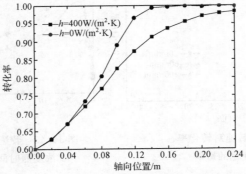

图 11.40　ε-己内酯挤出聚合过程的一维模拟[77]

拟[77]，可以看出热传导系数的改变会对转化率沿轴向的分布产生很大影响。

11.6.3　密炼机中大分子偶合反应的二维模拟

　　将流动守恒方程、能量守恒方程、反应动力学方程、流变动力学方程和本构方程联立，在合适的几何结构中，通过有限元方法就可以计算出加工条件对反应的影

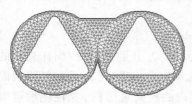

图 11.41　二维模拟密炼机内
反应加工的示意图

响。图 11.41 是 Haake 混合器的二维简化图，中间两个转子对向旋转，转子的转速比为 1.25。例如对 160℃ 下 LLDPE 在 DCP 引发下的偶合反应进行模拟，考察转子转速对反应的影响。图 11.42 显示了在不同转速下平均转化率随时间的变化，这里没有考虑了非等温效应。可以看出随着转速的上升，反应可以更快地进行，但是当转速超过一定值之后，转速变化对反应的影响就很小了。图 11.43 显示了在不同转速下大分子自由基的浓度随时间的变化，可以看出自由基浓度都表现出先增加后减小的过程，这与静态实验的结果是相似的。由于大分子自由基浓度是由生成速率和偶合速率共同决定的，生成速率只取决于过氧化物的分解速率，而偶合速率会随剪切速率的增加而增加。在高转速（即高剪切速率）下，大分子偶合反应更快，因此大分子自由基浓度的峰值更低，而且出现更早。图 11.44 显示了在密炼机中不同位置处的转化率和反应速率系数，可以看出转化率和反应速率系数都存在空间分布，但是二者的分布并不一致，这说明在反应加工设备中，反应产物的局部浓度不仅仅取决于反应速率系数，还依赖于流场中的对流作用。

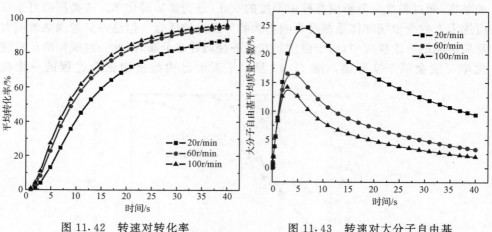

图 11.42　转速对转化率
随时间变化的影响

图 11.43　转速对大分子自由基
浓度随时间变化的影响

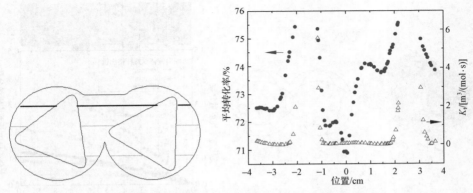

图 11.44　密炼机中不同位置的转化率和反应速率系数

11.6.4　双螺杆挤出机啮合块中大分子偶合反应的三维模拟

对于双螺杆挤出机中的反应挤出过程，除了一维模拟之外，通常采用三维直接模拟的方法来研究。但是由于双螺杆挤出机中多数输运单元都是未充满的，一般只是在啮合段才是全充满的。考虑到未充满单元模拟的困难，因此这里只介绍全充满的啮合块中对大分子偶合反应的模拟。

图 11.45 显示了模拟所采用的 90° 交错啮合块的示意图，显示了同向旋转啮合块中，不同转速对偶合产物和大分子自由基沿轴向分布的影响，其中假设在进入啮合块时没有反应发生。可以看出，在双螺杆轴向沿着挤出方向大分子自由基和产物浓度都增加，而且转速越高，产物的质量分数越高，而大分子自由基的浓度越低。可以认为这主要是高转速引起的高剪切速率的结果。图 11.46 显示了相同结构下，同向旋转和异向旋转对反应挤出的影响。可以看出在低转速下，同向旋转和异向旋转的差异很小，此时剪切流场对反应速率系数的影响很小；随着转速的增加，同向旋转和异向旋转的差异逐渐增大，在相同的螺杆长度内，同向旋转能够更有效地提高反应的转化率。转速对经过啮合块后的产物浓度和反应速率系数的影响可以从图 11.47 看出，随着转速的增加，旋转方向的差异越来越显著。

在双螺杆挤出机内反应加工的模拟研究中，三维模拟可以得到更多、更准确的信息。但是由于计算的困难和计算量的限制，三维模拟通常只对完全充满段举行研究，而全螺杆的模拟则是通过一维模拟来完成。通过对比三维模拟和一维模拟的结果，可以修正在一维模拟中采用的假设和方法，提高一维模拟的准确度，从而可以对反应挤出过程提出实质性的指导方案。

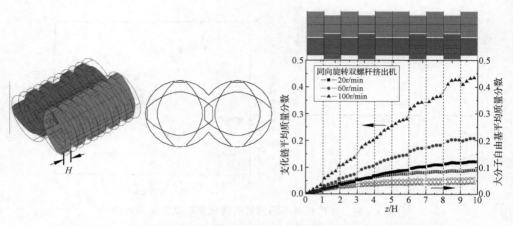

图 11.45　同向旋转双螺杆挤出机中螺杆转速对轴向转化率的影响

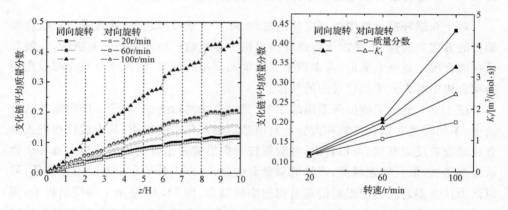

图 11.46　同向旋转和异向旋转
啮合块中产物浓度沿轴向的分布

图 11.47　转速对同向旋转和异向性质
啮合块产物浓度和反应速率系数的影响

参 考 文 献

[1]　Andrews R D, Toboslsky A V, Hauson E E. The Theory of Permanent Set at Elevated Temperatures in Natural and Synthetic Rubber Vulcanizates. J. Appl. Phys. , 1946, 17(5): 352～361

[2]　Osthoff R C, Bueche A M, Grubb W T. Chemical Stress-Relaxation of Polydimethylsiloxane Elastomers. J. Am. Chem. Soc. , 1954, 76(18): 4659～4663

[3]　Beevers R B. Stress relaxation in crosslinked poly (ethylene tetrasulfide). J. Colloid Sci. , 1964, 19(1): 40～49

[4]　Clayton A. Chemorheology of Thermosetting Polymers. Washington D. C. : American Chemical Society, 1983

[5] Dubois C, Ait-Kadi A, Tanguy P A. Chemorheology of polyurethane systems as predicted from Monte Carlo simulations of their evolutive molecular weight distribution. J. Rheol. , 1998, 42(3): 435~452

[6] Murakami K, Ono K. Chemorheology of Polymers. Amsterdam: Elsevier Scientific Pub. Co. , 1979

[7] 韩德刚，高盘良. 化学动力学基础. 北京：北京大学出版社, 1998

[8] Cioffi M, Hoffmann A C, Janssen L P B. Rheokinetics and the influence of shear rate on the trommsdorff (Gel) effect during free radical polymerization. Polym. Eng. Sci. , 2001, 41(3): 595~602

[9] Cherkinskii Y S. Possibility of rheokinetic study of polymerization and of depolymerization reactions. Polym. Sci. USSR, 1977, 19(3): 524~532

[10] Malkin A Y, Kulichikhin S G. Rheokinetics. Heidelberg: Huthig & Wepf. , 1996

[11] Schulz G V, Haborth G, Makromol. Chem. 1948, 1: 106

[12] Malkin A Y. Rheology in polymerization processes. Polym. Eng. Sci. , 1980, 20: 1035~1044

[13] Kulichikhin S G, Malkin A Ya. Rheokinetics of free-radical polymerization of acrylamide in an aqueous solution. Polym. Eng. Sci. , 1997, 37(8): 1331~1338

[14] Seymour R B, Charles E C, Polymer Chemistry: An Introduction. New York: Marcel Dekker, 1988

[15] Cioffi M, Hoffmann A C, Janssen L P B M. Instabilities in free radical polymerization. Nonlinear analysis, Methods and Applications, 2001, 47(2): 897~906

[16] Cioffi M, Hoffmann A C, Janssen L P B. Rheokinetics of linear polymerization. A literature review. Polym. Eng. Sci. , 2002, 42(12): 2383~2392

[17] Sekkar V, Krishnamurthy V N, Jain S R. Kinetics of copolyurethane network formation. J. Appl. Polym. Sci. , 1997, 66(9): 1795~1801

[18] Sekkar V, Venkatachalam S, Ninan K N. Rheokinetic studies on the formation of urethane networks based on hydroxyl terminated polybutadiene. Eur. Polym. J. , 2002, 38(1): 169~178

[19] Jr. White P R. Time-temperature superpositioning of viscosity-time profiles of three high temperature epoxy resins. Polym. Eng. Sci. , 1974, 14(1): 50~57

[20] Roller M B. Rheology of curing thermosets: a review. Polym. Eng. Sci. 1986, 26(6): 432~440

[21] Mijovic J. Cure kinetics of neat versus reinforced epoxies. J. Appl. Polym. Sci. , 1986, 31(5): 1177~1187

[22] Musto P, Martuscelli E, Ragosta G, Russo P, Scarinzi G. Tetrafunctional epoxy resins: modeling the curing kinetics based on FTIR spectroscopy data. J. Appl. Polym. Sci. , 1999, 74(3): 532~540

[23] Malkin A Y, Kulichikhin S G, Kerber M L, Gorbunova I Y, Murashova E A. Rheokinetics of curing of epoxy resins near the glass transition. Polym. Eng. Sci. , 1997, 37(8): 1322~1330

[24] DiBenedetto A T, J. Macromol. Sci. , 1969, 69: C3

[25] Castro J M, Macosko C W. Viscosity changes during urethane polymerization with phase separation. Polym. Commun. , 1984, 25(3): 82~87

[26] Macosko C W, Br. Polym. J. 1985, 17: 239

[27] 余坚，何嘉松. 聚烯烃的化学接枝改性. 高分子通报，2000, 1: 66~72

[28] Moad G. Synthesis of polyolefin graft copolymers by reactive extrusion. Prog. Polym. Sci. , 1999, 24(1): 81~142

[29] Cha J, White J L. Maleic anhydride modification of polyolefin in an internal mixer and a twin-screw extruder: Experiment and kinetic model. Polym. Eng. Sci. , 2001, 41(7): 1227~1237

[30] Cha J, White J L. Styrene grafting onto a polyolefin in an internal mixer and a twin-screw extruder: Experiment and kinetic model. Polym. Eng. Sci. , 2001, 41(7): 1238~1250

[31] Tian J H, Yu W, Zhou C X. The preparation and rheology characterization of long chain branching polypropylene. Polymer, 2006, 47: 7962~7969

[32] Liu M G, Zhou C X, Yu W. Rheokinetics of the Crosslinking of Melt Polyethylene Initiated by Peroxide. Polym. Eng. Sci. , 2005, 45(4): 560~568

[33] Xie F, Zhou C X, Yu W, Wu D F. Study on the reaction kinetics between PBT and epoxy by a novel rheological method. Euro. Polym. J. , 2005, 41: 2171~2175

[34] Kim H Y, Jeong U, Kim J K. Reaction kinetics and morphological changes of reactive polymer-polymer interface. Macromolecules, 2003, 36: 1594~1600

[35] Wu Y, Yu X B, Yang Y M, Li B Y, Han Y C. Studies on the reactive polyvinylidene fluoride-polyamide 6 interfaces: rheological properties and interfacial width. Polymer, 2005, 46: 2365~2371

[36] Liu M G, Yu W, Zhou C X. Selectivity of shear rate on chains in polymer combination reaction. J. Appl. Polym. Sci. , 2006, 100 (1): 839~842

[37] Roths T, Marth M, Weese J, Honerkamp J. A generalized regularization method for nonlinear ill-posed problems enhanced for nonlinear regularization terms. Comp. Phys. Comm. , 2001, 139(3): 279~296

[38] Watanabe H. Viscoelasticity and dynamics of entangled polymers. Prog. Polym. Sci. , 1999, 24: 1253~1403

[39] Ball R C, McLeish T C B. Dynamic dilution and the viscosity of star polymer melts. Macromolecules, 1989, 22:1911~1913

[40] Tsenoglou C J, Gotsis A D. Rheological characterization of long chain branching in a melt of evolving molecular architecture. Macromolecules, 2001, 34: 4685~4687

[41] Stange J, Uhl C, Münstedt H. Rheological behavior of blends from a linear and a long-chain branched polypropylene. J. Rheol. , 2005, 49: 1059~1079

[42] Shroff R N, Mavridis H. Assessment of NMR and rheology for the characterization of LCB in essentially linear polyethylenes. Macromolecules, 2001, 34: 7362~7367

[43] Vega J F, Santamaria A. Small-amplitude oscillatory shear flow measurements as a tool to detect very low amounts of long chain branching in polyethylenes. Macromolecules, 1998, 31: 3639~3647

[44] Wood-Adams P, Dealy J. Effect of molecular structure on the linear viscoelastic behavior of polyethylene. Macromolecules, 2000, 33: 7489~7499

[45] Weng W Q, Hu W G, Dekmezian A H, Ruff C J. Long chain branched isotactic polypropylene. Macromolecules, 2002, 35: 3838~3843

[46] Liu M G, Yu W, Zhou C X, Yin J H. Conversion Measurement in Polyethylene/Peroxide Coupling System Under Steady Shear Flow. Polymer, 2005, 46: 7605~7611

[47] Schreiber H P, Bagley E B, West D C. Viscosity/molecular weight relation in bulk polymers—I. Polymer, 1963, 4, 355~364

[48] Vinogradov G V, Malkin A Y. Rheology of polymers. Moscow: Mir Publisher, 1980

[49] Rudin A. The Elements of Polymer Science and Engineering. New York: Academic Press, 1982

[50] Sajkiewicz P, Phillips P J. Peroxide crosslinking of linear low-density polyethylenes with homogeneous distribution of short chain branching. J. Polym. Sci. Part A Polym. Chem. , 1995,

33(5)：853～862

[51]　Pedernera M N, Sarmoria C, Valles E M, Brandolin A. Improved kinetic model for the peroxide initiated modification of polyethylene. Polym. Eng. Sci. , 1999, 39(10)：2085～2095

[52]　Zetterlund P B, Johnson A F. A new method for the determination of the Arrhenius constants for the cure process of unsaturated polyester resins based on a mechanistic model. Thermochimica Acta, 1996, 289(2)：209～221

[53]　Xie F, Zhou C X, Yu W, Wu D F. Reaction kinetics study of asymmetric polymer-polymer interface. Polymer, 2005, 46：8410～8415

[54]　Bousmina M, Palierne J F, Utracki L A. Modeling of structured polyblend flow in a laminar shear field. Polym. Eng. Sci. , 1999, 39(6)：1049～1059

[55]　Gou B, Chan C. Chain extension of poly (butylene terephthalate) by reactive extrusion. J. Appl. Polym. Sci. 1999, 71(11)：1827～1834

[56]　Ryu S H, Gogos C G, Xanthos M. Parameters affecting process efficiency of peroxide-initiated controlled degradation of polypropylene. Adv. Polym. Tech. , 1992, 11(2)：121～131

[57]　Russell K E. Free radical graft polymerization and copolymerization at higher temperatures. Prog. Polym. Sci. , 2002, 27：1007～1038

[58]　Dorn M. Modification of molecular weight and flow properties of thermoplastics. Adv. Polym. Tech. , 1985, 5(2)：87～97

[59]　Yamazaki T, Seguchi T. ESR study on chemical crosslinking reaction mechanisms of polyethylene using a chemical agent. J. Polym. Sci. Part A Polym. Chem. , 1997, 35：279～284

[60]　Logan E R. Fundamentals of Chemical Kinetics. Beijing：Beijing World Publishing Corporation, 1997

[61]　Zhou C X. A phenomenological model with internal structure for polymer melts in flow fields. Chinese J. Polym. Sci. , 1999, 17(2),151～158

[62]　Liu J Y, Yu W, Zhou C X. The effect of shear flow on reaction of melt poly (ethylene-alpha-octene) elastomer with dicumyl peroxide. Polymer, 2006, 47 (20)：7051～7059

[63]　Xie F, Zhou C X, Yu W. Effects of the shear flow on a homogeneous polymeric reaction. J. Appl. Poly. Sci. , 2006, 102 (3)：3056～3061

[64]　Welp K A, Wool R P, Agrawal G, Satija S K, Pispas S, Mays J. Direct Observation of Polymer Dynamics：Mobility Comparison between Central and End Section Chain Segments. Macromolecules, 1999, 32：5127～5138

[65]　Jeon H K, Macosko C W, Moon B J, Hoye T R, Yin Z H. Coupling Reactions of End-vs Mid-Functional Polymers. Macromolecules, 2004, 37：2563～2571

[66]　Feng L F, Hu G H. Reaction Kinetics of Multiphase Polymer Systems under Flow. AIChE Journal, 2004, 50：2604～2612

[67]　谢帆, 剪切流场下高聚物官能团反应体系的动力学研究：[博士学位论文]. 上海：上海交通大学, 2006

[68]　Kim J K, Jeong W Y, Son J M, Jeon H K. Interfacial Tension Measurement of a Reactive Polymer Blend by the Neumann Triangle Method. Macromolecules, 2000, 33(25)：9161～9165

[69]　Guegan P, Macosko C W, Ishizone J T, Hirao A, Nakahama S. Kinetics of Chain Coupling at Melt Interfaces. Macromolecules 1994, 27：4991～4993

[70]　Smoluchowski M V. Phys. Z. , 1916, 17, 557

[71]　De Gennes P G. Kinetics of diffusion-controlled processes in dense polymer systems. I. Nonentangled regimes. J. Chem. Phys. , 1982, 76: 3316~3321

[72]　De Gennes P G. Kinetics of diffusion-controlled processes in dense polymer systems. II. Effects of entanglements. J. Chem. Phys. , 1982, 76: 3322~3326

[73]　Fredrickson G H, Leibler L. Theory of diffusion-controlled reactions in polymers under flow. Macromolecules, 1996, 29: 2674~2685

[74]　Fredrickson G H, Milner S T. Time-dependent reactive coupling at polymer-polymer interfaces. Macromolecules, 1996, 29: 7386~7390

[75]　Liu M G, Yu W, Zhou C X. Kinetic model for diffusion-controlled intermolecular reaction of homogenous polymer under steady shear. Chinese J. Polym. Sci. , 2006, 24(2): 135~138

[76]　Castro J M, Rios M C, Mount-Campbell C A. Modelling and simulation in reactive polymer processing. Modelling Simul. Mater. Sci. Eng. 2004, 12: S121~S149

[77]　Zhu L J, Narh K A, Hyun K S. Evaluation of Numerical Simulation Methods in Reactive Extrusion. Adv. Polym. Tech. , 2005, 24(3), 183~193

（俞炜　周持兴）

第 12 章　高速挤出流场中聚合物熔体的异常流变性质——现象、机理及对策

现代大规模聚合物工程中,工程的高速运行成为日益关注的重要课题。但高速运行常引起聚合物熔体不稳定流动,造成严重质量问题,如高挤出速率下,聚合物熔体易发生挤出畸变使制品表面质量变劣。这类统称"熔体破裂"的现象通常是十分复杂的。

与常年来混乱和争论不休的报道形成鲜明对比的是,目前一个比较清晰的关于聚合物熔体不稳定流动和熔体破裂的分子机理和界面机理已经形成[1~5]。本章选择几类最常见最重要的畸变现象——鲨鱼皮畸变、黏-滑畸变与挤出压力振荡、入口压力波动与无规破裂、第二光滑挤出现象进行介绍。主要内容归结为三方面:①通过实验正确评价和界定各种熔体的挤出畸变和异常流变现象,量化描述规律性结果;②考察高速流场中熔体发生失稳流动的扰动源及扰动性质,确定不同现象的本质和机理;③根据规律性认识,研究克服扰动源、有效防止挤出畸变、提高临界挤出速率和挤出物表面质量的措施[6]。

12.1　高速挤出成型过程中的挤出畸变现象

成型加工过程中,制品的高质量和高产率是永恒的追求,但又是一对难以两全的矛盾。实际加工中,一旦追求高产率,加工参数超越某些临界值(如临界转速、临界剪切速率、临界剪切应力等),就会发生从层流到湍流,从流线稳定到流线紊乱,从挤出物平整到挤出物畸变,从流场边界无滑移到发生滑移的突变,引起鲨鱼皮畸变、压力振荡、物流喷射、熔体破裂等异常现象,影响正常生产和流变测量。

从现象上分,挤出畸变行为大致可分两类:一类为发生在挤出物表面的"有规畸变",一类为挤出物整体发生的"无规畸变"[5,7,8]。所谓表面"有规畸变",指畸变仅发生在挤出物表面,尽管畸变很复杂,但尚呈现一定规律性,可引入一些物理量对其量化描述。所谓整体"无规畸变",指挤出物整体发生严重扭曲和破裂,几乎无规律可循,但其发生原因和物理本质还是可以探究的。

12.1.1　挤出物的有规畸变和无规畸变

1. 鲨鱼皮畸变(sharkskin distortion)

鲨鱼皮畸变是一种常见聚合物熔体挤出表面畸变现象,多发生在线型聚合物

挤出过程中。鲨鱼皮畸变通常发生在比正常假塑性流动区略高的挤出速率范围内，其开始发生的临界挤出速率较低。实验发现高密度聚乙烯（HDPE）-5000S（兰州石化公司产，MFR＝1.010 g/10min，2.16kg，190℃）在表观剪切速率 $\dot{\gamma}_a$＝174s^{-1}时，挤出物表面已出现轻微鲨鱼皮畸变。该速率接近通常挤出机的工作速率，因此鲨鱼皮畸变是实际工程中常见的现象。

图 12.1 是采用英国 BOHLIN 公司产 RH2000 恒速型双筒毛细管流变仪，在180℃挤出 HDPE-5000S，表观挤出速率 $\dot{\gamma}_a$＝353s^{-1}时的挤出物外观照片。这是典型的鲨鱼皮畸变显微照片，左图为挤出物的正面照片，右图为侧面照片[9]。

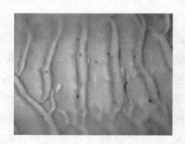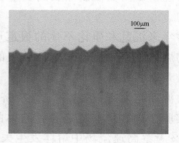

图 12.1 HDPE-5000S 熔体的鲨鱼皮畸变照片（左：正面；右：侧面）
毛细管长径比 L/D＝16/1；口模温度 T＝180℃；表观剪切速率＝353 s^{-1}

发生鲨鱼皮畸变时，挤出物表面失去光泽，出现有规律高频波动，同时呈现许多基本垂直于流动方向的有规律和有一定间距的细微棱脊，属于有规畸变。棱脊高度约为挤出物直径的 1%～10% 左右。出现鲨鱼皮畸变时，物料流动过程仍保持稳定，挤出物保持平直。鲨鱼皮畸变对物料的流变测量无影响，流动曲线连续发展，熔体黏度仍符合幂律方程。

2. 黏-滑畸变与挤出压力振荡（slip-stick distortion and extrusion pressure oscillation）

典型挤出压力振荡同样多发生于线型聚合物熔体挤出过程中。采用恒速型毛细管流变仪挤出时，当剪切速率（或剪切应力）达到某一临界值后，挤出压力不再随剪切速率单调升高，而突然发生大规模规律性压力振荡，振荡幅度达几兆帕（MPa）。同时挤出物表面交替出现一段光滑、一段粗糙的畸变现象，称竹节状畸变（bamboo-like distortion），本书称黏-滑畸变，也归为有规畸变。

图 12.2 为采用 RH2000 恒速型双筒毛细管流变仪测量 HDPE-DGD6084（齐鲁石化公司产，MFR＝1.432 g/10min，5kg，190℃）和三元乙丙橡胶 EPDM-Nordel IP3745P（DuPont-Dow 公司产，ML_{1+4}^{124}＝45）得到的挤出压力随挤出速率发展图[10]。图中纵坐标指示毛细管上的挤出压力降，横轴标出的时间坐标实际代表仪器按时间段程序设置的不同挤出速率，由左至右，速率分段增大，挤出压力随之

呈阶梯状增高。

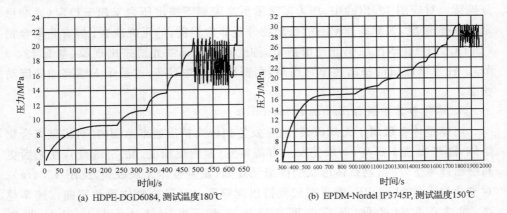

(a) HDPE-DGD6084, 测试温度180℃   (b) EPDM-Nordel IP3745P, 测试温度150℃

图 12.2   HDPE 和 EPDM 的挤出压力随挤出速率发展图

    由图可见,当挤出速率高到一定值后,压力不再升高,而出现明显的振荡现象。在一定范围内,挤出速率越高,振荡频率越大,但一般压力峰值不再增高。

    伴随着挤出压力振荡,熔体流变曲线(校正剪切应力 σ-剪切速率 $\dot{\gamma}$ 曲线)发生断裂或弯折,见图 12.3(a)。实际这种曲线断裂是由于在振荡区流变仪无法获得稳定挤出压力值造成的。挤出压力出现振荡,意味着在高速流动时,熔体/口模壁的吸附状态(边界条件)发生突变,由稳定流动时的黏界面发展到黏界面与滑界面交替出现,即界面在吸附与脱吸附之间交替变化的状态,称界面发生了动态黏-滑转变(dynamic slip-stick transition)。实验观察到,压力处于峰值时,对应界面为黏界面;压力谷值时,界面为滑界面。挤出物表面交替出现一段光滑、一段粗糙的外观,称竹节状畸变或黏-滑畸变,见图 12.3(b)[11]。

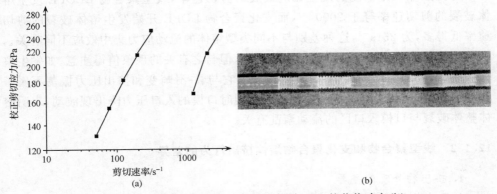

(a)   (b)

图 12.3   线型聚合物的流动曲线断裂(a)和竹节状畸变(b)

注意图 12.3(a)中，在发生压力振荡后的更高挤出速率范围内，流动曲线又恢复连续。对应图 12.2(a)中，压力振荡后更高速率下挤出压力又趋于稳定(或准稳定)。一般情况，如此高速率时的挤出物外观非常粗糙，呈无规破裂。但有些聚合物(如 LLDPE)在该区域仍能光滑挤出，称此现象为第二光滑挤出现象(参看 12.3 节)。注意该区域的挤出速率相当高，而挤出压力并不高，这是令人感兴趣的流动状态。

3. 熔体整体破裂(gross melt fracture)

熔体整体破裂属于无规破裂，通常发生在较高挤出速率范围内。对线型聚合物熔体，随挤出速率提高，一般先发生有规畸变(鲨鱼皮畸变、黏-滑畸变)，在之后更高挤出速率下，挤出物整体形状变得毫无规则，发生整体无规破裂，见图 12.4(a)。对支化聚合物如 LDPE，通常在较低挤出速率下已经发生整体形状扭曲。速率越高，扭曲程度越严重，而后在更高挤出速率下发生整体无规破裂[12]，见图 12.4(b)~(e)。注意这类畸变不只发生在挤出物表面，而是挤出物整体发生畸变。

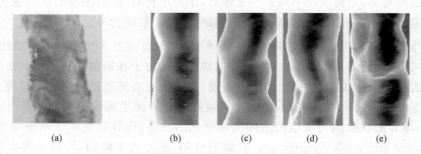

(a)   (b)   (c)   (d)   (e)

图 12.4　LLDPE(a)和 LDPE[(b)~(e)]的无规挤出畸变照片

$\dot{\gamma}$ 值：(a) 2000.0s⁻¹；(b) 251.0s⁻¹；(c) 398.0s⁻¹；(d) 631.0s⁻¹；(e) 1000.0s⁻¹

对比照片下方标注的发生无规破裂的剪切速率，线型聚合物 LLDPE 发生熔体破裂的剪切速率等于 2000s⁻¹，而支化聚合物 LDPE 开始发生熔体破裂的剪切速率低得多，为 251s⁻¹，这种差别与不同类型熔体的流动应力集中效应不同有关。

熔体整体破裂从表面看毫无规律可言，但与之有关的现象值得注意。如发生整体破裂时，物料流动曲线仍保持连续，说明它与黏-滑畸变和挤出压力振荡不属于同一类现象。又如实验发现，发生整体破裂时口模的入口压力降出现波动，表明熔体整体破裂与口模入口区的流动紊乱有关。

12.1.2　线型聚合物和支化聚合物熔体挤出行为的差异

1. 挤出物外观的差异

从聚合物类型区分，挤出畸变现象也大致分两大类。一类为支化聚合物，另一类为线型聚合物。但这种分类不够严格，有些材料的熔体破裂行为不具有这种典型性。

支化聚合物,指分子链含长支化链或星型支化的聚合物,或分子链含大侧基的聚合物,以 LDPE 为代表,包括聚苯乙烯(PS)、丁苯橡胶、星型 SBS、支化的聚二甲基硅氧烷等。这类聚合物分子的结构特点之一是分子链均方回转半径小于相对分子质量相同的线型聚合物,分子之间相互作用较弱,分子链缠结程度低。其挤出物表观的变化规律为:随挤出速率逐步增大,由光滑表面→挤出物扭曲→整体无规破裂,如图 12.5 所示[13]。文献上称这类畸变为 Gross Melt Fracture。开始发生畸变的剪切速率称临界剪切速率 $\dot{\gamma}_{crit}$。

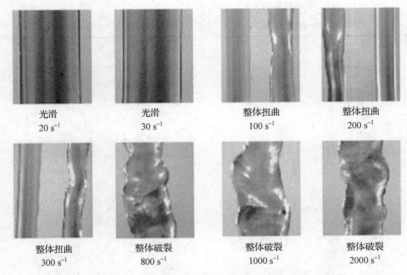

| 光滑 | 光滑 | 整体扭曲 | 整体扭曲 |
| 20 s⁻¹ | 30 s⁻¹ | 100 s⁻¹ | 200 s⁻¹ |

光滑　　　　　　光滑　　　　　　整体扭曲　　　　　　整体扭曲
$20\ \mathrm{s^{-1}}$　　　　$30\ \mathrm{s^{-1}}$　　　　$100\ \mathrm{s^{-1}}$　　　　$200\ \mathrm{s^{-1}}$

整体扭曲　　　　整体破裂　　　　整体破裂　　　　整体破裂
$300\ \mathrm{s^{-1}}$　　　$800\ \mathrm{s^{-1}}$　　　$1000\ \mathrm{s^{-1}}$　　　$2000\ \mathrm{s^{-1}}$

图 12.5　不同剪切速率下 LDPE 的挤出物照片

线型聚合物,以 HDPE 为代表,包括 LLDPE、聚丁二烯、乙烯-丙烯共聚物(EPDM),线型 SBS、线型的聚二甲基硅氧烷等。这类聚合物的分子链呈线型,熔融状态下分子链柔顺性一般较好,因而易缠结。临界缠结相对分子质量较低,缠结密度较大。如 HDPE 的临界缠结相对分子质量约等于 3800,相对而言 PS 达 38 000,相差十倍。表 12.1 给出几种常见聚合物临界缠结相对分子质量的参考值[5]。

线型聚合物熔体挤出时,挤出物外观变化相当丰富。一般规律为:随挤出速率增大,由光滑表面→表面鲨鱼皮畸变→竹节状畸变→准稳态光滑表面→整体无规破裂。其中鲨鱼皮畸变发生的挤出速率较低,速率提高后,开始出现挤出压力振荡,相应挤出物表面出现一段光滑一段粗糙的黏-滑畸变(竹节状畸变),其中黏段和滑段的外观因聚合物种类而异;挤出速率再高,有些聚合物出现准稳定的第二光滑挤出区,挤出物表面重新变为光滑,或带有螺旋状条纹。很高挤出速率时,出现整体无规破裂。挤出物外观变化规律如图 12.6 所示[12,13]。

表 12.1　典型高分子材料的临界缠结相对分子质量参考值

材料种类	M_c
线型聚乙烯	3800～4000
聚苯乙烯	38 000
聚乙酸乙烯酯	24 500～29 200
聚异丁烯	15 200～17 000
聚丁二烯-1,4(50％顺式)	5900
聚甲基丙烯酸甲酯(一般有规)	27 500
聚二甲基硅氧烷	24 000～35 000
聚己内酰胺(线型)	19 200

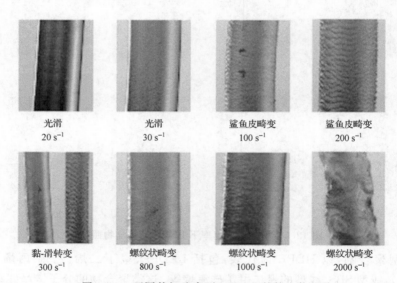

光滑　　　　　　　　光滑　　　　　　　　鲨鱼皮畸变　　　　　　鲨鱼皮畸变
20 s⁻¹　　　　　　　30 s⁻¹　　　　　　　100 s⁻¹　　　　　　　200 s⁻¹

黏-滑转变　　　　　　螺纹状畸变　　　　　　螺纹状畸变　　　　　　螺纹状畸变
300 s⁻¹　　　　　　　800 s⁻¹　　　　　　　1000 s⁻¹　　　　　　2000 s⁻¹

图 12.6　不同剪切速率下 LLDPE 的挤出物照片

不同线型聚合物,其挤出物外观变化规律不尽相同。

举例:HDPE 和 LLDPE 熔体在发生黏-滑畸变时,黏段和滑段挤出外观的差异。

所谓黏段和滑段是指,在发生黏-滑畸变时,熔体/管壁边界交替地在黏界面(即熔体黏附在管壁)和滑界面(即熔体沿管壁快速滑动)之间变换,挤出压力出现振荡,相应地挤出物交替出现黏段和滑段。黏段和滑段不仅表观质量不同,长度也不相等。通常黏界面时,挤出压力大,压力振荡处于峰值,熔体流速较慢;而滑界面时,挤出压力小,压力振荡处于谷底,熔体流速较快。

比较 HDPE-5000S 和 LLDPE-1002KW(Exxon. Co 产品,MFR = 1.874

g/10min,2.16kg,190℃)在黏-滑畸变段的挤出外观(图 12.7)。我们看到 HDPE 在黏界面(黏段)的挤出外观出现鲨鱼皮特征,而在滑界面(滑段)呈无规破裂状。黏段的挤出外观优于滑段。但 LLDPE 的情况恰好相反,LLDPE 在黏段的挤出外观也出现鲨鱼皮特征,只是鲨鱼皮纹路较粗;而滑段的挤出外观则相当光滑[14]。随挤出速率提高,黏段越来越短而滑段越来越长,说明 LLDPE 在高速挤出时,有可能在某一挤出速率下出现一个边界全滑的新光滑挤出区。挤出外观的这种差别蕴涵着深刻流变学意义,出现这种差别的原因将在后面章节讨论。

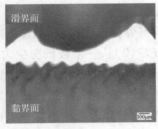

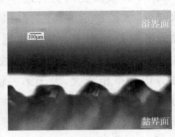

(a) HDPE-5000S($\dot{\gamma}$=719.60s^{-1}) 　　(b) LLDPE-1002KW($\dot{\gamma}$=1244.04s^{-1})

图 12.7　HDPE 和 LLDPE 在黏-滑转变区中黏段、滑段挤出外观的对比

2. 流动曲线的差异(曲线的连续与断裂,曲线斜率的变化)

发生挤出畸变时,支化聚合物和线型聚合物熔体的流动曲线(校正剪切应力-剪切速率曲线)大不相同。图 12.8 是典型的支化聚合物——LDPE-2101TN00[齐鲁石化公司产,MFR＝0.7268 g/(10min),190℃,2.16kg]180℃挤出的流动曲线。这是一条典型假塑性流体流动曲线,曲线连续发展,随剪切速率增大,剪切应力单调上升。图中箭头标出开始发生挤出畸变的位置,可以看到开始发生挤出畸变的临界剪切速率不是很高(图中 $\dot{\gamma}_c$≈100s^{-1}),在发生挤出畸变区域,流动曲线仍保持连续。

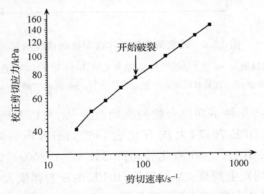

图 12.8　LDPE-2101TN00 在 180℃的流动曲线

　　线型聚合物熔体的流动曲线与此不同。采用恒速型毛细管流变仪测量,得到线型聚合物熔体典型流变曲线及曲线各段对应的挤出物外观如图12.9所示。这是一条十分复杂的流动曲线。图中曲线 OA 段为牛顿流动区,剪切应力 σ 与剪切速率 $\dot{\gamma}$ 呈线性关系;AB 段为剪切稀化段,σ 与 $\dot{\gamma}$ 呈非线性关系;该两段挤出物外观均匀光滑,称第一光滑挤出区。速率升至 BC 段出现鲨鱼皮畸变,流动曲线仍保持连续;继续升高至 CDE 段,挤出压力发生振荡,流动曲线出现断裂,挤出物交替出现黏-滑畸变表面。到 EFG 段及更高剪切速率下,发生整体熔体破裂。有些聚合物也可能出现螺纹状畸变,或准稳定的第二光滑挤出区。

　　流动曲线断裂是线型聚合物熔体流动的重要标志性特征。除曲线断裂外,另一重要特征是高速率区的第二段流动曲线(EFG 段)从一个较低剪应力水平继续发展。该区域剪切速率相当大,大于第一稳定流动区(ABC 段)1~2个数量级,但相应的剪应力却较低。换句话说,如果第二光滑挤出区确实存在,在该区域挤出物料,可以用较低的功率获得很高的挤出速率,工艺上十分诱人。还有一点也很重要,即很多情况下,第二段流动曲线的斜率与第一段不同,发生突变。一般来说,第二段曲线斜率远小于第一段曲线。

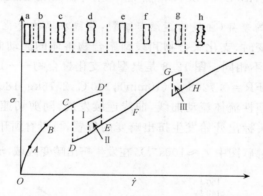

图 12.9　线型聚合物熔体典型流动曲线示意图

挤出物状态说明:a—σ 与 $\dot{\gamma}$ 呈线性关系,表面光滑;b—σ 与 $\dot{\gamma}$ 呈非线性关系,表面光滑;
c—鲨鱼皮畸变;d—竹节状畸变;e—准稳态挤出;f,g—螺旋状畸变;h—整体无规破裂

　　图 12.10 给出几种不同聚合物的流动曲线[15],可以看到,属于线型分子链的HDPE-5000S、LLDPE-7047(大庆石化公司产,MFR = 0.962g/10min,2.16kg,190℃)和 LLDPE-101A(兰州石化公司产,MFR = 1.200g/10min,2.16kg,190℃)的流动曲线中部均发生断裂。差别只是 HDPE 的断裂幅度大,LLDPE 的断裂幅度小,这与两种熔体发生挤出压力振荡的振幅相对应。通常 HDPE 振幅大,LLDPE振幅小,有时小到实验无法察觉。图 12.10(d) 中 LLDPE-0218D(Novacor Chem

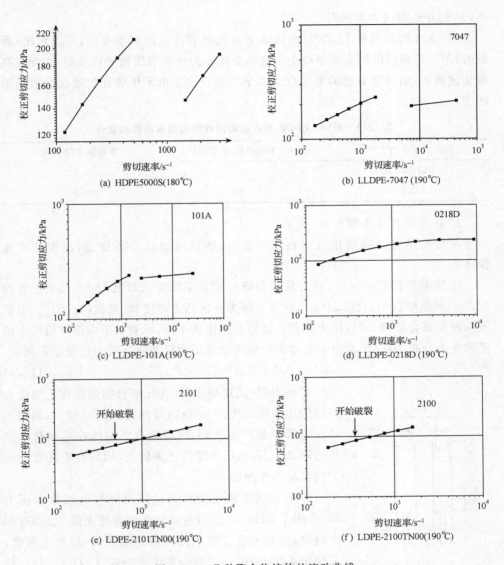

图 12.10　几种聚合物熔体的流动曲线

Co. 产品，MFR＝1.870g/10min，2.16kg，190℃）熔体挤出时就未观察到压力振荡，流动曲线也未发生断裂。即使如此，该流动曲线与支化聚合物 LDPE 的曲线仍有明显差别。差别在于，支化聚合物流动曲线为单调上升的曲线，如图 12.10(e)、(f)中给出的 LDPE-2101TN00 和 LDPE-2100TN00（齐鲁石化公司产品，MFR＝0.208g/10min，2.16kg，190℃）的曲线，剪切应力随剪切速率单调上升，斜率变化较小。而 LLDPE-0218D 曲线在高剪切速率区变为沿横轴平行发展，斜率明显变小,与 LDPE 曲线大不相同。

表 12.2 给出两种 LLDPE 熔体流动曲线断裂前后的斜率变化,可以看出(断裂后)第二段曲线的斜率明显变小。流动曲线变为近似沿横轴平行发展,表明在高剪切速率下,熔体在管壁的剪切应力几乎不变。这是由于熔体在管壁发生滑动引起的。

表 12.2　两种 LLDPE 熔体流动曲线断裂前后的斜率变化

聚合物	平均斜率(断裂前)	平均斜率(断裂后)
LLDPE101A	0.30	0.035
LLDPE7047	0.24	0.055

3. 压力振荡信号的差异

聚合物熔体高速挤出发生挤出畸变时,熔体压力往往不稳定,出现波动或振荡。

已知毛细管流变仪中,挤出总压力降分配在毛细管入口区(ΔP_{ent})、毛细管内(ΔP_{cap})和毛细管出口区(ΔP_{exit}),总压力降为各区压力降之和[见式(12.1)]。但是不同种类聚合物挤出时,压力降在各区的分配比例不同,或者说不同熔体流场中的流动应力分布不同,因而由于应力集中效应造成压力振荡或波动的位置也不同。

$$\Delta P = \Delta P_{ent} + \Delta P_{cap} + \Delta P_{exit} \tag{12.1}$$

实验表明,高速挤出时,支化聚合物熔体在毛细管入口区的压力降 ΔP_{ent} 占总压力降的比例相对较大,因而入口压力降容易产生波动;线型聚合物熔体在毛细管内的压力降 ΔP_{cap} 占总压力降的比例较大,因而在毛细管内压力降容易产生振荡。

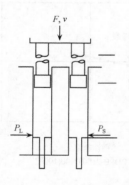

图 12.11　RH2000 双毛细管流变仪结构示意图

为了分别测量毛细管入口压力降和毛细管内压力降,采用了 RH2000 型恒速式双毛细管流变仪。仪器有两个料筒,分别安装长短不同两根毛细管,一根长毛细管,长径比 $L/D=16/1$;一根为零长毛细管,$L/D=0.4/1$,见图 12.11。两料筒下部分别安装压力传感器,其中右边与零长毛细管相关的传感器测量的压力记为 P_S;左边传感器测量的压力记为 P_L。设长毛细管长度为 L_L,零长毛细管长度为 L_S,则入口压力降(记为 P_0)可由式(12.2)计算,而 P_L-P_0 等于毛细管内压力降,(出口压力降通常很小,忽略不计)。

$$P_0 = P_S - \frac{P_L - P_S}{L_L - L_S} L_S \tag{12.2}$$

　　由于 $L_s \ll L_L$，因此近似有 $P_0 \approx P_s$，即可以直接将右传感器测得的压力 P_s 视为入口压力降；而将 $P_L - P_s$ 视为毛细管内压力降。

　　图 12.12 对比了支化聚合物 LDPE-2101TN00 和线型聚合物 HDPE-5000S 的挤出压力随挤出速率的变化曲线[6]。图中横坐标的意义同图 12.2，标出的时间坐标实际代表仪器按时间段程序设置的不同挤出速率；左、右两个纵坐标分别表示长口模测得的总压力降 P_L 和短口模测得的入口压力降 P_s。

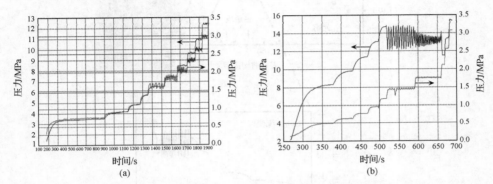

图 12.12　LDPE-2101TN00(a) 和 HDPE-5000S(b) 的挤出压力
随挤出速率发展曲线(180℃)

　　图中可见，挤出速率高到某一水平后，两类熔体的挤出压力均发生波动或振荡。不同的是，LDPE 的压力波动发生在短口模处，即入口压力降发生波动，波动幅度小，约 0.2MPa；其长口模上的压力发展相当平稳。而线型聚合物 HDPE 恰恰相反，其压力振荡主要发生在长口模上，即总压力降发生振荡，振荡幅度很大，大于 2.0MPa；同时入口压力降并未波动，说明该十分强烈的压力振荡应为毛细管内压力降发生了振荡。这种不同位置的压力振荡表明，不同类型聚合物熔体挤出时，流场中应力集中效应发生的位置不同。LDPE 类熔体流动应力集中效应及其压力波动容易发生在短口模上，即口模入口区；而 HDPE 类熔体的流动应力集中及压力异常变化主要发生在长口模上，即毛细管内壁处。

　　综上所述，线型聚合物和支化聚合物熔体的高速挤出行为存在显著不同，简要地概括为：挤出物畸变的表现和规律不同；流动曲线形式不同；挤出压力发生振荡的性质和位置不同。这些差异均蕴涵着深刻流变学意义。线型聚合物熔体高速挤出时的黏-滑畸变、流动曲线断裂与挤出压力振荡等不同现象之间存在十分密切的相互关联，实质是同一流变现象的不同表现。图 12.13 给出 LLDPE 熔体挤出时几种现象的联系，可以看出 LLDPE 的流动曲线中部出现断裂，正是在该区域挤出压力发生振荡，而挤出物交替出现一段光滑、一段粗糙的黏-滑畸变。

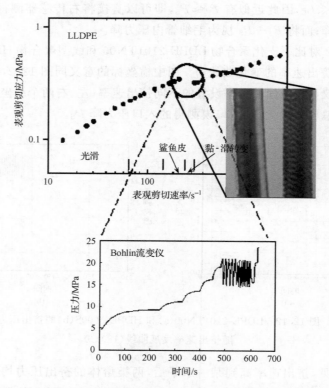

图 12.13　一种 LLDPE 的流动曲线、压力振荡、挤出物外观的相互关系

12.1.3　鲨鱼皮畸变和挤出压力振荡的量化描述

对于有规挤出畸变——鲨鱼皮畸变和挤出压力振荡,可以通过定义一批物理量对其量化描述。量化描述的优点在于对非常复杂的挤出畸变现象进行梳理,以便区别不同类型熔体畸变现象的差异,以及各种工艺条件对挤出畸变的影响规律;进而探讨不同畸变现象发生的缘由。

12.1.3.1　鲨鱼皮畸变的量化描述

1. 物理量定义

鲨鱼皮畸变具有准周期性和自相似性。所谓自相似性指鲨鱼皮波动的平均波长与脊状物的平均高度呈线性关系,而其周期与分子链松弛时间有关。为量化描述鲨鱼皮畸变,定义以下物理量:

(1) 开始发生鲨鱼皮畸变的临界剪切速率 $\dot{\gamma}_{c,s}$;

(2) 鲨鱼皮波动平均波长 $\bar{\lambda}$;

（3）鲨鱼皮波峰（脊状物）平均高度 $\bar{h}$；

（4）鲨鱼皮的波型及粗糙状态评价。

临界剪切速率 $\dot{\gamma}_{c,s}$ 指开始发生鲨鱼皮畸变的最低剪切速率，可从熔体流动曲线确定；它与熔体黏弹性及熔体与口模壁的吸附状态有关。平均波长和平均高度分别指鲨鱼皮相邻脊状物的平均距离和脊状物的平均高度，见图 12.1，可从实验照片量取和计算。鲨鱼皮波型粗分为两大类：一类是脊状物高而尖（$\bar{h}$＞挤出物直径的 5%）、波长大（$\bar{\lambda}$＞150μ）的粗皮型（rough skin）；一类是脊状物矮而钝（$\bar{h}$＜挤出物直径的 5%）、波长小的细皮型（mild skin）。出现波长大、周期长的粗鲨鱼皮的聚合物分子链松弛时间较长。

2. 应用举例

例 1：材料结构和成分对鲨鱼皮畸变的影响。不同聚合物熔体的鲨鱼皮畸变差别很大[16]，表 12.3 中给出几种聚合物熔体鲨鱼皮畸变的量化描述。由表可见，线型聚合物熔体如 HDPE、LLDPE 易出现鲨鱼皮畸变，且鲨鱼皮波长大、脊状物高，属粗皮型，见图 12.1。而支化聚合物或主链含大侧基聚合物熔体，如 LDPE、PS 等，很少出现鲨鱼皮畸变，即使出现，其波长短、脊状物浅低，属细皮型。PP 的鲨鱼皮畸变也很轻，属细皮型；而 PE-SP2520 为茂金属催化的相对分子质量双峰分布的 PE，挤出实验中未观察到挤出压力振荡，但有明显鲨鱼皮畸变。据此，可以判断其分子链结构类似 LLDPE。与 HDPE5000S 和 LLDPE 比较，PE-SP2520 的鲨鱼皮波长和脊状物尺寸均较小，这可能因其相对分子质量分布宽，其中低相对分子质量组分在流动中起内增塑作用，使分子链缠结程度降低，从而使熔体流动不稳定性现象减轻。

表 12.3　几种聚合物熔体鲨鱼皮畸变的平均波长和平均棱高（$\dot{\gamma}_{a}=353s^{-1}$、$T=180℃$）

样品	结构特点	MFR[①]/ [g/(10min)]	平均波长 $\bar{\lambda}/\mu m$	平均高度 $\bar{h}/\mu m$	出现鲨鱼皮的 临界剪切速率 $\dot{\gamma}_{c,s}/s^{-1}$
HDPE-5000S	线型分子	1.010	151.4	51.4	166.03
LLDPE-7042	线型分子	2.428	140.5	80.5	319.51
PE-SP2520	相对分子质量 双峰分布	1.738	110.8	26.3	226.89
LDPE-2101TN00	支化分子	0.727	无鲨鱼皮畸变		
PS-GN085	主链含大侧基	3.284	无鲨鱼皮畸变		
PP-T30S	主链含侧甲基	2.264	轻微畸变		

① MFR 测试条件，PS 为 5.00kg，200℃；PP 为 2.16kg，230℃；其余为 2.16kg，190℃。

例 2：挤出速率、挤出温度对鲨鱼皮畸变的影响[9]。图 12.14 给出 HDPE-

5000S 熔体在不同挤出速率下的挤出物外观。由图可见在低剪切速率下,挤出物表面较光滑;表观剪切速率增大到 $\dot{\gamma}_a \approx 170s^{-1}$,开始出现轻微鲨鱼皮表面,鲨鱼皮波长小,波峰矮而钝,属细皮型鲨鱼皮;挤出速率继续增大,鲨鱼皮现象逐渐严重,脊状物高度增大,间距(波长)变大,变为粗皮型鲨鱼皮。

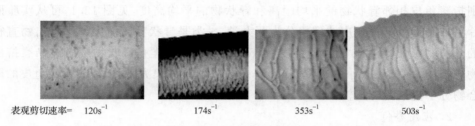

表观剪切速率=   120s⁻¹   174s⁻¹   353s⁻¹   503s⁻¹

图 12.14　HDPE-5000S 在不同挤出速率下的鲨鱼皮照片(180℃)

图 12.15 和表 12.4 给出挤出温度对挤出外观的影响。由图可见,挤出温度升高,鲨鱼皮现象减轻。当挤出温度从 170℃升到 200℃,鲨鱼皮的平均波长和平均波高均约减少 50%,显示出升温对改善鲨鱼皮畸变有重要影响。后文将指出,鲨鱼皮畸变主要因口模出口处的流动不稳定性引起,因此控制和改变口模温度,特别出口区域的温度尤为重要。

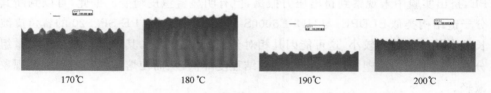

170℃   180℃   190℃   200℃

图 12.15　HDPE-5000S 在不同温度下挤出的鲨鱼皮照片($\dot{\gamma}_a = 353s^{-1}$)

表 12.4　HDPE-5000S 在不同温度下挤出的鲨鱼皮平均波长

和平均棱高($\dot{\gamma}_a = 353s^{-1}$)

熔体温度	170℃	180℃	190℃	200℃
平均波长 $\bar{\lambda}/\mu m$	145.9	151.4	143.2	79.7
平均棱高 $\bar{h}/\mu m$	62.2	51.4	47.3	29.7

例 3:共混改性对鲨鱼皮畸变的影响。实验发现,对于线型聚合物的挤出压力振荡,采用共混改性可以明显得到改善。但是对鲨鱼皮畸变,共混改性的影响出乎意料,不仅没有改善,反而更加严重。图 12.16 和表 12.5 是分别用 LDPE、PP、PS、LLDPE、双峰 PE 与 HDPE5000S 共混,测量的共混物挤出表面鲨鱼皮脊状物的平均波长和平均高度。

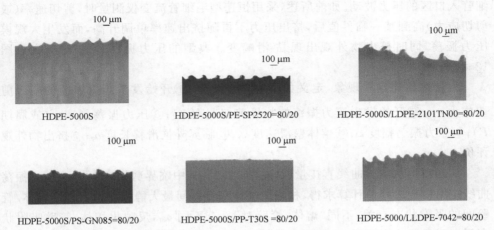

图 12.16　HDPE 及几种共混物的鲨鱼皮畸变的对比($\dot{\gamma}_a=353s^{-1}$, $T=180℃$)

表 12.5　HDPE 及几种共混物鲨鱼皮畸变的平均波长

和平均棱高($\dot{\gamma}_a=353s^{-1}$, $T=180℃$)

物料	平均波长 $\bar{\lambda}/\mu m$	平均棱高 $\bar{h}/\mu m$
HDPE-5000S	151.4	51.4
HDPE-5000S/PE-SP2520＝80/20	334.4	107.4
HDPE-5000S/LDPE-2101TN00＝80/20	293.2	103.4
HDPE-5000S/PS-GN085＝80/20	637.8	130.4
HDPE-5000S/PP-T30S ＝80/20	无鲨鱼皮	无鲨鱼皮
HDPE-5000/LLDPE-7042＝80/20	147.8	63.9

　　由图表可见,除 HDPE-5000S/PP-T30S 共混物外,所有共混物的鲨鱼皮畸变均明显增强,脊状物平均波长增大、高度增高,鲨鱼皮纹路不但未减轻反而更加重。加重的原因尚不清楚,一种较合理的说法是由于鲨鱼皮畸变因口模出口处的流场扰动(出口处的拉伸形变和局部的界面滑动)引起,因此若熔体的结构或性质不均匀(共混使熔体性质不均),流场的扰动只会增大,不会减小。

　　表中唯一例外是 HDPE-5000S/PP-T30S 共混物,挤出物表面较光滑,几乎无鲨鱼皮出现。分析原因可能与 PP 黏度小,PP 与 HDPE 相容性差有关。两种黏度差别大的聚合物共混,流动时会出现"软包硬"分层现象,黏度小的 PP 包裹在外层,贴近口模壁,因此挤出物的表面特征基本上与 PP 表面特征相似。

12.1.3.2　压力振荡现象和黏-滑畸变的量化描述

1. 物理量定义

本节仅讨论线型聚合物挤出时毛细管内的压力振荡,不涉及支化聚合物在毛细管入口区的压力波动。如前所述,采用恒速型毛细管流变仪测量时,剪切速率(或剪切应力)高到某一临界值后,挤出压力不再随挤出速率单调升高,而发生大规模压力振荡,同时挤出物外观出现黏-滑畸变。典型的压力振荡和黏-滑畸变见图 12.2,图 12.3。

为量化描述这些现象,定义如下物理量[16,17]:①开始发生压力振荡的临界剪切应力 σ_{c1};②开始发生压力振荡的临界剪切速率 $\dot{\gamma}_{c1}$;③压力振荡频率 f(或周期 T);④压力振荡幅度 Δ;⑤熔体壁滑速度 v_s;⑥临界外推滑移长度 b_c;⑦挤出物外观评价。

前四项可从实验曲线直接量取,见图 12.2。其中临界剪切应力 σ_{c1} 由压力振荡曲线中第一压力峰值计算求得,相当于熔体与管壁间最大静摩擦力。σ_{c1} 与熔体/管壁间的吸附状态有关,不同"熔体/管壁对"具有不同 σ_{c1},反映出熔体/管壁吸附状态属于强吸附或弱吸附。例如 HDPE/钢壁的 σ_{c1} 约为 0.3MPa,属强吸附;相对而言PS/钢壁的 σ_{c1} 仅为 0.09MPa,属弱吸附[5],表 12.6 给出几种聚合物熔体在毛细管中发生壁滑的临界剪切应力参考值。

表 12.6 几种聚合物熔体在毛细管中发生壁滑的临界剪切应力

聚合物	商品名	临界剪切应力 σ_{crit}/ MPa
PMMA	Plexiglas 7 N	0.37
PP	Hostalen 5200	0.10
PS	Polystyrol 168 N	0.09
PS	Polystyrol 454 H	0.06
ABS	Terluran 877 T	0.32
HDPE	5000S	0.22(实验值)

临界剪切速率 $\dot{\gamma}_{c1}$ 虽与 σ_{c1} 有关,但由于聚合物熔体为非牛顿流体,两者之间并非线性关系。$\dot{\gamma}_{c1}$ 主要反映稳定流动的最大临界流量,决定着稳定挤出的最大速率。

压力振荡频率 f 和压力振荡幅度 Δ 均可从振荡曲线直接量取,反映了熔体/口模壁界面发生动态黏-滑转变的激烈程度,不同熔体的 f 和 Δ 值差别很大,见表 12.7。

表中可见,其中前 3 种样品高速挤出时呈现十分典型的压力振荡,而后 3 种样品则未出现压力振荡。仔细对比,前 3 种样品虽然均出现压力振荡和壁滑,但振荡信号强弱不同。从结构看,前 3 种样品均为乙烯与丙烯(C3)或乙烯与丁烯(C4)共聚物,分子链线型程度高,长链大分子较容易发生缠结。后 3 种样品,有的是典型长链支化聚合物,有的是乙烯与己烯(C6)或乙烯与辛烯(C8)共聚物,侧链较长,这些结构特征导致的一个共同结果是使分子链的缠结密度下降[18]。

表 12.7　几种聚烯烃熔体的壁滑现象和压力振荡的对比

聚合物	结构特点	生产厂家	壁滑现象	压力振荡程度	振荡幅度/MPa
HDPE-DGD6084	乙烯-丁烯 共聚物	齐鲁石化公司	时滑时黏	信号强，规律性强	Δ≈6
EPDM-Nordel IP 3745P	乙烯-丙烯 共聚物	DuPont-Dow	时滑时黏	信号较强，规律性好	Δ≈4
LLDPE-7047	线型分子 带短支链	大庆石化公司	时滑时黏	信号较强，规律性好	Δ≈1.5
HDPE-DGD2400	乙烯-己烯 共聚物	齐鲁石化公司	无滑动， 挤出物光滑	无振荡	Δ=0
POE-Engage- -GPE8150	乙烯-辛烯 共聚物	DuPont-Dow	无滑动， 挤出物光滑	无振荡	Δ=0
LDPE-2101	长链支化 结构	齐鲁石化公司	无滑动	入口压力降有波动	Δ=0.2

　　由此得到推论，如果采用改性方法改变分子链的缠结状态，降低缠结密度，则有可能抑制压力振荡现象。这些方法有：塑炼、填充、润滑、共混、共聚合等，如采用支化高分子与线型高分子共混，或添加特殊填料或润滑剂。该推论得到实验证实[19~21]。

　　压力振荡总伴随着熔体在口模内壁边界发生滑动，但壁滑速度 v_s 难以测量。de Gennes 假定一种无聚合物吸附的理想情形，提出使用外推滑移长度 b 表示壁滑[4]。定义为

$$b = v_s/\dot\gamma \tag{12.3}$$

　　参看图 12.17，其中图(a)为黏-滑转变时，毛细管内壁处于黏边界时的熔体流速分布，图(b)为同一速率下边界为滑界面时的流速分布。图(b)中，在管壁处作速度分布曲线的切线，切线斜率等于剪切速率：$\dot\gamma_2 = v_s/b$，由此定义外推滑移长度 b。注意此处 $\dot\gamma_2$ 为界面发生滑动时管壁处的剪切速率。

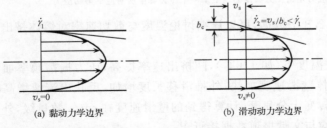

(a) 黏动力学边界　　　　　　　　　(b) 滑动动力学边界

图 12.17　恒速型毛细管中发生黏-滑转变时的流速分布及外推滑移长度的定义

临界外推滑移长度 b_c 则定义为边界刚开始滑移时的滑移长度。若 b_c 求得，则可按式(12.3)求出边界开始滑移的壁滑速度 v_s。定义 b_c 的重要意义在于，de Gennes 指出 b_c 与熔体黏度有同样标度行为。由于熔体黏度与重均相对分子质量符合 Fox-Flory 公式[5]，因此 b_c 与重均相对分子质量也有同类标度关系。即相对分子质量小时($M < M_c$，M_c 为临界缠结相对分子质量)，分子链不发生缠结，b_c 值很小；相对分子质量大时($M < M_c$)，分子链发生缠结，b_c 值迅速增大。这说明，分子链长、易缠结的线型聚合物熔体更容易发生显著壁滑效应。注意不同毛细管流变仪(恒压型或恒速型)b_c 与 v_s 的计算方法不同，具体算法参见 12.1.4 节。

2. 应用举例

例1：温度与剪切速率对压力振荡的影响[22]。按照定义的物理量，定量测量和计算不同温度下(170～200℃)兰州石化公司生产的 HDPE-5000S(MFR＝1.01g/10min，2.16kg，190℃)的挤出压力振荡现象，结果见表 12.8。

表 12.8　HDPE-5000S 在不同温度下的挤出压力振荡数据

挤出温度 $T/℃$	发生振荡的时间段	与时间段相应的表观剪切速率/s^{-1}	压力振荡周期 T/s	压力振荡幅度 Δ/MPa	壁滑时的剪切应力 σ'/MPa	壁滑时的剪切速率 $\dot{\gamma}_2/s^{-1}$	壁滑速度 $v_s/$(mm/s)	外推滑移长度 b/mm	临界剪切应力[①] σ_{c1}/MPa
	5	503	8.78	2.69	0.162	413.10	11.25	0.027	
170℃	6	720	4.77	2.16	0.163	420.21	37.44	0.089	0.202
	7	1027	3.75	1.70	0.156	550.42	84.64	0.240	
180℃	6	720	5.40	2.40	0.170	489.67	28.79	0.060	0.211
	7	1027	2.72	1.63	0.161	515.08	64.02	0.120	
	6	720	8.65	2.77	0.181	542.14	22.20	0.041	
190℃	7	1027	3.33	1.48	0.184	581.43	55.72	0.096	0.226
	8	1469	2.18	0.33	0.184	584.28	110.56	0.189	
200℃	7	1027	4.07	2.09	0.184	812.14	26.68	0.033	0.223
	8	1469	2.47	0.36	0.195	912.14	69.54	0.076	

① 临界剪切应力是指压力振荡曲线上第一个压力峰值所对应的剪切应力。

根据表 12.8 中数据，可以详细讨论温度与剪切速率对熔体挤出压力振荡的影响规律：

(1) 同一温度下(如 170℃)，随挤出速率提高，压力振荡频率加大、周期变短，振荡加剧；熔体壁滑速度加快，外推滑移长度增加，反映出流速增高时，熔体/管壁界面的黏-滑转变十分显著。计算得到的壁滑速度在 cm/s 数量级，外推滑移长度在 mm 数量级，均与文献报道数据接近[4]。

(2) 随挤出温度升高，开始发生振荡的临界剪切速率 $\dot{\gamma}_{c1}$ 提高。如 170℃时，在实验进行到第 5 时间段（表观剪切速率 $\dot{\gamma}_a = 503\text{s}^{-1}$）开始发生压力振荡，而 $200\,^{\circ}\!\text{C}$ 时，到第 7 时间段（$\dot{\gamma}_a = 1027\text{s}^{-1}$）才开始振荡，临界剪切速率 $\dot{\gamma}_{c1}$ 提高近一倍，反映出升温有延缓压力振荡，抑制熔体流动不稳定性的作用。

（3）表 12.8 中最右一列反映的是临界剪切应力 σ_{c1}。有趣的是，对同一熔体而言，不同温度下开始发生振荡的临界剪切应力变化不大，在本实验中，该值均在 0.22MPa 左右，说明临界剪切应力 σ_{c1} 是与熔体性质及熔体与壁面的吸附作用相关的物理量，与熔体温度关系不大。

（4）同剪切速率下（比如同为第 7 时间段，$\dot{\gamma}_a = 1027\text{s}^{-1}$），随挤出温度升高，熔体壁滑速度减慢，外推滑移长度减小，也反映出升温有减缓压力振荡的作用。温度与剪切速率对熔体流动不稳定性的影响有一定相关性，说明时-温等效原理仍然成立，熔体流动不稳定性是熔体非线性黏弹性的一种表现。

例 2：共混改性对压力振荡的影响。为抑制线型聚合物熔体的挤出压力振荡，改善挤出外观，采用共混改性改变分子链的缠结状态。分别选用表 12.3 中的几种树脂与 HDPE-5000S 共混，质量共混比为 HDPE/其他物料＝80/20，考察共混改性对熔体挤出压力稳定性的影响，结果见图 12.18 及表 12.9[22]。

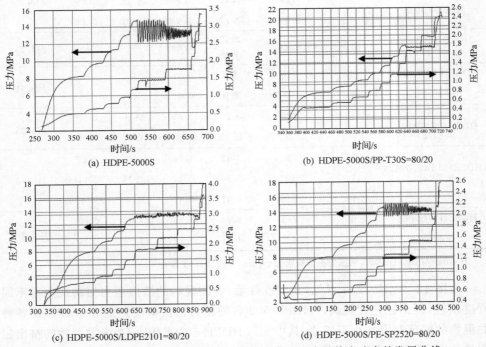

(a) HDPE-5000S

(b) HDPE-5000S/PP-T30S=80/20

(c) HDPE-5000S/LDPE2101=80/20

(d) HDPE-5000S/PE-SP2520=80/20

图 12.18　HDPE-5000S 及几种共混物的挤出压力随挤出速率的发展曲线

图中纵、横坐标的意义同图 12.2 和图 12.12

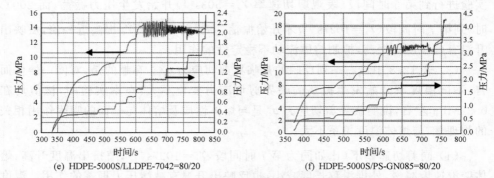

(e) HDPE-5000S/LLDPE-7042=80/20　　　　(f) HDPE-5000S/PS-GN085=80/20

图 12.18　HDPE-5000S 及几种共混物的挤出压力随挤出速率的发展曲线(续)

图中纵、横坐标的意义同图 12.2 和图 12.12

表 12.9　HDPE-5000S 及几种共混物的挤出压力振荡的量化描述(180℃)

样品	发生振荡的时间段次	与时间段相应的表观剪切速率/s⁻¹	压力振荡周期 T/s	压力振荡幅度 Δ/MPa	壁滑速度 v_s/mm	外推滑移长度 b_c/mm	临界剪切应力 σ_{max}/KPa
HDEE-5000S	6	720	5.40	2.40	28.79	0.06	213.35
	7	1027	2.72	1.03	64.02	0.12	
HDEE/PP-T30S =80/20	8	1469	难以测量	0.09			214.28
HDEE/LDPE-2101 =80/20	6	720	难以测量	0.31	——	——	178.91
	7	1027		0.17			
HDPE/PE-SP2520 =80/20	6	720	5.26	1.60	43.5	0.12	210.63
	7	1027	2.72	0.75	79.57	0.20	
HDPE/LLDPE-7042 =80/20	6	720	5.12	1.94	45.87	0.13	212.03
	7	1027	2.86	0.84	80.75	0.21	
	8	1469	2.42	0.44	139.87	0.4	
HDPE/PS-GN085 =80/20	6	720	8.93	1.58	35.82	0.08	202.97
	7	1027	4.05	0.57	67.92	0.14	

注:由于与 PP 及 LDPE 的压力振荡振幅太小,所以无法计算 v_s 和 b_c。

　　由图 12.18、表 12.9 可见,共混改性后,各共混料的挤出压力振荡现象有不同程度减轻,挤出稳定性提高。HDPE-5000S 的压力振荡幅度达到 2.4MPa,而各种共混物的振荡幅度均小于该值。其中尤以 HDPE-5000S/PP-T30S 共混物的挤出过程最稳定,挤出压力随流量单调上升,几乎未发生振荡。对照图 12.16 和表 12.5 中 PP-T30S 对 HDPE-5000S 鲨鱼皮畸变的改善效果也最好。LLDPE 及 PE-SP2520

与 HDPE 共混后压力振荡虽有减轻,但仍较明显;相对而言,LDPE 与 HDPE 共混后压力振荡明显减轻。这种差别可能与前二者均为线型分子结构,共混后对分子链解缠结的贡献较小;而 LDPE 为支化分子结构,共混后对分子链解缠结的贡献较大有关。

对比共混改性对压力振荡和鲨鱼皮畸变的影响(对照图 12.16 和图 12.18),可知共混改性可以显著改善线型高分子熔体的挤出压力振荡,但不能改善鲨鱼皮畸变,说明鲨鱼皮畸变与挤出压力振荡是性质不同的两类熔体破裂现象。

12.1.4　壁滑速度和临界外推滑动长度的计算及流变学意义

公式(12.3)给出外推滑移长度 b 的定义:$b = v_s / \dot{\gamma}$,但在两种不同类型的毛细管流变仪——恒速型和恒压型流变仪中,b 的意义和计算方法不尽相同。

1. 恒压型毛细管流变仪

采用恒压型毛细管流变仪测量 HDPE 一类线型聚合物熔体高速流动性,当挤出压力达到某一临界值后,熔体在管壁同样发生大规模壁滑,但并不发生压力振荡,而出现挤出流量突然升高,发生熔体喷射现象。

王十庆采用恒压型毛细管流变仪研究一种高密度聚乙烯熔体(HDPE-MH20)的壁滑现象[4]。实验选用三根直径、长径比不同的毛细管(直径分别为 1.04mm、0.79mm、0.63mm;长径比分别为 15、20、25),结果见图 12.19。图中可见,当挤出压力达到某一临界值(约 0.3MPa)时,曲线发生断裂,表观剪切速率大幅增高,发生熔体喷射。喷射前后曲线断裂成两段,低剪切速率称黏段(熔体

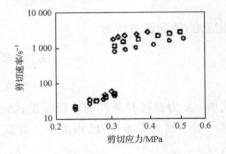

图 12.19　HDPE-MH20 熔体在三根不同毛细管中的黏-滑转变

$T = 200℃$;D/mm:

○—1.04;□—0.79;◇—0.63

在界面黏附),高剪切速率称滑段(熔体在界面滑动)。黏、滑两段曲线的斜率不同,计算得知黏段的斜率约为 3.0,滑段的斜率约为 2.0。注意虽然喷射现象与挤出压力振荡均因熔体高速流动时发生界面滑动引起,但两者的物理意义不尽相同(后详)。

恒压型毛细管流变仪中外推滑移长度 b 的计算。恒压型流变仪中,当熔体发生喷射,边界由黏附转为滑移时,熔体在管内的速度分布变化如图 12.20 所示。其中图(a)为黏边界条件下的速度分布;图(b)为同一推压力下,熔体发生壁滑和喷射时的速度分布。由于压力梯度相同,两条抛物线的曲率应相同,但滑界面时由于滑移速度 v_s 的存在,体积流量比黏界面时大得多。

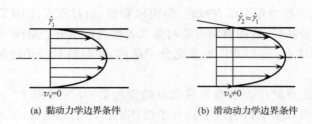

(a) 黏动力学边界条件　　　　(b) 滑动动力学边界条件

图 12.20　恒压型毛细管中发生黏-滑转变时的流速分布

为简单计,设熔体为牛顿型流体。当边界满足黏边界条件时[图 12.20(a)],流速分布 $v_{z,v}$ 为典型抛物线公式:

$$v_{z,v} = \frac{1}{4} \frac{1}{\eta_0} \frac{\partial p}{\partial z}(R^2 - r^2) \tag{12.4}$$

式中,η_0 为熔体黏度;$\partial p/\partial z$ 为压力梯度;R 为毛细管半径。

发生壁滑后[图 12.20(b)],由于滑移速度 v_s 的存在,速度分布公式 $v_{z,s}$ 变为

$$v_{z,s} = v_s + \frac{1}{4} \frac{1}{\eta_0} \frac{\partial p}{\partial z}(R^2 - r^2) \tag{12.5}$$

相应地,体积流量增为

$$\begin{aligned} Q_s &= \pi R^2 v_s + \frac{\pi R^4}{8\eta_0} \frac{\partial p}{\partial z} \\ &= \pi R^2 v_s + Q_v \end{aligned} \tag{12.6}$$

式中,Q_v 为黏边界条件的体积流量;Q_s 为滑边界条件的体积流量。

对于黏边界条件,已知熔体在管壁处所受的剪切速率为

$$\dot{\gamma}_{w,v}^N = \frac{4Q_v}{\pi R^3} \tag{12.7}$$

仿照式(12.7)计算滑边界条件管壁处的表观剪切速率,应有

$$\dot{\gamma}_{w,s}^N = \frac{4Q_s}{\pi R^3} = \frac{4\pi R^2 v_s}{\pi R^3} + \dot{\gamma}_{w,v}^N = \frac{4v_s}{R} + \dot{\gamma}_{w,v}^N \tag{12.8}$$

两者比较,有

$$\dot{\gamma}_{w,s}^N / \dot{\gamma}_{w,v}^N = \frac{4v_s}{R} \frac{1}{\dot{\gamma}_{w,v}^N} + 1 = \frac{8v_s}{D} \frac{1}{\dot{\gamma}_{w,v}^N} + 1 \tag{12.9}$$

式中,D 为毛细管直径。

由此可见发生黏-滑转变时,滑界面处熔体表观剪切速率增大。注意这儿在黏边界条件求得的剪切速率为"真实"剪切速率,而在滑边界条件求得的仅为"表观"剪切速率。从速度分布曲线的斜率对比来看,滑边界时熔体在管壁所受的剪切作用实际上与黏边界的情形基本相同(见图 12.20)。表观剪切速率的增大完全是由于喷射时体积流量增大所致。

定义发生黏-滑转变(喷射)的临界外推滑移长度 b_c 为

$$b_c = v_s / \dot{\gamma}_{w,v}^N \tag{12.10}$$

则有

$$\dot{\gamma}_{w,s}^N / \dot{\gamma}_{w,v}^N = \frac{8b_c}{D} + 1 \tag{12.11}$$

由此可见,只要按照图 12.19 求出发生喷射前后剪切速率(或体积流量)的变化,即可按照以上公式计算 b_c,进而求出壁面滑移速度 v_s。

2. 恒速型毛细管流变仪

恒速型毛细管流变仪中,当熔体的挤出压力超过临界值时,往往发生压力振荡,边界条件发生交替式黏-滑转变。此时熔体在管内的速度分布如图 12.17 所示。注意与恒压型流变仪不同,此处因流量恒定,故在黏边界[图 12.17(a)]和滑动边界[图 12.17(b)]下速度分布曲线包围的面积(流量)相同。由于滑边界[图 12.17(b)]处有壁滑速度 v_s 存在,因此图 12.17(b)中分布曲线在管壁附近的曲率将大于图 12.17(a)中的曲率。熔体在壁面的剪切速率发生变化,可以看出滑界面剪切速率 $\dot{\gamma}_2$ 小于黏界面剪切速率 $\dot{\gamma}_1$,即 $\dot{\gamma}_2 < \dot{\gamma}_1$。

黏边界的 $\dot{\gamma}_1$ 容易计算。为简便计,仍设熔体为牛顿流体。从流量公式直接得到

$$Q_v = \frac{1}{4} \dot{\gamma}_1 \cdot \pi R^3 \tag{12.12}$$

所以

$$\dot{\gamma}_1 = \frac{4Q_v}{\pi R^3} \tag{12.13}$$

式中,Q_v 为黏边界时的体积流量;R 为毛细管半径。

滑界面下,由于存在壁滑速度,体积流量变为

$$Q_s = v_s \cdot \pi R^2 + \frac{1}{4} \dot{\gamma}_2 \cdot \pi R^3 \tag{12.14}$$

对于恒速型流变仪,黏-滑转变时流量不变:$Q_v = Q_s$,因此熔体的壁滑速度 v_s 可以得到

$$v_s = \frac{Q_v - \frac{1}{4} \dot{\gamma}_2 \cdot \pi R^3}{\pi R^2} = \frac{Q_v}{\pi R^2} - \frac{1}{4} \dot{\gamma}_2 \cdot R \tag{12.15}$$

式中,$\dot{\gamma}_2$ 为滑界面的剪切速率,$\dot{\gamma}_2$ 的计算可通过压力振荡曲线得到[10,23]。

由压力振荡曲线(如图 12.2)可测得压力波动的峰值、谷值(设峰值为 Δp,谷值为 $\Delta p'$),由此可分别求得黏边界和滑边界下熔体在管壁所受的剪应力 σ 和 σ'。

$$\sigma = \frac{R}{2} \cdot \frac{\Delta p}{L} \tag{12.16}$$

$$\sigma' = \frac{R}{2} \cdot \frac{\Delta p'}{L} \tag{12.17}$$

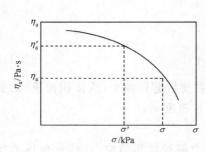

图 12.21　由压力振荡数据和流动
曲线计算 $\dot{\gamma}_2$ 的示意图

通过剪应力，根据熔体流动曲线（$\eta_a \sim \sigma$ 曲线，见图 12.21）不难求出 σ 和 σ' 对应的黏度 η_a 和 η'_a，由此进一步求出剪切速率的变化 $\dot{\gamma}_1$ 和 $\dot{\gamma}_2$：

$$\dot{\gamma}_1 = \sigma / \eta_a \quad , \quad \dot{\gamma}_2 = \sigma' / \eta'_a \tag{12.18}$$

代入式（12.15）求得熔体的壁滑速度 v_s，根据定义进一步求得外推滑移长度 b：

$$b = v_s / \dot{\gamma}_2 \tag{12.19}$$

注意此处 $\dot{\gamma}_2$ 为发生黏-滑转变时滑边界处的剪切速率，与恒压型流变仪不同。

另一点不同之处是，恒速型流变仪的压力振荡往往随流量变化而异，因此定义刚开始出现压力振荡时的流量 Q_v 为临界流量，由此求得的 v_s 为临界滑动速度，b_c 则为临界外推滑移长度。

12.1.5　LLDPE 及其反应接枝料的非线性流变性

推广 LLDPE 农用薄膜中一个重要问题是提高薄膜的有效抗滴水性，传统方法是在树脂中混入流滴剂提高薄膜浸润性。但由于小分子流滴剂易迁移、流失，薄膜流滴寿命短，一般只有 3～4 个月，往往与农作物种植周期不匹配。中国科学院长春应用化学研究所采用反应挤出工艺将自行研制的非离子型烯类表面活性剂（含有多元醇、酯及含有氟元素的表面活性剂）接枝到 LLDPE 分子链上，采用共混吹塑制成农用长效流滴棚膜，流滴寿命提高到 18 个月以上，达三个种植周期；薄膜的透光性、雾度和力学性能基本保持不变[24]。树脂经官能化接枝、共混改性后，其链结构、凝聚态结构及其加工流变性均发生变化，本节介绍结构变化对熔体流变性的影响。

1. 实验原料

1#样品为基础树脂，线性低密度聚乙烯 LLDPE-DFDA-7042，大庆石化公司产。

2#样品：基础树脂 DFDA 粉料经电子束辐照后，与非离子型烯类表面活性剂进行接枝反应，接枝率 1%～1.5%；将接枝料与流滴母粒共混（共混比＝9/1），得到 2#样品。2#料被用作长效抗流滴农膜内、外层配混料的基础原料之一。

共混中采用的流滴母粒牌号为 LA-8，浙江省临安市绿源精细化学品有限公司生产。

2. 接枝改性对熔体黏弹性的影响

基础树脂经接枝改性后,熔体流动速率减小。实验测得 1# : MFR = 1.672 g/10min, 2# : MFR = 0.443g/10min(测试条件: 2.16kg,190℃),表明接枝后树脂黏度增大。由于测量熔体流动速率时物料流动速率小(剪切速率约为 $1.0s^{-1}$),因此得知低剪切速率下接枝料(2#料)的黏度大于基础树脂(1#料)。然而实验发现在高剪切速率下,2#料的黏度又小于 1#料。下面说明出现这种变化的原因。

树脂接枝改性后黏度增大,显然是接枝使树脂平均相对分子质量增大的缘故。但是根据接枝反应机理,端基反应概率很低,即"接枝并未使分子链增长",因此平均相对分子质量的增大应体现为分子链变"粗"。按 de Gennes 分子链串滴模型[25,26],分子链变"粗"相当于分子链统计链段尺寸变大,分子链柔顺性降低。按照流变学原理,这将使熔体黏度对温度变化的敏感性增大,黏流活化能增高。同时分子链变"粗"将减弱分子链相互作用,使之在流场中容易解缠结,导致剪切黏度下降。

上述分析的合理性得到实验测量的证实。实验测得基础树脂的黏流活化能为 24.34 kJ/mol,而接枝料的黏流活化能为 28.04 kJ/mol,高于基础树脂。两种物料剪切黏度的对比见表 12.10,表中可见在中等剪切速率范围内($\dot{\gamma}=100\sim1500s^{-1}$)相对分子质量较大的 2#料的黏度反而比 1#料低,约低 30%~40%。

表 12.10　两种 LLDPE 样品在不同剪切速率下的表观黏度对比(190℃、210℃)

190℃			210℃		
$\dot{\gamma}/s^{-1}$	$\eta_a/Pa \cdot s$		$\dot{\gamma}/s^{-1}$	$\eta_a/Pa \cdot s$	
	1#	2#		1#	2#
120.40	684.44	407.07	120.37	570.79	403.36
173.83	542.96	329.40	173.86	470.68	325.01
246.08	438.18	269.17	246.02	383.10	260.30
353.21	338.21	210.43	353.06	304.20	208.90
502.83	250.06	172.72	502.77	240.75	169.12
719.60	177.88	145.90	719.57	185.46	137.45
1027.39	117.75	122.77	1027.36	138.01	111.44
1468.33	64.60	102.86	1468.51	99.77	90.44
2099.93	23.56	84.90	2099.87	69.40	73.69
			3001.75	41.35	59.54

表 12.10 中还可看出,在更高剪切速率范围($\dot{\gamma}>2000s^{-1}$)2#料的黏度再次比 1#料高。为说明该现象测量、计算了熔体非牛顿指数 n 的变化规律。图 12.22 给出两种样品非牛顿指数 n 随剪切速率的变化规律。图中可见,1#料的 n 值随剪切速率的增加而减小,而 2#料的 n 值基本保持不变。两者对比,在中等剪切速率下,

2#料的 n 值小于 1#料,说明该范围内 2#料的剪切变稀效应显著,导致 2#料的黏度低于 1#料;而在更高剪切速率下,1#料的 n 值又小于 2#料,说明该范围内1#料的剪切变稀效应加强,因此 1#料的黏度又会低于 2#料。

综上所述,两种物料剪切黏度的变化规律可以用图 12.23 表示[27]。

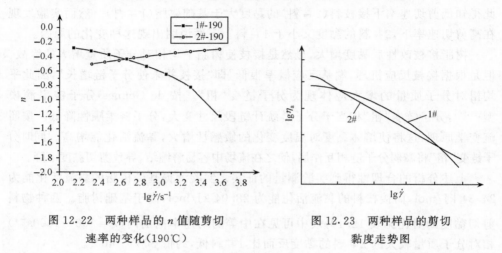

图 12.22　两种样品的 n 值随剪切　　　　　图 12.23　两种样品的剪切
　　　　　速率的变化(190℃)　　　　　　　　　　　黏度走势图

接枝改性对熔体弹性的影响可以通过测量毛细管入口压力降 p_0、挤出胀大比 B 和熔体拉伸黏度 $\eta_{拉伸}$ 来表征,结果如图 12.24 所示。图中可见,接枝料的相关数值均高于基础树脂,说明接枝后熔体在挤出流动中储存的弹性能和挤出口模后的可恢复弹性能均增大。已知接枝使大分子平均相对分子质量增大,导致分子链松弛时间变长,因此熔体弹性增大。

3. 接枝改性对挤出压力振荡现象的影响

LLDPE 分子为线型结构,高速挤出时容易发生挤出压力振荡。实验测得 1#、2#两种样品在170℃下挤出压力随挤出流量的变化如图 12.25 所示。图中坐标轴的意义同图 12.1 和图 12.12,左纵轴为毛细管上的挤出压力降(长口模压力降),右纵轴表示毛细管入口压力降(短口模压力降)。

可以看出在低挤出速率下,1#料的挤出过程稳定,挤出压力随挤出速率增大阶梯式增长;达到一定高的挤出速率时,毛细管压力降突然发生规律性振荡,这与熔体/管壁的界面发生黏-滑转变有关,也与 LLDPE 分子链的线型程度高、分子链易缠结有关。

相对而言,反应接枝的 2#料在挤出过程中,即使挤出速率很高,始终未出现压力振荡。这是一个重要的变化,对材料的工艺性能有重要影响。分析原因主要有两方面:①接枝改变了 LLDPE 原有的线型分子结构,支链增多,使分子链变"粗",柔顺性降低,分子链缠结能力下降。②2#样品中含有流滴母粒,流滴剂的加入既影

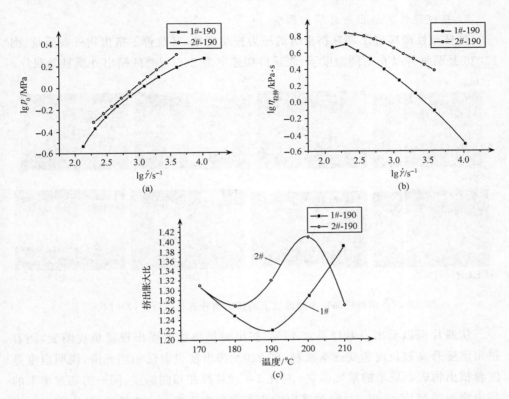

图 12.24　两种样品的熔体弹性行为对比图（190℃）
(a) 毛细管入口压力降；(b) 熔体拉伸黏度；(c) 挤出胀大比

响分子链的缠结，同时在流动时流滴剂又会沿径向迁移至毛细管壁界面，降低了熔体与界面的相互作用。

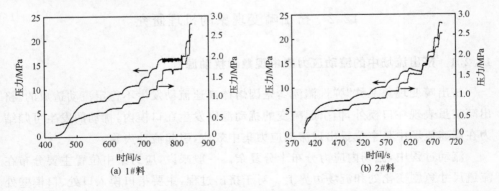

图 12.25　两种样品的挤出压力-挤出流量关系图（170℃）

4. 接枝改性对挤出物外观的影响

接枝改性既减轻了高速挤出时的压力振荡现象，又改善了挤出物外观质量。图 12.26 是两种样品在不同温度下，表观剪切速率为 $246s^{-1}$ 时的挤出外观显微照片。

1#样品

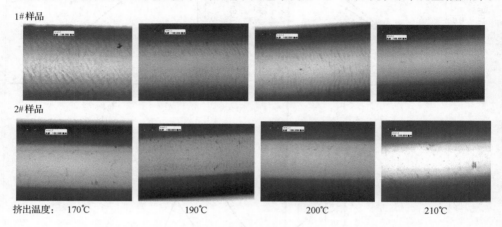

2#样品

挤出温度：　170℃　　　　　　　190℃　　　　　　　200℃　　　　　　　210℃

图 12.26　两种样品在不同温度下的挤出物外观显微照片（$\dot{\gamma} = 246s^{-1}$）

从照片可以看出，1#样品在 170℃挤出时挤出物表面出现鲨鱼皮畸变，随着挤出温度升高鲨鱼皮畸变逐渐减轻，到 210℃挤出物表面已相当光滑，说明温度是改善挤出物表观质量的重要因素。对比 1#、2#料在相同温度、同一剪切速率下的挤出物表观照片，发现 2#料的挤出畸变和鲨鱼皮现象比 1#料轻，挤出物表面光滑。分析原因一则由于该剪切速率下 2#料黏度相对较低，二则可能由于 2#料中含流滴剂，挤出时容易沿径向向毛细管内壁迁移，使熔体与口模壁面相互作用减弱。

12.2　挤出畸变现象的机理研究

12.2.1　挤出流场中的流动应力集中现象和扰动源

挤出畸变现象又称"弹性湍流"，是因熔体高速流动发生不稳定流动造成的。挤出畸变虽表现在口模外，但引起畸变的扰动源则发生在口模内，扰动的发生可归结为在高速流场中某个位置出现流动应力集中效应，引起流动失稳。

流动过程中，流场内应力分布十分复杂。一般来说，应力集中位置主要分布在流道尺寸急剧变化处和流场边界上。对于挤出过程，主要指口模入口处、口模壁处和口模出口处，见图 12.27。

研究表明，不同类型聚合物熔体挤出时，流动应力集中的位置不同，由此造成

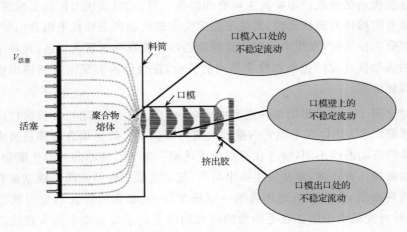

图 12.27　毛细管流场内流动应力集中的位置示意图

扰动的现象、程度和性质不同。上节中我们对不同类型聚合物熔体的挤出畸变现象进行了定量实验研究，得知线型聚合物和支化聚合物熔体的挤出流动行为有很大差别，主要表现在：①挤出畸变现象和发生的规律不同，有无规畸变和有规畸变之分；②流动曲线形状不同，有曲线连续和曲线断裂之分；③压力振荡信号和发生的位置不同，有入口压力波动和毛细管内压力振荡之别。这些差别是我们探讨熔体发生不稳定流动机理的实验依据。

重新考察图 12.12，对比不同聚合物发生挤出压力振荡的情况。图中线型聚合物挤出时，当速率达到某一临界值后，长口模上的压力降发生大规模振荡，而短口模上的压力一直平稳发展。形成鲜明对比的是，长链支化聚合物挤出时，短口模上的压力降在较低速率下就发生波动，而长口模上的压力一直平稳发展。

已知短口模上压力降为毛细管入口压力降 (Δp_{ent})，长口模上压力降为毛细管内压力降 (Δp_{cap}) 和入口压力降 (Δp_{ent}) 之和，两者之差等于毛细管内压力降 (Δp_{cap})。毛细管内压力降 (Δp_{cap}) 主要用于建立通过毛细管的剪切流动，消耗在毛细管内壁处。而毛细管入口压力降 (Δp_{ent}) 主要用于在毛细管入口区建立因流道尺寸变化而形成的弹性拉伸流动，主要消耗在毛细管入口区。

对比压力振荡发生的位置可知，线型聚合物挤出时，毛细管内壁处的应力集中效应比较显著。当流速增高时，内壁处的集中应力有可能升高到使熔体脱附、滑移，使熔体/管壁的界面发生黏-滑转变，导致长口模压力降发生忽高忽低地急剧振荡，形成扰动。相对而言，长链支化聚合物挤出时，毛细管入口区的应力集中效应比较显著。当流速增高，流动应力大到使入口区的弹性拉伸流动失稳，毛细管入口压力降就会发生波动，形成扰动。

　　这些扰动是造成挤出物发生畸变的根源。简言之,从压力振荡实验清楚看出,线型聚合物熔体高速挤出时,发生不稳定流动的扰动源主要在毛细管内壁处。长链支化聚合物挤出时,发生不稳定流动的扰动源首先在毛细管入口区。这种不同类型熔体的流动扰动源的位置和性质不同的分析,在熔体的流变曲线和挤出物外观上同样得到证实。

　　对比图 12.10 给出的熔体流动曲线($\sigma \sim \dot{\gamma}$ 曲线),注意此处校正剪切应力 σ 与剪切速率 $\dot{\gamma}$ 均为熔体在毛细管内壁处的应力和速率。线型聚合物和长链支化聚合物熔体的流动曲线不同,前者在剪切速率达到一定值时流动曲线发生断裂,而后者的流动曲线一直连续,即使发生挤出畸变,流动曲线仍保持连续。线型聚合物流动曲线出现断裂,说明在流速增高到一定程度后,毛细管内壁处的应力状态发生突变,这种突变是由于熔体在毛细管内壁处的应力由于应力集中而大到足以克服黏附力和静摩擦力,使熔体/管壁界面发生黏-滑转变造成的。可以看到这种突变(扰动)非常强烈,除界面发生黏-滑转变外,挤出压力发生大规模振荡(振幅达几个MPa),挤出物出现黏-滑畸变。

　　相对而言,长链支化聚合物熔体的流动曲线始终保持连续,说明毛细管内壁处的应力变化稳定,应力集中效应不明显。该类熔体的流动应力集中点在口模入口区,扰动也发生在入口区。这种扰动对流动曲线没有影响,但是对出口处挤出物的形态和表观质量影响很大。对比图 12.5 和图 12.6 可以看到,长链支化聚合物在较低的剪切速率下($\dot{\gamma} = 100 \ \mathrm{s}^{-1}$)熔体已经发生整体破裂(gross melt fracture),挤出物整体发生扭曲。而线型聚合物的挤出畸变一开始主要表现在挤出物表面,从表面的鲨鱼皮畸变到竹节状有规畸变,都属于表面畸变,其整体挤出物仍是平直的。只是当剪切速率极高发生整体破裂时($\dot{\gamma} > 2000 \ \mathrm{s}^{-1}$),才出现挤出物扭曲。

　　流动应力集中现象也反映在流动压力降的分布上。按照式(12.1),毛细管挤出总压力降分布在毛细管入口区(Δp_{ent})、毛细管内(Δp_{cap})和毛细管出口区(Δp_{exit})。出口压力一般很小,忽略不计,则总压力降为 Δp_{ent}、Δp_{cap} 之和。但是这些压力降在各区的分配比例对不同种类聚合物是不同的,消耗流动压力相对较大的区域,本质上就是流动应力集中的区域。为了比较不同熔体流动压力降的分布,实验测量了相同温度和流量下,LDPE、LLDPE 及其共混物的入口压力降占总压力降的比例 δ[28]:

$$\delta = \Delta p_{\mathrm{ent}} / (\Delta p_{\mathrm{ent}} + \Delta p_{\mathrm{cap}}) \tag{12.20}$$

结果见表 12.11。表中 LDPE 为燕山石化公司产 LDPE-165(MFR = 0.336 g/10min),LLDPE 为大庆石化公司产 LLDPE-7047。

表 12.11　LDPE、LLDPE 及共混物在不同流量下入口压力与总压力的比值 δ(190℃)

表观剪切速率/s⁻¹	120	173	246	353	502	720	1027	1468	2100	3000
LDPE	15.1%	15%	15.2%	15.3%	15.5%	15.9%	15.9%			
LLDPE	3.9%	4.2%	4.7%	5.1%	5.5%	6.1%	7.7%	10.3%	11.3%	11.7%
L/LL=1/9①	8.3%	8.7%	9.3%	10%	11.6%	13.4%	14.8%	15.8%	16.7%	17.5%
L/LL=2/8	7.0%	7.8%	8.6%	8.8%	10.8%	12.7%	14.4%	15.3%	16.2%	16.9%
L/LL=3/7	8.7%	10.1%	11.3%	10.8%	11.8%	13.7%	15.5%	17.3%	18.2%	18.7%
LL/L=1/9	16.3%	16.9%	16.4%	17.0%	16.7%	16.9%	17.2%			
LL/L=2/8	16.5%	16.3%	16.3%	16.0%	15.7%	15.6%	15.5%	16.0%		
LL/L=3/7	17.0%	16.2%	15.6%	15.5%	14.9%	14.4%				

① LL/L=LLDPE/LDPE；L/LL=LDPE/LLDPE。

由表 12.11 可见：

(1) 在不同的表观剪切速率下(即体积流量下)纯 LDPE 熔体的 δ 值大，均超过 15%，远大于纯 LLDPE 的 δ 值(约 3%～6%)。说明支化聚合物挤出时，口模入口处的应力集中效应突出。对照压力变化曲线(图 12.12)，LDPE 熔体在低剪切速率下入口压力降已经不稳定，发生波动，两者之间存在清晰的对应关系。

相对而言，纯 LLDPE 熔体的 δ 值小，而 (1−δ)＞90%～95%，清楚说明线型聚合物的挤出压力主要消耗在毛细管内。由于毛细管内管壁处剪切力最大，因此口模内的应力集中效应主要发生在熔体-管壁的边界上。对照压力变化曲线，LLDPE 熔体的压力振荡主要发生在长口模处，这种振荡显然与熔体-管壁边界上的应力集中效应有关。

(2) 少量 LDPE 混入 LLDPE 后，共混物的 δ 值增大，大于纯 LLDPE 的 δ 值，表明共混后消耗在毛细管内的压力降占总压力降的比例减小，管壁处应力集中减弱。实验表明，此时共混物在长口模的压力振荡得到改善，两者的对应关系十分清晰[28]。

(3) 少量 LLDPE 混入 LDPE 后，共混物的 δ 值不仅没有按预先设想地减小，反而比纯 LDPE 的 δ 值还大，均大于 15%。实验证实，此时短口模处的压力波动幅度也较纯 LDPE 大。

(4) 考察 δ 值随表观剪切速率的变化。由表可见，纯 LDPE 熔体的 δ 值几乎不随剪切速率而变化，一直在 15% 左右。但纯 LLDPE 的 δ 值则随剪切速率增大而逐渐增大，低剪切速率下 LLDPE 的 δ 值很小(约 3%～4%)，高剪切速率下 δ 值逐渐增大，超过 10%。这表明随剪切速率增大，线型聚合物应力集中点的位置逐渐从口模壁向口模入口处迁移，而支化聚合物的流动应力集中点的位置几乎不变(在口模入口处)。反映在挤出物外观上，线型聚合物总是先发生表面有规畸变(regular

distortion on surface)，包括鲨鱼皮畸变(sharkskin)、竹节状黏-滑畸变(bamboo-like extrudate distortions)，在很高挤出速率下，才转变为整体无规破裂(gross melt fracture)，而支化聚合物挤出一旦发生畸变就出现整体熔体破裂(gross melt fracture)，参见图 12.5 和图 12.6。

由此可见，讨论流场中应力集中效应是十分重要的。不同位置的流动应力集中效应会形成不同的扰动源，引发不同类型的挤出畸变现象。毛细管入口区的扰动会引起挤出物整体无规破裂，而毛细管内壁处的扰动会引起挤出物表面有规畸变，且应力集中效应的强度直接影响到不稳定流动信号的强度。因此有理由指出，流动应力集中现象是熔体发生不稳定流动的根源，研究流动应力集中规律有助于我们有的放矢地克服熔体挤出畸变。

12.2.2　口模入口处、口模壁处、口模出口处发生流场扰动的机理

1. 口模入口处的流动失稳、流线断裂

口模入口区的流动扰动，主要是由于流道尺寸发生急剧变化引起的。该变化形成沿流动方向的纵向速度梯度场，造成强烈拉伸流动。当流速较低时，速度梯度小，熔体承受的弹性拉伸形变较小，流动能够维持稳定，见图 12.28(a)。速度升高后，纵向速度梯度增大，熔体承受的拉伸应力增大，发生强弹性形变。由于任何一种熔体承受弹性形变能力是有限的，因此当速度足够高时，就会产生流线断裂、流场紊乱而形成扰动，见图 12.28(b)。

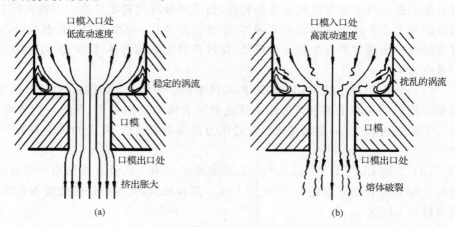

图 12.28　口模入口处的扰动引起熔体破裂示意图
(a) 低挤出速度；(b) 高挤出速度

长链支化聚合物如 LDPE、PS 等容易发生口模入口区的扰动，与此类熔体的弹性效应较显著有关。图 12.29 给出 LDPE-2101 与 HDPE-5000S 的剪切黏度、入口压力降及挤出胀大比的比较，可以看出与 HDPE 相比，LDPE 的剪切黏度低而

入口压力降及挤出胀大比大,即弹性效应较显著。

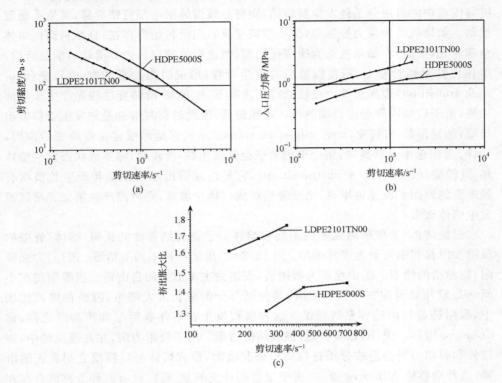

图 12.29　LDPE-2101TN00 和 HDPE-5000S 的剪切黏度(a),
入口压力降(b)和挤出胀大比(c)比较

　　Tordella 用流动双折射实验证实,LDPE 一类熔体挤出时,在口模入口区的应力集中效应显著,且在料筒拐角处存在二次涡流[29],见图 12.28。流速低时,涡流稳定地在原地打转,对主流道无影响;流速升高后,涡流受到牵动,由稳定变为破碎,部分混入主流道。由于涡流内的熔体和主流道熔体经历了不同的应力史和形变史,因此其混合物在挤出口模后会发生不同的形变恢复,从而导致挤出物发生整体无规则破裂。

　　2. 口模壁处的流动失稳,吸附与解吸附,缠结与解缠结

　　在毛细管的 Poiseuille 流场中,剪切速率的分布很不均匀。口模壁附近剪切速率最大,存在很强的剪切力场和拉伸力场。产生该力场的原因至少有两点:一是熔体和口模壁间有强相互作用力(吸附力、摩擦力);二是熔体分子链有强缠结效应。满足这两个条件,口模壁附近会产生很大应力集中。

　　这种应力集中会引起口模壁处的流动边界条件发生变化。当流速低时,熔体黏附在管壁上,流动稳定。流速升高后,口模壁处的应力(剪切和拉伸应力)增大。当

应力大到使黏附在管壁的熔体发生脱附,从黏边界转为滑边界,或者造成吸附分子链与流道中的自由分子链发生解缠结,则将导致熔体沿毛细管壁滑移,发生不稳定扰动。如果流动为应力控制型(恒压型流变仪),则滑移始终存在,直至料筒内熔体全部流光(喷射)。如果流动为速率控制型(恒速型流变仪),边界滑动后能量释放,熔体再黏附到管壁上,积蓄能量后再发生滑移,形成时黏时滑的黏-滑转变(slip-stick transition)边界条件。在较低剪切速率下,这种黏-滑转变往往先产生于局部边界,由于口模内靠近出口端的流体内压最低,因此时黏时滑总是先发生于口模出口端,称局部黏-滑转变(local slip-stick transition),它是形成鲨鱼皮畸变的原因,后详。剪切速率足够高时,整个毛细管壁全部发生黏-滑转变,称界面状态发生整体黏-滑转变(global slip-stick transition),它是造成挤出压力振荡和产生竹节状有规畸变的原因。流速再增高,毛细管壁形成熔体全滑移,则可能产生第二光滑区或发生熔体破裂。

根据熔体/管壁吸附强度的不同和熔体分子链缠结程度的强弱,熔体/管壁的吸附和滑移状态可分为多种类型。图 12.30 给出了两种不同的情形。图(a)为强吸附,弱缠结的情形。图中粗链为吸附链,细链为主流道中的自由链。当吸附链在中间一处或几处吸附在口模壁上时,其伸展部分的链长大大缩短,因而在强剪切场中,吸附链与自由链容易解缠结。这种滑移发生在熔体吸附层和流动层之间,称 Cohesive 滑移。图(b)是弱吸附,强缠结的情形。由于吸附力弱,在高速流场中,强拉伸和剪切力场会造成分子链与口模壁脱吸附,形成熔体与口模壁之间真正的滑移,这种滑移称 Adhesive 滑移。由于聚合物种类的复杂性,也有两种滑移混合存在的情形。

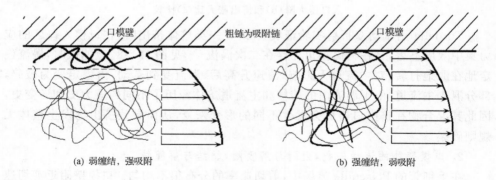

（a）弱缠结，强吸附　　　　　　　粗链为吸附链　　　　　　（b）强缠结，弱吸附

图 12.30　口模壁附近发生熔体滑动的两种情形

（a）弱缠结,强吸附情况,滑动发生在吸附层上；（b）强缠结,弱吸附情况,滑动发生在口模壁上

我们感兴趣的是"强吸附、强缠结"情形。首先强吸附会导致口模壁处很强的应力集中效应,积累形变能;同时强缠结又有可能使强吸附的分子链脱吸附,形成

Adhesive 滑移,或出现两种滑移混合存在的情形。滑移一旦发生,挤出压力和口模壁上的剪应力骤降,一部分形变能释放,转变成表面能,使挤出物表面破裂。能量释放后,熔体又吸附到口模壁上,挤出压力再上升,重新集中应力,达到一定程度再发生脱吸附。如此周而复始,造成挤出压力规律性振荡,挤出物表面出现一段较光滑、一段破裂的竹节状有规畸变。因此一个明显的毛细管内的压力振荡(或一个明显的管壁滑移)往往发生在强吸附、强缠结熔体上。

HDPE 熔体属于强吸附、强缠结熔体,这与其分子链的线型结构有关。HDPE 与口模壁的吸附力强(约 0.3MPa,相对而言 PS 仅为 0.09MPa),分子链易缠结(临界缠结相对分子质量为 4000,相对而言 PS 为 38 000)[5],因此 HDPE 熔体容易在口模壁上形成应力集中,发生挤出压力振荡和挤出物有规破裂。其他线型聚合物如 LLDPE-7047、EPDM-Nordel3745P 也是类似的情形。

3. 出口处的流场变化,鲨鱼皮畸变的成因

线型聚合物熔体在发生压力振荡之前的较低剪切速率下,挤出物表面首先产生鲨鱼皮畸变,见图 12.1,图 12.9。鲨鱼皮表现为挤出物表面出现有规律的棱脊波纹,但此时流动过程保持稳定,挤出压力无振荡,流动曲线不出现断裂。

关于鲨鱼皮畸变的成因目前仍在争论之中。普遍认为,鲨鱼皮的空间起源在口模出口处[30,31],虽然口模出口处消耗的压力降 Δp_{exit} 较小,但出口处存在着多种界面性质的不连续性,有可能产生较高的应力而引发鲨鱼皮畸变。关于口模出口处的熔体界面不连续性有多种观点:一是在出口处,挤出物的表面速度发生突变。按壁面无滑移假定,熔体正常流动时,口模内界面处熔体流速等于零;而一旦流出口模,表面速度突变,说明出口处存在加速度,使界面承受一定拉伸变形。二是由于挤出胀大效应,挤出物直径大于口模直径,挤出物形状发生突变,容易造成拓扑性扰动,见图 12.31(a)。

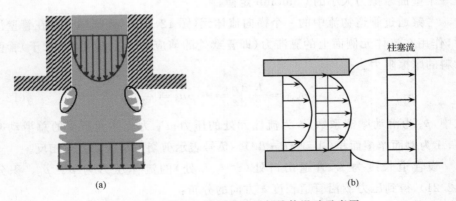

(a)　　　　　　　　　　　　　　(b)

图 12.31　口模出口附近发生局部熔体滑动示意图

　　但仅是如此还不足以说明鲨鱼皮畸变有一定规律的表面波纹形态。我们认为,鲨鱼皮畸变的产生与口模出口处的熔体界面不连续性有关,但更重要的还与在口模出口端,熔体/管壁局部界面的边界条件发生规律性黏-滑转变有关。即鲨鱼皮畸变的产生与口模出口端界面附近的流动扰动相关。

　　支持上述观点有以下两个实验事实:①实验表明,鲨鱼皮畸变主要发生于线型聚合物,很少发生于支化聚合物。由于线型聚合物熔体挤出时易在口模壁边界处造成应力集中和引发有规则黏-滑畸变,鲨鱼皮畸变属于有规畸变的一种,因此有理由相信鲨鱼皮畸变的产生与口模壁边界的黏-滑转变相关。②实验表明,发生鲨鱼皮畸变的临界剪切速率比发生压力振荡的临界剪切速率低(参看图 12.9)。由于口模内熔体的内压在出口处最低[5],因而该处熔体/管壁间的摩擦力最小,最易发生熔体滑动。在较低剪切速率下,当熔体还不足以形成沿整个口模壁的整体滑动时,在口模出口附近却可能首先形成局部边界的黏-滑转变,形成扰动源,也称局部流动的不稳定性(local instability)[1]。该扰动使挤出速度产生一种时间依赖性的振荡,使挤出物表面的拉伸发生时大时小的变动,导致产生有规的鲨鱼皮畸变,见图12.31(b)。

12.2.3　关于口模内壁上熔体发生壁滑的讨论

　　由上述讨论得知,挤出压力振荡、黏-滑畸变、鲨鱼皮畸变等有规畸变的发生均与高速挤出时熔体/口模壁的界面状态发生黏-滑转变相关。壁滑是高速挤出时重要的流动扰动源,下面再对此深入讨论。

　　1. 描述管壁滑移的 Uhland 模型[32]

　　为了描述管壁滑移现象,Uhland 提出一种唯象模型。模型基于计算固体材料在一个壁面摩擦力大小的 Coulomb 定律。

　　考察通过管道物流中的一个横向流体元(图 12.32)。当流体元存在管壁滑移时,作用在流体元侧面上的黏滞力(即管壁处的剪应力 σ_{wall})应等于(大于)管壁对物料的摩擦阻力。

$$\sigma_{wall} = \frac{R}{2} \frac{\mathrm{d}p}{\mathrm{d}z} = -p\mu_S = \frac{F_R}{A} \tag{12.21}$$

式中,μ_S 为滑动摩擦系数;p 为流体元处的压力;F_R 为流体元所受的总滑动摩擦力;A 为侧面摩擦面积($A = 2\pi R \cdot \mathrm{d}z$)。负号表示剪切力与流动方向相反。

　　设管道长度为 L,管道出口处($z = L$ 处)的流体压力为 $p = p_L$。积分式(12.21),得到压力 p 沿管道长度 z 方向的分布:

$$p = p_L \cdot \exp\left[\frac{2\mu_S}{R}(L - z)\right] \tag{12.22}$$

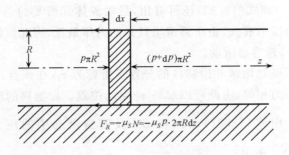

图 12.32　管道流体元的受力平衡图

代入式(12.21),得到

$$\sigma_{\text{wall}} = - p_{\text{L}}\mu_{\text{S}} \cdot \exp\left[\frac{2\mu_{\text{S}}}{R}(L - z)\right] \tag{12.23}$$

由式(12.23)可见,当毛细管内存在管壁滑移时,管壁处物料所受的剪切应力沿管道长度方向不再是一个常数值。通常毛细管内的管壁滑移总是先从出口端开始发生(先发生局部滑移),于是在未滑移区域(靠近入口端)管壁处的剪切应力为定值,$\sigma_{\text{wall}} = \dfrac{R}{2}\dfrac{\mathrm{d}p}{\mathrm{d}z}$。而在滑移区(靠近出口端)管壁处的剪切应力与流体元的位置 z 有关,z 越大剪切应力越小。这是与管壁无滑移时大不相同的,见图 12.33。

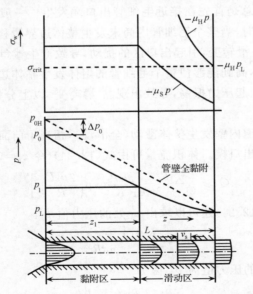

图 12.33　管壁有滑移时管道中的剪切应力和压力分布图

同样沿毛细管的压力梯度(压力降度)也发生变化,在未滑移区域,压力梯度为定值;而在已发生滑移的区域,压力沿管道长度方向的梯度也不再是定值。

从式(12.21)和式(12.23)还可看出,滑动流体元所受的总滑动摩擦力 F_R 与管道中流体的内压力有关。由于管道出口处的内压最低,因此流体元距离管道出口越近,F_R 值越小,越容易滑动。

设管道内管壁黏附区和滑移区的分界点坐标为 z_1,在该点,摩擦力 F_R 应与流体元承受的剪应力相等,由此可以求得 z_1 点的位置。设物料的流动性质符合幂律方程 $\sigma = K \dot{\gamma}^n$,由式(12.21),式(12.23)及管道流动中的压力梯度公式 $\dfrac{\Delta p}{L} = \dfrac{2K}{R}\left[\dfrac{(1+3n) \cdot Q}{n\pi R^{1+3n}}\right]^n$ 求得

$$z_1 = L - \frac{R}{2\mu_S}\ln\left[\frac{K}{P_L\mu_S}\left\{\frac{(1+3n)Q}{n\pi R^3}\right\}^n\right] \tag{12.24}$$

式中,Q 为体积流量;R 为管道半径;n 为幂指数。

z_1 点将管道分成两部分:在 $0 < z < z_1$ 段(靠近管道入口端),因内压大故流体元与管壁的摩擦力大,它大于(等于)流体元因剪切流动所受的剪应力 σ_{wall},物料黏附在管壁上,管壁无滑移成立(此时为静摩擦力,通常它大于滑动摩擦力)。在 $z_1 < z < L$ 段(靠近管道出口端),总摩擦力 F_R 因管内流体压力减小而较低,总摩擦力不足以承受流体元所受的剪应力,则将发生熔体沿管壁的滑移。

由此可见,如果在高速流动时,毛细管内熔体沿管壁的边界条件要发生变化(发生黏-滑转变),总是首先在接近毛细管出口端发生。一般情况是,在剪切速率(挤出压力)不太高时,当整个毛细管内尚未发生整体边界滑移,已有可能在毛细管出口附近先出现黏-滑转变,引起出口区的扰动,导致产生鲨鱼皮畸变。当剪切速率(挤出压力)足够高,高到能够使整个毛细管的熔体发生整体边界滑移,则将引起大规模的边界扰动,引起压力振荡,导致出现黏-滑畸变。以上分析与前面的实验结果很好地吻合。

熔体在整个管道内壁发生整体滑动(全滑动),相当于前面 $z_1 = 0$ 的情形。此时熔体流如柱塞状挤出口模。体积流量可由式(12.24)(令 $z_1 = 0$)求得

$$Q \geqslant \frac{n\pi R^3}{(1+3n)}\left[\frac{p_L\mu_s}{K}\exp\left(\frac{2\mu_S L}{R}\right)\right]^{1/n} \tag{12.25}$$

由式(12.22)和式(12.24)还可以求出 z_1 处的压力值 p_1:

$$p_1 = \frac{K}{\mu_S}\left[\frac{(1+3n)Q}{n\pi R^3}\right]^n \tag{12.26}$$

设管道入口处的压力值为 p_0,因为

$$\frac{p_0 - p_1}{z_1} = -\frac{\mathrm{d}p}{\mathrm{d}z} \tag{12.27}$$

于是可以由式(12.24)、式(12.25)及管道流动中的压力梯度公式求出管道入口压力 p_0:

$$p_0 = K\left[\frac{(1+3n)Q}{n\pi R^3}\right]^n \cdot \left(\frac{2L}{R} + \frac{1}{\mu_S}\left(1 - \ln\left(\frac{K}{p_L\mu_S}\left(\frac{(1+3n)Q}{n\pi R^3}\right)^n\right)\right)\right)$$

$$(12.28)$$

对比整个管道均满足管壁无滑移假定的情况,设此时管道入口压力值为 p_{0H}:

$$p_{0H} = \frac{2LK}{R}\left[\frac{(1+3n)Q}{n\pi R^3}\right]^n \tag{12.29}$$

可以看出,一旦物料在部分管壁发生滑动,管道入口处的压力值比在管壁无滑移时要小(见图 12.33)。

联立式(12.23)、材料幂律方程以及 $\sigma = \sigma_{wall} \cdot \dfrac{r}{R}$,可以求出发生管壁滑移时,管道内部的剪切速率公式:

$$\dot{\gamma} = -\frac{\mathrm{d}v_z}{\mathrm{d}r} = \left(\frac{p_L\mu_S}{K}\frac{r}{R}\right)^{1/n}\exp\left[\frac{2\mu_S}{R}(L-z)\right] \tag{12.30}$$

积分式(12.30),利用边界条件:$r = R$ 时,$v_z = v_S$ 得到管道中物料的流速分布:

$$v_z = v_S + \frac{n}{n+1}\left(\frac{p_L\mu_S}{KR}\right)^{1/n}\left(R^{\frac{n+1}{n}} - r^{\frac{n+1}{n}}\right)\exp\left[\frac{2\mu_S}{nR}(L-z)\right] \tag{12.31}$$

速度公式由两项组成,第一项为管壁滑移速度,第二项为黏性流动速度。这两项均为坐标 z 的函数。可以求出管壁滑移速度的表达式为

$$v_S = \frac{Q}{\pi R^2} - \left(\frac{p_L\mu_S}{K}\right)^{1/n}\frac{nR}{1+3n}\exp\left[\frac{2\mu_S}{nR}(L-z)\right] \tag{12.32}$$

由式(12.32)得知,物料在管壁的滑移速度在口模出口处($z=L$)取极大值,而在 z_1 处等于零。z_1 点正是区分管壁滑移和管壁黏附的分水岭。

2. 黏-滑转变的界面机理

虽然聚合物高速挤出时发生壁滑是十分复杂的现象,但经过多年研究人们已对其实验规律有了较充分的认识,一个比较清晰的理论说明也已经形成。主要观点是,一个明显的可以觉察的壁滑多发生在线型聚合物熔体流动中,尤其是分子链缠结程度高的熔体以及熔体/管壁相互作用强的情形中,即所谓强缠结、强吸附条件。壁滑的原因既与聚合物的结构有关——分子机理,也与界面的状态有关——界面机理[33,34]。

首先讨论黏-滑转变的界面机理[33]。

重新考察图 12.19 中采用恒压型毛细管流变仪,用三根直径、长径比不同的毛细管研究 HDPE-MH20 挤出时的壁滑现象。可以看到三种情况下都发生明显的黏-滑转变,发生转变时流动曲线断裂,熔体表观剪切速率突变,挤出流量突增,出现熔体喷射现象。

图中曲线还有以下特点,一是三种情况下发生黏-滑转变的临界剪应力 σ_{crit} 大致相同,对于 HDPE-MH20,大约在 0.3MPa 左右;二是发生黏-滑转变时,表观剪

切速率的变化幅度与毛细管直径有关,直径小、长径比大的变化幅度大,这与式(12.9)一致;三是曲线在黏、滑两段的斜率不同,黏段斜率约为 3.0,滑段斜率约为 2.0。

根据这些特点可以得知,熔体发生黏-滑转变是应力决定型的,而非速率决定型的。它主要取决于临界剪切应力 σ_{crit} 的大小,即熔体与管壁间摩擦力的大小,因此黏-滑转变是发生在熔体/固体之间的一种界面现象。

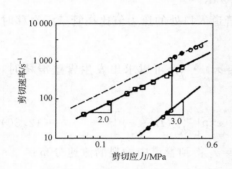

图 12.34　含氟弹性体涂层对
HDPE(MH20)流动行为的影响
$T = 200℃$;
□—有涂层;○—无涂层

为验证此观点,改造毛细管,在其内壁涂覆一层含氟弹性体,降低表面能。结果发现,采用新毛细管挤出,流动曲线变为连续的直线,黏-滑转变被"抑制",见图 12.34。与无涂层毛细管的流动曲线对比,新流动曲线的斜率与滑段的斜率相同。表明新毛细管中并不是未发生黏-滑转变,而是由于管壁表面能的下降,在很低剪应力下已经发生黏-滑转变,熔体实际上是在全滑动边界条件下挤出的。从实验曲线估计,此时发生黏-滑转变的临界剪应力 σ_{crit} 至少要低于 0.08MPa。这充分证明了壁滑的界面机制。

3. 黏-滑转变的分子机理[34]

大量实验还表明,复杂的熔体/管壁间的黏-滑转变不只是一个界面现象,它还与聚合物材料本征性质有关。

王十庆采用不同相对分子质量的 HDPE 试样,研究临界滑移外推长度 b_c 和临界剪应力 σ_c 与熔体相对分子质量的关系,实验结果见图 12.35[4]。图中显示出有趣的规律:临界滑移外推长度 b_c 与相对分子质量 $\overline{M}_w$ 之间符合 3.5 次方幂律:

$$b_c \propto \overline{M}_w^{3.5} \tag{12.33}$$

临界剪应力 σ_c 与相对分子质量 $\overline{M}_w$ 之间符合 -0.5 次方幂律:

$$\sigma_c \propto \overline{M}_w^{-0.5} \tag{12.34}$$

式(12.33)中的 3.5 次方幂律使人们联想起熔体零剪切黏度与相对分子质量的关系:

$$\eta_0 = \begin{cases} K_1 \overline{M}_w & \overline{M}_w < M_c \\ K_2 \overline{M}_w^{3.4} & \overline{M}_w > M_c \end{cases} \tag{12.35}$$

式中,M_c 为分子链发生缠结的临界相对分子质量。

比较式(12.33)、式(12.35),看到临界滑移外推长度 b_c 与熔体零剪切黏度具有相同的标度行为。该标度与分子链的缠结紧密相关。分子链无缠结时,熔体黏度与相对分子质量一次幂成比例;分子链有缠结时,熔体黏度迅速增大,与相对分子质量 3.4 次幂成比例。临界滑移外推长度有同样的标度性质,只有当分子链足够长,缠结程度高时,滑移外推长度才较大,黏-滑转变才较显著。这样就容易理解为什么相对分子质量大、易缠结的线型聚合物熔体更容易发生显著的壁滑效应。

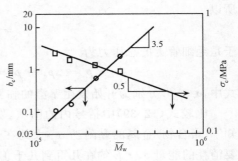

图 12.35　临界滑移外推长度 b_c 和临界剪应力 $\sigma_{w,c}$ 与相对分子质量 $\overline{M}_w$ 的关系
HDPE; $T=200℃$; $L/D=15$;
$D=1.04\text{mm}$

　　临界剪应力 σ_c 与相对分子质量的关系可以这样理解,熔体在壁面 σ_c 的大小与单位面积吸附的大分子链数目成比例,而聚合物熔体中任何单位面积上大分子链数目正比于 $N^{-0.5}$,N 为平均链段数,相当于相对分子质量,因此 $\sigma_c \propto \overline{M}_w^{-0.5}$。以上实验结果从分子水平上揭示了熔体黏-滑转变的本质。

　　4. 黏附力、摩擦力、剪切力的关系

　　熔体与毛细管壁间的相互作用非常复杂。正常流动时,熔体/管壁间无滑移,壁附近各层熔体因速度差而受到强剪切作用,各层熔体之间存在动摩擦。熔体最贴近管壁的分子层黏附在壁上,其所受剪切力与熔体/管壁间的摩擦力平衡。该摩擦力属于静摩擦力,流速低时,它随剪切作用增大而增大;当增大到等于(大于)最大静摩擦力时,熔体开始脱附,熔体/管壁间发生滑移。这儿我们讨论弱吸附、强缠结(adhesive slippage)的情形。

　　发生黏-滑转变时,黏附力、摩擦力、剪切力的关系如何?下面从能量角度展开讨论。

　　低挤出速率时,为维持黏性流动毛细管壁处的剪应力等于 $\sigma_w = \dfrac{D}{4} \cdot \dfrac{\Delta p}{L}$,毛细管上的总压力降为

$$\Delta p = 4\sigma_w L/D \tag{12.36}$$

式中,L、D 分别为毛细管长度和直径;$\sigma_w \cdot L$ 相当于熔体流经整根毛细管时,单位面积界面上克服剪应力作的功。

　　开始发生壁滑时,毛细管上的压力降除维持黏性流动外,还应加上为克服黏附功所需的压力增量 p_s。设熔体/固体单位面积界面的黏附功为 w_{12},当整根毛细管内熔体发生全滑移时,总黏附功为

$$\pi D L w_{12} = p_s \cdot \frac{\pi D^2}{4} \cdot L \tag{12.37}$$

所以

$$p_s = 4w_{12}/D \tag{12.38}$$

于是毛细管上的总压力为

$$p = \Delta p_c + p_s = 4(\sigma_c L + w_{12})/D \tag{12.39}$$

式中，σ_c、Δp_c 分别为开始发生壁滑的临界剪应力及对应的压力。

　　比较式(12.39)中括号内的两项，发现它们在数量级上差别很大。从文献得知[4]，聚合物/金属的黏附功 w_{12} 大约在几个 J/m^2；而维持聚合物熔体剪切流动需要消耗的能量 $\sigma_w \cdot L$ 约在几百到几千 J/m^2。

　　举例说明：HDPE-6084 的临界剪应力 $\sigma_c \approx 0.279$MPa（相当于压力振荡的第一波峰对应的值），毛细管长度 $L = 16.0$mm，所以 $\sigma_c L \approx 4464 J/m^2$。

　　两相比较，黏附功 w_{12} 是如此之小。黏附力的本质是电磁作用，其方向与界面垂直，属于法向力。在熔体未发生壁滑时，界面无运动，因此不存在克服黏附力所需的能量（黏附功）。一旦发生壁滑，形成动界面，必然有一种力大于黏附力，使熔体脱附。该力应当是熔体流动时，流层间的相互作用力（黏弹力）的一个分力，该分力的方向垂直于界面，见图 12.36。

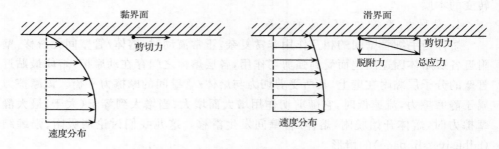

图 12.36　滑动边界上剪切力与脱附力的关系

　　由图可见，发生壁滑时，最贴近界面流层中的作用力的方向应当与界面斜交，其一个分力平行于界面，为维持剪切流动的切向力，本质上为摩擦力；另一分力为用于克服黏附的垂直脱附力。由于流层中作用力与界面的斜交角度很小，因此脱附分力远小于摩擦分力。又由于脱附时熔体沿垂直界面方向移动的距离很小，因此脱附功是很小的。

　　黏附力不等于摩擦力。黏附力主要决定于界面性质（也可能与压力有关），而摩擦力则与流体内正压力成正比。在毛细管内，因存在压力梯度，也应该存在着所谓"摩擦力梯度"，即口模入口处压力最大，摩擦力也最大，而出口处最小。低速正常流动时，压力梯度小，剪应力小，小于最大静摩擦力（该力与黏附力相关），界面不滑移；高流速时，压力梯度增大，剪应力也增大，当该应力大于最大静摩擦力时，将产生壁滑（脱黏附）。黏附力虽然不等于摩擦力，但对于摩擦力，特别静摩擦力的存在有重要作用。

　　贴近界面流层中的作用力方向与界面斜交,与界面处分子链的缠结和取向有关,图 12.37 给出一根吸附链拉伸及脱附的示意图(讨论 adhesive slippage 的情形)。由图可见黏界面条件下,低剪切时吸附链沿流动方向取向较弱,而高剪切时吸附链受到自由流动链的强烈拉伸而高度取向。这种拉伸是由于吸附链和自由流动链间存在强缠结造成的。界面一旦发生滑动,紧张拉伸的分子链得以松弛,流动压力下降,大量能量释放。

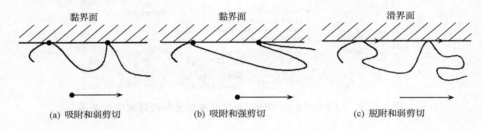

图 12.37　吸附链拉伸及脱附示意图
注意吸附链拉伸的角度,由此比较脱附力和摩擦力的差别

　　仍以 HDPE-6084 为例,已知其在临界剪应力下(即压力振荡第一波峰对应的值)的流动能量为 $\sigma_c L \approx 4464 \mathrm{J/m^2}$;发生滑动后,压力跌到波谷,相应的剪应力 $\sigma_w \approx 0.187 \mathrm{MPa}$,此时维持毛细管内黏性流动所需的能量大大减小,只有 $\sigma_w L \approx 2992 \mathrm{J/m^2}$。剩余的能量 $1472 \mathrm{J/m^2}$ 积存在熔体中,除去克服黏附功和增加熔体流动动能消耗部分能量外,大部分转化为材料的表面能,使挤出熔体发生畸变。实验观察到,在 HDPE 挤出发生压力振荡时,总是压力峰值处(黏界面)对应的挤出物表面质量稍好(存在鲨鱼皮),而压力谷值处(滑界面)对应的挤出物表面质量很差。(但是这种情况不具有普遍性,见图 12.7,LLDPE 的情况恰好相反,LLDPE-1002KW 发生黏-滑畸变时,黏界面时出现粗纹鲨鱼皮,而滑界面时的挤出外观相当好。)

　　Martin 报道了一则有趣的聚合物/纸的剥离实验[13]。采用的聚合物样品有两种支化的 LDPE(EF606——薄膜级 LDPE,Westlake Polymers 公司产,MFR = 2.2g/10min;LD200——涂覆级 LDPE,Exxon Mobil 公司产,MFR = 7.5g/10min)和两种线型的 LLDPE(LL3001.32——薄膜级 LLDPE,Exxon Mobil 公司产,MFR = 1.0g/10min;Exact3128——薄膜级 m—LLDPE,Exxon Mobil 公司产,MFR = 1.2g/10min)。实验发现,当改变剥离速率时,在低速率下剥离强度均随剥离速率线性增长;剥离速率达到约 1cm/s 时,LLDPE 的剥离强度突然大幅度下降,而 LDPE 的剥离强度仍继续增长,只是增长幅度减小。两者的行为大相径庭,见图 12.38。

　　有趣的是 LLDPE 的剥离强度随剥离长度的变化,见图 12.39。实验表明在低剥离速率下,Exact3128(m-LLDPE)的剥离强度最初随剥离长度平稳增大,达一定

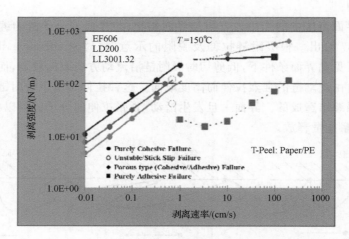

图 12.38　LDPE/纸、LLDPE/纸的剥离强度与剥离速率的关系

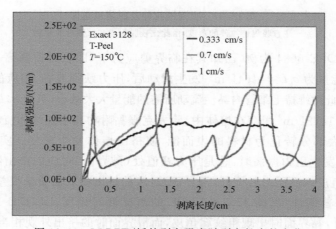

图 12.39　LLDPE/纸的剥离强度随剥离长度的变化

剥离长度后趋于定值。但在较高的剥离速率下,剥离强度随剥离长度的增大出现周期性的振荡。这种剥离强度的不稳定性使人联想到 LLDPE 熔体在毛细管壁的黏附状态的不稳定性,两者之间十分相似,但两者是否存在一定关联尚需更多的实验证实。

5. 压力振荡与喷射现象的差别

按流变仪驱动方式的不同,线型聚合物在口模内的壁滑现象分为两类。采用恒速型毛细管流变仪测量,壁滑现象表现为挤出压力周期性振荡,熔体在管壁时黏时滑;采用恒压型毛细管流变仪测量,壁滑现象表现为体积流量突然增大,发生喷射,壁滑一直存在,直至样品完全挤光。

虽然同属于壁滑引起的现象,但挤出压力振荡与喷射现象大不相同。

从驱动方式看,恒压型流变仪中,压力为控制变量,而流量随压力而变化。压力一旦大到其产生的模壁剪切力大于熔体/模壁摩擦力,将引起熔体沿模壁的滑动,使体积流量剧增,引起喷射。由于压力为控制变量,因此只要压力不再降低,喷射就一直存在,壁滑也一直存在,直到模腔中的熔体全部喷射完毕。压力越大,喷射越严重。

恒速型流变仪中,体积流量为控制变量,而压力随流量增大而增大。当流量大到其产生的压力及由此形成的模壁剪切力大于熔体/模壁摩擦力,将引起熔体沿模壁的滑动。由于体积流量为控制变量,滑动后,能量得到释放,压力下降,熔体又黏到壁上。而后在该流量下,再积累压力,达到一定程度时再产生滑动。周而复始,造成熔体在模壁时黏时滑,挤出压力上下波动,出现振荡。

对比可知,在两种流动形式中,壁滑都是由于压力达到一定程度引起的。在压力和体积流量这两个变量中,压力是引起壁滑的关键因素,流量并非关键因素。

12.2.4　反应控制降解聚丙烯熔体的高速流变特性

为开发高性能聚丙烯纤维及合金化丙纶纤维,中国科学院北京化学研究所采用反应挤出控制聚丙烯树脂的降解。通过筛选反应温度、螺杆转速和降解剂用量,制备了一系列相对分子质量和相对分子质量分布精确控制的聚丙烯树脂[35]。下面介绍该系列聚丙烯树脂熔体高速挤出时的非线性黏弹行为和流变性,以及这些性质与树脂分子结构参数的联系。

1. 样品的结构参数

基础树脂选择燕山石化公司产 PP-2401(MFR＝2.45 g/10min)。在高温、高剪切条件下,通过添加过氧化物控制树脂降解。图 12.40 给出降解聚丙烯的熔体流动速率随反应温度、螺杆转速和过氧化物用量的变化。可以看出反应温度越高,螺杆剪切作用越大,化学反应明显,分子链降解严重;添加过氧化物降解剂的作用尤其明显,过氧化物流量增大,聚丙烯的熔体流动速率发生数量级变化,树脂相对分子质量明显下降。

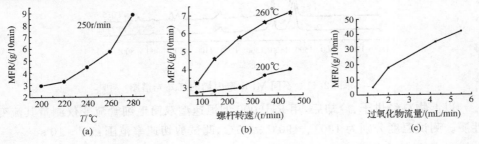

图 12.40　降解聚丙烯的 MFR 随反应温度(a)、螺杆转速(b)、过氧化物添加量(c)的变化

表 12.12 为基础树脂及降解聚丙烯样品的基本结构参数,由表可见,各样品相对分子质量由上至下依次下降,熔体流动速率依次增大。表中 D 为相对分子质量分布宽度,可以看出,降解并未使相对分子质量分布发生大的变化。n_R 为降解过程中聚丙烯分子链断裂的数目,由式(12.40)计算:

$$n_R = (M_{no}/M_{nt}) - 1 \tag{12.40}$$

其中,M_{nt} 是聚丙烯降解后的数均相对分子质量;M_{no} 是未降解的基础树脂的数均相对分子质量。

表 12.12　不同聚丙烯样品的 GPC 数据

聚丙烯样品	$M_w/10^4$	$M_n/10^4$	$M_z/10^4$	$M_v/10^4$	D	MFR/ (g/10min)	n_R
PP2401	43.79	9.62			4.55	2.45	
PP010	28.33	5.73	89.53	19.73	4.94	7.55	0.68
PP012	18.53	4.64	45.14	14.14	3.98	27.6	1.07
PP013	16.98	3.90	40.87	12.96	4.35	39.4	1.47
PP015	11.57	3.48	24.34	9.30	3.32	98.0	1.76

测试表明,降解产物中酯、醛、酮及羧酸含量非常低或根本未产生这些基团,表明聚丙烯的控制降解效果较好,降解对 PP 分子链结构无显著影响,未生成支化结构。图 12.41 为基础树脂与各降解样品的红外光谱图,可以看出各样品谱线形状几乎相同。

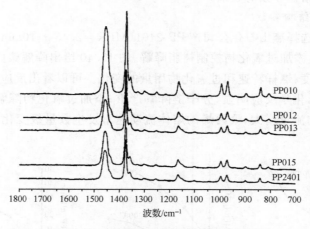

图 12.41　不同 MFR 聚丙烯的红外光谱图

以上物料经烘干、冷却后,用 RH2000 型恒速型双筒毛细管流变仪测量其流变性质。测试温度分别为 180℃、190℃、200℃,测试剪切速率范围:$10^2 \sim 10^4 s^{-1}$。

2. 降解对熔体黏弹性的影响

(1)熔体的黏-切敏感性及相对分子质量的影响[36]。图 12.42 分别给出 180℃、

190℃、200℃测量时，不同相对分子质量 PP 样品的剪切黏度随剪切速率的变化曲线。

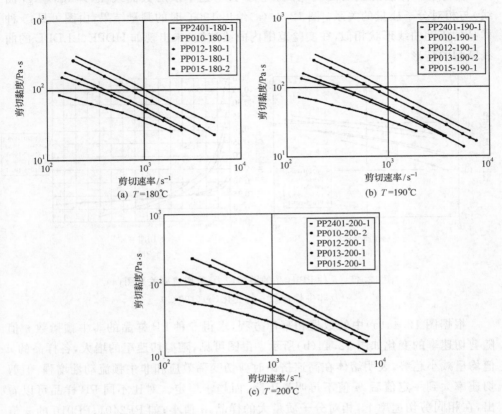

图 12.42　不同温度下 5 种 PP 样品的剪切黏度-剪切速率关系图

由图可知，5 种 PP 熔体均呈现典型假塑性行为，但熔体剪切黏度依照相对分子质量大小顺序排列，相对分子质量大者剪切黏度较大，其差别在低剪切速率区尤其明显。取图中 $T=200℃$，$\dot{\gamma}=300\text{s}^{-1}$ 的剪切黏度数值对样品的重均相对分子质量作图（见图 12.43），得到降解 PP 的黏度-相对分子质量关系式中的幂指数等于 2.25，即

$$\eta_a = K\overline{M}_w^{2.25} \tag{12.41}$$

该结果符合 Fox-Flory 公式对于表观黏度与平均相对分子质量关系的描述，即幂指数应当在 1.0～3.4 之间。

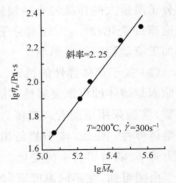

图 12.43　降解 PP 的熔体表观黏度与平均相对分子质量的关系
（$T=200℃$，$\dot{\gamma}=300\text{s}^{-1}$）

考察 PP 样品的流动曲线(剪切应力-剪切速率双对数曲线图,即 $\lg\sigma\sim\lg\dot{\gamma}$ 曲线)与相对分子质量的关系。图 12.44(a)给出 190℃时的测量结果,由图可见,5 种样品的流动曲线形状相似,在实验范围内曲线连续,未出现如 HDPE、LLDPE 的曲线断裂的情形。

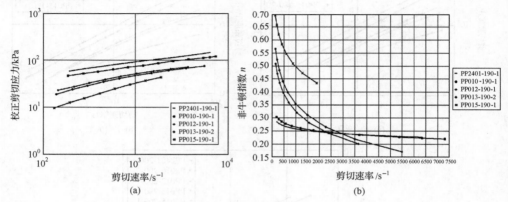

图 12.44　5 种 PP 样品的剪切应力-剪切速率关系图(a)
及非牛顿指数 n 的变化(b)(190℃)

根据图 12.44(a)中的数据和幂律方程,求得 5 种 PP 样品的非牛顿指数 n 值随剪切速率的变化如图 12.44(b)所示。由图可见,随剪切速率的增大,各样品的 n 值均呈减小趋势,表明熔体在高速挤出时剪切变稀效应和非牛顿流动性增强。但剪切速率大到一定值后,n 值不再明显下降,而趋于恒定。对比不同 PP 样品可以看出,在相同剪切速率下,相对分子质量大的样品,n 值小;如 PP2401、PP010 的 n 值在 0.2~0.3 之间,而相对分子质量小的 PP015 的 n 值在 0.4~0.7 之间,说明相对分子质量大的样品的非牛顿流变性显著。另外相对分子质量大的样品,n 值随剪切速率的变化较小,而相对分子质量小的样品,n 值的变化幅度大,这可能对材料的加工流动稳定性有影响。

(2) 关于熔体弹性的讨论。黏度相同的聚合物可能有完全不同的加工行为,重要原因是熔体的可恢复弹性不同,对于纤维纺丝的材料,研究熔体的弹性行为尤其重要。实验采用毛细管入口压力降 Δp_{ent}(本实验中相当于零长口模压力降 p_0)来比较熔体弹性。图 12.45 分别给出 5 种 PP 样品在 180℃、190℃、200℃的毛细管入口压力降 p_0 随剪切速率的变化。

由图可知,在不同温度下,各样品的毛细管入口压力降均随挤出速率的增大而增大(实际上是随拉伸速率而增大)。在同一温度、相同挤出速率时,相对分子质量越大的样品,毛细管入口压力降越大,表明其在毛细管入口区的流动经受更多拉伸形变,即熔体弹性行为显著。降解多、相对分子质量小的样品,分子链短,最大松弛

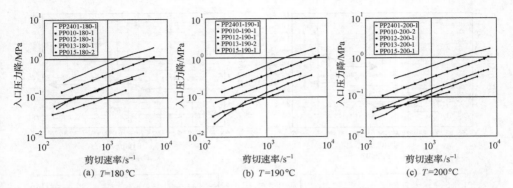

图 12.45　不同温度下 5 种聚丙烯样品入口压力降 p_0 随剪切速率的变化

时间较短,这样的熔体在拉伸形变中不能储存较多的弹性形变能是不难理解的。对比观察还发现,相对分子质量较低的降解 PP 的 p_0 随挤出速率的变化曲线较复杂,规律性较差,说明相对分子质量较低的降解 PP 熔体在毛细管入口区的流动不够稳定。

3. 高速挤出时熔体流动稳定性的讨论

12.1.2 节指出,聚合物高速挤出时,当挤出速率超过某一临界值后会发生不稳定流动现象,表现为挤出压力振荡和产生挤出物畸变。不同熔体的挤出压力振荡表现不同。已知线型聚合物的压力振荡多发生在长口模上(毛细管管壁处),而支化聚合物的压力波动多发生在短口模上(口模入口区),见图 12.12。这种"指纹"型的差别有助于判别聚合物的结构特征。

实验测量了 5 种 PP 样品高速挤出时,长、短口模上的压力降随挤出速率的变化,结果见图 12.46。图中坐标轴的意义同图 12.12。

由图可见,相对分子质量较大的基础树脂 PP2401 和 PP010 的挤出压力始终很稳定,无论长口模还是短口模的压力一直未发生波动。相对而言,相对分子质量较小的 PP012、PP013、PP015 的压力曲线很不稳定,甚至在较低挤出速率下,压力也有较大波动;在高挤出速率下,长、短两口模压力降都出现了幅度很小的压力振荡。长口模的振荡幅度约 0.1MPa,短口模的压力振荡幅度很小,约 0.005MPa。

为确认降解 PP 压力振荡的类型,需要对长、短两口模上的压力降进行区别研究。为此,采用堵住一根毛细管,只通过另一根毛细管挤出的办法,分别研究长、短口模上挤出压力的变化,结果见图 12.47。

由 12.47(a)图看到,低速挤出时,即使相对分子质量低的 PP015 熔体在毛细管内的流动也很稳定(长口模压力稳定上升)。挤出速率达到一定值后,压力出现轻微振荡。这类似于线型聚合物的流动特点,但与 HDPE 比较,PP 的压力振荡幅度小得多(约 0.1MPa),这可能与 PP 分子链带大量侧甲基,分子链缠结程度低有关。

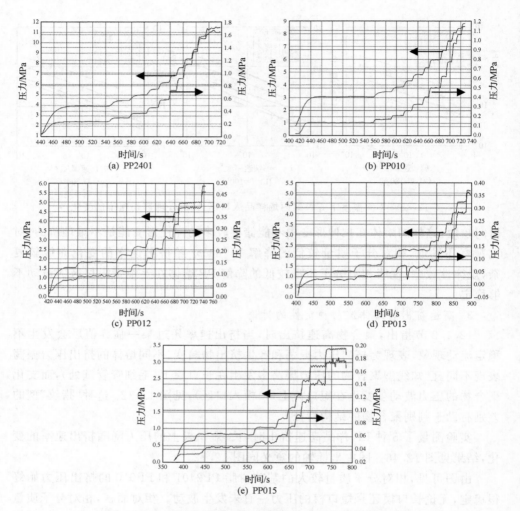

图 12.46　5 种 PP 样品的挤出压力-挤出速率关系图(190℃)

另外降解 PP 的流动曲线也不像 HDPE 那样发生断裂,始终保持连续〔参看图 12.44(a)〕。由 12.47(b)图看到,降解 PP 熔体在短口模的压力波动很大,低速挤出时已有轻微振荡,高速时压力变化无规律。这种情形更多地类似支化分子聚合物的特点(对比图 12.12),说明降解 PP 熔体在毛细管入口区的流线紊乱,流动应力较集中。

　　由此得知为实现降解 PP 稳定高速挤出,要更多地注意控制口模入口区的流动稳定性,比如改善入口区的结构设计,或添加线状或片状填料,减轻入口区流线的紊乱,以提高稳定挤出的速率。

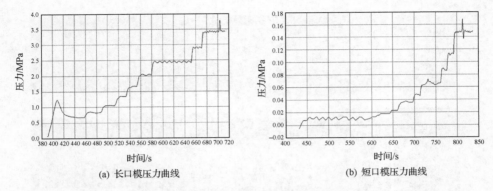

压力/MPa
时间/s
(a) 长口模压力曲线
压力/MPa
时间/s
(b) 短口模压力曲线

图 12.47　PP015 熔体在两口模的挤出压力-挤出速率关系图(190℃)

12.3　提高聚合物熔体稳定挤出速率的对策

常年来,寻求聚合物熔体高速稳定挤出的研究始终未曾停止。经过长期经验性的摸索和试探人们开始认识到,要克服和消除十分复杂的聚合物熔体不稳定流动现象,必须尽可能清楚地了解该类现象的规律,掌握发生不稳定流动的根源,根据对聚合物熔体不稳定流动规律性的认识,有的放矢地研究有效克服扰动源、防止挤出畸变、提高临界挤出速率和挤出物表面质量的措施,掌握、控制和利用这类极其复杂的高速流动规律,改造、拓宽和优化现行生产工艺(尤其是临界条件),为生产实践服务。

常见的提高聚合物熔体稳定挤出速率的措施有如下几种。

12.3.1　精确控制口模温度场,提高稳定挤出速率

通过升高温度降低黏度来控制或消除流动不稳定性并不是新方法,工业上常将改变熔体或模具温度作为处理挤出畸变的首选的和最方便的措施。

图 12.48 和表 12.13 分别给出 4 种 LLDPE 样品(LLDPE-101A、LLDPE-0218D、LLDPE-1002、LLDPE-7047)在不同温度、同一挤出速率下的挤出物外观照片及其对其中鲨鱼皮畸变的量化描述。

图中可看出,随挤出温度升高,各样品挤出外观均有改善,鲨鱼皮畸变的纹路变浅。前 3 种样品在温度升高到 190℃后鲨鱼皮消失,挤出外观光滑,表明升温使发生鲨鱼皮畸变的临界挤出速率提高。表 12.13 给出鲨鱼皮棱脊平均高度 $\bar{h}$ 和平均波长 $\bar{\lambda}$ 的测量值,定量地表示出温度升高对鲨鱼皮畸变的影响规律。注意提高挤出温度也有延长制品的冷却时间,降低制品尺寸稳定性的缺点,可能降低加工效率。

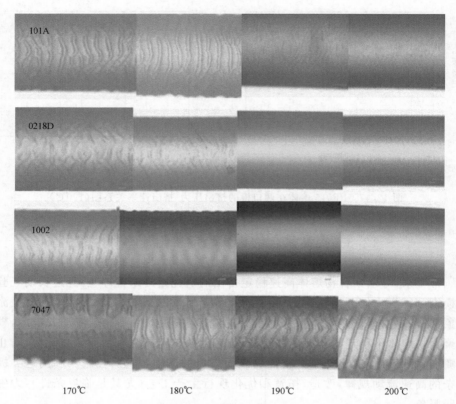

图 12.48　4 种 LLDPE 样品不同温度时的挤出外观照片(挤出速率 246s^{-1})

表 12.13　不同温度下 4 种 LLDPE 样品鲨鱼皮尺寸的变化(表观剪切速率 246s^{-1})

样品	鲨鱼皮尺寸/μm									
	170℃		180℃		190℃		200℃		210℃	
	$\bar{h}$	$\bar{\lambda}$	$\bar{h}$	$\bar{\lambda}$	$\bar{h}$	$\bar{\lambda}$	$\bar{h}$	$\bar{\lambda}$	$\bar{h}$	$\bar{\lambda}$
101A	73.19	108.70	36.23	110.87	29.08	111.82	较光滑		光滑	
0218D	21.01	117.39	18.12	113.04	光滑		光滑		光滑	
1002	22.46	121.01	20.29	139.86	光滑		光滑		光滑	
7047	97.83	197.10	72.46	158.70	39.85	149.28	43.48	129.71	28.99	94.93

　　由于鲨鱼皮畸变发生于口模出口区的黏-滑转变,因此近年来通过对口模精确控温以减轻鲨鱼皮畸变的研究受到重视。早在 1976 年 Cogswell 研究了口模冷却对挤出物的影响[37]。1998 年 Barone 等研究了鲨鱼皮不稳定性的周期和口模出口处的温度的关系,发现在一个特定流动速率下,随着口模温度的降低鲨鱼皮不稳定

性的周期变长[38]。2003 年 Santamaria 等详细研究了如何将口模边缘的温度冷却控制到刚刚超过聚乙烯的熔点,从而增强聚乙烯与口模壁面的吸附,使聚乙烯分子链诱导排序进而消除鲨鱼皮[39]。2004 年 Erik Miller 等报道了在挤出过程中引入温度梯度场来控制鲨鱼皮现象。他们用定制的挤出机和口模进行了一系列实验,通过精确的局部温度控制可以预先确定挤出时的温度梯度,由于聚合物是热的不良导体,因此可以设计只在界面处加热和冷却,从而只影响非常靠近口模壁的挤出物性能。也可以通过对口模的加热和冷却来改变挤出时的温度梯度,从而改变非常接近口模出口角的聚合物的流变性,从而抑制和控制鲨鱼皮不稳定性[40]。这项技术令人信服地增加了挤出加工的盈利能力,还可以通过扩展这项技术使其能够设计有特殊函数性的挤出表面。

12.3.2　改造口模形状及界面状态

由于流场的扰动源多位于流道尺寸急剧变化处和界面上,因此口模形状的改变及界面状态(包括口模材质)对熔体流动稳定性有重要影响。

Ramamurthy 最先报道了用铜质口模可以消除鲨鱼皮。Ghanta 等[41]分别用不锈钢和铜质毛细管口模挤出 LDPE,证实了 Ramamurthy 的报道。Ghanta 发现原本在不锈钢口模中可以观察到鲨鱼皮畸变的速率范围内,改用铜质口模挤出后鲨鱼皮消失,因而提高了生产能力。同时发现在不锈钢口模挤出时出现的黏-滑转变区域内的强压力振荡和黏-滑挤出畸变在铜质口模中没有出现。用铜质口模得到的流动曲线中向上的分支变得非常平缓、斜率小,说明熔体在铜质口模中比较容易发生壁滑,在较小的剪切应力下已进入滑动边界条件从而消除了黏-滑转变的发生。

除改变口模的材质外,在口模内壁涂上一层有机涂层同样可以改善挤出物的表观质量。有机涂层改变了口模表面自由能,可以使吸附的分子链解吸附,从而在较小的应力下就发生大规模壁滑,改善流动不稳定性[34]。有机涂层的典型代表有含氟聚合物加工助剂等,很多可以用来涂覆在口模内壁,改善聚合物的加工性能。Kharchenko 等的研究表明,含氟弹性体在口模表面的涂层厚度比较均匀时,25～60nm 的涂层厚度就足够消除鲨鱼皮现象[42]。

口模入口区对支化聚合物熔体的流动稳定性有重要影响,比如支化聚乙烯熔体的流动应力集中效应主要发生在口模入口处,并且在口模入口处存在死角环流,因此改变入口角对支化聚合物的流动影响较大,合适的入口流动可以提高生产能力。而线型聚乙烯熔体的流动应力集中主要发生在口模内壁附近,口模入口区不存在死角环流,因此入口角对线型聚合物熔体的流动影响不大[43]。

Sentmanat 和 Savvas 等研究了在不同长径比口模中鲨鱼皮现象的差别,发现在长径比较小的短口模中鲨鱼皮现象表现得更明显,因此增大长径比可以减轻鲨鱼皮现象。另外在口模入口处施加一个压力也可以抑制鲨鱼皮的发生[44]。

　　作者等在实验中发现,口模的定型长度对挤出物外观的影响与聚合物的类型有关。采用长径比分别为:16/1;0.4/1 的两根毛细管挤出线型低密度聚乙烯 LLDPE-0218D 和支化的低密度聚乙烯 LDPE-165,发现两种熔体流经不同长径比毛细管后的挤出表观及其随挤出速率的变化规律大不相同。结果见图 12.49。

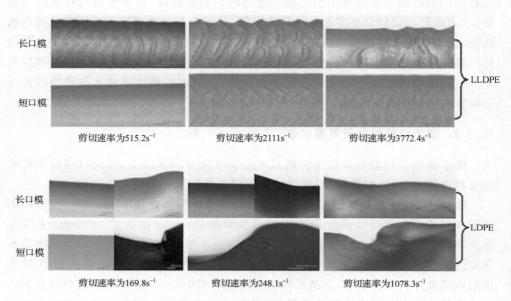

图 12.49　　LLDPE-0218D 和 LDPE-165 在几种剪切速率下
长、短口模挤出物表观照片(180℃)

　　图中可以看出,对于线型的 LLDPE 而言,长口模的挤出外观总是比短口模的挤出外观差。剪切速率为 515.2s^{-1} 时,长口模挤出物表观出现明显的鲨鱼皮畸变,而短口模挤出物表观还较光滑。随剪切速率增大,长口模挤出物畸变越加严重,剪切速率为 3772.4s^{-1} 时挤出物发生明显的黏-滑转变;相对而言短口模挤出物只出现轻微的鲨鱼皮畸变。

　　对于支化的 LDPE 而言,情况与其相反,在不同剪切速率长口模的挤出外观总是比短口模的挤出外观好。低剪切速率下(169.8s^{-1})长、短口模挤出物均出现平直段与整体大幅波动交替发生的现象,但长口模挤出物的波动幅度小。剪切速率增大,短口模挤出物的平直段逐渐消失,整体波动幅度增大,挤出畸变越加严重;而长口模挤出物的畸变程度总是比较缓和。

　　这一结果再次表明不同结构聚合物熔体的挤出畸变源自于熔体流动不同的应力集中效应及不同的流动扰动源。线型结构的 LLDPE 熔体的流动应力集中和流动扰动多发生于熔体/口模壁界面处,因此口模越长,挤出畸变越严重。而支化结构的 LDPE 熔体的流动应力集中和流动扰动多发生于口模入口处,因此口模越长,扰动反而会因聚合物的松弛行为而缓解，使挤出畸变减轻。

由此可知，对于不同类型聚合物熔体的挤出畸变，应根据其不同的现象和不同的发生机理采取不同的对策。对线型聚合物熔体，应着重考虑熔体/口模壁的界面状态，或者处于熔体吸附的黏界面状态，或者处于熔体滑动的滑界面状态，都能保证挤出物表面光滑。一旦出现界面状态剧变，无论是整个口模壁的界面状态变化，或者局部口模壁的界面状态变化，主要指口模出口处的界面状态变化，都会导致发生挤出畸变。前者引起黏-滑畸变和挤出压力振荡，后者引起鲨鱼皮畸变。对支化结构聚合物熔体，则应着重考虑熔体在口模入口处的流动状态。应保持入口处的流动稳定，防止流线紊乱；或降低熔体弹性，减轻拉伸流动，都有助于提高熔体挤出的稳定性。

12.3.3　特种添加剂（如润滑剂、加工助剂）的效能

改善聚合物熔体挤出行为的另一条研究思路是从材料本身入手。通过有指导地改变、控制聚合物材料的结构、成分或配方，达到改变聚合物熔体的非线性黏弹性，进而改善熔体流动行为的目的。常见的方法有共聚合、共混、填充、复合等[19,21,45]。第 12.1、12.2 节中已给出采用共混改性改善线型聚合物（HDPE、LLDPE）黏-滑畸变和挤出压力振荡的例子。这儿再强调一下，实验表明，少量支化聚合物混入线型聚合物熔体中，对于改善后者的黏-滑畸变和挤出压力振荡效果明显；但少量线型聚合物混入支化聚合物熔体中，不仅未改善后者因入口扰动而引起的挤出物整体扭曲，反而使此类畸变更加严重。

添加特殊的加工助剂和特殊填料也是改善熔体挤出行为最常用的方法。可作为加工助剂的材料有：①含氟弹性体，如 3M 公司的 Dynamar PPA 系列产品，美国 Du Pont 公司的 Viton Free Flow(VFF) 及 FKM-A，美国 Pennwalt 公司新近推出的聚偏二氟乙烯等。它们均为由偏二氟乙烯、六氟丙烯、四氟乙烯组成的二元或三元碳氟共聚物。②聚硅氧烷。③特殊蜡，如 PE 蜡。④低 M_w 的碳氢聚合物。⑤丙烯酸酯类共聚物（ACR），例如美国 Rohm&Haas 公司的 Acryloid K-175，上海珊瑚化工厂开发的 ACR-201、ACR-301 及 ACR-401[46]等。

填料中除常见的碳酸钙、钛白粉、高岭土、玻璃微珠（粉煤灰）、稀土化合物等，近来又出现一种新填料——超细氮化硼。氮化硼的结构类似于石墨，属于一种固体润滑剂。把氮化硼微粒加入聚烯烃中，不仅可以消除挤出物的鲨鱼皮畸变，还可以使发生整体破裂的临界剪切速率显著提高。Kazatchkov 等曾对多种粒径大小、分布及形态不同的氮化硼粉末在不同的浓度下进行测试。平均粒径最小且没有结块的氮化硼对聚烯烃的加工性（熔体破裂）的影响最大，改性效果取决于添加剂的浓度、表面能和形态。他们还通过流动可视化技术使聚合物流过一个透明的毛细管口模，使流动形象化，从而认为氮化硼消除严重熔体破裂的机理是由于氮化硼颗粒表

面的润滑作用消除了不稳定的逆流[19]。Sentmanat 等也研究了在聚乙烯中加入少量氮化硼消除整体熔体破裂的机理。他们测量了在发生熔体破裂时的拉伸和剪切流变数据,通过在高速下简单的拉伸黏度测量显示,在原本发生熔体整体破裂的拉伸速率下,加入氮化硼后聚乙烯的拉伸黏度降低。说明分散良好的氮化硼颗粒降低了导致熔体破裂的拉伸应力,或者说氮化硼的加入缓和了毛细管入口处的应力集中效应,耗散了部分能量[44]。

气体属于一种特殊填料,2000 年 Liang 和 Mackley 提出一种新型挤出工艺——气体辅助挤出。他们发现当把气体以较低的流动速率注射进金属口模和聚合物熔体的界面时,可以建立一个稳定的气体层,从而形成一个充分壁滑边界条件。在气体辅助挤出聚乙烯时,由于气体层的存在而产生的壁滑对口模膨胀有很大影响,这说明壁滑边界条件确实能够对高黏度黏弹性流体的挤出产生重要的作用[47]。

作者等选用 3M 公司产塑料加工助剂——含氟弹性体 Dynamar PPA 系列产品,研究其对 LLDPE、LDPE、EPDM Nordel 加工流动性的影响。

含氟弹性体因结构、性能不同分为内润滑型和外润滑型两类,本实验采用外润滑型 PPA。外润滑型 PPA 具有低表面张力系数,极性大,与树脂相容性差,混在树脂内在流动过程中易迁移到口模内壁,形成均匀涂层,降低树脂与口模壁的吸附和摩擦,起外润滑作用,消除和减轻鲨鱼皮和黏-滑畸变等表面畸变。其作用原理见图 12.50。PPA 也可通过直接涂敷法均匀涂在口模内壁处。

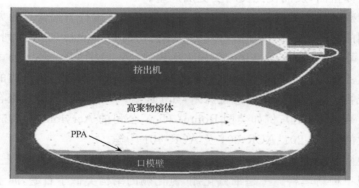

图 12.50 PPA 润滑作用机理示意图

PPA 的添加量很少(约几百 ppm),为混合均匀采用两步法制备 LLDPE/含氟弹性体(PPA)复合料,即先制得 PPA 质量含量为 20%的母料,再将母料与 LLDPE-7047 干混,制成 PPA 质量含量分别为 200 ppm、400ppm、600ppm、800ppm 和 1000ppm 的复合料,造粒备用。

下面介绍部分实验结果。

1. 挤出物表面状态与挤出时间的关系

开始挤出时,复合料中的含氟弹性体需经过一段时间的流动才会逐步迁移到口模内表面,在熔体和壁面间形成较稳定的光滑界面,为此考察挤出物表面状态与挤出时间的关系。实验设定毛细管温度为 170℃,选定一个挤出速率(如表观剪切速率＝120s^{-1}),考察不同 PPA 含量复合材料的挤出物表观随挤出时间的变化,实验中每隔 60s 取一次样,结果见图 12.51(图中只给出几个有代表性时间点的照片[48])。

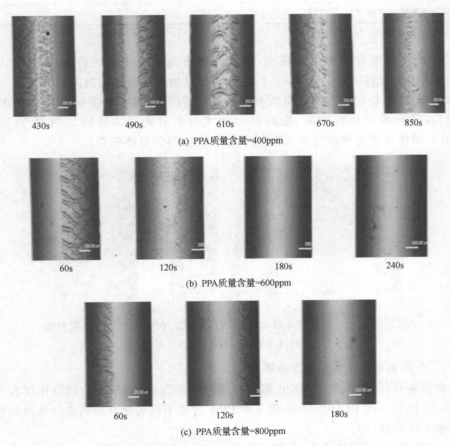

430s　　　490s　　　610s　　　670s　　　850s

(a) PPA质量含量=400ppm

60s　　　　120s　　　　180s　　　　240s

(b) PPA质量含量=600ppm

60s　　　　　120s　　　　　180s

(c) PPA质量含量=800ppm

图 12.51　PPA 质量含量不同的 LLDPE/PPA 复合料
在不同时间的挤出表观(170℃,120s^{-1})

从图 12.51 中可以看出,对于 PPA 质量含量不同的复合料,挤出物表观都随挤出时间的延长而改善。在实验选定的挤出速率下(表观剪切速率＝120s^{-1}),开始挤出时复合料表面有鲨鱼皮畸变,但随挤出时间的延长,鲨鱼皮逐渐减轻,时间足够长,挤出物表观变得非常光滑。PPA 质量含量越大,达到稳定光滑挤出所需时间越少。PPA 含量为 400ppm 时达到稳定挤出所需时间为 850s,含量为 800ppm 时只需要 120s。PPA 还提高了 LLDPE 熔体开始发生鲨鱼皮畸变的临界挤出速率,从表 12.14 的数据可以看出,随 PPA 含量增加,复合料发生鲨鱼皮畸变的临界挤出速率增大,含量足够高时,鲨鱼皮畸变完全消失。

表 12.14 LLDPE/PPA 复合料出现鲨鱼皮畸变的临界表观剪切速率(170℃)

PPA 质量含量/ppm	0	200	400	600	800	1000
临界表观剪切速率/s^{-1}	120	502	502	548	*	*

* 无鲨鱼皮畸变。

　　PPA 不仅能改善鲨鱼皮畸变,也能改善更高挤出速率下的黏-滑畸变。图 12.52 给出表观剪切速率=560s^{-1}时复合料挤出物表观随挤出时间的变化。可以看到刚挤出时,挤出物出现光滑段和粗糙段交替出现的黏-滑畸变,但随着挤出时间延长,这种畸变逐渐减轻,最后挤出物变得非常光滑。但是 PPA 不能消除 LLDPE 熔体在更高挤出速率下发生的无规畸变(熔体整体破裂)。

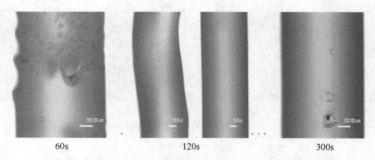

60s　　　　　　120s　　　　　　300s

图 12.52　PPA 质量含量为 600ppm 的 LLDPE/PPA 复合料在不同时间
的挤出表观(170℃,560s^{-1})

2. 微量含氟弹性体对熔体黏弹性的影响

　　含氟弹性体 PPA 对 LLDPE 熔体挤出性能的改善与 PPA 的润滑作用有关。图 12.53 比较了纯 LLDPE7047 和几种 PPA 含量不同的复合料的流动曲线(a)和挤出胀大比曲线(b)。

　　由图 12.53(a)可以看出,在低速挤出区(表观剪切速率小于 350s^{-1})不同 PPA 含量复合料的流动曲线均低于纯 LLDPE7047 的流动曲线,说明在低速挤出区,复合料所受的剪切应力小于纯 LLDPE,复合料剪切黏度小于纯 LLDPE 熔体。而在高速挤出区纯 LLDPE 熔体流动曲线因发生压力振荡而下折,挤出物发生黏-滑畸变。对比而言复合料的流动曲线未出现断裂,保持连续,说明 PPA 的加入一则使熔体黏度下降,二则使 LLDPE 可正常挤出的速率范围扩大,加工窗口拓宽。

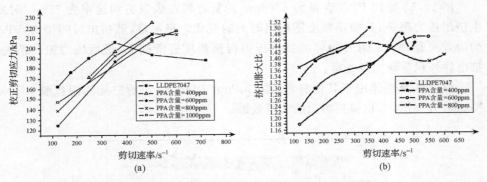

图 12.53　LLDPE/PPA 复合物的流动曲线(a)
和挤出胀大比曲线(b)(170℃)

在图 12.53(b)中可以看到,一般情况下,含 PPA 复合料的挤出胀大比均比纯
LLDPE 低,说明 PPA 的加入也降低了复合料熔体的可恢复弹性能。含氟弹性体在
熔体和壁面之间形成稳定的光滑界面,使熔体容易壁滑,剪切流变成柱塞流,熔体
承受的拉伸弹性变形减小,因此挤出胀大比减小。由于测量挤出胀大比的影响因素
较多,测量中有误差,但总的规律仍很明显。复合料黏弹性能的变化显然与 PPA 的
润滑作用相关。

3. 含氟弹性体对熔体挤出压力的影响

含氟弹性体的润滑作用也表现在对熔体挤出压力的影响上。图 12.54 比较了
温度为 170℃、表观剪切速率为 $120s^{-1}$ 时纯 LLDPE-7047 及不同 PPA 含量复合料
的毛细管挤出压力降随挤出时间的变化。可以看出,与纯 LLDPE-7047 相比,加入
PPA 复合料的挤出压力均呈减小趋势,且 PPA 含量越大降低的幅度越大。说明采
用 PPA 后不仅改善挤出物外观,提高加工速率,而且可以降低机器能耗,增大生产
安全性。

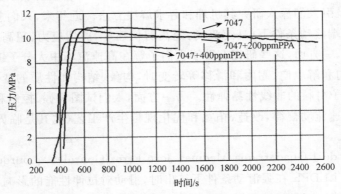

图 12.54　几种 PPA 质量含量不同的 LLDPE 复合料的
毛细管挤出压力降的对比(170℃,$120s^{-1}$)

　　图 12.55 给出 PPA 含量为 400ppm 的复合料在表观剪切速率为 719s^{-1}时发生挤出压力振荡,其振荡幅度随挤出时间的变化。很明显,随挤出时间增大,PPA 润滑效果显现,LLDPE 熔体的挤出压力振荡幅度逐渐减小,最后压力振荡消失。挤出物外观重新变得光滑。

　　将含氟弹性体用于其他材料,如 DuPont-DOW 公司的三元乙丙橡胶 EPDM Nordel IP 3745P,也得到类似的润滑效果。

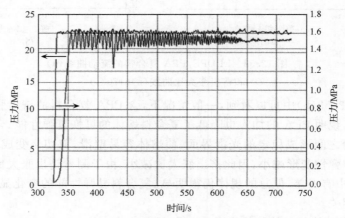

图 12.55　LLDPE/PPA 复合料的挤出压力振荡随挤出时间的
变化(170℃,719s^{-1},PPA 质量含量＝400ppm)

图中坐标轴的意义同图 12.1 和图 12.12

12.3.4　熔体壁滑行为的控制和利用价值

　　挤出畸变与熔体破裂虽然是非常复杂和严重影响生产效率的现象,但是正因为其复杂,更激发了人们探究其内在规律的热情,正因为它紧密联系生产和科研实践,因此更吸引人们深入研究其机理和寻求解决方法。近年来,人们愈加关注高分子液体在极端流动条件下(高速流场:超高剪切速率、剪切应力、超高拉伸比)的异常流变性质。一方面,这些研究有助于人们了解在高速流场中大分子链发生缠结和解缠结、取向和解取向、黏附和滑移等转变时,构象、结构和性质的变化,了解动态条件下高分子材料的非线性黏弹性。另一方面,人们试图掌握、控制和利用这类极其复杂的高速流动规律,改造、拓宽和优化现行生产工艺(尤其是临界条件),直接为实践服务。

　　比如 T de J Guadarrama-Medina,José Pérez-González,Lourdes de Vargas 等[49]报道了 LLDPE 在强滑动条件下挤出时,滑动对拉伸性能的影响。发现在恒定的表观剪切速率下,滑动条件下挤出物的挤出胀大比在非滑条件下的挤出胀大小。滑动条件下获得的细丝的拉伸比和熔体强度比在非滑条件下的大,且拉伸共振现象推迟。研究表明,熔体在口模壁上的滑动降低了施加在本体上的剪切应力,因此限制了流动中分子链的解缠结和取向,增加了拉伸时的熔体强度和拉伸比。

Sentmanat 等[13]指出,由于线型聚乙烯和支化聚乙烯具有不同类型的流动曲线和熔体破裂方式,以至于有不同的拉伸流动和剥离强度(peel strength),因此测量聚乙烯的熔体流动行为提供了一个识别聚乙烯加工性的"指纹"区,对于优化聚烯烃材料的加工具有指导意义。

Miller 和 Rothstein[40]在挤出过程中引入温度梯度场来控制鲨鱼皮现象。他们根据鲨鱼皮的发生规律,在口模和料筒上精确设置温度梯度场,通过改变非常靠近口模壁的挤出物的流变性能,抑制和控制鲨鱼皮不稳定性,使挤出速度提高,令人信服地增加了挤出加工的盈利能力。

关于某些聚合物熔体高速挤出时出现第二光滑挤出区(quasi-steady extrusion flow)的行为尤其令人关注。文献上关于第二光滑挤出区的报道较少。作者等在实验中发现,第二光滑挤出行为只发生在某些线型聚合物熔体中,很少发生在支化聚合物熔体中。目前来看,线型聚合物熔体中,HDPE 熔体也很难出现第二光滑挤出区,而 LLDPE 熔体可以得到第二光滑挤出区。这与两种熔体不同的压力振荡和壁滑规律,归根结底与材料不同的分子结构有关。

1. LLDPE 熔体的第二光滑挤出现象[50]

实验选用 4 种 LLDPE 样品,分别为 LLDPE-7047、LLDPE-0218D、LLDPE-1002、LLDPE-101A。由图 12.9 得知,线型聚合物在一定温度下挤出时,随剪切速率提高,挤出物表面先后出现光滑挤出段,鲨鱼皮畸变,和伴有压力振荡的黏-滑畸变。在超过压力振荡的更高挤出速率下,实验发现 LLDPE 挤出物又变得光滑平直,此时流动稳定(准稳定),压力振荡消失,流速显著增加。这个准稳定的光滑挤出区称第二光滑挤出区,见图 12.56(d)。注意第二光滑段的挤出物表面光滑平直。超过第二光滑区再继续提高挤出速率,熔体发生无规破裂。

| (a) 光滑段 | (b) 鲨鱼皮畸变 | (c) 黏-滑畸变 | (d) 第二光滑挤出段 |
| 表观剪切速率: 120s⁻¹ | 246s⁻¹ | 2100s⁻¹ | 3001s⁻¹ |

图 12.56　LLDPE-1002 在不同挤出速率下的挤出物表观演变图

第二光滑挤出区的另一重要特征是挤出速率显著提高,但挤出压力却并未成比例增加,见图 12.10(b),(c)。图中两种 LLDPE 熔体的流动曲线均发生了断裂,其中高挤出速率区属于第二光滑挤出区。可以看到,与第一光滑挤出区比较,第二光滑挤出区的挤出速率有数量级的提高,但挤出压力基本保持不变,因此第二光滑挤出现象对于聚合物高速、稳定、安全、节能挤出具有重要意义。

2. 第二光滑挤出区的范围

实验设置了不同的挤出速率段次,各段次对应的表观剪切速率如表 12.15 所示。实验发现全部 4 种 LLDPE 样品在挤出速率达到一定值后,均出现第二光滑挤出现象。不同样品出现第二光滑挤出现象的临界挤出速率不同,出现第二光滑挤出现象的挤出速率范围也不同,见表 12.16。

表 12.15　不同挤出速率段次对应的表观剪切速率

段次	1	2	3	4	5	6	7	8	9	10
表观剪切速率/s^{-1}	120	174	246	353	503	720	1027	1468	2100	3001

表 12.16　各 LLDPE 样品不同挤出物表观对应的挤出速率范围/s^{-1}(190℃)

挤出物表观	第一光滑区	鲨鱼皮畸变	黏-滑畸变	第二光滑区	整体无规破裂
LLDPE-7047		120-720	1027	1468-2100	3001
LLDPE-0218D	120-246	353-720	1027-1468	2100-3001	
LLDPE-1002	120-246	353-1468	2100	3001	
LLDPE-101A	120	174-720	1027-1468	2100	3001

由表可见,LLDPE-7047 在第 8 挤出段开始出现第二光滑挤出现象,而 LLDPE-0218D、LLDPE-101A 在第 9 挤出段,LLDPE-1002 在第 10 挤出段才开始出现第二光滑挤出现象,说明 LLDPE-7047 出现第二光滑挤出现象的临界挤出速率较低。对比而言,LLDPE-7047、LLDPE-0218D 的第二光滑挤出区的速率范围较宽,而 LLDPE-101A 则较窄。较低的临界挤出速率和较宽的第二光滑挤出区速率范围显然更有利于实际工艺应用。

为进一步查清第二光滑挤出区的范围和挤出压力的变化,作者等设置了更高的挤出速率段次。实验的起始速率定为先前实验中各物料发生最后一次压力振荡所对应的表观剪切速率,而终止速率定为开始发生整体无规破裂所对应的表观剪切速率。得到几种 LLDPE 样品在第二光滑挤出范围内的挤出压力发展曲线如图 12.57 所示。

由图 12.57 可见,三种 LLDPE 树脂在第二光滑区的挤出压力有相同的发展规律,而且与压力振荡区的压力变化幅度有关。第二光滑区开始时挤出压力较低,大约与压力振荡区中的压力谷值相当。已知在压力谷值时,熔体与口模壁处于滑界面状态,因此可以得知在第二光滑区中,熔体与口模壁也应处于滑界面状态。只是此时界面状态不是在黏界面—滑界面之间动态转变,而是恒处于滑界面状态,即在第二光滑区中熔体在口模壁处于全滑动状态。

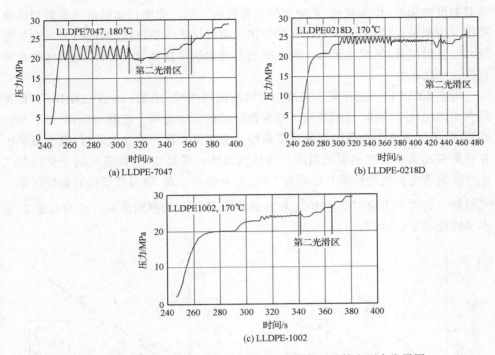

图 12.57　几种 LLDPE 样品在第二光滑挤出区的挤出压力发展图

另外看到在第二光滑区,随挤出速率提高,挤出压力也逐步提高。一旦挤出压力升高到与压力振荡区中的压力峰值相当,第二光滑区结束,而后熔体发生整体无规破裂。由此可见,第二光滑区的范围与压力振荡的幅度大小有关,振荡区中压力的振荡幅度越大,第二光滑区内的压力可调窗口就越大,有利于第二光滑挤出的稳定实施。

3. 温度对第二光滑挤出区的影响

表 12.17 给出了三种 LLDPE 树脂出现第二光滑挤出区的表观剪切速率范围

表 12.17　不同温度下 LLDPE 树脂稳定挤出及第二光滑区的表观剪切速率范围

温度/ ℃	出现第二光滑区的表观剪切速率范围/s^{-1}			第一稳定挤出区的表观剪切速率范围/s^{-1}		
	LLDPE-7047	LLDPE-1002	LLDPE-0218D	LLDPE-7047	LLDPE-1002	LLDPE-0218D
170	882.7~1027.3	1626.7~2209.9	1396.5~2099.8	<120.4	<120.4	<173.9
180	1244.1~1931.5	1864.8~3001.5[①] (或更高速率)	1722.8~2365.2	<120.4	<173.8	<173.9
190	1471.1~2100.0	2365.1~3001.6[①] (或更高速率)	2185.7~3001.7[①] (或更高速率)	<120.4	<353.2	<353.2

① 实验用的恒速型双毛细管流变仪所能设定的最大表观剪切速率为 3000s^{-1},在更高的表观剪切速率下的表观如何尚不确定。

及其温度的影响。作为对比,表中也给出各树脂在第一光滑挤出区的表观剪切速率范围。由表可见,第二光滑挤出区的挤出速率要比第一稳定区大许多(大一个数量级);而且温度升高,发生第二光滑区的临界剪切速率提高,出现第二光滑区的速率范围也随之拓宽。

考察 LLDPE 树脂在第二光滑挤出区的流动曲线。图 12.58 是三种 LLDPE 树脂在不同温度下挤出,得到的第二光滑挤出区的流动曲线。有趣的是,对每一种树脂而言,不同温度下得到的高速流变曲线几乎都落在同一趋势线附近,没有显示出在正常流动区中经常出现的温度对熔体流动性的活化作用,即温度的变化对第二光滑区的流变曲线的斜率几乎没有影响。另外图中发现,随温度增加开始发生第二光滑挤出的临界表观剪切速率 $\dot\gamma_{2c}$ 和临界剪切应力 σ_{2c} 均逐渐增加。σ_{2c} 与温度 T 基本呈线性关系($\sigma_{2c} \propto T$)。

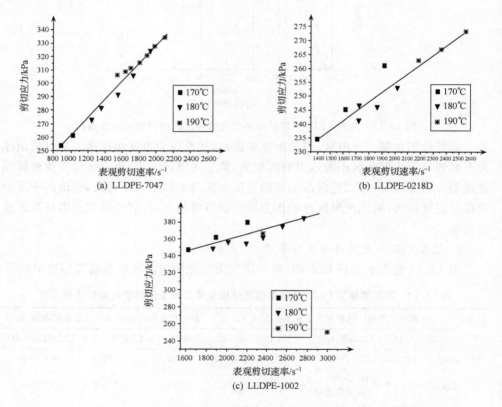

图 12.58　不同温度下三种 LLDPE 树脂在第二光滑区的流变曲线

4. 第二光滑挤出区与压力振荡区的联系

已知处于压力振荡区时,熔体/口模壁之间的界面在黏界面与滑界面间变换,而在第二光滑挤出区内,熔体以极高速度挤出,熔体/口模壁之间处于全滑界面状态。对比 LLDPE 在第二光滑挤出区的挤出物外观和它在压力振荡区中处于滑界面的挤出物外观,发现两者之间十分相似,见图 12.59。

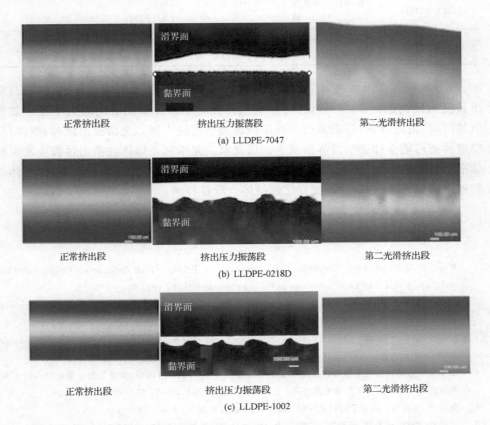

正常挤出段　　　　　挤出压力振荡段　　　　　第二光滑挤出段

(a) LLDPE-7047

正常挤出段　　　　　挤出压力振荡段　　　　　第二光滑挤出段

(b) LLDPE-0218D

正常挤出段　　　　　挤出压力振荡段　　　　　第二光滑挤出段

(c) LLDPE-1002

图 12.59　三种 LLDPE 树脂在第一稳定区、压力振荡区和第二光滑
挤出区的挤出物表观对比

这是一个有趣的现象,它表明 LLDPE 熔体在第二光滑挤出区的挤出行为与其在压力振荡区处于滑界面的挤出行为相似。实验又发现在压力振荡区中,熔体/口模壁之间处于黏界面和滑界面的时间并非对等的。随着挤出速率的提高,熔体/口模壁之间处于滑界面的时间(即长度)越来越长,而处于黏界面的时间越来越短。作者等测量计算了三种 LLDPE 熔体在不同挤出速率下,一次压力振荡周期中滑段长度占总挤出长度的比例:L_{slip}/L_{total},结果见表 12.18。

由表可见,对三种 LLDPE 样品,在挤出压力振荡和黏-滑畸变区域,随着挤出速率的升高,都显示出滑段长度越来越大,黏段长度越来越小的共同趋势。如 LLDPE-

表 12.18　LLDPE 样品在挤出压力振荡区滑段挤出长度占总长度的比例（180℃）

LLDPE-7047	表观剪切速率/s⁻¹	692.8	810.7	949.7	1112.7
	L_{slip}/L_{total} 比值	0.368	0.549	0.714	0.836
LLDPE-0218D	表观剪切速率/s⁻¹	1471.1	1591.7		
	L_{slip}/L_{total} 比值	0.397	0.635		
LLDPE-1002	表观剪切速率/s⁻¹	1471.4	1591.7	1722.8	
	L_{slip}/L_{total} 比值	0.447	0.577	0.648	

7047，当表观剪切速率达到 1112.7 s⁻¹时，一个压力振荡周期内，滑段长度占总挤出长度的比例达到 83.6%，熔体/口模壁界面处于滑界面的时间远大于处于黏界面的时间。由此推论，若表观剪切速率继续提高而进入第二光滑挤出区时，熔体/口模壁界面可能全部处于滑界面状态。因此第二光滑区是熔体在挤出过程中发生整体滑动引起的，第二光滑区出现在压力振荡区后是一种界面现象的转变，即熔体与管壁之间的界面由黏-滑转变变化到整体全滑移界面。

参 考 文 献

[1] Wang S Q. Molecular Transitions and Dynamics at Polymer/Wall Interfaces：Origins of Flow Instabilities and Wall Slip. Advances in Polymer Science, 1999, 138：227～275

[2] Liliane Léger, Elie Raphaël, Hubert Hervet. Surface-Anchored Polymer Chains：Their Role in Adhesion and Friction. Advances in Polymer Science, 1999, 138：185～225

[3] Migler K B, Son Y, Qiao F, Flynn K. Extensional deformation, cohesive failure and boundary conditions during sharkskin melt fracture. J Rheology, 2002, 46(2)：383～400

[4] 王十庆. 毛细管流动中的聚合物熔体分子不稳定性——界面黏-滑转变、壁滑及挤出物畸变//何天白，胡汉杰编. 海外高分子科学的新进展. 北京：化学工业出版社，1997：217～233

[5] 吴其晔，巫静安. 高分子材料流变学. 北京：高等教育出版社，2002：286～316

[6] 吴其晔，李鹏，慕晶霞，范海军，张娜，王新. 线型与支化聚烯烃熔体高速挤出时的不稳定扰动源. 高分子通报，2007，(5)：41～47

[7] Han C D. 徐僖，吴大诚等译. 聚合物加工流变学. 北京：科学出版社，1985

[8] Vinogradov C V, Malkin A Ya. Rheology of Polymers. Berlin：Springer-Verlag, 1980：154～164

[9] 李鹏，张娜，安鹏，慕晶霞，吴其晔. HDPE 及其共聚物鲨鱼皮畸变的定量描述. 塑料科技，2006，34(1)：23～26

[10] 吴其晔，巫静安，温学明，王新，李鹏，王淑英. 线型聚乙烯及其共聚物的挤出畸变与熔体黏弹性的关系. 高分子通报，2005，(1)：66～72

[11] 王克俭，周持兴. 考虑壁面滑移的 Z-W 流变模型及其应用. 高分子通报，2003，(1)：8～17

[12] Phillip J Doerpinghaus, Donald G Baird. Comparison of the melt fracture behavior of metallocene and conventional Polyethylene. Rheologica Acta, 2003, 42：544

[13] Martin Sentmanat, Edward B Muliawan, Savvas G. Hatzikiriakos. Fingerprinting the processing behavior of polyethylenes from transient extensional flow and peel experiments in the melt state.

Rheologica Acta, 2004, 44(1)：1～15

[14] 李鹏,慕晶霞,尹文艳等. 用双毛细管流变仪对 HDPE 与 LLDPE 挤出压力振荡的研究. 塑料,2006, 35(3):68～72

[15] 慕晶霞,王宁,赵贝,张娜,李鹏,吴其晔. PE-LLD 和 PE-LD 熔体高速挤出特性的对比研究. 中国塑料,2007, 21(5):58～62

[16] 吴其晔,李鹏,慕晶霞,张娜,王新. 聚烯烃熔体两类挤出畸变现象的定量描述. 塑料,2007,36(5): 20～24

[17] 吴其晔,巫静安,温学明,王新,李鹏,王淑英. 聚乙烯熔体的挤出畸变与非线性黏弹性的关系. 中国塑料,2004,18(7):40～44

[18] Kazatchkov Igor B, Franky Yip, Savvas G Hatzikiriakos. The effect of boron nitride on the rheology and processing of polyolefins. Rheologica Acta，2000，39(6)：583～594

[19] Wu Q Y, Wang X, Gao W P, Hu Y L, Qi Z N. Unusual Rheological Behaviors of Linear PE and PE/Kaolin Composite. J. Applied Polymer Science，2001，80：2154～2161

[20] Wang X, Wu Q Y, Qi Z N. Unusual rheology behaviour of ultra high molecular weight polyethylene/kaolin composites prepared via polymerization-filling. Polymer International，2003，52：1078～1082

[21] 李鹏,慕晶霞,张娜,安鹏,吴其晔. HDPE 及其共混物的挤出压力振荡现象. 合成树脂及塑料,2006, 23(2):56～60

[22] 吴其晔,王新,温学明,王淑英,巫静安. 临界外推滑移长度的解析、测量及其流变学意义. // 全国高分子学术论文报告会论文集,杭州,2003:B398～399

[23] 石强,朱连超,蔡传伦,殷敬华. 反应挤出接枝共聚反应表观链增长常数的测量. 高等学校化学学报, 2005,24(9):1757～1760

[24] de Gennes P E. 吴大诚等译. 高分子物理学中的标度概念. 北京:化学工业出版社, 2002

[25] 吴其晔. 高分子凝聚态物理及其进展. 上海:华东理工大学出版社,2006,62～65

[26] 慕晶霞,张娜,李鹏,吴其晔,姚占海,殷敬华. 反应挤出制备的接枝 LLDPE 流变性. 现代塑料加工应用,2007,19(1):4～7

[27] 慕晶霞,赵贝,王宁,张娜,李鹏,吴其晔. LLDPE/LDPE 共混熔体不稳定流动性的研究. 塑料,2007, 36(1):56～61

[28] Tordella J P. Unstable flow of molten polymers. Rheology, 1969(5)：58～92

[29] Cogswell F N. Stretching flow instabilities at the exits of extrusion dies. J. Non-Newtonian Fluid Mech. , 1997, 2：37～47

[30] Moynihan R H，Baird D G，Ramanathan R. Additional observations on the surface melt fracture-behavior of linear low-density polyethylene. J. Non-Newtonian Fluid Mech. ,1990,36：255～263

[31] Uhland E. Modell zur Beschreibung des Fließens wandgleitender Substanzen durch Düsen. Rheologica Acta , 1976, 15：30～39

[32] Wang S Q,Drda P A. Stick-Slip Transition in Capillary Flow of Polyethylene, 2, Molecular Weight Dependence and Low-Temperature Anomaly. Macromolecules,1996,29(11):4115～4119

[33] Wang S Q. Molecular Transitions and Dynamics at Polymer/Wall Interfaces：Origins of Flow Instabilities and Wall Slip. Advances in Polymer Science, 1999, 138：227～275

[34] Sun X L, Li H H, Zhang X Q, Wang J J, Wang D J, Yan S K. Effect of fiber molecular weight on the interfacial morphology of iPP fiber/matrix single polymer composites. Macromolecules, 2006 (39)：1087～1092

［35］ 吴其晔,冯绍华,慕晶霞,张娜,王笃金. 反应降解聚丙烯的流变行为及与分子量的关系//高分子材料科学与工程研讨会论文集,四川绵阳,2006:216～217

［36］ Cogswell F N. A method for reducing sharkskin on extruded polymeric material. British，＃1 441 586，1976

［37］ Barone J R，Plucktaveesak N，Wang S Q. Interfacial molecular instability mechanism for sharkskin phenomenon in capillary extrusion of linear polyethylenes. J. Rheology，1998，42(5)：813～832

［38］ Santamaria A，Fernandez M，Sanz E，Lafuente P，Munoz-Escalona A. Postponing sharkskin of metallocene polyethylenes at low temperatures：the effect of molecular parameters. Polymer，2003，44(8)：2473～2480

［39］ Miller E，Jonathan P. Control of the sharkskin instability in the extrusion of polymer melts using induced temperature gradients. Rheologica Acta,2004,44(2):160～173

［40］ Ghanta V G，Riise B L，Denn M M. Disappearance of extrusion instabilities in brass capillary dies. J Rheology，1999，43(2)：435～442

［41］ Kharchenko S B，McGuiggan P M，Migler K B. Flow induced coating of fluoropolymer additives：development of frustrated total internal reflection imaging. J. Rheology，2003，47(6)：1523～1545

［42］ Savvas G，Hatzikirakos. The Onset of Wall Slip and Sharkskin Melt Fracture in Capillary Flow. Polymer Engineering And Science，1994，34(6)：1441～1449

［43］ Martin Sentmanat，Savvas G，Hatzikiriakos. Mechanism of gross melt fracture elimination in the extrusion of polyethylenes in the presence of boron nitride. Rheologica Acta，2004，43(6)：624～633

［44］ Phillip J，Doerpinghaus，Donald G，Baird. Comparison of the melt fracture behavior of metallocene and conventional polyethylenes. Rheologica Acta，2003，42(6)：544～556

［45］ Athey R J，Thamm R C，Souffe R D，Chapman G R. The processing behavior of polyolefins containing a fluoroelastomer additive. SPE ANTC'86 Tech. Papers，1986，32：1149～1153

［46］ Liang R F，Mackley M R. Gas assisted extrusion of molten polyethylene. J. Rheology，2001，45(1)：211～226

［47］ 吴其晔,慕晶霞,张娜,王宁,赵贝. 含氟弹性体对聚烯烃熔体高速挤出性能的影响. // 全国高分子科学论文报告会论文集,成都,2007:C-O-021

［48］ Teresita de Jesús Guadarrama-Medina，José Pérez-González，Lourdes de Vargas. Enhanced melt strength and stretching of linear low-density polyethylene extruded under strong slip conditions. Rheologica Acta,2005，44(3)：278～286

［49］ 吴其晔,慕晶霞,张娜,王宁,赵贝. LLDPE 熔体的第二光滑挤出区——现象和机理//全国高分子科学论文报告会论文集,成都,2007:C-P-017

（吴其晔）

第13章 双螺杆挤出机物料挤出过程的
停留时间分布

13.1 引　　言

传统的双螺杆挤出机一般用于聚合物混合与复合、型材挤出和脱挥等。近年来,利用双螺杆挤出机作为反应器引起了研究者的广泛关注。这是因为通过双螺杆挤出机可以将反应和挤出在同一过程完成,也就是将传统的两步操作整合到一起,不仅大大提高了效率,也为新型聚合物材料的制备提供了新的途径。

13.1.1 双螺杆挤出机中的分布混合与分散混合

在聚合物材料加工、反应改性过程中,一般需要向聚合物中加入其他组分,例如抗氧剂、颜料和填料、反应改性剂等。不同聚合物之间的复合是开发新的聚合物材料重要路线之一,所得到的新材料将兼具各组分聚合物的优点。这些过程都涉及混合问题,双螺杆挤出机则是用于高黏聚合物混合的首选设备,它可以提供优异的分布和分散混合。

分散混合和分布混合的示意图如图 13.1 所示[1]。分散混合过程是团聚物的破裂过程,这些团聚物可以是填料粒子,也可以是复合聚合物。由于填料粒子和聚合

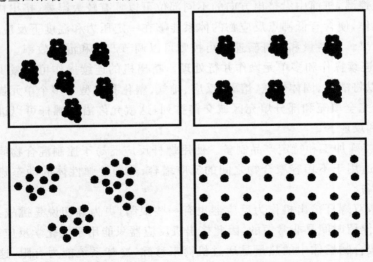

图 13.1　挤出过程中分散混合和分布混合示意图

物的自黏结特性,必须对其施加足够的应力和应变才能使其破裂.分散混合的效率依赖于分散相与连续项的黏度比及形变类型,Meijer 等[2]认为拉伸流动可以产生更为有效的分散混合.

由于聚合物熔体的高黏特性,挤出过程中聚合物只发生层流流动,因此分布混合只是由层流导致的对流混合.分布混合过程是聚合物在挤出机中反复褶皱和重排的过程,一般通过两相聚合物界面面积大小来表征.界面大小依赖于初始界面面积、施加的应变和流场中界面取向.若要获得满意的产物,分散混合和分布混合都是必需的,而双螺杆挤出机则可以同时完成这两类混合.因此双螺杆挤出机是聚合物/添加剂混合、聚合物/聚合物复合的首选设备.

13.1.2　双螺杆机中反应挤出过程

反应挤出采用螺杆挤出机作为化学反应器来进行聚合物改性或单体聚合.这是一个复杂的化学反应过程,它将传统的高分子化学反应工程(单体聚合或聚合物化学改性)和挤出加工(分散、混合、脱挥、成型)融合到单一的双螺杆挤出机中进行.与传统反应器相比,双螺杆挤出机具有如下优点[3~5]:

(1)无溶剂高黏聚合物体系的化学反应.对于有聚合物参与的反应,体系的黏度一般在 10~10 000 Pa·s 之间,传统的反应器对如此高黏反应体系是无能为力的.一般的解决方法是将聚合物用溶剂/稀释剂溶解降黏,这就意味着高额的辅助经济支出.在无需溶剂条件下实现高黏体系的反应是双螺杆反应挤出的最大优点.由于无需溶剂,反应挤出过程是相对安全的、对环境是友好的.

(2)宽范围的操作条件.双螺杆挤出反应器可以处理高温和低温反应,由于机筒是分段控温,机筒中沿挤出方向的不同部位可以具有较大温差.挤出机还可以在高压下操作,使含有低沸点反应物的体系能够在一定压力和温度下反应,获得良好的反应效果.喂料量和螺杆转速的可控则可以调节产量和混合效率.

(3)连续操作和多单元操作并行处理.挤出机的连续操作可以减少产品加工周期,可以将喂料、固体输送、熔融、反应、排气、塑化和成型等多个单元操作同时完成.由于完全填充和部分填充区域交错排列,这就允许沿着螺杆可以进行多点喂料、排气和反应.

(4)特殊加工和特定产品制备.使用螺杆反应器易于控制混合物间界面和形态,特别适用于不相容聚合物之间的反应增容、热塑性弹性体的动态硫化和纳米材料的制备.

但是,双螺杆挤出机作为反应器也有一些限制,更为确切说是挑战:物料在挤出机中的停留时间是非常短的,因此挤出机反应器只能用于快化学反应;在螺杆挤出机中,聚合物熔体中的热量是通过机筒来移除,冷却系统能力有限,这就导致热撤除的困难.

虽然可以在传统反应器中进行的化学反应并不能全部由螺杆挤出机来完成，但是反应挤出为制备聚合物材料提供了新的方法，并且在工业中有着广泛应用。反应挤出的主要类型如下[6~8]：

（1）本体聚合反应。指单体的聚合或共聚合，在这个反应过程中挤出机是作为真正的聚合反应器。Kim 等[9]在螺杆挤出机中使用 ε-己内酯、ε-己内酰胺和 ω-十二碳内酰胺单体合成了二元、三元和无规嵌段共聚物。Cassagnau 等[10]对聚氨酯反应挤出进行了研究。

（2）聚合物化学改性。其目的是改变已存在聚合物的化学或物理化学性质，而不改变其物理或机械性能。将单体接枝到聚合物主链或侧链上是比较常用的改性方法，例如 Hu 等[11]利用双螺杆挤出机进行马来酸酐与聚丙烯的反应接枝，对不同加工条件下和沿着螺杆不同部位的接枝率进行深入研究。Shearer 等[12]对聚丙烯的氢硅烷化进行了研究，认为加工过程包括两个平行反应过程，就是聚丙烯链断裂和甲硅烷基接枝到链端双键上。

（3）聚合物流变改性。包括聚合物相对分子质量增加和减小。聚合物之间的反应可以形成无规、嵌段和接枝共聚物。控制聚合物降解可以调节其相对分子质量分布，从而改变其流变性能，主要是通过加入过氧化物来实现的。研究比较多的是聚丙烯的降解，Berzin 等[13,14]考察了不同氧化剂浓度和挤出条件对聚丙烯相对分子质量、相对分子质量分布和流变性能的影响，提出了理论模型并与实验值进行了对比。

（4）聚合物反应增容。多相共混物的性能依赖于它们之间的界面和形态，这可以通过加入相容剂来控制。这些相容剂可以是单独制备然后加入共混物中，也可以通过挤出加工过程在共混物界面处原位形成。很明显，后一种方法更有吸引力。Kim 等[15]对 PBT/PA6/EVA-g-MAH 三元共混物的机械性能和形态进行了研究，希望接枝到 EVA 上的 MAH 与 PA6 的氨基和 PBT 的羟基反应来提高共混物的机械性能，但是结果并不理想，他们认为这可能与它们之间的反应率有关。Machado 等[16]在 PA6/PP 中加入 PA6-g-PP 相容剂，考察了共混物形态和黏弹行为的变化，同时对 PA6/PE/PE-g-MAH 的原位增容也进行了研究。

13.1.3　双螺杆挤出机中停留时间分布的重要性

作为挤出过程的响应变量之一，停留时间分布（RTD）是一个重要参数，常常被用来衡量挤出机的加工性能。

停留时间分布表示连续流动反应器出口停留时间小于某一时刻的流体在总流体中所占的分率，是连续流动反应器中返混程度的反映。因此，停留时间分布可以表征螺杆挤出机的轴向混合。Danckwerts[17]讨论了累积停留时间分布和连续系统混合效率之间的关系，认为停留时间分布表示了连续反应器内不同时间历程物料在出口处的混合,即使完全混合(理想搅拌反应器)也不能说明产品是完全均一的,这是因为均一化还依赖于微观混合程度。Bigg[18]认为,挤出过程的分布混合主要取决于物料的应变,而应变主要受挤出流道中横向流的控制;相反,停留时间分布反映的是物料沿螺杆主要流动方向,也就是轴向流动的混合,此类混合对应变和产品均一性贡献相对较小。虽然有这些局限性,但周向混合和产品均一性受平均停留时间影响,因此停留时间分布广泛用来表征双螺杆挤出机中的混合和流动模式。Shin[19]指出,停留时间分布的宽度影响聚合物复合的均一性。

对于反应挤出过程而言,若要检测/控制沿着挤出方向(物料流动方向)的反应状况,进而研究其反应动力学,这就需要知道物料在挤出机不同部位的停留时间分布。产品的均一性一般通过控制 RTD 曲线的宽度来实现,曲线越窄获得的产品越均一。同时,挤出机中反应物的接触时间和接触面积应该尽可能得大,才能使反应转化率增加,使产品中残余反应物减少,这就需要宽的 RTD 分布,这是一个矛盾过程。在反应挤出过程中,需要清楚地知道物料在挤出机中的停留时间分布,才能平衡这一对矛盾,进而获得满意的产品。Machado 等[20]的研究表明:在利用过氧化物 2,5-二叔丁基过氧基-2,5-二甲基己烷(DHBP)对聚烯烃进行交联和降解改性过程中,交联和降解程度依赖于物料沿着螺杆的局部停留时间和温度。停留时间分布直接影响产品的相对分子质量分布和转化率,进而影响最终产品的质量。Chalamet 等[21,22]利用 RTD 研究了聚酰胺 12(PA12)在挤出机中的缩聚和分解反应,考察了温度和螺杆转速对 RTD 的影响,进而分析了对相对分子质量分布和转化率的影响。Mélo 等[23]考察了聚丙烯/尼龙 6(PP/PA6)未加相容剂和加入 PP 接枝丙烯酸作为相容剂反应挤出的 RTD,PA6 和相容剂的反应可以明显增加检测器的信号强度,但对 RTD 影响不大。

挤出机的螺杆直径可以小到 15mm,也可以大到 800mm,对于聚合物加工和反应挤出过程中,都会遇到放大/缩小问题。放大/缩小原则上要根据不同需要来选择参数,Rauwendaal[24]将停留时间作为放大/缩小前后混合效果一致性的标准,也就是两个挤出机保持相同的热和剪切历史。在反应挤出加工中,若产品质量受停留时间影响比较大,就需要特别注意放大/缩小前后停留时间分布的一致性。

在挤出加工过程中,挤出机会受到一些动态干扰,比如喂料、固体床的破裂。为了减轻干扰的影响,一般采用回路控制,这就需要通过精确的模型和算法来控制回路响应,而平均停留时间和延迟时间是编制算法和控制回路稳定性所必需的。Gao 等[25]对挤出物黏度变化进行回路控制,使用在线毛细管流变仪来测量挤出物黏度变化,过氧化物喂料率作为控制变量,利用提出的平均停留时间模型来编制控制程序,结果表明回路具有很好抗干扰能力。

13.2　双螺杆挤出机中停留时间分布的测量方法

13.2.1　停留时间分布的定义与表征

在螺杆挤出机中,假如把流动物料分成足够数量的微小单元,那么流体的流动就是这些微元在进入挤出机后,随时间发展到达不同的空间位置,最后分别离开反应器的过程。挤出机中微元的停留时间各不相同,彼此产生混合,称为返混。由于返混,同一瞬间进入挤出机的微元不能同时离开反应器,出口流体中各微元的停留时间有长有短,形成了停留时间分布,有限个微元由于混合产生的停留时间分布如图 13.2 所示。造成停留时间分布的主要原因是:

(1)由于物料与流向的相反运动所造成。由于螺杆的拖曳、搅拌和压力作用引起的物料倒流、错流;

(2)由于不均匀的速度分布所引起。物料在螺槽中流动时,由于速度与物料位置有依赖关系,这就造成螺杆挤出机不均匀的速度分布,进而造成停留时间分布;

(3)由于挤出机设计不当所引起的死角、短路、沟流、旁路等。

由于物料在反应器内的 RTD 完全是随机的,因此可以根据概率分布的概念来对其作定量描述。描述 RTD 的概率分布函数有 RTD 密度函数和累积 RTD 函数。

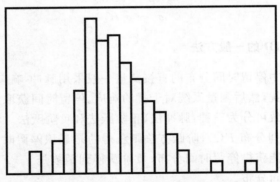

图 13.2　流体单元停留时间的柱状图

RTD 密度函数也称作 E 函数,通常用 $E(t)$ 表示。其定义为,在定常态下的连续流动系统中,对于某瞬间 $t=0$ 流入反应器的流体,在反应器内停留了 t 与 $t+\mathrm{d}t$ 之间的流体质点在反应器出口的流体质点中所占的分率为 $E(t)\mathrm{d}t$。依此定义,$E(t)$ 具有归一化性质,即

$$\int_0^\infty E(t)\mathrm{d}t = 1 \tag{13.1}$$

累积 RTD 函数也称作 F 函数,通常用 $F(t)$ 表示。其定义为,在定常态下的连续流动系统中,对于某瞬间 $t=0$ 流入反应器的物料,在反应器出口料流中停留时间少于 t 的物料所占的分率。$F(t)$ 和 $E(t)$ 之间具有如下关系:

$$F(t) = \int_0^t E(t)\mathrm{d}t \tag{13.2}$$

在对 RTD 函数定量描述时常用到两个最重要的特征值——平均停留时间 $\bar{t}$ 和方差 δ_t^2。平均停留时间 $\bar{t}$ 的物理意义是系统按平推流流动时的停留时间,定义为

$$\bar{t} = \frac{\int_0^\infty t E(t)\mathrm{d}t}{\int_0^\infty E(t)\mathrm{d}t} = \int_0^\infty t E(t)\mathrm{d}t \tag{13.3}$$

式(13.3)表明,$\bar{t}$ 在几何图形上是曲线 $E(t) \sim t$ 所围面积的重心在 t 坐标轴上的投影,在数学上称 $\bar{t}$ 为曲线 $E(t)$ 对于原点坐标的一次矩,又称 $E(t)$ 的数学期望。

$\bar{t}$ 只表示了停留时间的分布中心,描述 RTD 的离散程度需用到方差。它代表了物料在反应器中轴向混合(返混)程度的大小,在数学上它是指对于 $\bar{t}$ 的二次矩,即

$$\sigma_t^2 = \frac{\int_0^\infty (t - \bar{t})^2 E(t)\mathrm{d}t}{\int_0^\infty E(t)\mathrm{d}t} = \int_0^\infty t^2 E(t)\mathrm{d}t - \bar{t}^2 \tag{13.4}$$

若将停留时间 t 用 $\bar{t}$ 进行无因次化,即令 $\theta = t/\bar{t}$ 来表示无因次停留时间,则有

$$E(\theta) = \bar{t}E(t) \tag{13.5}$$

$$\sigma^2 = \sigma_t^2/\bar{t}^2 \tag{13.6}$$

13.2.2 获取 RTD 的一般方法

螺杆挤出机中停留时间分布的直接测量一般采用脉冲-响应技术,也就是在系统中加入脉冲干扰,然后测量系统对干扰的响应。停留时间获取方法根据示踪剂输入方式的不同大致可分为三种:脉冲法、正阶跃法和负阶跃法。利用脉冲方法可以直接获得停留时间分布 $E(t)$;阶跃方法则获得的是累积停留时间分布 $F(t)$,需要通过一定换算才能获得停留时间分布;负阶跃得到函数是 $1 - F(t)$,同样需要换算才能获得停留时间分布。

13.2.2.1 脉冲法

脉冲法是在稳态连续流动系统的入口在 $t=0$ 的瞬间输入 M(克或物质的量浓度)的示踪剂 A,并同时在出口处记录出口物料中示踪剂 A 的浓度随时间的变化。根据 A 的物料平衡计算有:

$$M = \int_0^\infty Q_0 C_A \mathrm{d}t \quad \text{或} \quad C_0 = \frac{M}{Q_0} = \int_0^\infty C_A \mathrm{d}t \tag{13.7}$$

式中，Q_0 表示该流动系统的体积流率；C_A 表示出口物料中 A 的浓度。由于出口物料中停留时间在 $t \sim t + \mathrm{d}t$ 的示踪剂量为 $Q_0 C_A \mathrm{d}t$，由定义可知：

$$E(t)\mathrm{d}t = \frac{Q_0 C_A \mathrm{d}t}{M} = \frac{C_A}{C_0}\mathrm{d}t \quad 或 \quad E(t) = \frac{C_A}{C_0} \tag{13.8}$$

实验获得的是不同时刻点的瞬间样品，此时可应用式（13.7）和式（13.8）结合计算 $E(t_i)$：

$$E(t_i) = \frac{C_{Ai}}{\displaystyle\sum_{i=1}^{N_s} C_{Ai}\Delta t_i} \tag{13.9}$$

式（13.2）和式（13.9）结合计算 $F(t_i)$：

$$F(t_i) = \frac{\displaystyle\sum_{i=1}^{i} C_{Ai}\Delta t_i}{\displaystyle\sum_{i=1}^{N_s} C_{Ai}\Delta t_i} \tag{13.10}$$

式（13.3）和式（13.9）结合计算 $\bar{t}$：

$$\bar{t} = \frac{\displaystyle\sum_{i=1}^{N_s} t_i C_{Ai}\Delta t_i}{\displaystyle\sum_{i=1}^{N_s} C_{Ai}\Delta t_i} \tag{13.11}$$

式（13.4）和式（13.9）结合计算 σ_t^2：

$$\sigma_t^2 = \frac{\displaystyle\sum_{i=1}^{N_s} t_i^2 C_{Ai}\Delta t_i}{\displaystyle\sum_{i=1}^{N_s} C_{Ai}\Delta t_i} - \bar{t}^2 \tag{13.12}$$

式中，Δt_i 是相邻两次取样的时间间隔；C_{Ai} 是对应于时间 t_i 下的示踪剂浓度值；N_s 是样品的个数。

脉冲法可以直接求得 RTD 密度函数，但要在一瞬间（即时间间隔为零）就把全部示踪剂在进料位置的整个截面上均匀地加入进料流中在实验技术上有难度。不过，当物料在反应器内的停留时间足够长，且示踪剂加入的持续时间又足够短以致近似于瞬间加入时，其误差可以不计。

13.2.2.2　正阶跃法和负阶跃法

对于处在定常态的连续流动体系，在某瞬间 $t=0$ 将流入系统的流体切换为含有示踪剂 A 的浓度为 C_{A0} 的第二流体，切换后应保持系统内的流动模式不发生改变。在切换成第二流体的同时，在系统出口处记录流出物料中 A 的浓度 C_A 随时间的变化。这种示踪剂从无到有的阶跃法称为正阶跃法。同理也可使用负阶跃法，即

将含有一定浓度示踪剂的物料流在一瞬间切换成不含示踪剂的物料。对于正阶跃法则有

$$F(t) = \frac{C_A}{C_{A0}} \tag{13.13}$$

由出口的 $C_A \sim t$ 曲线可获得 $F(t)$ 曲线。用阶跃法时应当注意,切换要尽量快,并且不影响原来的流动状况。与脉冲法相比,阶跃法的实验技术更方便一些,但得到的是 F 曲线,需要加以微分才能求得表示分布的 E 曲线。如直接从 F 曲线上进行图上微分,往往产生较大的误差。这时可以先用多项式,依据所要求的精度,来逼近 F 曲线,并定出各个系数值,然后再对多项式进行微分即可求得 E 函数。

13.2.3　双螺杆挤出 RTD 的离线测量

离线方法就是在示踪剂加入挤出机后,在一定时间间隔收集挤出样品,然后测试。Shon 等[26]发现,对同向双螺杆挤出机停留时间分布离线检测得到的数据点不连续,在确定延迟时间和峰值时有困难,平均停留时间和方差计算时误差也比较大。一般说来离线测量方法所需的示踪剂的量要远大于相同测量原理的在线测量,这是因为离线采得的样品需要溶解在一定溶液中或通过其他办法测量,其示踪浓度会降低,因此要加大投入示踪剂的量。如果示踪剂对流动干扰比较大,离线技术的误差将会大大增加。若要减小离线检测误差,取样时间间隔越短越好,但是工作量也会增加。

前人测量挤出机中停留时间分布如表 13.1 所示。由表中可以看出,在早期对螺杆挤出机中停留时间分布的测量一般选用离线技术。由于在线测量技术的发展,离线技术将会逐渐被取代。

表 13.1　螺杆挤出机中停留时间分布离线检测方法

测量方法	示踪剂	挤出机类型	文献	年份
分光光度仪	染料	单螺杆	Bigg 等[27]	1974
		同向双螺杆	Todd 等[28]	1975
		单螺杆	Weiss 等[29]	1989
紫外	炭黑	同向双螺杆	Kao 等[30]	1984
	苯基蒽接枝 PVC	同向/反向双螺杆	Cassagnau 等[31]	1991
	蒽甲醇	同向双螺杆	Oberlehner 等[32]	1994
	氨基蒽醌	同向双螺杆	Sun 等[33]	1995
			Hu 等[34]	1996
	蒽,蒽接枝 PS	Buss 捏合器	Hoppe 等[35]	2002

续表

测量方法	示踪剂	挤出机类型	文献	年份
放射性检测	MnO_2	反向双螺杆	Janssen 等[36]	1979
		单螺杆	Tzoganakis 等[37]	1989
粒子计数	NaCl 结晶	单螺杆	Kemblowski 等[38]	1981
	铝片	Buss 捏合器 连续混合器 同向/反向双螺杆	Shon 等[26]	1999
X 射线荧光	Sb 氧化物	同向/反向双螺杆	Rauwendaal[39]	1981
煅烧法	硅粉	同向双螺杆	Carneiro 等[40]	1999

13.2.4　双螺杆挤出 RTD 在线测量方法

和离线测量方法相比,在线测量方法快捷,并且可以实时得到大量连续的实验数据点。但是在线检测对仪器的要求比较高,首先示踪剂的浓度变化要易于标定,且能通过一定函数变化为检测系统表征;其次检测系统要敏感、精确,能检测示踪剂浓度的微小变化;最后检测系统要能在一定操作条件下工作,比如要耐一定的压力、温度,而且在该条件下信号不失真。根据检测系统对加工条件承受能力不同,可将在线方法分为两种:一种是直接将传感器与聚合物熔体接触来检测熔体中示踪剂浓度变化,也就是"in line"检测,该方法对传感器的要求很高,要能耐高温、高压;另一种则需要将聚合物通过取样器引出挤出机,然后检测其示踪剂浓度变化,也就是"on line"检测,这对传感器要求相对较低、无需耐高温高压。

13.2.4.1　在线荧光法

1. 荧光在线检测装置

作者开发的新型荧光在线检测主要装置包括三个部分:荧光产生装置、荧光在线检测装置和数据处理系统,装置原理图如图 13.3 所示。

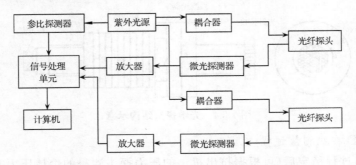

图 13.3　停留时间分布在线检测系统的构成

　　荧光光源为紫外高压汞灯,发出的光源被分为两束,然后分别经过各自的耦合器和光纤,同时每根光纤分两束,一束传送紫外光至探头照射含有示踪物质的聚合物激发产生荧光;另一束传送目标物发射出的荧光到微光探测器(经单色器过滤,接收 420nm 的荧光),然后经过各自的放大器将信号放大,从两个探测器出来的光信号同时进入信号处理单元,目的是将光信号转变为电信号(电压),最后由计算机通过一套数据采集软件记录信号并显示在屏幕上。紫外光源发出波长为 365nm 的单色激发光,经耦合器耦合进入光纤。微光探测器采用荧光检测器,用于检测示踪剂受激发而产生荧光微光;放大器采用低噪声高灵敏度放大器,用于放大检测到的微光信号;信号处理单元根据微光强度转换得到数字荧光信号。

　　该检测装置有如下几个优点:①参考探测器的加入增强了仪器抗外部和内部干扰能力,因此基线的噪声会降低,信号质量会提高;②检测仪器包含了两条光路即两个通道,可同时检测两个位置的信号,因此结合去卷积方法可以得到双螺杆挤出机的局部 RTD;③光纤材料二氧化硅可耐高温,可以安装在挤出机的任意位置来检测停留时间分布;④设计的探头如图 13.4 所示,探头前端为石英窗,在保证光线穿透的前提下,用于挡住高温高压聚合物熔体,其固定结构作了耐压设计。考虑到熔体高压和机筒高温传热的影响及各零件材质不同因而热膨胀系数不同,专门设计了一种翅片式散热结构,并在传热面作隔热处理,耐温可达 310℃。采用滤光器的目的是为了让需要的单色光通过,而过滤不需要的部分。该装置的灵敏度可通过旋钮调节,以适应不同的示踪剂浓度。信号采集频率为 1~5 次/s。

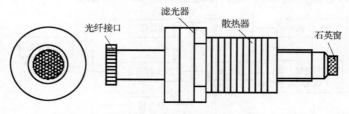

图 13.4　光学探头结构示意

2. RTD 在线测量过程

　　待挤出过程稳定后(可根据挤出机上的压力探头测得的熔体压力来判断),从喂料处加入示踪物质,同时让检测装置计时并检测聚合物中示踪剂的浓度变化。检测装置和挤出机结合照片如图 13.5 所示。

图 13.5　双螺杆挤出机及其在线荧光检测装置

13.2.4.2　快开剖分法

为更直观地考察反应型挤出机中物料分散与混合的演变规律，以及全局和局部停留时间分布的关系，自行设计了 TSE20 积木式开启型同向双螺杆挤出机，直径 $\phi20$mm，长径比 L/D 为 48（见图 13.6）。从加入含蒽示踪剂的聚苯乙烯粒子时开始计时，分别在不同时间将挤出机急停，然后快开筒体，沿螺杆轴方向不同部位直接取样分析，可测定聚苯乙烯（PS）体系在挤出机中随时间和位移变化的全程和局部停留时间分布的演变过程。

图 13.6　积木式开启型同向双螺杆挤出机 TSE20

13.3　双螺杆挤出机中全局停留时间分布

13.3.1　实验装置与方法

13.3.1.1　原料和操作条件

实验原料采用扬子-巴斯夫有限公司生产的通用聚苯乙烯(GPPS),牌号158K。颗粒直径与长度均为 2～3mm,熔体流动指数 0.3cm³/min。

示踪剂为聚苯乙烯和蒽的混合物,为了选择合适示踪剂量,混合物中蒽的质量百分含量分别为 1%、3%、5% 和 10%。首先将蒽和聚苯乙烯在 Hakke 间歇混合器中共混,然后造粒。粒子的大小与聚苯乙烯原料粒子大小相当,目的是为了更好地测量停留时间分布。表 13.2 为实验条件,包括喂料速率、螺杆转速和实验温度。

表 13.2　螺杆挤出过程的操作条件(加工温度为 220℃)

实验号	1	2	3	4	5	6	7	8	9
螺杆转速 $N/(r/min)$	60	90	120	150	120	120	90	150	150
喂料速率 $Q/(kg/h)$	10.7	10.7	10.7	10.7	14.3	15.5	8	17.8	13.4

13.3.1.2　双螺杆挤出机与混合元件

挤出装置为南京瑞亚高聚物装备有限公司生产的 TSE-35A 型同向旋转双螺杆挤出机。螺杆直径为 35 mm,螺杆长 1670 mm,螺杆长径比为 48。本实验采用的螺杆元件分为螺纹元件、直筒型元件、捏合块元件以及齿形盘元件,如图 13.7 所示。

螺纹元件包括正向输送元件和反向增压元件。正向输送元件的主要用途是输送物料,反向元件主要是在螺杆中建立压力,也就是使螺杆完全填充,因为螺杆对物料的混合主要发生在完全填充部分。同时,反向元件还可以对捏合块元件进行密封,从而提高其混合效果。图中所用的输送元件 x/y 的含义为:x 为导程长度;y 为输送元件长度;R 表示反向元件。

采用套筒元件主要是为了测量局部停留时间分布,因为其可以获得稳定的示踪信号,这部分将在后面详细讨论,T 表示套筒[图 13.7(b)]。

使用捏合块元件的目的是为了增加物料的混合效果,不同的构型具有不同的混合能力。

图 13.7(c)中所用的混合元件 $x/y/z$ 表示:x 为捏合角度;y 为捏合盘个数;z

为捏合块长度。30°、45°和 60°的捏合块还有各自的反向混合元件,主要区别是正向混合元件的捏合角度为顺时针变化,而反向混合元件的捏合角度为逆时针变化,捏合盘个数和捏合块长度都相同。

齿形盘元件(turbine mixing elements,TME)为 10 齿均匀分布,长度为 32 mm,如图 13.7(d)所示。直齿元件,角度为 90°,记为 TME90;另一种为斜齿元件,右旋,角度为 60°,记为 TME60。

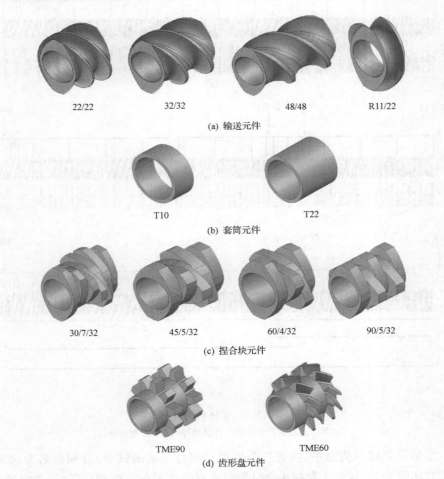

| 22/22 | 32/32 | 48/48 | R11/22 |

(a) 输送元件

| T10 | T22 |

(b) 套筒元件

| 30/7/32 | 45/5/32 | 60/4/32 | 90/5/32 |

(c) 捏合块元件

| TME90 | TME60 |

(d) 齿形盘元件

图 13.7　实验中所采用的螺杆元件

采用上述的螺杆元件,可以组合出多种螺杆分布来满足不同加工需求,在本研究中,主要采用三类螺杆分布。第一类螺杆分布主要是用于离线测量,螺杆分布如图 13.8(a)所示,其主要目的是测量离线全局停留时间分布,并且与在线测量比较。第二类螺杆分布主要是用于测量局部停留时间分布,如图 13.8(b)所示。但是在测量过程中,作者等发现得到的信号不稳定,这是由于螺杆旋转,导致探头下的熔体厚度不断变化。为了改变这种状况,对螺杆构型进行了调整,并且在构型中引入了套筒元件,这就是第三类螺杆构型[图 13.8(c)],它可以获得稳定光学信号。

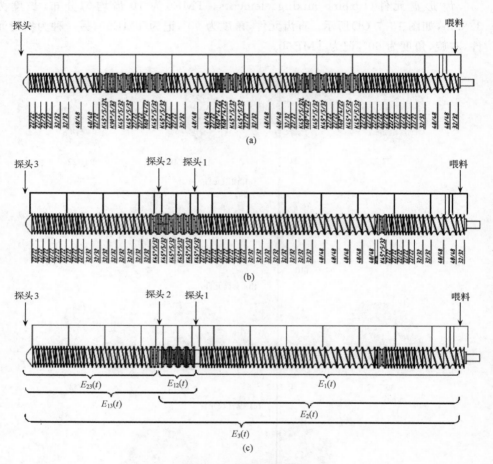

图 13.8　螺杆构型分布
(a)第一类型螺杆;(b)第二类型螺杆;(c)第三类型螺杆

　　在第三类螺杆构型中,共有三个停留时间分布的测试点,分别命名为探头 1、探头 2 和探头 3。探头 1 和探头 2 分别位于捏合区域的前部和后部,用来测量部分停留时间 $E_1(t)$ 和 $E_2(t)$。探头 3 位于机头位置,用来检测喂料和机头之间的全局停留时间分布 $E_3(t)$。三个局部区域停留时间分布 $E_{12}(t)$,$E_{23}(t)$ 和 $E_{13}(t)$ 可以通过实验得到的 $E_1(t)$,$E_2(t)$ 和 $E_3(t)$ 去卷积得到。捏合区域可以放置四个相同的捏合块,因此可以获得不同类型捏合块的停留时间分布,进而可以比较其混合性能,其局部的放大图如图 13.9 所示。

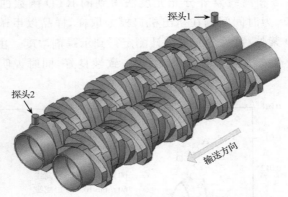

图 13.9 捏合区域捏合盘元件配置

13.3.1.3 实验测量过程

当双螺杆挤出机运转达到稳定后,少量的示踪剂(例如 2.7g)以脉冲形式加入喂料口。从加入示踪剂开始计时($t=0$),在挤出机口模处以 10s 为时间间隔取样。在各个时间点称取质量为 m 的样品($m \approx 0.1g$),以甲苯为溶剂,于 10mL 容量瓶中配制成待测液;同样准确称取加入示踪剂之前的挤出物配成参比液。采用 UV751GD 紫外/可见光分光光度计在最大吸收波长处测定各待测液的吸光度,溶液中示踪剂蒽的浓度为 $C_0(t)$(对应的取样时间为 t),t 时刻样品中示踪剂蒽的浓度可根据式(13.14)计算得到

$$C(t) = \frac{C_0(t) \times 10\text{mL}}{m} \qquad (13.14)$$

利用式(13.14)可以获得离线的停留时间分布。

13.3.2 在线和离线测量方法比较

为了检验在线方法的可靠性,进行了停留时间分布离线检测比较。与 RTD 的在线测量方法相比,离线测量方法发展时间更长,更成熟,因此可以用于检验在线测量方法的可靠性;两者结合,可以确定在线测量实验示踪剂浓度和电压信号强度的关系。离线测量与在线测量比较采用第一类型螺杆,其操作条件为表 13.3 所示。离线测量方法同样以蒽为示踪剂,采用紫外分光光度法。

表 13.3 离线检测过程的操作条件(加工温度为 220℃)

实验号	1	2	3
螺杆转速 N/(r/min)	60	90	90
喂料速率 Q/(kg/h)	10.7	10.7	13.9

在线荧光方法和离线紫外分光光度法得到的 RTD 函数曲线如图 13.10 所示。后者是以 10s 为时间间隔在挤出机口模处取样,样品以甲苯为溶剂配成待测液,由 UV751GD 紫外/可见分光光度计测定得到示踪剂浓度。由图 13.10 可以看出两种独立的分析方法得到的 RTD 函数一致性良好,同时说明在线检测仪器的可靠。

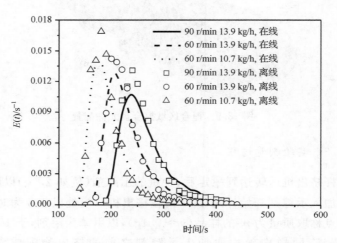

图 13.10　在线荧光方法和离线紫外分光光度法得到的 RTD 函数比较

离线和在线测量得到的平均停留时间对比如表 13.4 所示,可以看出结果非常接近,误差小于 3%。

表 13.4　在线测量与离线测量平均停留时间比较

	90 r/min; 13.9 kg/h	60 r/min; 3.9 kg/h	60 r/min; 10.7 kg/h
在线测量值/s	253.4	233.6	190.0
离线测量值/s	260.0	227.8	190.7
偏差/%	2.6	2.5	0.4

13.3.3　螺杆转速和喂料量对 RTD 的影响

双螺杆挤出机一般在"饥饿"条件下操作,也就是挤出机内部分完全填充,部分不完全填充,不像单螺杆挤出机内完全填充。因此单螺杆挤出机只有一个加工参数可以调节,也就是螺杆转速。而双螺杆则有螺杆转速和喂料量两个可以调节的加工参数,这两个参数互相独立。在加工参数对 RTD 影响的研究中,采用螺杆构型 3。图 13.11 显示在给定的喂料速率条件下,无论是探头 1 还是探头 2 处,增加螺杆转速导致 RTD 向短时间区域移动,但对 RTD 的峰宽影响较小。这意味着在给定条件下,增加螺杆转速并不能改善轴向混合,其作用只是使物料以更快的方式从喂料处输送并泵送出模口。

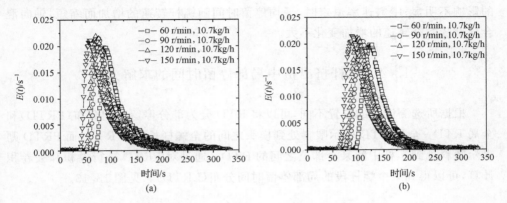

图 13.11　螺杆转速对 RTD 影响
(a)探头 1,螺杆构型 3;(b)探头 2,螺杆构型 3

　　图 13.12 显示在给定的螺杆转速条件下,增加喂料量同样使 RTD 曲线向短时间区域移动,这与增加螺杆转速的影响相似,但是 RTD 曲线随着喂料量增加而逐渐变窄,这说明增加喂料量会降低轴向混合的能力。

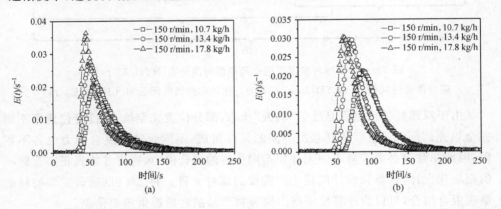

图 13.12　喂料速率对 RTD 影响
(a)探头 1,螺杆构型 3;(b)探头 2,螺杆构型 3

13.3.4　小结

　　本节评价了荧光在线检测装置的可靠性。结果表明在线测量结果的重现性良好;荧光信号(电压信号强度)与示踪剂浓度成线性关系;在线分析方法和离线分析方法得到的实验结果一致性良好。

　　研究了喂料速率和螺杆转速对平均停留时间和轴向混合强度的影响。结果表明，螺杆转速恒定时，平均停留时间随喂料速率的增加而缩短，轴向混合强度受到的影响不明显；喂料速率恒定时，平均停留时间随螺杆转速的增加而缩短，轴向混合强度随螺杆转速的增加变化不大。

13.4　螺杆挤出机中局部停留时间的求解方法

根据所选测试点的位置不同，可以将 RTD 分为部分停留时间分布(PRTD)和全局 RTD。全局 RTD 表示喂料处到模头之间的全螺杆长度的 RTD，而 PRTD 则表示喂料处到螺杆中间某个部位之间的 RTD。通过对 PRTD 进行卷积和去卷积计算，可以得到某个螺杆段的局部停留时间分布(LRTD)。见图 13.13。

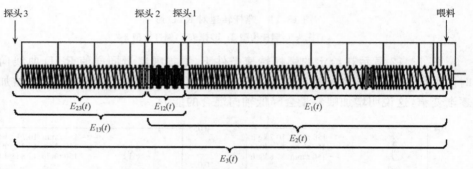

图 13.13　双螺杆挤出机的全局停留时间分布[RTD, $E_3(t)$]、
部分停留时间分布[PRTD, $E_1(t)$ 和 $E_2(t)$]和局部停留时间分布[LRTD, $E_{12}(t)$]

由于双螺杆挤出过程是处于"饥饿"状态，部分位置完全填充，部分位置则不能完全填充。同时，整根螺杆是由不同的元件组成，不同元件的混合能力也各不相同。因此非常有必要了解不同元件和不同位置的混合能力，这样才能真正实现螺杆的模块化设计，选择和设计满足生产需要的螺杆元件。将 LRTD 的研究与物料的微观混合结合，可以为计算反应挤出聚合物产品的性质提供重要信息。

以前的研究多限于全局 RTD，对 LRTD 的测量则比较少，究其原因主要是受测试方法的限制。例如 Wetzel 等[41]采用的光散射方法很容易受到螺杆旋转的干扰。Mélo 等[42,43]依据光透射原理设计的实验方法，只能通过带透明窗口的机头测量全局 RTD，不能应用到机筒上测量 PRTD。于是，一些研究者采用两种方法获得螺杆 PRTD，第一种方法是将测试点固定在模头处，而在螺杆不同位置加入示踪剂。但是这种方法有一个很大缺点，由于固体示踪剂在挤出机的中间位置加入，其流动和混合过程与喂料处加入的物料完全不同。比如从喂料口加入的物料已经熔融，而此时加入的固体示踪剂还是完全固态，其流动形态与挤出物料完全不同，因此不能表征真正的物料停留时间分布。另外一种方法是将检测探头安装在挤出机中部任何位置,示踪剂和挤出物料可以在喂料口一起加入。该方法是获得 PRTD,进而得到 LRTD 的最佳方法。但是该方法对检测设备要求较高,比如探头必须耐高温高压,同时需要设计特殊的螺杆元件来保证测量准确。

Huneault[44]将基于超声波原理的探头固定在模头处,在螺杆不同位置加入碳酸钙示踪剂来获取 PRTD。测量 PRTD 时,加入的示踪剂为碳酸钙粉末。通过对两个 PRTD 曲线[$h(t)$ 和 $g(t)$]去卷积来获得 LRTD 曲线[$f(t)$]。首先假设 $f(t)$ 为平方函数,然后不断地改变 $f(t)$,直至残差 $\varepsilon(t)$ 最小:

$$h(t) = \int_0^t f(t) * g(t - \theta)\mathrm{d}\theta \tag{13.15}$$

$$\varepsilon(t) = \int_0^\infty \left[h(t) - \int_0^t f(t) * g(t - \theta)\mathrm{d}\theta \right]\mathrm{d}t \tag{13.16}$$

并且假设每个局部区的延迟时间是可以加和的:

$$f(t)^{\text{delay}} = h(t)^{\text{delay}} - g(t)^{\text{delay}} \tag{13.17}$$

这个方法的不足之处是由于加入的示踪剂为碳酸钙粉末,因此很容易黏附到机筒上面,而且示踪剂很容易干扰流场。计算卷积过程需要大量的计算迭代且结果收敛困难。

Wetzel 等[41]设计的探头可以放置在挤出中部来测量 PRTD,选用聚丁烯作为模型流体,TiO_2 作为示踪物质。由于螺杆底部反射对信号干扰很大,同时探头前的聚合物厚度也会随着螺杆的旋转而逐渐变化,得到曲线波动剧烈,因此测量的误差比较大。在对 PRTD 处理过程中,研究者假设所求的 LRTD 函数符合 Weibull分布:

$$f(t) = Kt^\alpha \exp\left[-\left(\frac{t}{E} \right)^\beta \right] \tag{13.18}$$

式中,K 为度量常数,选择为 1;α、β 和 E 为拟合参数,通过迭代修改函数的参数以进行去卷积。他们假设两个探头之间的传递滞后时间具有加和性,认为 Weibull 分布对 RTD 曲线是好的近似,通过非线性优化方法调整函数的参数来减小误差。Elkouss 等[45]采用同样的方法测量 PRTD,进而采用同样过程得到 LRTD,但是选用的拟合方程不同。Poulesquen 等[46]利用荧光发射方法检测了 PRTD,同样选用拟合方程来表征未知的 LRTD 曲线。这个方法的不足之处是预先强制定义了去卷积曲线的形状,但是很多情形下 RTD 曲线并不符合预定函数的形状。

如果两条初始 RTD 曲线的形状可以用已知的函数描述,那么可以运用拉普拉斯变换作卷积或去卷积运算。这种方法的不足之处除了需求解复杂的拉普拉斯变换,还需要预先定义描述部分 RTD 曲线形状的函数。这个方法首先在 1990 年由 Chen 等[47~49]在一系列论文中引入,其主要应用是在卷积计算中来获得全局 RTD。2001 年,Potente 等[50]利用光反射方法检测 PRTD,探头安置在挤出机中部,然后利用卷积理论获得 LRTD,拟合曲线的方程为

$$f(t) = \frac{2}{B}\exp\left(\frac{t - t_{\min}}{B}\right) \cdot \left[1 - \exp\left(\frac{t - t_{\min}}{B}\right)\right] \tag{13.19}$$

Canevarolo 等[51]提出了一种直接去卷积方法,它基于等效停留时间的概念。假设初始时间(或滞后时间)、平均停留时间和等效停留时间具有可加性,去卷积曲线的时间值可通过两条可测量得到的 PRTD 曲线的两个等效时间值相减得到。如果在某个时刻相同量的示踪剂排出体系,RTD 曲线上对应的两点被认为在时间上是等效的。Canevarolo 等提出的直接去卷积方法,实际上并没有涉及卷积理论,严格地说不能称其为去卷积方法。

可见,在对部分 RTD 测量和局部 RTD 求解方面,目前都存在一定问题。有必要改进测量方法来获取 PRTD,建立简便易行的去卷积方法得到 LRTD。

采用作者开发的双通道的 RTD 的在线检测系统,可以获得探头 1 和探头 2 处的部分停留时间分布与探头 3 处的全局停留时间分布,因此就为获得如图 13.8(c)中局部区域停留时间分布 $E_{12}(t)$、$E_{23}(t)$ 和 $E_{13}(t)$ 提供了可能。对于局部停留时间的求解需要用到卷积和去卷积的方法,本文将对卷积和去卷积的方法进行推导并利用经典反应器模型进行验证,最后将其用于双螺杆挤出机,获得准确的局部停留时间分布。

13.4.1　卷积和去卷积数值计算方法的推导

对于停留时间分布的推导,一般采用质量平衡近似。Chen 等[47]从统计理论出发推导了停留时间分布。对于两个子体系结合的情况,其示意如图 13.14 所示。

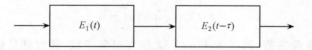

图 13.14　由统计意义上各自独立的两个子体系串联组成的体系

总的停留时间分布 $E(t)$ 可以表示为单个系统停留时间分布的卷积,其公式为

$$E(t) = \int_0^t E_1(\tau)E_2(t - \tau)\mathrm{d}\tau \tag{13.20}$$

Chen 等[47]应用式(13.20)推导了理想反应器体系 RTD 函数的解析表达式。然而,在双螺杆挤出体系中,由于流动和混合的复杂性,往往无法知道子体系 RTD 密度函数的解析表达式,而只是一些离散的数据点,因此无法直接应用式(13.20)求解析解;或者解析表达式复杂,应用式(13.20)求不出解析解。这就要求采用卷积的数值求解方法。

假定两个子体系的 RTD 密度函数分别为 $E_1(t)$、$E_2(t)$，由于是一些离散数据点，因此分别利用两个向量 u 和 v 来表示[$u=(u_0,u_1,u_2,\cdots,u_m)$，$v=(v_0,v_1,v_2,\cdots,v_n)$]。根据定义，卷积结果 w 的向量长度应为 $m+n+1$。由卷积定理的数值求解方法则有式(13.21)成立：

$$
\begin{cases}
w_0 = u_0 v_0 \\
w_1 = u_0 v_1 + u_1 v_0 \\
w_2 = u_0 v_2 + u_1 v_1 + u_2 v_0 \\
\cdots \\
w_n = u_0 v_n + u_1 v_{n-1} + \cdots + u_n v_0 \\
\cdots \\
w_{m+n} = u_m v_n
\end{cases}
\tag{13.21}
$$

利用矩阵表示该式则有

$$
\begin{bmatrix}
u_0 & 0 & 0 & \cdots & 0 & 0 & \cdots & 0 & 0 \\
u_1 & u_0 & 0 & \cdots & 0 & 0 & \cdots & 0 & 0 \\
u_2 & u_1 & u_0 & \cdots & 0 & 0 & \cdots & 0 & 0 \\
\vdots & \vdots & \vdots & & \vdots & \vdots & & \vdots & \vdots \\
u_n & u_{n-1} & u_{n-2} & \cdots & u_0 & 0 & \cdots & 0 & 0 \\
0 & u_n & u_{n-1} & \cdots & u_1 & u_0 & \cdots & 0 & 0 \\
\vdots & \vdots & \vdots & & \vdots & \vdots & & \vdots & \vdots \\
0 & 0 & 0 & \cdots & u_m & u_{m-1} & \cdots & u_1 & u_0
\end{bmatrix}
\begin{bmatrix}
v_0 \\ v_1 \\ v_2 \\ \vdots \\ v_m \\ 0 \\ \vdots \\ 0
\end{bmatrix}
=
\begin{bmatrix}
w_0 \\ w_1 \\ w_2 \\ \vdots \\ w_n \\ w_{n+1} \\ \vdots \\ w_{m+n}
\end{bmatrix}
\tag{13.22}
$$

从以上推导可知，向量 u 和 v 卷积，等效于矩阵和向量的乘积。因此对于 $E_1(t)$ 和 $E_2(t)$ 的数值卷积，可以首先将 $E_1(t)$ 和 $E_2(t)$ 离散化，再依照上述步骤构造矩阵，按矩阵和向量的乘法运算处理，可得到两个子体系 RTD 密度函数的卷积，即体系的 RTD 密度函数。

同样，如果知道总的停留时间分布和其中一个子系统的停留时间分布 u 或者 v，由于其统计独立，可以对 u 或者 v 构造上述的矩阵，这样可以求出另一子系统的停留时间分布 v 或者 u。可以看出，去卷积计算复杂程度要远远大于卷积求解，这是因为卷积过程相当于求积的过程，而去卷积相当于求商过程。对于卷积的求解直接构造矩阵相乘，而去卷积则是构造矩阵后，利用最小二乘法求解。上述所有的求解都可以在 Matlab 软件包上实现。

13.4.2　卷积和去卷积计算方法的验证

为了验证上述卷积和去卷积数值计算方法的有效性，首先将该方法应用于理想反应器体系的 RTD 密度函数求解中，并将结果与解析方法得到的结果作比较。

采用理想反应器组合分别为:不同体积的连续搅拌釜反应器(CSTR)串联;两个相同管状层流反应器(TLFR)串联;TLFR 与 CSTR 串联。

13.4.2.1 两个不同容积的 CSTR 串联

首先对两个不同容积的 CSTR 串联体系进行考察,反应器 1 的容积为 V_1,反应器 2 的容积为 V_2,如图 13.15 所示:

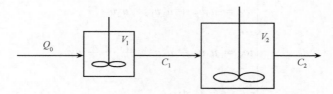

图 13.15 两个不同容积的 CSTR 串联

假设体系为处于定常态的连续流动体系,在 $t=0$ 时刻瞬时加入 M(M 的单位为 g)的示踪剂 A。从物料平衡角度,作如下推导。

对第一个 CSTR:

$$0 - Q_0 C_1 = V_1 \frac{\mathrm{d}C_1}{\mathrm{d}t} \tag{13.23}$$

初始条件:$t=0$ 时,$C_1 = \frac{M}{V_1} = \frac{C_0}{t_1}(C_0 = \frac{M}{Q_0})$。其中,$Q_0$ 为进料速率;$\bar{t}_1 = \frac{V_1}{Q_0}$,为反应器 1 的平均停留时间;$C_1$ 为反应器 1 出口处示踪剂浓度。

根据初始条件求解式(13.23)可得到

$$\frac{C_1}{C_0} = \frac{1}{t_0} \mathrm{e}^{-t/\bar{t}_1} \tag{13.24}$$

对第二个 CSTR:

$$Q_0 C_1 - Q_0 C_2 = V_2 \frac{\mathrm{d}C_2}{\mathrm{d}t} \tag{13.25}$$

初始条件:$t=0$ 时,$C_2 = 0$。

根据初始条件及式(13.24),求解式(13.25)可得两个 CSTR 串联后停留时间分布的解析表达式

$$E(t) = \frac{C_2}{C_0} = \frac{\mathrm{e}^{-t/\bar{t}_1} - \mathrm{e}^{-t/\bar{t}_2}}{\bar{t}_1 - \bar{t}_2} \tag{13.26}$$

其中,$\bar{t}_2 = \frac{V_2}{Q_0}$,为反应器 2 的平均停留时间;$C_2$ 为反应器 2 出口处示踪剂浓度。

对于两个子系统来说,其停留时间分布分别为:$E_1(t) = \frac{1}{t_1} \mathrm{e}^{-t/\bar{t}_1}$ 和 $E_2(t) = \frac{1}{t_2} \mathrm{e}^{-t/\bar{t}_2}$。如果卷积数值计算方法成立,则由解析解得到的 RTD 曲线应该与两个子

系统卷积后得到的 RTD 曲线相同。

设定 $Q_0 = 1 \text{ m}^3/\text{s}, V_1 = 1 \text{ m}^3, V_2 = 2 \text{ m}^3$，则 $\bar{t}_1 = 1\text{s}, \bar{t}_1 = 2\text{s}$，因此该 CSTR 系统的停留时间分布的表达式为

$$E(t) = \frac{e^{-t/\bar{t}_1} - e^{-t/\bar{t}_2}}{t_1 - t_2} = e^{-t/2} - e^{-t} \tag{13.27}$$

则两个独立系统的停留时间分布分别为：$E_1(t) = e^{-t}$ 和 $E_2(t) = e^{-t/2}/2$。解析方法得到的结果和卷积数值计算方法得到的结果比较如图 13.16 所示。可以看出解析得到 RTD 与卷积后得到 RTD 重合性较好。

同样，利用该模型来验证去卷积方法的有效性。假设系统总的停留时间分布 $E(t)$ 和第一个 CSTR 的停留时间分布的 $E_1(t)$ 已知，那么可利用式（13.22）来求解第二个 CSTR 的 RTD 的数值解，并与解析解比较。分别采用 $Q_0 = 1 \text{ m}^3/\text{s}, V_1 = 1 \text{ m}^3, V_2 = 2 \text{ m}^3; Q_0 = 1 \text{ m}^3/\text{s}, V_1 = 1 \text{ m}^3, V_2 = 2 \text{ m}^3$，结果如图 13.17 所示，无论 CSTR 的体积如何变化，去卷积得到的数值结果与解析解结果相符很好。

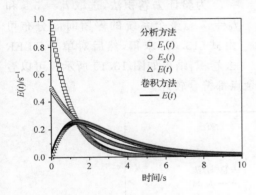

图 13.16　两个不同容积 CSTR 串联体系卷积计算方法和解析方法结果比较

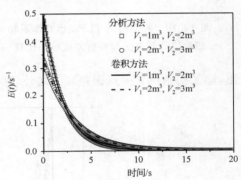

图 13.17　两个不同容积 CSTR 串联体系去卷积方法和解析方法结果比较

13.4.2.2　两个相同的 TLFR 串联

单个 TLFR 的 RTD 密度函数为

$$E(t) = \begin{cases} 0 & t < t_0 \\ \dfrac{\bar{t}^2}{2t^3} & t \geqslant t_0 \end{cases} \tag{13.28}$$

式中，t_0 和 $\bar{t}$ 分别为最小停留时间和平均停留时间，并且有 $t_0 = \bar{t}/2$。

由式（13.20）和式（13.28）可得两个 TLFR 串联体系的 RTD 密度函数

$$E(t) = \int_{t_{01}}^{t - t_{02}} \left(\frac{2t_{01}^2}{\tau^3} \right) \left[\frac{2t_{02}^2}{(t - \tau)^3} \right] \mathrm{d}\tau \tag{13.29}$$

其中，t_{01}和t_{02}分别为第一个和第二个 TLFR 的最小停留时间。当 $t_{01}=t_{02}=t_0$ 时，式(13.29)可展开为

$$E(t) = \frac{8t_0^4}{t^2}\left[\frac{2t_0 - t}{t_0^2(t-t_0)^2} + \frac{3}{2}\left(\frac{t+2t_0}{t^2t_0^2} - \frac{3t-2t_0}{t^2(t-t_0)^2}\right) + \frac{6}{t^3}\ln\left(\frac{t-t_0}{t_0}\right)\right]$$

$$(13.30)$$

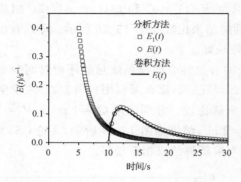

图 13.18 两个相同 TLFR 串联体系卷积数值计算方法和解析方法结果比较

假设 $t_0 = 5\,\mathrm{s}$，带入式（13.30）可得到整个系统的停留时间分布解析解，单个系统的停留时间分布解析解为

$$E(t) = \begin{cases} 0 & t < 5\,\mathrm{s} \\ \dfrac{100}{2t^3} & t \geqslant 5\,\mathrm{s} \end{cases}$$

。解析方法得到的结果和卷积数值计算方法得到的结果比较如图 13.18 所示。

为验证去卷积法，选取 $t_0 = 5\,\mathrm{s}$ 和 $t_0 = 7\,\mathrm{s}$。整个系统的停留时间分布可由式（13.30）求得，然后对单个 TLFR 去卷积，结果如图 13.19 所示。可以看出，除了初始位置一点误差较大之外，其余点都符合较好。

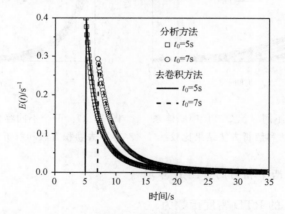

图 13.19 两个相同 TLFR 串联体系数值去卷积方法和解析方法结果比较

13.4.2.3 TLFR 和 CSTR 串联

TLFR 和 CSTR 串联体系如图 13.20 所示。

当体系处于定常态的连续流动时，假设在 $t=0$ 时瞬时将流入 TLFR 的流体切换为含有示踪剂 A 的浓度为 C_0 的第二流体，从物料平衡角度作如下推导。

对 CSTR：

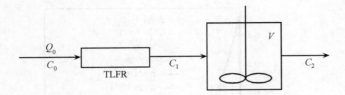

图 13.20　TLFR 和 CSTR 串联体系

$$Q_0 C_1 - Q_0 C_2 = V \frac{\mathrm{d}C_2}{\mathrm{d}t} \tag{13.31}$$

整理后得

$$\frac{\mathrm{d}C_2}{\mathrm{d}t} = \frac{1}{t_2}(C_1 - C_2) \tag{13.32}$$

对 TLFR：

$$C_1 = C_0 F_1(t) = C_0 \left[1 - \frac{1}{4}\left(\frac{\bar{t}_1}{t} \right)^2 \right] \tag{13.33}$$

根据定义，体系总的累计 RTD 函数 $F(t)$ 为

$$F(t) = \frac{C_2}{C_0} \tag{13.34}$$

由式(13.32)～式(13.34)可得

$$\frac{\mathrm{d}F(t)}{\mathrm{d}t} + \frac{1}{t_2}F(t) + \frac{1}{4t_2}\left(\frac{\bar{t}_1}{t} \right)^2 - \frac{1}{t_2} = 0 \tag{13.35}$$

求解式(13.35)可得

$$F(t) = \frac{\mathrm{e}^{-t/\bar{t}_2}}{t_2} \left\{ \int_{t_{\min}}^{t} \left[1 - \frac{1}{4}\left(\frac{\bar{t}_1}{t} \right)^2 \right] \mathrm{e}^{t/\bar{t}_2} \mathrm{d}t \right\} \tag{13.36}$$

式中，$t_{\min} = \bar{t}_1/2$。

两边求导得

$$E(t) = \frac{\mathrm{d}F(t)}{\mathrm{d}t} = \int_{t_{\min}}^{t} \frac{\bar{t}_1^2}{2\bar{t}_2 \tau^3} \mathrm{e}^{-(t-\tau)/\bar{t}_2} \mathrm{d}\tau = \int_{0}^{t-t_{\min}} \frac{\bar{t}_1^2}{2\bar{t}_2(t-\tau)^3} \mathrm{e}^{-\tau/\bar{t}_2} \mathrm{d}\tau \tag{13.37}$$

将式(13.37)展开得

$$E(t) = \frac{\mathrm{e}^{-\xi}}{t_2} \left[\mathrm{e}^{\zeta}(1+\zeta) - \zeta^2 \left(\ln \frac{\bar{t}_1}{2} + \sum_{i=1}^{\infty} \frac{1}{i \cdot i!} \zeta^i \right) \right]$$

$$- \frac{\zeta^2}{t_2} \left[1/\xi^2 + 1/\xi - \mathrm{e}^{-\xi} \left(\ln t + \sum_{i=1}^{\infty} \frac{1}{i \cdot i!} \xi^i \right) \right] \tag{13.38}$$

式中，$\zeta = \bar{t}_1/2\bar{t}_2$；$\xi = t/\bar{t}_2$。

选择 $\bar{t}_1 = 2\mathrm{s}$，$\bar{t}_2 = 2\mathrm{s}$，解析方法和卷积数值计算方法得到的整个系统的 RTD 比较如图 13.21 所示。可以看出解析解和卷积后的数值解符合较好。对去卷积法的验

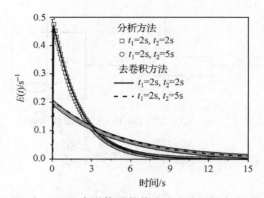

图 13.21　TLFR 和 CSTR 串联体系数值去卷积方法和解析方法结果比较

证分别采用：$\bar{t}_1 = 2s$，$\bar{t}_2 = 2s$；$\bar{t}_1 = 2s$，$\bar{t}_2 = 5s$，结果如图 13.21 所示。同样，除了起始点部分误差稍大，整个曲线一致性较好。若要增加精度，应缩小时间间隔。

　　以上几个例子可以看出，推导的卷积和去卷积数值方法可以很好地应用到理想反应器体系，数值解和解析解有很好的一致性。因此，可以将其推广应用到双螺杆挤出机中，通过去卷积求解局部停留时间分布，或者通过卷积求解部分或全局停留时间分布。

13.4.3　挤出机中局部 RTD 求解

　　可以看出式(13.31)在去卷积过程是采用最小二乘方法，对于连续曲线求解比较容易，但对实验数据进行直接求解则比较困难，这是因为实验数据或多或少会出现跳跃，因此首先需要对实验数据进行拟合。为了比较螺杆构型对局部停留时间分布影响，选用第三类型螺杆，在捏合区域设置四对 30/7/32、45/5/32 和 90/5/32 捏合元件，分别命名为螺杆构型 1、2 和 3。

13.4.3.1　RTD 曲线的拟合

　　Gao[25]等采用下列方程对停留时间分布进行拟合：

$$E(t) = \frac{d^3}{2}(t - t_d)^2 e^{-d(t-t_d)} \tag{13.39}$$

式中，d 是形状因子；t_d 为延迟时间。他们利用该方程分别对 2 个螺杆构型，12 个操作条件的停留时间分布进行拟合，其中 d 和 t_d 为调节参数。Poulesquen[46]等采用下述表达式对 RTD 曲线进行拟合：

$$E(t) = a \cdot t^{-c-1} \cdot b^{c+1} \exp\left[(b^c t^{-c} - 1) \cdot \left(\frac{-c-1}{c} \right) \right] \tag{13.40}$$

其中，a，b 和 c 为调节参数。

首先利用上述两个方程对一组实验数据进行拟合,结果如图 13.22(a)所示。可以看出两个方程均能较好地拟合试验数据。由图 13.22(b)方差分析可以看出,Poulesquen 的方程要好于 Gao 方程,这是因为 Poulesquen 的方程多一个调节参数。下文中对 RTD 曲线的拟合采用式(13.40)。

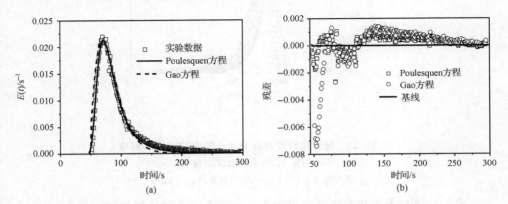

图 13.22　Poulesquen 和 Gao 方程对 RTD 实验数据拟合的比较

(a)RTD 密度函数;(b)残差分析

螺杆构型 3,螺杆转速=120 r/min,喂料速率=10.7 kg/h,探头 1

13.4.3.2　局部停留时间分布

图 13.23 显示了捏合块的错列角对部分和全局停留时间分布 $E_1(t)$、$E_2(t)$ 和 $E_3(t)$ 的影响。对于三个测试点,30°和 45°捏合块 RTD 曲线非常相似,与 90°捏合块差异较大。90°捏合块(螺杆构型 3)的 RTD 曲线的宽度最大,这说明其轴向混合能力要大于 30°和 45°捏合块。由图 13.23(a)可以看出,后部螺杆元件对前部测试点的 RTD 同样有影响,这说明捏合块具有返混能力。不然前部的 RTD 应该相同,因为探头 1 前螺杆元件的分布完全相同。

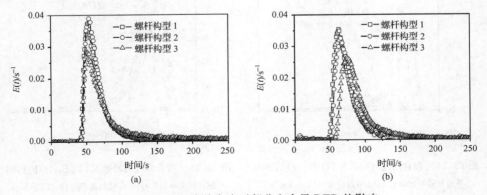

图 13.23　捏合块角度对部分和全局 RTD 的影响

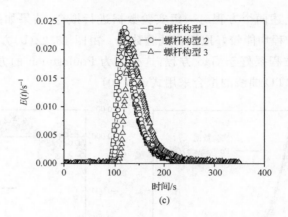

图 13.23　捏合块角度对部分和全局 RTD 的影响(续)

(a) 探头 1;(b) 探头 2;(c) 探头 3

螺杆转速=120 r/min,喂料速率=15.5 kg/h

　　图 13.24 显示了捏合块角度对探头 1 和探头 2 之间局部停留时间分布 $E_{12}(t)$ 的影响,它是通过对图 13.23 中的探头 2 和探头 1 处的 RTD 去卷积得到的。无论平均停留时间还是 RTD 曲线的宽度,三个捏合块都按以下顺序排列:30°<45°≪ 90°。这也说明了随着捏合角度的增加,螺杆轴向混合能力逐渐增强。

　　图 13.25 给出了探头 2 和探头 3 之间的局部 RTD。对于三个螺杆构型,局部区域的螺杆分布完全相同,可以看出三个螺杆构型的局部 RTD 曲线宽度非常接近,说明探头 2 和探头 3 之间局部区域的螺杆轴向混合能力并没有受到前部螺杆元件的影响。但是延迟时间和平均停留时间则差异较大,说明前部螺杆构型分布对后部螺杆影响主要表现在熔体流动速度方面,而对流动形态方面则影响比较小。

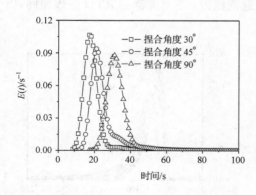

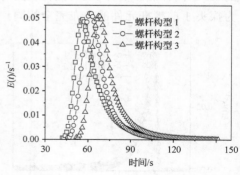

图 13.24　捏合角度对局部 RTD $E_{12}(t)$ 的影响　　　图 13.25　捏合角度对局部 RTD $E_{23}(t)$ 的影响

螺杆转速=120 r/min,喂料速率=15.5 kg/h　　　　　　螺杆转速=120 r/min,喂料速率=15.5 kg/h

对探头 3 和探头 1 的实验数据去卷积得到局部 RTD $E_{13}(t)$，同时将局部 RTD $E_{12}(t)$ 和 $E_{23}(t)$ 进行卷积计算得到局部 RTD $E_{13}(t)$。图 13.26 对二者进行了比较，可以看出二者较为相符，这也说明上述推导卷积和去卷积算法是可靠的。

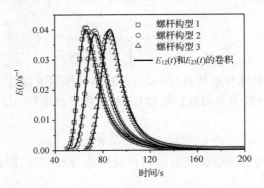

图 13.26　捏合角度对局部 RTD $E_{13}(t)$ 的影响

螺杆转速 = 120 r/min，喂料速率 = 15.5 kg/h

13.4.4　小结

为了获得局部 RTD，推导了卷积和去卷积的数值计算方法，利用具有解析解的几种理想反应器组合的体系验证弹法的可靠性中，结果表明数值解和解析解有很好的一致性。

将其应用到双螺杆挤出机中，通过去卷积求解局部停留时间分布，通过卷积求解部分或全局停留时间分布。对 30°、45°和 90°的捏合元件实验测量并求解其局部 RTD，结果表明最短延迟时间、平均停留时间和分布宽度都按照下列序列排布，30° < 45° ≪ 90°。这也说明了随着捏合角度的增加，螺杆轴向混合能力逐渐增加。

捏合元件对前部和后部聚合物熔体的流动均有影响，对前部影响主要是返混，对后部主要是影响聚合物流动速度。对螺杆元件不同部位进行卷积和去卷积运算，表明前述算法可以很好地应用到双螺杆挤出机中。

13.5　双螺杆挤出机中局部停留时间分布（LRTD）

13.5.1　停留转速分布（RRD）和停留体积分布（RVD）定义

为了表征螺杆挤出机轴向混合和输送能力，除了采用 RTD，还可采用停留转速分布（RRD）和停留体积分布（RVD）。当 RTD 的横坐标转换为螺杆的转数（n）和挤出物体积（V）时，可以获得 RRD 和 RVD，其解由式（13.41）和式（13.42）给出：

$$F(n) = \frac{c\left(\dfrac{n}{N}\right)}{\displaystyle\int_0^\infty c\left(\dfrac{n}{N}\right)\mathrm{d}n} \tag{13.41}$$

$$G(V) = \frac{c\left(\dfrac{V}{Q}\right)}{\displaystyle\int_0^\infty c\left(\dfrac{V}{Q}\right)\mathrm{d}v} \tag{13.42}$$

式中,N 和 Q 分别是螺杆的转速(r/min)和物料的体积流量(L/min)。函数 $F(n)$ 和 $G(V)$ 的积分变量分别为累积螺杆转数(n)和累积挤出体积(V),二者与时间 t 的关系为

$$t = n/N = V/Q \tag{13.43}$$

RVD 可以直接表征示踪剂沿着螺杆轴向的分布情况,RRD 则可以表征螺杆元件的输送能力。

13.5.2　部分 RTD、RRD 和 RVD

为了考察螺杆的 RRD 和 RVD,采用图 13.8(c)的第三类螺杆构型,其特点是除了捏合区域之外,其余的螺杆分布都相同。将在捏合区域分别放置的三种类型的捏合块(30/7/32、60/4/32 和 90/5/32)和一种类型的捏合盘,分别用螺杆构型 1、2、3 和 4 表示,如图 13.27 所示。齿形元件在 32mm 长度上有两排齿,每排有十个齿。

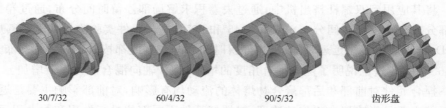

　30/7/32　　　　　60/4/32　　　　　　90/5/32　　　　　齿形盘

图 13.27　捏合区域配置的三种类型捏合块元件和一种类型的齿形盘元件

表 13.5 为实验的操作条件和挤出加工参数,体积流量是通过质量流率与熔体密度相除得到,PS 的熔体密度为 $970\ \mathrm{kg/m^3}$。

表 13.5　实验的操作条件和挤出加工参数(机筒温度设定为 220 ℃)

实验号	1	2	3	4	5	6	7	8	9
螺杆转速 $N\ /(\mathrm{r/min})$	60	90	120	150	120	120	150	150	90
质量流量/ (kg/h)	10.7	10.7	10.7	10.7	14.3	15.5	13.4	17.8	8.0

续表

实验号	1	2	3	4	5	6	7	8	9
体积流量 $Q/(10^{-3}\text{L/min})$	183.8	183.8	183.8	183.8	245.7	266.3	230.2	305.8	137.5
比流量 $Q/N /(10^{-3}\text{L/r})$	3.06	2.04	1.53	1.23	2.04	2.22	1.53	2.04	1.53

在反应挤出加工中,通过调节加工参数来改变混合强度而不改变 RTD,或者改变 RTD 而不改变混合强度都是很重要的。前人研究表明,比流量(Q/N)具有上述的特征。图 13.28 和图 13.29 显示在两个特定比产量条件下,螺杆构型 1 在探头

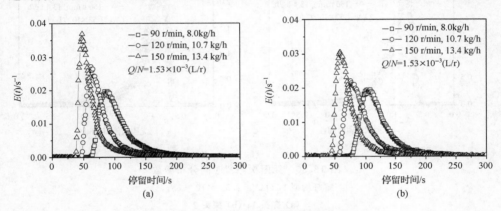

图 13.28　螺杆转速和喂料量对 RTD 的影响

螺杆构型 1,$Q/N=1.53 \times 10^{-3}$L/r。

(a) 探头 1；(b) 探头 2

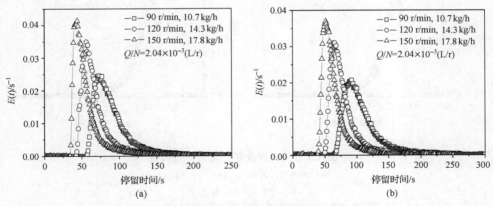

图 13.29　螺杆转速和喂料量对 RTD 的影响

螺杆构型 1, $Q/N=2.04 \times 10^{-3}$ L/r。

(a) 探头 1；(b) 探头 2

　　1 和 2 处的停留时间分布曲线测量值（PRTD），随着螺杆转速和流量的增加向短时间区域移动，且宽度变窄。在不同的螺杆转速和喂料量，相同的比产量条件下，各停留时间分布曲线之间似乎没有什么相关性，也就是从图形上直接看不出有什么联系。

　　若作其相应的无因次停留时间分布，在 Q/N 一定条件下曲线则重合在一起，如图 13.30 和图 13.31 所示。其中 $E(\tau)$ 和 τ 曲线是由 $E(t)$ 和 t 曲线转化而来，$E(\tau)$ 为无因次停留时间分布，τ 为无因次停留时间 $(t/\bar{t})$。在 Q/N 一定和螺杆构型一定的条件下，无因次停留时间分布是唯一的，不管 Q 和 N 如何变化。

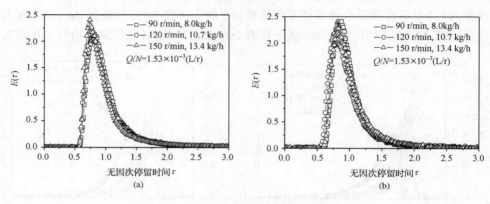

图 13.30　无因次停留时间分布函数

螺杆构型 1，$Q/N=1.53 \times 10^{-3}$ L/r。

（a）探头 1；（b）探头 2

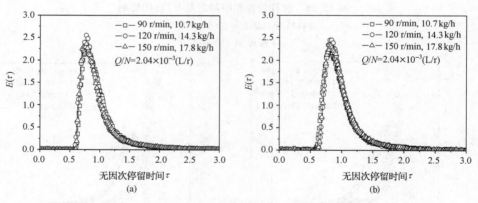

图 13.31　无因次停留时间分布函数

螺杆构型 1，$Q/N=2.04 \times 10^{-3}$ L/r。

（a）探头 1；（b）探头 2

　　将图 13.28 和图 13.29 中的 RTD 曲线利用式（13.41）～式（13.43）转变 RRD 和 RVD 曲线，结果如图 13.32～图 13.35 所示。可看出当螺杆构型和 Q/N 一定，不管 Q 和 N 如何变化，RRD 和 RVD 都是确定的。

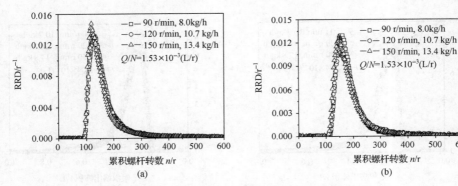

图 13.32　螺杆构型 1 时探头 1 和探头 2 处的 RRD

$Q/N = 1.53 \times 10^{-3}$ L/r。

(a) 探头 1；(b) 探头 2

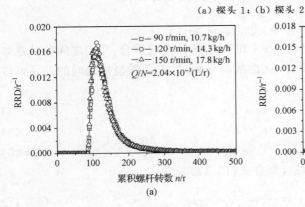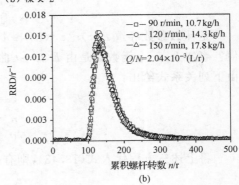

图 13.33　螺杆构型 1 探头 1 和 2 处的 RRD

$Q/N = 2.04 \times 10^{-3}$ L/r。

(a) 探头 1；(b) 探头 2

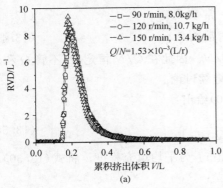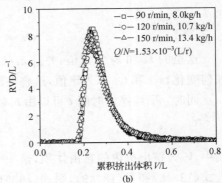

图 13.34　螺杆构型 1 时探头 1 和 2 处的 RVD

$Q/N = 1.53 \times 10^{-3}$ L/r。

(a) 探头 1；(b) 探头 2

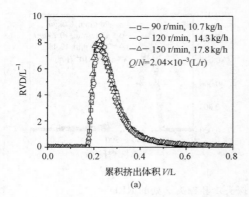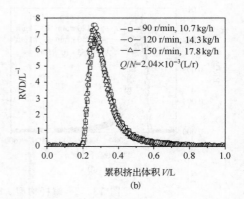

图 13.35　螺杆构型 1 时探头 1 和 2 处的 RVD

$Q/N = 2.04 \times 10^{-3}\,\mathrm{L/r}$。

(a)探头 1；(b)探头 2

　　是什么参数导致 $E(\tau)\sim\tau$，$\mathrm{RRD}\sim n$ 和 $\mathrm{RVD}\sim V$ 曲线重合，它们之间的关系如何？事实上，三个函数都是由 $E(t)\sim t$ 曲线推导而来，它们横坐标之间的关系可以由下列关系式给出：

$$\tau = 1/\bar{t} \tag{13.44}$$

$$n = tN \tag{13.45}$$

$$V = tQ \tag{13.46}$$

将上述三方程代入式(13.43)，则有式(13.47)成立：

$$\tau = \frac{t}{\bar{t}} = \frac{n}{tN} = \frac{V}{tQ} \tag{13.47}$$

　　因为在 Q/N 恒定时，$E(\tau)\sim\tau$，$\mathrm{RRD}\sim n$ 和 $\mathrm{RVD}\sim V$ 三条曲线不依赖于 Q 和 N，所以结合式(13.47)，在 Q/N 恒定时有下列关系式成立：

$$N\bar{t} = k_1 = 常数\,1 \tag{13.48}$$

$$Q\bar{t} = k_2 = 常数\,2 \tag{13.49}$$

　　这里的 k_1 和 k_2 为定值，并且 $k_1/k_2 = Q/N$。因此在 Q/N 恒定时，不管 Q 和 N 如何变化，$N\bar{t}$ 和 $Q\bar{t}$ 都为定值，这将在后面继续讨论。

　　同时，平均停留时间 $\bar{t}$ 可以由式(13.50)给出：

$$\bar{t} = \frac{V \cdot f}{Q} \tag{13.50}$$

式中，V 为挤出机内的自由体积，是一个定值；f 为平均填充程度。将式(13.50)导入式(13.48)和式(13.49)，则式(13.51)成立：

$$f = \frac{k_1}{V} \cdot \frac{Q}{N} = \frac{k_2}{V} = 常数\,3 \tag{13.51}$$

式(13.51)表明，只要 Q/N 恒定，无论 Q 和 N 如何变化，平均填充程度为定值。

Mudalamane 等[52]建立下列方程来说明完全填充长度 FL 和 Q/N 的关系,

$$FL = K_{sc} \left(\frac{Q/N}{K_{pump} - Q/N} \right) \qquad (13.52)$$

式中,K_{sc} 为定值,其大小依赖于螺杆的构型;K_{pump} 是依赖螺杆几何结构的常数。式 (13.52)表明:对于给定螺杆构型和混合元件几何结构的挤出加工过程,Q/N 恒定时,完全填充长度 FL 为定值。

综上所述,当螺杆构型和 Q/N 恒定时,无论 Q 和 N 如何变化,由 $E(t) \sim t$ 转变而来的 $E(\tau) \sim \tau$,RRD$\sim n$ 和 RVD$\sim V$ 曲线将分别重合,这是因为平均填充程度和完全填充长度相同。平均填充程度和完全填充长度相同受到 Q/N 控制。当 Q/N 恒定时,给定螺杆构型的挤出机中返混程度是相同的。

由式(13.48)和式(13.49)可知,在给定螺杆构型和 Q/N 的条件下,$\bar{t}N$ 和 $\bar{t}Q$ 的值为定值。在 $Q/N = 2.04 \times 10^{-3}$L/r 时,对 4 个螺杆构型求解 $\bar{t}Q$,结果如表 13.6 所示。在一定实验和数值计算误差范围内,只要 Q/N 和螺杆构型恒定,不同的加工条件 Q 和 N 所得到 $\bar{t}Q$ 均为定值。

表 13.6 在 Q/N 时,4 个螺杆构型在探头 1 和 2 处的 $\bar{t}Q$ 值

| 探头 | 4×30°捏合盘 | | | 4×60°捏合盘 | | | 4×90°捏合盘 | | | 4×齿形盘 | | |
	$\bar{t}_1Q_1/$ L	$\bar{t}_2Q_2/$ L	$\bar{t}_3Q_3/$ L	$\bar{t}_1Q_1/$ L	$\bar{t}_2Q_2/$ L	$\bar{t}_3Q_3/$ L	$\bar{t}_1Q_1/$ L	$\bar{t}_2Q_2/$ L	$\bar{t}_3Q_3/$ L	$\bar{t}_1Q_1/$ L	$\bar{t}_2Q_2/$ L	$\bar{t}_3Q_3/$ L
1	0.29	0.30	0.29	0.30	0.31	0.31	0.32	0.34	0.32	0.31	0.29	0.33
2	0.34	0.37	0.32	0.35	0.37	0.36	0.39	0.40	0.40	0.42	0.44	0.42

注:$Q/N = 2.04 \times 10^{-3}$L/r 时,$Q_1$,$Q_2$ 和 Q_3 的质量流率分别是 10.7,14.3 和 17.8 kg/h,相应的螺杆转速 N_1,N_2 和 N_3 分别是 90,120 和 150 r/min。$\bar{t}_1$,$\bar{t}_2$ 和 $\bar{t}_3$ 是三组 Q 和 N 相应的平均停留时间。

13.5.3 局部 RTD、RRD 和 RVD

图 13.36 显示了螺杆转速和喂料量对螺杆构型 1 的局部 RTD $E_{12}(t)$ 的影响。可以看到,在喂料量恒定的条件下,增加螺杆转速,局部 RTD $E_{12}(t)$ 向短时间区域移动,但对曲线的宽度影响不大[图 13.36(a)];在螺杆转速恒定的条件下,增大喂料量,同样导致局部 RTD $E_{12}(t)$ 向短时间区域移动,但是曲线的宽度减小,可见局部 RTD 曲线的形状更易于受到喂料量的影响。

图 13.37 显示了在 $Q/N = 2.04 \times 10^{-3}$L/r 时,探头 1 和 2 之间的局部 RTD、RRD 和 RVD。与部分 RRD 和 RVD 相同,它们同样分别重合为一条曲线。

图 13.38 显示了螺杆构型对局部 RTD、RRD 和 RVD 的影响,它们是通过对探头 1 和探头 2 的数据去卷积得到。可以看出平均停留时间和曲线宽度按下列顺序排列:30° < 60° ≪ 90° <齿形盘。RRD 和 RVD 与 RTD 有相同的趋势,当操作条件一定,捏合块角度由 30°变为 90°时,将使局部 RRD、RVD 分别向高的螺杆转

数和挤出体积区域移动。这说明在探头 1 和 2 之间输送一定量的示踪物质时,利用齿形盘元件需要更高的螺杆转数和更多的挤出体积。

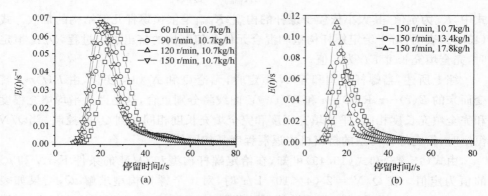

图 13.36　螺杆转速(a)和喂料量(b)对局部 RTD 的影响

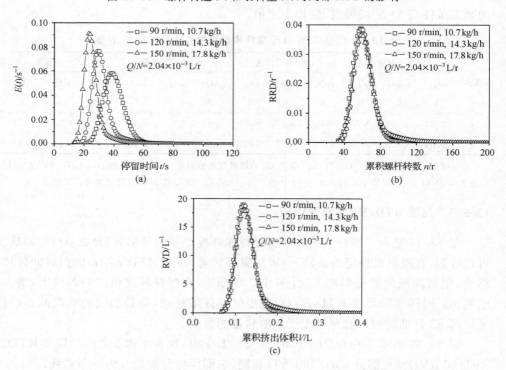

图 13.37　探头 1 和 2 之间的局部 RTD(a)、RRD(b)和 RVD(c)螺杆构型 3

$Q/N = 2.04 \times 10^{-3}$ L/r

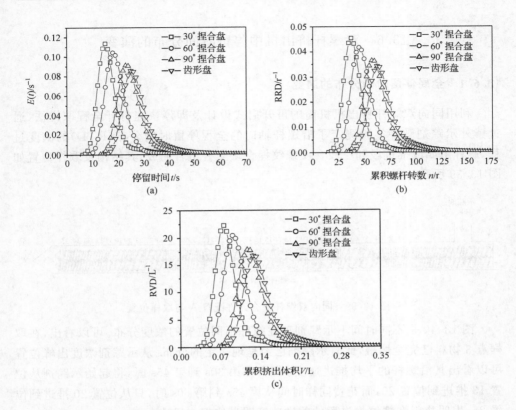

图 13.38　螺杆构型对局部 RTD、RRD 和 RVD 的影响

螺杆转速 150 r/min；喂料量 17.8 kg/h。(a) RTD；(b) RRD；(c) RVD

13.5.4　小结

对双螺杆挤出机中的全局、部分和局部 RTD、RRD 和 RVD 进行了研究，给出三者之间的关系，从理论和实验方面确定 Q/N 是控制上述三个分布的主要参数。对于给定的 Q/N，当 Q 和 N 变化时候，RTD 各不相同，而相应的 RRD 和 RVD 则重合为一条曲线。这是因为，当 Q/N 一定时，挤出机内的平均填充长度和完全填充长度相同。同时，在给定的螺杆构型和 Q/N 条件下，tN 和 tQ 的值为定值。

对 30°、60° 和 90° 捏合元件和一种齿形盘元件的局部停留时间分布进行了比较，结果表明，延迟时间、平均停留时间和混合性能均符合如下关系：30° < 60° < 90° < 齿形盘元件。

13.6　双螺杆挤出机中停留时间分布的演变

13.6.1　全局停留时间分布的演变

利用同向双螺杆挤出机机筒的可开启式设计及即停快速打开全程取样法,通过紫外示踪剂脉冲实验测定了沿螺杆轴向的全程停留时间分布(RTD)的演变过程。螺杆由四段推进段和三段含反螺纹捏合块交替组合而成,其结构及取样位置如图 13.39 所示。

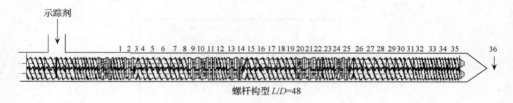

图 13.39　同向双螺杆混合元件配置 A 与取样位置

图 13.40 是不同时间下示踪剂蒽在螺杆不同位置的浓度分布。可以看出,在取样点 3 物料已完全熔融,此时示踪剂已经呈现一定的分布。从示踪剂浓度出峰位置可以看出其沿螺杆的平均推进速度。螺杆在第 30s 到第 45s 时,将起始示踪剂从位置 13 推进到位置 20,而花费同样时间从第 45s 到第 60s 时,只从位置 20 推进到位置 24,表明物料在螺纹推进段的前进速度明显比捏合段快。

拟合离散的实验 RTD 数据的经典方法是选用经验函数模型,但一般仅限于拟合挤出机末端全局 RTD。而本研究着重剖析的是沿挤出方向的 RTD 全程演变过程,其 RTD 曲线峰形跨度大,这就要求拟合的函数模型具有更好的自适应性。本书选用了一个如式(13.53)所示的三参数函数模型,其中参数 $t_{\min}$、x_c、w 的物理意义分别代表示踪剂最早出峰时间、主峰位置及 RTD 曲线形状因子,并用最小二乘法进行参数估计。

$$y = \frac{1}{\sqrt{2\pi}w(x - t_{\min})}\mathrm{e}^{-\frac{\left[\ln\left(\frac{x - t_{\min}}{x_c - t_{\min}}\right)\right]^2}{2w^2}} \tag{13.53}$$

图 13.41 是随螺杆取样位置变化的 RTD 演变全过程,图 13.42 是沿着挤出方向各取样点的累计平均停留时间变化。可以明显观察到,沿着螺杆的挤出方向,随取样位置与加料口的距离增大,RTD 变宽,其不对称性增加,在靠后的取样位置有明显的拖尾现象发生。

挤出过程 RTD 曲线的半峰宽可反映纵向混合量的大小。示踪剂经过捏合区域 9～14 时峰形变化显著,且停留时间长,表示在该区域得到了良好的混合。而在

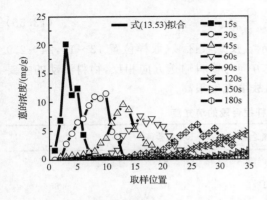

图 13.40 不同挤出时间下示踪剂蒽 在螺杆不同位置的浓度分布

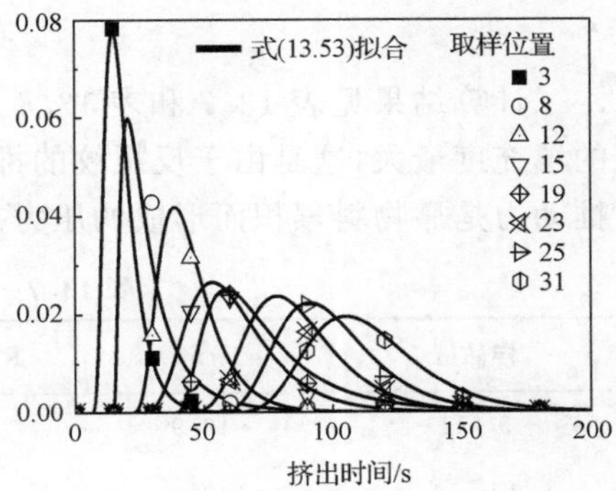

图 13.41 沿挤出方向随螺杆取样 位置变化的 RTD 演变

螺纹推进段 15～19,虽停留时间不短,但 RTD 曲线峰形几乎无变化,表明其混合效果有限。且从 23～31 区域,峰高无多大变化,拖尾略有增加,可见过大的螺杆长径比并没有起到增加混合能力的效果。

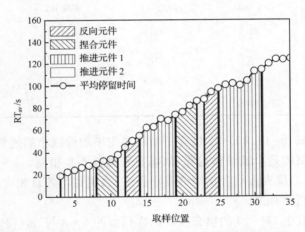

图 13.42 沿着挤出方向各取样点的累计平均停留时间(RT$_{av}$)变化

在稳态条件下,沿螺杆实际停留的物料体积为有效体积(V_{eff}),螺杆与挤出机内筒壁之间的体积为物料可以填充的最大体积(V)。物料停滞区域所占的体积为 V_{dead},则定义

$$f = \frac{V_{eff}}{V - V_{dead}} \tag{13.54}$$

在螺杆设计时均会考虑减少停滞区的存在,故一般情况下 V_{dead} 可近似等于零。体积流率等于 Q_m 除以给定温度下的熔体密度 ρ。由此式(13.54)变为

$$f = \frac{Q_m \cdot t_{av}}{\rho V} \tag{13.55}$$

计算结果见表 13.7 和表 13.8 所示。反螺纹区域(取样位置 13~14,24~25)的填充度最大,这是由于反螺纹的推进方向与物料输送方向相反,物料流动的主要推动力是靠物料累积而形成的压力差,故填充度很高。

表 13.7　螺杆捏合段的填充度

样品区	V/mL	RT 理论值[①]/s	RT 实验值[②]/s	f
9~11	19.9	21.9	8.5	0.39
13~14	10.9	12.0	10.2	0.85
20~22	19.9	21.9	12.6	0.57
24~25	10.9	12.0	9.8	0.82

① RT 的理论值 $= \rho V/Q_m$;
② RT 的实验值为输出平均值减去输入平均值。

表 13.8　螺杆输送段的填充度

样品区	V/mL	理论 RT/s	实验 RT/s	f
4~8	35.6	39.2	10.5	0.28
15~19	33.8	37.3	18.8	0.50
26~31	42.0	46.3	13.6	0.29
32~35	32.8	36.2	19.9	0.55

在捏合区域 9~11、20~22 也有一个压力先增加后减小的过程,但由于长度较短而且后面紧跟的是个螺纹输送段,故填充程度并不是很高。9~11 与 20~22 的结构完全相同,但填充度前者比后者要小得多,表明这与各自相应的捏合段前的螺纹输送段的填充度有关。

螺纹输送段中 15~19 的填充度比结构相似的 4~8 与 26~31 大得多,这可能是前后都有较长的捏合段引起的,物料进出这个区域都要经历一个压力累积过程,形成一种"笼子"效应,这与图 13.40 是一致的。这个区域的混合效果不佳但停留时间并不短。32~35 段因靠近模头,属于熔体压缩段,空隙体积减少,导致填充度有所增加。

13.6.2　局部停留时间分布的演变

13.6.2.1　捏合盘混合元件

上述典型螺杆组件的单元还是比较复杂,为了深入探讨典型元件及其组合在不同操作条件下沿机筒全程停留时间分布的演变过程,本研究对仅由结构相同的推进段和捏合段交替组成的简单组合螺杆组件(见图 13.43)进行了分析。其中捏合块 11~15 和 22~26 的结构与排列完全相同,由 4 个相同的啮合倾角为 90°的捏合元件组成;推进段 4~11 与 15~22、26~33 的螺杆元件与排列方式也完全相同。

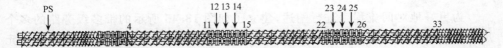

图 13.43　同向双螺杆混合元件配置 B 与取样位置

众多文献报道了挤出条件、物料特性、螺杆结构等对局部 RTD 的影响,但均忽视了测量局部 RTD 过程中测量点回流因素的影响。我们先用一简单的带回路双反应器串联模型(图 13.44)来理论上阐明这一问题。

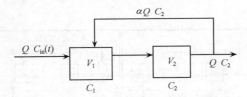

图 13.44　带回路双反应器串联模型(TCM)

表 13.9　带回路双反应器串联模型的模型参数值

α	$\tau_{av,1}$	$\tau_{av,2}$	f_1	f_2
0.0	14.3 s	14.3 s	1.00	1.00
0.2	16.7 s	11.8 s	1.17	0.83
0.6	19.7 s	8.8 s	1.38	0.62

表 13.9 为 TCM 模型的数值计算结果,其中 $\tau_{av,i}$ 为停留时间,f_i 为表观填充度。可见改变回流比 α 会引起 f_i 变化,且会导致 f_1 大于 1,说明回流的存在会影响局部区域的停留时间,导致表观 f 偏高,甚至大于理论极限值 1。

采用上述计算方法,计算本实验体系中不同捏合区的表观填充度,得表 13.10 和表 13.11。可见,在捏合段前两个元件处均出现表观填充度大于 1,表明该区域存在回流。

表 13.10　捏合块 11~15 的 f 值

区域	11~12	12~13	13~14	14~15
F150M150	1.02	1.26	0.80	0.72
F250M150	0.95	1.01	0.81	0.58

表 13.11　捏合块 22～26 的 *f* 值

区域	22～23	23～24	24～25	25～26
F150M150	1.12	1.42	0.94	0.60
F250M150	1.16	1.06	0.90	0.59

　　为更好地对回流程度进行阐述，建立了如图 13.45 所示的带多级旁路的多个反应器串联模型（MBGCM），以拟合各捏合段元件的 RTD。此模型将每个捏合元件与机筒内壁间的空间看成由一组全混流反应器组成，组与组之间存在回流，并假定回流部分能均匀地分配到组内的每个反应器中。每组反应器数目（*m*）和回流比（*α*）通过实验数据拟合确定。由于在捏合段的前后部分压力梯度相反，当"回流"方向与挤出方向相同时，*α* 为负值，可见捏合段中的压力最高点由 *α* 值的正负交替区域确定。

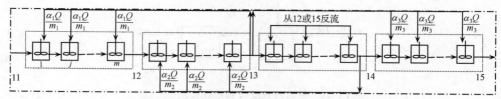

图 13.45　带多级旁路的多个反应器串联模型（MBGCM）

　　模型拟合结果如图 13.46 和图 13.47 所示，与实验值吻合较好。表 13.12 是模型参数值，可见回流程度随着喂料速率的增加而减少，在捏合段中间位置存在 *α* 最大值，且有正值向负值的交替现象，在喂料速率较低时尤其明显。*α* 越大表明压力梯度越大。压力在捏合段的起始位置处开始累积，但在捏合段末尾处压力又被释放，在压力梯度从正变为负的临界位置即为 *α* 值的正负交替处。

表 13.12　MBGCM 模型参数估测值

区域 参数	11～12		12～13		13～14		14～15	
	M	*α*	*M*	*α*	*M*	*α*	*M*	*α*
F150M150	4	0.20	9	0.32	3	0.00	12	−0.22
F250M150	2	0.00	1	0.04	10	−0.12	15	−0.24
F250M250	5	0.08	5	0	3	0.05	5	−0.2

区域 参数	22～23		23～24		24～25		25～26	
	M	*α*	*M*	*α*	*M*	*α*	*M*	*α*
F150M150	3	0.06	12	0.30	4	0.02	10	−0.23
F250M150	3	0.06	2	0.00	3	0.00	5	−0.18
F250M250	7	0.05	2	0	8	−0.12	5	−0.12

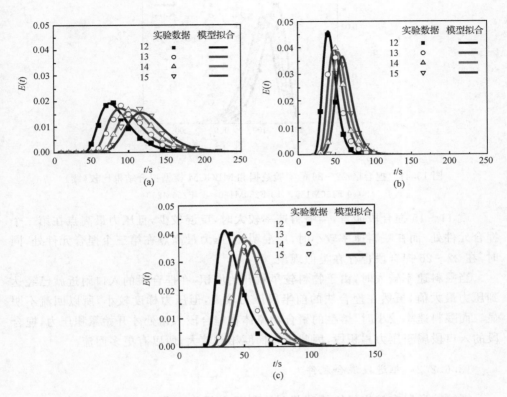

图 13.46　捏合区 11～15 的实验数据和 MBGCM 模型拟合结果比较

(a) F150M150；(b) F250M150；(c) F250M250

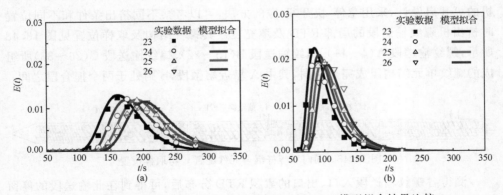

图 13.47　捏合区 22～26 的实验数据和 MBGCM 模型拟合结果比较

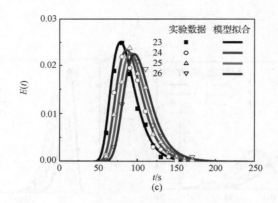

图 13.47　捏合区 22～26 的实验数据和 MBGCM 模型拟合结果比较(续)
(a) F150M150；(b) F250M150；(c) F250M250

就 11～15 捏合段而言,当喂料速率较大时,反混较少,且压力最高点在第二个捏合元件处。而在喂料速率较小时,反混明显,压力最高点在第三个捏合元件处。同时,在 22～26 捏合段也存在类似现象。

当喂料速率较大时,由于物料较早就开始堆积,在捏合段的入口附近就已经达到压力最大值,虽然在捏合块的前半段压力较高,但压力梯度较小,所以回流不明显。而喂料速率较小时,熔融的聚合物流体在捏合段入口处才开始累积压力,捏合段的入口段属于压力累积段,因此压力梯度相对较大,所以有更多回流。

13.6.2.2　推进段混合元件

螺纹输送段在挤出机饥饿喂料时物料只有部分充满,一些常用的在线检测方法无法稳定地在线采集样品或获得示踪剂信号进行实验研究,而流体力学等数值方法模拟部分充满区域的流体流动时则受困于自由表面的处理。本研究利用挤出机的可开启设计,采用急停-快开-取样的方法,可以考察不同挤出条件和不同位置时挤出机螺纹输送段的局部 RTD 及填充度。其螺杆结构及取样位置见图 13.48所示,螺纹输送段 A(4～11)、螺纹输送段 B(15～22)、螺纹输送段 C(26～33)所组成的螺纹单元结构组成完全相同,其中 A 靠近熔融段,B 则处于两个捏合段之间。

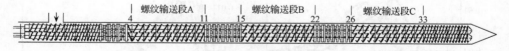

图 13.48　同向双螺杆混合元件配置 C 与取样位置

测得各螺纹输送段入口、出口的累积 RTD 分布后,可得到在此输送段的停留时间用于计算填充度,计算结果见表 13.13。

表 13.13　不同挤出条件下输送段的填充度

分区	F250M150	F250M250	F150M250	F150M150
A	0.25	0.32	0.26	0.30
B	0.54	0.34	0.27	0.34
C	0.34	0.31	0.26	0.28

　　利用去卷积的方法可得到各输送段的局部 RTD,计算结果见图 13.49。可见,喂料速率(F)增加会导致填充度增加,且 RTD 分布变窄,这与螺纹输送段中主体的流动型式为拖曳流是一致的。螺杆转速(M)对填充度的影响较小,但螺杆转速的增加能使 RTD 曲线的拖尾减弱,在喂料速率较低时尤其明显,这表明在螺纹输送段存在一个"停滞"区域,"停滞"区域主要位于靠近螺杆根部以及机筒内壁的小薄层区域,在这个区域物料与流体主体相比流动很慢,薄层的厚度在螺杆速度增加即剪切增加时变薄,从而使得拖尾减少。

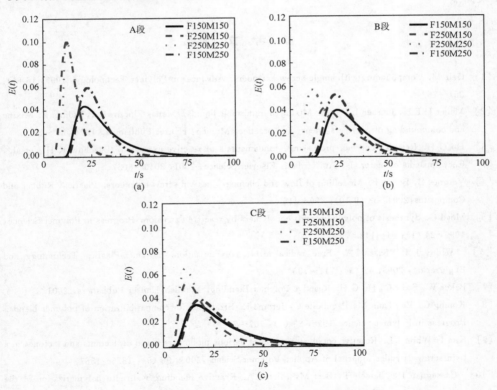

图 13.49　挤出条件对各输送段的局部 RTD 的影响

　　对比处于不同位置的输送段的局部 RTD,也可以发现,在输送段 C 的物料由于受热时间更长以及黏性耗散导致的温度上升黏度下降,有利于混合但滑移程度下降,因此 RTD 分布变宽。当喂料速率大而螺杆转速低时,拖曳流充分程度受捏合段的影响,输送物料能力下降。因此,推进段 B 有较大的填充度和宽的分布,物料在两长的捏合段之间的混合时间较长。

13. 6. 3 小结

利用同向双螺杆挤出机机筒的可开启式设计及即停快速打开全程取样法考察了沿螺杆轴向停留时间分布的演变过程。发现沿着螺杆挤出方向各区域的 RTD 曲线峰宽趋大,峰高降低,这种变化在各捏合段尤为显著,说明捏合段在混合中起主要作用。同时,在两个相邻的捏合区域间的推进段可能存在"笼子"效应,导致填充度有所上升,停留时间较长,其与操作条件和前后区域螺杆结构有关。

此外,基于剖析回流特征的基础上,针对全充满的捏合区域提出了带多级旁路的多个反应器串联模型,除了能较好地关联实验数据外,还能预测捏合区域的压力最高点。

参 考 文 献

[1] Gale M. Compounding with single-screw extruders. Advances in Polymer Technology, 1997, 16 (4): 251～262

[2] Meijer H E H, Janssen L P B M. Mixing of immiscible liquids//Manas-Zloczower I, Tadmor Z. Mixing and compounding of polymers: theory and practice. Munich: Hanser Publishers, 1994, 85～143

[3] Hu G H. Reactive polymer processing: fundamentals of reactive extrusion//Buschow K H J et al., Encyclopaedia of materials. Amsterdam: Elsevier Science, 2001, 8045～8057

[4] Vergnes B, Berzin F. Modelling of flow and chemistry in twin screw extruders. Plastics, Rubber and Composites, 2004, 33 (9-10): 409～415

[5] Moad G. Synthesis of polyolefin graft copolymers by reactive extrusion. Progress in Polymer Science, 1999, 24 (1): 81～142

[6] White J L, Sasaki A. Free radical graft polymerization. Polymer-Plastics Technology and Engineering, 2003, 42 (5): 711～735

[7] Baker W, Scott C, Hu G H. Reactive Polymer Blending. Muinich: Hanser Publishers, 2001

[8] Koning C, Van Duin M, Pagnoulle C, Jerome R. Strategies for compatibilization of polymer blends. Progress in Polymer Science, 1998, 23 (4): 707～757

[9] Kim I, White J L. Reactive copolymerization of various monomers based on lactams and lactones in a twin-screw extruder. Journal of Applied Polymer Science, 2005, 96 (5): 1875～1887

[10] Cassagnau P, Nietsch T, Bert M, Michel A. Reactive blending by in situ polymerization of the dispersed phase. Polymer, 1998, 40 (1): 131～138

[11] Hu G H, Flat J J, Lambla M. Free-radical grafting of monomers onto polymers by reactive extrusion: principles and applications//Al-Malaika S. Reactive modifiers for polymers, London: Thomson Science and Professional, 1997, 1～80

[12] Shearer G, Tzoganakis C. Free radical hydrosilylation of polypropylene. Journal of Applied Polymer Science,1997, 65 (3): 439~447

[13] Berzin F, Vergnes B, Dufosse P, Delamare L. Modeling of peroxide initiated controlled degradation of polypropylene in a twin screw extruder. Polymer Engineering and Science,2000, 40 (2): 344~356

[14] Berzin F, Vergnes B, Canevarolo S V, Machado A V, Covas J A. Evolution of the peroxide-induced degradation of polypropylene along a twin-screw extruder: Experimental data and theoretical predictions. Journal of Applied Polymer Science, 2006, 99 (5): 2082~2090

[15] Kim S J, Kim D K, Cho W J, Ha C S. Morphology and properties of PBT/Nylon 6/EVA-G-MAH ternary blends prepared by reactive extrusion. Polymer Engineering and Science, 2003, 43 (6): 1298~1311

[16] Machado A V, Yquel V, Covas J A, Flat J J, Ghamri N, Wollny A. The effect of the compatibilization route of PA/PO blends on the physico-chemical phenomena developing along a twin-screw extruder. Macromolecular Symposia, 2006, 233: 86~94

[17] Danckwerts P V. Continuous flow system. Distribution of residence time. Chemical Engineering Science, 1953, 2 (1): 1~13

[18] Bigg D. On mixing in polymer flow systems. Polymer Engineering and Science, 1975, 15 (9): 684~689

[19] Shin C. Fundamental understanding of compounding processes-review from a industrial prospective, [s. n.],1999

[20] Machado A V, Covas J A, Van Duin M. Monitoring polyolefin modification along the axis of a twin screw extruder. I. Effect of peroxide concentration. Journal of Applied Polymer Science, 2001, 81 (1): 58~68

[21] Chalamet Y, Taha M, Vergnes B. Carboxyl terminated polyamide 12 chain extension by reactive extrusion using a dioxazoline coupling agent. Part I: Extrusion parameters analysis. Polymer Engineering and Science,2000, 40 (1): 263~274

[22] Chalamet Y, Taha M, Berzin F, Vergnes B. Carboxyl terminated polyamide 12 chain extension by reactive extrusion using a dioxazoline coupling agent. Part II: Effects of extrusion conditions. Polymer Engineering and Science, 2002, 42 (12): 2317~2327

[23] Mélo T J A, Canevarolo S V. In-line optical detection in the transient state of extrusion polymer blending and reactive processing. Polymer Engineering and Science, 2005, 45 (1): 11~19

[24] Rauwendaal C J. Polymer Extrusion. Munich:Hanser, 1986

[25] Gao J, Walsh G C, Bigio D, Briber R M, Wetzel M D. Mean residence time analysis for twin screw extruders. Polymer Engineering and Science,2000, 40 (1): 227~237

[26] Shon K, Chang D, White J L. A comparative study of residence time distributions in a kneader, continuous mixer, and modular intermeshing co-rotating and counter-rotating twin screw extruders. International Polymer Processing,1999, 14 (1): 44~50

[27] Bigg D, Middleman S. Mixing in a screw extruder. A model for residence time distribution and strain. Industrial and Engineering Chemistry Fundamentals,1974, 13 (1): 66~74

[28] Todd D B. Residence time distribution in twin-screw extruders. Polymer Engineering and Science, 1975, 15 (6): 437~443

[29] Weiss R A, Stamato H. Development of an ionomer tracer for extruder residence time distribution experiments. Polymer Engineering and Science,1989, 29 (2): 134~139

[30] Kao S V, Allison G R. Residence time distribution in a twin screw extruder. Polymer Engineering and Science,1984, 24 (9): 645~651

[31] Cassagnau P, Mijangos C, Michel A. An ultraviolet method for the determination of the residence time distribution in a twin screw extruder. Polymer Engineering and Science,1991, 31 (11): 772~778

[32] Oberlehner L, Caussagnau P, Michel A. Local residence time distribution in a twin screw extruder. Chemical Engineering Science,1994, 49 (23): 3897~3907

[33] Sun Y J, Hu G H, Lambla M. Free radical grafting of glycidyl methacrylate onto polypropylene in a co-rotating twin screw extruder. Journal of Applied Polymer Science,1995, 57 (9): 1043~1054

[34] Hu G H, Sun Y J, Lambla M. Effects of processing parameters on the in situ compatibilization of polypropylene and poly (butylene terephthalate) blends by one-step reactive extrusion. Journal of Applied Polymer Science,1996, 61 (6): 1039~1047

[35] Hoppe S, Detrez C, Pla F. Modeling of a cokneader for the manufacturing of composite materials having absorbent properties at ultra-high-frequency waves. Part 1: modeling of flow from residence time distribution investigation. Polymer Engineering and Science,2002, 42 (4): 771~780

[36] Janssen L P B M, Hollander R W, Spoor M W, Smith J M. Residence time distributions in a plasticating twin screw extruder. AIChE Journal,1979, 25 (2): 345~351

[37] Tzoganakis C, Tang Y, Vlachopoulos J, Hamielec A E. Measurements of residence time distribution for the peroxide degradation of polypropylene in a single-screw plasticating extruder. Journal of Applied Polymer Science,1989, 37 (3): 681~693

[38] Kemblowski Z, Sek J. Residence time distribution in a real single screw extruder. Polymer Engineering and Science,1981, 21 (18): 1194~1202

[39] Rauwendaal C J. Analysis and experimental evaluation of twin screw extruders. Polymer Engineering and Science,1981, 21 (16): 1092~1100

[40] Carneiro O S, Caldeira G, Covas J A. Flow patterns in twin-screw extruders. Journal of Materials Processing Technology,1999, 92~93: 309~315

[41] Wetzel M D, Shih C K, Sundararaj U. Determination of residence time distribution during twin screw extrusion of model fluids//Proceedings of the SPE-ANTEC 97. Toronto, America, 1997, 3707~3712

[42] Mélo T J A, Canevarolo S V. An optical device to measure in-line residence time distribution curves during extrusion. Polymer Engineering and Science, 2002, 42 (1): 170~181

[43] Mélo T J A, Canevarolo S V. In-line optical detection in the transient state of extrusion polymer blending and reactive processing. Polymer Engineering and Science,2005, 45 (1): 11~19

[44] Huneault M A. Residence time distribution, mixing and pumping in co-rotating twin screw extruders. Soc. Plast. Eng. , 1997, 165~187

[45] Elkouss P, Bigio D, Wetzel M D. Deconvolution of residence time distribution signals to individually describe zones for better modeling. Plastic Engineering. 2003, 344~348

[46] Poulesquen A, Vergnes B, Cassagnau P, Michel A, Carneiro O S, Covas J A. A study of residence time distribution in co-rotating twin-screw extruders. Part II: Experimental validation. Polymer

Engineering and Science,2003, 43 (12): 1849~1862

[47] Chen L, Pan Z, Hu G H. Residence time distribution in screw extruders. AIChE Journal, 1993, 39 (3): 1455~1464

[48] Chen L, Hu G H, Lindt J T. Residence time distribution in non-intermeshing counter-rotating twin-screw extruders. Polymer Engineering and Science, 1995, 35 (7): 598~603

[49] Chen L, Hu G H. Applications of a statistical theory in residence time distributions. AIChE Journal, 1993, 39 (9): 1558~1562

[50] Potente H, Kretschmer K, Hofmann J, Senge M, Mours M, Scheel G, Winkelmann Th. Process behavior of special mixing elements in twin-screw extruders. International Polymer Processing, 2001, 16 (4): 341~350

[51] Canevarolo S V, Melo T J A, Covas J A, Carneiro O S. Direct method for deconvoluting two residence time distribution curves. International Polymer Processing, 2001, 16 (4): 334~340

[52] Mudalamane R, Bigio D I, Experimental characterization of fill length behavior in extruders. Polymer Engineering and Science, 2004,44(3):557~563

（冯连芳　曹堃　顾雪萍　李伯耿）

第 14 章 超临界技术在聚烯烃反应挤出中的应用

14.1 引　言

超临界流体(SCF)是指温度、压力均高于其临界温度(T_c)与临界压力(p_c)状态下的流体。在这种状态下,物质呈一种介于气体与液体之间的流体状态,即其密度与液体接近,而黏度和扩散系数又与气体相似,因而具有传统溶剂无法比拟的溶胀能力、流动特性和传递性质。也就是说超临界流体兼具气体和液体的性质。更重要的是在临界点附近,压力和温度微小的波动都可以引起流体密度很大的变化,并相应地表现为溶解度的改变。由于这些性质,超临界流体已被广泛应用于化工、材料、生物、制药、食品、环境等领域,是 21 世纪过程强化技术和绿色化工发展的重点之一。

在高分子科学领域,超临界流体的应用也是研究热点之一。除了替代有机溶剂作为分散介质以外,超临界流体还被广泛地用于聚合物发泡、共混、造粒、复合材料的制备、聚合物中小分子(如残余单体、催化剂等)的脱除、小分子添加剂在聚合物中的渗透等领域,但涉及超临界流体在反应挤出中的应用甚少,特别是在促进大分子间反应方面的研究尚属空白。

与其他烃类及水相比,二氧化碳(CO_2)的临界温度为 31.1℃,可在室温附近实现超临界流体技术操作,能节省能耗。其临界压力为 7.38MPa,也不算高,设备加工并不困难,对材质的要求也并不高,是一种较为理想的超临界流体。更重要的是,二氧化碳是目前许多工业上生成的副产物,自身具有不可燃、无毒、化学稳定性好、廉价易得等优点。

此外,由于二氧化碳偶极矩为零,内聚能密度低,即使压力达到 20MPa 以上,大多数聚合物仍不溶于二氧化碳中。但二氧化碳能使聚合物发生溶胀,使聚合物自由体积增加,链移动性增强,从而使聚合物分子链有更大的运动空间,使分子链的柔顺性得到改善,导致聚合物内分子链段的构象调整与重新排布。

聚合物的反应加工具有以下六大优点:①可连续化大规模生产;②投资少,成本低;③不使用溶剂或很少使用溶剂,能节省能源,减少对人体和环境的危害;④对制品和原料有较大的选择余地;⑤可方便地实现混合、输送、聚合等过程,简化聚合物脱挥、造粒和成型加工等流程,并使这些环节连续一步进行;⑥在控制化学反应的同时,还可控制相结构。故此,受到学术界和工业界的广泛关注。目前,反应加工已广泛应用于①聚合物的可控降解；②聚合物的接枝反应；③反应性共混；④交联反应；⑤本体聚合反应等方面。但普通的反应挤出同时也具有缺点，如反应产物的熔体黏度随反应程度的增加而变化，伴随反应过程产生聚合物的降解和交联副反应等。

在反应挤出的过程中引入超临界二氧化碳($scCO_2$)，可提高熔体的流动性、降低挤出温度、促进传质及相应的反应、抑制聚合物的交联、降解副反应等。此外，本技术可有效降低能耗，实现柔性生产、增强残余可挥发成分的脱出、提高产品的品质。

14.2　超临界流体在聚合物中的溶胀行为

大部分的聚合物（含氟聚合物及硅树脂类除外）都不易溶于超临界二氧化碳。但是高压下二氧化碳在很多聚合物中的溶解度却很高，并取决于温度、压力及与聚合物链段之间的相互作用力。超临界二氧化碳在聚合物中的溶解，使得聚合物发生溶胀、自由体积增大、界面张力发生改变，导致聚合物体系黏度、玻璃化温度(T_g)或熔点(T_m)等显著降低，从而强化传质。因此，对大多数聚合物而言，超临界二氧化碳是一种新的增塑剂。本节将对文献中报道过的有关超临界流体在聚合物中溶胀行为的实验方法及模型，并结合作者的工作，进行总结和讨论。

超临界二氧化碳在聚合物中溶胀可达总质量的 10%～20%。日本京都大学的 Areerat 等[1]测量了 200℃下超临界二氧化碳在聚合物熔体中溶解度，发现随着压力由 7.4MPa 升至 13MPa，超临界二氧化碳在聚丙烯中溶解度由 5%（质量分数，下同）增加至 9%。广岛大学的 Sato 等[2]则分别测量了 160、180 及 200℃ 下超临界二氧化碳在聚合物熔体中溶解度，其数据表明在 160℃时，随着压力由 7.4MPa 升至 17.5MPa，其在聚丙烯中溶解度由 5.03% 提高至 15.97%；而随着温度的上升，超临界二氧化碳的溶解度却略有下降。人们在研究超临界流体辅助聚合物加工时发现，少量超临界流体的加入可明显改变聚合物熔体的流变性能，使熔体黏度降低。Waterloo 大学的 Lee 等[3]研究表明，加入 5% 的超临界二氧化碳后，聚苯乙烯熔体的黏度下降了 50%，聚乙烯的熔体黏度下降了 30%。

加入二氧化碳对聚合物特性的影响见图 14.1 所示[4]。在区域Ⅰ，二氧化碳在聚合物中的溶胀使 T_g 显著下降，即使溶胀只引入较低浓度的二氧化碳（1%～5%），此现象依然发生；在区域Ⅱ，T_g 在一定压力范围内保持恒定；在区域Ⅲ，压力继续增加，二氧化碳溶胀增大，T_g 增大，原因是由于压力的增大在一定程度上导致聚合物的压缩，使其自由体积减少，从而使 T_g 回升。区域的确定由不同聚合物的溶胀度和耐压缩性等因素所决定。

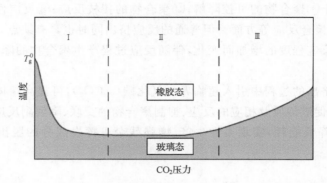

图 14.1　二氧化碳压力变化对聚合物玻璃化转变温度的影响趋势

14.2.1　实验方法

14.2.1.1　压力衰减法

Newitt 和 Weale[5]于 1948 年首次采用压力衰减法测量气体在聚苯乙烯中的溶解度。Koros 和 Paul 提出了改进的双腔压力衰减法[6],可精确得到气体初始密度,从而大大提高了测量的准确性。Sato 和 Yurugi 等改进了双腔压力衰减法的压力测量方式[7]。Davis 和 Lundy 等[8]则简化装置而只采用一个高压腔室,其气体的初始密度通过将吸收曲线外推至初始时刻得到,并将实验结果与双腔法进行比较。双腔压力衰减法得到了广泛的应用,成为压力衰减法的代名词。压力衰减法由于装置简单和费用相对低廉而颇受欢迎。其原理是通过精确测量超临界流体导致的聚合物中溶胀达到平衡后高压容器的压力数值,并结合适当的状态方程得到溶解度的数据。在实验过程中,聚合物由于被超临界流体溶胀而产生的体积变化须加以考虑,通常可直接测量或采用状态方程(equations of state,EoS)计算。溶胀达到平衡时,通过超临界流体的初始量、平衡体积以及平衡压力,并结合适当的状态方程,即可得到溶解度的数值及聚合物体积的变化值。

采用压力衰减法时,有以下几点必须注意:

(1) 描述超临界流体的状态方程必须足够精确,通常采用多参数状态方程,如 Benedict-Webb-Rubin(BWR)状态方程。

(2) 高压容器的体积必须较小,使得超临界流体微量的溶胀也能带来较明显的压力下降。

(3) 压力传感器或压力表的读数准确、精度高。

(4) 超临界流体-聚合物体系达到平衡所需时间较长,因此测量温度较高时,需防止聚合物的降解。

(5) 为使实验过程有明显压降,需要较多的聚合物样品(一般在 5g 左右),以溶解较多的超临界流体。

（6）实验压力或温度太高时，温度波动所造成的压力波动会带来较大的误差。

14.2.1.2　重量分析法

重量分析法通常有两种方法。

一种是将与超临界流体达到平衡后的聚合物迅速从高压釜容器中取出，放置于精密天平上称取不同时刻下的重量。并合理假设超临界流体解吸过程为 Fick 扩散，根据质量传递方程可拟合得到解吸扩散系数及解吸零时刻（溶胀达到平衡的时刻）聚合物中所含有的超临界流体质量。

应用腔外重量分析法时，有以下几点必须注意：

（1）聚合物样品需制成一定规则形状，以便能够得到适合的质量传递方程。通常可制成平板薄膜状、圆柱体状等。

（2）实验用的高压容器体积不能太大，以便溶胀达到平衡之后可迅速地排泄高压气体。

（3）溶胀达到平衡后，开启阀门泄压时刻即是解吸动力学的初始时刻。

（4）在解吸过程中聚合物样品的外形若发生明显变化，则此法不适用，因此腔外重量分析法不能用于橡胶态或高塑性的聚合物。

另外一种方法是在高压容器内部直接测量聚合物的质量变化，比较常用的为磁力悬浮天平测量法。相对上面的两种实验方法，该测量法可以覆盖很宽的实验压力和温度范围。但其中聚合物溶胀体积变化所带来的浮力影响必须加以考虑。Zhang 和 Gangwani 等[9]将聚合物样品悬挂在石英弹簧下端放入高压釜中，通过测量石英弹簧的高度变化来计算聚合物质量的变化。同样，浮力的影响也必须加以校正。Palamara 和 Davis 等[10]直接称量高压容器的质量，并通过状态方程计算平衡后高压容器内超临界流体的质量，从而得到其在聚合物中的溶解度。Aubert[11]采用石英晶体微平衡法测量了从低压到高压范围内二氧化碳在一系列聚合物中的溶解度。其基本原理是根据石英晶片上质量的改变与其振荡频率改变成正比，将聚合物涂膜于晶片表面，并置于待测超临界流体中，根据其频率的改变即可测得聚合物吸收超临界流体的质量，从而得到其在聚合物中的溶解度。该方法具有简便、快捷、灵敏度高的特点，可测得 10^{-8}g 的微量吸收，且需样量很小。

14.2.1.3　相分离法

将与超临界流体达到平衡的熔融聚合物相取样分析，即可得到超临界流体在聚合物中的溶解度，此法主要适用于低黏度、易搅拌的聚合物。

14.2.1.4　色谱分析法

在色谱分析法中，聚合物薄膜作为固定相，超临界流体作为流动相，通过测量示踪剂的保留体积,从而得到超临界流体在聚合物中的溶解度。由于超临界流体与聚合物薄膜能够很快达到热力学平衡,因此测试过程较快。

14.2.1.5　原位近红外光谱法

传统的红外光谱可以用来定量分析小分子在聚合物中的浓度,也可用于测量低压二氧化碳(一般为 0.5 MPa 以下)在聚合物中的溶解度。高压下的二氧化碳由于其高浓度而使得吸光度极强,以致不能用于定量分析。Brantley 和 Kazarian 等[12]选用二氧化碳在近红外波数 $4966cm^{-1}$ 处的吸收来定量分析高压二氧化碳在聚对苯二甲酸乙二酯中的溶解性,并与文献中的数据进行比较,同时发现聚合物中的二氧化碳吸光波数由 $4966cm^{-1}$ 漂移到 $4950cm^{-1}$。Guadagno 和 Kazarian[13]利用原位近红外光谱法同时测量了超临界二氧化碳在液态聚乙二醇及聚丙二醇中的溶解度及聚合物体积变化。

14.2.2　模型预测

14.2.2.1　引言

超临界流体-聚合物体系组分性质的巨大差异导致相应的热力学模型较少,一个合理的模型必须能够描述聚合物的长链分子特性及超临界流体的强烈可压缩性。另外,聚合物与小分子的自由体积差异也必须考虑。在压力较低的范围内,Henry 定律可以用来关联气体在高弹态聚合物中的溶解度,而对于玻璃态的聚合物则可选用双模理论。

描述超临界流体-聚合物体系的状态方程模型一般可分为:格子流体模型(lattice fluid theory)、立方型状态方程(cubic equations of state,CEoS)、非格子流体模型(off-lattice theory,也称连续模型)等。其中,格子流体理论由于其比较简单直观的物理背景及易处理的数学形式而得到广泛的应用,Sanchez-Lacombe (S-L) EoS 作为第一个严格意义上来说的格子流体状态方程而得到了广泛的应用及发展[14~16]。Veytsman 提出缔合格子流体理论[17],Panayiotou 和 Sanchez[18]将其推广发展,得到格子流体氢键模型(lattice-fluid hydrogen-bonding model,LFHB)。此外,还有关联成组成基团的物性参数及交换作用能量参数的函数,从而得到了基团贡献格子流体方程(group contribution lattice-fluid EoS,GCLF EoS)[19~21]。

日本广岛大学 Masuoka 课题组[2,7,22,23]在实验基础上采用 S-L EoS 很好地模拟了超临界流体在聚合物中的溶解实验数据,其中的体系包括:scCO$_2$/聚丙烯、scCO$_2$/高密度聚乙烯、scCO$_2$/聚苯乙烯、scCO$_2$/聚丁二酸丁二醇酯、scCO$_2$/聚丁二酸丁二酯-己二酸酯、scCO$_2$/聚乙酸乙烯酯、scN$_2$/聚丙烯、scN$_2$/高密度聚乙烯、scN$_2$/聚苯乙烯。Kiparissides 和 Dimos 等[24]利用 S-L EoS 关联了乙烯从低压气体到超临界状态下在结晶聚乙烯中的溶解度。总之，S-L EoS 在研究超临界流体-聚合物体系相平衡方面的应用非常广泛。

非格子流体模型以统计缔合流体理论（statistical associating fluid theory，SAFT）为主，由 Chapman 和 Gubbins 等[25]于 1990 年首次以状态方程的形式提出，稍后 Huang 和 Radosz[26]对 SAFT 状态方程改进。统计缔合流体理论是基于 Wertheim 的一级微扰理论。理论的实质是剩余 Helmholtz 自由能由表达式的总和给出，表达式不但考虑短程排斥力和长程的色散力，也可以考虑其他的范德华力，还可以包括两个效应：化学键的生成（稳定化学链的形成）和缔合（形成氢键）：

$$a^R = a_{硬球} + a_{成链} + a_{色散} + a_{缔合} \tag{14.1}$$

前面两项之和即是硬球链参考系统，描述了分子的排斥及链连接；后两相是微扰项，描述了真实分子与硬球链模型的差异，即真实分子之间存在吸引力及其他的特殊作用力（如氢键等）。Gross 和 Sadowski[27]将链段之间的吸引力纠正为长链之间的作用力提出了微扰链统计缔合流体理论（perturbed-chain statistical associating fluid theory，PC-SAFT），其中大部分的表达项与 SAFT 方程相同，但对色散项进行了改进。

关于 SAFT 模型在超临界流体溶胀聚合物方面应用的文献相对较少，Peng 和 Liu[28]等运用包括 SAFT 及 PR（Peng-Robinson）方程在内的三种不同模型，模拟了从低压到超临界范围内的各种气体在熔融聚合物中的溶解度数据。Solms 和 Michelsen 等[29]采用简化的 PC-SAFT 方程预测了 170℃下，从低压到超临界范围内的丙烷在低密度聚乙烯中的溶解度，同时关联并预测了不同温度下超临界甲烷分别在高密度聚乙烯、尼龙-11 及聚偏二氟乙烯中的溶解度。Bonavoglia 和 Storti 等[30]选取包括 SAFT 在内的四种不同的模型，模拟了超临界二氧化碳分别在聚甲基丙烯酸甲酯、聚偏二氟乙烯及聚四氟乙烯中的溶解度。

14.2.2.2　S-L 格子模型与 PC-SAFT 模型的比较

虽然目前关于 S-L 格子模型及 SAFT 模型在超临界流体溶胀聚合物方面的报道已有不少，特别是前者，但至今仍未有文献对两种模型进行详细的比较。鉴于这两种模型的代表性和重要性，因此有必要对两者的关联及预测能力进行评估。在此，作者特选超临界态下的二氧化碳和氮气在等规聚丙烯（iPP）、高密度聚乙烯（HDPE）和无规聚苯乙烯（aPS）中的溶胀模拟为例来加以说明。

PC-SAFT 状态方程的组分逸度系数为

$$\ln\varphi_i = \frac{\mu_i^{res}}{kT} - \ln Z \tag{14.2}$$

式中，μ_i^{res} 为组分 i 的剩余化学势，可由式（14.1）得到：

$$\frac{\mu_i^{\mathrm{res}}}{kT} = \frac{a^{\mathrm{res}}}{RT} + (Z-1) + \left[\frac{\partial\left(\frac{a^{\mathrm{res}}}{RT}\right)}{\partial x_i}\right]_{T,v,x_{k\neq i}} - \sum_{j=1}^{N}\left[x_j\left(\frac{\partial\left(\frac{a^{\mathrm{res}}}{RT}\right)}{\partial x_j}\right)_{T,v,x_{k\neq i}}\right]$$

$$(14.3)$$

用于本节选用体系的组分时,PC-SAFT 方程的三个参数 m、σ 和 ε 分别描述了组分的链段数、链段直径及链段相互作用。小分子的方程参数可从纯组分的 p-V-T 数据回归得到,而聚合物组分的方程参数则通过关联其液体密度和相应体系的相平衡数据得到。对于混合体系,本节采用如下的混合规则:

$$m = \sum_i x_i m_i \tag{14.4}$$

$$\sigma = \frac{(\sigma_i + \sigma_i)}{2} \tag{14.5}$$

$$\varepsilon = (\varepsilon_{ii}\varepsilon_{jj})^{\frac{1}{2}}(1 - k_{ij}) \tag{14.6}$$

S-L 方程在格子模型的基础上,考虑到溶液的可压缩性,将"空洞"作为自由体积引入到格子中。根据统计力学,得到 Gibbs 自由能的表达式后,可得到 S-L 模型无因次化形式的状态方程:

$$\widetilde{\rho}^2 + \widetilde{p} + \widetilde{T}\left[\ln(1-\widetilde{\rho}) + \left(1 - \frac{1}{r}\right)\widetilde{\rho}\right] = 0 \tag{14.7}$$

对于纯物质,S-L 方程也有三个特征参数:T^*、p^* 和 ρ^* 或 ε^*、v^* 和 r,可通过 S-L 方程对纯组分的 p-V-T 数据如饱和液体密度及饱和蒸汽压等数据进行拟合得到。对于混合体系,采用的混合规则为

$$\phi_i = \frac{x_i r_i}{r}, \quad r = \sum_i x_i r_i \tag{14.8}$$

$$v^* = \sum\sum \phi_i \phi_j v_{ij}^*, \quad \varepsilon^* v^* = \sum\sum \phi_i \phi_j \varepsilon_{ij}^* v_{ij}^* \tag{14.9}$$

结合以上三式通过热力学推导可得组分的位形化学势。事实上,S-L 状态方程位形化学势表达式的参考态对于混合物体系而言与组成有关。因此,应用于混合物相平衡计算时,由于两相组成的差异,会导致同一物质在两相的参考态化学势不一致。故本节同时采用其逸度系数计算来加以比较。

当超临界流体溶解于聚合物达到平衡时,流体相中纯流体的化学势等于聚合物相中流体的化学势:

$$\mu^{\mathrm{SCF}}(T,p) = \mu_1^p(T,p,x_1) \tag{14.10}$$

式(14.10)等同于:

$$\ln\varphi^{\mathrm{SCF}}(T,p) = \ln[\varphi_1^p(T,p,x_1)x_1] \tag{14.11}$$

对于 PC-SAFT,式(14.11)经热力学关系式可得到:

$$\ln\widehat{\varphi}_1^p(T,p,x_1) = \widetilde{a}^{\mathrm{SCFres}}(T,p) + \ln\left[\frac{1}{x_1 Z^{\mathrm{SCF}}(T,p)}\right] + Z^{\mathrm{SCF}}(T,p) - 1$$

$$(14.12)$$

待考察体系组分的模型参数列于表 14.1 中,计算结果由图 14.2~图 14.7 及表 14.2 给出。其中,S-L 方程采用位形化学势表达式计算,混合规则中的可调参数 k_{ij} 由单纯形法优化下列目标函数得到:

$$AAD = \frac{1}{NP} \sum_{i}^{NP} \left| \frac{S^{\exp} - S^{\mathrm{cal}}}{S^{\exp}} \right|_{i} \times 100\% \tag{14.13}$$

式中,AAD 为平均绝对偏差(average absolute deviation);$S^{\exp}$ 为实验溶解度(g/g);S^{cal} 为计算溶解度(g/g)。

表 14.1　纯组分的 PC-SAFT 及 S-L 方程参数

状态方程	参数	CO_2	N_2	iPP	HDPE	aPS
	$m/M_{\mathrm{w}}/\mathrm{mol}^{-1} \cdot \mathrm{g}^{-1}$	0.0471	0.043	0.0248	0.0254	0.0205
PC-SAFT	$\sigma/\mathrm{Å}$	2.7852	3.313	4.132	4.107	4.152
	$\varepsilon/k/\mathrm{K}$	169.21	90.96	264.6	272.4	348.2
	T^*/K	269.5	159	692	736	739.9
S-L	p^*/MPa	720.3	103.6	297.5	288.7	387
	$\rho^*/(\mathrm{kg/m^3})$	1580	803.4	882.8	867	1108

图 14.2 和图 14.3 为超临界二氧化碳分别在 iPP、HDPE 中的溶解度计算结果。从图中可以看出,PC-SAFT 和 S-L 方程分别采用温度函数的可调参数 k_{ij},其函数关系由 433.2K 及 473.2K 回归得到的 k_{ij} 线性拟合而成,453.2K 下的 k_{ij} 由内插得到。两者的计算结果都能与实验值较好的吻合,但与 S-L 相比,PC-SAFT 的计算结果较差,且随着压力升高,对实验值的偏离越大。

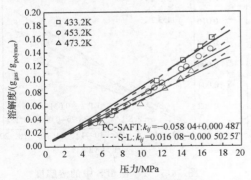

图 14.2　CO_2 在 iPP 中的溶解度

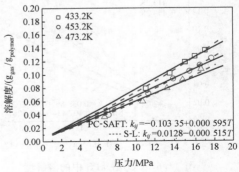

图 14.3　CO_2 在 HDPE 中的溶解度

图 14.4 和图 14.5 分别为超临界氮气分别在 iPP、HDPE 中的溶解度计算结果。由图可见，PC-SAFT 和 S-L 方程均能取得满意的结果。对于超临界氮气和 iPP 体系，PC-SAFT 及 S-L 方程的可调参数 k_{ij} 与温度有关。对于超临界氮气和 HDPE 体系，两状态方程的可调参数 k_{ij} 则均为与温度无关的定值，其值由 433.2K 下的实验值回归可得。

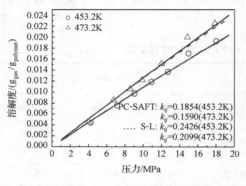

图 14.4　N_2 在 iPP 中的溶解度

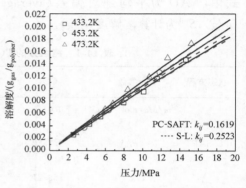

图 14.5　N_2 在 HDPE 中的溶解度

图 14.6 和图 14.7 表明，对于超临界二氧化碳或超临界氮气和 aPS 体系而言，PC-SAFT 和 S-L 方程也均能较好地符合实验值。计算超临界二氧化碳在 aPS 中的溶解度时，PC-SAFT 和 S-L 方程中的可调参数 k_{ij} 为温度的线性函数，其函数形式由 373.2K 及 453.2K 回归得到的 k_{ij} 拟合而成，413.2K 下的 k_{ij} 由内插得到，且 PC-SAFT 方程计算结果略好于 S-L 方程。对于超临界氮气和 aPS 体系，PC-SAFT 方程的 k_{ij} 为定值，其数值由 373.2K 下的实验数据回归得到，而 S-L 方程的 k_{ij} 为温度的线性函数，其函数形式同样由 373.2K 及 453.2K 回归的 k_{ij} 拟合而成，413.2K 下的 k_{ij} 由内插得到。

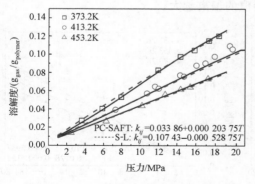

图 14.6　CO_2 在 aPS 中的溶解度

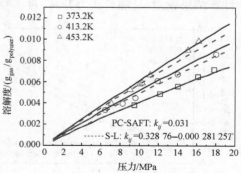

图 14.7　N_2 在 aPS 中的溶解度

　　为更好地对 PC-SAFT 和 S-L 状态方程进行比较,表 14.2 中列出了不同温度下单独回归 k_{ij} 值时的计算结果,并附上由 S-L 方程逸度系数进行相平衡计算的结果。由表 14.2 可知,对于超临界二氧化碳和 iPP 体系及超临界二氧化碳和 HDPE 体系,S-L 方程的计算误差一般均在 5% 之内,明显优于 PC-SAFT 方程。而对于上述其他体系,PC-SAFT 方程的计算结果则要略好于 S-L 方程。

　　超临界流体在聚合物中的溶解度虽然不大,但由于聚合物的相对分子质量,使得聚合物相中超临界流体的摩尔分数并不低,一般能趋近于 1 左右。因此,采用化学势计算所得结果基本不受组成的影响,且与由逸度系数进行计算的结果几乎一致。

表 14.2　SCF 在聚合物中的溶解度关联结果及模型的相互作用参数

聚合物	SCFs	T/K	k_{ij} (PC-SAFT)	k_{ij} (S-L①)	k_{ij} (S-L②)	AAD / % (PC-SAFT)	AAD / % (S-L①)	AAD / % (S-L②)
iPP	CO$_2$	433.2	0.1499	−0.2016	0.1697	6.59	3.46	3.46
		453.2	0.1589	−0.2139	0.1613	6.98	4.10	4.10
		473.2	0.1691	−0.2217	0.1558	9.82	7.38	7.38
	N$_2$	453.2	0.1854	0.2426	0.2587	2.84	3.22	3.22
		473.2	0.1590	0.2099	0.2267	3.9	4.41	4.41
HDPE	CO$_2$	433.2	0.1544	−0.2103	0.1914	6.5	3.25	3.25
		453.2	0.1664	−0.2199	0.1849	6.6	3.68	3.68
		473.2	0.1782	−0.2309	0.1776	7.1	4.51	4.16
	N$_2$	433.2	0.1619	0.2523	0.2758	1.71	1.85	1.85
		453.2	0.1694	0.2508	0.2743	2.19	2.40	2.40
		473.2	0.1644	0.2380	0.2619	3.56	3.93	3.93
aPS	CO$_2$	373.2	0.1099	−0.0899	0.1935	2.66	2.68	2.70
		413.2	0.1148	−0.1173	0.1733	2.26	2.77	2.77
		453.2	0.1262	−0.1322	0.1621	2.73	2.77	2.79
	N$_2$	373.2	0.031	0.2238	0.2284	1.91	2.10	2.11
		413.2	0.0404	0.2124	0.2171	3.07	3.19	3.19
		453.2	0.0424	0.2013	0.2061	3.00	3.45	3.46

　　① 由 S-L EoS 的化学势计算得到;

　　② 由 S-L EoS 的逸度系数计算得到。

　　由上可见,采用统计缔合流体理论中的 PC-SAFT 方程和格子流体理论中的 S-L 方程分别对超临界二氧化碳、超临界氮气在 iPP、HDPE 及 aPS 中的溶解度进行预测和关联。结果表明,PC-SAFT 和 S-L 均能得到较好的计算结果,但对于超临界二氧化碳和 iPP 体系,超临界二氧化碳和 HDPE 体系,S-L 方程的计算结果要明显优于 PC-SAFT 方程,且其方程形式也要更为简单。另一方面,本节分别采用 S-L 方程的位形化学势及逸度系数进行相平衡计算,结果表明两种计算方法的结果几乎一致。

14.3　长支链结构聚丙烯

高熔体强度聚丙烯的制备有物理和化学两种手段。前者通过将聚丙烯与具有较理想熔体流变性能的高分子材料如低密度聚乙烯(LDPE)等共混来实现,但两类高分子间的微观混合有一定难度,且会削弱聚丙烯本身的特征。后者则是合成长支链结构聚丙烯,使其具有高熔体强度和应变硬化效应,其制备方法有原位聚合和后处理改性两大类,是当前研究热点。

原位聚合通常采用特殊的催化体系[31],促进活性中心向高分子链转移,以形成长支链结构;或是通过 β-消除反应先形成末端含不饱和双键的分子链,所得产物作为共聚单体参与反应,形成支链,也可引入乙烯生成乙丙共聚的支链。另有采用加入二乙烯基苯[32]或非共轭二烯烃[33](1,9-葵二烯或 1,7-辛二烯等)直接进行共聚,两端双键各自参加反应,进而形成长支链结构。但上述均聚或共聚法实质上均涉及大分子单体的插入,其共聚能力较弱,支链长度或密度有限,且分子量较大的残单脱除难度也大,尚属基础研究阶段。尽管也有采用超临界聚合工艺以促进共聚和后分离能力,但需要高温催化体系。

目前,添加过氧化物自由基引发剂和多官能团极性单体与高相对分子质量聚丙烯进行熔融接枝聚合是较通用的制备方法;也可以采用只加引发剂通过聚丙烯自身接枝的方法[34]。但高温熔融接枝的过程中聚丙烯链段 β-断裂严重,一般同时也伴随有明显降解,因此要尽量控制其降解行为,接枝得到长支链化,且减少交联度,以防止凝胶。

通过大分子之间的基团反应对聚丙烯进行改性是近年来长支链结构聚丙烯的另一种制备途径。由于基团之间反应的可确定性,一般具有结构的可设计性。有报道在聚丙烯链末端直接接枝氨基基团形成 PP-t-NH$_2$ 结构或先接枝马来酸酐形成 PP-t-MAH 结构后再与二胺反应形成 PP-t-NH$_2$ 结构,而后再与聚丙烯链中端接枝有马来酸酐的 PP-g-MAH 发生大分子间的基团反应,最终得到结构可控的长支链聚丙烯[35~38]。也有采用 PP-g-MAH 直接与二胺及异氰酸酯之间发生反应,得到具有一定支链和交联的聚丙烯[39]。该方法简便、易行,但对基团含量较高的 PP-g-MAH,得到的产品凝胶含量过多。由于其为大分子间反应,传质影响极大,一般仅在稀溶剂中进行,主要研究热点是结构调控,尚未见其高熔体强度等性能方面的报道。

　　本节基于上述分析,拟通过将超临界二氧化碳引入传统挤出过程中,并结合原位接枝或基团间反应以获得长支链结构聚丙烯,着重研究超临界流体强化大分子间反应的机理。集成化程度高,且基于传统加工设备,方法新颖易行。同时,产品结构中的"十"或"H"字型"一点二枝"的支链设计将丰富对高分子拓扑结构的认识,更有效地提高熔体强度,并拓宽其加工和机械性能,确保新技术及所合成的新材料均各具特色。

14.3.1　长支链结构

　　由于长支链结构高分子所具有的特殊性能,制备长支链结构高分子及研究长支链结构对高分子性能的影响一直以来均受到广泛关注。具有不同链结构的高分子,如星型、H 型、梳型和超支化结构等,在高分子熔融及固态时表现出许多优良特性。

　　具有长支链结构的聚丙烯,其支化程度常用 Zimm-Stockmayer 支化度 g 来表示。支化度 g 定义为具有长支链结构聚丙烯的均方半径 $\langle r^2 \rangle_b$ 与相同相对分子质量的线型聚丙烯的均方半径 $\langle r^2 \rangle_l$ 之比。依据 Flory 特性黏度理论,有 $\langle r^2 \rangle \propto (M[\eta]/\phi)^{2/3}$(这里 ϕ 为普适常数)。因此,可得 g 与特性黏度 $[\eta]$ 的关联:

$$g = \frac{\langle r^2 \rangle_b}{\langle r^2 \rangle_l} = \left(\frac{M[\eta]_b/\phi}{M[\eta]_l/\phi} \right)^{2/3} = \left(\frac{[\eta]_b}{[\eta]_l} \right)^{2/3} \tag{14.14}$$

　　另外,g 与每条链上平均支链数目的关系可由式(14.15)给出:

$$g = \left[\sqrt{1 + B_n/7} + 4B_n/9\pi \right]^{-\frac{1}{2}} \tag{14.15}$$

其中,主链相对分子质量 M_{w01} 和支链相对分子质量 M_{w02} 通过凝胶色谱(GPC)测试获得。对于可确定的主链及支链的相对分子质量,则具有长支链结构的聚丙烯相对分子质量可由式(14.16)得到:

$$M_w = M_{w01} + M_{w02} \times \frac{B_n}{2} \tag{14.16}$$

　　对于与长支链结构聚丙烯具有相同相对分子质量的线型聚丙烯而言,其特性黏度与相对分子质量关系为

$$[\eta]_l = K M_w^\alpha \tag{14.17}$$

式中,$K = 1.05 \times 10^{-4} \text{dL/g}$,$\alpha = 0.80$。将式(14.14)~式(14.17)结合可得:

$$\left(M_{w01} + M_{w02} \times \frac{B_n}{2} \right)^{\frac{2}{3}\alpha} = \frac{[\eta]_b^{\frac{2}{3}} \left(\sqrt{1 + B_n/7} + 4B_n/9\pi \right)^{\frac{1}{2}}}{K^{\frac{2}{3}}} \tag{14.18}$$

　　当测试得到 M_{w01}、M_{w02}、$[\eta]_b$ 等数据后,即可计算得到长支链结构每条大分子链上平均支链数目,即 B_n 值。

　　此外,也常应用每条链上每 1000 个聚合单体上含有支链的数目 λ 进行衡量接

枝密度的多少。

$$\lambda = 1000mB_n/M \tag{14.19}$$

式中，m 为聚合单体的相对分子质量；M 为主链的相对分子质量。

14.3.2 超临界反应挤出制备长支链结构的聚丙烯

14.3.2.1 实验部分

超临界反应挤出过程在积木式可开启型同向双螺杆挤出机 TSE20（直径 Φ20mm，长径比 L/D 为 48，含三个侧线口）中进行，如图 14.8 所示。超临界二氧化碳和相关助剂由侧线加入。挤出机螺杆由四段推进段和三段含反螺纹捏合块交替组合而成。

图 14.8　超临界反应挤出过程使用的积木式可开启型同向双螺杆挤出机

14.3.2.2 基团反应机理

反应挤出一般必须在较高温度保证聚合物在熔融态下进行，因此反应过程难以避免伴随着聚合物的降解。本研究设计在反应挤出中加入少量超临界二氧化碳，以提高熔体的流动性，降低熔融所需温度。同时，在反应过程中，超临界二氧化碳加入不仅具有通过对聚丙烯的溶胀作用而促进混合效应，而且由于二氧化碳对二元伯胺吸附具有一定的载体作用，导致二氧化碳在对聚丙烯的溶胀过程中将携带二胺进入聚丙烯熔体中，对反应具有一定的促进作用。

$$CO_2 + H_2N(CH_2)_2NH_2 \Longrightarrow {}^+H_3N(CH_2)_2NHCOO^-$$

二胺类"扩链剂"与 PP-g-MAH 的反应过程，首先进行的为酰胺化开环反应及酰亚胺化闭环反应（见图 14.9），而后才是剩余 MAH 和 NH$_2$ 之间的大分子间反应。

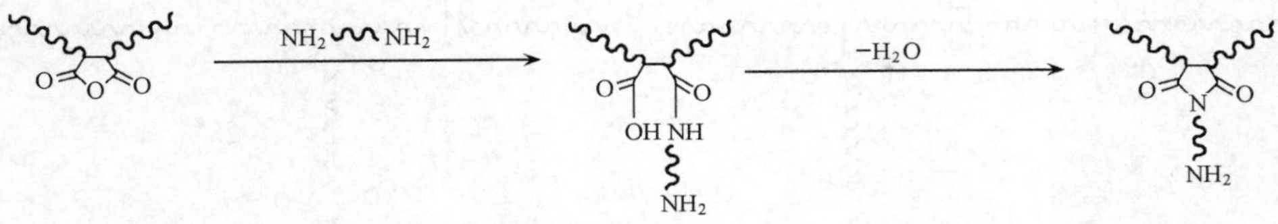

图 14.9　聚丙烯接枝马来酸酐与二元胺的反应机理

　　由于本流程系一步法连续反应，涉及大分子和小分子、大分子与大分子间的反应，如图 14.10 所示，因此其反应历程具有一定的多样性和组合性。

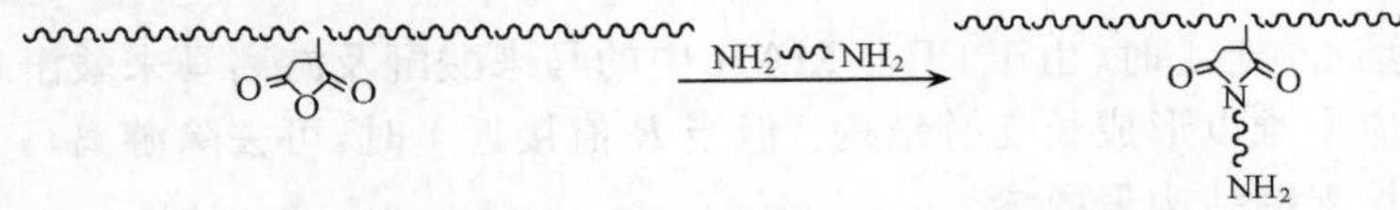

第一步：聚丙烯接枝马来酸酐与二元胺的酰亚胺化反应

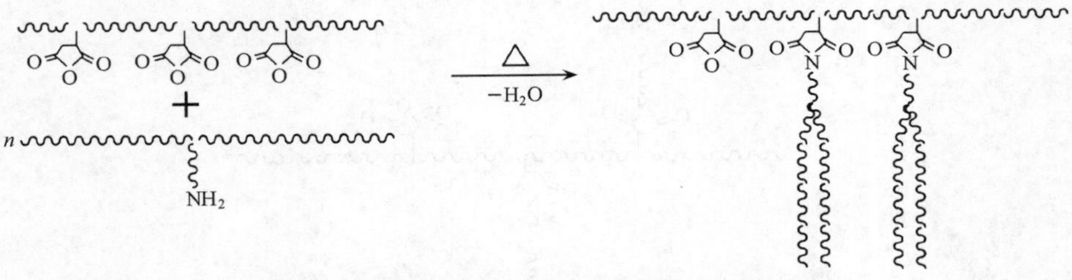

第二步：聚丙烯接枝马来酸酐与聚丙烯接枝胺基间的大分子反应

图 14.10　长支链聚丙烯的制备原理

　　反应中通过加入二元胺的质量分数 w 以确定 PP-g-MAH 与二元胺的比例，以 R 作为胺酐比参数，其定义为

$$R = \frac{c_{NH_2}}{c_{MA}}(t = 0) = \frac{M_{PP}}{nM_{MDA}} \cdot \frac{2w}{1-w} \tag{14.20}$$

这里，M_{PP} 为聚丙烯链的相对分子质量；n 为平均每条聚丙烯链上含有马来酸酐的个数；M_{EDA} 为二元胺相对分子质量。R 值的大小直接影响该反应所得到长支链结构聚丙烯的接枝密度。

14.3.2.3　产物结构特征

　　由于所得产物的凝胶含量均为零，因此可认为并未发生交联。故对该反应进行理想化讨论，可得到如下结果：

　　(1) $R < 1$，得到产品可能有如下 2 种结构。

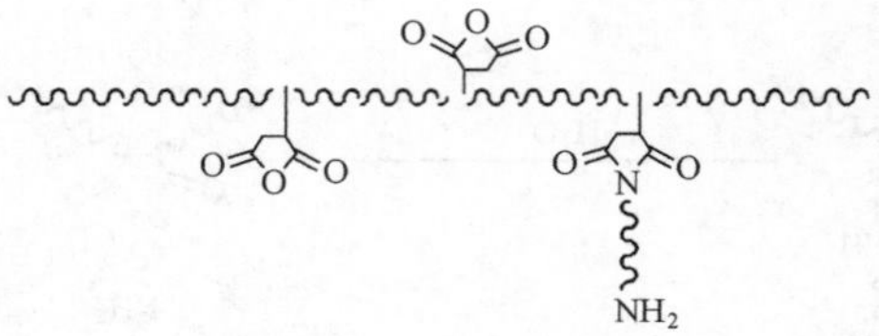

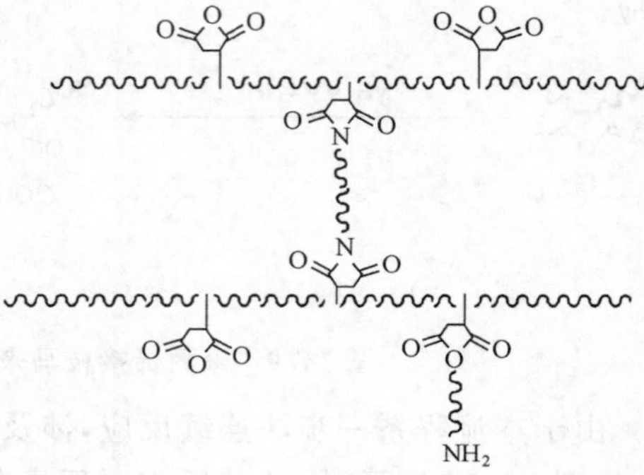

NH₂

$R \ll 1$　　　　　　　　　　　　　　　$R < 1$

当 R 值远远小于 1 时，由于 PP-g-MAH 中的马来酸酐及游离马来酸酐单体的过量存在，反应中难以形成长支链结构。但当 R 值接近 1 时，可去除游离马来酸酐的影响，得到长支链结构聚丙烯。

（2）$R = 1$，得到产品结构如下。

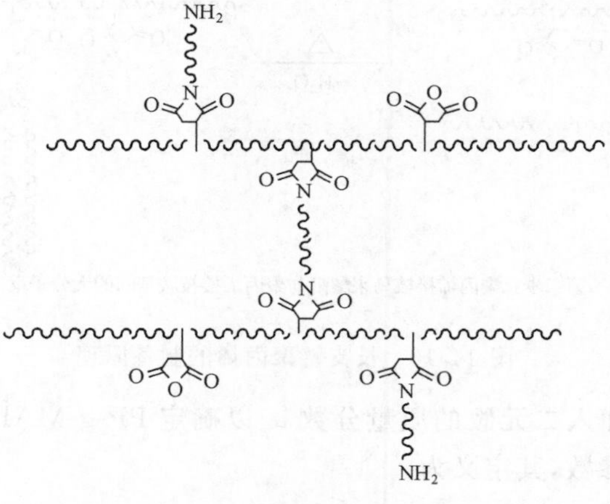

当 R 值等于 1 时，得到的长支链与 R 刚小于 1 时近似，主要由于小分子与大分子反应比大分子之间反应容易得多所至。因此，此时接枝情况如上所示，如果每条链上含有 n 个马来酸酐基团，则发生接枝反应的马来酸酐概率为 $1/n$。

（3）$R > 1$，得到产品结构可能有如下 2 种。

当 R 值略高于 1 时，稍多的二元胺则与未反应的马来酸酐作用，并不会继续发生交联。但当 R 远远大于 1 时，由于二元胺的过量，则反应过程主要为小分子和大分子的反应，反而仅能得到线型 PP-g-NH₂。

综上所述，对 R 值而言，在一定范围内对接枝最为有利（$R_0 = 1$，$R_0 - \Delta R_1 \sim R_0 + \Delta R_2$），所得 B_n 值最大，且几乎一致，存在如图 14.11 所示的平台区间。因此，在挤出反应过程中，确定 R 值在上述范围内即可，一般以下限为佳。

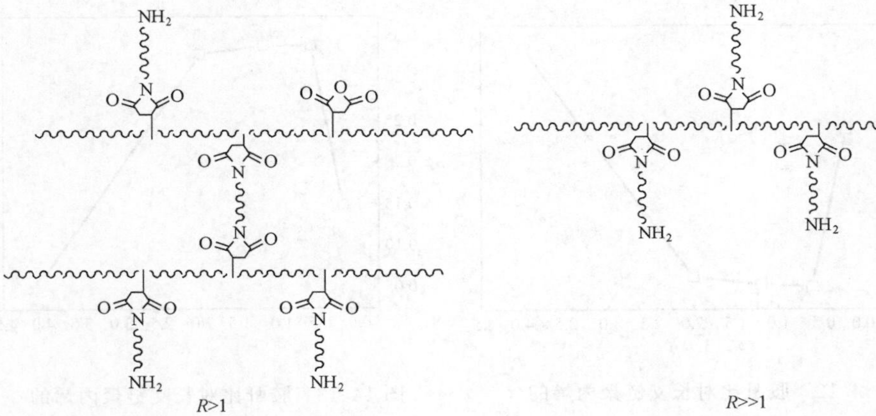

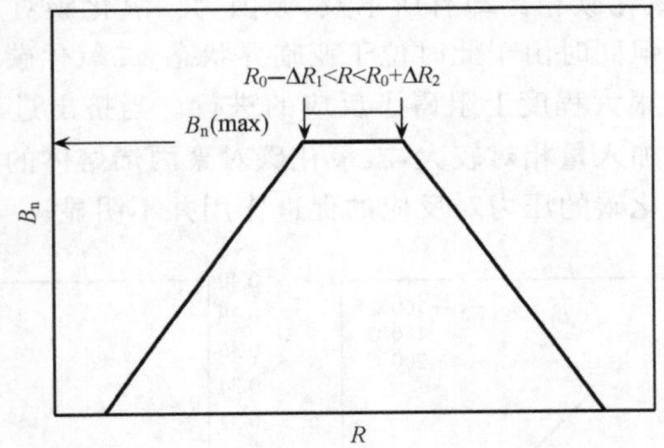

$R > 1$　　　　　　　　　　　　　　　　　　　　$R \gg 1$

图 14.11　胺酐比对长支链聚丙烯平均支链数目的影响

图 14.12 给出了反应条件为温度 160℃、压力 7.4MPa 所得产品的熔体流动速率(MFR)随不同二元胺加入量的变化。可见，R 值在 0.6～2 之间时 MFR 出现一个最低值的平台区域，在此区域内 MFR 均呈现最低值，当 R 值脱离此区域如小于 0.6～0.1 或大于 2～4，MFR 均迅速增加。因此可确定 R 在一定范围内，对反应挤出中发生基团接枝反应最为有利。图 14.13 为反应挤出条件为温度 160℃、压力 7.4MPa 时得到的长支链聚丙烯每条主链上平均含有支链数目随 R 值的变化图。可以明显看出当 R 值位于 0.6～2 之间时，B_n 明显出现最大 B_{nmax} 的平台，与前文中讨论得到的模型完全相符，R 值从 0.6～2 之间均位于 $(R_0 - \Delta R_1, R_0 + \Delta R_2)$ 的范围内，而 R 值为 0.1～4 却位于此范围之外。

图 14.14、图 14.15 中给出了制得的长支链结构聚丙烯的 MFR 和 B_n 随反应温度和压力的变化。在挤出过程中，无论反应温度为 180℃还是 160℃，超临界二氧化碳对亚临界二氧化碳和未加二氧化碳的传统熔融反应挤出而言，对反应起到了一定的促进作用，具体表现为产品的 MFR 明显降低而 B_n 值明显增加。亚临界二

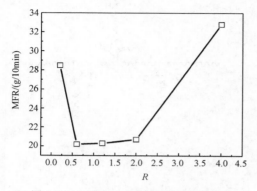

图 14.12 胺酐比对长支链聚丙烯的
MFR 影响

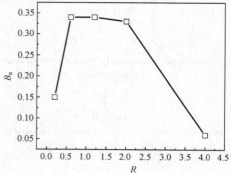

图 14.13 胺酐比对长支链聚丙烯的
平均支链数目的影响

氧化碳与未加二氧化碳相比却有所不及,原因为二氧化碳对反应原料二元胺具有一定的载体作用,但同时由于此时位于亚临界状态,二氧化碳对聚丙烯的溶胀是十分有限的,因此在很大程度上阻碍了反应的进行。当挤出过程中压力超过临界值时,由于二氧化碳加入量相对较大,二氧化碳对聚丙烯熔体的溶胀基本达到饱和状态,继续增加二氧化碳的压力对反应的促进作用并不明显。

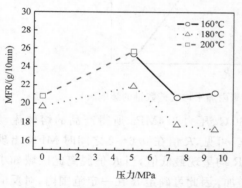

图 14.14 压力、温度对长支链聚丙烯
熔融指数的影响

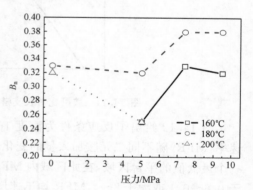

图 14.15 压力、温度对长支链聚丙烯
平均支链数目的影响

从挤出温度上分析,引入超临界二氧化碳可成功地将挤出温度降低至 160℃,此温度已低于一般情况下等规聚丙烯的熔点。在不引入二氧化碳的条件下进行反应挤出,明显看出反应温度 180℃时所得产品的 MFR 和 B_n 值明显优于 200℃,可见在温度降低 20℃情况下,已极大地缓解了挤出过程中的降解问题。当温度继续降低到 160℃时,与 180℃相比虽然温度的继续降低极大地解决了挤出过程中的降解问题,但同时 160℃虽然位于原料熔融温度范围之内却可在产品熔点以下,在反应过程中分子链可能难以足够伸展开来,减小了反应过程中基团之间接触的机会,

因此反应得到产品的 B_n 值小于 180℃时的产品。

14.3.3　结构与性能

14.3.3.1　拓扑结构

不同的聚合物微观结构对其宏观流变性能具有重大的影响。分子理论从聚合物的结构特点出发,提出合理的分子模型,应用分子的微观物理量,如键长、键角、均方末端距、相对分子质量等,通过统计力学方法,推导出聚合物的复数黏度、复数模量、松弛时间分布等宏观黏弹性的表达式。目前,主要有 RBZ(Rouse-Bueche-Zimm)理论和蛇行(reptation)理论。与 RBZ 理论相比,蛇行理论虽然数学处理复杂,但计算得到的流变学参数与实际情况更为接近。

本节利用超临界反应挤出法制备的长支链结构聚丙烯,由于采用二胺类作为反应链相连的链桥,因此其构象具有一定的特殊性。如果相对反应链而言忽略链桥的长度,则其结构可考虑为星型;同时如果考虑二胺链桥的影响,对于其结构可近似考虑为含中间臂的 H 型。作者等从蛇行理论出发,通过不同支链结构对流变学性能的影响,对所得长支链聚丙烯的结构进行剖析。

对具有支链结构的聚合物而言,所有支链连接于一点并向外延伸出 f 个链段结构的星型聚合物是相对简单的一种结构。根据蛇行理论原理,由于星型聚合物的各链段连接于一点,一个链段的运动被其他链段所挡,难以运动(见图 14.16)。其零剪切黏度可表示为

$$\eta_0 \propto \left(\frac{M_a}{M_e}\right)^{1/2} e^{v'\frac{M_a}{M_e}} \quad 这里,\quad \frac{M_a}{M_e} \gg 1 \tag{14.21}$$

其中,M_a 为支链相对分子质量;M_e 为缠结相对分子质量;可得 $v'=0.6$。

而一般 H 型高分子链,可近似认为是由两个三星支链通过各自的一个支链连接在一起组合而成的,而所谓的"主链"一般要求为超过缠结相对分子质量 M_e 的一段链长(见图 14.17)。其零剪切黏度可表示为

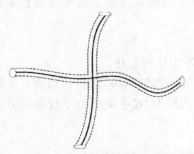

图 14.16　星型聚合物的拓扑结构

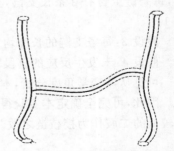

图 14.17　H 型聚合物的拓扑结构

$$\eta_0 \rightarrow \left(\frac{M_b}{M_e}\right)^{2+0.8} \left(\frac{M_a}{M_e}\right)^{3/2} e^{v'\frac{M_a}{M_e}} \left(\frac{M_b}{4M_a} + M_b\right)^{-2} \quad (14.22)$$

其中，M_b 为主链相对分子质量；可得 $v' = 1.2$。

蛇形理论认为，每一链段由 N 段组成，每一段含有 N_e 个单体缠结其间，因此每条链段上有 $N_a = N \cdot N_e$ 个单体。一段分子链是分成若干小段进行运动，在势能场中互相作用，则整个大分子链可分成若干个大段链进行运动。而参数 v' 是指 N 个链段中每一段对应于势能的值，其大小与聚合物本身链结构相关。对具有长支链结构的聚合物，v' 与聚合物结构相关，而对于相同结构的聚合物，v' 值与含有的支链数目无关，因此对于难以确定具有长支链的聚合物结构，可以通过 v' 值确定其结构。

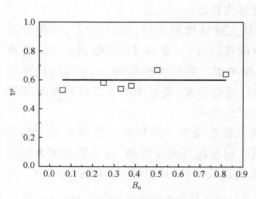

图 14.18 长支链聚丙烯平均支链数目与结构参数 v' 值之间的关系

本研究基于宏观流变学参数确定长支化聚合物支链频率的模型，采用式 (14.23)，利用经确定 B_n 及相关零剪切黏度的实验数据，进行 v' 计算，结果如图 14.18 所示。

$$B_n = \frac{\ln\left(\frac{\eta_B}{\eta_L}\right)}{v'\left[\left(\frac{\eta_B}{\eta_L}\right)^{1/3.5} - 1\right] - \frac{6}{7}\ln\left(\frac{\eta_B}{\eta_L}\right)} \quad (14.23)$$

其中，η_B 和 η_L 分别为含有长支链结构高分子的零剪切黏度和含有长支链结构高分子其线型主链的零剪切黏度。另为满足该模型，针对本研究中制备的长支链结构聚丙烯，作如下假设：

假设 1：原料系通过自由基接枝得到的 PP-g-MAH，其 MAH 接枝位置为分子链居中位置；

假设 2：通过马来酸酐与氨基反应缩合形成新的分子链，得到的为长支链结构，每条链上含有 2 条长支链，支链长度相等，且平均每条主链上的支链数目不超过 1；

假设 3：每条支链的长度均为主链长度的一半；

假设 4：未发生反应的链段相对分子质量不发生任何变化。

可见从流变学角度分析，本实验制备的长支链结构聚丙烯，其 v' 值均在 0.6 附近。因此，可完全确定本实验得到的长支链结构为星型，这主要是由于仅采用分子量较低的二胺作为接枝链之故。

14.3.3.2　流变性能

在讨论聚合物材料的黏弹性行为时,最为接近材料实际应用的条件为聚合物材料在交变应力或交变应变作用下的动态力学行为,聚合物熔体的动态力学行为即流变学性能是指导聚合物加工应用最有效的手段。聚合物在交变应力或交变应变下动态力学松弛所发生的滞后现象和力学损耗,常用其体系的模量来表示:

$$G^* = G' + iG'' \tag{14.24}$$

这里,G^* 为复数模量(Pa);G' 为储能模量(Pa),它反映材料形变过程中由于弹性形变而储存的模量;G'' 为损耗模量(Pa),它反映材料形变过程中以热损耗的能量。

根据时温等效性原理,聚合物的流变性能依赖于温度的关系常用偏移因子来表示:

$$\eta(T) = a_T(T)\eta(T_0) \tag{14.25}$$

这里,T_0 为设定的初始温度。应用偏移因子,可通过初始温度的数据得到不同温度下的相关性能数据。在温度高于玻璃化温度 T_g 时,对于流变学相对简单的聚合物,其偏移因子 a_T 常满足 Arrhenius 关系式。黏流活化能(E_a)可通过不同温度得到的偏移因子计算得到:

$$a_T = \exp\left[\frac{E_a}{R}\left(\frac{1}{T} - \frac{1}{T_0}\right)\right] \tag{14.26}$$

动态黏度 η^*(Pa·s)常由式(14.27)给出:

$$\eta^* = \left[\left(\frac{G'}{\omega}\right)^2 + \left(\frac{G''}{\omega}\right)^2\right]^{\frac{1}{2}} \tag{14.27}$$

在本节中重点讨论链长度及链频率对储能模量(G'),损耗模量(G''),动态黏度(η^*)等的影响。表 14.3 是所制得的长支链结构聚丙烯的结构参数和特性,可见其主链、支链及接枝点数目均在一较广的范围内可调。

表 14.3　长支链结构聚丙烯的结构参数和特性

样品	相对分子质量 /10^3	特性黏度 /(mL/g)	平均支链数目	接枝密度	主链/% (质量分数)	支链/% (质量分数)
LCBPP-1	263.9	167.5	1.5	0.42	57.2	42.8
LCBPP-2	211.1	148.1	0.8	0.22	71.4	28.6
LCBPP-3	188.5	143.7	0.5	0.14	80.0	20.0
LCBPP-5	208.1	138.2	0.38	0.11	72.5	27.5
LCBPP-8	200.6	137.7	0.33	0.09	75.2	24.8
LCBPP-10	149.8	127.4	0.06	0.02	94.3	5.7

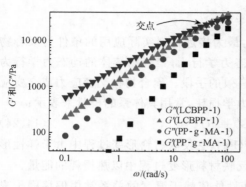

图 14.19 原料聚丙烯接枝马来酸酐
与产物长支链聚丙烯的储存模量
和损耗模量的变化（180℃）

图14.19 为PP-g-MAH-1 和LCBPP-1 的 G' 及 G'' 相对频率（ω）的曲线。从图中可以看出，对 PP-g-MAH-1 而言，在整个测定频率范围，G'' 均高于 G'，两条曲线没有交点。这一现象研究众多，原因为对于线型聚合物，链缠结程度不够。与 PP-g-MAH-1 不同，LCBPP-1 的 G' 和 G'' 的曲线相交于一点，这说明在具有长支链结构的 LCBPP-1 熔体中链缠结严重。

长支链结构对 G' 和 G'' 有很大的影响。反应挤出得到的长支链聚丙烯的 G' 和 G'' 曲线见图 14.20 和图 14.21。尽管其均具有相同的支链长度，但每条主链上含有的支链数目不同，可以看到在低剪切速率下，长支链聚丙烯的 G'、G'' 明显大于原料 PP-g-MAH，并随着 B_n 的增加不断增大，B_n 越大，特别是对在低剪切速率下的模量值影响更大。如对 LCBPP-10 而言，其 B_n 值为 0.06，其 G'、G'' 值十分接近原料 PP-g-MAH 的 G'、G'' 值。

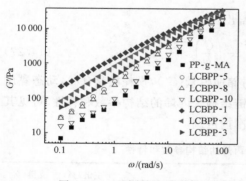

图 14.20　不同结构聚丙烯
对储存模量的影响（180℃）

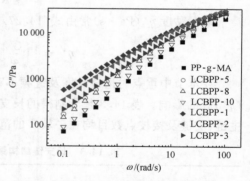

图 14.21　不同结构聚丙烯
对损耗模量的影响（180℃）

反应挤出得到产品的长支链结构对聚丙烯的动态黏度（η^*）的影响见图 14.22。动态黏度对长支链数目非常敏感，在较低剪切频率下，随着支链频率的增加迅速增大，如在当 ω 值为 0.1 时，B_n 为 1.5 的产品 LCBPP-1 的动态黏度可为 B_n 为 0.06 的 LCBPP-10 的 7 倍之多，而在较高的剪切频率时，二者的动态黏度却很相近。

在流变学中，相角 δ（$\arctan G''/G'$）常用来表征长支链结构的存在。图 14.23 给出了反应挤出得到的长支链结构聚丙烯相角随频率变化。从图中可以看出,在低剪切频率下,由于长支链结构的存在可大大降低相角值。而且其图形也随着 B_n 的变化有一定的改变。原料 PP-g-MAH 相角随着频率的增加明显减小,而长支链聚丙烯随着 B_n 的增加,其相角减小的趋势越来越不明显。当支链数目增加到 1.5 时,随着频率的增加,相角的减少极其缓慢。

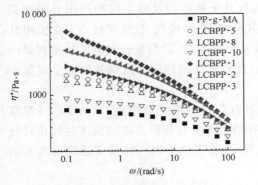

图 14.22　不同结构聚丙烯
对动态黏度的影响(180℃)

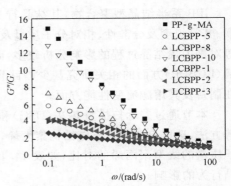

图 14.23　不同结构聚丙烯
对损耗角的影响(180℃)

以 PP-g-MAH 为原料,不同 B_n 值下长支链结构聚丙烯的零剪切黏度(η_0)变化如图 14.24。可见,当 B_n 值小于 0.38 时,零剪切黏度增加迅速,以 4.44 次幂增大,大于常规线型 iPP 的 3.4~3.5 次幂;但当 B_n 超过 0.38 时,零剪切黏度则以 3.53 次幂增大,几乎与线型等规聚丙烯相同。随着 B_n 增大,其长支链所形成的缠结作用迅速增加,导致零剪切黏度值也随之迅速增大。当 B_n 值小于 0.38 时,其对零剪切黏度值的影响更为明显。随着 B_n 的增大,得到的长支链结构聚丙烯的黏流活化能(E_a)变化见图 14.25。可见与原料 PP-g-MAH 相比,随着支链数目的增加,

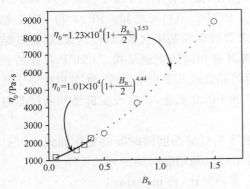

图 14.24　不同平均支链数目的长支链
聚丙烯对零剪切黏度的影响

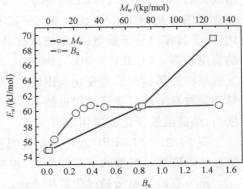

图 14.25　不同平均支链数目和支链相对分
子质量的长支链聚丙烯对黏流活化能的影响

长支链结构聚丙烯的黏流活化能同样具有一定的增大,但当支链数目达到一定阈值后,其黏流活化能将达到一个最大值。有意思的是支链长度对黏流活化能的贡献较大。

14.3.3.3 结晶性能

iPP 系半结晶型聚合物,其结晶行为与分子链结构及分子间的作用力密切关联。其等规度及分散性、相对分子质量及其分布、共聚组成、极性接枝乃至多元组分等对聚丙烯结晶过程的影响分析较多,而支化聚丙烯,特别是长支链结构等规聚丙烯(LCBPP)方面的相关研究甚少。目前,针对长支链结构聚丙烯的研究主要集中在制备及其熔融流变性能方面。

本节通过差示扫描量热法(DSC)和带有热台的偏光显微镜(POM)在线观察等方法,选取自制的长支链结构聚丙烯,并结合与具有相同主链结构或相同相对分子质量的线型聚丙烯的对比,如表 14.4 所示,着重剖析聚丙烯长支链结构对其结晶行为的影响。

表 14.4 原料聚丙烯的特性参数

样品	重均相对分子质量 $/10^5$	接枝数目	马来酸酐含量 /%(质量分数)	熔融流动速率 / (g/10min)
PP-1	1.51	—	0.15	39.0
LCBPP	2.64	1.5	0.10	6.3
PP-2	2.56	—	0.09	4.1

图 14.26 为三种样品从熔融态 10℃/min 等速降温时的结晶温度(T_c)的变化曲线。由图可知,PP_1、LCBPP 和 PP_2 的结晶温度分别为 112℃、112℃ 和 108℃,变化范围分别为 108~118℃、108~116℃ 和 103~111℃ 之间。PP_1 与 PP_2 相比,由于其相对分子质量低、侧链接枝马来酸酐极性基团含量高,促进成核,使其结晶温度较高。LCBPP 与 PP_1 相比,二者具有相同的主链结构,LCBPP 存在的长支链结构使其结晶温度变化范围较窄,但结晶温度几乎没有改变。针对相对分子质量和接枝马来酸酐含量均相近的 LCBPP 和 PP_2 而言,具有长支链结构的结晶温度高,结晶温度变化范围相近。

图 14.27 为 LCBPP 在不同结晶温度下相对结晶度随时间的变化曲线。可见结晶速率随结晶温度的下降而变快,相对结晶度随结晶时间的延长而增加。

聚合物的等温结晶过程常用 Avrami 方程描述,将 $\ln[-\ln(1-X(t))]$ 对 $\ln(t)$ 作图 14.28,可见曲线基本上呈线性,几乎互相平行,直线斜率为 Avrami 指数 n,由截距可得结晶速率常数 K。

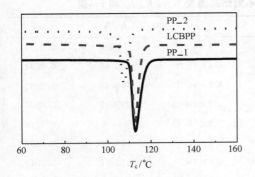

图 14.26　不同结构 iPP 的结晶曲线

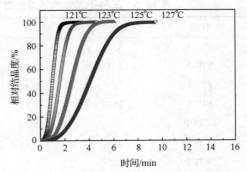

图 14.27　200℃熔融后在不同温度下长支链聚丙烯的相对结晶度与结晶时间的关系

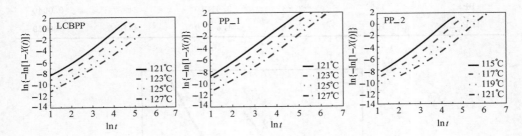

图 14.28　不同结构 iPP 在不同结晶温度下的非等温结晶 $\ln[-\ln(1-X(t))]$ 与 $\ln(t)$ 的关系曲线

令结晶完成 50% 的时间为半结晶时间($t_{1/2}$),通常结晶速率(v)为 $t_{1/2}$ 的倒数,即 $v=\tau_{1/2}=1/t_{1/2}$,结果列于表 14.5。可知 PP_1、LCBPP 和 PP_2 的 Avrami 指数 n 的平均值分别为 2.62、2.67 和 2.70,三者结晶均为三维球晶生长。从结晶温度的选择上看,均属于 Regime II 型结晶方式。说明对于支链数较少的 LCBPP 而言,其结晶方式及晶体生长方式并未因具有长支链结构而发生变化。同时,在一定范围内,其相对分子质量及接枝极性基团也无影响。对三者而言,结晶速率均随着结晶温度的升高而显著下降,相对分子质量大的 LCBPP 与 PP_2 下降得更快,二者对温度的敏感性明显高于 PP_1。

聚合物的结晶速率常数 K 可由 Arrhenius 方程表述为

$$K^{1/n} = k_0\exp[-\Delta E/(RT_c)] \tag{14.28}$$

即

$$\ln K/n=\ln k_0-\Delta E/(RT_c) \tag{14.29}$$

式中,k_0 是一个依赖于温度的指前系数;R 是摩尔气体常量;ΔE 是结晶活化能。以 $(1/n)\ln K$ 对 $1/(RT_c)$ 作图 14.29,从相应的斜率可求得其结晶活化能。

表 14.5 三种不同结构的 iPP 在不同结晶温度下 n, K, $t_{1/2}$ 和 $\tau_{1/2}$ 值

样品	$T_c/℃$	n	K/s^{-1}	$t_{1/2}/s$	$\tau_{1/2}/s^{-1}$
PP-1	121	2.63	$9.4×10^{-6}$	71.96	0.0139
PP-1	123	2.58	$3.4×10^{-6}$	106.62	0.0094
PP-1	125	2.60	$2.6×10^{-6}$	118.19	0.0085
PP-1	127	2.71	$3.2×10^{-7}$	263.45	0.0038
LCBPP	121	2.54	$1.8×10^{-5}$	56.04	0.0178
LCBPP	123	2.64	$3.7×10^{-6}$	102.63	0.0097
LCBPP	125	2.71	$5.5×10^{-7}$	213.56	0.0047
LCBPP	127	2.66	$2.3×10^{-7}$	295.42	0.0034
PP-2	115	2.48	$2.2×10^{-5}$	52.02	0.0192
PP-2	117	2.68	$3.2×10^{-6}$	108.67	0.0092
PP-2	119	2.83	$3.6×10^{-7}$	249.74	0.0040
PP-2	121	2.81	$1.6×10^{-7}$	344.13	0.0029

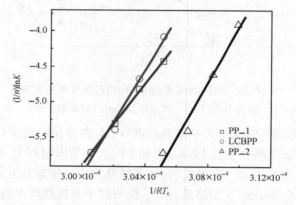

图 14.29 不同结构 iPP 的 $(1/n)\ln K$ 与 $1/(RT_c)$ 的关系

得到 PP-1、LCBPP 和 PP-2 的结晶活化能分别为 249.5kJ/mol、327.3kJ/mol 和 365.7kJ/mol。可见,尽管 LCBPP 与 PP-1 具有相同的主链结构,由于 LCBPP 长支链结构所导致的相对分子质量大及相应的缠结作用,使其结晶活化能高,结晶较难。但与相对分子质量相近 PP-2 相比,LCBPP 的结晶活化能较低,说明支链结构对结晶活化能有明显作用。

图 14.30 分别是三种样品在热台上不同结晶时间下的偏光显微镜照片。可见,LCBPP 与 PP-1 相比,在结晶初始阶段,支链的缠结作用使其成核困难,且以不规整的椭圆形出现,但最终依然能生长成规则的球晶,呈负光性。线型 PP-1 则是典型的球晶形貌,呈负光性,且由于相对分子质量小,球晶增长速率最快。而 PP-2 的

结晶初始阶段，由于长线型链排列规整较困难，晶种也是以椭圆形出现，并且最终生长成为不规则球晶。

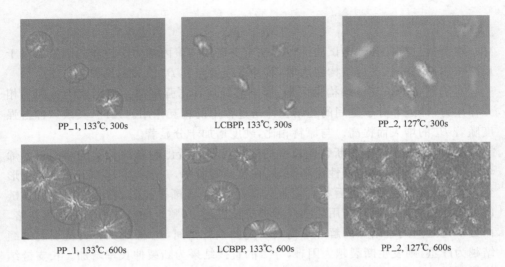

PP_1, 133℃, 300s　　　　　LCBPP, 133℃, 300s　　　　　PP_2, 127℃, 300s

PP_1, 133℃, 600s　　　　　LCBPP, 133℃, 600s　　　　　PP_2, 127℃, 600s

图 14.30　不同结构 iPP 的等温结晶过程演变

Lauritzen-Hoffmann 提出了等温结晶生长速率方程：

$$G = G_0 \exp\{-U^*/[R(T_c - T_\infty)]\} \cdot \exp[-K_g/(T_c \Delta T f)] \quad (14.30)$$

式中，G 为热台显微镜测得的生长速率；G_0 为指前因子，与温度关系不大的常数；R 为摩尔气体常量；U^* 为高分子链段运动到生长晶体的迁移活化能，通常 $U^* = 6280\mathrm{J/mol}$；K_g 为与能量有关的成核参数；ΔT 是过冷度（$\Delta T = T_m^0 - T_c$），一般取 $T_\infty = 231.2\mathrm{K}$；$f$ 为温度校正因子，$f = 2T_c/(T_m^0 + T_c)$。将 $\ln G + U^*/R(T_c - T_\infty)$ 对 $1/(T_c \Delta T f)$ 作图，可求得 K_g。

对 Regime Ⅱ 结晶生长的聚合物，K_g 可由式（14.31）表述：

$$K_g(\text{Ⅱ}) = 2b_0 \sigma \sigma_e T_m^0/(\Delta H_{\text{Ⅳ}}^0 k) \quad (14.31)$$

式中，b_0 是晶体中单分子层厚度；σ 为侧表面自由能；σ_e 为端表面自由能；$\Delta H_{\text{Ⅳ}}^0$ 为单位体积理想聚合物晶体平衡熔融焓。已知 $b_0 = 0.626\mathrm{nm}$，$\sigma = 11.5 \times 10^{-3}\mathrm{J/m^2}$，$T_m^0$ 为平衡熔融温度，$\Delta H_{\text{Ⅳ}}^0 = \Delta H_f^0 \rho_{\text{PP}}$，$\rho_{\text{PP}} = 0.9\mathrm{g/cm^3}$，可求得 σ_e。通过对表面自由能的计算可以求得链折叠功 q：

$$q = 2a_0 b_0 \sigma_e \quad (14.32)$$

其中，分子链宽 a_0 取为 0.549nm。

经上述计算最终得到 PP_1、LCBPP 和 PP_2 三者的 q 分别为 7.8×10^{-20}、3.5×10^{-20} 和 $4.2 \times 10^{-20}\mathrm{J/}$折叠链段。有文献报道不同相对分子质量 iPP 的链折叠功近似为 $3.2 \times 10^{-20}\mathrm{J/}$折叠链段，而本节中得到的值均高于此，说明主要的影响为

含有极性基团,使链刚性增强,链折叠功增加。而LCBPP的链折叠功与PP_2相比要小些,说明长支链结构的存在使链段密度增加,其折叠功减小。

14.3.3.4 力学性能

本节通过拉伸和冲击试验探讨影响长支链结构聚丙烯力学性能的因素。对于反应挤出制备的长支链结构聚丙烯,其冲击强度与其 B_n 值关系见图 14.31。

对于制备的长支链结构聚丙烯,影响其缺口冲击强度的主要因素为链间的相互作用力,即近邻分子链间的缠结在冲击过程中的相互作用。因此,其缺口冲击强度随着 B_n 的增大而提高。与原料相比,硬度增加十分显著。

此外,从拉伸样条的断裂伸长率的变化可明显看出制备的长支链结构聚丙烯与线型聚丙烯原料相比韧性提高明显。在拉伸实验中,一定拉伸速率下样条发生形变,当超过最大屈服应力后将发生永久变形,样条逐渐被拉长,在此过程中长支链的缠结作用将起到重要作用。在样条被拉长过程中,整个样条体积的变化可忽略,而分子链之间的缠结点的解开却需要一定的额外空间,B_n 值越大长支链引起的缠结越为严重,则发生断裂越为困难,导致的直接结果为断裂伸长率增加。长支链结构聚丙烯的断裂伸长率与其 B_n 值关系如图 14.32 所示。当 B_n 值超过 0.38 时,得到的长支链结构聚丙烯的断裂伸长率可达 900% 以上。

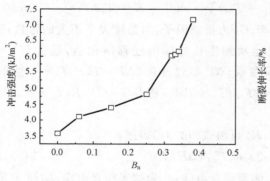
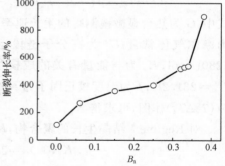

图 14.31 冲击强度与平均
支链数目的关系

图 14.32 断裂伸长率
与平均支链数目的关系

从图 14.33 和图 14.34 中可知,拉伸强度和拉伸模量均随反应挤出温度的降低有明显的增加,而与长支链结构聚丙烯的 B_n 无紧密关联,其主要原因为当挤出温度较高时,聚丙烯链生断裂、降解。

图 14.35 和图 14.36 给出了反应挤出条件为加工温度 160℃、二氧化碳压力为 7.4MPa 时所得到的长支链结构聚丙烯的冲击强度、拉伸强度、拉伸模量和断裂伸长率随 R 值的变化。

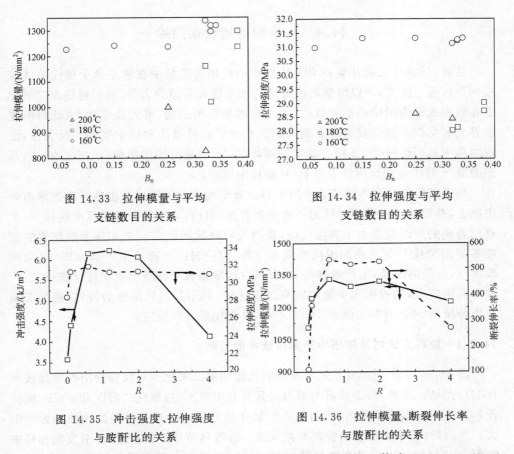

图 14.33　拉伸模量与平均
支链数目的关系

图 14.34　拉伸强度与平均
支链数目的关系

图 14.35　冲击强度、拉伸强度
与胺酐比的关系

图 14.36　拉伸模量、断裂伸长率
与胺酐比的关系

前文中讨论过在一定值 $R_0 = 1$ 时,对接枝最为有利,R 值在 $(R_0 - \Delta R_1, R_0 + \Delta R_2)$ 范围内其反应均能得到最佳结果,即其 B_n 值最大、MFR 最小。而在此范围之外,得到的长支链结构聚丙烯的 B_n 值及 MFR 值均不佳,力学性能中冲击强度和断裂伸长率均表现出相同的变化趋势,而拉伸强度和拉伸模量却相对影响不大。由此可见,熔融加工温度 160℃、二氧化碳压力为 7.4MPa 时得到的长支链结构聚丙烯的冲击强度可达原料的 2 倍,达 6.17kJ/m²;拉伸强度与原料相比增加 10%左右,达 32MPa 以上;拉伸模量与原料相比增加 10%~20%,达 1320N/mm² 以上;断裂伸长率可达 500%以上,为原料的 5 倍。

综上所述,与传统熔融接枝相比,超临界反应挤出制得的长支链结构聚丙烯在色泽、熔体流动速率、动态流变特性及力学性能等诸多方面均体现了其优越性。其中 MFR 值在 20~30 g/10min 范围内可调,并表现出较大的动态模量(G' 和 G''),较高的零剪切黏度(η_0),较小的相角(δ)和较大的黏流活化能(E_a),其冲击强度达 7 kJ/m² 以上,断裂伸长率可超过 900%。

14.4　马来酸酐接枝聚丙烯

目前,超临界二氧化碳在 iPP 改性中的应用主要集中在将小分子极性单体接枝到聚丙烯主链上,用以增强聚丙烯链的亲水性和黏结能力等。基于超临界二氧化碳在固态或聚丙烯中的溶胀效应,促进聚丙烯链的运动,增大其柔性,因此目前超临界二氧化碳在固态或熔融态聚丙烯的小分子极性基团改性中受到广泛关注,已成功将甲基丙烯酸[40]、2-羟乙基甲基丙烯酸[41]、甲基丙烯酸甲酯[42]、苯乙烯[43]、马来酸酐[44]等接枝到聚丙烯主链上,且接枝率较高。

马来酸酐接枝聚丙烯(PP-g-MAH)是典型的小分子通过自由基接枝到聚丙烯主链上,是改性非极性聚丙烯的一种经典方法。目前,常用的是熔融反应接枝,一个难以避免的问题就是由于高温反应,聚丙烯的降解严重[45]。近年来发展起来的超临界固相接枝[46]尽管反应温度可大大下降,但一般压力高达 10～20MPa,且为间歇反应,反应时间长,生产效率低。本节结合熔融接枝可在挤出机中连续进行,生产效率高的特点,通过引入少量超临界二氧化碳,利用其塑化溶胀的特性,将加工温度由传统的 180～200℃降至 160℃左右,并强化传质和反应。

14.4.1　加料方式对反应挤出产物接枝率的影响

图 14.37 是不同加料方式下有无引入超临界二氧化碳对反应挤出产物接枝率(GD)的影响。可见,马来酸酐与聚丙烯预混且引发剂(过氧化二异丙苯,DCP)侧线投料所得产物接枝率最高,且超临界二氧化碳的引入对进一步提高接枝率影响很大。聚丙烯、马来酸酐及引发剂前期预混一起投料所得产物次之,而引发剂和马来酸酐一起侧线加入所得产物接枝率最低。而且后两者超临界二氧化碳的效应不明显。

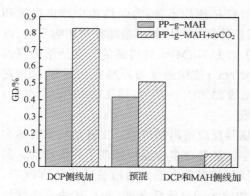

图 14.37　投料方式对于接枝率的影响

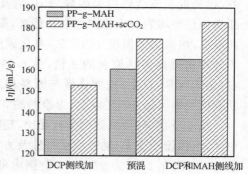

图 14.38　投料方式对于特性黏度的影响

图 14.38 是不同加料方式下有无引入超临界二氧化碳对产物特性黏度[η]的影响。可见,马来酸酐与聚丙烯预混且引发剂(过氧化二异丙苯,DCP)侧线投料所得产物特性黏度最小,与接枝率的规律刚好相反。更为有意思的是引入超临界二氧化碳后,高接枝率所对应的特性黏度也大,这从一个侧面说明其接枝点增加的同时降解减缓。而聚丙烯、马来酸酐及引发剂前期预混一起投料法与引发剂和马来酸酐一起侧线加入法所得到的产物特性黏度较高且相近,同样引入超临界二氧化碳后也发现降解有所减缓。

14.4.2 马来酸酐用量对接枝率的影响

图 14.39 比较了马来酸酐与聚丙烯预混且引发剂为侧线补加、有无引入超临界二氧化碳对接枝率(GD)、接枝效率(GE)的影响。发现在低马来酸酐(1%,质量分数,下同),进料浓度时,超临界态下的接枝效率很高,可超过 85%,而传统熔融接枝还不到 60%,但当马来酸酐进料浓度提高时,超临界态与传统熔融接枝程度相仿。

图 14.40 比较了聚丙烯、马来酸酐及过氧化引发剂前期预混一起投料、有无引入超临界二氧化碳对接枝率、接枝效率的影响。发现在低马来酸酐(1%)进料浓度时,超临界态下的接枝效率同样也要高于传统熔融接枝方法。

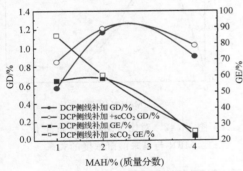 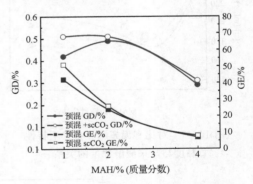

图 14.39　在引发剂侧线加入条件下,
对比有无超临界流体下接枝率、
接枝效率随马来酸酐浓度的变化

图 14.40　在引发剂预混加入条件下,
对比有无超临界流体下接枝率、
接枝效率随马来酸酐浓度的变化

可见,无论是否加入超临界二氧化碳,在较低马来酸酐浓度时,接枝率会随着浓度增加而增大,但当浓度大于某一数值时,反而会随着马来酸酐浓度增加而降低。以上现象可以解释如下,在接枝反应体系中,聚丙烯大分子的自由基选择 β-断链和直接与马来酸酐单体接枝是一对竞争反应。在较低马来酸酐浓度时,其与聚丙烯链接枝的概率会随其含量增加而增大,但当马来酸酐浓度较高时,其会大量消耗引发剂分解所产生的初级自由基,从而影响了含自由基的聚丙烯大分子链的产生速率,导致接枝率下降。

　　从平衡接枝率和接枝效率的角度考虑,本实验中预投 1 ％的马来酸酐较佳。从单纯从获得高接枝的角度看,预投 2％的马来酸酐更好。

　　图 14.41 是聚丙烯、马来酸酐及引发剂前期预混一起投料、或马来酸酐与聚丙烯预混且引发剂侧线补加情况下,有无引入超临界二氧化碳对产物特性黏度的影响。可见,投入 1％马来酸酐单体条件下其特性黏度均最低,这正好与接枝率的规律相反,且超临界态下特性黏度又相对较高,这与降解减缓有关。图 14.42 是马来酸酐与聚丙烯预混且引发剂侧线补加情况下,有无引入超临界二氧化碳对产物 MFR 的影响。可见,超临界态下的 MFR 略高于传统熔融接枝。有意思的是结合图 14.41 可知,超临界态下特性黏度和 MFR 均高于相对应的传统熔融挤出,这可能与两种制备方法所得产物微结构的差异有关,即两种制备方法的主控接枝机理有别,这方面尚待进一步的考证。从图 14.43 产物相对分子质量与 MFR 的关系图中也可得到一些相关信息。

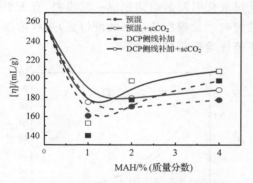

图 14.41　对比有无超临界条件下特性
黏度与马来酸酐浓度的关系

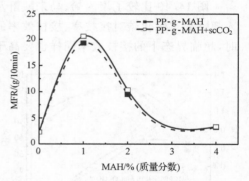

图 14.42　对比有无超临界条件下
MFR 与马来酸酐浓度的关系

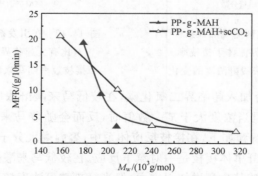

图 14.43　对比有无超临界条件下 PP-g-MAH 的 MFR 与重均相对分子质量的关系

14.4.3　超临界态对接枝产物相对分子质量的影响

图 14.44 为原料聚丙烯、超临界态下和非超临界态下制备的接枝产物的相对分子质量及其分布对比。经熔融接枝后聚丙烯的相对分子质量均有所下降,但超临界态下反应挤出产物的相对分子质量下降较少,特别是低相对分子质量部分几乎没有降低,仅高相对分子质量部分有所降解。由此可见,超临界态下聚丙烯降解现象减缓。

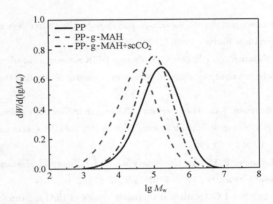

图 14.44　对比不同工艺制得的聚丙烯接枝物间相对分子质量及其分布

参 考 文 献

[1]　Areerat S, Funami E, Hayata Y, Nakagawa D, Ohshima M. Measurement and prediction of diffusion coefficients of supercritical CO_2 in molten polymers. Polym. Eng. Sci. , 2004, 44(10): 1915~1924

[2]　Sato Y, Fujiwara K, Takikawa T, Sumarano, Takishima S, Masuoka H. Solubilities and diffusion coeffiecients of carbon dioxide and nitrogen in polypropylene, high-density polyethylene, and polystyrene under high pressures and temperatures. Fluid Phase Equilibria, 1999, 162(1~2): 261~276

[3]　Lee M, Tzogankis C, Park C B. Effects of supercritical CO_2: the viscosity and morphology of polymer blends. Advances in Polymer Technology, 2000,19(4): 300~311

[4]　Joseph R R. Supercritical fluid assisted polymer processing plasticization swelling and rheology. Ph. D Dissertation. Noth Carolina State University, 2000

[5]　Newitt D M, Weale K E. Solution and diffusion of gases in polystyrene at high pressures. Journal of the Chemical Society,1948,9:1541~1549

[6]　Koros W J, Paul D R. Design considerations for measurement of gas sorption in polymers by pressure decay. J. Polym. Sci. B: Polym. Phys. , 1976,14: 1903~1907

[7]　Sato Y, Yurugi M, Fujiwara K, Takishima S, Masuoka H. Solubilities of carbon dioxide and nitrogen in polystyrene under high temperature and pressure. Fluid Phase Equilib. , 1996, 125(1~2): 129~

138

[8]　Davis P K, Lundy G D, Palamara J E, Duda J L, Danner R P. New pressure-decay techniques to study gas sorption and diffusion in polymers at elevated pressures. Ind. Eng. Chem. Res. , 2004, 43 (6): 1537~1542

[9]　Zhang Y, Gangwani K K, Lemert R M. Sorption and swelling of block copolymers in the presence if supercritical fluid carbon dioxide. Journal of Supercritical Fluids. , 1997 ,11(1~2): 115~134

[10]　Palamara J E, Davis P K, Suriyapraphadilok U, Danner R P, Duda J L, Kitzhoffer R J, Zielinski J M. A static sorption technique for vapor solubility measurements. Ind. Eng. Chem. Res,. 2003, 42 (8): 1557~1562

[11]　Aubert J H. Solubility of carbon dioxide in polymers by the quartz crystal microbalance technique. Journal of Supercritical Fluids, 1998,11(3): 163~172

[12]　Brantley N H, Kazarian S G, Eckert C A. In situ FTIR measurement of carbon dioxide sorption into poly(ethylene terephthalate) at elevated pressures. Journal of Applied Polymer Science. , 2000, 77 (4): 764~775

[13]　Guadagno T, Kazarian S G. High-pressure CO_2-expanded solvents: simultaneous measurement of CO_2 sorption and swelling of liquid polymers with in-situ near-IR spectroscopy. J. Phys. Chem. B, 2004, 108(37): 13 995~13 999

[14]　Sanchez I C, Lacombe R H. An elementary molecular theory of classical fluids, pure fluids. the Journal of Physical Chemistry, 1976,80(21): 2352~2362

[15]　Lacombe R H, Sanchez I C. Statistical thermodynamics of fluid mixtures. The Journal of Physical Chemistry, 1976,80(23): 2568~2580

[16]　Sanchez I C, Lacombe R H. Statistical thermodynamics of polymer solutions. Macromolecules,1978, 11(6): 1145~1156

[17]　Veytsman B A. Are lattice models valid for fluids with hydrogen bonds? J. Phys. Chem. , 1990,94 (23): 8499~8500

[18]　Panayiotou C, Sanchez I C. Hydrogen bonding in fluids: An equation-of-state approach. J. Phys. Chem. , 1991,95(24): 10 090~10 097

[19]　High M S, Danner R P. A group contribution equation of state for polymer solutions. Fluid Phase Equilibria, 1989,53: 323~330

[20]　High M S, Danner R P. Application of the group contribution lattice-fluid EoS to polymer solutions. AIChE, 1990 ,36(11): 1625~1632

[21]　Lee B C, Danner R P. Prediction of polymer-solvent phase equilibria by a modified group-contribution EoS. AIChE, 1996,42(3): 837~849

[22]　Sato Y, Takikawa T, Sorakubo A, Takishima S, Masuoka H, Imaizumi M. Solubility and diffusion coefficient of carbon dioxide in biodegradable polymers. Ind. Eng. Chem. Res. , 2000, 39 (12): 4813~4819

[23]　Sata Y, Takikawa T, Takishima S, Masuoka H. Solubilities and diffusion coefficients of carbon dioxide in poly (vinyl acetate) and polystyrene. Journal of Supercritical Fluids , 2001, 19 (2): 187~198

[24]　Kiparissides C, Dimos V, Boultouka T, Anastasiadis A, Chasiotis A. Experimental and theoretical investigation of solubility and diffusion of ethylene in semicrystalline PE at elevated pressures and

temperatures. Journal of Applied Polymer Science, 2003, 87(6): 953~966

[25] Chapman W G, Gubbins K E, Jackson G, Radosz M. New reference equation of state for associating liquids. Ind. Eng. Chem. Res., 1990, 29(8): 1709~1721

[26] Huang S H, Radosz M. Equation of state for small large, polydisperse and associating molecules. Ind. Eng. Chem. Res., 1990, 29(11): 2284~2294

[27] Gross J, Sadowski G. Perturbed-Chain SAFT: An equation of state based on a perturbation theory for chain molecules. Ind. Eng. Chem. Res., 2001, 40(4): 1244~1260

[28] Peng C L, Liu H L, Hu Y. Gas solubilities in molten polymers based on an equation of state. Chemical Engineering Science, 2001, 56(24): 6967~6975

[29] Solms N V, Michelsen M L, Kongtogeorgis G M. Prediction and correlation of high-pressure gas solubility in polymers with simplified PC-SAFT. Ind. Eng. Chem. Res., 2005, 44(9): 3330~3335

[30] Bonavoglia B, Storti G, Morbidelli M. Modelling of the sorption and swelling behavior of semicrystalline polymers in supercritical CO_2. Ind. Eng. Chem. Res, 2006, 45(3): 1183~1200

[31] Weng W Q, Hu W G, Dekmezian A H, Ruff C J. Long chain branched isotactic polypropylene. Macromolecules, 2002, 35: 3838~3843

[32] Langston J, Dong J Y, Chung T C. One-pot process of preparing long chain branched polypropylene using C2-symmetric metallocene complex and a "T" reagent. Macromolecules, 2005, 38: 5849~5853

[33] Ye Z B, AlObaidi F, Zhu S P. Synthesis and rheological properties of long-chain-branched isotactic polypropylenes prepared by copolymerization of propylene and nonconjugated dienes. Industrial & Engineering Chemistry Research, 2004, 43: 2860~2870

[34] Rtzsch M, Arnold M, Eberhard B. Hartmut B, Reichelt N. Radical reactions on polypropylene in solid state. Progress in Polymer Science, 2002, 27: 1195~1282

[35] Lu B, Chung T C. Maleic anhydride modified polypropylene with controllable molecular structure: new synthetic route via borane-terminated. Macromolecules, 1998, 31: 5943~5946

[36] Lu B, Chung T C. New maleic anhydride modified PP copolymers with block structure: synthesis and application in PP/polyamide reactive blends. Macromolecules, 1999, 32: 2525~2533

[37] Lu B, Chung T C. Synthesis of maleic anhydride grafted polyethene and polypropylene, with controlled molecular structures. Journal of Polymer Science Part A, 2000, 38: 1337~1343

[38] Lu B, Chung T C. Synthesis of long chain branched polypropylene with relatively well-defined molecular structure. Macromolecules, 1999, 32: 8678~8680

[39] Kim K Y, Kim S C. Side chain extension of polypropylene by aliphatic diamine and isocyanate, Macromol. Symp., 2004, 214, 289~297

[40] Bach E, Cleve E, Schollmeyer E. The dyeing of polyolefin fibers in supercritical carbon dioxide part II: The influence of dye structure on the dyeing of fabrics and on fastness properties. Journal of the Textile Institute, 1998, 89 (4): 657~668

[41] Hou Z Z, Xu Q, Peng Q et al. Different factors in the supercritical CO_2-assisted grafting of poly (acrylic acid) to polypropylene. Journal of Applied Polymer Science, 2006, 100 (6): 4280~4285

[42] Dong Q Z, Liu Y. Free-radical grafting of acrylic acid onto isotactic polypropylene using styrene as a comonomer in supercritical carbon dioxide. Journal of Applied Polymer Science, 2004, 92 (4): 2203~2210

[43] Dong Q Z, Liu Y. Styrene-assisted free-radical graft copolymerization of maleic anhydride onto

polypropylene in supercritical carbon dioxide. Journal of Applied Polymer Science，2003，90（3）：853～860

[44] Dorscht B M，Tzoganakis C. Reactive extrusion of polypropylene with supercritical carbon dioxide：free radical grafting of maleic anhydride. Journal of Applied Polymer Science，2003，(87)：1116～1122

[45] Russell K E，Free radical graft polymerization and copolymerization at higher temperatures. Progress Polymer Science，2007，(27)：1007～1038

[46] Galia A，De Gregorio R，Spadaro G. Scialdone O，Filardo G. Grafting of maleic anhydride onto isotactic polypropylene in the presence of supercritical carbon dioxide as a solvent and swelling fluid. Macromolecules，2004（37）：4580～4589

（曹堃　姚臻　李伯耿）